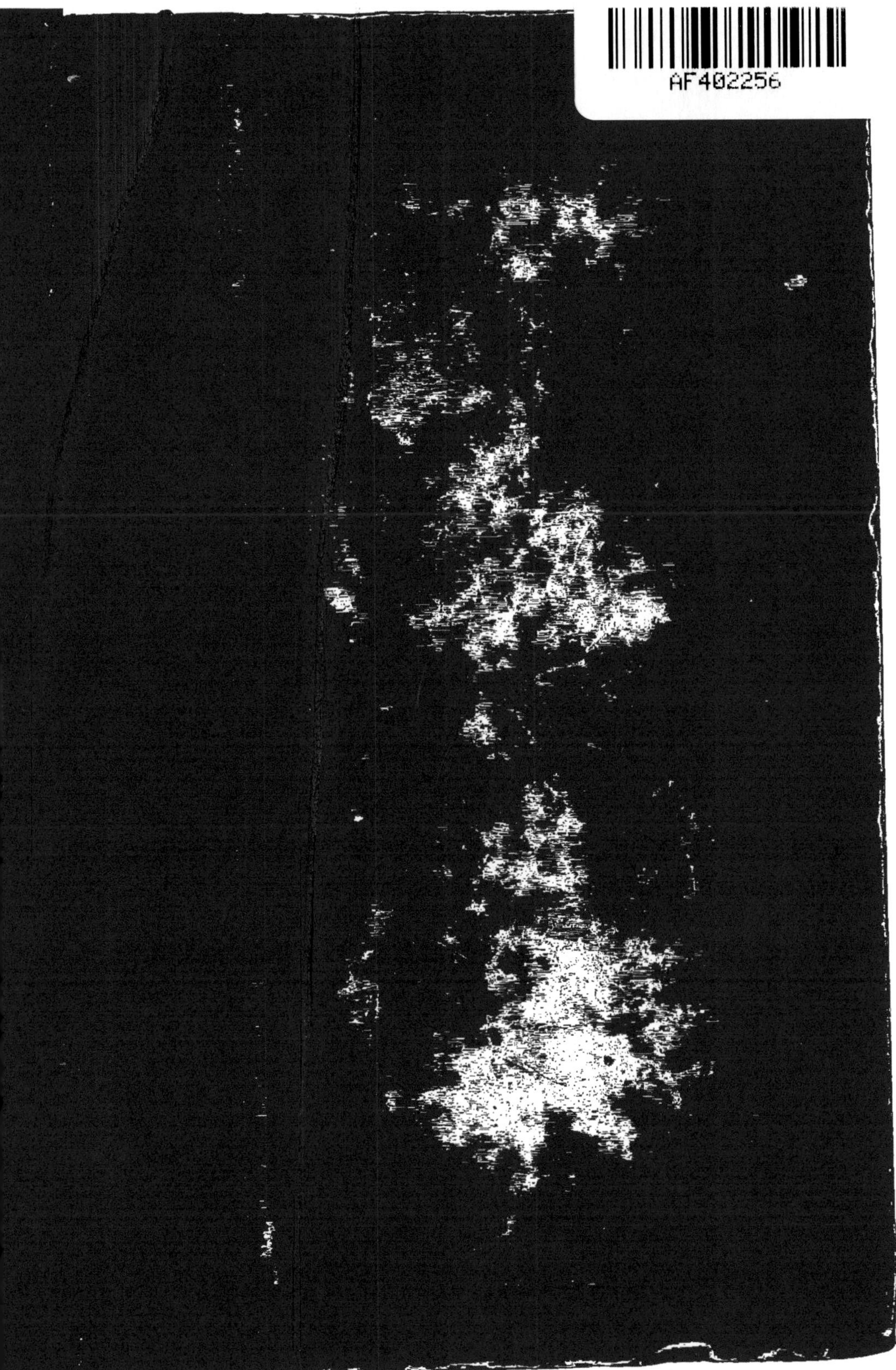

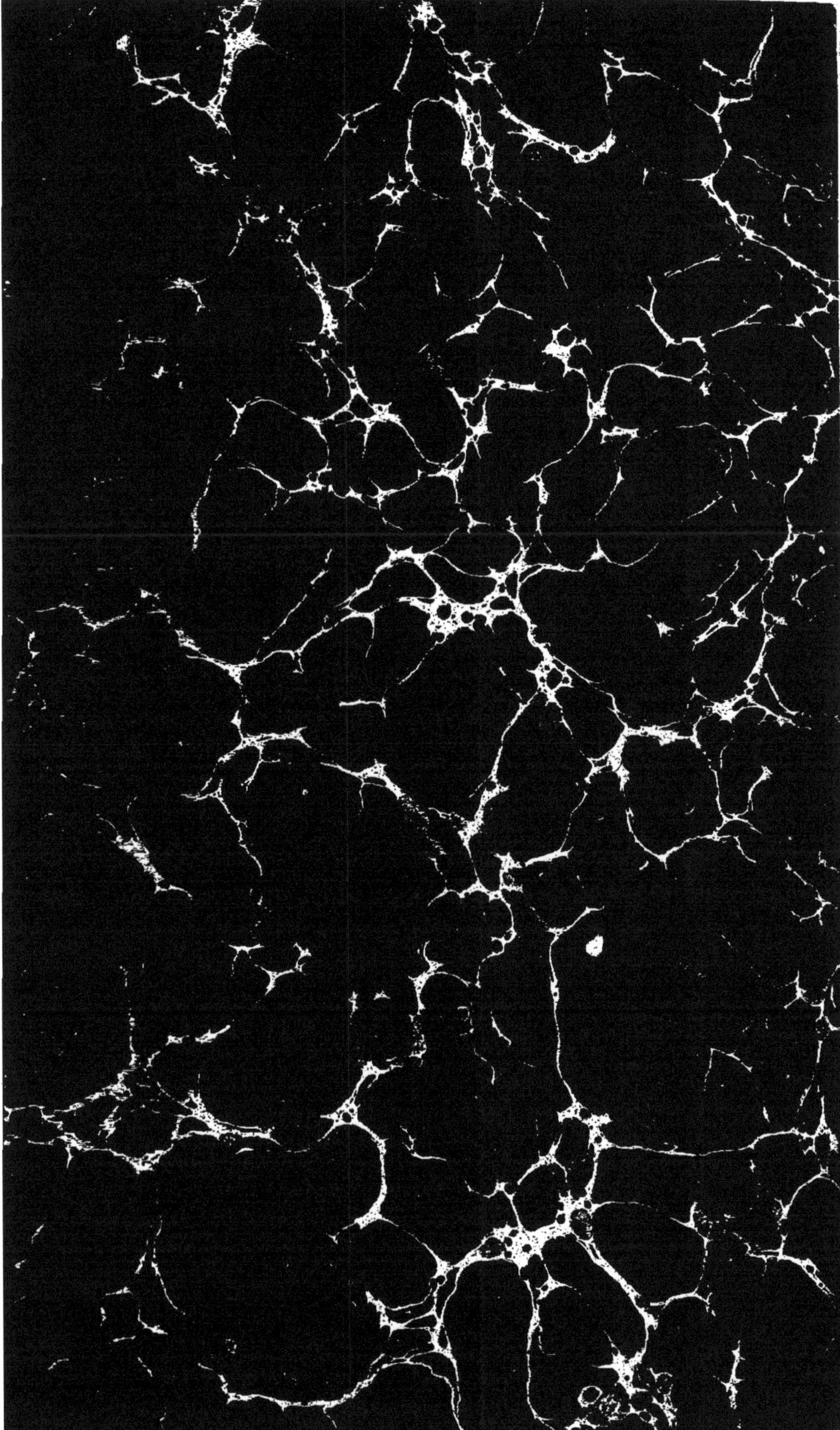

ESSAI

DE

MÉCANIQUE CHIMIQUE

FONDÉE SUR LA THERMOCHIMIE

I

PARIS. — IMPRIMERIE ÉMILE MARTINET, RUE MIGNON, 2

ESSAI

DE

MÉCANIQUE CHIMIQUE

FONDÉE SUR LA THERMOCHIMIE

PAR

M. BERTHELOT

MEMBRE DE L'INSTITUT
PROFESSEUR AU COLLÈGE DE FRANCE

TOME PREMIER

CALORIMÉTRIE

PARIS

DUNOD, ÉDITEUR

LIBRAIRE DES CORPS DES PONTS ET CHAUSSÉES, DES MINES
ET DES TÉLÉGRAPHES

Quai des Augustins, 49

1879

TABLE DES DIVISIONS

DU TOME PREMIER

Livre III. — Données numériques.

FIN DE LA TABLE DES DIVISIONS DU TOME PREMIER.

PRÉFACE

C'est en 1864 que j'ai commencé à m'occuper de thermo-chimie : l'œuvre que j'avais poursuivie jusque-là, je veux dire la synthèse des composés organiques, se trouvait accomplie; du moins quant à la formation de toutes pièces des composés fondamentaux, carbures et alcools, et quant à la détermination des méthodes générales (1).

A ce moment, la création d'une chaire au Collège de France, due à l'initiative éclairée de M. Duruy, ouvrit un libre essor à l'exposition de mes idées, en même temps qu'elle m'obligeait à de nouveaux efforts.

Par un enchaînement naturel et comme complément néces-saire de mes premières recherches, j'entrepris d'exposer les principes de mécanique qui président à la génération des com-posés organiques, et plus généralement à l'ensemble des réac-tions chimiques, dont cette génération représente un cas particu-lier. Ces principes reposent sur la mesure du travail moléculaire accompli dans les réactions, mesure donnée par la thermo-chimie. C'était là un sujet à peine exploré et du plus haut intérêt. En effet, il s'agissait de jeter les bases d'une science nouvelle, destinée à transformer la chimie, en la ramenant

(1) *Chimie organique fondée sur la synthèse*, en 2 volumes, 1860, chez Mallet Bachelier. — *La Synthèse chimique*, chez Germer Baillière et Cie, 1876.

à des notions rationnelles et fondées sur les lois de la mécanique proprement dite.

Comme il arrive d'ordinaire, à l'exécution, je m'aperçus que l'entreprise était plus ardue que je n'avais cru d'abord. A la vérité, les principes fondamentaux destinés à coordonner les résultats particuliers m'apparurent dès le début : ce sont ceux que j'appelle aujourd'hui les trois principes de la thermochimie, surtout le troisième, qui était le plus original : je veux dire le principe du travail maximum. Mais la démonstration de l'exactitude de ce principe, évidente dans la plupart des réactions, demeurait cependant obscure pour une multitude de phénomènes. Non-seulement diverses données expérimentales faisaient défaut dans presque tous les cas, les expériences des auteurs n'ayant pas été dirigées de façon à vérifier des vues qu'ils ne soupçonnaient pas; mais les valeurs numériques obtenues jusque-là n'offraient pas toujours un degré de précision suffisante pour servir de base à une discussion approfondie. Suivant le mot de Descartes : « Il est malaisé, en ne travaillant que sur les ouvrages d'autrui, de faire des choses fort accomplies. »

Certes, je suis le premier à reconnaître le mérite des travaux des savants qui ont ouvert la voie de la thermochimie. Sans remonter jusqu'aux lointains essais de Laplace et de Lavoisier, qui avaient pressenti le but dès 1780, mais qui ne possédaient pas des moyens expérimentaux suffisamment précis pour être en mesure de le poursuivre; il est de toute justice de rappeler ici les grands résultats de Dulong et Petit (1819), qui ont découvert la relation théorique existant entre les chaleurs spécifiques des principaux corps simples; les mémoires de Neumann (1831), de Wœstyn (1848), de Kopp (1864), de Wüllner (1869-1878), de Wiedemann (1876) sur les chaleurs spécifiques, et surtout ceux de Regnault (1840-1870), auquel nous devons la connaissance précise des chaleurs spécifiques des principaux corps simples et composés, sous les trois états gazeux, liquide et solide : déterminations si exactes, que nous n'avons rien de mieux à faire aujourd'hui que de les transcrire sans aucun changement. Signalons encore les mesures relatives aux chaleurs spécifiques des dissolutions, par MM. Person, Schüller, Winckelmann, Pfaundler, etc., enfin par M. Marignac (1871-1876), qui a atteint la plus haute précision en cette matière.

Les découvertes de mon savant ami M. H. Sainte-Claire-Deville, et de ses élèves, MM. Debray, Troost, Hautefeuille, Ditte, Isambert, sur la dissociation, découvertes exécutées depuis 1860 et dont on ne saurait exagérer l'importance et la fécondité, nous ont fait pénétrer dans la connaissance des procédés suivant lesquels l'échauffement effectue la décomposition des combinaisons chimiques.

J'ai moi-même étudié dès 1853, et spécialement depuis 1862, les équilibres chimiques qui se développent entre deux réactions contraires et réciproquement limitées; comme il arrive, soit dans la formation des éthers, soit dans les actions pyrogénées qui président à la synthèse directe des carbures d'hydrogène, soit dans les décompositions et recombinaisons inverses produites par l'électricité, soit dans la dissolution par l'eau des sels formés par les acides faibles, des sels acides ou basiques, des sels doubles, des sels métalliques.

On tire de ces recherches des conséquences nouvelles et plus approfondies sur une partie de la mécanique chimique, déjà cultivée avec un grand succès par Berthollet au commencement de ce siècle sous le nom de *Statique chimique*. Berthollet avait cherché à ramener la prévision des phénomènes chimiques à la seule connaissance des conditions physiques de volatilité ou d'insolubilité, qui font sortir tel ou tel produit du champ de l'action chimique : conception fondée en effet, mais seulement dans les cas où il existe déjà un certain équilibre préalable et qui tend à se reproduire sans cesse. Or la permanence de cet équilibre et son existence même sont subordonnées à une condition plus générale, qui n'avait pas été soupçonnée jusqu'ici, ni par Berthollet, ni par ses successeurs : condition que le principe du travail maximum nous permet aujourd'hui de définir. Ce travail lui-même est mesuré par la quantité de chaleur développée dans l'action chimique.

Ainsi la détermination des quantités de chaleur dégagées dans les phénomènes chimiques acquiert une importance fondamentale. Elle avait été tentée d'abord à l'aide du calorimètre à glace, par Lavoisier et Laplace, dont les chiffres ne sauraient aujourd'hui être cités que pour mémoire. Nous tirerons des valeurs plus exactes et susceptibles d'être utilisées dans nos calculs des expériences de Dulong (1843), interrompues par une mort prématurée; de celles de Hess (1842), de Graham (1845), d'Andrews (1845-1852), de Favre et Silbermann surtout (1848-1853), qui nous ont fourni une multitude de nombres intéressants. Malheureusement les mesures calorimétriques sont si difficiles, les conditions physiques et chimiques des expériences si délicates; bref, la réalisation des recherches thermochimiques exige à un tel degré la réunion des connaissances les plus minutieuses et les plus précises du physicien et du chimiste, que beaucoup d'erreurs, dont certaines fort graves, s'étaient glissées parmi les données numériques de la thermochimie.

C'est pourquoi, en raison des lacunes et des incertitudes qui existaient alors dans la science, l'édifice théorique que j'essayais de construire vers 1864 demeurait incomplet et chancelant. Je m'en aperçus bien vite, lorsque je voulus réunir et coordonner mes notes en un ouvrage d'ensemble. Néanmoins l'importance du sujet m'avait tellement frappé, que je n'hésitai pas à entreprendre le vaste système d'expériences nécessaire pour établir la nouvelle science sur des fondements plus solides.

Ces expériences m'ont occupé pendant seize ans; depuis 1869 surtout elles ont pris presque tous mes moments. J'en ai publié les résultats au fur et à mesure dans les *Annales de chimie et de physique*, où leur description occupe plus de deux mille pages. A la même époque, et par une coïncidence aussi heureuse que rare dans l'histoire des sciences, un savant professeur danois, M. Thomsen, exécutait de son côté, dans des vues différentes, une série de déterminations numériques, parallèles aux miennes sur bien des points. Cette circonstance a donné aux résultats concordants, c'est-à-dire à la presque totalité des nombres obtenus de part et d'autre, un degré de

certitude exceptionnel. J'ai profité d'ailleurs de ce contrôle
inattendu pour perfectionner mes méthodes et pour rectifier
quelques-unes de mes premières données : estimant que le
premier devoir d'un savant est de tout subordonner au respect
de la vérité.

Aujourd'hui j'espère avoir atteint le terme que je m'étais proposé ; non que je prétende épuiser un sujet, indéfini de sa nature, comme tout grand problème scientifique : la vie humaine
est trop courte d'ailleurs, l'énergie physique et intellectuelle de
l'individu trop limitée, pour que nous puissions dépasser un
certain terme dans la réalisation de nos conceptions. Mais
j'ai été au bout de mes propres pensées, et je crois le moment
venu de dégager les lois et les notions générales, dont la recherche m'avait entraîné dans cette longue suite d'expériences.
Je me propose de montrer ainsi comment les notions récemment
acquises sur la théorie de la chaleur permettent de ramener la
chimie tout entière, c'est-à-dire la formation et les réactions
des substances organiques, aussi bien que celles des substances
minérales, aux mêmes principes mécaniques qui régissent déjà
les diverses branches de la physique. Tel est l'objet du présent
ouvrage.

INTRODUCTION

§ 1er. — **La théorie mécanique de la chaleur et la chimie.**

1. Une révolution générale s'est produite dans les sciences physiques depuis trente ans, par suite de la nouvelle conception à laquelle la philosophie expérimentale a été conduite sur la nature de la chaleur : au lieu d'envisager celle-ci comme résidant dans un fluide matériel, plus ou moins étroitement uni aux corps pondérables tous les physiciens s'accordent aujourd'hui à regarder la chaleur comme un mode de mouvement. La notion de phénomène a ainsi remplacé la notion de substance, attribuée naguère à la chaleur et exprimée par le mot *calorique*. Cette conception nouvelle, déjà entrevue autrefois dans l'étude du frottement et du dégagement indéfini de chaleur qui peut en résulter, a été démontrée vraie par Mayer, Colding et Joule vers 1842, et établie d'une manière plus complète par Helmholtz, Clausius, Rankine et W. Thomson. Les travaux de ces savants ont prouvé d'une manière irréfragable l'*équivalence mécanique* de la chaleur, c'est-à-dire la proportionnalité entre la quantité de chaleur disparue dans les machines et la quantité de travail mécanique développé simultanément.

2. Ainsi il est démontré que dans les machines proprement dites il existe une relation directe entre la chaleur disparue et le travail produit. Toutes les fois qu'une certaine quantité de

chaleur disparaît dans un système de corps, sans pouvoir être retrouvée dans les corps environnants, on observe dans le système soit un accroissement de force vive, soit une production de travail correspondante. Réciproquement, s'il y a perte de force vive ou dépense de travail dans un système, sans que cette perte ou cette dépense s'explique par un phénomène du même ordre et corrélatif dans un autre système, on observe le dégagement d'une quantité de chaleur proportionnelle à cette diminution. Les deux ordres de phénomènes sont donc équivalents.

3. Ce principe d'équivalence est démontré, je le répète, par des expériences directes, lorsqu'il s'agit des forces vives immédiatement mesurables et du travail extérieur et visible des machines. On est dès lors conduit à appliquer le même principe aux changements de force vive moléculaire, et aux travaux des dernières particules des corps, changements accomplis dans un ordre de mouvements et de parties matérielles que l'on ne peut ni voir ni mesurer directement. Il s'agit en particulier de rechercher si les mouvements insensibles qui règlent les phénomènes chimiques obéissent aux mêmes lois que les mouvements sensibles des machines motrices. Mais on rencontre ici une difficulté fondamentale : les mouvements insensibles développés pendant les actions chimiques ne pouvant être ni décrits ni mesurés directement, comme ceux des machines proprement dites. C'est pourquoi la question ne saurait être décidée que par voie indirecte; je veux dire par la conformité constante des expériences avec les résultats prévus par la théorie. Réciproquement, une telle conformité étant supposée établie, il en résulte cette conséquence capitale, que les travaux des forces chimiques sont ramenés à une même définition et à une même unité, communes à toutes les forces naturelles.

§ 2. — **Définitions.**

1. Avant d'aller plus loin, il convient de rappeler quelques définitions fondamentales de la mécanique, relatives à certains

mots employés dans les lignes précédentes, et qui reparaîtront sans cesse dans le cours de cet ouvrage, tels que les expressions : « force, travail, force vive, forces centrales, énergie, énergie actuelle et énergie potentielle, conservation de l'énergie, » etc.

2. Une *force*, au point de vue des physiciens, est une cause quelconque de mouvement.

3. Le *travail* d'une force est le produit de son intensité (F) par le chemin parcouru (l) :

$$T = Fl;$$

en supposant la force constante en grandeur, en direction, et agissant parallèlement à la direction du mouvement. Si celle-ci est inclinée par rapport à la force, le chemin parcouru devra être multiplié par la projection de la force sur sa direction.

4. La *force vive* d'un corps est la moitié du produit de sa masse par le carré de sa vitesse :

$$F = \tfrac{1}{2} mv^2.$$

5. La force vive d'un système de corps est nécessairement la somme des forces vives des corps pris isolément, soit :

$$F = \tfrac{1}{2} \Sigma mv^2.$$

Cela posé, on démontre que :

[1] « Dans un système quelconque de points matériels, la
» somme des travaux des forces pendant un temps quelconque
» est égale à l'accroissement de la force vive du système » :

$$\Sigma T = \sum \left(\frac{mv^2}{2} - \frac{mv_1^2}{2} \right).$$

6. Il convient de préciser davantage les caractères des actions naturelles. Dans les corps, tels que nous les connaissons, les actions mutuelles des diverses parties peuvent être remplacées par les actions qui émaneraient d'un certain nombre de points matériels, s'attirant ou se repoussant suivant une loi qui ne dépend que de leur distance et de leur masse. En d'autres

termes, les actions mutuelles de deux points sont indépendantes des actions exercées par les points qui les entourent; par conséquent, les actions mutuelles dans un système peuvent être exprimées en opposant successivement un point quelconque à chacun des autres pris isolément.

Les actions élémentaires qui satisfont à de telles conditions, définies par Newton, sont dites des *forces centrales*.

Observons que ces conditions n'ont rien qui paraisse nécessaire *à priori* et dans un sens absolu; mais elles se vérifient par la conformité constante de leurs conséquences avec les phénomènes naturels.

7. Les forces qui agissent sur un système de points matériels étant regardées comme des forces centrales, on démontre que :

[2] « La variation de la force vive d'un système, soumis seu-
» lement à des actions intérieures, ne dépend que des coordon-
» nées de chaque point, prises dans l'état initial et dans l'état
» final. »

Elle est indépendante de la nature et de la durée des états intermédiaires, aussi bien que de la grandeur et de la direction des forces initiales. Ainsi, toutes les fois que les points du système repassent par une même position dans l'espace, la somme des forces vives reprend une valeur identique.

8. Cela nous conduit à rechercher quelles relations générales existent entre les transformations que le système précédent peut éprouver, à partir d'un certain état originel, arbitraire d'ailleurs.

La somme des forces vives étant $\sum \frac{mv^2}{2}$, dans un état quelconque pris arbitrairement;

$\sum \frac{mv_0^2}{2}$, dans un certain état défini;

Enfin $\sum \frac{mv_1^2}{2}$ dans un autre état défini;

ΣT_0 étant le travail des forces pendant que le système passe du premier état au second;

ΣT_1, le travail des forces pendant l'autre transformation;

on a entre ces quantités les relations suivantes :

$$\sum \frac{mv_0^2}{2} - \sum \frac{mv^2}{2} = \Sigma T_0;$$

on a de même

$$\sum \frac{mv_1^2}{2} - \sum \frac{mv^2}{2} = \Sigma T_1;$$

d'où l'on tire par différence :

$$\sum \frac{mv_1^2}{2} - \sum \frac{mv_0^2}{2} = \Sigma T_1 - \Sigma T_0.$$

De là résulte, pour un état quelconque :

$$\sum \frac{mv_1^2}{2} - \Sigma T_1 = \sum \frac{mv_0^2}{2} - \Sigma T_0 = \text{constante.}$$

Cette quantité constante, caractéristique d'un système qui n'est soumis à l'action d'aucune cause extérieure et indépendante de ses coordonnées actuelles, est ce que M. Rankine a appelé *l'énergie* du système.

9. D'après ce qui précède :

[3] « L'énergie totale d'un système, soumis uniquement à des » actions intérieures, est constante. »

Cet énoncé est désigné sous le nom de *principe de la conservation de l'énergie.*

On dit aussi, mais d'une manière moins correcte, *principe de la conservation de la force.*

10. Ainsi l'énergie totale est la somme de deux quantités, savoir : *l'énergie actuelle*, qui n'est autre chose que la force vive, $\sum \frac{mv^2}{2}$, et qui est susceptible de se consommer en travaux ultérieurs ;

Et *l'énergie virtuelle* ou *potentielle* ΣT, prise en signe contraire, qui exprime la force vive déjà transformée en travaux accomplis depuis un certain état initial.

Ces deux quantités sont complémentaires : à peu près comme dans un ressort vibrant, dont la force vive est nulle aux points les plus extrêmes de sa course, le travail accompli étant maximum; tandis que la force vive est maxima et le travail accompli nul dans la position d'équilibre.

Pour appliquer ces principes à l'étude des phénomènes chimiques, il convient maintenant de présenter quelque idée générale sur la constitution de la matière et sur la nature des mouvements dont elle est animée. Exposons d'abord les notions que la physique nous fournit; puis nous examinerons celles qui résultent de la chimie.

§ 3. — Constitution physique de la matière.

1. L'étude des phénomènes physiques conduit à envisager les corps comme formés de particules extrêmement petites, exerçant les unes sur les autres des actions mutuelles. Elles peuvent être assemblées sous trois états distincts, savoir : *l'état solide*, *l'état liquide* et *l'état gazeux*; trois états sous lesquels un même corps peut en général subsister.

2. Dans *l'état solide*, le volume et la forme de la masse sont constants, c'est-à-dire que les particules sont assujetties à demeurer à des distances sensiblement fixes et disposées suivant des directions à peu près invariables; ainsi qu'on le voit surtout dans les corps cristallisés. Ces particules ne peuvent éprouver que des mouvements d'ensemble, ou bien des vibrations intérieures, dans lesquelles les particules oscillent autour d'une position d'équilibre.

Un tel état ne saurait être conçu que si l'on admet dans les corps des vides intérieurs et des actions attractives, qui tendent à rapprocher les particules; en même temps, certaines actions répulsives agissent suivant une fonction différente de la distance, et empêchent le rapprochement de devenir complet. Ces actions répulsives augmentent en général sous l'influence de l'échauffement, lequel tend à dilater la plupart des corps solides.

3. Dans *l'état liquide*, le volume occupé par la masse est constant, mais celle-ci prend la forme du vase qui la renferme;

d'où il résulte que les particules sont assujetties seulement à demeurer à des distances fixes les unes par rapport aux autres, leur disposition relative pouvant changer et être modifiée avec une extrême facilité; à peu près comme un système de petites billes, contenues dans un vase complètement rempli et qui roulent les unes sur les autres sous l'influence des impulsions les plus faibles. Trois genres de mouvements intérieurs sont possibles dans les particules d'un liquide, savoir : des mouvements vibratoires, comme dans les solides; des mouvements de roulement, sans déplacement du centre de gravité ; enfin des mouvements de translation, en vertu desquels une particule se transporte en glissant à travers les autres.

Ici encore deux genres d'actions doivent être invoqués, pour concevoir les phénomènes, savoir : des actions attractives, qui empêchent les particules de se disperser au loin sous l'influence de la moindre impulsion ; et des actions répulsives, qui s'opposent à leur rapprochement. Certaines de ces actions répulsives sont développées par l'échauffement, lequel dilate les général les liquides et possède le pouvoir de faire passer en corps de l'état solide à l'état liquide.

4. Enfin, dans l'*état gazeux*, les particules s'écartent les unes des autres, sans autre limite que les parois des vases qui les renferment, et sur lesquelles elles exercent une certaine pression. Les actions attractives, si manifestes dans l'état solide, deviennent insensibles dans l'état gazeux; tandis que les actions répulsives s'exercent d'une façon prépondérante. Ces dernières actions sont surtout développées par la chaleur, qui accroît la pression exercée par les gaz sur les parois des vases qui les renferment. C'est, d'ailleurs, l'acte de l'échauffement qui fait passer tour à tour un même corps, tel que l'eau ou le mercure, de l'état solide à l'état liquide, puis à l'état gazeux, en effectuant certains travaux sur leurs particules, en même temps qu'il en accroît sans cesse la force vive.

On peut se représenter les actions répulsives qui s'exercent dans un gaz comme dues à l'élasticité des particules dernières du gaz, lesquelles se comporteraient à la façon de myriades de petites billes élastiques, animées d'un mouvement incessant, et rebondissant sur les parois des vases qui les renferment; vases dont elles n'occuperaient, si elles étaient immobiles, qu'une très faible portion. Ces particules sont susceptibles de trois espèces de mouvements, savoir : des mouvements de translation qui les entraînent en ligne droite suivant une direction déterminée, jusqu'à ce qu'elles rencontrent une paroi, ou bien une autre particule; des mouvements de rotation, qui se développent sous l'influence des chocs; enfin, des mouvements de vibration, produits, soit par les chocs, soit par l'action de la chaleur. La réalité de ces derniers mouvements est attestée par les phénomènes optiques; leur existence, jointe à celle des phénomènes d'élasticité, tend à établir que les particules des corps gazeux, si petites qu'elles soient, sont en réalité des masses d'un certain volume, comparables jusqu'à un certain point à des corps solides et formées elles-mêmes de particules infiniment plus petites.

Telle est la conception physique de l'état des corps matériels.

§ 4. — Constitution chimique de la matière.

1. La chimie apporte à nos conceptions des notions nouvelles. En effet, la plupart des corps que nous connaissons sont des corps composés, c'est-à-dire susceptibles d'être réduits par l'analyse chimique en éléments plus simples. Or, cette analyse s'applique aux particules, même les plus petites que la physique nous fasse concevoir, telles que les particules gazeuses : chaque particule d'eau gazeuse, par exemple, peut être décomposée en plusieurs particules d'hydrogène et d'oxygène, invariablement liées dans le gaz aqueux.

2. Ce n'est pas tout : les particules des corps ne sont pas indéfiniment divisibles par les procédés chimiques. L'analyse, en effet, ne tarde pas à atteindre les *substances simples*, ou *éléments chimiques*, qu'aucune action connue ne peut décomposer : ce sont donc là les dernières particules accessibles à nos

expériences. Cette circonstance les fait quelquefois désigner sous le nom d'*atomes*, mot qu'il ne faudrait pas entendre dans un sens absolu ; car les propriétés physiques des particules dernières que nous connaissons obligent à les concevoir comme formées elles-mêmes de particules infiniment plus petites, de l'ordre de grandeur de celles qui constitueraient la *matière éthérée* des physiciens.

3. Quoi qu'il en soit de ces spéculations, les particules dernières de la chimie possèdent une masse déterminée. En effet. l'expérience nous enseigne que : *les éléments chimiques se combinent suivant des rapports de poids absolument invariables pour chaque composé défini.*

4. *Ces poids sont multiples les uns des autres,* par des nombres simples, dans les composés qui résultent de l'union de deux éléments identiques.

5. Enfin ces poids sont tels. que *les rapports suivant lesquels deux éléments se combinent avec un troisième* (ou leurs multiples) *sont précisément les mêmes que les rapports suivant lesquels ils se combinent entre eux.*

Dès lors ce sont aussi les *rapports suivant lesquels les éléments se substituent* les uns aux autres, dans leurs combinaisons. Ils constituent ce que l'on appelle les *équivalents chimiques.*

Ainsi les équivalents expriment les rapports de poids des dernières particules élémentaires, dont la réunion constitue tous les composés chimiques (1).

Observons que ces rapports sont connus seulement à un multiple près ; car on a dû faire un choix, toutes les fois qu'il s'est agi de déterminer chacun d'eux parmi les divers nombres qui expriment les combinaisons formées en proportions multiples.

6. Les lois générales de la chimie étant ainsi établies par des expériences fondées uniquement sur la connaissance des poids

(1) On trouve à la page XXXI le tableau des équivalents adoptés dans cet ouvrage. On y a joint dans une colonne séparée les nombres simples (1 ou 2), par lesquels il faut les multiplier pour obtenir les poids atomiques de certains auteurs actuels.

des matières qui se combinent, rapprochons ces lois des connaissances acquises en physique sur la constitution des corps.

C'est surtout l'étude des gaz qui offre à cet égard les résultats les plus intéressants.

Les particules dernières des gaz, envisagées au point de vue physique, sont nécessairement : ou les mêmes que celles qui concourent aux phénomènes chimiques; ou formées par l'assemblage d'un certain nombre de ces dernières. C'est en effet ce que vérifie l'étude physique des gaz, en montrant d'ailleurs que le nombre dont il s'agit ne surpasse pas 2, ou 4 au plus, dans les cas les plus compliqués. En effet :

7. *Loi des densités gazeuses.* — Les poids de tous les gaz, simples ou composés, pris sous le même volume, sont proportionnels à leurs équivalents (ou à des multiples simples de ceux-ci, tels que 2 ou 4).

En transportant, par hypothèse, les propriétés d'un volume déterminé d'un gaz à chacune des particules qui le constituent, on peut traduire cette loi sous une forme concrète, et dire que : tous les gaz renferment le même nombre de particules (ou des nombres doubles ou quadruples de celui-là).

On appelle en particulier *poids moléculaires*, des poids proportionnels à ceux des divers gaz pris sous le même volume.

8. *Loi des chaleurs spécifiques gazeuses.* — Les divers gaz simples, pris sous le même volume, absorbent la même quantité de chaleur, pour une même élévation de température; c'est-à-dire, comme nous le montrerons tout à l'heure, qu'ils éprouvent un même accroissement de force vive.

On en déduit avec probabilité que : la force vive totale communiquée par la chaleur est la même pour tous les gaz simples, pris sous le même volume. D'où l'on conclut encore que : la force vive de chaque particule élémentaire, dans les gaz simples, offre, soit une même valeur, soit la moitié, soit le quart de cette valeur.

9. Des relations analogues, mais moins précises, existent pour l'état solide, entre les chaleurs spécifiques des divers éléments

entre leurs densités, et même en général entre les diverses propriétés qui dépendent des masses relatives. Ces relations se vérifient surtout pour les groupes de corps analogues; mais elles n'offrent pas pour l'ensemble des corps solides une signification, soit théorique, soit expérimentale, aussi certaine que pour les corps gazeux. Nous ne saurions cependant les négliger; car elles manifestent le rôle capital des dernières particules chimiques dans l'étude des propriétés physiques des corps.

10. *Notation atomique.*— On a cherché à simplifier les énoncés précédents, en admettant que tous les gaz renferment précisément le même nombre de particules (hypothèse d'Avogadro), et en choisissant de préférence les équivalents qui satisferaient à cette condition fondamentale. Comme elle ne suffisait pas, on l'a complétée, ou plutôt altérée, par l'intervention de la loi des chaleurs spécifiques solides, laquelle manque de rigueur (voy. pages 475, 477, 478, 490). Les équivalents ainsi déterminés ont été appelés *poids atomiques.* Mais, en réalité, les poids atomiques ne présentent pas un caractère plus absolu que les équivalents proprement dits; attendu qu'il n'a pas été possible de faire concorder exactement dans leur détermination les rapports de poids tirés des combinaisons chimiques , avec ceux qui sont déduits des densités gazeuses et des chaleurs spécifiques. En fait, les vrais poids moléculaires sont : tantôt égaux aux nouveaux poids atomiques (acide chlorhydrique, alcool, etc.); tantôt doubles (hydrogène, azote, etc.) ; tantôt triples (ozone); tantôt quadruples (phosphore, arsenic). En outre, les partisans de la nouvelle théorie excluent le rapport égal à un demi, quoique ce rapport paraisse établi par l'expérience pour un certain nombre de corps.

Les dernières particules physiques des gaz ne sont donc, d'après la notation atomique moderne, pas plus que d'après la notation des anciens équivalents, identiques avec les particules dernières de la chimie (1).

(1) Voyez l'exposé et la discussion de la théorie atomique moderne dans ma *Synthèse chimique,* p. 154 à 171 Chez Germer-Baillière, 1876.

Quoi qu'il en soit, les développements qui précèdent montrent quelles relations étroites existent entre la constitution physique et la constitution chimique des corps ; ils justifient de plus en plus l'intervention des notions mécaniques en chimie.

Revenons donc à la combinaison chimique.

§ 5. — Affinité.

Le moment est venu de définir l'*affinité* : c'est la résultante des actions qui tiennent unis les éléments des corps composés. Dans l'étude de cette résultante, on doit tenir compte des actions naturelles qui peuvent modifier, c'est-à-dire déterminer ou faciliter, soit la combinaison des éléments, soit la décomposition des corps composés. Telles sont la chaleur, l'électricité, la lumière, et même, dans certains cas, les effets mécaniques du choc ou de la pression.

Pour bien concevoir les effets développés par ces diverses actions, il convient d'observer que les particules de tout corps simple ou composé, pris spécialement dans l'état gazeux, mais aussi même dans les états solide et liquide, sont animées des mouvements multiples définis plus haut. Ces mouvements existent à la fois : dans chacune des particules composées, qui constituent les combinaisons ; dans chacune des particules élémentaires, dont l'association constitue les particules composées ; enfin dans chacune des particules infiniment plus petites signalées plus haut, et dont l'association constitue probablement les corps simples eux-mêmes.

§ 6. — Dégagement de chaleur dans les actions chimiques.

1. On admet aujourd'hui qu'au moment de la combinaison chimique, il y a précipitation des molécules les unes sur les autres, avec une grande vitesse : de là résulte un dégagement de chaleur, comparable à celui qui a lieu au moment du choc de deux masses sensibles, par exemple d'un marteau sur une

enclume. Les causes de ce dégagement de chaleur se comprennent aisément, si l'on remarque que chacune des masses moléculaires ainsi précipitées doit être conçue comme animée, dans son état primitif, de diverses espèces de mouvements : mouvements de translation, mouvements de rotation, mouvements de vibration ; tous mouvements qui sont d'ordinaire détruits ou transformés dans la formation du nouveau composé. Les distances des molécules, et, par suite, leurs actions réciproques, sont changées ; les liaisons primitives sont pour la plupart anéanties, ou remplacées par de nouvelles dépendances. Les travaux effectués pendant ces divers changements se traduisent, en général, de même que ceux qui ont lieu pendant le choc, par des dégagements de chaleur.

Si nous pénétrons plus avant dans l'analyse des causes qui déterminent ces dégagements de chaleur, nous sommes conduits à distinguer : la chaleur développée par les énergies chimiques proprement dites et celle qui résulte des changements d'états, laquelle dérive plus spécialement des énergies physiques.

2. Aux *énergies physiques*, nous rapporterons la chaleur dégagée ou absorbée par la liquéfaction des gaz, la solidification des liquides, les changements de volume et de chaleur spécifique dans les gaz, les liquides et les solides, les changements de tension de vapeur et de fluidité dans les liquides, la cristallisation et les changements de forme cristalline dans les solides, ainsi que les modifications diverses de l'état amorphe, etc., etc. ; bref, l'ensemble des changements observés, toutes les fois que les propriétés du composé ne sont pas exactement celles d'un simple mélange des composants.

3. *Énergies chimiques*. — Cependant la chaleur dégagée par suite d'une perte d'énergie physique ne représente, dans un grand nombre de cas, qu'une fraction minime, sinon même nulle, de la chaleur développée réellement par la combinaison : c'est ce qui résulte de la comparaison entre la chaleur spécifique des éléments gazeux et celle de leurs composés, pris sous le même état.

Développons cette comparaison : la chose est utile, attendu que la chaleur dégagée dans les réactions chimiques avait été expliquée à l'origine par l'inégalité des chaleurs spécifiques du composé et de ses éléments. Sans méconnaître que cette inégalité ne joue un rôle important dans la chaleur développée par les gaz formés avec condensation, il n'est pas cependant possible d'y recourir quand il s'agit des gaz composés formés sans condensation, tels que le bioxyde d'azote, gaz dont la chaleur spécifique est précisément la somme de celles de ses composants. Il en est de même de l'acide chlorhydrique, si l'on veut bien négliger le léger excès que la chaleur spécifique du chlore présente sur celles des autres gaz simples. Il en est de même *à fortiori* de l'oxyde de carbone, la chaleur spécifique équivalente du carbone sous la forme solide étant moindre que celles des éléments actuellement gazeux.

Ce n'est pas non plus par l'inégalité des chaleurs spécifiques que l'on expliquera la chaleur dégagée dans la formation de ces gaz composés dont la chaleur spécifique équivalente varie et devient supérieure à celles de leurs composants, à partir d'une certaine température. Tel est le cas de l'acide carbonique, lorsqu'il est formé vers 200 ou 300 degrés, par l'union de l'oxyde de carbone et de l'oxygène. Il paraît en être de même pour la plupart des gaz formés avec condensation.

4. Ceci montre que la cause fondamentale de la chaleur dégagée par les actions chimiques doit être cherchée dans la constitution même des molécules élémentaires, opposées l'une à l'autre par l'acte de la combinaison. Il y a là des travaux spéciaux, d'une grandeur parfois extrême : soit qu'il s'agisse de la chaleur dégagée par la réaction directe du chlore sur l'hydrogène ($+\,22\,000$ calories); soit que l'on envisage la chaleur dégagée par la décomposition du bioxyde d'azote en ses éléments ($+\,43\,500$ calories), chaleur qui se retrouve en plus dans les combustions opérées par ce gaz composé.

5. L'énergie extraordinaire qui se manifeste ainsi ne saurait tirer son origine de la force vive fournie aux gaz par la seule action de l'échauffement, qui les maintient à une température déterminée; c'est-à-dire de la force vive actuelle, qui correspond aux mouvements des particules gazeuses proprement dites. En effet

la force vive actuelle est la même, dans les cas cités ici, pour le gaz composé et pour ses éléments. La chaleur dégagée doit donc sortir de quelque source différente, et qui demeure en dehors de toute théorie calorifique des gaz, fondée sur des données purement physiques. Ainsi on doit attribuer la chaleur dégagée dans ces circonstances : soit à des travaux résultant d'un changement de disposition entre les particules chimiques dont l'assemblage, par groupes doubles ou quadruples, constitue chaque molécule physique élémentaire; soit et plutôt à des travaux spéciaux et à une réserve de forces vives, propres aux éléments eux-mêmes, et dépendant de la structure de leurs particules caractéristiques, en tant que celles-ci seraient constituées par des parties infiniment plus petites de matière éthérée ou analogue. On conçoit que la chaleur dégagée par un tel ordre de travaux chimiques puisse être indépendante de la température. Ajoutons enfin que les travaux de ce genre, si manifestes dans les combinaisons accomplies sans condensation, doivent se retrouver dans toutes les autres.

4. En résumé, les phénomènes thermochimiques peuvent être attribués aux transformations de mouvement, aux changements d'arrangement relatif, enfin aux pertes de force vive qui ont lieu, dans le moment où les molécules hétérogènes se précipitent les unes sur les autres pour former des composés nouveaux.

§ 7.—Principes de la mécanique chimique.

6. Les phénomènes moléculaires que nous venons de signaler sont beaucoup plus délicats que ceux qui relèvent de la mécanique ordinaire; car dans cet ordre de métamorphoses on ne peut mesurer directement ni la grandeur des travaux, ni celle des forces vives. Mais leur étude a pris une face nouvelle, par suite des développements récents de la théorie mécanique de la chaleur. En effet, le principe d'équivalence entre les travaux mécaniques ordinaires et la chaleur, étant supposé vrai également pour les travaux moléculaires, nous mène à des consé-

quences que l'expérience vérifie d'une manière constante. La concordance de ces vérifications expérimentales avec les déductions théoriques, concordance soutenue dans des milliers d'observations, permet d'appliquer avec certitude à l'ensemble des phénomènes chimiques les relations générales qui existent, d'après les théories mécaniques nouvelles, entre la chaleur disparue et le travail produit : nous sommes ainsi conduits à une suite de déductions qui constituent les principes fondamentaux de la thermochimie et de la mécanique chimique.

2. Ce sont ces principes que nous allons exposer ; ils sont résumés dans trois énoncés fondamentaux, savoir :

Le principe des travaux moléculaires ;

Le principe de l'équivalence calorifique des transformations chimiques, autrement dit principe de l'état initial et de l'état final ;

Le principe du travail maximum.

I. Principe des travaux moléculaires. — *La quantité de chaleur dégagée dans une réaction quelconque mesure la somme des travaux chimiques et physiques accomplis dans cette réaction.*

Ce principe fournit la mesure des affinités chimiques.

II. Principe de l'équivalence calorifique des transformations chimiques, autrement dit : Principe de l'état initial et de l'état final. — *Si un système de corps simples ou composés, pris dans des conditions déterminées, éprouve des changements physiques ou chimiques capables de l'amener à un nouvel état, sans donner lieu à aucun effet mécanique extérieur au système, la quantité de chaleur dégagée ou absorbée par l'effet de ces changements dépend uniquement de l'état initial et de l'état final du système ; elle est la même, quelles que soient la nature et la suite des états intermédiaires.*

Ainsi la chaleur dégagée dans une transformation chimique demeure constante, de même que la somme des poids des éléments.

III. Principe du travail maximum. — *Tout changement chimique accompli sans l'intervention d'une énergie étrangère tend vers la production du corps ou du système de corps qui dégage le plus de chaleur.*

La prévision des phénomènes chimiques se trouve ramenée par ce principe à la notion purement physique et mécanique du travail maximum accompli par les actions moléculaires.

Signalons encore l'énoncé suivant, qui se déduit du précédent, et qui est applicable à une multitude de phénomènes :

Toute réaction chimique susceptible d'être accomplie sans le concours d'un travail préliminaire et en dehors de l'intervention d'une énergie étrangère à celle des corps présents dans le système, se produit nécessairement, si elle dégage de la chaleur.

§ 8. — Plan du présent ouvrage.

Nous allons développer le sens et les applications de ces principes : les deux premiers seront exposés dans le premier volume, consacré à la *Calorimétrie chimique*, c'est-à-dire à l'étude des quantités de chaleur dégagées dans les réactions chimiques.

Le troisième principe formera l'objet principal du second volume, consacré spécialement à la *Mécanique chimique*, c'est-à-dire à l'étude des conditions qui déterminent et règlent les réactions chimiques.

Le premier volume lui-même sera partagé en trois livres :

Le Livre premier développe les règles et les méthodes générales de la calorimétrie chimique ;

Le Livre II contient la description des procédés expérimentaux et celle des appareils calorimétriques.

Le Livre III est consacré aux tableaux numériques : il comprend les nombres obtenus par expérience pour les quantités de chaleur dégagées ou absorbées pendant les divers changements d'états, physiques ou chimiques, dont les corps sont susceptibles dans les opérations de nos laboratoires.

Le second volume comprend deux livres, dont voici l'objet :

Le Livre IV est relatif à l'étude générale de la combinaison et de la décomposition chimiques : il embrasse ce que l'on pourrait peut-être appeler la *dynamique chimique*.

Le Livre V, enfin, renferme la *statique chimique* proprement dite, fondée sur le principe du travail maximum.

TABLEAU DES ÉQUIVALENTS CHIMIQUES ADOPTÉS DANS CET OUVRAGE

NOMS.	SYMBOLES.	ÉQUIVALENTS	POIDS atomique.	NOMS.	SYMBOLES.	ÉQUIVALENTS	POIDS atomique.
Aluminium..	Al	13,7	2×E	Manganèse..	Mn	27,6	2×E
Argent......	Ag	107,9	1	Molybdène..	Mo	46,0	2
Arsenic.....	As	75,0	1	Sodium.....	Na	23,0	1
Or.........	Au	98,3	2	Niobium....	Nb	47,0	2
Azote......	Az ou N	14,0	1	Nickel......	Ni	29,4	2
Bore*......	B	11,0	1	Oxygène....	O	8,0	2
Baryum.....	Ba	68,5	2	Osmium....	Os	99,5	2
Bismuth....	Bi	208,0	1	Phosphore..	Ph	31,0	1
Brome......	Br	80,0	1	Plomb.....	Pb	103,5	2
Carbone....	C	6,0	2	Palladium...	Pd	53,0	2
Calcium....	Ca	20,0	2	Platine.....	Pt	98,6	2
Cadmium ..	Cd	56,0	2	Rhodium....	R	52,2	2
Cerium.....	Ce	46,0	2	Rubidium...	Rb	85,4	1
Chlore.....	Cl	36,5	1	Ruthénium..	Ru	52,2	2
Cobalt.....	Co	29,4	2	Soufre......	S	16,0	2
Cæsium....	Cs	133,0	1	Antimoine..	Sb	120,6	1
Cuivre.....	Cu	31,7	2	Sélénium...	Se	39,4	2
Didyme.....	Di	48,0	2	Silicium....	Si	28,5	1
Erbium.....	Er	56,3	2	Étain.......	Sn	58,8	2
Fluor......	F	19,0	1	Strontium...	Sr	43,8	2
Fer........	Fe	28,0	2	Tantale. ..	Ta	91,0	2
Gallium.....	Ga	35,0	2	Tellure....	Te	64,1	2
Glucinium..	G ou Be	4,7	2	Thorium....	Tho	115,0	2
Hydrogène..	H	1,0	1	Titane......	Ti	24,0	2
Mercure....	Hg	100,0	2	Thallium...	Th	204,0	1
Iode........	I	126,8	1	Uranium...	U	60,0	2
Indium.....	In	37,0	2	Vanadium...	V	68,5	2
Iridium.....	Ir	98,6	2	Tungstène..	W	92,0	2
Potassium...	K	39,1	1	Yttrium.....	Y	31,5	2
Lanthane...	La	46,0	2	Zinc........	Zn	32,5	2
Lithium.....	Li	7,0	1	Zirconium...	Zr	45,0	2
Magnésium .	Mg	12,0	2				

Toutes les fois que les poids atomiques sont doubles des équivalents, on les exprime par le symbole équivalent *barré*. Ainsi O = 8 ; O̶ = 16.

Nous distinguerons dans le cours de cet ouvrage la petite *calorie*, quantité de chaleur capable de porter de 0 à 1 degré une gramme d'eau, et la grande *Calorie*, qui est 1000 fois aussi considérable.

ESSAI

DE

MÉCANIQUE CHIMIQUE

FONDÉE SUR LA THERMOCHIMIE

LIVRE PREMIER

AFFINITÉ CHIMIQUE ET CALORIMÉTRIE

—

CHAPITRE PREMIER

PRINCIPE DES TRAVAUX MOLÉCULAIRES

§ 1ᵉʳ. — **Définitions.**

1. L'*affinité chimique* est la résultante des actions qui tiennent unies deux substances différentes (ou un plus grand nombre) dans une combinaison homogène, c'est-à-dire douée de propriétés physiques et chimiques définies, distinctes de celles des composants simplement mélangés, propriétés identiques d'ailleurs pour toutes les parties du composé.

2. *Le travail de l'affinité a pour mesure la quantité de chaleur dégagée par les transformations chimiques accomplies dans l'acte de la combinaison.* En effet, d'après le principe des travaux moléculaires : *La quantité de chaleur dégagée dans une réaction quelconque mesure la somme des travaux chimiques et physiques accomplis dans cette réaction.* Ce principe ne se démontre pas à *priori*, mais il est fondé sur la concordance constante de ses conséquences avec les faits observés.

3. Il résulte de là que la chaleur dégagée dans une réaction est précisément équivalente à la somme des travaux qu'il faudrait accomplir, en sens inverse, pour rétablir les corps dans leur état primitif.

§ 2. — Distinction entre les travaux physiques et chimiques.

1. Ainsi les travaux accomplis par les forces moléculaires sont mesurés par les quantités de chaleur dégagées ou absorbées pendant l'accomplissement des réactions chimiques.

Ces travaux sont : les uns chimiques (changements de composition) ; les autres physiques (changements d'état ou de condensation).

Mais, pour définir ces divers travaux, il ne suffit pas d'écrire, comme on a coutume de le faire en chimie, la nature et les poids relatifs des corps réagissants ; il faut encore connaître l'état actuel de chacun de ces corps, les effets mécaniques extérieurs, enfin la température exacte à laquelle on opère.

2. Précisons ces notions par quelques exemples : Soient le chlore et l'hydrogène : $35^{gr},5$ du premier gaz s'unissent avec 1 gramme du second, pour former l'acide chlorhydrique, en dégageant 22 Calories ; le composé occupe d'ailleurs le même volume que ses composants. Dans cette circonstance, le travail physique est nul et le travail chimique est représenté par $22,0 \times E$, E étant l'équivalent mécanique de la chaleur. C'est là un cas type, dont les conditions peuvent être rarement réalisées dans toute leur rigueur. Citons d'autres combinaisons, en en faisant varier les conditions.

3. *Volume constant.* — Soient, en effet, l'oxygène et l'hydrogène : 8 grammes du premier gaz s'unissent avec 1 gramme du second pour former de l'eau. Pour que les conditions de cette combinaison fussent comparables aux précédentes, il faudrait opérer *à volume constant* et sous une pression telle que l'eau conservât l'état gazeux à la température de l'expérience. Telle est la pression $0^{m},004$ à la température zéro. Dans ces conditions, la chaleur dégagée serait égale à $+ 28^{Cal},92$. Elle est, d'ail-

leurs, sensiblement indépendante de la pression initiale; c'est-à-dire que l'on peut comprimer ou dilater les gaz composants, sans changer la chaleur dégagée, pourvu que le produit conserve l'état gazeux dans une capacité invariable. La chaleur dégagée ne dépend pas davantage, au moins en principe et pour les gaz parfaits, de la température à laquelle on opère.

4. *Pression constante.* — Mais il n'en est plus de même si l'on effectue la combinaison de l'hydrogène avec l'oxygène *sous pression constante.* En effet, dans cette condition, 3 volumes des gaz primitifs seront réduits à 2 volumes : réduction qui représente un certain travail, dû à des forces extérieures, telles que la pression atmosphérique. La chaleur dégagée par la formation de 9 grammes d'eau gazeuse, sous pression constante, sera donc un peu plus forte que la précédente : soit $+ 29^{Cal},5$ à la température zéro et sous la pression $0^{m},004$.

A 100 degrés et sous la pression atmosphérique, on aura : $+ 29^{Cal},3$; à 200 degrés, sous la même pression, $+ 29^{Cal},4$.

On voit que la quantité de chaleur dégagée à pression constante varie avec la température des gaz, lorsque la combinaison est accompagnée par un changement de volume. Cependant cette variation est faible, tant que l'intervalle des températures envisagées est peu étendu. La quantité de chaleur dégagée est d'ailleurs indépendante, en principe et pour les gaz parfaits, de la pression absolue sous laquelle on opère. En fait, elle ne varie guère avec la pression; du moins tant que cette pression n'est pas très considérable, et voisine de celle qui serait capable de liquéfier les produits de la réaction.

5. *Explosion.* — Les résultats seront tout autres, si le mélange d'hydrogène et d'oxygène, au lieu de se combiner peu à peu dans un réservoir, et sans produire d'effets mécaniques sur les corps extérieurs; si ce mélange, disons-nous, se combine tout d'un coup en masse et avec détonation. Dans ce cas, il y aura disparition d'une certaine quantité de chaleur, correspondant aux vibrations et aux effets mécaniques extérieurs développés par l'explosion. La chaleur réellement dégagée dans cette circonstance sera donc moindre que dans la précédente.

6. *Changements d'état.* — Jusqu'ici nous avons admis que la combinaison des deux gaz avait lieu sans changement d'état ; mais l'eau prend l'état liquide, lorsqu'on opère à la température et sous la pression ordinaires. La chaleur dégagée est alors égale à $+ 34^{Cal},5$; elle comprend, non-seulement la chaleur correspondant au travail chimique proprement dit, opéré à volume constant, mais encore celle qui répond aux travaux physiques effectués, d'abord par suite de la réduction des gaz de 3 volumes à 2 ; puis par la condensation de l'eau : ce dernier effet représente, à zéro, $+ 5$ Calories environ.

Enfin, si l'on opérait l'union de l'hydrogène et de l'oxygène à zéro, l'eau devenant solide, la chaleur dégagée s'élèverait à $+ 35^{Cal},2$; parce qu'elle serait accrue de $+ 0^{Cal},7$ en raison du travail physique qui répond à la solidification de l'eau.

On voit par là que la chaleur dégagée dans les actions chimiques varie avec les changements d'état (états solide, liquide, gazeux ou dissous) ; avec la pression extérieure, avec la température, etc. De là la nécessité de définir toutes ces conditions, pour chacun des corps mis en expérience. C'est alors seulement que nous pourrons aborder la mesure de l'affinité proprement dite, c'est-à-dire la mesure des travaux purement chimiques.

§ 3. — **Conditions expérimentales des mesures calorimétriques.**

1. Or, les déterminations thermiques, telles que nous pouvons les effectuer dans nos calorimètres, comprennent à la fois les divers ordres de travaux qui viennent d'être cités ; il existe à peine un ou deux cas, tels que la combustion du chlore dans l'hydrogène, où l'on puisse mesurer directement la chaleur dégagée par les seuls travaux chimiques. En effet, il n'est presque jamais possible de faire agir directement les uns sur les autres les corps purs pris tous dans l'état gazeux, ni même dans un état pareil, de façon à obtenir de nouveaux corps qui conservent cet état commun.

2. Par exemple, l'acide sulfurique anhydre, qui est solide, ne

réagit que difficilement sur la chaux vive ou sur la baryte
anhydre, substances solides, pour former les sulfates solides de
chaux ou de baryte. Cette difficulté résulte précisément de l'état
solide, commun à l'acide, à la base et au sel, état qui s'oppose
à un contact régulier de toutes les parties réagissantes. Il convient donc de recourir à quelque artifice pour mesurer la quantité de chaleur dégagée dans la réaction, quelque simple que
celle-ci soit en principe; c'est-à-dire pour déduire cette quantité
de chaleur d'un système d'expériences effectives.

§ 4. — Nécessité de rapporter les réactions à des états comparables.

1. Alors même que l'on peut mesurer directement la chaleur dégagée dans une réaction, où tous les corps réagissants
présentent le même état, il est encore nécessaire d'établir si cet
état commun est comparable théoriquement avec l'état des
corps similaires, capables de former des combinaisons analogues.
Par exemple, l'acide chlorhydrique et l'ammoniaque peuvent
être mis en réaction sous trois états distincts et réalisables par
expérience pour chacun d'eux, savoir: les états gazeux, liquide
et dissous; leur combinaison, c'est-à-dire le chlorhydrate d'ammoniaque, pouvant être obtenue soit dans l'état solide, soit dans
l'état dissous. Cela fait *dix-huit conditions* dans lesquelles peut
être effectuée la réaction théorique

$$AzH^3 + HCl = AzH^3,HCl;$$

chacune de ces conditions répondant à un dégagement de chaleur déterminé, lequel varie de $+ 42,5$ (composants gazeux,
composé solide) à $+ 12,4$ (tous corps dissous).

2. De même l'acide sulfurique hydraté et l'hydrate de
potasse peuvent être pris chacun sous les trois états solide,
fondu, ou dissous; l'eau et le sulfate de potasse produits par
leur réaction pouvant être chacun, ou solide, ou fondu, ou dissous : ce qui fait 36 manières différentes d'envisager la réaction et de compter la chaleur dégagée, celle-ci variant depuis

$+ 40^{\text{Cal}},7$ jusquà $+ 15^{\text{Cal}},7$, suivant la manière d'effectuer la réaction.

Laquelle de ces représentations, lequel de ces nombres choisirons-nous comme terme de comparaison ?

3. On voit par là que la distinction entre les travaux d'ordre physique, tels que la fusion, la vaporisation, etc., et les travaux d'ordre chimique accomplis dans les réactions, spécialement dans la combinaison proprement dite, aussi bien que la mesure précise de chacun de ces travaux, à l'aide des données empruntées aux expériences thermiques; cette distinction et cette mesure, dis-je, exigent l'intervention d'un nouveau principe : c'est le second principe de la thermochimie que nous allons énoncer.

CHAPITRE II

PRINCIPE DE L'ÉQUIVALENCE CALORIFIQUE DES TRANSFORMATIONS CHIMIQUES, AUTREMENT DIT PRINCIPE DE L'ÉTAT INITIAL ET DE L'ÉTAT FINAL.

§ 1ᵉʳ. — Énoncé du principe.

1. *Si un système de corps simples ou composés, pris dans des conditions déterminées, éprouve des changements physiques ou chimiques, capables de l'amener à un nouvel état, sans donner lieu à aucun effet mécanique extérieur au système, la quantité de chaleur dégagée ou absorbée par l'effet de ces changements dépend uniquement de l'état initial et de l'état final du système; elle est la même, quelles que soient la nature et la suite des états intermédiaires.*

2. Ainsi nous pouvons déterminer la transformation du carbone et de l'oxygène en acide carbonique par deux voies différentes : soit, en opérant directement,

$$C + O^2 = CO^2,$$

ce qui dégage + 47 Calories pour 6 grammes de carbone (diamant) et 16 grammes d'oxygène ;

Ou bien en formant d'abord de l'oxyde de carbone

$$C + O = CO,$$

ce qui dégage + 12^{Cal},9 ; puis en changeant l'oxyde de carbone en acide carbonique,

$$CO + O = CO^2,$$

ce qui dégage + 34^{Cal},1.

La somme des deux nombres : + 34,1 + 12,9 est égale à + 47,0.

Le principe, presque évident dans l'exemple précédent, cesse de l'être dans la plupart des circonstances. Aussi n'avait-il été ni énoncé, ni même aperçu par les chimistes, dans les cas où les transformations directes ne sont pas possibles, et où les quantités cherchées se déduisent d'un système de réactions plus ou moins compliquées. C'est ce qui arrive par exemple dans la formation et les métamorphoses des composés organiques.

Quelle est la quantité de chaleur dégagée lorsque le formène se change en alcool méthylique :

$$C^2H^4 + O^2 = C^2H^4O^2;$$

l'oxyde de carbone en acide formique :

$$C^2O^2 + H^2O^2 = C^2H^2O^4;$$

l'éthylène en alcool ordinaire :

$$C^4H^4 + H^2O^2 = C^4H^6O^2;$$

ou en acide acétique :

$$C^4H^4 + O^4 = C^4H^4O^4;$$

l'acide cyanhydrique en formiate d'ammoniaque :

$$C^2HAz + 2H^2O^2 = C^2H^2O^4,AzH^3?$$

Aucune de ces transformations ne peut être produite dans le calorimètre, et la plupart d'entre elles ne peuvent même point être exécutées directement. Aussi personne n'avait évalué, ni même regardé comme évaluables par des expériences, ces quantités de chaleur, avant le moment où je les ai déduites de certaines données expérimentales déjà connues, en m'appuyant sur un énoncé rigoureux du second principe (1).

§ 2. — Démonstration.

1. On voit par là qu'il est nécessaire de donner une démonstration de ce principe fondamental. La démonstration résulte du principe des travaux moléculaires, combiné avec les notions de la mécanique rationnelle. En effet, si les quantités de cha-

(1) *Annales de chimie et de physique*, 4ᵉ série, 1865, t. VI, p. 329-442.

leur dégagées dans les réactions d'un système qui a subi une métamorphose chimique représentent la somme des travaux qu'il faudrait accomplir pour ramener le système à ses conditions initiales, nous pouvons appliquer à un pareil système un principe général de la mécanique, celui des forces vives. Or, d'après ce principe, étant donné un état primitif d'un système, et un état final également déterminé, la somme des travaux effectués dans la transformation doit toujours rester la même, quelle que soit la route suivie pour arriver au résultat final.

2. Nous venons de déduire *à priori* le second principe de la thermochimie, en supposant qu'il y a équivalence entre les quantités de chaleur et le travail moléculaire des réactions chimiques. Mais le même principe peut aussi être regardé comme le résumé de toutes les expériences qui ont été faites jusqu'à ce jour en thermochimie. En effet, les conséquences auxquelles il conduit ont été vérifiées si souvent et de tant de manières, que l'on ne saurait élever de doute vraisemblable sur la légitimité de ce principe.

3. Or, si on le regarde comme démontré expérimentalement, il est clair que l'on peut en déduire réciproquement la démonstration rationnelle du principe des travaux moléculaires.

4. Le principe de l'équivalence calorifique des transformations chimiques a été entrevu depuis longtemps en thermochimie; mais, faute de le concevoir dans toute sa rigueur, on a souvent été conduit à des résultats inexacts. Montrons comment on doit s'en servir dans les applications. En effet, ce principe conduit à une méthode générale d'expérience et de calcul, destinée à évaluer les quantités de chaleur dégagées par la formation des composés chimiques.

§ 3. — Méthode d'expérience et de calcul.

1. Voici cette méthode. On forme deux cycles de réactions, à partir d'un certain système initial d'éléments ou de corps composés; jusqu'à un même système final. L'un de ces cycles com-

prend la formation, ou bien la décomposition, par une réaction praticable dans un calorimètre, de la substance dont on cherche la chaleur de formation; tandis que la même substance ne figure pas dans l'autre cycle, celui-ci renfermant seulement des corps dont la chaleur de formation est connue. En faisant les sommes des quantités de chaleur dégagées suivant l'un et l'autre des deux cycles, l'une des sommes renferme comme inconnue la quantité cherchée, et, en la retranchant de l'autre somme, on obtient la valeur de l'inconnue.

2. Soit, par exemple, la chaleur dégagée par la formation du sulfate de baryte, au moyen de l'acide sulfurique anhydre et de la baryte anhydre : elle ne peut être mesurée directement, à cause de l'irrégularité des réactions locales. Mais on y parvient comme il suit : On commence par dissoudre l'acide anhydre dans une grande quantité d'eau, opération facile à exécuter dans un calorimètre, et qui dégage

$$\text{pour } SO^3 = 40^{gr} : + 18^{Cal},70.$$

Nous en ferons autant pour la baryte, ce qui dégage

$$\text{pour } BaO = 76^{gr},5 : + 13^{Cal},9.$$

Puis nous ferons réagir les deux liqueurs, ce qui donne lieu à la précipitation du sulfate de baryte, SO^4Ba, avec un dégagement de chaleur égal à $+ 18^{Cal},4$.

La somme des trois quantités de chaleur successivement dégagées : $+ 18,7 + 13,9 + 18,4$, soit $+ 51^{Cal},0$, est la chaleur totale dégagée par l'union de l'acide et de la base anhydre, c'est-à-dire que

$$SO^3 + BaO = SO^4Ba, \text{ dégage} : + 51^{Cal},0.$$

Le calcul des cas simples, où les combinaisons et les décompositions sont directes et successives, comme dans l'exemple précédent, n'offre aucune difficulté. Mais il paraît utile de donner quelques applications plus compliquées.

3. Supposons que l'on veuille déterminer la chaleur dégagée lorsque l'éthylène s'unit à l'eau pour former l'alcool et l'éther. J'ai trouvé que :

$$C^4H^4 + H^2O^2 \text{ liquide} = C^4H^6O^2 \text{ alcool liquide, dégage} \ldots + 16,9.$$
$$2C^4H^4 + H^2O^2 \text{ liquide} = C^4H^4(C^4H^6O^2) \text{ éther liquide, dégage} : + 35,0.$$

Pour déterminer ces quantités, j'ai combiné séparément les trois corps, éthylène, alcool, éther, avec une même substance, l'acide sulfurique anhydre, de façon à former un même composé, l'acide iséthionique (1).

La différence entre les quantités de chaleur dégagées, prises deux à deux et rapportées à un état identique de l'acide iséthionique, fournit les nombres qui viennent d'être transcrits.

4. Citons quelques cas plus difficiles, pour montrer l'emploi de la méthode. Soit la chaleur de formation de l'oxyammoniaque au moyen de ses éléments.

$$Az + H^3 + O^2 = AzH^3O^2 \text{ dissoute, dégage} : + 23,7.$$

Cette quantité ne pouvant être mesurée directement, voici comment on y parvient (2). L'oxyammoniaque, mise en présence de la potasse, se décompose en azote, ammoniaque et eau :

$$3AzH^3O^2 \text{ dissoute} = 2Az + AzH^3 \text{ dissoute} + 3H^2O^2.$$

Or, cette réaction peut être effectuée dans un calorimètre, et l'observation prouve qu'elle dégage $+ 171$ Calories.

Pour tirer de là la chaleur de formation de l'oxyammoniaque depuis ses éléments : $Az + H^3 + O^2 + \text{eau} = AzH^3O^2$ dissoute, nous prendrons comme système initial : l'azote, l'oxygène, l'hydrogène,

$$3Az + 9H + 6O + \text{eau},$$

et comme système final : l'azote, l'ammoniaque et l'eau,

$$2Az + AzH^3 \text{ dissoute} + 3H^2O^2 + \text{eau}.$$

Cela posé, on aura :

1er CYCLE.

$3(Az + H^3 + O^2) + \text{eau} = 3AzH^3O^2$ dissoute, dégage :	$3x$
$3AzH^3O^2$ dissoute $= 2Az + AzH^3$ dissoute $+ 3H^2O^2$...	$+ 171$
Somme......	$+ 171 + 3x$

2e CYCLE.

$Az + H^3 + \text{eau} = AzH^3$ dissoute, dégage...........	$+ 35,15$
$3(H^2 + O^2) = 3H^2O^2$...........................	$+ 207,00$
Somme......	$+ 242,15$

$$3x + 171 = + 242,15; \quad x = + 23^{cal},7.$$

<hr>

(1) *Annales de chimie et de physique*, 5e série, 1876, t. IX, p. 328.
(2) *Ibid.*, 5e série, 1877, t. X, p. 433.

5. Soit enfin la chaleur de formation de l'acide cyanhydrique C^2AzH, laquelle fournit une application plus complète encore de la méthode. On calcule cette quantité en partant de la mesure de la chaleur dégagée par la réaction de l'acide chlorhydrique concentré sur l'acide cyanhydrique, lequel est transformé en acide formique et chlorhydrate d'ammoniaque ; on étend ensuite le mélange avec de l'eau, afin de diluer l'excès d'acide chlorhydrique et de redissoudre le chlorhydrate d'ammoniaque précipité. On obtient ainsi en définitive (1) la chaleur dégagée par la réaction suivante :

$$C^2AzH \text{ pur et liquide} + HCl \text{ étendu} + 2H^2O^2 =$$
$$C^2H^2O^4 \text{ (ac. formique) étendu} + AzH^3,HCl \text{ dissous, dégage} : + 11^{Cal},15.$$

Pour tirer de là la chaleur de formation de l'acide cyanhydrique, on établit deux cycles de métamorphoses entre les deux systèmes suivants :

Système initial :

$$C^2 + H^5 + Az + O^6 + HCl \text{ étendu} + \text{eau}.$$

Système final :

$$C^2O^4 + AzH^3,HCl \text{ dissous} + H^2O^2 + \text{eau}.$$

1ᵉʳ CYCLE.

$C^2 + H + Az = C^2HAz$ pur et liquide.	$x.$
$2(H^2 + O^2) = 2H^2O^2$, dégage.	+ 138,0 (Cal.)
$C^2HAz + HCl$ étendu (2) $+ 2H^2O^2 = C^2H^2O^4$ étendu $+ AzH^3,HCl$ étendu.	+ 11,15
$C^2H^2O^4$ étendu $+$ changé en $C^2H^2O^4$ pur.	— 0,10
$C^2H^2O^4 + O^2 = C^2O^4$ gaz $+ H^2O^2$.	+ 69,9
Somme.	$x + 218,95$

2ᵉ CYCLE.

$C^2 + O^4 = C^2O^4$.	+ 94,0
$H^2 + O^2 = H^2O^2$.	+ 69,0
$Az + H^3 + \text{Eau} = AzH^3$ dissoute.	+ 35,15
AzH^3 dissoute $+ HCl$ étendu $= AzH^3,HCl$ étendu	+ 12,4
Somme.	+ 210,55

$$x + 218,95 = + 210,55 ; \quad x = - 8^{Cal},4.$$

(1) *Annales de chimie et de physique*, 5ᵉ série, 1875, t. V, p. 440.

(2) La réaction réelle s'effectue avec l'acide concentré ; puis on étend d'eau la liqueur. Dans ces conditions, on obtient en plus la chaleur dégagée par la dilution du

Il y a donc absorption de chaleur dans la réunion du carbone, de l'hydrogène et de l'azote, éléments qui concourent à former l'acide cyanhydrique liquide, et cette absorption s'élève à — 8,4.

§ 4. — Conséquences du second principe.

Exposons maintenant quelques-unes des conséquences qui découlent du second principe de la thermochimie. Ces conséquences peuvent être groupées sous six dénominations, savoir :

1° Théorèmes généraux sur les réactions ;

2° et 3° Théorèmes sur la formation des sels solides et dissous ;

4° Théorèmes sur la formation des composés organiques ;

5° Théorèmes sur la chaleur mise en jeu dans les êtres vivants ;

6° Théorèmes sur la variation de la chaleur de combinaison avec la température.

Chacun de ces énoncés sera suivi de sa démonstration ; puis on en signalera les applications. Observons qu'il s'agit uniquement ici des théorèmes rigoureux, déduits par le raisonnement des principes généraux, et non des lois empiriques qui peuvent être reconnues par l'observation de certains groupes de composés ou de réactions.

même acide chlorhydrique au moyen de la proportion d'eau employée ; quantité qui doit être mesurée par une expérience spéciale et retranchée de la détermination relative à l'acide cyanhydrique. C'est ainsi que la valeur + 11^{cal},15 a été obtenue.

CHAPITRE III

THÉORÈMES GÉNÉRAUX SUR LES RÉACTIONS CHIMIQUES

§ 1ᵉʳ. — Théorème 1.

La chaleur absorbée dans la décomposition d'un corps est précisément égale à la chaleur dégagée lors de la formation du même composé, pourvu que l'état initial et l'état final soient identiques.

1. Par exemple, la chaleur et l'électricité décomposent l'eau en oxygène et en hydrogène, avec mise en liberté de 8 grammes d'oxygène et 1 gramme d'hydrogène. Cette décomposition, par quelque procédé qu'elle soit accomplie, absorbera nécessairement $+ 34^{Cal},5$; c'est-à-dire la même quantité de chaleur qui a été dégagée dans la combinaison de l'hydrogène et de l'oxygène.

Le théorème précédent se démontre immédiatement en le déduisant du second principe.

2. Laplace et Lavoisier admettaient déjà cette relation générale en 1780 (1), et tous les savants qui, depuis 1840, se sont occupés de thermochimie, tels que Hess, Favre et Silbermann, Andrews, Woods, Thomsen, l'ont acceptée en principe; quoique dans les applications relatives aux gaz, aux corps dissous et aux précipités, quelques auteurs aient parfois méconnu la nécessité d'une identité rigoureuse entre les états initials et finals.

Entre les nombreuses applications de ce théorème, il suffira de citer la mesure du travail chimique de l'électricité dans les décompositions effectuées par la pile voltaïque ; la mesure du travail chimique de la chaleur dans les décompositions et dissociations ; la mesure du travail chimique de la lumière, etc., etc.

(1) *Mémoire sur la chaleur*, publié en 1780 (*Œuvres de Lavoisier*, t. II, p. 287, édit. de 1862, par M. Dumas).

Précisons ces applications, afin de bien marquer les caractères propres des travaux chimiques et physiques effectués par les forces naturelles.

3. *Travail chimique de l'électricité.* — Soit d'abord l'électricité : elle détermine la décomposition d'une multitude de corps, tantôt à une haute température, sous forme d'étincelle ou d'arc électrique; tantôt à la température ordinaire, sous forme d'effluve (décharge silencieuse) ou de courant voltaïque. Ce dernier cas est le plus net. Par exemple, décomposons l'eau au moyen de la pile.

Pour résoudre l'eau en oxygène et hydrogène, il faut effectuer un certain travail, et ce travail est mesuré par la chaleur dégagée au moment de la réunion des éléments de l'eau. Or :

$$H + O = HO \text{ liquide, dégage} : + 34^{Cal},5.$$

Donc le travail nécessaire pour opérer la décomposition de l'eau équivaut à $+34^{Cal},5$. Telle est la mesure du travail chimique de la pile dans l'électrolyse de l'eau.   .

Ce travail étant produit par les *forces électromotrices*, on conçoit qu'il doive exister en général une certaine proportionnalité entre les forces électromotrices mises en jeu dans une décomposition et les quantités de chaleur développées dans la combinaison inverse. Il en sera ainsi; du moins toutes les fois qu'il ne s'accomplira aucun autre travail physique ou chimique simultané, tel que serait la fusion d'un solide ou l'effet inverse, la vaporisation d'un liquide ou la condensation d'un gaz, le changement isomérique d'un solide, la décomposition d'un corps dégageant par lui-même de la chaleur (eau oxygénée), les réactions secondaires d'oxydation ou de réduction exercées au voisinage des pôles sur les substances qui les entourent, etc. Observons que la précipitation des métaux est presque le seul cas d'électrolyse où ces conditions puissent être réalisées dans toute leur rigueur.

4. *Travail chimique de la chaleur.* — Le travail chimique de la chaleur est développé par l'acte de l'échauffement, c'est-à-dire en élevant la température des corps. Envisageons les cas principaux qui peuvent être observés.

Le travail chimique de la chaleur peut être calculé, séparément de tout autre, dans la décomposition des *gaz formés par l'union d'éléments combinés sans condensation*, tels que l'acide chlorhydrique. Supposons la décomposition opérée à la température T et sous un volume constant. En admettant d'abord, pour simplifier, que le gaz composé puisse être porté de zéro à T sans aucune décomposition, il absorbera ainsi une quantité de chaleur représentée par CT, C étant sa chaleur spécifique. Décomposons alors le gaz chlorhydrique en ses éléments, chlore et hydrogène ; le travail nécessaire sera exprimé par une quantité de chaleur, x. Laissons refroidir séparément le chlore et l'hydrogène jusqu'à zéro : ils dégageront une quantité de chaleur exprimée par $(c + c_1)$ T ; c, c_1 étant leurs chaleurs spécifiques respectives. Combinons enfin de nouveau les gaz élémentaires pris à zéro. Ils dégageront une certaine quantité de chaleur Q_0. Comme on est revenu au point de départ, on peut égaler les quantités de chaleur absorbées dans la première moitié de l'opération avec les quantités de chaleur dégagées dans la seconde moitié ; d'où l'on tire :

$$x + CT = (c + c_1)T + Q_0$$
$$x = Q_0 + (c + c_1 — C)T.$$

Mais, dans le cas des gaz formés sans condensation, on admet que la chaleur spécifique du composé est sensiblement égale à la somme de celles de ses éléments (1) :

$$c + c_1 = C.$$

Dès lors : $x = Q_0 = 22^{\text{Cal}},0$ pour le gaz chlorhydrique.

C'est la mesure du travail chimique effectué par la chaleur dans la décomposition proprement dite du gaz chlorhydrique ; le travail physique consommé par l'échauffement de ce gaz, soit CT, se retrouvant tout entier dans la chaleur dégagée par le refroidissement des éléments.

Ainsi, dans le cas d'un gaz composé formé sans condensation, le travail chimique de la chaleur, qui opère la décomposition, est

___

(1) Cette relation n'est qu'approchée, pour le gaz chlorhydrique.

indépendant de la température à laquelle il a lieu, et sensiblement égal à la chaleur dégagée par la combinaison des deux gaz déterminée à la température ordinaire. Cette conclusion est également vraie, que l'on opère à volume constant ou à pression constante; parce que dans ce dernier cas la somme des travaux extérieurs est nulle pour les gaz formés sans condensation.

5. *Dissociation.* — Nous avons supposé dans nos calculs la décomposition totale du gaz chlorhydrique effectuée à une température fixe, T : en réalité, cette décomposition est progressive, elle commence à s'opérer à une certaine température voisine de 1000 degrés, une portion du gaz étant décomposée, tandis que le reste demeure combiné. La fraction décomposée s'accroît avec la température, et deviendrait probablement totale à une température T' beaucoup plus élevée : c'est là ce que M. H. Sainte-Claire Deville a appelé la dissociation.

Mais l'intervention de ces phénomènes ne change rien à la mesure du travail chimique de la chaleur dans le cas précédent; à la condition de raisonner seulement sur la fraction m du gaz chlorhydrique réellement décomposée. On a alors :

$$m x = m Q_o$$

à toute température.

Cette expression étant indépendante de la température, on peut supposer que la décomposition croisse avec celle-ci d'une manière continue, ou discontinue, sans que rien soit changé dans le travail total nécessaire pour décomposer $36^{gr},5$ d'acide chlorhydrique.

6. *Travaux négatifs.* — Observons ici que le travail chimique de la chaleur est parfois négatif, comme il arrive dans les décompositions qui dégagent de la chaleur, au lieu d'en absorber. Telle serait la décomposition du bioxyde d'azote en ses éléments; en effet,

$$Az O^2 = Az + O^2, \text{ dégage} : + 13^{Cal},3.$$

Le composé étant formé sans condensation et sa chaleur spécifique étant rigoureusement égale à la somme de celles de ses éléments, le chiffre précédent demeurera le même, quelle que soit la température de décomposition.

Il est clair que, dans ce cas, le travail dû à l'échauffement ne comprend plus, comme dans le cas de l'acide chlorhydrique, un travail chimique proprement dit ; car il représente seulement le travail physique nécessaire pour amener le corps à une température telle qu'il se décompose de lui-même, en vertu de son énergie propre, et en dégageant de la chaleur, au lieu d'en absorber.

7. Envisageons maintenant la décomposition par la chaleur d'un *gaz formé avec condensation*. Tel est le gaz ammoniac porté à la température de 1000 degrés, *sous volume constant*, conditions dans lesquelles il se trouve complètement résolu en azote et hydrogène.

La quantité de chaleur nécessaire pour produire ces effets est facile à calculer ; car elle est égale à la chaleur cédée par l'azote et l'hydrogène pendant leur refroidissement depuis 1000 degrés jusqu'à zéro, soit $+ 9^{Cal},8$, pour 17 grammes d'ammoniaque AzH^3, plus la chaleur que dégagerait l'union de l'azote et de l'hydrogène à la température de zéro, soit $+ 26^{Cal},7$: ce qui fait en tout $+ 36^{Cal},5$.

Ce nombre mesure la somme de deux ordres de travaux fort différents, savoir : le travail physique nécessaire pour élever la température du gaz ammoniac jusqu'à la température T, à laquelle il se décompose, température inférieure à 1000 degrés ; et le travail chimique nécessaire pour décomposer le même gaz à cette température.

Si nous avions opéré la décomposition du gaz ammoniac *sous pression constante* et à 1000 degrés, la chaleur absorbée eût été plus considérable encore, et se fût élevée à $40^{Cal},5$; attendu qu'elle aurait dû développer en plus un travail mécanique extérieur, l'azote et l'hydrogène prenant un volume double de celui du gaz ammoniac primitif. Ici donc la chaleur effectue trois ordres de travaux distincts : elle élève la température, elle accomplit un travail extérieur, enfin elle produit une décomposition chimique.

Mais dans le cas du gaz ammoniac, pris soit à volume constant, soit à pression constante, nous ne pouvons pas évaluer le travail chimique séparément et à chaque température, comme nous l'avons fait pour le gaz chlorhydrique. Pour y parvenir, en effet, il faudrait connaître le degré de décomposition du gaz ammoniac, dans les conditions de temps et de température où elle commence sans être totale, et la chaleur spécifique du gaz ammoniac, pris à toutes ces températures; données que nous ne possédons avec exactitude, ni pour le gaz ammoniac, ni même pour aucun gaz composé.

8. Il est plus difficile encore d'évaluer séparément le travail chimique de la chaleur, lorsque le composé, ou ses éléments, *change d'état physique* (fusion, volatilisation et phénomènes inverses), *ou d'état chimique* (modifications isomériques); ou bien encore lorsque la décomposition produit des *composés intermédiaires*, généralement *plus condensés* que le corps primitif (transformations et équilibres pyrogénés des carbures d'hydrogène, des oxydes métalliques, etc.).

Mais je ne veux pas développer davantage cette distinction entre le travail total de la chaleur et son travail chimique proprement dit, l'évaluation précise de ce dernier offrant de grandes difficultés; tandis que le travail total est en général facile à calculer d'après le théorème ci-dessus.

9. *Travail chimique de la lumière.* — La lumière détermine, comme la chaleur et l'électricité, certaines réactions chimiques. Quoique le mécanisme de ces réactions soit obscur, on n'en peut pas moins mesurer le travail chimique de la lumière, à l'aide des mêmes principes. Soit, par exemple, la décomposition du chlorure d'argent, en admettant que ce composé se résolve en chlore et argent (1) :

$$AgCl = Ag + Cl.$$

Le travail chimique de la lumière serait mesuré par $+ 29^{\text{cal}},2$; car telle est la quantité de chaleur dégagée par l'union du chlore et de l'argent.

La décomposition de l'acide carbonique par les feuilles des

____

(1) En réalité, il paraît se former un sous-chlorure mal connu; mais nous simplifierons la décomposition théorique, afin de montrer le principe du calcul.

végétaux absorberait de même $+ 48^{Cal},5$, et ce chiffre représenterait le travail chimique de la lumière, s'il était possible d'admettre que l'acide carbonique se résolve en oxygène et carbone amorphe :

$$CO^2 = C + O^2, \text{ absorbe} : - 48^{Cal},5.$$

On arrive à peu près au même chiffre, si l'on admet que l'acide carbonique et l'eau se décomposent simultanément, avec formation d'hydrogène et d'oxyde de carbone :

$$CO^2 + HO = CO + H + O^2, \text{ absorbe} : - 48^{Cal},1.$$

En réalité, la réaction qui s'opère au sein des végétaux est plus compliquée ; car on ne voit apparaître ni carbone, ni oxyde de carbone, ni hydrogène libre, ces éléments demeurant engagés dans des combinaisons spéciales.

Toutefois le chiffre ci-dessus donne quelque idée de la grandeur du travail chimique de la lumière, parce que les combinaisons organiques, engendrées par le carbone ou par l'oxyde de carbone et l'hydrogène dans cette circonstance, mettent en jeu pour leur formation des quantités de chaleur relativement faibles.

10. Le travail chimique de la lumière est susceptible d'être mesuré dans les exemples précédents, parce que l'énergie de cet agent est employée à produire des décompositions qui absorbent de la chaleur (réactions endothermiques). Mais il est clair que l'on ne saurait prendre la chaleur dégagée pour mesure du travail chimique de la lumière, dans les cas où celle-ci détermine des réactions qui dégagent de la chaleur, telles que la combinaison de deux gaz (chlore et hydrogène) ; ou bien l'union de l'oxygène ou d'un corps oxydant (perchlorure de fer, ou autre) avec une substance oxydable (acide oxalique, ou analogue). Dans ces circonstances, en effet, la lumière se borne à mettre les corps dans des conditions telles qu'ils puissent réagir avec un certain dégagement de chaleur, empruntée à leur énergie propre, et non à celle de la lumière.

§ 2. — **Théorème II**

La quantité de chaleur dégagée dans une suite de transforma-
tions physiques et chimiques, accomplies simultanément, est la
somme des quantités de chaleur dégagées dans chaque transfor-
mation isolée (tous les corps étant ramenés à des états physiques absolument identiques).

1. Par exemple, l'acide azotique anhydre et gazeux, AzO^5
(soit 54 grammes), en agissant sur une grande quantité d'eau,
dégage $+ 14^{Cal},8$. Cette quantité, trouvée directement, est la
somme des quantités dégagées par les transformations suivantes :

Liquéfaction de l'acide anhydre..............	$+ 2,4$
Solidification de l'acide liquide..............	$+ 4,1$
Union de l'acide anhydre solide avec 1 équivalent	
d'eau pour former l'acide monohydraté......	$+ 1,15$
Dissolution de l'acide monohydraté dans une	
grande quantité d'eau.........	$+ 7,15$
Somme..........	$+ 14,80$

2. Le théorème précédent est une conséquence immédiate
du second principe. Mais on peut aussi y parvenir par des
expériences, dont l'enchaînement donne au principe lui-même
un nouveau degré de certitude. Soit, par exemple, la formation
du chlorure de calcium. On peut former ce corps à l'état de
dissolution étendue de deux manières différentes :

1° D'une part, on combine la chaux vive avec un poids d'eau
équivalent :

$$CaO + HO = CaO,HO.$$

Cette réaction, qui n'est pas sans de grandes difficultés pratiques au point de vue calorimétrique, dégage $+ 7^{Cal},5$.

On dissout ensuite l'hydrate de chaux dans l'eau :

$$CaO,HO + 25 \text{ litres d'eau} = CaO,HO \text{ dissoute},$$

réaction qui dégage $+ 1^{Cal},5$.

Enfin, on neutralise l'eau de chaux par l'acide chlorhydrique étendu :

$$CaO \text{ dissoute dans } 25 \text{ litres d'eau} + HCl \text{ dissous dans } 2 \text{ litres d'eau}$$
$$CaCl \text{ dissous dans } 27 \text{ litres d'eau},$$

réaction qui dégage $+ 14$ Calories.

La formation du chlorure de calcium, dissous dans cette proportion d'eau et à la température de 16 degrés, commune à toutes les expériences, a donc dégagé

$$+ 7,5 + 1,5 + 14,0 = + 23 \text{ Calories.}$$

2° D'autre part, on peut mettre en présence, d'un seul coup, dans un calorimètre, et à la même température, les mêmes poids de chaux vive, d'acide chlorhydrique étendu et d'eau employés dans les expériences précédentes.

$$CaO + HCl \text{ dissous dans } 2 \text{ litres d'eau} + 25 \text{ litres d'eau} =$$
$$CaCl \text{ dissous dans } 27 \text{ litres d'eau.}$$

La chaleur dégagée, dans mes essais, a été trouvée précisément égale à $+ 23$ Calories.

Cependant il est très-rare que l'on puisse, comme dans le cas précédent, exécuter simultanément et séparément toutes les transformations, dont l'ensemble constitue une réaction chimique définie. Le théorème sert au contraire, le plus souvent, à calculer le résultat total, d'après la somme des résultats partiels.

3. C'est ainsi que l'on peut calculer la chaleur dégagée dans la formation des sels solides, par exemple la chaleur de formation du sulfate de potasse au moyen de l'acide sulfurique cristallisé et de l'hydrate de potasse ; ce qui dégage $+ 39^{Cal},2$ (l'eau étant liquide) :

$$SO^3,HO + KO,HO = SO^3,KO + H^2O^2;$$

ou bien encore la formation du sulfate de baryte au moyen de l'acide et de la base anhydre :

$$SO^3 + BaO = SO^3,BaO,$$

laquelle dégage $+ 51^{Cal},0.$

Ces quantités ne pourraient être mesurées directement, à cause de la violence des réactions et de la difficulté de les compléter sur des produits solidifiés; mais on les mesure aisément en dissolvant au préalable et séparément chacun des corps dans l'eau.

§ 3. — Théorème III.

Si l'on opère deux séries de transformations, en partant de deux états initials distincts pour aboutir au même état final, la différence entre les quantités de chaleur dégagées dans les deux cas sera précisément la quantité dégagée ou absorbée lorsqu'on passe de l'un de ces états initials à l'autre.

1. Par exemple, l'oxygène et l'ozone, qui sont deux états isomériques du même élément, peuvent être employés à oxyder l'acide arsénieux en dissolution étendue, de façon à former de l'acide arsénique. En opérant dans les mêmes conditions de température et de dilution, l'expérience m'a donné, pour 24 grammes d'ozone absorbés, un dégagement de chaleur égal à $+ 34^{Cal},4$. Pour 24 grammes d'oxygène, on aurait d'ailleurs : $+ 19^{Cal},6$. En faisant la différence de ces deux nombres, on trouve $+ 14^{Cal},8$ pour la chaleur dégagée par la métamorphose de 24 grammes d'oxygène, c'est-à-dire O^3, en oxygène ordinaire. Le passage de l'oxygène d'un état isomérique à l'autre dégage donc une grande quantité de chaleur (1).

Le théorème précédent se démontre aisément en le déduisant du second principe.

2. Ce théorème offre de très-nombreuses applications, soit théoriques, soit expérimentales. Telle est, entre autres, la mesure de la chaleur dégagée par *l'union de l'eau avec les acides anhydres, les bases anhydres, les sels anhydres, les carbures d'hydrogène,* etc., pour former des hydrates définis. En effet, il serait souvent difficile, sinon même impossible, de former au sein d'un calorimètre ces hydrates dans des proportions strictement équivalentes; surtout quand les composants et le composé

(1) *Annales de chimie et de physique,* 5ᵉ série, 1877, t. X, p. 162.

sont solides, circonstance qui favorise la production des agrégats non homogènes et inégalement hydratés dans leurs diverses portions. Il est facile au contraire de dissoudre dans l'eau le corps anhydre et son hydrate défini, séparément, en opérant à la même température et dans les mêmes conditions de dilution.

Toutes les fois que les deux dissolutions ont des propriétés identiques, la différence entre les quantités de chaleur dégagées ou absorbées par des poids équivalents du corps anhydre et de son hydrate exprime la chaleur dégagée par l'union de l'eau et du corps anhydre, pour former l'hydrate défini.

Soit, par exemple, la transformation de l'acide azotique anhydre ($AzO^5 = 54^{gr}$) et de l'eau en acide azotique mono-hydraté ($AzO^6H = 63^{gr}$). L'expérience directe entre 54 grammes d'acide anhydre et 9 grammes d'eau ne pourrait guère être exécutée dans un calorimètre, sans que la chaleur dégagée par la réaction des premières portions de matière ne déterminât la décomposition d'une quantité notable de l'acide anhydre mis en œuvre. Mais on réussit aisément en faisant agir un excès d'eau, d'une part sur l'acide anhydre, et d'autre part sur son hydrate.

$$AzO^5,HO + 400HO, \text{ à } 10°, \text{ dégage : } + 7^{Cal},18$$
$$AzO^5 \text{ cristallisé } + 401HO, \text{ à } 10°, \text{ dégage : } + 8^{Cal},34.$$

Donc :

$$AzO^5 \text{ cristallisé } + HO \text{ liquide } = AzO^5,HO \text{ liquide, à } 10°, \text{ dégage : } 1^{Cal},16.$$

3. La même méthode s'applique à *la transformation de deux corps insolubles* dans l'eau, pourvu qu'on puisse les décomposer par un agent capable de les ramener à un état final identique. Tel est le cas du bioxyde de baryum anhydre, BaO^2 ($84^{gr},5$) et de son hydrate $BaO^2,7HO$: on peut dissoudre ces deux corps dans l'acide chlorhydrique étendu, ce qui produit du chlorure de baryum et du bioxyde d'hydrogène :

$$BaO^2 + HCl \text{ étendu } = HO^2 + BaCl \text{ étendu.}$$

Les conditions de température et de dilution étant identiques, la différence entre les quantités de chaleur dégagées est égale à la chaleur produite par la combinaison de l'eau avec le bioxyde de baryum. On trouve ainsi :

$$BaO^2 + 7\,HO \text{ solide} = BaO^2,7\,HO, \text{ à } 10^\circ, \text{ dégage} : + 4^{Cal},23.$$

4. On peut aussi mesurer par cette méthode la *chaleur de dissolution dans l'eau d'un gaz*, tel que l'acide carbonique; quantité que la lenteur de la dissolution immédiate ne permettrait guère d'obtenir avec quelque exactitude. Mais on y parvient, en faisant agir d'une part une dissolution aqueuse d'acide carbonique sur une solution étendue de potasse, en proportion équivalente; et, d'autre part, en faisant agir sur la même solution de potasse, à la même température, d'abord la proportion d'eau qui dissolvait l'acide carbonique dans l'essai précédent, puis un poids de gaz carbonique équivalent à la potasse. La somme des deux quantités de chaleur développées par les deux dernières opérations, étant diminuée de la chaleur produite dans la première, donne un résultat égal à la chaleur de dissolution du gaz carbonique, soit pour $CO^2 = 22$ grammes : $+ 2^{Cal},8$.

5. L'état final représente ici un système homogène et liquide; mais il est clair qu'il pourrait être constitué par un système hétérogène, renfermant des composés solides, tels que des précipités. C'est en effet ainsi que l'on détermine la chaleur dégagée par la dissolution de l'hydrogène sulfuré dans l'eau. Au lieu de mesurer cette quantité directement, ce qui offrirait quelques difficultés à cause de la lenteur de la dissolution du gaz sulfhydrique, il est préférable de faire agir sur un sel métallique dissous, tel que le sulfate d'argent, l'acide sulfhydrique préalablement dissous et pris en proportion équivalente; ce qui forme du sulfure d'argent et de l'acide sulfurique étendu :

$$(SO^4Ag + HO) + (nHS + n'HO) = (SO^4H + [n + n,]HO + AgS \text{ précipité}.$$

On mesure la chaleur Q dégagée par cette précipitation.

D'autre part, on prend la même dissolution de sulfate d'argent, on y ajoute la quantité d'eau employée précédemment pour dissoudre l'acide sulfhydrique, puis on y fait arriver une dose équivalente de cet acide gazeux, en prenant soin de mesurer la chaleur dégagée par ces deux opérations successives qui doivent être faites à la même température que la première :

$$(SO^4 Ag + n HO) + n' HO, \text{ dégage} : Q'.$$
$$(SO^4 Ag + [n + n'] HO) + HS \text{ gaz} = (SO^4 H + [n + n'] HO) + AgS \text{ précipité} : Q''.$$

La somme des deux dernières quantités, diminuée de la première, soit $Q' + Q'' - Q$, est égale à la chaleur dégagée par la dissolution du gaz sulfhydrique.

6. C'est encore par une méthode déduite du même théorème que j'ai mesuré la chaleur dégagée par la synthèse de l'alcool, au moyen de l'eau et de l'éthylène (1). L'union des deux corps n'ayant pas lieu directement, aucune mesure thermique immédiate n'est possible. Mais on tourne la difficulté en formant un seul et même composé, l'acide iséthionique, par la combinaison de l'acide sulfurique fumant avec l'alcool, d'une part; avec l'éthylène, d'autre part. La différence entre les quantités de chaleur dégagées est égale à la chaleur développée par l'union de l'éthylène (28^{gr}) et de l'eau (18^{gr}) formant l'alcool (46^{gr}) :

$$C^4 H^4 \text{ gazeux} + H^2 O^2 \text{ liquide} = C^4 H^6 O^2 \text{ alcool pur, dégage} : + 16^{Cal},9.$$

En général, la chaleur de formation des composés organiques, qui ne peut pas être mesurée directement, est déterminée par l'étude thermique de réactions aboutissant à un même état final, en partant d'états initials différents : telles sont les combustions par l'oxygène libre pour la plupart de ces composés; telle est la réaction des acides ou des alcalis sur les combinaisons du cyanogène, etc., etc.

§ 4. — **Théorème IV**.

Si l'on opère deux séries de transformations, en partant d'un même état initial pour aboutir à deux états finals différents, la différence entre les quantités de chaleur dégagées dans les deux cas sera précisément la quantité dégagée ou absorbée lorsqu'on passe de l'un de ces états finals à l'autre.

(1) *Annales de physique et de chimie*, 1876, 5ᵉ série, t. IX, p. 328.

1. Ce théorème est d'une application continuelle dans les expériences, et il sert de fondement à la plupart des méthodes calorimétriques nouvelles que j'ai introduites en thermochimie dans ces dernières années ; méthodes que l'on n'aurait pas osé employer autrefois, parce que l'on croyait nécessaire de connaître complétement les réactions intermédiaires. Au contraire, ce théorème dispense de définir les états transitoires et les réactions compliquées qui peuvent s'y produire.

2. C'est ainsi, par exemple, que j'ai déterminé (1) la chaleur dégagée par la décomposition de l'acide formique en eau et oxyde de carbone :

$$C^2H^2O^4 \text{ liquide} = C^2O^2 + H^2O^2 \text{ liquide, dégage} : + 1^{\text{Cal}},38,$$

quantité précisément égale à la chaleur absorbée dans la synthèse inverse de l'acide formique par l'eau et l'oxyde de carbone.

Pour l'obtenir, on provoque la décomposition au moyen de l'acide sulfurique concentré ; la quantité d'acide formique détruit étant donnée par la mesure du volume de l'oxyde de carbone dégagé. Cela posé, on opère les mesures calorimétriques de la manière suivante :

Soit le système initial

$C^2H^2O^4$ pur ; SO^4H concentré (4 à 5 fois le poids de l'acide formique) ;
nH^2O^2, eau (grande quantité).

Premier cycle. — On mêle l'acide sulfurique avec l'eau, ce qui dégage une quantité de chaleur Q ; puis on ajoute l'acide formique, ce qui dégage q. On obtient ainsi un système final renfermant les trois corps mélangés, sans autre changement chimique.

Deuxième cycle. — On prend d'autre part des poids des trois corps, eau, acide sulfurique, acide formique, identiques aux précédents ; on mêle dans un appareil approprié l'acide formique avec l'acide sulfurique concentré, ce qui change une partie de l'acide formique en oxyde de carbone, avec un déga-

(1) *Annales de chimie et de physique*, 1875, t. V, p. 289.

gement de chaleur Q_1, que l'on mesure; puis on mélange le produit de la réaction précédente avec la masse totale de l'eau, ce qui dégage une nouvelle quantité de chaleur, Q_2.

Cela posé, d'après le principe de l'équivalence calorifique des transformations chimiques, la différence entre les quantités de chaleur mises en jeu dans le premier cycle et dans le second exprime la chaleur (x) dégagée pendant le changement de l'acide formique pur en eau et en oxyde de carbone; ce changement se rapportant uniquement à la portion réellement décomposée. On a donc :

$$x = Q_1 + Q_2 - (Q + q).$$

Les états de combinaison intermédiaires sont mal connus; mais ils ne jouent aucun rôle dans le calcul. Il n'est pas nécessaire d'ailleurs que la totalité de l'acide formique soit décomposée; car il suffit de mesurer l'oxyde de carbone produit et d'en calculer le poids, pour rapporter la réaction à son équivalent.

3. La même méthode s'applique à l'étude thermique de la formation des éthers azotiques par la réaction directe de l'acide azotique sur les alcools (1); à la formation des autres éthers par la réaction d'un chlorure organique acide, tel que le chlorure acétique, sur un alcool (2); à la formation des acides éthyl-sulfuriques au moyen des alcools et de l'acide sulfurique mono-hydraté (3); à la formation de l'acide benzinosulfurique et des composés analogues, obtenus au moyen des carbures d'hydrogène et de l'acide sulfurique fumant (4); à la formation des éthers dérivés des hydracides et des carbures d'hydrogène (5), etc.

Aucune de ces réactions n'aurait pu être l'objet de mesures calorimétriques, si l'on avait été contraint, comme on le faisait jusqu'à ces dernières années, de définir séparément chacun des changements qui se succèdent entre l'état initial et l'état final : on connaît mal, par exemple, les produits de la réaction de

(1) *Annales de chimie et de physique,* 5ᵉ série, t. IX, p. 324.
(2) *Ibid.,* p. 342.
(3) *Ibid.,* p. 307.
(4) *Ibid.,* p. 297.
(5) *Ibid.,* p. 292.

l'acide sulfurique concentré sur l'acide formique pur, mélange
variable d'acide sulfurique, d'eau et d'acide formique non décomposé, dans lequel les trois liquides se trouvent en partie
combinés, en partie dissous réciproquement. L'analyse thermique d'une formation aussi complexe serait presque impossible.
Il en est de même des produits immédiats de la réaction de
l'acide sulfurique fumant sur la benzine et les autres carbures
d'hydrogène. Mais l'emploi du second principe nous dispense
d'entrer dans ces complications ; il suffit de définir rigoureusement l'état initial et l'état final des systèmes.

§ 5. — Théorème V. — Des substitutions.

*Si un corps se substitue à un autre dans une combinaison,
la chaleur dégagée par la substitution est la différence entre la
chaleur dégagée par la formation directe de la nouvelle combinaison et par celle de la combinaison primitive.*

1. Ce théorème s'applique aux déplacements réciproques
entre les métaux, les métalloïdes, les bases, les acides, etc.

On démontre ce théorème, en prenant comme point de départ
les éléments des deux combinaisons et en les assemblant, d'une
part, de façon à former la première combinaison ; et d'autre
part, de façon à former la seconde combinaison : on rentre
ainsi dans le cas du théorème IV.

Ainsi on a la relation :

$$a = q_1 - q,$$

a étant la chaleur de substitution ; q_1, la chaleur de formation
du nouveau composé ; q, celle du composé primitif.

La chaleur de substitution est inférieure à q_1, dans la plupart
des cas ; tandis qu'elle la surpasse dans le cas exceptionnel des
composés formés avec absorption de chaleur. Elle est généralement positive, à l'exception de certaines substitutions dans lesquelles le corps déplacé prend l'état gazeux ou liquide, et même
de quelques autres opérées dans les dissolutions, sans aucun
changement d'état.

2. Citons des exemples, afin de préciser les idées.

Le plomb, en réagissant sur l'oxyde d'argent pour former de l'oxyde de plomb, dans la proportion de $103^{gr},5$ de plomb pour 116 grammes d'oxyde d'argent :

$$Pb + AgO = PbO + Ag, \text{ dégagera : } + 22^{Cal},0,$$

quantité inférieure à la chaleur dégagée par l'oxydation directe du même poids de plomb ; car

$$Pb + O = PbO, \text{ dégage : } + 25,5 ;$$

la différence étant égale à la chaleur d'oxydation de l'argent

$$Ag + O = AgO, \text{ dégage : } + 3,5.$$

3. Le chlore gazeux $(35^{gr},5)$ agissant sur le gaz bromhydrique (81^{gr}),

$$Cl + HBr = HCl + Br \text{ liquide, dégage : } + 12^{Cal},5,$$

quantité inférieure aux $+ 22$ Calories qui seraient développées dans la synthèse directe du gaz chlorhydrique ; la différence étant égale à la chaleur de formation du gaz bromhydrique par l'hydrogène, soit $+ 9,5$.

Le chlore et le gaz iodhydrique

$$Cl + HI = HCl + I \text{ solide, dégagent : } + 28,2,$$

quantité supérieure à la chaleur de synthèse directe du gaz chlorhydrique ; ce qui s'explique parce que le gaz iodhydrique est formé avec absorption de chaleur $(- 6,2)$ depuis ses éléments.

4. La potasse dissoute précipite les oxydes métalliques de leurs dissolutions salines, avec un *dégagement de chaleur* égal à la différence des quantités dégagées par l'acide uni tour à tour avec la potasse et l'oxyde métallique :

$$KO \text{ étendue} + C^4H^3CuO^4 \text{ étendu} = C^4H^3KO^4 \text{ étendu} + CuO \text{ précipité,}$$
$$\text{dégage : } + 7^{Cal},1,$$

quantité égale à la différence $+ 13,3 - 6,2$ que l'on observe entre les quantités de chaleur dégagées par les deux bases unies séparément à l'acide acétique, pour le même état de concentration et la même température.

Mais la précipitation de la chaux par les alcalis solubles *absorbe* au contraire *de la chaleur;* telle est la réaction de la soude sur le chlorure de calcium :

$$CaCl \text{ étendu} + NaO,HO \text{ étendue} = NaCl \text{ étendu}$$
$$+ CaO,HO \text{ précipitée, absorbe, à 23 degrés} : - 1^{Cal},2,$$

absorption de chaleur due à cette circonstance, que la dissolution inverse de l'hydrate de chaux dans l'eau dégage de la chaleur.

5. Le déplacement d'un acide par un autre acide *dégage en général de la chaleur*.

Par exemple, l'acétate de soude et l'acide sulfurique forment du sulfate de soude et de l'acide acétique; dans l'état pur et isolé

$$C^4H^3NaO^4 + SO^4H = C^4H^4O^4 + SO^4Na,$$

la substitution dégage $+ 14^{Cal},3$.

Les mêmes corps supposés dissous dans une grande quantité d'eau, la chaleur dégagée est $+ 2^{Cal},57$; quantité qui répond à une substitution totale. En effet, l'acide sulfurique étendu et la soude étendue dégagent $+ 15^{Cal},87$; tandis que l'acide acétique étendu et la soude dégagent $+ 13^{Cal},30$. On a dès lors :

$$+ 15^{Cal},87 = 13^{Cal},30 = + 2^{Cal},57.$$

Cependant ici même on observe des cas de *substitution* d'un acide à un autre *avec absorption de chaleur*. Tel est l'acide tartrique dissous, agissant sur l'acétate de soude dissous :

$$C^8H^6O^{12} \text{ étendu} + 2\,C^4H^3NaO^4 \text{ étendu} =$$
$$2\,C^4H^4O^4 \text{ étendu} + C^8H^4Na^2O^{12} \text{ étendu}$$

absorbe $- 0^{Cal},5$. Cette absorption est attribuable à l'inégalité des chaleurs de dissolution des corps réagissants et de leurs produits, car la réaction des corps anhydres dégage de la chaleur.

En fait, l'union de 2 équivalents de soude étendue avec l'acide acétique dissous dégage $+ 13^{Cal},3 \times 2 = + 26^{Cal},6$, c'est-à-dire plus de chaleur que l'union de la même base avec l'acide tartrique qui en dégage seulement $+ 26^{Cal},0$, la différence étant égale à $- 0^{Cal},6$ pour les proportions de l'équation précédente.

D'après ces nombres, l'acide tartrique se substitue en totalité, ou à peu près, à l'acide acétique dans l'acétate de] soude dissous.

On voit par ces exemples comment le théorème V s'applique à l'étude des phénomènes de substitution.

§ 6. — Théorème VI. — Des réactions indirectes.

Si un composé cède l'un de ses éléments à un autre corps, la chaleur dégagée par la réaction est la différence entre la chaleur dégagée par la formation du premier composé, au moyen de l'élément libre, et la chaleur dégagée par la formation du nouveau composé, au moyen du même élément libre.

1. Ce théorème s'applique aux oxydations, aux hydrogénations, aux chlorurations indirectes, aux réactions métallurgiques, à l'étude des matières explosives, etc.

Ce théorème se démontre comme le précédent, qui n'en est au fond qu'un cas particulier.

2. Citons quelques exemples, pour en montrer la portée et la signification.

Le charbon (6 grammes), réagissant sur l'oxyde de cuivre ($79^{gr},4$) avec formation d'acide carbonique :

$$C + 2CuO = CO^2 + 2Cu$$

dégagera seulement $+ 10^{Cal},1$, au lieu de $+ 48^{Cal},5$ qui seraient développées par l'oxygène libre : la différence étant égale à $+ 19^{Cal},2 \times 2$, chaleur dégagée par l'union du cuivre avec l'oxygène.

Au contraire, le charbon brûlant dans le protoxyde d'azote dégage plus de chaleur que dans l'oxygène libre, ainsi que Dulong en fit le premier la remarque :

$$C + 2AzO = CO^2 + 2Az, \text{ dégage : } + 66^{Cal},5.$$

Cette circonstance est due à la chaleur dégagée par la décomposition propre du protoxyde d'azote, car :

$$2AzO = 2Az + 2O, \text{ dégage : } + 18 \text{ Calories.}$$

De même l'oxydation du charbon ou d'un métal par le chlorate de potasse, lequel cède son oxygène en se changeant en chlorure de potassium, dégage environ 2 Calories de plus, par équivalent d'oxygène cédé, que l'oxygène libre.

3. Voici un cas plus compliqué. On peut changer l'acide sulfureux dissous en acide sulfurique étendu, au moyen du chlore, lequel décompose l'eau avec formation d'acide chlorhydrique :

$$SO^2 \text{ dissous} + Cl \text{ gaz} + HO = SO^3 \text{ dissous} + HCl \text{ dissous},$$

réaction qui dégage, d'après M. Thomsen, $+ 36^{Cal},95$.

Ici l'oxygène est pris à l'eau, dont la formation préalable avait dégagé $+ 34^{Cal},5$, lesquelles sont absorbées dans la réaction; mais l'hydrogène de l'eau s'unit en même temps au chlore, avec formation d'acide chlorhydrique dissous; ce qui dégage, par compensation, $+ 39^{Cal},3$. La différence des deux nombres $+ 39^{Cal},3 - 34^{Cal},5 = + 4^{Cal},8$ représente la chaleur dégagée lorsque 1 équivalent d'oxygène est cédé à un corps oxydable, par suite de la réaction du chlore gazeux sur l'eau. La transformation de l'acide sulfureux dissous en acide sulfurique étendu par l'oxygène pur

$$SO^2 \text{ dissous} + O = + SO^3 \text{ étendu}$$

dégagerait donc en définitive :

$$+ 36^{Cal},95 - 4^{Cal},8 = + 32^{Cal},15.$$

Il serait facile de multiplier ces applications.

4. En effet, en chimie, il est rare que l'on puisse opérer une oxydation, dès la température ordinaire, au moyen de l'oxygène libre; ou une réduction, au moyen de l'hydrogène libre. Dans les oxydations par voie humide, on a recours à des corps qui cèdent aisément leur oxygène, tels que l'acide azotique, l'acide chromique, le permanganate de potasse; ou bien encore l'eau, en présence du chlore, de l'iode, etc. Par voie sèche, on a recours aux oxydes métalliques, aux azotates, au chlorate de potasse, etc. De même, on emprunte l'hydrogène, soit à des composés hydrogénés, tels que l'acide iodhydrique, si utile en chimie organique, ou l'hydrogène sulfuré; soit même à l'eau, en présence de l'acide

sulfureux ou du chlorure stanneux. Mais le calcul thermique des effets observés doit être rapporté, en théorie, à l'oxygène libre ou à l'hydrogène libre. Dans ce calcul, souvent fort compliqué, il faut prendre garde d'observer l'identité rigoureuse des états initiaux et finals des systèmes, si l'on veut raisonner correctement.

5. Ainsi, dans les oxydations effectuées par l'acide azotique, il ne suffit pas de tenir compte de l'oxygène cédé; mais il convient de faire entrer dans les calculs l'état final de la base des azotates, la formation de l'acide hypoazotique ou azoteux, celle du bioxyde d'azote ou du protoxyde, celle de l'ammoniaque ou de l'oxyammoniaque, etc.

Les chiffres suivants montrent comment ces calculs doivent être faits. Soit Q la quantité de chaleur dégagée par l'oxygène libre, $O = 8$ grammes, en produisant une oxydation, celle d'un métal, par exemple; effectuons la même oxydation au moyen de l'acide azotique, la chaleur dégagée variera, conformément au tableau suivant :

LES PRODUITS ÉTANT :	Avec AzO^5, HO pur.	Avec $AzO^6 H + 4 HO$ (acide ordinaire)	Avec $AzO^6 H$ étendu.
AzO^4 gaz $+ O$ cédé.	$Q - 9,7$	$Q - 16,1$	$Q - 16,9$
AzO^3 gaz $+ O^2$ id.	$(Q - 9,1)2$	$(Q - 12,3)2$	$(Q - 12,7)2$
$AzO^2 \quad + O^3$ id.	$(Q - 9,6)3$	$(Q - 11,7)3$	$(Q - 12,0)3$
$AzO \quad + O^4$ id.	$(Q + 0,2)4$	$(Q - 1,4)4$	$(Q - 1,6)4$
$Az \quad + O^5$ id.	$(Q + 2,9)5$	$(Q + 1,7)5$	$(Q + 1,5)5$
$AzH^3O^2 \quad + O^6$ id.	2 HO excédants concourent à cette réaction.	$(Q - 12,0)6$	$(Q - 12,1)6$
$AzH^3 \quad + O^8$ id.		$(Q - 7,5)8$	$(Q - 7,6)8$
$AzO^6 H, AzH^3 + O^8$ id.	2 Az O^6H $+ 2HO$ concourent à cette réaction.	$(Q - 5,8)8$	$(Q - 6)8$

Ce tableau fait voir combien il est important de tenir compte de l'état sous lequel l'azote se sépare de l'acide azotique. Par exemple :

Toute oxydation qui dégagerait avec l'oxygène libre une quantité de chaleur inférieure à 12 Calories ne saurait donner lieu uniquement aux trois oxydes supérieurs de l'azote, quand on opère avec l'acide étendu.

La formation de ces trois oxydes gazeux avec l'acide pur, dégage à peu près la même quantité de chaleur pour un même poids d'oxygène fixé.

Les oxydations avec formation d'azote libre sont les seules qui dégagent dans tous les cas plus de chaleur que les oxydations avec l'oxygène libre. Etc., etc.

6. Dans les oxydations effectuées par le permanganate de potasse, il faut tenir un compte minutieux de la constitution finale des oxydes inférieurs du manganèse et des proportions relatives des divers acides et bases mis en présence (1).

Dans les combustions opérées par l'azotate de potasse, il convient de faire entrer dans le calcul l'état final de la potasse, sous forme de carbonate ou de sulfate, corps qui retiennent une portion de l'oxygène. Etc., etc.

Ces notions trouvent des applications continuelles dans les études de la chimie théorique, dans les pratiques de la chimie industrielle, dans les recherches relatives à la métallurgie, aux matières explosives, etc.

7. Par exemple, un même volume d'air, c'est-à-dire un même poids d'oxygène, étant employé dans un haut fourneau, cet oxygène dégagera, pour $O = 8$ grammes :

$$+ 24^{Cal},1, \text{ s'il brûle du carbone amorphe;}$$
$$+ 34^{Cal},1, \text{ s'il brûle de l'oxyde de carbone.}$$

Il y a donc avantage à brûler de l'oxyde de carbone ; c'est là une des raisons qui justifient l'emploi des fours Siemens.

De même, si l'on brûle le carbone et l'hydrogène, soit libres, soit combinés à l'état de gaz des marais, la chaleur dégagée par

(1) *Annales de chimie et de physique*, 5ᵉ série, 1875, t. V, p. 346.

12 grammes de carbone amorphe et 4 grammes d'hydrogène libre, unis avec 64 grammes d'oxygène, l'emportera de 25 Calories sur la chaleur dégagée par le gaz des marais, composé qui renferme les mêmes éléments. 8 grammes d'oxygène appliqués à brûler le gaz des marais fournissent donc en moins 3,1 Calories par rapport à la combustion des éléments.

Au contraire, 8 grammes d'oxygène employés à brûler l'éthylène fourniront sensiblement la même quantité de chaleur, sinon un peu plus $(+ 0^{Cal},17)$, qu'avec les éléments.

Enfin, en brûlant l'acétylène, 8 grammes d'oxygène dégageront $+ 5^{Cal},8$ de plus, qu'en brûlant les éléments (carbone amorphe et hydrogène) de ce carbure d'hydrogène.

On voit combien il importe de connaître l'état exact de combinaison des éléments, si l'on veut évaluer la chaleur dégagée par leur combustion.

8. Supposons au contraire l'oxygène déjà combiné, tel qu'il convient de l'employer dans la combustion des matières explosives, matières qui doivent renfermer les substances comburantes et combustibles unies ou mélangées sous un très petit volume. Le tableau suivant indique la chaleur dégagée par chaque équivalent d'oxygène combiné, Q répondant à l'oxygène libre $(0 = 8$ grammes$)$:

Oxyde de zinc	$Q - 43,2$
—　　étain (bi)	$Q - 34,0$
—　　fer (per)	$Q - 31,9$
—　　antimoine (SbO^4)	$Q - 31,1$
—　　plomb	$Q - 25,5$
—　　cuivre (bi)	$Q - 19,2$
—　　mercure (bi)	$Q - 15,5$
—　　manganèse (bioxyde changé en protoxyde)	$Q - 10,7$
—　　bismuth	$Q - 6,6$
—　　argent	$Q - 3,5$
Acide iodique anhydre	$Q - 4,6$
Chlorate de potasse (changé en chlorure)	$Q + 1,8$
Azotate d'argent	$Q - 1,1$
—　　de plomb	$Q - 5,2$
Sulfate de plomb (changé en sulfure)	$Q - 27,1$
—　　cuivre　　id.	$Q - 23,8$
—　　argent　　id.	$Q - 16,2$

On voit par là que l'oxyde de plomb est loin d'être le comburant le plus énergique parmi les oxydes métalliques.

Les sulfates métalliques sont des comburants comparables aux oxydes qu'ils renferment (sauf l'oxyde d'argent).

Le seul composé solide, parmi les corps usuels, qui fournisse plus de chaleur que l'oxygène libre est le chlorate de potasse. Etc.

9. On n'a pas signalé dans cette liste l'azotate de potasse, parce qu'il ne peut pas fournir dans une oxydation tout son oxygène, avec séparation pure et simple de ses autres éléments libres ou combinés entre eux, comme le font tous les autres corps mentionnés. Pour caractériser les oxydations produites par cet agent dans l'étude des poudres, il suffira de dire que s'il agit sur un mélange renfermant du charbon, avec production de carbonate de potasse, il ne laissera disponibles que 3 équivalents d'oxygène, capables de dégager : $(Q+14,5)$ 3; une portion notable de cet excès thermique, par rapport à la réaction de l'oxygène libre, est due à la chaleur de formation du carbonate.

Si l'action de l'azotate de potasse s'exerçait sur un mélange contenant du soufre, avec formation de sulfate de potasse, il ne resterait que 2 équivalents d'oxygène disponibles, lesquels sont capables de dégager : $(Q + 37,1)$ 2. La plus grande partie de l'excès thermique, par rapport à la combustion par l'oxygène libre, est due cette fois à la chaleur de formation du sulfate de potasse.

Ces applications montrent toute l'importance du théorème des réactions indirectes.

§ 7. — Théorème VII. — Des réactions incomplètes.

Ce théorème est exprimé par la formule suivante :

$$A = Q + Q_1 - Q' - Q'_1 - q.$$

Q étant la chaleur dégagée par la réaction effective des deux corps qui se combinent partiellement;

Q_1, la chaleur dégagée lorsqu'on dissout ensuite dans une grande quantité d'eau le produit, c'est-à-dire le mélange du nouveau composé avec les corps primitifs ;

Q', la chaleur dégagée lorsque l'un des corps primitifs est dissous dans l'eau ;

Q'_1, la chaleur dégagée lorsqu'on dissout l'autre corps primitif dans l'eau.

q, enfin, la chaleur dégagée lorsqu'on mélange effectivement ces deux dissolutions étendues, lesquelles doivent être formées par une proportion d'eau totale égale à celle qui a été employée pour dissoudre le produit de la réaction.

Enfin A exprime la chaleur dégagée par la combinaison effective des fractions des deux corps primitifs qui sont demeurées réellement combinées, après la dissolution du mélange dans une grande quantité d'eau. On voit que A se rapporte à la combinaison théorique des deux composants, regardés comme dissous dans une grande quantité d'eau, avec formation d'un composé également dissous. La proportion qui demeure ainsi combinée doit être déterminée par une analyse spéciale, et l'on en déduit la chaleur dégagée par la combinaison effectuée dans les proportions équivalentes.

1. Le théorème se démontre aisément, en passant d'un même état initial à un même état final par deux routes différentes.

2. Ce théorème offre de nombreuses applications dans l'étude des décompositions explosives, telles que celle de l'oxyammoniaque par la potasse, ou de l'azotite d'ammoniaque par la chaleur, réactions toujours incomplètes. On l'applique aussi continuellement dans les mesures relatives à la chaleur de formation des composés formés par l'association des alcools ou des carbures d'hydrogène avec les acides sulfurique et azotique, avec les hydracides, etc.; en un mot, toutes les fois que l'on est obligé d'employer un excès de l'un des composants, voire même de tous deux, pour obtenir le composé.

3. Citons un exemple.

On a fait agir $3^{gr},98$ d'alcool absolu sur $8^{gr},7075$ d'acide sulfurique concentré, ce qui a dégagé : $+ 662^{cal},15 = Q$.

On a mêlé le produit avec 500 grammes d'eau, ce qui a dégagé :
$+ 786^{cal},63 = Q_1$.

$$Q + Q_1 = +1448,8.$$

D'autre part, on a dissous $8^{gr},7075$ du même acide sulfurique dans 500 grammes d'eau, ce qui a dégagé : $+ 1450,3 = Q'$.

On a ajouté à cette liqueur $3^{gr},98$ d'alcool absolu, ce qui a dégagé $+ 219,45 = Q'_1 + q$ (q, d'ailleurs, est ici négligeable).

$$Q' + Q'_1 + q = 1669,8.$$

On a dès lors :

$$A = - 1669,8 + 1448,8 = - 221 \text{ calories}.$$

Or l'analyse de la liqueur, opérée immédiatement, a montré que $4^{gr},422$ d'acide sulfurique, SO^4H, étaient demeurés combinés avec l'alcool, en formant de l'acide éthylsulfurique.

On déduit de ces rapports que le double équivalent, $2SO^4H = 98$ grammes, en se combinant réellement avec l'alcool, absorberait $- 4^{cal},9$.

Cette quantité de chaleur absorbée répond à la réaction suivante :

$$C^4H^6O^2 \text{ étendu} + 2SO^4H \text{ étendu} =$$
$$C^4H^4(S^2O^8H^2) \text{ acide éthylsulfurique étendu} + H^2O^2.$$

§ 8. — Théorème VIII. — Des actions lentes.

La chaleur dégagée dans une réaction lente est la différence entre les quantités de chaleur dégagées lorsque l'on amène à un même état final, à l'aide d'un même réactif, le système des composants et celui des produits de la réaction lente.

1. On démontre ce théorème, en remarquant que l'on peut former un double cycle de réactions, qui parte des mêmes composants et qui aboutisse aux mêmes produits, à savoir, les produits de la transformation exercée par le réactif.

2. Ce théorème trouve une multitude d'applications : en chimie organique, dans l'étude des éthers, des amides, etc. ; et même en chimie minérale, dans l'étude des changements lents

qui surviennent au sein des liquides et des solides, corps précipités, corps trempés, etc.

3. Soit, par exemple, la formation d'un éther, tel que l'éther oxalique. Cette formation s'effectue peu à peu par le simple contact de l'alcool et de l'acide oxalique cristallisé ; mais elle exige des années pour atteindre son terme. On parvient cependant à mesurer la chaleur mise en jeu par l'union des deux corps, soit $-3^{Cal},8$ pour la réaction :

$$C^4H^2O^8 + 2\,C^4H^6O^2 = \{C^4H^4\}^2(C^4H^2O^8) + 2H^2O^2.$$

À cet effet, il suffit de décomposer l'éther oxalique par la potasse, réaction qui s'opère immédiatement. Étant connues la chaleur dégagée par la réaction de la potasse sur l'acide oxalique étendu, et la chaleur de dissolution de l'acide oxalique ; la somme de ces deux quantités, diminuée de la chaleur dégagée par la potasse sur l'éther oxalique, fournira la quantité cherchée (1) ; les conditions de l'état final étant d'ailleurs supposées identiques.

4. La même méthode s'applique à l'étude des changements successifs éprouvés par un corps solide, tel qu'un précipité ou une substance récemment fondue. Soit l'hydrate de chloral, récemment formé par l'union de l'eau et du chloral anhydre, ou bien encore récemment fondu : l'état de ce corps change peu à peu et n'atteint une limite fixe qu'au bout de quelques semaines. C'est ce que l'on vérifie non-seulement par des caractères plus ou moins vagues, tels que la plasticité inégale, ou l'abaissement du point de fusion ; mais, en dissolvant un poids donné d'hydrate de chloral dans une même proportion d'eau (soit 80 fois le poids de l'hydrate de chloral) et en mesurant la chaleur dégagée à la même température. Ainsi on observe, pour $C^4HCl^3O^2 + H^2O^2$ (165 gr.), très ancien et très pur :

	Cal.
À 15°,1	— 0,20
Avec le même corps préparé depuis quelques jours...	+ 0,35
Quelques instants après la solidification du corps récemment fondu, on obtient jusqu'à..................	+ 2,50

(1) Voyez, pour plus de détails, *Annales de chimie et de physique*, 5ᵉ série, 1876, t. IX, p. 338.

Ces variations prouvent que le corps récemment préparé ou fondu ne prend que très lentement son état définitif ; il retient, comme on disait autrefois, une fraction considérable de sa chaleur de fusion : circonstance d'autant plus remarquable que l'hydrate de chloral est un corps cristallisé.

Au contraire, les dissolutions aqueuses du même corps, une fois obtenues, acquièrent toutes un état identique. On le prouve par les mesures thermiques. En effet, quand on mélange ces dissolutions avec une solution de potasse, ce qui les décompose aussitôt en chloroforme et formiate de potasse :

$$C^4HCl^3O^2 + KO,HO \text{ étendu} = C^2HCl^3 + C^2HKO^4 \text{ dissous,}$$

il y a dégagement d'une quantité de chaleur toujours identique, soit à $16°$: $+ 13^{Cal},15$.

5. On voit ici comment on étudie les changements successifs qui peuvent avoir lieu dans une dissolution, sans aucune modification apparente. Citons quelques exemples de ces changements remarquables, que les méthodes thermiques sont éminemment propres à caractériser.

En mélangeant une solution étendue d'acide phosphorique ordinaire avec une solution d'ammoniaque, dans la proportion de 3 équivalents de base pour 1 équivalent d'acide :

$$PhO^5,3HO \text{ étendu} + 3AzH^3 \text{ étendue,}$$

on observe dans certains cas un dégagement de chaleur égal à $+ 33^{Cal},1$; ce qui répond à la formation d'un phosphate tribasique. Mais au bout de quelques jours, le 3e équivalent d'ammoniaque se sépare spontanément et devient libre dans la solution, même conservée en vase clos, de façon à n'y laisser guère subsister qu'un phosphate bibasique, en présence de 1 équivalent d'ammoniaque libre. On vérifie l'existence réelle du phosphate tribasique formé par l'ammoniaque, en traitant par la soude étendue, d'une part la solution primitive d'acide phosphorique,

$$PhO^5,3HO + 3NaO \text{ étendue, ce qui dégage} : + 33^{Cal},6 ;$$

d'autre part la solution récente de phosphate triammoniacal, ce qui dégage aussitôt $+ 0,5$; chiffre qui répond à un déplacement total de l'ammoniaque par la potasse. On vérifie au contraire la décomposition lente du phosphate triammoniacal, en traitant par la même proportion de soude la solution ancienne du même phosphate ammoniacal, ce qui dégage alors $+ 10^{Cal},6$; valeur qui surpasse de $+ 10^{Cal},1$ le chiffre obtenu d'abord. C'est la mesure de la chaleur absorbée par la décomposition lente du phosphate triammoniacal (1).

6. Soit encore l'acétate ferrique $C^4H^5feO^4$ (2). La dissolution de ce sel est facile à préparer à froid par double décomposition. Traitée aussitôt par la potasse

$$C^4H^3feO^4(1\ \text{éq.} = 2^4) + KO\ (1\ \text{éq.} = 2^4),\ \text{dégage}: +8^{Cal},87.$$

Au bout de deux mois de conservation de la liqueur, la même réaction dégage : $+ 10^{Cal},39$; au bout de dix-huit mois : $+12^{Cal},8$. Comme l'acide acétique libre et la potasse dégageraient $+ 13^{Cal},30$, on en conclut que l'oxyde ferrique se sépare peu à peu de l'acide acétique, dans la dissolution même ; la séparation étant presque complète au bout de dix-huit mois. On sait que cette séparation n'est pas accusée par la précipitation de l'oxyde ferrique, ce corps demeurant en pseudo-dissolution.

La même méthode permet d'étudier les conditions spéciales de cette séparation spontanée des deux composants du sel. Par exemple, la séparation est accélérée par la dilution : car une liqueur 6 fois aussi étendue a dégagé $12^{Cal},82$, sous l'influence de la soude, au bout de trois semaines de conservation. Elle a dès lors atteint un terme qui aurait exigé plusieurs mois avec la première concentration. La température produit le même effet : car la liqueur première, portée à 100 degrés pendant quelques minutes, puis ramenée à 15 degrés, dégage $+ 12^{Cal},72$ (3).

7. On a mis en question dans ces derniers temps l'état de l'acide sulfurique récemment chauffé : l'état de ce corps différe-rait, disait-on, de celui qu'il présente au bout de quelques mois de

---

(1) *Annales de chimie et de physique*, 5ᵉ série, 1876, t. IX, p. 29.

(2) *fe* désigne ici, pour abréger, les deux tiers de l'équivalent ordinaire Fe; soit Fe $= 28^{gr}$, *fe* $= 18,67$.

(3) *Annales de chimie et de physique*, 5ᵉ série, 1873, t. XXX, p. 171, 177, etc.

conservation ; opinion peu fondée, car les deux acides, pris sous le même poids et mêlés avec la même quantité d'eau, dégagent exactement la même quantité de chaleur. Leur état est donc identique.

On peut même pousser plus loin la vérification, en neutralisant les deux dissolutions par l'ammoniaque ; ce qui dégage pareillement des quantités de chaleur égales (1).

8. Mais je ne veux pas insister davantage sur les caractères spéciaux des actions lentes ; si ce n'est pour montrer combien il est utile de vérifier la permanence de l'état initial du système, sur lequel un premier dégagement de chaleur a été mesuré, toutes les fois qu'il s'est écoulé un certain temps depuis le moment où les corps composant ce système ont été dissous, précipités, ou même combinés.

Les huit théorèmes qui viennent d'être développés s'appliquent en général à tout composé et à tout système de composés solides ou dissous. Voici maintenant des théorèmes plus spécialement applicables aux sels.

(1) *Annales de chimie et de physique*, 5ᵉ série, 1878, t. XIV, p. 113.

CHAPITRE IV

FORMATION DES SELS SOLIDES

§ 1er — **Division du sujet.**

La formation des sels est un des phénomènes les plus importants de la chimie, circonstance qui m'engage à formuler quelques énoncés généraux, relatifs à la mesure des quantités de chaleur dégagées dans les principales conditions de cette formation. Ces énoncés se partagent en deux séries, les uns relatifs à l'état solide des sels, les autres à leur état dissous.

§ 2. — **Théorème 1. — Des sels solides.**

La chaleur de formation d'un sel solide s'obtient en ajoutant les chaleurs dégagées à une même température t, par les actions successives : 1° de l'acide sur l'eau (D_t); 2° de la base sur l'eau (D'_t); 3° et de l'acide dissous sur la base dissoute (Q_t); 4° puis on retranche de la somme précédente la chaleur de dissolution du sel (Δ_t).

En général, en appelant S la chaleur dégagée dans la réaction d'un système de corps solides, transformés en un nouveau système de corps solides, on aura :

$$S = \Sigma D_t + Q_t - \Sigma \Delta_t.$$

D_t, D'_t..., Q_t, Δ_t, Δ'_t..., sont données par l'expérience. Ce sont des quantités telles, que chacune d'elles varie notablement avec la température t, *tandis que la quantité S en est à peu près indépendante*, au moins dans des limites fort étendues.

Il en est ainsi, à cause des relations qui existent entre les chaleurs spécifiques des corps simples et composés, prises dans l'état solide.

1. L'équation relative à S constitue le théorème Ier (1). La démonstration en est trop facile pour être développée.

Soit, par exemple, la chaleur de formation de l'azotate de baryte au moyen de l'acide azotique anhydre et de la baryte anhydre :

$$AzO^5 + BaO = AzO^5,BaO, \text{ dégage : } + 40,9.$$

En effet :

AzO^5, en se dissolvant dans une grande quantité d'eau, dégage, à 15°...	$+ 8,4 = D_{\prime}$
BaO, de même..	$+ 11,0 = D'_{\prime}$
L'union de l'acide dissous avec la base dissoute...	$+ 13,9 = Q_{\prime}$
La dissolution de l'azotate de baryte, AzO^5BaO, absorbe — 4,6 ; quantité de chaleur qui sera dégagée en sens inverse par la séparation du sel dissous......	$+ 4,6 = - A_{\prime}$
	$+ 40,9 = S$

Si le sel était insoluble, comme dans le cas du sulfate de baryte, on aurait : $A_t = 0$.

2. Au lieu de rapporter la formation du sel solide à l'acide anhydre et à la base anhydre, comme dans l'exemple précédent, on peut exécuter le calcul depuis la base hydratée et l'acide hydraté ; circonstance dans laquelle il se forme à la fois un sel et de l'eau. Soit l'acétate de potasse :

$$C^4H^4O^4 + KO,HO = C^4H^3KO^4 + H^2O^2.$$

Dans ce cas, le calcul se fait exactement de la même manière et d'après la même formule. On peut alors rapporter les résultats : soit à l'*état liquide* de l'acide et de l'eau, si l'on opère à 15 degrés ; soit à l'*état solide* de l'acide et de l'eau, si l'on opère dans des conditions convenables. La chaleur dégagée par la formation de l'acétate de potasse, dans la première hypothèse, est égale à :

$$+ 0,4 + 12,4 + 13,3 - 3,3 = + 20,8 ;$$

dans la seconde hypothèse, à $+ 21,9$; la différence des deux nombres étant sensiblement égale à celle des chaleurs de fusion

(1) *Annales de chimie et de physique*, 5e série, 1875, t. IV, p. 77.

de l'acide acétique et de l'eau. Le dernier mode de calcul n'est praticable que pour les acides susceptibles de prendre l'état solide; mais il offre de grands avantages dans les comparaisons théoriques, à cause de l'identité d'état de tous les corps mis en expérience, et surtout à cause de l'indépendance du résultat, par rapport à la température (voy. plus haut).

3. Soit encore la formation des sels ammoniacaux solides, rapportée à l'acide hydraté et au gaz ammoniacal. Tel est le formiate d'ammoniaque :

$$C^2H^2O^4 \text{ liquide} + AzH^3 \text{ gaz} = C^2H^2O^4,AzH^3 \text{ cristallisé;}$$

dans cette circonstance, la combinaison est intégrale. La chaleur dégagée se calcule toujours de la même manière :

$$F = + 0,1 + 8,8 + 11,9 + 2,9 = + 23,7.$$

Il en est de même de la chaleur de formation d'un sel, soit au moyen d'un acide anhydre et d'une base hydratée :

$$CO^2 + KHO^2 = CO^2,KO + HO, \text{ dégage} : + 2,8 + 12,4 + 10,1 - 3,2 = + 22,1;$$

soit au moyen d'une base anhydre et d'un acide hydraté :

$$AzO^5,HO + PbO = AzO^5,PbO + HO, \text{ dégage} : + 7,5 + 7,7 + 4,1 = + 19,3.$$

Dans ce dernier cas, la base étant insoluble, on a : $D'_t = 0$.

§ 3. — Théorème II. — Des hydrates.

La chaleur de formation des hydrates salins, des hydrates acides et des hydrates alcalins, est la différence entre la chaleur de dissolution du corps anhydre et celle du corps hydraté, dans une même proportion d'eau et à la même température.

$$F = D_t - \Delta_t.$$

1. Pour le démontrer: 1° Dissolvons le corps anhydre dans un certain poids d'eau, à une température t, ce qui dégage D_t ; 2° combinons le même poids du corps anhydre avec l'eau pour former l'hydrate défini, ce qui dégage x ; puis dissolvons l'hydrate dans le même poids d'eau que précédemment, ce poids

étant diminué de l'eau qui a formé l'hydrate : cette nouvelle opération dégagera Δ_i. Nous aurons dès lors :

$$x = D_i - \Delta_i = F.$$

2. Par exemple, l'acide oxalique pur, $C^4H^2O^8 = 90^{gr}$, dissous dans une grande quantité d'eau

à la température de 15 degrés, absorbe : $- 2^{cal},3$;
son hydrate, $C^4H^2O^8 + 4HO$, absorbe : $- 8,5$.

Donc la formation de l'hydrate

$C^4H^2O^8$ solide $+ 4HO$ liquide $= C^4H^2O^8,4HO$ solide,
dégage : $- 2,3 - (- 8,5) = + 6,2$.

3. Dans le cas où le corps anhydre est solide, il est préférable de rapporter la formation de l'hydrate à l'état solide; ce qui se fait en retranchant la chaleur de fusion de l'eau, soit pour $4HO$, le nombre 2,9. On a donc en définitive :

$C^4H^2O^8$ solide $+ 4HO$ solide $= C^4H^2O^8,4HO$ solide, dégage : $+ 3,3$.

4. D'après l'observation, la chaleur de formation des hydrates acides, alcalins ou salins, à partir de *l'eau liquide*, donne toujours lieu à un dégagement de chaleur.

A partir de *l'eau solide*, il y a aussi dégagement de chaleur dans la plupart des *cas*. Cependant ce dégagement parfois est nul. On connaît même certains hydrates salins, par exemple le butyrate de soude : $C^8H^7NaO^4,6HO$, qui sont formés avec absorption de chaleur depuis l'eau solide : soit $- 3,5$ pour le sel précédent.

5. Dans le cas où un même corps forme *plusieurs hydrates* cristallisés, la chaleur dégagée par la formation des hydrates successifs se mesure exactement de la même manière. L'observation prouve qu'elle va d'ordinaire en décroissant avec les équivalents d'eau successivement combinés (1).

6. Voici une remarque très-importante.

Dans ce qui précède, nous avons supposé que la dissolution formée par le corps anhydre était identique avec celle du corps hydraté, en présence d'une même proportion d'eau. Cette suppo-

(1) *Annales de chimie et de physique*, 5e série, 1875, t. IV. p. 129.

sition est généralement vraie pour les sels. Cependant il y a des cas où les deux dissolutions ne sont pas identiques, ou ne le deviennent qu'au bout d'un temps trop considérable pour permettre des mesures calorimétriques directes. Tel est le cas du bisulfate de potasse anhydre, S^2O^7K, comparé avec le bisulfate hydraté : S^2O^8KH.

$$S^2O^7K + HO = S^2O^8KH \text{ solide, dégage} : + 5^{Cal},0.$$

Mais la transformation ne s'opère que peu à peu, même au sein d'une dissolution aqueuse étendue (1).

Les acides organiques anhydres donnent fréquemment lieu à des effets analogues. Alors même qu'ils sont dissous dans l'eau, ils ne se transforment que peu à peu en véritables acides hydratés, et cela avec un dégagement de chaleur qui se prolonge pendant une heure ou davantage.

Dans les cas de cette espèce, on a recours au théorème des actions lentes. A cet effet, pour effectuer les mesures calorimétriques, il convient de provoquer une transformation chimique immédiate, capable de tout ramener à un état final identique. C'est ce que j'ai fait, par exemple, dans le cas du bisulfate de potasse anhydre ou dans celui de l'acide acétique anhydre, en ajoutant à la liqueur 1 équivalent de potasse étendue, laquelle ramène tout à l'état final de sulfate neutre ou d'acétate neutre.

§ 4. — **Théorème III. — Des sels doubles.**

La chaleur de formation d'un sel double cristallisé est égale à la différence entre la chaleur de dissolution du sel double cristallisé, et la somme des chaleurs de dissolution des sels composants, accrue de la chaleur dégagée par le mélange des dissolutions des sels séparés, ces mesures étant prises à une même température.

$$F = -D_i - (\Delta_i + \Delta'_i) + Q_i.$$

Remarquons que F est sensiblement indépendante de la température à laquelle les mesures ont été exécutées (voy. p. 44).

(1) *Annales de chimie et de physique,* 4e série, 1873, t. XXX. p. 114.

1. On démontre ce théorème : 1° en dissolvant le sel double dans l'eau, ce qui dégage (ou absorbe) D_t ; 2° en dissolvant dans la même quantité d'eau ses composants séparés, ce qui dégage Δ_t et Δ'_t ; puis en mêlant les deux liqueurs, ce qui dégage Q_t. La température et la proportion d'eau étant supposées les mêmes, l'état final se trouve identique ; du moins il en est ainsi, toutes les fois que la combinaison a lieu immédiatement, ce qui est le cas le plus général.

2. Soit, par exemple, la formation du cyanure double de mercure de potassium, HgCy.KCy, étudiée à 15 degrés (1).

1° Le sel double, dissous dans 40 fois son poids d'eau, absorbe, pour HgCy,KCy $= 191^{gr},1$, une quantité de chaleur égale à $-6^{Cal},96 = D_t$.

2° Le cyanure de potassium, KCy, dissous dans une quantité d'eau égale à la moitié de la précédente, à la même température, absorbe : $-2,96 = \Delta_t$.

Le cyanure de mercure, HgCy, dissous dans le même poids d'eau que le cyanure de potassium, absorbe $-1,50 = \Delta_t$.

Le mélange des deux dernières dissolutions dégage : $+5,8 = Q_t$.

En admettant que les deux états finals sont identiques, on a pour la chaleur de formation du sel double solide :

$$x = +6,96 - 2,96 - 1,50 + 5,8 = +8,3.$$

3. Dans l'exemple cité, le mélange des deux dissolutions salines dégage une quantité de chaleur considérable : $+5^{Cal},8$. Mais c'est là un cas assez rare dans l'étude des sels doubles, le mélange des dissolutions simples ne donnant lieu en général qu'à des effets thermiques très faibles. Quelques auteurs en ont même conclu que les sels doubles n'existent pas dans les dissolutions : conclusion qui paraît trop absolue d'après divers faits, et notamment d'après les résultats observés sur la dissolution des sels acides (voy. plus loin).

4. Si le sel double contenait de l'eau de cristallisation, il fau-

(1) *Annales de chimie et de physique*, 5ᵉ série, 1875, t. V. p. 461.

drait en tenir compte séparément, en mesurant la chaleur dégagée par l'union de cette eau avec le sel double anhydre, conformément au théorème II. Cette remarque s'applique également au cas où les corps composants renfermeraient de l'eau de cristallisation.

5. La méthode qui vient d'être exposée pour l'étude de la chaleur de formation des sels doubles et des composés analogues, suppose l'identité de la dissolution du composé double avec le mélange des dissolutions de ses composants. Cette identité existe en effet pour la plupart des sels doubles ; mais elle a besoin d'être vérifiée, au moins dans certains cas. Deux procédés peuvent être employés à cet égard : l'un repose sur le théorème des actions lentes, et consiste à ramener les deux systèmes à un état identique, au moyen d'un réactif ; dans l'autre procédé, on forme réellement au sein du calorimètre le composé double, à l'état cristallisé, par le mélange de ses composants, pour le redissoudre ensuite.

Soit, par exemple, le cyanure double de potassium et de mercure : pour constater l'identité de l'état final du sel double dissous, avec l'état final des sels simples dissous séparément, puis mélangés, j'ai ajouté à chacune des deux liqueurs une même proportion d'acide chlorhydrique étendu, acide qui décompose le cyanure de potassium, sans attaquer le cyanure de mercure. Or l'observation a prouvé que la chaleur dégagée dans les deux cas est exactement la même ; elle est en outre égale à la différence entre la chaleur dégagée par la réaction de l'acide chlorhydrique sur le cyanure de potassium pur et la chaleur dégagée par le mélange du cyanure de potassium et du cyanure de mercure : ce qui complète la vérification. Tel est le premier procédé.

6. Voici maintenant quelques détails sur le second procédé. Toutes les fois que le composé double n'est pas très soluble, on peut en provoquer la formation réelle à l'état de cristaux, en mêlant les solutions concentrées de ses deux composants au sein d'un tube de verre mince, renfermé dans le calorimètre même. On mesure la chaleur dégagée ; puis on brise ce tube, de façon à

redissoudre le composé double dans la masse entière de l'eau du calorimètre. La somme des deux quantités de chaleur, ainsi mesurées, doit être égale à celle que l'on obtient en dissolvant dans le même poids d'eau totale les deux solutions concentrées successivement ajoutées. Ce fait constaté, on peut dissoudre le composé double, préparé d'autre part, dans la même proportion d'eau ; avec la certitude que la dissolution de ce composé est identique au mélange des dissolutions de ses composants.

Nous avons employé cet artifice (1), M. Jungfleisch et moi, dans nos recherches sur l'isomérie symétrique, pour la mesure de la chaleur dégagée par la formation de l'acide racémique ; lequel résulte de l'union à poids égaux des deux acides tartriques, droite et gauche :

$$C^8H^6O^{12} \text{ droit} + C^8H^6O^{12} \text{ gauche} = 2C^8H^6O^{12} \text{ acide racémique, dégage : } + 4,41.$$

§ 5. — **Théorème IV.** — **Des sels acides ou basiques.**

La chaleur de formation d'un sel acide cristallisé est égale à la différence entre la chaleur de dissolution du sel acide et les chaleurs de dissolution de ses composants, accrue de la chaleur dégagée par le mélange des dissolutions du sel neutre et de l'acide, prises séparément et à la même température.

Une relation pareille s'applique à la formation des *sels basiques.*

1. Ces relations se démontrent exactement comme celle qui concerne la formation des sels doubles.

Voici un exemple concernant le bisulfate de potasse :

$$SO^4K,SO^4H = 136^{gr},1.$$

Premier cycle. — On forme le sel acide par la pensée ; puis on dissout ce sel acide dans 25 fois son poids d'eau, opération réelle qui absorbe — $3^{Cal},50$.

Deuxième cycle. — On dissout le sulfate de potasse $SO^4K = 87^{gr},1$

(1) *Annales de chimie et de physique,* 5ᵉ série, 1875. t. IV, p. 147.

dans la moitié du poids de l'eau employée dans l'expérience précédente, ce qui absorbe — 2^{Cal},98.

On dissout l'acide sulfurique pur, $SO^4H = 49$ grammes, dans l'autre moitié de l'eau, toujours à la même température; ce qui dégage $+ 8^{Cal}$,46.

On mélange alors les deux dissolutions; ce qui absorbe — 1,04.

Il est facile de vérifier l'identité des deux états finals, au moyen d'une solution de potasse, laquelle dégage la même quantité de chaleur dans les deux cas. Cela posé :

Soit x la chaleur dégagée par la formation du sel double solide, au moyen de ses composants purs, on a la relation :

$$x - 3,50 = - 2,98 + 8,46 - 1,04 ;$$
$$x = + 7^{Cal},04,$$

quantité qui répond à la réaction

$$SO^4H \text{ liquide} + SO^4K \text{ solide} = SO^4K,SO^4H.$$

Si l'acide était supposé solide, cette quantité devrait être diminuée de la chaleur de fusion de l'acide sulfurique; ce qui la réduirait à $+ 7^{Cal}$,5, à peu près, quantité indépendante de la température.

2. Dans l'exemple précédent, il y a absorption de chaleur par suite du mélange du sel neutre dissous avec l'acide dissous.

Dans d'autres cas, il y a au contraire dégagement de chaleur.

Quoi qu'il en soit du signe du phénomène, la quantité de chaleur mise en jeu est très faible le plus souvent; ce qui avait fait supposer autrefois que les sels acides n'existent pas en dissolution.

Mais cette opinion n'est pas exacte : l'existence réelle des sels acides dissous, et spécialement l'existence des sels formés par les acides polybasiques, peut être établie, soit par les déplacements réciproques qu'ils déterminent, tel que celui de l'acide sulfurique par les acides chlorhydrique ou azotique (1), soit par l'emploi de la méthode des deux dissolvants (2). Seulement les

____

(1) *Annales de chimie et de physique*, 4e série, 1873, t. XXX, p. 519.
(2) Même recueil, 4e série, 1872, t. XXVI, p. 433.

sels acides ne subsistent pas intégralement au sein du menstrue ; mais ils éprouvent de la part de l'eau une décomposition progressive, et qui croît avec la proportion de l'eau, décomposition telle que la liqueur renferme à la fois le sel neutre, l'acide libre et le sel acide (1). Ajoutons qu'elle est d'ordinaire immédiate.

On reviendra sur ce point dans le livre IV du présent ouvrage : si on le signale ici, c'est pour mieux montrer la nécessité d'opérer avec une masse totale d'eau absolument identique dans les deux cycles d'expériences, dont la comparaison sert à définir la formation thermique du sel acide.

§ 6. — Théorème V. — Des changements d'état des précipités.

La différence entre les quantités de chaleur dégagées (ou absorbées) pendant la redissolution d'un précipité, pris sous deux états différents, à une même température, est égale à la chaleur mise en jeu, lorsque le précipité passe d'un état à l'autre.

1. Les précipités amorphes changent souvent de cohésion et d'état physique ou chimique depuis les premiers instants de leur formation, jusqu'à ce qu'ils aient pris l'état cristallisé. Ces changements s'accomplissent peu à peu, et ils se prolongent parfois pendant un temps très long, voire même pendant plusieurs années.

2. Les premiers de ces changements successifs peuvent être quelquefois observés dans un calorimètre, comme le montre la précipitation de l'iodure d'argent, ou celle des carbonates de strontiane ou de plomb (2). Mais on ne saurait étudier ainsi que les changements accomplis dans un espace de temps qui ne surpasse pas quelques minutes.

3. S'agit-il de changements plus lents, il convient de recourir au théorème des actions lentes (voy. page 39). A cet effet, on mesure la chaleur dégagée ou absorbée pendant leur accomplissement, en traitant le précipité, pris d'abord dans son état

(1) *Annales de chimie et de physique,* 4ᵉ série, 1873, t. XXX, p. 433.
(2) Même recueil, 5ᵉ série, 1875, t. IV, p. 174.

initial, puis dans son état final, ou dans ses états intermédiaires, par un même agent capable de le redissoudre en le décomposant. Par exemple, on traitera l'iodure d'argent par une solution concentrée d'iodure de potassium ; on traitera les carbonates terreux ou métalliques par une solution d'acide azotique très étendue, et prise à un degré tel que l'acide carbonique produit demeure entièrement dissous ; etc.

On aura soin d'ailleurs d'opérer avec des quantités d'eau identiques et à la même température.

CHAPITRE V

FORMATION DES SELS DISSOUS

§ 1er. — Objet des théorèmes.

La formation des sels dissous donne lieu à une série de théorèmes fort intéressants, non-seulement au point de vue des mesures calorimétriques, mais aussi à cause de la lumière qu'ils jettent sur l'état réel des sels dissous et sur la répartition relative des acides et des bases au sein des dissolutions.

Voici ces théorèmes :

§ 2. — Théorème I. — Influence de la dilution.

La chaleur de formation des sels dissous varie en général avec la dilution et la température ; la variation de cette quantité de chaleur avec la dilution, à une température donnée, est exprimée par la formule

$$N' - N = \Delta - (\delta + \delta'),$$

N étant la chaleur dégagée par la réaction d'un acide et d'une base, pris dans un certain degré de concentration ;

N', la chaleur dégagée par la même réaction, les deux corps étant pris dans une concentration différente ;

Δ, la chaleur dégagée (ou absorbée), lorsqu'on fait passer la solution du sel de la concentration qui répond à la première réaction à la concentration qui répond à la seconde ;

δ, δ', les valeurs analogues qui répondent aux changements de concentration respectifs de l'acide et de la base.

Il est bien entendu que N, N', Δ, δ, δ' sont toutes mesurées à la même température.

1. Exemple. Si l'on mélange, à volumes égaux, vers la tempé-

rature de 20 degrés, une liqueur aqueuse renfermant 1 équivalent d'acide azotique ($AzO^6H = 63^{gr}$) par demi-litre, avec une liqueur renfermant 1 équivalent de potasse ($KO = 47^{gr},1$) par demi-litre, on trouve pour la chaleur dégagée :

$$N = + 14^{Cal},30.$$

Mais si l'on mélange, à la même température, une liqueur aqueuse renfermant 1 équivalent d'acide azotique pour 4 litres de dissolution, et une liqueur renfermant 1 équivalent de potasse pour 4 litres, la chaleur dégagée sera :

$$N' = + 13,76.$$

En effet, on a :

$$\Delta = 0,61 \; ; \; \delta = - 0,07 \; ; \; \delta' = 0,00.$$
$$\Delta - (\delta + \delta') = - 0,61 + 0,07 = - 0,54.$$

2. On démontre ce théorème de la manière suivante :

État initial. —Un équivalent d'acide pris dans un certain état de concentration ;

Un équivalent de base prise dans un certain état de concentration, qui peut être d'ailleurs pareil ou différent de celui de l'acide ;

Une certaine masse d'eau, destinée à faire varier la concentration.

État final. —Sel dissous, dans son plus grand état de dilution.

Premier cycle. — On mêle l'acide avec la base, ce qui dégage N ; puis on ajoute l'eau, ce qui dégage Δ ;

Deuxième cycle. — On mêle l'acide avec la quantité d'eau destinée à l'amener à son nouvel état de dilution, soit la moitié de la masse primitive, ou toute autre fraction, mélange qui dégage δ.

On fait la même opération sur la base avec ce qui reste de la masse d'eau primitive, mélange qui dégage δ'.

Puis on réunit les deux liqueurs acide et alcaline ainsi diluées à l'avance, ce qui dégage N'.

L'état initial étant le même, ainsi que l'état final, on a la relation :

$$N + \Delta = N' + \delta + \delta'.$$

3. La variation de la chaleur de formation du sel dissous

s'élève à un vingt-cinquième environ de la chaleur totale dans l'exemple précédent. Elle serait plus grande encore, si l'on avait pris l'acide et la base plus concentrés.

Cependant l'expérience prouve qu'à partir d'une dilution convenable, telle que 100 H^2O^2 pour 1 équivalent d'un acide ou d'une base, la variation $N' - N$ se réduit d'ordinaire à des quantités négligeables, c'est-à-dire dont la grandeur est de l'ordre de celle des erreurs des expériences.

4. Il en est ainsi spécialement pour les sels formés par les acides forts et [les bases fortes, tels que les sulfates, chlorures, azotates alcalins. Mais il convient de remarquer que la variation $N' - N$ cesse d'être négligeable, même dans ces limites, pour les sels formés par l'union des bases avec les alcools ou les acides faibles (1); ou bien encore pour les sels formés par l'union d'un acide quelconque avec les bases faibles, telles que les oxydes métalliques (2).

§ 3. — Théorème II. — Bases faibles et acides faibles.

Pour les sels des bases faibles et des acides faibles, la chaleur de dilution de la solution du sel, déjà étendue, représente sensiblement la variation de la chaleur de combinaison :

$$\Delta = N' - N,$$

attendu que δ ou δ' deviennent insensibles.

1. Toutes les fois que la valeur de Δ demeure considérable pour des liqueurs déjà étendues, ce qui est vrai surtout pour les sels formés par les acides et les bases faibles, et à plus forte raison si Δ tend à devenir égal à N, c'est-à-dire si N' tend vers zéro, comme on l'observe pour les alcoolates alcalins; dans ces cas, disons-nous, on doit admettre que le sel solide éprouve de la part de l'eau une certaine décomposition, progressivement croissante avec la quantité d'eau, et qui sépare peu à peu tout ou partie de l'acide et de la base : ces deux corps

(1) *Annales de chimie et de physique*, 4e série, 1873, t. XXIX, p. 289 et 463; et 5e série, 1875, t. VI, p. 334 (Acides gras).
(2) Même recueil, 4e série, 1873, t. XXX, p. 145.

demeurent ainsi juxtaposés dans les dissolutions salines très étendues (1).

Cette action de l'eau constitue une véritable caractéristique des sels formés par les acides faibles ou par les bases faibles, c'est-à-dire des acides faibles eux-mêmes, aussi bien que des bases faibles. On voit par là toute l'importance que présente l'étude des chaleurs de dilution.

2. Précisons cette notion, en citant quelques expériences. Un équivalent de mannite, dissous dans l'eau de façon à former 2 litres de liqueur, a été mêlé avec une solution de potasse analogue :

$$C^{12}H^{14}O^{12} (1\ \text{éq.} = 2\,\text{lit.}) + KO (1\ \text{éq.} = 2\ \text{lit.}),\ \text{ce qui a dégagé} : + 1^{\text{Cal}},1.$$

La solution, étant étendue avec 5 fois son volume d'eau, à la même température, a absorbé : — $0^{\text{Cal}},95$; c'est-à-dire une quantité presque égale à la chaleur dégagée primitivement. — Or, d'autre part, la même solution de mannite, étendue de 5 fois son volume d'eau, ne donne lieu à aucun effet thermique appréciable, et il en est de même de la solution de potasse, c'est-à-dire que l'on a $\delta = 0$; $\delta' = 0$. On voit par là que $\Delta = - 0,95$ représente la variation de la chaleur de combinaison, celle-ci étant $+ 1,1$ pour la première concentration, $+ 0,15$ pour la seconde : le mannitate de potasse se trouve donc séparé à peu près complètement par la dilution en mannite libre et potasse libre.

Le mannitate de soude fournit des résultats pareils, avec des valeurs numériques presque identiques.

3. On observe des résultats analogues, quoique répondant à une décomposition moins rapide, lorsqu'on étend d'eau les sels formés par les acides faibles, tels que le carbonate d'ammoniaque, les borates alcalins :

$$2\,BO^3 (1\ \text{éq.} = 35\ \text{gr.} = 2\ \text{lit.}) + NaO (1\ \text{éq.} = 4\ \text{lit.}),\ \text{dégage} : + 11^{\text{Cal}},6.$$

Cette liqueur, étendue de 5 volumes d'eau, absorbe $- 0,8$; tandis que la dilution de l'acide borique et celle de la soude ne fournissent que des résultats négligeables.

(1) *Annales de chimie et de physique*, 4ᵉ série, 1873, t. XXIX, p. 298 et 461.

Avec le borate d'ammoniaque, la décomposition est encore plus avancée :

$$2\,BO^3\,(1\ \text{éq.} = 35\,\text{gr.} = 2\ \text{lit.}) + AzH^3\,(1\ \text{éq.} = 4\ \text{lit.}),\ \text{dégage} : + 8,4.$$

Cette liqueur, étendue avec 5 fois son volume d'eau, absorbe — 1,2; les dilutions semblables de l'acide et de l'ammoniaque ne donnent que des effets négligeables. L'absorption de chaleur varie d'ailleurs avec la proportion d'eau.

4. Ces résultats mettent en évidence les équilibres qui se produisent dans les dissolutions entre les acides, les bases, les sels qu'ils forment, et l'eau qui tend à décomposer ces derniers. On peut même en tirer, dans un certain nombre de cas, la mesure précise de ces équilibres; mais il faut entrer pour cela dans des considérations étrangères au théorème que nous exposons. — Au contraire, on montrera tout à l'heure comment ce théorème permet de connaître l'état réel de répartition des acides et des bases qui se produit dans un grand nombre de cas, lorsqu'on mélange deux à deux les dissolutions salines.

§ 4. — **Théorème III.** — **Action réciproque des acides sur les sels.**

L'action réciproque des acides sur les sels qu'ils forment avec une même base, en présence de la même quantité d'eau et à la même température, peut être exprimée par la relation thermique :

$$N - N_1 = K_1 - K,$$

N, N_1 étant les chaleurs dégagées par l'union séparée des deux acides avec la base; K, K_1 les chaleurs dégagées par l'action de chacun des acides sur la solution du sel formé par l'autre acide.

1. Par exemple, une dissolution renfermant $87^{\text{gr}},1 = SO^4K$ dans 2 litres de liqueur, étant mélangée à volumes égaux avec une dissolution qui renferme 63 grammes $= AzO^6H$ dans 1 litre de liqueur :

$$SO^4K\,(1\ \text{éq.} = 2\ \text{lit.}) + AzO^6H\,(1\ \text{éq.} = 1\ \text{lit.}),\ \text{absorbe} : - 1,70 = K.$$

D'autre part, le mélange réciproque :

$$AzO^6K\ (1\ \text{éq.} = 2\ \text{lit.}) + SO^4H\ (1\ \text{éq.} = 1\ \text{lit.}),\ \text{dégage} : + 0,12 = K_1.$$

On a donc :

$$K_1 - K = + 0,12 - (- 1,70) = + 1,82.$$

Or on trouve directement :

$$SO^4H\ (1\ \text{éq.} = 1\ \text{lit.}) + KO\ (1\ \text{éq.} = 1\ \text{lit.}),\ \text{dégage} : + 15,73 = N ;$$
$$AzO^6H\ (1\ \text{éq.} = 1\ \text{lit.}) + KO\ (1\ \text{éq.} = 1\ \text{lit.}) : + 14,00 = N_1 ;$$
$$N - N_1 = 15,73 - 14,00 = + 1,73.$$

Les deux nombres $+ 1,82$ et $+ 1,73$, déduits l'un et l'autre d'expériences distinctes, faites à la même température, concordent dans les limites d'erreur de ces deux expériences : ce qui constitue une vérification expérimentale du théorème.

2. Voici la démonstration rigoureuse de ce théorème.

Soit un système initial formé par les deux acides séparés ($AzO^6H = 1$ litre, $SO^4H = 1$ litre) et la base séparée ($KO = 1$ litre) :

Dans un premier cycle, on unit l'acide azotique avec la potasse, ce qui dégage N_1 ; puis on ajoute l'acide sulfurique, ce qui dégage K_1.

Dans un second cycle, on unit d'abord l'acide sulfurique avec la potasse, ce qui dégage N ; puis on ajoute l'acide azotique, ce qui dégage K.

L'état final étant identique dans les deux cycles, on a :

$$N + K = N_1 + K_1,$$

et par conséquent

$$N - N_1 = K_1 - K.$$

Cette conclusion est tout à fait rigoureuse et indépendante des hypothèses que l'on peut faire sur la distribution relative de la base entre les deux acides : elle exige que les conditions de concentration soient strictement définies et conformes aux valeurs employées dans la démonstration.

3. Le théorème III est d'un grand usage en thermochimie : soit comme vérification de l'exactitude des expériences, car il établit une relation entre quatre quantités mesurables séparé-

ment; soit comme *évaluation indirecte* de quelqu'une de ces quatre quantités, et spécialement *de la chaleur de neutralisation* de certains acides, difficiles à obtenir dans un état défini. Tel est le cas des acides qui se séparent aisément sous forme gazeuse de leurs dissolutions (acide carbonique), ou des acides qui s'y décomposent rapidement (acide hyposulfureux). C'est encore le cas des acides tels que l'acide silicique, lequel ne peut être séparé de ses solutions alcalines sans changer d'état moléculaire; avant qu'on ait eu le temps de le doser et de le faire réagir sur une proportion définie de base, de façon à mesurer la chaleur de neutralisation qui répond à son premier état de liberté.

4. Ce théorème permet aussi de calculer avec une très grande probabilité la distribution relative d'une base entre deux acides; pourvu que la base dégage des quantités de chaleur différentes, en s'unissant avec ces deux corps.

Soit, par exemple, la réaction entre le carbonate de soude et l'acide azotique :

$$CO^3Na \text{ (1 éq.} = 13 \text{ lit.)} + AzO^6H \text{ (1 éq.} = 2 \text{ lit.).,}$$

Cette réaction dégage $+ 3^{Cal},41$; elle s'opère, d'ailleurs, en présence d'un volume d'eau tel, que tout l'acide carbonique qui pourrait se produire demeure dissous.

D'autre part, la réaction inverse :

$$CO^2 \text{ (1 éq.} = 11 \text{ lit.)} + AzO^6Na \text{ (1 éq.} = 4 \text{ lit.).}$$

absorbe — 0,04, quantité négligeable, car elle est moindre que la limite d'erreur des expériences. On a dès lors :

$$K - K_1 = + 3,45 = N_1 - N.$$

L'expérience directe a donné, à la même température :

$$AzO^6H \text{ (1 éq.} = 2 \text{ lit.)} + NaO \text{ (1 éq.} = 2 \text{ lit.) : } + 13,72 = N_1;$$
$$CO^2 \text{ (1 éq.} = 11 \text{ lit.)} + NaO \text{ (1 éq.} = 2 \text{ lit.) : } + 10,25 = N;$$
$$N_1 - N = + 3,47.$$

On voit par là que la réaction de l'acide azotique sur le carbonate de soude dissous dégage précisément la même quantité de chaleur que si l'on séparait la soude de l'acide carbonique, pour la combiner ensuite avec l'acide azotique, dans les mêmes conditions de température et de concentration. Il est donc permis de conclure que l'acide carbonique est complètement déplacé par l'acide azotique, même en présence d'une quantité d'eau telle, qu'aucune portion d'acide carbonique ne se sépare sous forme gazeuse. Ce n'est pas la volatilité de l'acide carbonique qui détermine ici la décomposition du carbonate, puisque celle-ci s'opère indépendamment de toute élimination de matière.

5. Cependant cette conclusion, quelle qu'en soit l'évidence apparente, est subordonnée à la mesure thermique de l'action de l'eau sur les deux sels neutres et sur les deux acides pris isolément, et même à celle de la réaction de chacun des sels neutres sur l'acide qui concourt à le former; cet acide étant employé suivant diverses proportions relatives. En effet, il convient de vérifier qu'aucune compensation ne peut résulter de ces diverses réactions. En fait, il ne s'en produit aucune dans le cas précédent.

1° D'une part, l'expérience prouve que la dilution des acides carbonique et azotique, aussi bien que celle du carbonate de soude, par les quantités d'eau qui dissolvent le corps antagoniste, ne donnent lieu à aucun effet appréciable; tandis que la dilution de l'azotate de soude ($AzO^6Na = 4$ litres), par une masse d'eau pure égale à celle qui dissout l'acide carbonique (11 litres), absorbe : — 0,04; valeur précisément égale à celle qui a été observée dans la réaction de l'acide carbonique dissous sur l'azotate de soude; si tant est que l'une et l'autre ne résultent point des erreurs d'expérience.

2° D'autre part, on pourrait invoquer la formation du bicarbonate de soude. Examinons cette hypothèse. La production de ce corps aux dépens de l'azotate absorberait :

$$+ 11,1 - 13,7 = - 2,60.$$

L'absorption — 0,04, observée dans la réaction de l'acide carbonique dissous sur l'azotate de soude, en la supposant réelle, c'est-à-dire non attribuable aux erreurs d'expérience, répondrait seulement à l'union d'un soixantième de la soude avec l'acide carbonique. D'ailleurs, une expérience distincte établit que le soixantième d'équivalent d'acide azotique étendu, ainsi mis en liberté par hypothèse, en réagissant sur le surplus de l'azotate de soude, ne produirait pas d'effet thermique appréciable.

Mais cette hypothèse d'un déplacement partiel ne paraît pas acceptable; car alors toute l'absorption de chaleur serait attribuable à la substitution de l'acide carbonique à l'acide azotique, sans qu'il en demeurât aucune fraction pour la dilution propre de l'azotate de soude non décomposé; or celle-ci doit absorber pour son propre compte les 59 soixantièmes de — 0,04; d'après les nombres observés dans une expérience distincte de dilution, faite avec le sel pur et la même masse d'eau. L'absorption de chaleur observée dans la réaction de l'acide carbonique dissous sur l'azotate de soude ne peut donc être attribuée à autre chose qu'à la dilution même de l'azotate de soude, et il ne reste aucun effet thermique appréciable que l'on puisse rapporter à la formation d'un bicarbonate : si cette dernière avait lieu, elle ne saurait porter que sur des traces de matière.

6. Pour montrer l'utilité de cette discussion minutieuse, citons encore la réaction de l'acide chlorhydrique sur le butyrate de soude, à la température de 9 degrés :

$$\text{NaCl } (1 \text{ éq.} = 8 \text{ lit.}) + C^8H^8O^4 \ (1 \text{ éq.} = 2 \text{ lit.}) : + 0,15;$$
$$C^8H^7NaO^4 (1 \text{ éq.} = 8 \text{ lit.}) + \quad \text{HCl } (1 \text{ éq.} = 2 \text{ lit.}) : + 0,59.$$

A première vue, il semble qu'il y ait partage; cependant il serait étrange qu'il y eût également dégagement de chaleur dans les deux réactions antagonistes. Mais les chaleurs de dilution expliquent tout le phénomène.

En effet, la dilution de l'acide butyrique :

$$C^8H^8O^4 \ (1 \text{ éq.} = 2 \text{ lit.}) + 8 \text{ litres d'eau, dégage} : + 0,18;$$

celle de chlorure de sodium, au degré de concentration employé, ne donne lieu à aucun effet appréciable. Or la valeur + 0,18 ne diffère pas, dans les limites d'erreur des expériences (limites voisines de ± 0,04), de la valeur + 0,15, trouvée pour la réaction de l'acide butyrique sur le chlorure de sodium.

On trouve le contrôle de ce résultat dans l'étude de la réaction inverse. Elle a dégagé $+$ 0,59. Or l'expérience donne pour la substitution théorique de l'acide butyrique par l'acide chlorhydrique, la différence de leurs chaleurs de neutralisation, c'est-à-dire, chaque acide étant dissous dans 2 litres de liqueur et la soude dans $0^{lit},1$:

$$N = + 14,08; \quad N_1 = + 13,68;$$

et, par suite :

$$N - N_1 = + 0,40,$$

valeur à laquelle il convient d'ajouter la chaleur dégagée lorsqu'on dilue l'acide butyrique, de façon à l'amener à occuper 8 litres de liqueur, soit $+$ 0,18.

La somme $+$ 0,40 $+$ 0,18 ne diffère pas sensiblement de la valeur $+$ 0,59 trouvée directement : ce qui montre que le déplacement de l'acide butyrique uni à la soude par l'acide chlorhydrique est le phénomène principal.

La formation d'un butyrate acide, en dose notable, ne saurait être admise, en présence de l'acide chlorhydrique (bien que l'existence d'une trace de ce corps soit possible à la rigueur) : en effet, cette formation dégagerait bien moins de chaleur qu'il n'est nécessaire, d'après les mesures thermiques. Il est facile de le montrer, mais je supprime cette discussion pour abréger.

7. Voici maintenant quelques cas de partage. Telle est la réaction des acides formique et butyrique sur les alcalis, à la température de 9 degrés :

$$C^8H^7NaO^4 \text{ (1 éq.} = 4 \text{ lit.)} + C^2H^2O^4 \text{ (1 éq.} = 4 \text{ lit.)} : + 0,00;$$
$$C^2HNaO^4 \text{ (1 éq.} = 4 \text{ lit.)} + C^8H^8O^4 \text{ (1 éq.} = 4 \text{ lit.)} : + 0,24.$$

D'après ces nombres, il semblerait, à première vue, que l'acide formique serait sans action sur le butyrate de soude; tandis que l'acide butyrique décomposerait au contraire entièrement le formiate de soude. Mais cette conclusion n'est pas exacte, parce qu'elle néglige deux circonstances importantes, à savoir : le dégagement de chaleur que produit la dilution du butyrate de soude, par un volume d'eau égal à celui qui dissout le corps antagoniste, soit $+$ 0,14; et la dilution analogue de l'acide butyrique employé, soit $+$ 0,08. Le formiate de soude et l'acide formique ne donnent lieu qu'à des effets de dilution négligeables.

En tenant compte de ces circonstances, on voit qu'il y a en réalité partage dans les deux cas.

Par exemple, quand l'acide butyrique réagit sur le formiate de soude, en déplaçant une proportion x de cet acide, la chaleur dégagée est due à deux causes, savoir :

1° La substitution partielle d'un acide à l'autre, ce qui dégage, dans la condition ci-dessus :

$$(+ 13,62 - 13,38 = 0,24)\,x;$$

2° La formation de deux sels acides, ce qui dégage une quantité de chaleur comprise entre les limites respectives $+ 0,16$ et $+ 0,06$, d'après les nombres obtenus par une double série d'essais directs, accomplis sur chacun des deux sels neutres : formiate de soude agissant sur l'acide formique et butyrate de soude agissant sur l'acide butyrique, suivant diverses proportions relatives.

L'hypothèse d'un partage par moitié répondrait donc à :

$$(+ 0,12 + 0,11) = + 0,23,$$

ce qui concorde avec la valeur trouvée $+ 0,24$.

On a cru utile de donner ce calcul dans toute son exactitude ; mais je me hâte d'ajouter que les nombres d'expérience ne sont pas assez précis pour autoriser un calcul si rigoureux. Cependant il est permis d'en conclure la réalité du partage de la base entre les deux acides.

Réciproquement, l'acide formique, déplaçant en partie l'acide butyrique uni à la soude, donne lieu à deux effets thermiques contraires, savoir : la substitution partielle d'un acide à l'autre $(- 0,24\,x)$ et la formation des sels acides $(+ 0,16$ à $+ 0,06)$; l'hypothèse d'un partage par moitié répondrait donc à

$$(- 0,12 + 0,11) = - 0,01,$$

valeur qui ne s'éloigne guère de $0,00$, trouvé par expérience.

La discussion qui précède est délicate ; mais elle met bien en évidence la nature des expériences et le procédé de calcul qu'il convient d'employer pour établir la réalité et la proportion du partage d'une base entre plusieurs acides dans une dissolution.

8. Toute cette discussion repose sur l'hypothèse très vraisem-blable que : *en présence d'une très grande quantité d'eau, l'effet total produit par plusieurs réactions simultanées est sensible-ment la somme des effets qui seraient exercés séparément par les acides, les bases et les sels existant réellement dans la liqueur.*

9. Non-seulement une telle hypothèse est conforme à ce que nous savons en général des actions physiques et chimiques; mais elle peut être vérifiée par la conformité des résultats qui en sont déduits avec les expériences d'un autre ordre. Par exemple, la méthode des deux dissolvants (1) confirme ce résultat que l'acide acétique est déplacé dans l'acétate de soude, complètement ou à peu près, par les acides chlorhydrique et sulfurique; il l'est même par l'acide tartrique.

Les mesures du pouvoir rotatoire et des autres propriétés optiques des dissolutions, aussi bien que celles des propriétés magnétiques, confirment également les résultats obtenus par la méthode thermique.

10. Dans les cas de partage, on peut vérifier les conclusions par un autre procédé, fondé sur les mêmes principes, et qui consiste à faire varier les proportions relatives des corps réagis-sants. Ainsi chacun des acides, employé en grand excès, doit finir par déplacer complètement l'autre, en donnant lieu aux effets thermiques calculés dans l'hypothèse de ce déplacement total.

C'est en effet ce que l'observation montre pour la réaction des sulfates sur les acides chlorhydrique ou azotique, et pour la réaction inverse de l'acide sulfurique sur les chlorures et sur les azotates (2).

§ 5. — Théorème IV. — Action réciproque des bases sur les sels.

L'action réciproque des bases sur les sels qu'elles forment avec un même acide donne lieu à la relation thermique :

$$K'_1 - K' = N - N_1,$$

K' et K'$_1$ étant les quantités de chaleur dégagées, lorsque cha-

<hr>

(1) *Annales de physique et de chimie*, 4ᵉ série, 1872, t. XXVI, p. 158.
(2) *Ibid.*, 1873, t. XXX, p. 514-525.

cune des bases agit sur la dissolution du sel de l'autre base, à la même température.

1. La démonstration de ce théorème est la même que celle du précédent, et il conduit à des conséquences et à des applications semblables, toutes les fois qu'un même acide dégage des quantités de chaleurs inégales, en s'unissant avec deux bases distinctes.

2. Soit, par exemple, la réaction de la soude sur le chlorhydrate d'ammoniaque :

$$AzH^3,HCl(1\ \text{éq.} = 2\ \text{lit.}) + NaO(1\ \text{éq.} = 2\ \text{lit.}),\ \text{à}\ 23°,5,\ \text{dégage}: + 1^{cal},07\ ; = K'_1.$$

La réaction inverse :

$$AzH^3\ (1\ \text{éq.} = 2\ \text{lit.}) + NaCl\ (1\ \text{éq.} = 2\ \text{lit.}),\ \text{à}\ 23°,5,\ \text{absorbe}: - 0,05 = K'.$$

D'où résulte : $K'_1 - K' = + 1,12.$

La mesure directe des valeurs de N et N_1 a donné précisément, à la même température :

$$N - N_1 = + 1,12;$$

ce qui vérifie le théorème.

On voit en outre que la soude prend la totalité de l'acide, ou sensiblement : l'écart entre $+ 1,07$ et $+ 1,12$ ne surpassant guère la limite d'erreur des expériences ($\pm 0,04$).

3. Ce résultat est fort important, comme propre à établir qu'il n'y a point partage nécessaire de l'acide entre les deux bases dans l'état de dissolution. En effet, dans le cas de la soude et de l'ammoniaque, la base forte (c'est-à-dire celle qui dégage le plus de chaleur en s'unissant à l'acide en l'absence de l'eau, toutes choses égales d'ailleurs) prend la totalité de l'acide, contrairement à la théorie de Berthollet.

Ce point capital peut être vérifié d'ailleurs de diverses manières : soit en faisant varier la proportion d'eau; soit en employant un excès quelconque de chlorhydrate d'ammoniaque, ou de chlorure de sodium, ou d'ammoniaque libre. La chaleur dégagée demeure, dans tous les cas, la même pour 1 équivalent de soude mis en expérience. La potasse donne lieu à des résultats tout pareils (1).

(1) *Annales de chimie et de physique*, 5ᵉ série, 1875, t. VI, p. 142.

§ 6. — **Théorème V.** — **Action réciproque des sels.**

L'action réciproque des quatre sels formés par deux acides et deux bases s'exprime par la formule :

$$K_1 - K = (N - N_1) - (N' - N'_1),$$

K étant la chaleur dégagée lorsqu'on mélange les solutions de deux sels à acide et base différents (sulfate de potasse et azotate de soude), et K_1 la chaleur dégagée lorsqu'on mélange le couple réciproque (sulfate de soude et azotate de potasse);

N et N_1 étant les chaleurs de neutralisation des deux bases par un même acide; N' et N'_1 étant les quantités analogues pour l'autre acide, les corps étant pris tous à la même température et sous des concentrations constantes dans les diverses expériences. On tire encore de la

$$K_1 - K = (N - N') - (N_1 - N'_1),$$

expression dans laquelle N et N' se rapportent à l'union des deux acides avec une même base, N_1 et N'_1 à leur union avec l'autre base (1).

1. Donnons un exemple numérique. Soit le mélange des deux couples réciproques de sels neutres suivants :

$$SO^4K\,(1\,\text{éq.} = 2^{Cal}) + AzO^6Na\,(1\,\text{lit.} = 2\,\text{lit.}),\ \text{dégage} : + 0,14 = K$$
$$SO^4Na\,(1\,\text{éq.} = 2\,\text{lit.}) = A_1O^6K\,(1\,\text{éq.} = 2\,\text{lit.}),\ \text{absorbe} : - 0,17 = K_1$$
$$K_1 - K = - 0,31.$$

Or, l'expérience donne :

$$\begin{cases} SO^4H\,(1\,\text{éq.} = 1\,\text{lit.}) + KO\,(1\,\text{éq.} = 1\,\text{lit.}),\ \text{dégage} : + 15,87 = N \\ SO^4H\,(1\,\text{éq.} = 1\,\text{lit.}) + NaO\,(1\,\text{éq.} = 1\,\text{lit.}),\ \text{dégage} : + 15,91 = N_1 \end{cases}$$
$$\begin{cases} AzO^6H\,(1\,\text{éq.} = 1\,\text{lit.}) + KO\,(1\,\text{éq.} = 1\,\text{lit.}),\ \text{dégage} : + 13,96 = N' \\ AzO^6H\,(1\,\text{éq.} = 1\,\text{lit.}) + NaO\,(1\,\text{éq.} = 1\,\text{lit.}),\ \text{dégage} : + 13,69 = N'_1 \end{cases}$$
$$N - N_1 = - 0,04 ; \quad N' - N'_1 = + 0,27$$
$$(N - N_1) - (N' - N'_1) = - 0,31.$$

De même :

$$(N - N') = + 1,91 ; \quad N_1 - N'_1 = + 2,22$$
$$(N - N') - (N_1 - N'_1) = - 0,31,$$

relation identique d'ailleurs avec la précédente.

(1) *Annales de chimie et de physique*, 4ᵉ série, 1873, t. XXIX, p. 112.

La comparaison de ces résultats fournit une preuve expérimentale du théorème.

2. Voici la démonstration théorique.

Le système initial étant :

$$SO^4H\,(1\text{ éq.} = 1\text{ lit.}); AzO^6H\,(1\text{ éq.} = 1\text{ lit.}); KO\,(1\text{ éq.} = 1\text{ lit.}); NaO\,(1\text{ éq.} = 1\text{ lit.}).$$

Premier cycle. — On unit d'abord l'acide sulfurique avec la potasse, ce qui dégage N; l'acide azotique avec la soude, ce qui dégage N'_1; puis on mélange les deux solutions salines, ce qui dégage K.

Deuxième cycle. — On unit l'acide sulfurique avec la soude, ce qui dégage N_1; l'acide azotique avec la potasse, ce qui dégage N'; puis on mélange les deux solutions salines, ce qui dégage K_1.

L'état final étant identique, on a :

$$N + N'_1 + K = N_1 + N' + K_1,$$

et par conséquent :

$$K_1 - K = (N - N_1) - (N' - N'_1);$$

ou bien encore :

$$K_1 - K = (N - N') - (N_1 - N'_1).$$

3. Ce théorème établit une relation entre six quantités déterminables expérimentalement, détermination dont le concours constitue une vérification de leur exactitude. Il permet d'évaluer par voie indirecte l'une des quatre quantités N; dans les cas où la détermination de cette quantité offrirait des difficultés spéciales, dues par exemple au peu de stabilité du sel correspondant, ou à toute autre cause.

4. Lorsqu'il s'agit de sels formés par des bases fortes et des acides forts, les quantités K et K_1, et par conséquent leur différence, sont très-petites. Aussi, à l'origine, Hess avait-il cru pouvoir les négliger et ériger en principe général que : le mélange de deux sels neutres, à acide et à base différents, ne dégage pas de chaleur. C'est ce qu'on avait appelé le *principe de la thermo-neutralité saline*, principe adopté jusqu'à ces dernières années par la plupart des auteurs qui se sont occupés de thermochimie. S'il était rigoureusement exact, la répartition des bases et des

acides dans une dissolution neutre ne pourrait pas être déterminée par les essais calorimétriques.

5. Mais les expériences très-précises que j'ai faites sur ce point établissent que ce n'est pas là un principe absolu : il n'est jamais vrai d'une manière rigoureuse, et s'il se vérifie d'une façon approchée pour la plupart des sels formés par l'union d'un acide fort avec une base forte, tels que les sulfates, chlorures, azotates de potasse, soude, chaux, baryte, etc.; il est au contraire en défaut pour les sels formés par les acides faibles et les bases faibles, tels que les carbonates, borates, cyanures, sulfures, phénates solubles ; tels encore que les sels d'ammoniaque, de zinc, de cuivre, de peroxyde de fer, etc.

6. Dans les cas de ce genre, le théorème V permet de constater les doubles décompositions salines qui s'opèrent dans les dissolutions, toutes les fois que les deux sels d'un même acide uni à deux bases différentes, ou d'une même base unie à deux acides distincts, sont inégalement décomposés par la même quantité d'eau : ce qui arrive pour les acides faibles, les bases faibles et les oxydes métalliques.

Citons quelques exemples. Soient le carbonate de potasse et l'azotate d'ammoniaque. Le mélange de leurs dissolutions étendues (1) :

$$CO^3K \ (1 \ \text{éq.} = 4 \ \text{lit.}) + AzO^6Am \ (1 \ \text{éq.} = 4 \ \text{lit.}), \text{ absorbe} : - 3^{cal},1 ;$$

tandis que le mélange réciproque du carbonate d'ammoniaque avec l'azotate de potasse ne donne lieu qu'à un effet insensible :

$$CO^3Am \ (1 \ \text{éq.} = 4 \ \text{lit.}) + AzO^6K \ (1 \ \text{éq.} = 4 \ \text{lit.}), \text{ absorbe} : - 0,0.$$

Or voici la chaleur dégagée par la formation des quatre sels précédents, toutes choses égales d'ailleurs :

$$\begin{cases} AzO^6H \ (1 \ \text{éq.} = 2 \ \text{lit.}) + AzH^3 (1 \ \text{éq.} = 2 \ \text{lit.}), \text{ dégage} : + 12,5 \\ AzO^6H \ (1 \ \text{éq.} = 2 \ \text{lit.}) + KO \ (1 \ \text{éq.} = 2 \ \text{lit.}), \text{ dégage} : + 13,8 \end{cases}$$

$$\begin{cases} CO^2 \ \text{gazeux} + \text{eau} = 2 \ \text{lit.} + AzH^3 \ (1 \ \text{éq.} = 2 \ \text{lit.}), \text{ dégage} : + \ 8,5 \\ CO^2 \ \text{gazeux} + \text{eau} = 2 \ \text{lit.} + KO \ (1 \ \text{éq.} = 2 \ \text{lit.}), \text{ dégage} : + 12,9 \end{cases}$$

Ainsi le carbonate d'ammoniaque et l'azotate de potasse

____

(1) Am = AzH⁴

mélangés ne semblent éprouver aucun changement sensible, attendu que leur mélange ne produit pas d'effet thermique notable. Au contraire, le mélange du carbonate de potasse avec l'azotate d'ammoniaque absorbe — 3,2.

Ce nombre répond à un échange total, ou sensiblement, des deux bases entre les deux acides, comme le montre le calcul suivant. Si l'on sépare par la pensée l'acide carbonique gazeux (ainsi que la moitié de l'eau) de la potasse à laquelle il est uni dans la dissolution du carbonate de potasse, cette séparation absorbera — 12,9.

Si l'on sépare, d'autre part, l'acide azotique étendu de l'ammoniaque, cette séparation absorbera — 12,5, soit en tout — 25,4.

Réunissons maintenant par la pensée la totalité de l'acide azotique avec la potasse, nous dégagerons + 13,8 ; réunissant encore la totalité de l'acide carbonique et de l'eau avec l'ammoniaque, nous dégagerons + 8,5 : ce qui fait en tout + 22,3.

La somme algébrique qui répondra à ces quatre opérations, fictives ou réelles, sera :

$$- 25,4 + 22,3 = - 3^{cal},1 ;$$

quantité précisément égale à l'absorption de chaleur produite d'après l'observation, lorsqu'on mélange l'azotate d'ammoniaque avec le carbonate de potasse.

Les choses se passent donc exactement comme s'il y avait double décomposition complète entre ces deux sels. La coïncidence des résultats numériques, coïncidence qui se retrouve lorsque le chlorhydrate et le sulfate d'ammoniaque sont mis en présence des carbonates de potasse ou de soude, oblige d'admettre l'existence réelle de la double décomposition.

7. En général, l'acide fort prend la base forte dans les dissolutions, laissant l'acide faible à la base faible. L'acide fort et la base forte sont ici définis par comparaison avec la base faible et l'acide faible, d'après cette double circonstance :

1° Que chacun d'eux est celui qui dégage le plus de chaleur

en s'unissant à un même corps antagoniste, en l'absence de l'eau ;

2° Que le sel résultant n'est pas décomposé sensiblement par l'eau.

8. Il résulte de là que les doubles décompositions qui s'opèrent dans les dissolutions pourront être constatées, toutes les fois que l'on aura $N - N_1 > < N' - N'_1$, ou $N - N_1 < N' - N'_1$, pourvu que la différence soit notable ; N et N_1 se rapportant à l'union d'une même base avec deux acides différents.

9. Mais on peut aller plus loin dans l'étude des sels métalliques, et spécialement dans l'étude des sels de peroxyde de fer, sels que l'eau décompose d'une manière progressive, laquelle varie avec la nature des acides concourant à les former. Toutes les fois que l'un des quatre sels, que l'on peut supposer présents dans les liqueurs, sera altéré par l'eau dans sa constitution d'une manière beaucoup plus notable que les trois autres ; dans cette condition, dis-je, trois des quantités N, N', N_1, éprouveront des changements nuls ou très-faibles sous l'influence de la dilution, tandis que la quatrième quantité N'_1 variera notablement.

Soit donc la différence

$$K_1 - K = (N - N_1) - (N' - N'_1),$$

calculée d'après les nombres obtenus pour une certaine concentration. Soit la différence analogue

$$K_1^{(\alpha)} - K^{(\lambda)} = [N^{(\alpha)} - N_1^{(\alpha)}] - [N'^{(\alpha)} - N_1^{(\alpha)}]$$

pour une autre concentration. On aura approximativement, d'après la supposition faite,

$$N = N^{(\alpha)} ; \quad N_1 = N_1^{(\alpha)} ; \quad N' = N'^{(\alpha)},$$

tandis que $N'_1{}^{(\alpha)}$ différera notablement de N'_1 ; ce qui entraîne une variation correspondante de la valeur $K_1^{(\alpha)} - K^{(\alpha)}$.

En particulier, si la différence $K_1 - K$ est nulle ou sensiblement, c'est-à-dire si

$$(N - N_1) = (N' - N'_1),$$

pour une certaine concentration, cette égalité ne subsistera pas pour une concentration différente.

Telle est la méthode à laquelle on peut avoir recours dans cet ordre d'expériences.

10. Cette méthode se réduit, dans la plupart des cas, à la mesure de données beaucoup plus simples. En effet, les variations de N_4 se réduisent à

$$\Delta = N' - N,$$

c'est-à-dire, en toute rigueur, à la chaleur de dilution du sel le plus décomposable, toutes les fois que les chaleurs de dilution de l'acide et de la base correspondants sont négligeables. Lorsque ce cas sera réalisé, la variation de la quantité $K_4 - K$ se réduira, à peu de chose près, à la variation de K_4 (ou de K); et cette dernière variation, c'est-à-dire *la chaleur dégagée ou absorbée lors du mélange des deux solutions salines, sera égale*, ou sensiblement, *à la chaleur de dilution du sel le moins stable*, qui préexistera ou qui prendra naissance dans les liqueurs.

11. Voici un exemple de l'application de cette méthode. Il s'agit de la double décomposition entre l'acétate de soude et le sulfate de zinc.

$$\begin{cases} SO^4Na\ (1\ \text{éq.} = 2\ \text{lit.}) + C^4H^3ZnO^4\ (1\ \text{éq.} = 2\ \text{lit.}) : & +\ 0{,}45 \\ SO^4Zn\ (1\ \text{éq.} = 2\ \text{lit.}) + C^4H^3NaO^4\ (1\ \text{éq.} = 2\ \text{lit.}) : & -\ 0{,}34 \end{cases}^{\text{Cal}}$$

d'où l'on tire :

$$K_4 - K = N - N_4 - (N' - N'_4) = \ldots\ldots\ldots\ldots \quad +\ 0{,}79$$

La dilution simple de $C^4H^3ZnO^4$ par la même quantité d'eau qui dissout SO^4Na aurait dégagé : $+\ 0{,}50$; et la dilution simple de SO^4Na par la masse de l'eau qui dissout l'acétate de zinc : $-\ 0{,}07$. La somme diffère peu de $+\ 0{,}45$; ce qui indiquerait une réaction nulle ou peu avancée, s'il était permis d'admettre que les deux sels agissent sur l'eau dans cette circonstance comme s'ils étaient seuls (voy. p. 66). Une telle hypothèse n'est pas tout à fait exacte, mais elle est assez approchée pour que la conclusion à laquelle elle conduit n'en doive pas moins être regardée comme vraie aussi d'une manière approximative.

Contrôlons ces déductions à l'aide de l'expérience inverse. La dilution simple de SO^4Zn dégagerait : $+ 0,10$, et celle de $C^4H^3NaO^4$: $+ 0,02$; quantités dont la somme $+ 0,12$ (à peine distincte des erreurs des expériences) diffère notablement de $- 0,34$. Le résultat thermique ne concorde donc pas avec l'hypothèse d'une simple dilution des deux sels. Au contraire, la valeur thermique observée répond à une décomposition du système en acétate de zinc et sulfate de soude : décomposition certainement très avancée, bien que la complexité des effets qui se superposent dans son accomplissement empêchent d'affirmer qu'elle soit totale.

Ces conclusions sont confirmées par les expériences suivantes, faites avec des liqueurs beaucoup plus étendues :

$$\begin{array}{ll}
\left\{\begin{array}{l} C^4H^4ZnO^4 \ (1 \ \text{éq.} = 10 \ \text{lit.}) + SO^4Na \ (1 \ \text{éq.} = 2 \ \text{lit.}) : - 0,09 \\ C^4H^3NaO^4 \ (1 \ \text{éq.} = 2 \ \text{lit.}) + SO^4Zn \ (1 \ \text{éq.} = 10 \ \text{lit.}) : - 0,12 \end{array}\right\} & + 0,03 \\[1em]
\left\{\begin{array}{l} C^4H^3ZnO^4 \ (1 \ \text{éq.} = 2 \ \text{lit.}) + SO^4Na \ (1 \ \text{éq.} = 10 \ \text{lit.}) : + 1,09 \\ C^4H^3NaO^4 \ (1 \ \text{éq.} = 10 \ \text{lit.}) + SO^4Zn \ (1 \ \text{éq.} = 2 \ \text{lit.}) : + 0,00 \end{array}\right\} & + 1,09
\end{array}$$

(Cal ; $K_1 - K$)

Ainsi l'acétate de soude est changé dans tous les cas par le sulfate de zinc en sulfate de soude et acétate de zinc.

On remarquera que dans ces expériences la dilution de l'acétate de zinc joue un rôle dominant. Quand ce sel préexiste sans être dilué, il dégage toute la chaleur correspondant à sa dilution, quantité très supérieure à celle qui résulte de la dilution des trois autres sels. Mais s'il est déjà dilué, le phénomène thermique produit par les liqueurs où il préexiste est insignifiant.

Il en est de même lorsque l'acétate de zinc prend naissance dans des liqueurs très étendues, parce que, dans de telles liqueurs et pour ce sel même,

$$N - N_1 = N' - N'_1 \text{ sensiblement.}$$

En résumé, je le répète, le sulfate de soude, sel formé par la base forte unie à l'acide fort, et l'acétate de zinc, sel formé par la base faible unie à l'acide faible, prennent naissance de préférence dans les diverses dissolutions dont la composition est équivalente.

12. En cet ordre d'études, on peut encore tirer parti des variations que la chaleur de formation, N, de l'un des quatre sels éprouve, de préférence aux autres, sous l'influence du temps ou de la chaleur; en un mot, de toute propriété thermique spéciale à l'un des quatre sels susceptibles d'exister dans les liqueurs.

CHAPITRE VI

THÉORÈMES RELATIFS A LA FORMATION DES COMPOSÉS ORGANIQUES

§ 1er. — Utilité de ces théorèmes.

La chaleur dégagée pendant la formation des composés organiques, au moyen de leurs éléments, carbone, hydrogène, oxygène et azote, ne peut être mesurée directement, la synthèse de ces composés n'ayant pas lieu dans des conditions accessibles aux déterminations calorimétriques ; aussi a-t-on pendant longtemps désespéré de pouvoir la connaître. Elle offre cependant une importance extrême, comme mesure du travail des forces moléculaires mises en jeu dans la formation des composés organiques. Elle n'est pas moins nécessaire à évaluer pour l'étude exacte de la chaleur animale, laquelle a précisément pour origine les métamorphoses chimiques des matières contenues dans les tissus des êtres vivants.

Cette lacune est aujourd'hui comblée. En effet, j'ai établi en 1865 (1) que les quantités de chaleur dégagées par la formation des composés organiques peuvent être déduites des chaleurs de combustion, précédemment mesurées par divers observateurs, et j'ai découvert depuis des méthodes plus directes, fondées sur les réactions de la voie humide, et qui permettent de mesurer de proche en proche la chaleur dégagée dans la formation successive des combinaisons hydrocarbonées (2).

(1) *Annales de chimie et de physique*, 4e série, t. VI, p. 329.

(2) Même recueil, 5e série, t. IV, p. 74, sels solides (formiates, acétates, oxalates, tartrates, benzoates, picrates, etc); p. 147, isomérie symétrique (en commun avec M. Jungfleisch); — t. V, p. 433, série du cyanogène; p. 289, acides formique et oxalique; — t. VI, p. 289, chlorures acides et acides anhydres (en commun avec M. Louguinine); p. 325, acides gras et leurs sels; — t. IX, p. 289, formation des éthers, des alcools, des dérivés nitriques et sulfuriques, des amides, etc.:

Les principes sur lesquels reposent ces diverses méthodes ne sont pas distincts au fond des théorèmes généraux relatifs aux réactions chimiques. Cependant il a paru utile de préciser ces énoncés un peu abstraits en les particularisant davantage, c'est-à-dire en les appliquant aux réactions spéciales de la chimie organique. La discussion et la solution des problèmes deviennent ainsi plus claires, fût-ce au risque de quelques répétitions.

§ 2. — Théorème I. — Différence entre les chaleurs de formation depuis les éléments.

Soient deux systèmes de composés distincts, formés depuis leurs éléments, carbone, hydrogène, oxygène, azote ; ou depuis des combinaisons binaires très-simples, telles que l'eau, l'acide carbonique, l'oxyde de carbone, l'ammoniaque : la différence entre la chaleur de formation du premier système et celle du second est égale à la chaleur dégagée lorsque l'un des systèmes se transforme dans l'autre.

1. La démonstration théorique de ce théorème n'offre aucune difficulté.

Citons un exemple numérique, tel que la synthèse de l'acide formique. Pour calculer la chaleur mise en jeu, envisageons un premier système constitué par l'acide formique pur et liquide, $C^2H^2O^4$; et un second système constitué par l'eau et l'oxyde de carbone, C^2O^2 et H^2O^2.

On a trouvé par des expériences indirectes :

$$C^2 \text{ (diamant)} + H^2 + O^4 = C^2H^2O^4 \text{ liquide, dégage :} \qquad +\ 93,1$$

$$\left\{ \begin{array}{l} C^2 + O^2 = C^2O^2, \text{ dégage} \dots\dots\dots\dots\dots\dots\dots\dots \quad +\ 25,8 \\ H^2 + O^2 = H^2O^2 \text{ liquide, dégage} \dots\dots\dots\dots\dots \quad +\ 69,0 \end{array} \right.$$

$$\overline{ +\ 94,8}$$

D'où l'on conclut :

$$C^2H^2O^4 \text{ liquide} = C^2O^2 + H^2O^2 \text{ liquide, dégage : } 94,8 - 93,1 = +\ 1,7.$$

p 165, acétylène; p. 174, aldéhyde; — t. X, p. 369, aldéhydes propyliques et corps isomères; — t. XII, p. 539, acides anhydres gazeux; p. 539, chloral; — t. XIII, p. 11, oxyde de carbone, éthylène, benzine; — 4ᵉ série, t. XXIX, p. 289, alcoolates et phénates alcalins. — *Comptes rendus*, t. LXXXVII, p. 571, combinaisons de l'oxyde de carbone; — t. LXXXVIII, p. 52, éthers d'hydracides, état gazeux ; — etc., etc.

La transformation directe, effectuée dans un calorimètre avec le concours de l'acide sulfurique, a dégagé : $+ 1,4$.

2. Voici un exemple plus compliqué : il s'agit de la chaleur de formation du chlorure de cyanogène. Pour la mesurer, j'ai changé en acide carbonique et chlorhydrate d'ammoniaque un système formé par le chlorure de cyanogène et l'eau, en passant par l'intermédiaire de la potasse et de l'acide chlorhydrique. Tous calculs faits, j'ai trouvé que la transformation :

$$C^2AzCl \text{ liquide} + 2H^2O^2 \text{ liquide} = C^2O^4 \text{ gaz} + AzH^3, HCl \text{ solide},$$
$$\text{dégage} : + 60^{Cal},1.$$

Pour déduire de là la chaleur de formation du chlorure de cyanogène par ses éléments, on observe que dans la réaction précédente les éléments sont :

$$C^2 \text{ (diamant)} + Az + Cl + 4H + 4O.$$

On les change tour à tour dans les deux systèmes suivants :

1er CYCLE.

$C^2 + Az + Cl = C^2AzCl$ liquide, dégage..........	x
$4H + 4O = CH^2O^2$.............................	$+ 138$
Réaction des deux composés, etc................	$+ 60,1$
Somme :	$+ 198,1 + x$

2e CYCLE.

$C^2 + O^4 = C^2O^4$ gaz........................	$+ 94,0$
$Az + H^3$ eau $+ = AzH^3$ dissous... ....$+ 35,15$	
$H + Cl +$ eau $= HCl$ dissous..........$+ 39,3$	$+ 90,9$
HCl dissous $+ AzH^3$ dissous...........$+ 12,45$	
Séparation de AzH^3HCl solide............$+ 4,0$	
Somme :	$+ 184,9$

$$x = 184,9 - 198,1 = - 13,2.$$

Telle est la quantité de chaleur absorbée dans la formation du chlorure de cyanogène au moyen de ses éléments :

$$C^2 + Az + Cl = C^2AzCl \text{ liquide, absorbe} : - 13,2.$$

§ 3. — **Théorème II.** — **Différence entre les chaleurs de combustion par l'oxygène libre.**

La chaleur de formation d'un composé organique par ses éléments est la différence entre la somme des chaleurs de combustion totale de ses éléments et la chaleur de combustion du composé, avec formation de produits identiques.

1. Par exemple, 26 grammes de formène, C^2H^4, changés en eau et acide carbonique, dégagent $+$ 210 Calories. Or le carbone (diamant) et l'hydrogène contenus dans le formène, brûlés séparément par le même poids d'oxygène, dégagent $+$ 232 Calories. On en conclut que l'union (indirecte) du carbone avec l'hydrogène, pour constituer le formène :

$$C^2 \text{ (diamant)} + H^4 = C^2H^4, \text{ doit dégager} : 232 - 210 = + 22 \text{ Calories.}$$

2. L'union directe du carbone avec l'hydrogène, sous l'influence de l'arc électrique, union qui constitue l'acétylène

$$C^4 + H^2 = C^4H^2 \text{ (26 grammes),}$$

absorbe au contraire de la chaleur : $-$ 64 Calories. En effet, la chaleur de combustion de l'acétylène, $+$ 321, surpasse la somme des chaleurs de combustion de ses éléments, laquelle est égale au chiffre $+$ 257.

3. Voici un exemple plus compliqué et qui montrera mieux l'importance et la nouveauté de la déduction. Quelle est la quantité de chaleur dégagée lorsque le carbone, l'hydrogène et l'oxygène se réunissent pour former l'acide acétique ?

$$C^4 + H^4 + O^4 = C^4H^4O^4.$$

En partant d'un système initial : $C^4 + H^4 + O^{12}$, on peut tout changer directement en eau et en acide carbonique, ce qui dégage $+$ 326 Calories.

On peut aussi réunir les éléments de l'acide acétique, puis brûler ce composé par l'excès d'oxygène, ce qui fournit $+$ 240 Calories.

Le système final étant identique, la différence

$$326 - 210 = 116 \text{ Calories}$$

représente la quantité cherchée.

4. C'est ainsi que l'on peut tirer parti des chaleurs de combustion mesurées pour un grand nombre de corps par MM. Favre et Silbermann. Mais les nombres de ces auteurs ayant été rapportés à l'unité de poids, il convient d'abord de les multiplier par les équivalents respectifs des composés (1) ; il convient en outre de définir rigoureusement le système et l'état initial des éléments, ainsi que leur état final, si l'on veut éviter toute méprise.

Ainsi appliquée, la méthode est irréprochable en principe. Cependant elle fait dépendre les valeurs cherchées de la différence entre des valeurs beaucoup plus grandes; ce qui tend à exagérer l'influence des erreurs expérimentales. De là la nécessité de méthodes plus directes, dans lesquelles on forme les composés organiques de proche en proche, au lieu de recourir à leur destruction totale par l'oxygène. Par exemple, on formera les alcools avec les carbures d'hydrogène, les acides avec les aldéhydes, les éthers avec les acides et les alcools, etc.

Ces transformations n'ont pas lieu en général directement ; mais elles peuvent être effectuées par voie de double décomposition, ou à l'aide de réactions diverses, dans lesquelles on forme le composé proposé au moyen de composants plus simples ; ou bien on le résout, en sens inverse, dans ces mêmes composants.

Mais avant de présenter ces méthodes, signalons le théorème suivant, réciproque avec le théorème II.

§ 4. — Théorème III. — Calcul des chaleurs de combustion.

Réciproquement, on calcule la *chaleur de combustion* d'un corps formé de carbone, d'hydrogène, d'oxygène et d'azote, en faisant la somme des quantités de chaleur dégagées lorsque le

(1) *Annales de chimie et de physique*, 4ᵉ série, t. VI, p. 329.

carbone et l'hydrogène qui entrent dans la composition de ce corps, supposés libres, se changent en eau et en acide carbonique, puis en retranchant de cette somme la chaleur dégagée par l'union des éléments.

1. Ainsi, par exemple, la chaleur de combustion de l'acétylène, $C^4H^2 = 26$ grammes, est égale à la chaleur de combustion de 24 grammes de carbone, soit 188 Calories (carbone à l'état de diamant), plus la chaleur de combustion de 2 grammes d'hydrogène, soit 69 Calories, cette somme étant encore accrue de 64 Calories, quantité de chaleur *absorbée* dans la formation de l'acétylène au moyen du carbone et de l'hydrogène : ce qui fait en tout 321 Calories.

De même la chaleur de combustion de l'alcool, $C^4H^6O^2$, est égale à la chaleur de combustion dégagée par 24 grammes de carbone, soit 188 Calories, plus la chaleur de combustion de 6 grammes d'hydrogène, soit 207 Calories, moins la chaleur dégagée par la réunion des éléments, $C^4 + H^6 + O^2$, soit 74 Calories : ce qui fait en définitive $+ 321$ Calories.

2. S'agit-il d'un corps azoté, tel que l'acide cyanhydrique gazeux, C^2AzH, l'azote étant supposé devenir libre, la chaleur de combustion sera :

$$94 + 34,5 + 14,1 = + 142^{Cal},6.$$

3. Pour un corps chloré, tel que le chlorure acétique, $C^4H^3ClO^2$, le chlore étant supposé prendre l'état final d'acide chlorhydrique, la chaleur dégagée par la combustion sera :

$$188 \text{ Calories (pour } C^4 + O^8) + 69 \text{ (pour } H^2 + O^2) + 22 \text{ Calories (pour } H + Cl)$$
$$- 63^{Cal},5, \text{ (pour } C^4 + H^3 + Cl + O^2),$$

ce qui fait en tout : $+ 215^{Cal},5$.

On voit que l'état final de tous les éléments doit être spécifié dans une combustion.

Revenons aux méthodes employées pour étudier les transformations organiques, et caractérisons-les par certaines relations, dont la généralité est considérable.

§ 5. — Théorème IV. — Formation des alcools.

La chaleur dégagée lorsqu'un alcool est formé par l'union de l'eau et d'un carbure d'hydrogène est la différence entre les quantités de chaleur dégagées lorsque l'alcool et le carbure forment une même combinaison avec un acide, tel que l'acide sulfurique; toutes choses égales d'ailleurs.

1. Par exemple, j'ai formé avec l'alcool ordinaire et avec l'éthylène un même composé, l'acide iséthionique. La formation de ce composé, étant rapportée à l'acide sulfurique étendu, a dégagé dans mes expériences :

$$C^4H^4 \text{ (éthylène)} + H^2O^2 + 2SO^4H \text{ étendu} =$$
$$C^4H^6O^2,S^2O^6 \text{ (acide iséthionique étendu), dégage} : + 16,0;$$
$$C^4H^6O^2 \text{ (alcool)} + 2SO^4H \text{ étendu} =$$
$$C^4H^6O^2,S^2O^6 \text{ (acide iséthionique étendu), absorbe} - 0,9;$$

ce qui fait pour la formation de l'alcool :

$$C^4H^4 \text{ gaz} + H^2O^2 \text{ liquide} = C^4H^6O^2 \text{ liquide} : + 16,9.$$

Les théorèmes suivants sont relatifs aux doubles décompositions.

§ 6 — Théorème V. — Décomposition des corps conjugués.

Soit un corps conjugué, formé par l'union de deux autres avec séparation d'eau. Supposons ce corps décomposé soit par l'eau, soit par un autre réactif, de façon à reproduire ses deux composants, libres ou combinés au nouveau réactif : la chaleur dégagée par la formation du corps conjugué sera la différence entre la somme des trois quantités Q, Q_1, q, dégagées par les réactions séparées du réactif sur les deux composants, suivies du mélange des deux produits, et la chaleur R, dégagée dans la décomposition du corps conjugué par le même réactif.

$$C = Q + Q_1 + q - R.$$

1. La démonstration de ce théorème a lieu en prenant comme

système initial les deux composants isolés et le réactif. On peut alors, dans un premier cycle, unir par la pensée les deux composants, ce qui dégage C; puis faire agir le réactif, ce qui dégage R. Dans un second cycle, on peut unir directement l'un des deux composants avec une portion convenable du réactif, ce qui dégage Q; puis unir l'autre composant avec le reste du réactif, ce qui dégage Q_1; enfin mêler les deux produits, ce qui dégage q. Les deux états finals étant supposés identiques, on a :

$$C + R = Q + Q_1 + q.$$

Cette identité des états finals, c'est-à-dire la transformation complète du corps conjugué, doit toujours être soigneusement vérifiée. Si elle n'avait pas lieu, il faudrait rapporter le calcul à la partie réellement décomposée, en tenant compte des changements éprouvés par le surplus (voy. le théorème des réactions incomplètes, p. 37).

2. Soit, par exemple, l'éther oxalique, corps formé par l'union de l'alcool et de l'acide oxalique :

$$2\,C^4H^6O^2 + C^4H^2O^8 = \left\{ C^4H^4 \right\}^2 (C^4H^2O^8) + 2\,H^2O^2.$$

En le décomposant par la soude, dans des conditions convenables (1), on réalise la transformation suivante :

$$\left\{ C^4H^4 \right\}^2 C^4H^2O^8 \ \text{pur} + 2\,NaHO^2 \ \text{étendue} =$$
$$C^4Na^2O^8 \ (\text{oxalate}) \ \text{dissous} + 2\,C^4H^6O^2 \ \text{dissous}.$$

La quantité de chaleur dégagée dans cette décomposition, R, est égale, d'après l'expérience, à $+ 35^{Cal},2$.

Mais la réaction de la soude étendue sur l'acide oxalique pur, avec formation d'oxalate de soude dissous

$$C^4H^2O^8 \ \text{pur} + 2\,NaHO^2 \ \text{étendue, dégage} : \ + 26,3 = Q$$

la dissolution de l'alcool, $2\,C^4H^6O^2$, par l'eau, dégage : $+ 5,1 = Q_1$.

Enfin, le mélange des deux dissolutions renfermant, l'une l'alcool, l'autre l'oxalate de soude, ne produit que des effets thermiques négligeables : $q = 0$.

On tire de là :

$$C = + 26,3 + 5,1 - 35,2 = -3,8.$$

(1) *Annales de chimie et de physique*, 5ᵉ série, 1876, t. IX, p. 338.

La formation de l'éther oxalique, au moyen de l'alcool et de l'acide oxalique purs, absorbe donc de la chaleur, soit : — $3^{Cal},8$.

3. Le théorème précédent s'applique à la formation des éthers décomposables à froid par l'eau ou les alcalis, à celle des chlorures acides décomposables par les mêmes agents, à celle des amides décomposables par les alcalis ou par les acides concentrés, à celle des radicaux métalliques décomposables par l'eau ou par les acides avec régénération de carbures d'hydrogène, etc.

§ 7. — Théorème VI. — Formation d'un corps conjugué par double décomposition.

Au lieu de détruire le corps conjugué, on peut le former, en opposant l'un à l'autre ses deux composants engagés dans des combinaisons antagonistes. Appelons toujours C la chaleur qui serait dégagée (ou absorbée) par l'union directe des deux composants.

Soient : Q la chaleur dégagée par l'union du premier composant avec un certain réactif;

Q_1, la chaleur dégagée par l'union du second composant avec un second réactif;

R, la chaleur dégagée dans la double décomposition qui produit le corps conjugué, en même temps qu'un composé complémentaire.

Soit enfin q_1 la chaleur dégagée lorsque le premier réactif agit sur le second, avec formation du composé complémentaire, lequel est supposé devoir être séparé du corps conjugué;

On a la relation.

$$C = Q + Q_1 + R - q.$$

1. On la démontre en partant du système initial constitué par les deux composants et les deux réactifs, et en formant deux cycles, tels que l'un réponde à la série des réactions réelles, et l'autre à la formation du composé complémentaire et du corps conjugué.

Il est indispensable de former rigoureusement ce double cycle dans les calculs particuliers, si l'on veut éviter toute erreur de raisonnement.

2. Citons un exemple. J'ai déterminé la formation de l'éther acétique, en faisant réagir le chlorure acétique sur l'alcool absolu (1).

La chaleur trouvée par expérience étant réduite à celle qui se rapporterait aux corps isolés,

$$C^4H^3ClO^2 \text{ pur} + C^4H^6O^2 \text{ pur} = C^4H^4(C^4H^4O^4) \text{ pur} + HCl \text{ gaz, dégage : } + 3,5.$$

Il s'agit de calculer, à l'aide de cette donnée, la chaleur dégagée par l'union de l'alcool et de l'acide acétique.

Le système initial est ici :

Alcool, acide acétique, acide chlorhydrique ;

et le système final :

Éther acétique et acide chlorhydrique, séparés.

Premier cycle. — Transformons d'abord l'acide acétique en chlorure acide, par la pensée :

$$C^4H^4O^4 \text{ liquide} + HCl \text{ gaz} = C^4H^3ClO^2 \text{ liquide} + H^2O^2 \text{ liquide}.$$

L'eau et le chlorure acide étant supposés séparés l'un de l'autre, cette réaction absorberait . . . . $-\ 5,5$

Puis, faisons agir le chlorure acétique sur l'alcool, la nouvelle réaction dégage . . . . $+\ 3,5$

$$Q + R = \quad -\ 2,0$$

Deuxième cycle. — On forme directement l'éther acétique, ce qui dégage C.

Ici, Q_1 et q sont nuls, puisque l'on n'a pas engagé l'alcool dans une combinaison antagoniste ; on a donc :

$$C = Q + R = -2,0.$$

Telle est la chaleur de formation de l'éther acétique pur, au moyen de l'alcool absolu et de l'acide acétique pur.

(1) *Annales de chimie et de physique*, 5ᵉ série, 1876, t. IX, p. 342.

§ 8. — Théorème VII. — Formation d'un corps conjugué par ses éléments.

La chaleur dégagée dans la formation d'un corps conjugué, à partir de ses éléments, est la somme des chaleurs de formation (depuis les éléments) des composants du corps conjugué, accrue de la chaleur mise en jeu dans leur action réciproque, mais diminuée du produit du nombre des molécules d'eau éliminées (nH^2O^2) *par le chiffre* 69 (lequel représente la chaleur de formation d'une seule molécule d'eau) :

$$\varphi = F + F_1 + C - 69\,n.$$

1. On démontre ce théorème en formant dans un premier cycle les composants au moyen de leurs éléments, ce qui dégage F et F_1 ; puis en les faisant réagir, ce qui dégage C.

Dans un second cycle, on forme le composé conjugué avec ses éléments, ce qui dégage φ ; et l'on forme aussi les n molécules d'eau avec l'hydrogène et l'oxygène, ce qui dégage $69n$.

On a dès lors :

$$F + F_1 + C = \varphi + 69\,n.$$

2. Par exemple, la formation de l'acide acétique, au moyen de ses éléments, carbone (diamant), hydrogène et oxygène, dégage $+$ 116 Calories

$$\text{pour } C^4 + H^4 + O^4 = C^4H^4O^4 \text{ liquide (60 grammes);}$$

la formation de l'alcool dégage : $+$ 74 Calories

$$\text{pour } C^4 + H^6 + O^2 = C^4H^6O^2 \text{ (46 grammes).}$$

D'autre part, l'union de l'alcool et de l'acide acétique, avec formation d'éther acétique et d'eau, H^2O^2, absorbe, comme il vient d'être dit : $-$ $2^{Cal},0$.

D'où l'on conclut que la formation de l'éther acétique (88 grammes) depuis ses éléments :

$$C^8 + H^8 + O^4 = C^4H^4(C^4H^4O^4),$$

dégage

$$+ 116 + 74 - 2 - 69 = 119 \text{ Calories.}$$

§ 9. — Théorème VIII. — Chaleur de combustion d'un corps conjugué.

La chaleur de combustion d'un corps conjugué est la somme des chaleurs de combustion de ses composants, diminuée de la chaleur dégagée dans leur réaction :

$$y = K + K_1 - C.$$

1. On démontre cette relation, en observant que la combustion totale des composants et celle du composé exigent la même quantité d'oxygène.

2. Par exemple, la chaleur de combustion du chlorhydrate d'amylène est égale à celle de l'amylène, diminuée de $17^{Cal},6$, quantité de chaleur dégagée dans l'union du carbure avec l'hydracide; observons d'ailleurs que ce dernier n'est pas combustible.

De même la chaleur de combustion de l'acétate d'éthylène (éther acétique) est égale à celle de l'éthylène ($+ 334$), augmentée de celle de l'acide acétique ($+ 210$), et diminuée de $14^{Cal},9$, qui est la chaleur dégagée dans la combinaison de ces deux composants, etc.

§ 10. — Théorème IX. — Formation des corps dissous.

Relations entre les chaleurs de formation et de combustion d'un corps pur et celles du même corps dissous, les composants étant pris sous le même état que le composé.

Toutes les fois que l'on connaît les quantités de chaleur dégagées par la dissolution d'un composé, il est facile de passer de ce résultat à la formation du même corps séparé de l'eau. En exprimant par E_1 la formation thermique du corps dissous, par E celle du corps pur, par D_1, D_2, les chaleurs de dissolution respectives des composants, et par D celle du composé, on a :

$$E = E_1 + D_1 + D_2 - D.$$

1. Ainsi la quantité E_1 représente *la chaleur de formation d'un composé dissous au moyen de ses composants dissous;*

Tandis que la quantité E représente *la chaleur de forma-tion d'un composé pur au moyen de ses composants purs.*

Ces deux quantités sont fort importantes en chimie organique, aussi bien qu'en chimie minérale.

2. Tantôt ces deux valeurs sont voisines et de même signe. J'ai trouvé, par exemple, pour l'éther acétique :

$$C^4H^6O^2 \text{ dissous} + C^4H^4O^4 \text{ dissous} = C^4H^4(C^4H^4O^4)\text{dissous} + H^2O^2, \text{ absorbe} : -1,8,$$
$$C^4H^6O^2 \text{ pur} + C^4H^4O^4 \text{ liquide et pur} = C^4H^4(C^4H^4O^4) \text{ pur} + H^2O^2, \text{ absorbe} : -2,0.$$

Tantôt ces deux valeurs sont fort différentes et parfois de signe contraire. J'ai trouvé (1) pour l'éther azotique :

$$C^4H^6O^2 \text{ dissous} + AzO^6H \text{ dissous} = C^4H^4(AzO^6H)\text{ dissous} + H^2O^2, \text{ absorbe} : -3,2,$$
$$C^4H^6O^2 \text{ pur} + AzO^6H \text{ pur} = C^4H^4(AzO^6H) \text{ pur} + H^2O^2, \text{ dégage} : +6,2.$$

3. Une relation pareille existe entre la chaleur de combustion d'un corps dissous (K_1) et celle du même corps séparé de l'eau (K) :

$$K = K_1 + D_1 + D_2 - D.$$

Cette relation joue un rôle important dans l'étude de la chaleur animale.

(1) *Annales de chimie et de physique*, 5e série, 1876, t. IX, p. 324.

CHAPITRE VII

CHALEUR DES ÊTRES VIVANTS

§ 1er. — **Objet du chapitre**.

1. Les animaux sont le siége d'une multitude de phénomènes chimiques : ils absorbent continuellement de l'oxygène, ils consomment des aliments; d'autre part, ils rejettent au dehors de l'acide carbonique, de l'eau et divers produits excrémentitiels. De tels effets représentent les deux termes extrêmes et opposés de toute une série de métamorphoses chimiques, accomplies dans les tissus des animaux, en partie aux dépens des matières ingérées, en partie aux dépens des tissus eux-mêmes. Or, ces métamorphoses chimiques répondent à de certains effets calorifiques, et plus généralement à de certains travaux moléculaires.

2. L'étude des végétaux soulève des questions analogues, avec cette double différence : que la chaleur dégagée est d'ordinaire insensible, et que les énergies extérieures (lumière et électricité) concourent parfois aux phénomènes.

Nous écarterons dans ce qui suit la dernière complication, propre aux végétaux.

3. Que le travail moléculaire des affinités chimiques soit corrélatif avec la somme des travaux extérieurs accomplis par l'animal, et des travaux moléculaires, représentés par la chaleur que ce même animal produit, c'est ce qui est aujourd'hui généralement admis en principe. Mais pour préciser davantage cette relation, et pour en faire l'application aux divers actes physiologiques, il faudrait connaître le détail exact des réactions qui se succèdent dans le corps des animaux, et celui des quantités de chaleur correspondantes. Jusqu'à ces dernières années, on

s'était borné à traiter le problème comme s'il s'agissait simplement d'une oxydation effectuée sur les éléments mêmes des principes organiques.

4. En comparant l'oxygène absorbé avec l'acide carbonique éliminé, on en déduisait, à l'exemple de Lavoisier, le poids du carbone brûlé (équivalent à l'acide carbonique) et celui de l'hydrogène brûlé (équivalent à l'excès d'oxygène); on calculait alors la chaleur produite, en supposant que la production de l'acide carbonique et celle de l'eau ont dégagé la même quantité de chaleur que si elles avaient eu lieu au moyen du carbone, de l'hydrogène et de l'oxygène libres. On a trouvé ainsi (1) une quantité de chaleur égale aux 9 dixièmes environ de la chaleur réellement cédée par l'animal au calorimètre; résultat suffisant pour montrer que la chaleur animale dépend des réactions chimiques effectuées dans les tissus, mais qui ne saurait être regardé comme la démonstration d'une équivalence rigoureuse. D'ailleurs l'écart deviendrait plus grand, si l'on tenait compte des travaux extérieurs.

5. Examinons de plus près les bases de ce calcul. Il part d'une hypothèse inexacte.

En effet, les animaux ne brûlent pas du carbone libre et de l'hydrogène libre. D'une part, ils introduisent dans leur corps des aliments, c'est-à-dire des principes organiques très divers, très complexes, et dans lesquels l'état de combinaison des éléments est plus ou moins avancé. D'autre part, les animaux rejettent non-seulement de l'acide carbonique, mais aussi de l'eau, de l'urée et d'autres produits excrémentitiels complexes.

Dès lors il convient de tenir compte de l'état réel des corps introduits et des corps rejetés; car c'est la relation chimique entre ces deux ordres de principes qui détermine la quantité de chaleur produite (en supposant d'ailleurs l'état initial et l'état final de l'être vivant identiques).

6. Montrons nettement ce dont il s'agit. La chaleur déve-

____

(1) Voy., *De la chaleur produite par les êtres vivants*, par Gavarret (1855, p. 221.

loppée pendant la formation et la vie des êtres organisés, tant
animaux que végétaux, peut être, soit mesurée directement,
soit calculée. Mais les mesures directes ne sont praticables que
dans les cas où la chaleur développée est considérable; il est
donc essentiel de pouvoir calculer celle-ci *à priori*, tant comme
donnée essentielle des études biologiques, que pour contrôler
les théories thermochimiques par les résultats des expériences,
toutes les fois que celles-ci sont praticables. Les théorèmes
suivants fournissent les bases de ces calculs; ils sont spécialement applicables à la chaleur animale (1).

§ 2. — **Théorème I.**

*La chaleur développée par un être vivant, pendant une pé-
riode quelconque de son existence, accomplie sans le concours
d'aucune énergie étrangère à celle de ses aliments (2), est égale
à la chaleur produite par les métamorphoses chimiques des principes immédiats de ses tissus et de ses aliments, diminuée de la
chaleur absorbée par les travaux extérieurs effectués par l'être
vivant.*

Ce théorème est une conséquence du second principe.

1. Il en résulte que *l'entretien de la vie ne consomme aucune
énergie qui lui soit propre;* c'est-à-dire aucune énergie qui ne
puisse être calculée d'après la seule connaissance des métamorphoses chimiques accomplies au sein de l'être vivant, des
travaux extérieurs qu'il effectue, enfin de la chaleur qu'il
développe.

2. La durée de la vie elle-même et la nature des métamorphoses intermédiaires ne jouent aucun rôle dans le calcul de
l'énergie nécessaire à son entretien; pourvu que les états initial
et final de l'être vivant et des matières qu'il assimile soient
exactement connus.

---

(1) *Annales de chimie et de physique*, 4ᵉ série, 1865, t. VI, p. 412.
(2) L'oxygène et l'eau sont compris dans cette désignation.

§ 3. — Théorème II.

La chaleur développée par un être vivant qui n'effectue aucun travail extérieur pendant une période donnée de son existence, accomplie sans le concours d'aucune énergie étrangère à celle de ses aliments, est égale à la différence entre les chaleurs de formation (depuis les éléments) des principes immédiats de ses tissus et de ses aliments réunis, au début de la période envisagée, et les chaleurs de formation des principes immédiats de ses tissus et de ses excrétions, à la fin de la même période.

1. Les changements chimiques éprouvés par les principes immédiats des êtres vivants sont de nature diverse. Ils consistent, soit en oxydations, soit en hydratations et déshydratations, soit en dédoublements. Chacune de ces réactions, envisagée séparément, peut dégager ou absorber de la chaleur.

2. Il résulte de là que le calcul de la chaleur animale ne saurait être établi, comme on l'avait cru autrefois, par la seule connaissance de l'oxygène absorbé pendant la respiration, même jointe à celle de l'acide carbonique expiré.

La connaissance exacte du rapport entre ces deux substances ne suffit pas davantage; attendu que cet oxygène n'est employé ni à brûler simplement du carbone, comme le supposaient les anciens calculs, ni à former exclusivement de l'acide carbonique.

En outre, les réactions d'hydratation, de déshydratation et de dédoublement dégagent ou absorbent de la chaleur, chacune pour son propre compte.

Il est nécessaire de tenir un compte séparé de tous ces effets, si l'on veut évaluer rigoureusement la chaleur animale; c'est-à-dire qu'il est nécessaire de connaître exactement l'état initial et l'état final du système total formé par l'être vivant, ses aliments, l'oxygène qu'il absorbe, l'acide carbonique, l'eau et les substances diverses qu'il rejette.

3. L'importance de ce mode d'évaluation exacte, et spécialement celle des phénomènes d'hydratation et de dédoublement

dans l'étude de la chaleur animale, avait été longtemps méconnue, ou tout au plus vaguement entrevue, avant la longue suite de calculs et d'observations précises que j'ai publiés depuis 1865, sur les amides, les éthers, les sucres, les corps gras neutres, etc.

§ 4. — Théorème III. — État d'entretien.

La chaleur développée par un être vivant qui ne reçoit le concours d'aucune énergie étrangère à celle de ses aliments, et qui n'effectue aucun travail extérieur, pendant la durée d'une période à la fin de laquelle l'être se retrouve identique à ce qu'il était au commencement, est égale à la différence entre les chaleurs de formation de ses aliments (l'oxygène et l'eau étant compris sous cette dénomination) et celles de ses excrétions (eau et acide carbonique compris).

Ce théorème peut être appliqué à l'étude d'un être adulte qui respire et se nourrit, sans varier de poids et sans éprouver de modification appréciable dans son état, pendant une période donnée de son existence. De telles conditions étant supposées réalisées, le calcul de la chaleur animale devient facile, du moins en théorie, puisqu'il n'exige pas la connaissance de l'état actuel des principes immédiats de l'être vivant lui-même. Mais il n'en est pas de même pour un être qui se développe, tel qu'un embryon ; ou pour un être qui dépérit, tel qu'un malade.

§ 5. — Théorème IV. — Travaux extérieurs.

La chaleur développée par un être vivant qui effectue des travaux extérieurs, toujours sans le concours d'une énergie étrangère à celle de ses aliments, et sans éprouver de changement appréciable dans sa constitution chimique, peut être calculée d'après la différence qui existe entre la chaleur de formation de ses aliments et celle de ses excrétions, diminuée d'une quantité équivalente au travail accompli.

Tel est le cas d'un manœuvre, ou d'un homme effectuant l'ascension d'une haute montagne; dans l'hypothèse où ses muscles et ses divers tissus n'éprouvent aucun changement capable de modifier la nature ou la proportion des principes immédiats qui les constituent.

Les théorèmes précédents sont, je le répète, les fondements de la théorie moderne de la chaleur animale.

Précisons davantage les réactions oxydantes, hydratantes et autres, développées dans les êtres vivants.

§ 6. — **Théorème V. — Oxydations indirectes** (1).

Les oxydations exercées dans les êtres vivants par l'oxygène déjà combiné ne dégagent pas la même quantité de chaleur que les oxydations par l'oxygène libre; la différence est égale à la chaleur dégagée (ou absorbée) lors de la première combinaison.

1. Ce résultat s'applique immédiatement à la chaleur animale. En effet, les oxydations s'effectuent dans l'épaisseur des tissus, à l'aide de l'oxygène fixé à l'avance sur les globules du sang. Elles y produisent donc en moins toute la chaleur déjà dégagée au moment où l'oxygène a été fixé sur les globules; quantité inconnue, mais qui forme certainement une fraction notable, le dixième peut-être, de la chaleur de combustion totale des aliments, opérée par le même poids d'oxygène.

2. A la vérité, la chaleur dégagée au moment de la fixation de l'oxygène sur les globules se retrouve dans l'évaluation totale de la chaleur animale; puisque cette première fixation a lieu dans l'intérieur du corps. La quantité totale de chaleur dégagée demeure donc la même que si l'oxygène libre agissait directement. Mais cette quantité se partage en deux portions, fort distinctes par leur localisation :

L'une étant dégagée au moment du contact du sang avec l'air, dans les capillaires du poumon;

L'autre, au contraire, étant développée dans l'épaisseur des

(1) Voyez page 32.

tissus, au lieu même des métamorphoses consécutives, voire même en plusieurs lieux successifs, si ces métamorphoses ne produisent pas du premier coup une combustion complète.

3. On vient de voir combien est grand le premier dégagement de chaleur; il semble donc que la température des poumons devrait en être affectée notablement. Mais, en réalité, cette chaleur dégagée dans les poumons n'en surélève pas sensiblement la température; attendu qu'elle est compensée sur place par la chaleur absorbée au moment où l'acide carbonique se dégage, sous un volume gazeux à peu près égal à celui de l'oxygène absorbé. La dernière quantité avait d'ailleurs été dégagée en plus dans les tissus, sur le lieu même de la réaction préalable qui a formé l'acide carbonique.

4. Il y a donc là des compensations locales, qui peuvent se faire en des endroits très divers, suivant des proportions fractionnées et très inégales. En effet, tandis que l'oxygène agit dans les tissus à l'état déjà condensé, les produits de l'oxydation locale sont la plupart distincts de l'acide carbonique et naturellement liquides ou dissous (voy. page 87).

5. La décomposition de l'acide carbonique par les végétaux donne lieu à des remarques analogues, la chaleur absorbée étant différente suivant que l'acide carbonique est pris sous forme gazeuse ou préalablement dissous dans l'eau.

§ 7. — Théorème VI. — Oxydations totales.

L'oxydation totale d'un principe immédiat, au moyen de l'oxygène libre, c'est-à-dire sa transformation intégrale en eau et en acide carbonique, dégage une quantité de chaleur égale à la différence entre les chaleurs de combustion de ses éléments et sa propre chaleur de formation, depuis les mêmes éléments.

1. Ainsi, par exemple, l'oxydation totale de l'alcool du vin, alcool dissous dans une grande quantité d'eau, si on le suppose changé en eau et acide carbonique dissous, dégage pour 46 grammes d'alcool :

+ 199,2 Calories (correspondant à 24 grammes de carbone),
+ 207 Calories (correspondant à 6 grammes d'hydrogène),
— 76,5 Calories (correspondant à la formation de l'alcool dissous) ; soit en tout, 329,7 Calories.

2. Il résulte de là que la fixation d'un même poids d'oxygène, sur un principe immédiat qu'il change entièrement en eau et en acide carbonique, peut dégager des quantités de chaleur fort inégales. Ainsi 8 grammes d'oxygène employés à brûler :

	Cal
de l'alcool pur (acide carbonique gazeux), dégagent	+ 26,8
de l'acide acétique	+ 26,3
de l'acide butyrique	+ 25,0
de l'acide margarique	+ 26,0
de l'acide oxalique	+ 30,0
de l'acide formique	+ 35,0
de l'oxamide (avec formation d'azote)	+ 19,6

Les nombres sont à peu près les mêmes pour la plupart des acides gras, contrairement à une opinion assez accréditée ; mais ils peuvent différer du simple au double pour d'autres corps. Ces différences existent, même dans le cas où le volume de l'acide carbonique produit est égal à celui de l'oxygène absorbé : l'acide acétique produirait ainsi + 26 Calories ; la glycose, + 30^{Cal},2 ; et l'oxamide, + 19^{Cal},6 seulement.

§ 8. — **Théorème VII. — Oxydations incomplètes.**

L'oxydation incomplète d'un principe immédiat par l'oxygène libre dégage une quantité de chaleur égale à la différence entre la chaleur de combustion du principe et celle des produits actuels de sa transformation.

1. Une même quantité d'oxygène peut ainsi dégager des quantités de chaleur extrêmement inégales.

Par exemple, une même quantité d'oxygène, en se fixant sur des corps tels que les alcools, pour les transformer en acides correspondants, sans changer le nombre d'équivalents du carbone, dégage des quantités de chaleur qui varient entre des limites fort étendues, savoir : + 37 Calories (alcool méthylique) et + 90 Calories (alcool éthalique).

Le dernier chiffre, qui répond à l'oxydation d'un corps gras véritable, est plus que double du premier et à peu près double de celui qui répond au carbone libre. C'est là un résultat fort intéressant, en raison de la présence des corps gras dans l'économie.

Ainsi la quantité de chaleur fournie par la fixation d'une même quantité d'oxygène sur un corps gras est d'autant plus grande, pour les premiers équivalents d'oxygène fixés, que la molécule du corps gras lui-même est plus condensée.

2. Il ne paraît guère douteux que des effets du genre que nous venons d'exposer ne doivent se présenter fréquemment dans les phénomènes de la nutrition et de la respiration.

Ils pourront être invoqués, par exemple, pour expliquer la diversité que l'on observe souvent entre les quantités de chaleur et de travail développées par deux êtres vivants qui absorbent la même quantité d'oxygène et qui produisent la même quantité d'acide carbonique, mais en consommant des aliments différents.

3. On peut également expliquer par des faits et des considérations de cette nature comment, avec une même consommation d'oxygène et un même système d'aliments, la chaleur produite dans le corps d'un animal peut varier suivant une proportion considérable, telle que du simple au double. Par exemple, un corps gras et un hydrate de carbone réunis, c'est-à-dire deux corps de l'ordre des aliments, peuvent dégager 215 Calories, en fixant 4 équivalents = 32 grammes d'oxygène. Or, si la même quantité d'oxygène avait été employée à brûler complètement une partie du même corps gras, au lieu de lui faire éprouver seulement un commencement d'oxydation, tandis que le sucre eût été évacué sans altération (dans les urines, par exemple), la réaction aurait dégagé seulement 106 Calories, c'est-à-dire la moitié du chiffre précédent.

L'oxygène consommé est ici le même dans les deux cas ; mais la proportion du corps gras transformé est beaucoup plus considérable dans la première réaction que dans la deuxième, et l'acide carbonique produit change dans le rapport de 3 : 2.

4. Des réactions du même ordre peuvent se développer aux dépens des matériaux mêmes qui constituent le corps de l'animal. Suivant la direction que prendront les phénomènes chimiques accomplis dans l'épaisseur de ses tissus, sous l'influence des agents physiologiques et particulièrement du système nerveux, on pourra donc observer des productions de chaleur tantôt locales, tantôt générales, très inégales, sans que la proportion d'oxygène consommée dans les actes respiratoires éprouve de changement, et parfois même sans variation dans la quantité d'acide carbonique exhalé.

5. Si l'on compare la puissance calorifique des divers groupes de composés organiques, en tenant compte seulement de l'oxygène consommé et de l'acide carbonique produit par leur combustion complète, on arrive à une opposition singulière entre les corps gras à équivalent très élevé, et les corps peu hydrogénés et à équivalent faible. Sous le même poids, les corps gras proprement dits développent plus de chaleur, parce qu'ils consomment plus d'oxygène. Mais, pour un même rapport entre l'acide carbonique et l'oxygène, et plus généralement pour une même quantité d'oxygène consommé, l'avantage est tout entier en faveur des corps peu hydrogénés, tels que le sucre, l'acide cyanhydrique, l'acide formique, l'acide acétique. Les corps gras fournissent en général une quantité de chaleur un peu moindre que leurs éléments combustibles; tandis que les autres composés dont je parle fournissent une quantité de chaleur plus considérable que celle de leurs éléments, l'oxygène et l'hydrogène qu'ils renferment étant supposés avoir dégagé à l'avance la même quantité de chaleur que s'ils étaient unis sous forme d'eau.

§ 9. — Théorème VIII. — Hydratations.

Lorsque l'eau se fixe sur un principe immédiat, la chaleur dégagée ou absorbée est égale à la différence entre la chaleur de formation de ce principe par les éléments et celle des composés résultants, diminuée de la chaleur de formation de l'eau.

1. Par exemple, l'acide acétique anhydre dégage $+$ 7 Calories, en se changeant en acide hydraté. Les éthers dégagent de la chaleur ($+$ 2 Calories pour une molécule en moyenne), lorsqu'ils se changent en acide et alcool, par suite de la fixation des éléments de l'eau ; j'ai démontré le fait pour les éthers acétique, oxalique, méthyloxalique, etc. (1). Il est probable que le même résultat est applicable aux dédoublements des corps gras.

2. De même les amides dégagent de la chaleur (2), en fixant les éléments de l'eau pour se changer en sels ammoniacaux ; j'ai établi le fait pour l'oxamide solide ($+$ 2,4), pour le formamide ($+$ 1,0 dans l'état dissous), etc.

Ce résultat paraît général pour les amides, groupe auquel appartiennent les principes albuminoïdes.

§ 10. — Théorème IX. — Déshydratations.

Lorsque l'eau s'élimine aux dépens d'un système de deux principes organiques, ou même d'un principe unique, la chaleur absorbée ou dégagée est la différence entre la chaleur de formation du système initial par les éléments et celle du système final, accrue de la chaleur de formation de l'eau.

1. Ce théorème est le réciproque du précédent. Ainsi la formation du glucose à partir des éléments dégage moins de chaleur que celle d'un poids équivalent de cellulose : d'où il suit que la transformation de la cellulose en glucose par hydratation dégage de la chaleur ($+$ 149 Calories pour $C^{12}H^{12}O^{12} =$ 180 grammes).

2. Les phénomènes d'hydratation et de déshydratation ont été généralement négligés dans les considérations relatives à la chaleur animale, celle-ci étant attribuée exclusivement à des phénomènes d'oxydation. Or, les théorèmes et les faits précédents permettent d'établir que l'ancienne opinion est inexacte et

(1) *Annales de chimie et de physique*, 5ᵉ série, 1876, t. IX. p. 338.
(2) Même recueil, p. 348.

qu'une quantité notable de chaleur peut prendre naissance dans un être vivant aux dépens de ses aliments et par des hydratations ou des déshydratations, indépendamment de toute espèce d'oxydation. Le phénomène peut se produire, sans qu'il y ait ni oxygène absorbé, ni acide carbonique produit.

§ 11. — Théorème X. — Dédoublements.

En général, lorsqu'un principe organique se dédouble en deux autres substances (ou un plus grand nombre), la chaleur dégagée ou absorbée est égale à la différence entre la chaleur de formation des produits et celle du principe initial.

1. Ainsi le dédoublement du glucose en alcool et acide carbonique, par fermentation, dégage, pour $C^{12}H^{12}O^{12} = 180$ grammes :

$$(74 + 94)2 - 265 = + 71 \text{ Cal.}$$

On voit combien est importante la source de chaleur résultant des dédoublements, source indépendante de tout phénomène d'oxydation : les hydratations en représentent d'ailleurs un cas particulier.

2. Les faits que je rappelle ici mettent en évidence toute l'importance calorifique des phénomènes d'hydratation, de déshydratation et de dédoublement. Cette considération est d'autant plus essentielle, au point de vue de la chaleur animale, que la plupart des matières alimentaires sont susceptibles de donner lieu à des phénomènes de cette espèce.

On sait, en effet, que les substances alimentaires se rapportent à trois catégories générales :

    1° Les substances grasses;

    2° Les hydrates de carbone;

    3° Les principes albuminoïdes.

Or les principes albuminoïdes sont des amides, et, comme tels, peuvent donner lieu à des phénomènes calorifiques tranchés, lors de leur hydratation avec dédoublement, ou de leur déshydratation avec combinaison.

Les hydrates de carbone, sucres et analogues, etc., peuvent dégager de la chaleur par leurs seuls dédoublements, indépendamment de toute oxydation.

Enfin les corps gras neutres peuvent aussi produire de la chaleur en se dédoublant et par simple hydratation, comme il paraît arriver sous l'influence du suc pancréatique.

Tous ces faits et ces calculs montrent comment le problème de la chaleur animale doit être entendu aujourd'hui et généralisé; ils fournissent des données nouvelles, dont le physiologiste et le médecin auront désormais à tenir compte. L'idée fondamentale subsiste; mais, comme il arrive toujours dans les sciences, le problème se complique à mesure que l'on pénètre davantage dans les conditions véritables du phénomène naturel.

CHAPITRE VIII

VARIATION DE LA CHALEUR DE COMBINAISON AVEC LA TEMPÉRATURE

§ 1er. — Notions générales.

1. En général, la quantité de chaleur dégagée dans une réaction chimique n'est pas une quantité constante; elle varie avec les changements d'état, comme nous l'avons dit plus haut (pages 4 et 5); mais elle varie aussi avec la température, même lorsque chacune des substances réagissantes conserve un état physique identique pendant tout l'intervalle envisagé.

2. L'influence de la température sur les quantités de chaleur dégagées dans les réactions peut être discutée sous deux points de vue bien différents : au point de vue de la température à laquelle la réaction est déterminée, et au point de vue de la température à laquelle on mesure les quantités de chaleur dégagées.

1° Qu'arrive-t-il quand une combinaison est déterminée à des températures différentes ?

Deux volumes d'hydrogène et un volume d'oxygène, chauffés ensemble et sans intermédiaire, se combinent seulement à une température comprise entre 400 et 500 degrés. Cependant les deux mêmes gaz peuvent être combinés à froid, sous l'influence de la mousse de platine. Enfin la combinaison peut se faire dans le dernier cas avec inflammation du mélange, et elle peut aussi s'opérer sans que le mélange entre en ignition. La quantité de chaleur dégagée est-elle la même dans ces diverses circonstances ?

On doit répondre que les quantités de chaleur dégagées seront toujours égales, si l'hydrogène et l'oxygène sont pris à la même température et dans les mêmes conditions physiques au commencement de l'expérience, et si l'eau produite est ramenée à la même température à la fin ; quelle que soit la température absolue à laquelle la combustion ait été déterminée. C'est là une conséquence directe du principe général de l'équivalence calorifique des transformations chimiques. L'étude comparée des réactions par voie sèche et par voie humide la confirme continuellement. Il est clair, d'ailleurs que, si l'on avait échauffé les gaz à l'aide d'une source de chaleur étrangère à la réaction, il faudrait retrancher la quantité de chaleur apportée par cette source.

2° Mais on peut examiner aussi le cas où l'on compare la réaction dans deux conditions telles que la température initiale du système, température à laquelle on suppose mesurée la chaleur dégagée, ne soit pas la même.

Ici se présentent des considérations de la plus haute importance, au point de vue de la mesure des affinités chimiques. Comparons, par exemple, la formation de l'eau, par l'union de l'oxygène et de l'hydrogène pris à zéro, l'eau qui résulte de leur combinaison étant également ramenée à zéro ; avec la formation de cette même eau à 100 degrés, au moyen de l'hydrogène et de l'oxygène portés d'avance à cette même température de 100 degrés.

Les quantités de chaleur dégagées peuvent être fort différentes, d'abord parce qu'elles dépendent de l'état physique de l'eau et varient suivant que cette substance est solide, liquide ou gazeuse : nous avons déjà insisté sur ce point (page 4).

Elles varient également parce que la chaleur spécifique de l'eau solide (0,47 entre — 80 degrés et zéro) n'est pas la même que celle de l'eau liquide (100 à zéro) ; ni cette dernière chaleur spécifique identique avec celle de l'eau gazeuse (0,48 entre 120 et 220 degrés).

Enfin elles varient encore pour un même état physique, quoique dans de moindres limites, parce que la chaleur spécifique de l'eau change continuellement avec la température.

3. Pour mettre en évidence ces variations dans la chaleur dégagée par le fait d'une même réaction chimique, suivant la

température à laquelle on accomplit la réaction, on a cru utile de calculer le tableau suivant. On a pu le faire, à l'aide des précieuses données que nous devons à Regnault, et en admettant en outre que la quantité de chaleur dégagée par la formation de 18 grammes d'eau liquide $= H^2O^2$, à zéro, est égale à 69 Calories.

Quantité de chaleur dégagée par la formation d'un double équivalent d'eau, $H^2O^2 = 18$ grammes.

	A la température de				
	— 80°	0°	+ 100°	+ 200°	
Eau solide......	70,280	70,400	»	»	Croît régulièrement avec l'élévation de température.
Eau liquide.....	»	69,000	68,200	67,400	Décroît régulièrement avec l'élévation de température.
Eau gazeuse. Vapeur saturée (pression variable).	58,100[1]	58,600[2]	58,960[3]		Croît régulièrement avec l'élévation de température.
Pression atmosphérique.	»	58,600	58,760		

L'influence de la température, alors même que l'on envisage l'eau sous un seul et même état, est ici manifeste. En effet, la chaleur dégagée par la combinaison s'accroît avec l'élévation de température, pour l'eau solide et pour l'eau gazeuse, tandis qu'elle décroît pour l'eau liquide.

§ 2. — Variations de la chaleur de combinaison.

1. Voici comment on calcule les variations de la chaleur dégagée avec la température pour une réaction quelconque, d'après le second principe.

On peut déterminer la réaction à une température initiale t et mesurer la chaleur dégagée Q_t.

(1) Pression 5 millimètres environ.
(2) Pression 760 millimètres environ.
(3) Pression $760^{mm} \times 15,5$.

On peut aussi porter les corps composants, séparément, de la température t à la température T ; ce qui absorbe une quantité de chaleur U, dépendant des changements d'état et des chaleurs spécifiques ; puis on détermine la réaction, ce qui dégage Q_T ; enfin on ramène les produits, par un simple abaissement de température, de T à t, ce qui dégage une quantité de chaleur V, dépendant également des changements d'état et des chaleurs spécifiques. L'état initial et l'état final étant les mêmes dans les deux marches, les quantités de chaleur dégagées sont égales.

2. C'est-à-dire :

Théorème I. — Variation de la chaleur dégagée par une réaction.

La différence entre les quantités de chaleur dégagées par une même réaction, à deux températures distinctes, est égale à la différence entre les quantités de chaleur absorbées par les composants et par leurs produits, pendant l'intervalle des deux températures.

$$Q_T = Q_t + U - V.$$

On tire encore de là par une simple transposition :

$$Q_T - Q_t = U - V.$$

L'expression U — V représente la *variation de la chaleur de combinaison*, et, plus généralement, la *variation de la chaleur dégagée dans une réaction quelconque.*

Développons quelques-unes des conséquences de cette formule.

3. La formule précédente fait intervenir la chaleur absorbée par le système des corps initials et la chaleur absorbée par le système des corps résultants, pendant un même intervalle de température. Or, si l'on envisage séparément chacun des corps du système initial, on pourra décomposer le terme général U en une suite de termes individuels, relatifs à chacun des corps simples ou composés qui forment le système initial :

$$U = u_1 + u_2 + u_3 + \ldots$$

De même pour le système final :

$$V = v_1 + v_2 + v_3 + \dots$$

4. Maintenant chacun de ces termes $u_1, u_2, u_3,\dots, v_1, v_2, v_3,\dots$, est lui-même la somme de quantités de chaleur de deux espèces, savoir :

1° La chaleur absorbée par les changements d'état (fusion, volatilisation, etc.), sans changement de température ;

2° La chaleur absorbée par les changements de température, sans changement d'état.

La dernière quantité s'obtiendra en multipliant la chaleur spécifique moyenne du corps, sous chacun des états qu'il traverse successivement, par l'intervalle de température correspondant à chacun de ces états et par le poids du corps mis en expérience.

5. Nous rapporterons toutes les réactions tantôt aux poids équivalents, tantôt aux poids moléculaires, c'est-à-dire aux poids de matière qui représentent 4 volumes de vapeur (voyez page 108). Dans nos calculs dès lors, la chaleur de fusion et la chaleur de volatilisation, telles qu'elles figurent au cours des traités de physique, où elles sont rapportées à l'unité de poids, se trouveront multipliées par l'équivalent ou par le poids moléculaire de chaque corps. Les derniers produits constitueront :

Les *chaleurs moléculaires de fusion* ;

Les *chaleurs moléculaires de vaporisation* (*sous une pression donnée*).

De même la chaleur spécifique ordinaire, multipliée par le poids moléculaire, constituera la *chaleur spécifique moléculaire*. C'est un nombre qui varie, suivant que le corps est pris, à l'état solide, liquide ou gazeux ; il varie même pour un état unique, selon qu'il est envisagé à diverses températures.

6. Développons le calcul de ces relations.

Soient : $f_1, f_2,\dots$, les chaleurs moléculaires de fusion des corps du système initial ;

$f'_1, f'_2,\dots$, celles des corps du système final.

Soient : $\varphi_1, \varphi_2,\dots$, les chaleurs moléculaires de vaporisation des corps du système initial, sous la pression normale ;

Et φ'_1, φ'_2,..., celles des corps du système final.

Soient encore $t_1, t_2, t_3, t_4, ..., t_\alpha$, les températures correspondantes à ces fusions et à ces vaporisations, ces températures étant rangées dans l'ordre de leur élévation croissante, depuis t jusqu'à T.

Soient enfin : c, k, l,..., les chaleurs spécifiques moléculaires moyennes des corps du système initial, dans l'intervalle compris de t à t_1 ;

c_1, k_1, l_1,..., celles des corps du système final ;

c', k', l', et c'_1, k'_1, l'_1,..., dans l'intervalle de t_1 à t_2.

Et ainsi de suite jusqu'à $c^{(\alpha)}$ et $c_1^{(\alpha)}$, qui se rapportent au dernier intervalle compris entre t_α à T.

On arrive aux formules suivantes :

$$U = \Sigma c(t_1 - t) + \Sigma c'(t_2 - t_1) + ... + \Sigma c^{(\alpha)}(T - t_\alpha) + \Sigma f + \Sigma \varphi,$$
$$V = \Sigma c(t_1 - t) + \Sigma c'_1(t_2 - t_1) + ... + \Sigma c_1^{(\alpha)}(T - t_\alpha) + \Sigma f' + \Sigma \varphi'.$$

Et l'on tire de là la formule générale :

$$Q_T = Q_t + (\Sigma c - \Sigma c_1)(t_1 - t) + ... + (\Sigma c^{(\alpha)} - \Sigma c_1^{(\alpha)})(T - t_\alpha)$$
$$+ \Sigma f + \Sigma \varphi - \Sigma f' - \Sigma \varphi'.$$

On retrouve ici à première vue la distinction des deux ordres de termes, les uns relatifs aux chaleurs spécifiques et qui varient proportionnellement aux différences des températures ; les autres relatifs aux changements d'état et dont la valeur est constante.

7. Lorsque la quantité de chaleur dégagée dans une réaction est très grande, et que l'on envisage seulement un intervalle de température peu étendu ; en un mot, dans le cas où l'on se borne à une première approximation, cette formule peut subir une simplification remarquable. En effet, dans cette circonstance, les divers produits de la forme

$$(\Sigma c - \Sigma c_1)(t_1 - t)$$

sont relativement assez petits pour être négligés, et la différence des deux quantités Q_T et Q_t se réduit à peu près aux chaleurs de fusion et de vaporisation :

$$Q_T = Q_t + \Sigma f + \Sigma \varphi - \Sigma f' - \Sigma \varphi' + \varepsilon,$$

étant une quantité que l'on néglige.

8. Il y a plus : il arrive souvent, surtout en chimie organique, que l'on opère uniquement sur des corps liquides ou gazeux ; ou bien encore il arrive que les chaleurs moléculaires de fusion, beaucoup plus faibles que les chaleurs moléculaires de vaporisation, peuvent être négligées dans une première approximation. Dans ces circonstances, tout se réduit donc à tenir compte des chaleurs de vaporisation.

Or l'expérience prouve que, pour produire des volumes gazeux égaux des différents corps, il faut des quantités de chaleur qui demeurent comprises dans un certain ordre de grandeur assez limitée.

Soit ce volume commun représenté par 4 volumes, c'est-à-dire égal à celui qui est occupé par 2 grammes d'hydrogène, autrement dit $22^{lit},32$ à zéro et sous la pression $0^m,760$: les limites extrêmes des chaleurs moléculaires de vaporisation ne dépassent guère 6,0 et 11,0. En moyenne, pour réduire à l'état gazeux une molécule d'un corps, en formant 4 volumes de sa vapeur, dans un intervalle de température compris entre zéro et 200 degrés, il faut environ 8,0 Calories.

9. En adoptant ce chiffre, on voit que la quantité de chaleur dégagée dans une réaction exécutée à une certaine température étant trouvée par expérience, pour calculer la même quantité à une température plus élevée, et lorsqu'on se borne à une première approximation, il suffit de tenir compte du nombre de molécules des corps qui deviennent gazeux dans cet intervalle.

Soient n le nombre des molécules des corps du système initial qui deviennent gazeuses, et n' le nombre de celles du système final ; on obtient ainsi l'expression empirique :

$$Q_T = Q_t + (n - n')8 + \varepsilon.$$

10. Si le volume des corps du système primitif qui deviennent gazeux est le même que celui des corps du système final, pendant un certain intervalle de température, on voit encore que la chaleur dégagée aux deux températures extrêmes sera sensiblement la même. Voilà précisément ce qui arrive à l'alcool, en

tant que formé d'eau et d'éthylène, cette formation étant envisagée soit à zéro, soit à 200 degrés :

$$C^4H^4 + H^2O^2 = C^4H^6O^2.$$

En effet, dans le premier membre de cette équation, 4 volumes d'eau deviennent gazeux, en passant de zéro à 200 degrés ; dans le deuxième membre, 4 volumes d'alcool deviennent également gazeux, en passant de zéro à 200 degrés. Les volumes gazeux qui se forment dans cet intervalle étant les mêmes de part et d'autre, ils absorberont à peu près les mêmes quantités de chaleur, et la chaleur de formation de l'alcool ne changera pas sensiblement. C'est ce que vérifie d'ailleurs plus complètement un calcul rigoureux, dans le cas spécial de l'alcool.

11. Voyons avec plus de détails ce qui peut arriver, lorsque tous les corps réagissants, ainsi que leurs produits, possèdent le même état ; cet état demeurant d'ailleurs le même pendant tout l'intervalle examiné.

Soit un corps composé, tel que l'eau, obtenu par la réunion de deux corps simples. L'état physique de l'hydrogène et de l'oxygène ne change pas, pendant tout l'intervalle thermométrique que nous envisageons d'ordinaire dans les expériences chimiques, et leur chaleur spécifique peut être regardée comme invariable.

Le terme U se réduit alors au produit de la température par la somme des chaleurs spécifiques moléculaires de l'hydrogène, H^2, et de l'oxygène, O^2. Cette somme étant, d'après les nombres de Regnault, égale à $3,48 + 6,82 = 10,3$, on aura, quels que soient T et t :

$$U = 10^{cal},3 \times (T-t).$$

Pour calculer V, il faut préciser davantage les limites de température. Soit la formation de l'eau solide, entre — 80 degrés et zéro. La chaleur spécifique moyenne de l'eau solide étant 0,474 pour l'unité de poids, la chaleur moléculaire de l'eau solide sera 8,53.

Donc, dans cet intervalle, on aura :

$$V = 8^{cal},53 \times (T - t).$$

On a donc, en définitive, pour représenter la variation des chaleurs de combinaison, l'expression

$$U - V = 1^{cal},8 \times (T - t).$$

On voit que cette variation $(U - V)$ est positive, c'est-à-dire que la chaleur de combinaison croît avec la température, pour l'*eau solide* (voy. page 104).

Il en sera de même pour l'eau gazeuse, entre 100 et 200 degrés, et pour la même raison.

Au contraire, la chaleur de formation de l'*eau liquide*, entre zéro et 200 degrés, ira en décroissant avec l'élévation de température. En effet, la chaleur spécifique moyenne de l'eau liquide étant égale à 1,02 environ dans cet intervalle, sa chaleur moléculaire sera égale à 18,4; donc, dans cet intervalle, on a :

$$V = 18^{cal},4 \, (T - t) ;$$

ce qui fournit, pour représenter la variation de la chaleur de combinaison, l'expression

$$U - V = - 8^{cal},1 \, (T - t).$$

Ce terme est négatif, et il pourrait prendre une valeur considérable, si l'intervalle de température pendant lequel l'eau demeure liquide était plus étendu.

§ 3. — **Théorème II.** — **Relation des chaleurs spécifiques.**

1. *En général, si, pendant l'intervalle* $T - t$, *aucun des corps primitifs ou finals n'éprouve de changements d'état, la variation de la chaleur dégagée dans une réaction se réduit à la somme des chaleurs spécifiques moyennes des premiers corps pendant cet intervalle, diminuée de la somme des chaleurs spécifiques moyennes des seconds, et multipliée par l'intervalle des températures :*

$$U - V = (\Sigma c - \Sigma c_1) \, (T - t).$$

2. D'après cette expression, la chaleur dégagée dans une combinaison, ou plus généralement dans une réaction quelconque, ira en croissant ou en décroissant avec la température, et pourra même changer de signe, suivant que la première somme l'emportera sur la seconde, ou inversement.

3. Pour que cette quantité soit nulle, il faut et il suffit que

$$\Sigma c = \Sigma c_i.$$

Si la relation existe pour toute température comprise dans l'intervalle $T - t$, la quantité de chaleur dégagée par la réaction sera constante pendant cet intervalle.

4. Voici une remarque d'une grande importance. Pendant tout intervalle de température qui ne répond à aucun changement d'état, il arrive en général que les deux sommes des chaleurs spécifiques des composants et des composés qui en résultent, c'est-à-dire Σc_i et Σc, diffèrent peu l'une de l'autre. Par suite, dans tous les cas où la chaleur de combinaison est considérable, et tant que l'on envisage seulement des intervalles de température ne surpassant point quelques centaines de degrés, la correction qui résulte des calculs précédents est faible et difficile à distinguer des erreurs d'expérience.

Au contraire les changements d'état, c'est-à-dire les fusions et surtout les vaporisations, font varier subitement et suivant une proportion notable les quantités de chaleur dégagées dans les réactions : mais leur influence a été discutée plus haut (p. 107).

Examinons de plus près le cas où tous les corps réagissants possèdent et conservent le même état pendant l'intervalle de température que l'on considère, et étudions à ce point de vue les divers états des corps, tels que l'état gazeux, l'état liquide, l'état solide et l'état de dissolution.

§ 4. — Théorème III. — État gazeux sans condensation.

Dans les combinaisons gazeuses des éléments formées sans condensation, la chaleur dégagée est indépendante de la température.

1. Lorsque deux éléments, pris dans un état aussi voisin que possible de celui de gaz parfait, se combinent sans condensation, la chaleur dégagée est indépendante de la température : c'est une constante, que l'on peut appeler la *chaleur moléculaire de combinaison*.

2. En effet, la relation $U = V$ se vérifie à toute température pour cette classe de combinaisons ; car pour de tels corps on a $\Sigma c = \Sigma c_1$, les expériences de M. Regnault ayant établi que les gaz composés, formés à volumes égaux et sans condensation (gaz chlorhydrique, bioxyde d'azote, oxyde de carbone), possèdent une chaleur spécifique égale à celle des gaz simples (oxygène, hydrogène, azote) sous le même volume :

	Poids.	Volume.	Chaleur spécifique moléculaire trouvée par expérience.
H^2........	2^{gr}	$22^{lit},3$	$C = 6,82$
Az^2.......	28	»	6,83
O^4........	32	»	6,95
AzO^2......	30	»	6,96
C^2O^2......	28	»	6,86
HCl.......	36,5	»	6,75

Ainsi la chaleur spécifique à pression constante est la même en fait pour les gaz cités, et en principe pour tous les éléments amenés à l'état de gaz parfaits : c'est là, d'ailleurs, une quantité constante à toute température.

Il en est de même de la chaleur spécifique des mêmes corps à volume constant.

3. On peut admettre qu'il existe en principe une relation semblable pour toutes les réactions entre gaz simples ou composés, telles que la somme des volumes demeure constante.

Soit, par exemple, la formation des éthers :

$$C^4H^6O^2 + HCl = C^4H^5Cl + H^2O^2;$$

je tire des nombres de M. Regnault :

$$\Sigma c = 20,8 + 6,7 = 27,5$$
$$\Sigma c_1 = 17,7 + 8,6 = 26,3$$

valeurs très voisines de l'égalité.

Dans les cas mêmes où les chaleurs spécifiques changent avec la température, cette relation demeure toujours vraie approximativement.

4. La chaleur moléculaire de combinaison serait également définie pour une réaction quelconque, opérée à volume constant, si l'on admettait avec M. Clausius que la chaleur spécifique atomique de tous les gaz composés, pris à volume constant et dans l'état parfait, est la somme des chaleurs spécifiques atomiques de leurs éléments.

5. Mais cette hypothèse semble difficile à accepter pour les gaz composés formés avec condensation; attendu que la chaleur spécifique des éléments gazeux est indépendante de la température, tandis que la chaleur spécifique des gaz composés formés avec condensation varie et s'accroît rapidement avec la température. Du moins il en est ainsi pour les chaleurs spécifiques à pression constante. Or la chaleur spécifique à pression constante, pour tout gaz soumis aux lois de Mariotte et de Gay-Lussac, ne diffère en principe que par un nombre constant et déterminé (soit 2 unités environ : voy. p. 116) de la chaleur spécifique à volume constant, l'une et l'autre étant rapportées au poids moléculaire. L'une doit donc varier comme l'autre avec la température.

En fait, nous connaissons, d'après MM. Regnault et E. Wiedemann, les chaleurs spécifiques à pression constante d'un certain nombre de gaz et de vapeurs, tant simples que composés, entre zéro et 200 degrés. Nous connaissons aussi, d'après M. Wüllner, le rapport des deux chaleurs spécifiques pour divers gaz, à zéro et à 100 degrès, ce rapport étant déduit de la connaissance de la vitesse du son. Or il s'accorde très sensiblement, dans tous les cas observés, avec la valeur déduite de l'hypothèse précédente. Nous sommes donc autorisés à l'adopter dans les calculs qui vont suivre.

6. Toutes les fois qu'il y a condensation dans une combinaison opérée sous pression constante, le travail extérieur produit par une variation quelconque de température n'est pas le même pour les gaz primitifs et pour les produits de la réaction : la variation de la chaleur de combinaison comprend alors deux

termes, dont l'un dépend des travaux extérieurs; tandis que les travaux intérieurs sont seuls comparables en toute rigueur, dans la mesure des affinités chimiques. La distinction entre les valeurs propres à ces deux ordres de travaux se fait à l'aide des théorèmes suivants.

§ 5. — **Théorème IV.** — **Influence de la pression dans les réactions gazeuses.**

La chaleur dégagée par une réaction entre corps gazeux, opérée à pression constante, est sensiblement indépendante de la pression, dans les limites où les gaz suivent les lois de Mariotte et de Gay-Lussac.

Ceci est une conséquence de la loi de Joule, d'après laquelle le travail intérieur des gaz parfaits est négligeable. Il en résulte que si l'on double le volume d'un gaz ou d'un mélange gazeux, sans effectuer de travail extérieur, il n'y aura ni dégagement ni absorption de chaleur.

§ 6. — **Théorème V.** — **Influence de la température dans les réactions gazeuses avec condensation.**

La variation de la chaleur dégagée par une réaction entre corps gazeux à pression constante, pendant un certain intervalle de température, est égale à la variation de la chaleur dégagée à volume constant, pendant le même intervalle accrue du produit qu'on obtient en multipliant les deux millièmes du changement de volume par l'intervalle des températures.

$$(Q_{Tp} - Q_{tp}) = (Q_{Tv} - Q_{tv}) + 0{,}002\, (n - n')\, (T - t).$$

Q_{Tp} désigne ici la chaleur dégagée par la réaction à pression constante et à la température T;

Q_{tp}, la quantité analogue, à la température t;

Q_{Tv}, la quantité de chaleur dégagée à volume constant et à la température T;

Q_{tc}, la quantité analogue, à la température t;

n', le nombre d'unités de volume des composés (cette unité étant $22^l,32$ à zéro et 760 millimètres), et n, le même nombre pour les composants.

La démonstration de ce théorème sera donnée tout à l'heure.

§ 7. — Théorème VI.

La chaleur dégagée par une réaction entre corps gazeux à pression constante est égale à la chaleur de combinaison à volume constant à une température quelconque, accrue du produit précédent compté depuis le zéro absolu.

$$(1) \qquad Q_{\theta p} = Q_{\theta c} + 0,002\, (n - n')\, \theta;$$
$$\theta = 273 + T.$$

On aurait encore, $Q_{\theta p}, Q_{\theta c}$, en comptant la température T depuis le zéro ordinaire :

$$(2) \qquad Q_{Tp} = Q_{Tc} + 0,5424\, (n - n') + 0,002\, (n - n')\, T.$$

1. Pour démontrer les théorèmes précédents, qui sont vrais dans la limite des approximations physiques, il suffit de remarquer que l'on a en général, d'après la loi de Joule :

$$(3) \qquad Q_{Tp} - Q_{Tc} = \frac{M}{E},$$

M exprimant le travail extérieur accompli sous pression constante, et E l'équivalent mécanique de la chaleur.

Mais on sait que :

$$M = \int p\, dv,$$

p étant la pression, v le volume. Ici p est constante par définition, donc :

$$M = p\, (v_1 - v_0).$$

Or on a :

$$v_1 = n' \times 22,32\, (1 + \alpha T),\ \text{pour les composés,}$$
$$v_0 = n \times 22,32\, (1 + \alpha T),\ \text{pour les composants}\,;$$
$$p = 10335\ \text{kilogrammes pour une pression de 760 millimètres}\,;$$
$$E = 425;$$

d'où l'on tire :

$$\frac{M}{E} = \frac{1.0335 \times 22,32}{425 \times 1000} (n' - n) (1 + \alpha\, T) =$$
$$0,5424 (n' - n) (1 + \alpha\, T).$$

En remarquant que $\alpha = \frac{1}{273}$ et que 5424 est très voisin de 2×273, on obtient la seconde expression de Q_{r_p}; tandis qu'en posant $\theta = 273 + T$, on arrive à la première. Il est facile d'en déduire le théorème V.

2. Ces théorèmes étant fort importants, il paraît utile de montrer comment ils peuvent être établis d'une autre manière.

Nous avons vu (page 110) que l'on a :

$$Q_{T_p} = Q_{t_p} + (\Sigma c - \Sigma c_1) (T - t),$$

c et c_1 étant les chaleurs spécifiques moléculaires à pression constante. On a de même :

$$Q_{T_c} = Q_{t_c} + (\Sigma c' - \Sigma c'_1) (T - t),$$

c' et c'_1 étant les chaleurs spécifiques moléculaires à volume constant ; d'où l'on tire :

$$(Q_{T_p} - Q_{T_c}) = Q_{t_p} - Q_{t_c} + (\Sigma[c - c'] - \Sigma[c_1 - c'_1]) (T - t).$$

Mais la différence $c - c'$ des deux chaleurs spécifiques moléculaires, pour un gaz parfait quelconque, est égale au travail extérieur de dilatation pendant un degré, soit :

$$\frac{10,335 \times 22,32}{425 \times 1000 \times 273} = 0,002 \text{ sensiblement.}$$

Il existe d'ailleurs n' termes de cette espèce, dans les composés, et n dans les composants ; donc :

$$(Q_{T_p} - Q_{T_c}) = (Q_{t_p} - Q_{t_c}) + (n - n') 0,002 (T - t),$$

ce qui est le théorème V.

Pour passer au théorème VI, il suffit de remarquer qu'à une température ε infiniment voisine du zéro absolu, le terme $Q_{\varepsilon_p} - Q_{\varepsilon_v}$ tend à devenir nul, puisqu'il répond à un travail extérieur infiniment petit, tandis que les termes en T conservent une valeur finie. On a donc, à la température absolue θ :

$$Q_{\theta p} - Q_{\theta v} = (n - n')\ 0,0020,$$

ce qui est le théorème VI.

3. Ces propositions générales étant établies, il convient d'observer que le terme $(n - n')\ (T - t)\ 0,002$ est en général petit par rapport au terme Q_T, toutes les fois que l'intervalle $T - t$ compté depuis la température ordinaire est peu considérable, et même lorsque cet intervalle demeure moindre que 100 ou 200 degrés. Dans ces conditions, les quantités de chaleur dégagées dans une réaction gazeuse, soit à pression constante, soit à volume constant, peuvent être regardées chacune comme presque invariable, la différence même de ces deux quantités étant égale à $0,5424\ (n - n')$:

$$(4) \qquad Q_{Tp} = Q_{Tv} + 0,5424\ (n - n') + \varepsilon.$$

§ 8. — Théorème VII. — État liquide.

Soient tous les composants et composés liquides dans une réaction, la chaleur dégagée demeure constante, croît ou diminue, à mesure que la température s'élève, suivant que l'on a

$$U \qquad V;$$

ou bien $U > V$; *ou* $U < V$;

c'est-à-dire

$$\Sigma c = \Sigma c_1;$$

ou bien $\Sigma c > \Sigma c_1$; *ou* $\Sigma c < \Sigma c_1$.

1. Le premier cas se présente quelquefois, comme dans la formation du deuxième hydrate sulfurique :

$$SO^3H + HO = SO^3H,HO ;$$

ou bien encore lorsqu'on dissout le brome ou l'iode liquide dans le sulfure de carbone (d'après M. Marignac). Mais le plus souvent la chaleur spécifique moléculaire d'un composé liquide diffère de la somme de celles de ses composants.

2. Envisageons seulement le cas où le mélange de deux liquides ne donne lieu ni à un dégagement ou à une absorption de chaleur considérable, ni à la production d'un composé solide ou gazeux.

Soient, par exemple, deux liquides dont le mélange à poids égaux donne du froid à 14 degrés, tels que l'acide cyanhydrique et l'eau. Le refroidissement devra être moindre, si l'on opère à zéro, attendu que la chaleur spécifique du mélange (0,832 pour l'unité de poids) l'emporte sur la somme de celles des corps composants (0,794 étant leur chaleur spécifique moyenne rapportée à l'unité de poids). C'est en effet ce que l'expérience a vérifié. De même pour le mélange de sulfure de carbone et d'alcool à volumes égaux opéré à 22 degrés : ce mélange donne lieu à un refroidissement plus grand qu'à zéro ; ce qui s'explique parce que la chaleur spécifique du mélange (soit 0,390 sous l'unité de poids) l'emporte sur la chaleur spécifique moyenne des composants (0,367).

3. Les chaleurs spécifiques des liquides autres que l'eau et les solutions salines varient d'ordinaire rapidement avec la température. Cependant, toutes les fois que l'expression $c + c_1 - c_2$ conservera le même signe pendant un intervalle de température suffisant, on devra observer le résultat suivant : la chaleur dégagée ou absorbée à une certaine température devient nulle à une température différente, puis elle change de signe au delà de cette température.

Soit : en

$$c + c_1 > c_2 \quad \text{et} \quad Q > 0$$

à une certaine température ; le changement de signe surviendra à une température *plus basse*.

Il en sera de même, si

$$c + c_1 < c_2 \quad \text{et} \quad Q < 0.$$

Au contraire, le changement de signe aura lieu à une température *plus haute*, si l'on a

$$c + c_1 < c_2 \quad \text{et} \quad Q > 0,$$
$$\text{ou bien } c + c_1 > c_2 \quad \text{et} \quad Q < 0.$$

4. On voit par là que le mélange de deux liquides ne donne point lieu en général à un phénomène thermique constant, soit en grandeur, soit en signe.

Il y a plus : toutes les fois que deux corps conservent l'état liquide pendant un intervalle de température suffisamment étendu, et que leur mélange dégage ou absorbe peu de chaleur, on devra pouvoir observer, pour le mélange des deux substances dont il s'agit, *deux températures correspondant à un dégagement nul de chaleur*. L'une répond à cet état particulier que je viens de signaler, et son existence résulte seulement de l'inégalité des chaleurs spécifiques. L'autre température est celle à laquelle le mélange est complètement dissocié ; elle exige en général que les liquides prennent l'état gazeux, et elle doit être précédée par une variation continue de la différence entre les chaleurs spécifiques du mélange et la moyenne de celles de ses composants.

On doit probablement observer aussi un changement dans la chaleur de vaporisation normale du liquide qui se sépare le premier du mélange, en prenant l'état gazeux.

La somme de ces effets, convenablement calculée, représente la chaleur dégagée ou absorbée au moment du mélange des deux liquides fait à une température donnée. On peut la représenter par la formule suivante :

$$Q_t = \int_{t_1}^{T} (c_2 - c_1 - c)dt + U_2 - U_1 - U.$$

T étant une température supérieure à celle à laquelle les deux liquides sont réduits entièrement en vapeurs, et telle que ces vapeurs coexistent, à la façon des gaz mélangés, sans exercer d'action réciproque sensible ; c_2, c_1; c, étant des fonctions de la température qui répondent d'abord à l'état liquide, puis à l'état gazeux; et enfin U_2, U_1, U, représentant les chaleurs de vaporisation.

On pourrait même faire disparaître dans cette expression les quantités U_2, U_1, U, par une définition convenable des fonctions c, c_1, c_2.

5. En général, l'état liquide est moins favorable qu'aucun autre à la comparaison des quantités de chaleur dégagées dans

les réactions, parce que les chaleurs spécifiques des liquides varient avec la température beaucoup plus vite que celle des gaz et des solides, et cela suivant des lois propres à chaque liquide.

Soit, par exemple, la formation théorique de l'alcool par la combinaison de l'éther et de l'eau :

$$C^8H^{10}O^2 + H^2O^2 = 2\,C^4H^6O^2.$$

Tous les composants étant supposés liquides, la variation $U - V$ exprimée en petites calories sera (1) :

$$
\begin{aligned}
&\text{Au voisinage de} \quad -\ 20 \text{ degrés} = t;\ (38,3 + 18\ -\ 46,4\ -\ +\ 9,9)\,T\\
&\qquad\qquad\quad -\qquad\quad 0 \text{ degrés} = t;\ (39,1 + 18\ -\ 50,3\ =\ +\ 6,8)\,T\\
&\qquad\qquad\quad +\quad 40 \text{ degrés} = t;\ (40,9 + 18,1 - 54,8\ -\ +\ 4,2)\,T\\
&\qquad\qquad\quad -\qquad\ +\ 130 \text{ degrés} = t;\ (58,8 + 18,4\ -\ 79,6\ =\ -\ 1,4)\,T
\end{aligned}
$$

La chaleur dégagée dans la réaction va donc d'abord en croissant ; mais l'accroissement est d'autant moindre, que la température est plus élevée. Il devient nul entre 110 et 120 degrés ; puis la chaleur dégagée diminue, à mesure que la température initiale est plus élevée.

6. L'état liquide lui-même cesse d'ailleurs d'être réalisable, même sous de très fortes pressions, au-dessus d'une certaine température (*point critique*), à laquelle le liquide se change en vapeur dans un espace à peine supérieur à son propre volume.

Au-dessous d'une autre température, tout liquide doit également devenir solide. Ce double changement ne permet pas de suivre indéfiniment pour l'état liquide les conséquences des formules relatives à la chaleur de combinaison, soit dans un sens, soit dans l'autre, comme on peut le faire, au contraire, pour l'état gazeux et pour l'état solide.

§ 9. — **Théorème VIII. — État solide. — Combinaisons et réactions rapportées à l'état solide.**

La chaleur dégagée dans la formation des composés solides, au

---

(1) J'ai employé dans ces calculs les chaleurs spécifiques trouvées par MM. Regnault (*Relation*, etc., t. II, pp. 86 et 89) et Hirn pour l'eau, l'éther et l'alcool. Je rappellerai que la chaleur spécifique ordinaire de l'alcool varie de 0,50 à 1,11 entre — 30 et + 160 degrés, c'est-à-dire du simple au double, toujours dans l'état liquide

moyen de composants solides, est sensiblement indépendante de la température, toutes les fois que celle-ci varie entre des limites qui ne sont pas très étendues.

1. En effet, la chaleur spécifique moléculaire d'un composé solide est à peu près la somme de celle de ses éléments solides, d'après une relation signalée par M. Woestyn, et dont M. Kopp a achevé la démonstration ; en outre, elle ne varie d'ordinaire que très-lentement avec la température. Dans l'état solide, on a donc presque toujours et très approximativement $\Sigma\, c = \Sigma c_1$, et $U = V$, c'est-à-dire que la chaleur dégagée dans les actions chimiques entre solides, pourvu qu'elle soit un peu considérable, est à peu près indépendante de la température.

2. Précisons-en les variations par quelques exemples, pour un intervalle de température T, en prenant comme unité la petite calorie.

Composés binaires.

$$Ag + S = AgS. \qquad \Sigma c = 6,4 + 3,2 = 9,6;\ c_1 = 9,3 : U - V = + 0,3\,T$$
$$Ag + I = AgI. \qquad \Sigma c = 6,4 + 6,8 = 13,2;\ c_1 - 14,4 : U - V = - 1,2\,T$$
$$Ag + Br\,(solide) = AgBr.\ \Sigma c = 6,4 + 6,7 = 13,1;\ c_1 = 13,8 : U - V = - 0,7\,T$$

$$Pb + S = PbS; \qquad U - V = + 0,3\,T$$
$$Pb + I = PbI; \qquad\qquad\quad + 0,2\,T$$
$$Pb + Br = PbBr; \qquad\qquad + 0,2\,T$$

3. *Doubles décompositions salines* (état solide).

$$SO^4K + BaCl = SO^4Ba + KCl : U - V = (16,6 + 9,3) - (13,1 + 12,9) = - 0,1\,T$$
$$SO^4Na + SrCl = SO^4Sr + NaCl : \ = (16,5 + 9,5) - (13,1 + 12,5) = + 0,4\,T$$
$$SO^4Am + CaCl = SO^4Ca + AmCl : \ = (23,1 + 9,2) - (12,7 + 20,0) = - 0,4\,T$$

$$KCl + AzO^6Ag = AzO^6K + AgCl : \ = + 3,1\,T$$
$$SO^4K + AzO^6Pb = AzO^6K + SO^4Pb : \ = + 0,6\,T$$
$$NaI + AzO^6Pb = AzO^6Na + PbI : \ = - 2,3\,T$$

$$CO^3K + AzO^6Ba = CO^3Ba + AzO^6K : \ = + 2,9\,T$$
$$CO^3Na + AzO^6Ba = CO^3Ba + AzO^6Na : \ = - 0,2\,T$$
$$CO^3Na + SrCl = CO^3Sr + NaCl : \ = + 0,8\,T$$

4. *Hydrates salins.* — Leur chaleur spécifique est sensiblement la somme de celles du sel anhydre et de l'eau solide, d'après une relation signalée par Person, mais qui est une conséquence de

la loi générale des chaleurs spécifiques solides. Voici quelques nombres :

$$SO^4Ca + H^2O^2 = SO^4Ca,H^2O^2 : U - V = (12,7 + 9) - 23,6 = -1,9\,T$$
$$CaCl + 3H^2O^2 = CaCl,3H^2O^2 : \qquad = (9,2 + 27) - 37,7 = -1,5\,T$$
$$SO^4Mg + 7HO = SO^4Mg,7HO : \qquad = (13,4 + 21,5) - 47,1 = -2,2\,T$$

5. Ces exemples, fort nombreux et choisis tout à fait au hasard, montrent jusqu'à quel point il est permis d'admettre que la chaleur des réactions, rapportée à l'état solide, est constante. Les variations dues à l'influence de la température initiale sont très petites dans tous les cas, et même le plus souvent comprises dans la limite des erreurs expérimentales.

On voit par là toute l'importance de l'expression S donnée plus haut (page 44). Elle en a d'autant plus que la grande majorité des corps connus en chimie minérale affectent l'état solide.

§ 10. — **Théorème IX. — État dissous.**

Soient tous les composants et composés pris à l'état dissous dans une réaction, la chaleur dégagée demeure constante, croît ou diminue, suivant que l'on a :

$$U = V, \text{ ou bien } U > V, \text{ ou bien } U < V,$$

c'est-à-dire

$$\Sigma c_i = \Sigma c, \text{ ou } \Sigma c > \Sigma c_i, \text{ ou } \Sigma c < \Sigma c_i.$$

1. Ce théorème est pareil à celui qui a été donné pour l'état liquide. Mais il offre des applications beaucoup plus nombreuses, attendu que la plupart des réactions entre les acides, les bases et les sels s'opèrent au sein des dissolutions.

2. L'expérience montre que la relation $U = V$ est rarement réalisée pour les corps dissous; tandis que l'on a presque toujours $U > V$, ou $U < V$; c'est-à-dire que : *la chaleur dégagée dans les réactions des corps dissous varie d'ordinaire rapidement avec la température.*

Par exemple, l'union de l'acide chlorhydrique étendu, tel que $HCl + 100\,H^2O^2$, avec la soude étendue, telle que

$NaO,HO + 100 H^2O^2$, dégage vers zéro $+ 14^{Cal},7$. Pour calculer la chaleur dégagée à une autre température, telle que 100 degrés, il faut connaître la chaleur spécifique moléculaire des trois dissolutions :

$$HCl + 100\,H^2O^2 : \quad \text{soit } c = 0,965 \times 1836,5 = 1772$$
$$NaO,HO + 100\,H^2O^2 : \quad c' = 0,968 \times 1840 = 1781$$
$$NaCl + 201\,H^2O^2 : \quad c_1 = 0,978 \times 3676,5 = 3596$$

On a donc $c + c' - c_1 = 3553 - 3596 = -43$.

Donc, pour l'intervalle compris entre 0 degré et 100 degrés, l'expression $U - V$ diminuera de 43 calories $\times$ 100, soit $- 4^{Cal},3$ (en adoptant l'unité ordinaire des réactions chimiques). La chaleur dégagée par la formation du chlorure de sodium dissous se réduit donc, vers 100 degrés, à $+ 10^{Cal},4$; c'est une diminution de près d'un tiers pour l'intervalle des températures envisagées.

La chaleur de formation du chlorure de potassium dissous éprouve une diminution analogue. Au contraire, la chaleur de formation du chlorhydrate d'ammoniaque, au même degré de dilution, demeure sensiblement constante entre zéro degré et 100 degrés.

Cette constance pour un corps que l'eau tend évidemment à décomposer, et ces variations rapides pour des sels qui sont au contraire fort stables, montrent avec la dernière évidence combien l'état dissous est peu favorable à la comparaison théorique des quantités de chaleur dégagées dans les réactions.

3. Les variations deviennent plus tranchées encore toutes les fois qu'un corps solide entre dans une dissolution, ou qu'il s'en sépare par précipitation ou cristallisation (1). En effet :

§ 11. — Théorème X. — Dissolution des sels anhydres.

En général, la chaleur dégagée ou absorbée par la dissolution d'un sel anhydre change continuellement de grandeur avec la température de dissolution.

(1) *Annales de chimie et de physique*, 5ᵉ série, 1875, t. IV, p. 21.

Il en est ainsi parce que la chaleur spécifique des dissolutions salines diffère en général de la somme des chaleurs spécifiques du sel et de l'eau prises séparément.

1. Par exemple, la chaleur spécifique moléculaire d'une dissolution de chlorure de sodium, telle que $NaCl + 200\,H^2O^2$, est égale à 3596, valeur fort inférieure à la somme des chaleurs spécifiques de l'eau (3600) et du chlorure de sodium solide (12,5), soit 3612,5.

2. *La chaleur de dissolution des sels anhydres change même le plus souvent de signe*, pour un intervalle de température qui ne surpasse pas 100 à 200 degrés ; parfois ce changement de signe a lieu au voisinage de la température ambiante et peut être constaté par des expériences directes. Je l'ai vérifié pour le sulfate de soude et pour divers autres corps.

Ces résultats étant en opposition avec des opinions très répandues, il paraît utile d'entrer dans quelques développements.

3. On enseigne d'ordinaire que la dissolution des sels dans l'eau absorbe de la chaleur, et l'on assimile ce phénomène à la fusion des corps solides : la dissolution comme la fusion devant donner lieu à un travail de désagrégation, c'est-à-dire à une absorption de chaleur. Ce travail s'accomplirait, d'ailleurs, progressivement dans le cas de la dissolution ; la chaleur absorbée croissant avec la dilution, c'est-à-dire à mesure que la proportion d'eau devient plus considérable. En réalité, il en est ainsi pour la dissolution des hydrates salins, et pour celle de la plupart des sels anhydres formés par les alcalis, l'oxyde de plomb et l'oxyde d'argent, lorsqu'on opère à la température ordinaire.

4. Cependant le fait même de l'absorption de chaleur pendant la dissolution des sels est loin d'avoir la généralité qu'on lui attribue ; car le nombre des sels anhydres qui dégagent de la chaleur en se dissolvant, et cela souvent en proportion croissante avec la masse de l'eau, est peut-être plus grand que le nombre des sels qui se dissolvent conformément à la loi réputée normale. Je citerai comme exemples la plupart des sels anhydres formés par les terres alcalines, par les terres proprement dites

et par les oxydes métalliques, les carbonates alcalins, presque tous les acétates anhydres, etc.

5. A première vue, on serait donc conduit à distinguer les sels en deux catégories : ceux dont la dissolution absorbe de la chaleur, et ceux dont la dissolution en dégage. Mais il y a de fortes raisons de penser que cette distinction est purement accidentelle, au moins pour les sels anhydres, étant due aux conditions de température dans lesquelles nous étudions d'ordinaire les dissolutions salines. C'est ce que je vais établir, en mettant en évidence un certain nombre de relations très générales et très intéressantes entre les chaleurs de dissolution et de dilution des sels, à diverses températures.

6. Soit notre formule générale qui exprime la chaleur dégagée, à une température T, par une réaction quelconque, comparée avec la chaleur dégagée à une autre température t :

$$(1) \qquad Q_T = Q_t + U - V.$$

Dans le cas où aucun des composants ou des composés, pris isolément, ne change d'état pendant l'intervalle $T - t$, elle se réduit, avons-nous dit, à

$$(2) \qquad Q_T = Q_t + (\Sigma c - \Sigma c_1)(T - t) = Q_t + (c + c' - c_1)(T - t).$$

Ici c est la chaleur spécifique moléculaire du sel solide, c' celle de l'eau qui va le dissoudre, et c_1 celle de la solution résultante ; toutes ces chaleurs spécifiques étant d'ailleurs des valeurs moyennes relatives à l'intervalle $T - t$.

Or les observations de MM. Marignac, Thomsen, Schüller, Winckelmann sur les chaleurs spécifiques des solutions salines concourent à établir que la chaleur spécifique moléculaire d'une solution saline étendue est en général, dans le cas des sels minéraux (1), inférieure à la somme des chaleurs spécifiques du sel anhydre et de l'eau qui le dissout. Il y a plus : l'écart va en croissant avec la dilution, en paraissant tendre vers une cer-

---

(1) Les acétates et autres sels organiques offrent souvent une relation inverse ; mais on en tirerait des conclusions analogues à celles qui vont être développées ; à cela près qu'il faudrait envisager des températures décroissantes pour de tels sels, au lieu des températures croissantes applicables aux sels minéraux.

taine limite; limite telle que si l'on envisage les chaleurs spécifiques moléculaires d'une série de solutions de plus en plus
étendues, formée par un même sel minéral, ces chaleurs spécifiques finissent d'ordinaire par être moindres que celle de l'eau
seule qui constitue les liqueurs.

7. J'exprimerai ces résultats d'observation de la manière
suivante :

C étant la chaleur spécifique moléculaire du sel solide;

$n\,H^2O^2$, la proportion d'eau qui dissout 1 équivalent du même
sel, et $18n$ la chaleur spécifique moléculaire de cette eau; enfin
$18\,n + K$, la chaleur spécifique de la dissolution saline; On a :

$$(3) \qquad U - V = (18n + C - 18n - K)\,(T - t) = (C - K)\,(T - t).$$

On aura d'abord $K < C$ et même $K < 0$ pour les solutions
convenablement étendues, d'après les remarques ci-dessus.

La valeur de K tendant vers une limite telle que $- a$, quand
la masse de l'eau, c'est-à-dire $18\,n$, est très grande, on peut
écrire pour les solutions étendues :

$$(4) \qquad K = C - \frac{(C + a)\,18n}{18n + b}$$

On a dès lors pour de telles solutions :

$$(5) \qquad U - V = \frac{(C + a)\,18n}{18n + b}\,(T - t)$$

les quantités b et a étant toujours > 0, et en outre petites par
rapport à $18\,n$.

8. Ces relations n'existent d'une manière générale que pour
les sels minéraux anhydres. Cependant les sels hydratés les
présentent encore très souvent, lorsqu'ils ne contiennent qu'un
petit nombre d'équivalents d'eau de cristallisation. Mais les sels
solides, qui renferment un grand nombre d'équivalents d'eau
de cristallisation, fournissent d'ordinaire des dissolutions dont
la chaleur spécifique moléculaire l'emporte sur la somme de
celles des composants. On reviendra sur ces faits et sur leur
interprétation; quant à présent, on se borne à envisager les

sels qui n'ont contracté avec l'eau aucune espèce de combinaison préalable.

9. Pour de tels sels, c'est-à-dire dans le cas de la dissolution des sels minéraux anhydres au sein d'une grande quantité d'eau, la valeur $U - V$ est toujours positive.

La valeur $U - V$ est aussi positive, dans la plupart des cas, pour la dilution des solutions salines concentrées.

En effet, la *dilution* d'une liqueur renfermant 1 équivalent de sel et nH^2O^2, à laquelle on ajoute $n_1H^2O^2$, donne lieu à la variation thermique que voici de la chaleur dégagée à diverses températures :

$$(6) \quad \begin{cases} U - V = \{(18n + K + 18n_1) - [18(n+n_1) + K_1]\}(T - t) \\ = (K - K_1)(T - t). \end{cases}$$

K étant en général $> K_1$.

Cette expression devient, d'après la formule (4), laquelle est nécessairement positive, si a et b le sont, comme il arrive en général :

$$(7) \quad U - V = (C + a)b \left(\frac{1}{18n + b} - \frac{1}{18n + 18n_1 + b} \right)(T - t).$$

10. Réciproquement, l'observation prouve que la valeur $U - V$ est ordinairement négative dans les réactions qui donnent lieu à la séparation d'un sel anhydre, préalablement dissous dans une grande quantité d'eau : telles que la cristallisation des solutions sursaturées d'un sel peu soluble, la coagulation d'un certain nombre de composés solubles ou pseudo-solubles, enfin la plupart des précipitations opérées dans des liqueurs étendues.

De là résultent des conséquences importantes.

11. 1° *Si la dissolution d'un sel minéral anhydre dans une grande quantité d'eau, à la température ordinaire, absorbe de la chaleur, cette absorption croîtra sans cesse à mesure que la température initiale s'abaissera.*

2° *La chaleur absorbée décroîtra, au contraire, à mesure que la température initiale deviendra plus haute.*

3° *A une certaine température, que j'appellerai température d'inversion, la dissolution s'effectuera sans qu'il y ait ni absorption ni dégagement de chaleur.*

4° Au-dessus de cette température, *la dissolution donnera lieu à un dégagement de chaleur, qui croîtra dès lors indéfiniment avec la température.*

Ces phénomènes résultent de la discussion des formules précédentes. En effet, d'après la formule (3), toute absorption de chaleur Q_t observée à la température t, dans la dissolution d'un sel anhydre, en présence de beaucoup d'eau, croîtra lorsqu'on passera à une autre température T, si $T < t$; tandis qu'elle décroîtra si $T > t$; elle deviendra nulle si l'on a :

$$(8) \qquad T - t = \frac{Q_t}{C - K},$$

expression qui tend à se réduire à la valeur constante

$$(9) \qquad T - t = \frac{Q_t}{C + a},$$

quand la masse de l'eau, c'est-à-dire $18n$, est très grande. Enfin, pour toute température supérieure à cette valeur de T_1, il y aura un dégagement de chaleur, croissant indéfiniment avec la température.

12. En résumé, *l'effet thermique de toute dissolution d'un sel minéral anhydre qui absorbe de la chaleur* en se dissolvant dans une grande quantité d'eau, doit *changer de signe* à une certaine température.

J'ai vérifié ces conséquences par expérience (1), pour un certain nombre de sels, et je vais montrer que la température T, calculée d'après la formule précédente, répond dans presque tous les cas à un certain degré, auquel il est matériellement possible d'effectuer la dissolution du sel anhydre dans l'eau, en opérant sous une pression convenable.

13. Par exemple, 71 grammes de sulfate de soude (c'est-à-dire SO^4Na) dissous dans 3600 grammes d'eau (c'est-à-dire $200H^2O^2$) à 24°,5, dégagent $+ 0^{cal},390$; tandis qu'à $+ 3°,2$ la même réaction absorbe $- 0,095$. La température de l'inversion, c'est-à-dire la température à laquelle la dissolution s'effectue sans

____

(1) *Annales de chimie et de physique*, 5ᵉ série, 1875, t. IV, p. 28.

dégagement ni absorption de chaleur, est égale à $+ 7$ degrés environ :

De même le carbonate de potasse cristallisé, $CO^3K + \frac{1}{2}HO$, dissous dans $180\,H^2O^2$

$$à + 17°,6, \text{ absorbe} : - 0,122$$
$$à + 32°, \quad \text{dégage} : + 0,120$$

L'inversion du signe thermique s'opère vers 25 degrés.

De même la dissolution du chlorure de sodium, dans la moindre quantité d'eau possible, absorbe de la chaleur jusque vers 100 degrés; au delà elle en dégagerait.

Le calcul montre que la dissolution de presque tous les sels anhydres dans une grande quantité d'eau aurait lieu avec dégagement de chaleur à une température suffisamment haute, température supérieure d'ordinaire à 100 degrés. Par exemple, d'après la moyenne des nombres connus pour les chaleurs de dissolution et les chaleurs spécifiques, le calcul indique que

KCl dissous dans $100\ H^2O^2$ devra produire un effet nul vers 130°
AzO^6Na dissous dans $100\ H^2O^2$........................... 160°
AzO^6K dissous dans $200\ H^2O^2$. .... 200°

et ce dernier chiffre est l'une des valeurs les plus élevées données par le calcul; etc., etc.

14. On pourrait objecter que les chaleurs spécifiques des solutions salines étendues varient avec la température. Mais ces variations ne paraissent pas de nature à modifier nos conclusions, attendu qu'elles sont très faibles et précisément du même ordre de grandeur que les variations de la chaleur spécifique de l'eau; cela au moins jusqu'à 100 degrés, et même probablement bien au delà.

Il ne faudrait pas, je le répète, croire qu'il s'agisse ici de phénomènes fictifs et non réalisables. Dissoudre un sel, tel que le chlorure de potassium ou l'azotate de soude à 130, 160, 200 degrés, est une opération facile, à la condition d'empêcher l'ébullition de l'eau par une pression convenable : ce que l'emploi des autoclaves ou des tubes scellés à la lampe permet d'effectuer.

15. La même série de déductions est applicable à toute dissolution d'un sel minéral anhydre dans une grande quantité d'eau, susceptible de dégager de la chaleur à la température ordinaire t. En effet, ce dégagement croîtra, si $T > t$; décroîtra, si $T < t$; deviendra nul, pour $T = t - \dfrac{Q_{\prime}}{C - K}$. A une température plus basse, il y aura absorption de chaleur.

Ces conséquences peuvent être vérifiées sur divers sels. Mais, en fait, elles n'offrent pas la même généralité que les précédentes, parce que la température calculée pour le renversement du signe thermique de la dissolution des sels qui dégagent de la chaleur à la température ordinaire tombe le plus souvent au-dessous du point de congélation.

<h3>§ 12. — Théorème XI. — Cristallisation et précipitation.</h3>

La séparation d'un sel solide dans une dissolution étendue, par cristallisation ou précipitation, représente un phénomène réciproque avec celui de la dissolution : elle doit donc offrir les mêmes variations dans le signe thermique de la chaleur dégagée, mais en sens inverse ; c'est-à-dire que *la précipitation doit donner lieu tantôt à un dégagement de chaleur, tantôt à une absorption.*

1. S'il y a un dégagement de chaleur à la température ordinaire, il doit croître à mesure qu'on abaisse la température initiale, mais décroître à mesure qu'on l'élève. A un certain degré, il n'y aura plus de chaleur dégagée ou absorbée ; au-dessus de ce degré, il y aura absorption de chaleur.

2. Réciproquement, s'il y a absorption de chaleur dans une précipitation opérée à la température ordinaire, cette absorption croîtra à mesure que la température initiale s'élèvera ; mais elle décroîtra par un abaissement de température, jusqu'à devenir nulle, puis à se changer en un dégagement de chaleur.

3. Ceci est vrai, surtout toutes les fois que la proportion du sel dissous par rapport à l'eau est peu considérable avant sa

séparation. En effet, la relation $U - V < 0$ se vérifie d'ordinaire dans cette circonstance.

4. On pourrait d'ailleurs la déduire de la formule (4) (p. 126).

Soient $m + 1$ équivalents d'un sel anhydre, dissous dans $n(m + 1)\, H^2O^2$; séparons 1 équivalent du sel à l'état solide, nous aurons ici, en faisant les substitutions convenables :

$$(10) \qquad U - V = - \frac{18\,n\,(m+1)\,C}{18\,n\,(m+1) + b}\,(T - t),$$

valeur nécessairement négative, puisque les nombres C, a, b, n, sont positifs, d'après les remarques précédentes.

5. Citons quelques expériences (1).

La précipitation du sulfate de strontiane, par suite du mélange de deux solutions étendues de sulfate de soude et de chlorure de strontium,

SO^4Na (1 éq. $= 2$ lit.) $+ SrCl$ (1 éq. $= 2$ lit.) à $+ 13°,9$, dégage : $+ 0^{cal},080$

à $+ 23°,7$, absorbe : $- 0^{cal},282$

Le phénomène thermique serait nul vers 16 à 17 degrés : c'est la température de l'inversion.

De même, la précipitation du sulfate de chaux. Les solutions étendues de sulfate de soude et de chlorure de calcium, SO^4Na (1 éq. $= 2$ lit.) $+ CaCl$ (1 éq. $= 2$ lit.), peuvent être mélangées sans qu'aucun précipité apparaisse d'abord. Si l'on détermine alors la cristallisation au moyen d'une légère pincée du sel tout formé, on trouve par expérience :

A $+ 14°$, un dégagement de chaleur de. . . . . $+ 0,360$
A $+ 23°,7$. . . . . $+ 0,00$
A $+ 31°,2$. . . . . $- 0,24$

Le sulfate de baryte lui-même, malgré la grande quantité de chaleur qui en accompagne la précipitation à la température ordinaire ($+ 3^{cal},300$ vers 8 degrés), ne saurait être regardé comme caractérisé dans sa formation par ce dégagement de chaleur. En effet, le calcul indique que la précipitation de ce sel doit donner lieu à un phénomène thermique nul vers 120 ou

____

(1) *Annales de chimie et de physique*, 5ᵉ série, 1875, t. IV, p 36.

130 degrés. Au-dessus de cette température, il doit y avoir absorption de chaleur : or la réaction est facile à réaliser dans un tube scellé, même à 200 degrés.

6. C'est ici le lieu d'observer qu'il n'y a aucune relation directe entre les quantités de chaleur dégagées par une certaine métamorphose des corps dissous et les quantités de chaleur dégagées par la métamorphose pareille des mêmes corps anhydres. Par exemple, le calcul indique, pour la *réaction des corps anhydres et solides* :

$$SO^4Na + SrCl = SO^4Sr + NaCl \ldots \quad + \quad 7,100$$
$$SO^4Na + CaCl = SO^4Ca + NaCl \ldots \quad + \quad 11,100$$
$$SO^4Na + BaCl = SO^4Ba + NaCl \ldots \quad + \quad 4,900$$

Or ces trois quantités, fort inégales entre elles, malgré la similitude des réactions, n'éprouvent que des variations insignifiantes pour un changement d'une centaine de degrés dans la température initiale; tandis que le même changement fait au contraire varier complètement la grandeur et jusqu'au signe de la chaleur dégagée par la *réaction des mêmes corps dissous.*

7. La théorie indique que les phénomènes signalés par l'expérience sur les sulfates de chaux et de strontiane doivent exister pour la plupart des sels anhydres, lorsqu'ils se séparent dans des solutions étendues. Mais les limites qui répondent à l'inversion, quoique relatives à des degrés de chaleur très accessibles à nos réactions, dépassent d'ordinaire les températures entre lesquelles nous pouvons exécuter les mesures calorimétriques. Cependant je puis citer un autre ordre de faits caractéristiques, dans lesquels la précipitation d'une même série de sels, par des réactions parallèles, donne lieu tantôt à un dégagement, tantôt à une absorption de chaleur, à la température ordinaire. Tels sont les carbonates, vers 16 degrés (1) :

$$CO^3K \;(1\,éq. = 2\,lit.) + BaCl\,(1\,éq. = 2\,lit.) = CO^3Ba \;crist. + KCl\;diss., dég. + 0,850$$
$$CO^3K \;(1\,éq. = 2\,lit.) + SrCl\,(1\,éq. = 2\,lit.) = CO^3Sr\;crist. + KCl \ldots\ldots + 0,160$$
$$CO^3Na\,(1\,éq. = 2\,lit.) + CaCl\,(1\,éq. = 2\,lit.) = CO^3Ca\;préc. + NaCl \ldots\ldots - 0,570$$
$$CO^3Na\,(1\,éq. = 2\,lit.) + MnCl\,(1\,éq. = 2\,lit.) = CO^3Mn\;crist. + NaCl \ldots\ldots - 1,180$$

(1) *Annales de chimie et de physique,* 5ᵉ série, 1875, t. IV, p. 38.

On voit encore ici que la précipitation n'est nullement caractérisée par le signe ou par la grandeur des quantités de chaleur dégagées à une température donnée.

Ces chiffres changent d'ailleurs, et cela dans le sens prévu par la théorie, si l'on modifie la température initiale. Par exemple, j'ai trouvé que la réaction

$$CO^3Na\,(1\ \text{éq.} = 2\ \text{lit.}) + BaCl\,(1\ \text{éq.} = 2\ \text{lit.})$$

dégage :

$$A + 15°,6\ldots\ldots\ldots\ldots\ldots + 0^{Cal},720$$
$$A + 24\ \text{degrés}\ldots\ldots\ldots + 0^{Cal},420$$

Il y a diminution, et d'après la valeur qui en résulte,

$$U - V = -\frac{35}{1000}\,(T - t),$$

le point nul serait situé à $+ 36$ degrés.

8. *Coagulation.* — La séparation d'un corps solide amorphe, au sein d'un liquide où il était contenu dans cet état particulier que l'on a désigné sous le nom de *pseudo-solution*, c'est-à-dire la coagulation, ne répond pas d'une manière nécessaire à un dégagement de chaleur, pas plus que la précipitation. Je citerai à l'appui l'expérience suivante, relative au peroxyde de fer $(\frac{2}{3}\,Fe^2O^3 = feO)$. Une solution d'acétate ferrique, chauffée à 100 degrés, se change en acide libre et oxyde ferrique libre, lequel demeure à l'état de pseudo-solution ; cet oxyde traverse les filtres, mais il est coagulable par l'addition d'une solution saline, telle que celle du sulfate de potasse. Or j'ai trouvé pendant cette coagulation, à la température de $+ 15$ degrés :

$$C^4H^3feO^4\,(1\ \text{éq.} = 2\,\text{lit.})\ \text{chauffé au préalable} + SO^4K\,(1\ \text{éq.} = 2\ \text{lit.}): - 0^{Cal},160.$$

Il est problable que cette absorption de chaleur diminuerait et tendrait à changer de signe, si l'on abaissait la température de la coagulation.

9. *Transformation d'un corps amorphe en corps cristallisé.* — Cette métamorphose, que je cite ici, parce que je l'ai observée souvent dans l'étude thermique des précipités, est encore un phénomène susceptible de changer de signe avec la tempé-

rature initiale, toutes les fois que la chaleur spécifique du corps cristallisé n'est pas absolument la même que celle du corps amorphe qui l'engendre. Ce cas paraît exister en fait pour le soufre (1).

La même remarque s'applique à la métamorphose d'un *corps dimorphe* qui passe d'un système cristallin à l'autre.

§ 13. — **Théorème XII.** — **Dilution**.

On arrive aux mêmes conclusions générales pour la *dilution* d'une solution saline, d'après la formule (6) de la page 127, toutes les fois que $K - K_1 > 0$, relation de fait qui est très générale.

1. En effet, la chaleur absorbée à la température ordinaire, Q_t, décroît à mesure que la température s'élève, et elle devient nulle pour la température T donnée par la relation suivante :

$$(11) \qquad T - t = \frac{Q_t}{K - K_1},$$

Au-dessus de ce degré, il y a dégagement de chaleur.

La valeur de $T - t$ est d'autant plus forte, en général, et par suite la température T d'autant plus élevée, que la valeur de $K - K_1$ est plus petite, c'est-à-dire que la dilution initiale est plus grande. Pour les liqueurs très étendues, cette température ne tarde pas à tomber en dehors des limites réalisables par expérience.

2. Réciproquement, s'il y a chaleur dégagée dans la dilution, cette quantité de chaleur diminuera, puis s'annulera, pour un abaissement convenable dans la température.

3. Voici des exemples réels de ces divers effets (2) :

Soit l'acide azotique étendu :

$$AzO^6H + 20,46\ H^2O^2.$$

Si l'on ajoute à cet acide encore $20H^2O^2$: à $+9°,7$, il y a absorption de $-0,081$;
Au contraire, à $+26°$, il y a dégagement de $+0,025$.
$AzO^6H + 40,5\ H^2O^2$ additionné de $40\ H^2O^2$ à $+9°,7$, absorbe : $-0,066$
à $+26°$, absorbe : $0,00$

(1) *Annales de chimie et de physique*, 5ᵉ série, t. IV, p. 40.
(2) *Ibid.*, 5ᵉ série. 1875 t. IV. p. 42.

De même,

$$NaO,HO + 8,78\ H^2O^2 \text{ additionné de } 75\ H^2O^2, \text{ à } + 9°,5, \text{ absorbe} : -\ 0,280$$
$$\text{à } + 24°,\quad \text{dégage} : +\ 0,17$$
$$KO,HO + 55,3\ H^2O^2 \text{ additionné de } 56\ H^2O^2, \text{ à } + 11°,5, \text{ absorbe} : -\ 0,021$$
$$\text{à } + 24°,\ .\ \text{dégage} : +\ 0,050$$

Rappelons que les mêmes changements de signe thermique doivent avoir lieu fréquemment dans les réactions opérées par le *mélange des deux liquides*, sans qu'il s'en sépare aucun gaz ou solide. Ils existent en principe, toutes les fois que la somme des chaleurs spécifiques ne demeure pas constante (voy. p. 117).

4. D'après les relations théoriques et expérimentales que je viens de développer, les phénomènes suivants : dissolution d'un sel anhydre dans une grande quantité d'eau ; dilution des solutions salines concentrées ; séparation inverse d'un sel anhydre dans une liqueur étendue, par cristallisation ou précipitation ; tous ces phénomènes, dis-je, ne sont pas caractérisés en principe par la valeur absolue, ni même par le signe thermique de la chaleur dégagée : attendu que cette valeur et ce signe changent avec la température à laquelle on opère.

5. *La dissolution, la dilution, la séparation par cristallisation et la précipitation des sels anhydres, en présence d'une grande quantité d'eau, sont au contraire caractérisées en principe par la relation des chaleurs spécifiques,* relation commune aux sels minéraux qui dégagent de la chaleur en se dissolvant dans l'eau, à la température ordinaire, aussi bien qu'aux sels minéraux qui absorbent de la chaleur.

6. *La relation des chaleurs spécifiques pour la dissolution est,* dans la plupart des cas, *précisément opposée à la relation qui caractérise la fusion.* En effet, la chaleur spécifique d'un corps fondu est toujours plus grande que celle du même corps solide ; tandis que la chaleur spécifique d'un système dissous, composé avec l'eau et un sel anhydre, est presque toujours inférieure à celle du système initial. Le travail intérieur que la chaleur doit effectuer pour produire une variation donnée de température offre donc un caractère très différent et en quelque sorte opposé dans les deux cas de la fusion et de la dissolution.

7. La relation des chaleurs spécifiques paraît traduire l'existence de certaines combinaisons définies entre le sel anhydre et l'eau, hydrates dont la proportion varierait d'une manière continue dans les liqueurs, avec la quantité d'eau et la température.

8. En terminant, je rappellerai encore une fois que la chaleur dégagée dans ces conditions n'offre aucune relation simple avec celle que produiraient les transformations chimiques exprimées par les mêmes équations, si l'on exécutait ces transformations sur les mêmes corps, pris tous dans l'état gazeux, ou tous dans l'état solide : attendu que la chaleur dégagée par les réactions des corps solides ou gazeux conserve le même signe et le même ordre de grandeur, sinon la même valeur absolue, pendant un vaste intervalle de température ; tandis que la chaleur dégagée par les réactions des liquides change rapidement de valeur et même de signe avec la température initiale. Le rôle chimique du dissolvant, que je viens de signaler, complique encore l'interprétation des effets. Aussi l'état gazeux et l'état solide sont-ils, à mes yeux, les vrais termes de comparaison entre les actions chimiques.

LIVRE II

MÉTHODES EXPÉRIMENTALES

CHAPITRE PREMIER

INTRODUCTION

1. C'est avec le calorimètre à eau que j'ai effectué presque toutes les mesures des quantités de chaleur dégagées ou absorbées dans mes expériences. Cet instrument, employé par Dulong et par Regnault, et que M. Thomsen met également en œuvre, me paraît celui qui offre les garanties de l'exactitude la plus grande. En effet, les quantités que l'on y détermine se rapprochent d'aussi près que possible de la définition théorique de la calorie; tandis que le calorimètre à glace de Lavoisier et Laplace, aussi bien que celui de M. Bunsen, et le calorimètre à mercure de MM. Favre et Silbermann (1), déterminent des quantités différentes, telles que les poids de l'eau liquéfiée ou les dilatations de certains liquides. La relation de ces quantités avec la calorie doit être évaluée séparément, par un système d'expériences spéciales, et elle est exposée à varier incessamment suivant les conditions du milieu ambiant. On rencontre donc dans l'emploi de ces instruments toutes les incertitudes des mesures indirectes.

2. Je décrirai tout à l'heure l'instrument dont je me sers, et je préciserai les conditions dans lesquelles j'ai opéré, condi-

---

(1) Voy. *Annales de chimie et de physique*, 3ᵉ série, 1852, t. XXXV. p. 33; — 4ᵉ série, 1872, t. XXVI. p. 392.

tions qui m'ont permis de supprimer complètement la correction du refroidissement dans la plupart de mes expériences.
Ces conditions sont d'une extrême simplicité et susceptibles
d'être reproduites aisément par tous les chimistes et physiciens
qui voudront exécuter des expériences semblables. Les mesures
effectuées sont plus promptes d'ailleurs, et le calcul en est plus
aisé que dans aucune autre méthode.

3. Ainsi je décris dans le CHAPITRE II, *les appareils calorimétriques ordinaires* ou *proprement dits*, leur emploi en général,
et la marche des calculs.

Dans le CHAPITRE III, je présente les dispositions relatives
aux réactions des gaz et aux mesures prises dans des *calorimètres clos*.

Le CHAPITRE IV expose la marche à suivre dans l'étude des
réactions qui doivent être accomplies au sein de *laboratoires* et
chambres spéciales, plongés dans le calorimètre.

Le CHAPITRE V rapporte les dispositions que j'ai suivies pour
mesurer la *chaleur spécifique* des solides et des liquides,
la *chaleur de fusion*, le *point d'ébullition*, et la *chaleur de vaporisation*. Ce chapitre peut être regardé comme un complément
des descriptions et des préceptes présentés dans les traités
de physique, relativement à ces importantes déterminations;
descriptions et préceptes qu'il m'a paru d'ailleurs superflu de
reproduire.

Dans le CHAPITRE VI et dernier, je décris un *thermomètre
à air*, de très petites dimensions, qui permet de mesurer avec
exactitude : soit les basses températures jusqu'à telle limite que
l'on désire; soit les hautes températures, jusque vers 550 degrés.
et même jusque vers 1000 degrés, moyennant certaines modifications.

CHAPITRE II

APPAREILS CALORIMÉTRIQUES ORDINAIRES

DIVISION DU SUJET

Ce chapitre se divise en trois sections :

Dans une première section, je décrirai les instruments;

Dans une seconde section, j'exposerai les manipulations les plus générales auxquelles leur emploi donne lieu;

Puis, dans une troisième section, je présenterai le calcul des données obtenues et les vérifications.

PREMIÈRE SECTION. — DES INSTRUMENTS.

§ 1ᵉʳ. — Composition de mon appareil.

Mon appareil se compose de trois portions fondamentales, savoir :

I. Un calorimètre;

II. Un thermomètre;

III. Une enceinte.

Le dessin ci-contre donnera une idée suffisante de l'appareil (réduction au cinquième).

IV. Un agitateur spécial est employé dans certaines expériences; il est figuré séparément page 145.

§ 2. — Calorimètre proprement dit. — Description de l'instrument.

1. Le *calorimètre* proprement dit se compose d'un vase de platine, de laiton ou de verre, à parois très minces, en forme de

gobelet, pourvu de divers accessoires et posé sur trois pointes de liége. Décrivons-le avec détail.

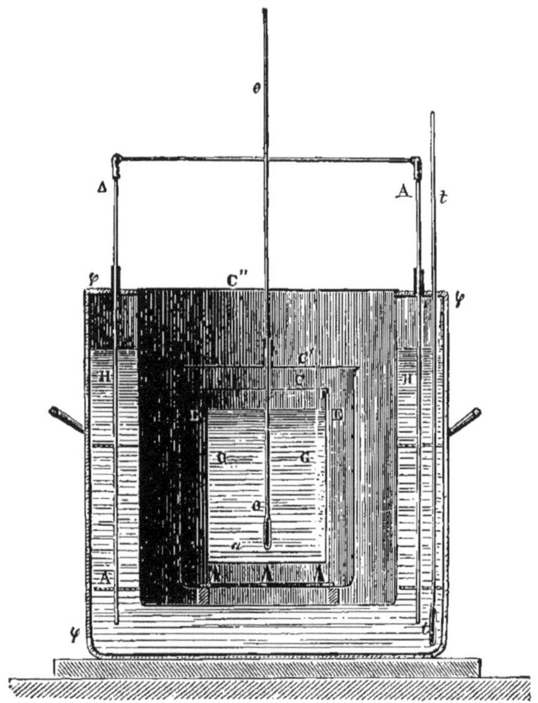

Fig. 1. — Calorimètre avec ses enceintes.

CG, calorimètre de platine. — C, son couvercle. — $\theta\theta$, thermomètre calorimétrique. — EE, enceinte argentée. — C′, son couvercle. — HH, double enceinte de fer-blanc, remplie d'eau. — C″, son couvercle. — AA, son agitateur. — tt, son thermomètre. — $\varphi\varphi$, enveloppe de feutre épais appliquée sur l'enceinte de fer-blanc.

2. Dans la plupart de mes expériences, j'ai employé un vase

Fig. 2. — Calorimètre proprement dit.   Fig. 3 — Couvercle.

de platine cylindrique, capable de contenir 600 centimètres

cubes de liquide et même un peu plus. Il a 120 millimètres de hauteur sur 85 millimètres de diamètre et pèse 63^{gr},43.

3. Il est pourvu d'un *couvercle* de platine, agrafé à baïonnette sur les bords du vase cylindrique, et percé de divers trous pour le passage du thermomètre, de l'agitateur, des tubes adducteurs destinés aux gaz ou aux liquides, etc. Ce couvercle pèse 12^{gr},18.

Il ne sert que dans certaines expériences, le calorimètre étant le plus souvent découvert.

4. Dans les expériences où l'équilibre de température est presque instantané, on peut supprimer le couvercle et l'agitateur et employer le thermomètre lui-même pour agiter le liquide ; ce qui simplifie les opérations.

Dans ces conditions, le calorimètre est très simple, comme on peut en juger. Réduit en eau, il vaut de 2 à 3 grammes, suivant les pièces accessoires ; c'est-à-dire que sa masse calorimétrique n'atteint pas la deux centième partie de la masse des liquides aqueux qu'il renferme : cette circonstance est très favorable à la précision des expériences.

5. J'ai encore mis en œuvre plusieurs autres calorimètres de platine dont voici la désignation, le poids et la capacité :

		gr		gr
Kμ....	2 litres et quart.	321,61.	En eau.	10,45
M.G...	1 litre..........	171,37.		5,57
G.C...	Celui que j'ai décrit plus haut.			
MyG...	300 cent. cubes...	112,54.	»	3,71
P. M.C.	150 id.	75,64.	»	2,50
P. C...	50 id.	29,14.	»	0,96

6. Ces instruments fournissent des mesures d'autant plus exactes qu'ils sont plus grands, mais à la condition de consommer des poids de matières de plus en plus considérables : ce qui limite l'emploi des grands instruments. Mais les petits sont de plus en plus sujets aux corrections du refroidissement ; lesquelles sont, au contraire, négligeables avec les calorimètres d'un demi-litre et au-dessus, pour la durée d'une expérience ordinaire (une à deux minutes), et toutes les fois que les excès de température demeurent inférieurs à 2 degrés (voy. plus loin).

Telles sont les raisons qui m'ont fait préférer, dans la plupart de mes expériences, l'instrument renfermant 600 centimètres cubes.

7. Le platine n'est pas seulement utile dans la construction des calorimètres à cause de sa faible chaleur spécifique (0,0324), mais aussi à cause de son grand pouvoir conducteur, qui lui permet de se mettre immédiatement en équilibre de température avec les liquides qu'il renferme.

En outre, sa couleur et son poli lui donnent un très grand pouvoir réflecteur, et, par conséquent, un pouvoir absorbant très faible ; ce qui garantit l'instrument de platine contre les pertes ou gains dus au rayonnement.

Enfin, et c'est là une circonstance capitale en thermochimie, le platine et l'or, parmi les métaux usuels, sont les seuls métaux inattaquables par les liqueurs acides ou alcalines, par les acides nitrique, fluorhydrique ; bref, par la plupart des agents énergiques qu'il est nécessaire de mettre en œuvre dans les expériences chimiques.

Le seul obstacle qui puisse faire hésiter dans l'emploi du platine, c'est le prix élevé de ce métal ; mais cette considération ne saurait arrêter, si l'on observe que le prix du vase calorimétrique ci-dessus ne surpasse pas 100 à 120 francs.

8. Les calorimètres de laiton, si usités parmi les physiciens, ne peuvent guère être mis en œuvre que lorsque l'instrument est rempli d'eau pure ou d'un liquide neutre, condition qui en rend l'emploi très limité en chimie. En outre, la chaleur spécifique du laiton est triple de celle du platine. Je n'ai point employé ce genre de calorimètres, si ce n'est dans deux ou trois cas exceptionnels.

9. On est obligé de recourir au verre dans certaines expériences, telles que celles où l'on met en œuvre des agents oxydants, chlorurants, sulfurants, etc., capables d'attaquer le platine et les métaux.

Le calorimètre que j'ai employé de préférence dans ce genre d'essais consiste en un gobelet mince de verre de Bohême, coupé circulairement à sa partie supérieure, et rodé à l'émeri, de façon à pouvoir être fermé exactement par une plaque de verre percée de trous. Sa capacité est de 500 centimètres cubes ; il pèse 98 grammes. Sa masse, réduite en eau, vaut 19 grammes, c'est-à-dire qu'elle est inférieure au vingt-cinquième de la masse du liquide aqueux qu'il contient.

J'ai aussi mis en œuvre un calorimètre de verre jaugeant un litre, pesant 127^{gr},38, valant en eau 25^{gr},5.

Les calorimètres de verre peuvent être pourvus d'agitateurs de verre, fabriqués avec des tubes creux de verre mince, que l'on courbe et façonne à la lampe. Dans le calcul, on tient compte seulement de la masse immergée, laquelle s'évalue d'après la longueur et le poids total du tube. Par exemple, un tel agitateur pesait 6^{gr},03 et était long de 19 centimètres, dans mes essais. Le centimètre immergé valait en eau 0^{gr},066 ; l'agitateur total, 1^{gr},20.

Quant à la plaque supérieure, on n'en tient aucun compte, en admettant qu'elle n'enlève pas une portion sensible de chaleur à l'instrument, à cause de la faible conductibilité de la paroi du verre.

Dans un grand nombre d'expériences et toutes les fois qu'il était nécessaire de recourir à des calorimètres absolument clos, j'ai employé comme calorimètres des fioles de verre jaugeant de 700 à 800 centimètres : ces instruments seront décrits dans le troisième chapitre.

En somme, et sauf les cas spéciaux qui viennent d'être réservés, l'emploi du verre est moins favorable que celui du platine, à cause de sa chaleur spécifique six fois aussi grande. En outre, le verre, en raison de sa transparence, est bien plus sensible que les métaux aux rayonnements exercés par le milieu ambiant ou vers ce milieu.

§ 3. — **Agitateurs.**

1. On sait que l'eau d'un calorimètre a besoin d'être maintenue en mouvement continuel, afin d'établir une température uniforme dans toutes ses parties. On remplit d'ordinaire cette indication, soit à l'aide du thermomètre lui-même ; soit à l'aide

d'une simple tige de verre ou de métal, munie de petites palettes et que l'on remue à la main (fig. 4) ; soit à l'aide de lames horizontales, disposées en forme d'anneaux circulaires ou demi-circulaires, placées à des hauteurs différentes et fixées sur des tiges verticales. Un mouvement alternatif de haut en bas et de bas en haut, communiqué à ce système par la main ou par un moteur mécanique, permet d'agiter l'eau et d'en mélanger les couches. Cette disposition, fort usitée en physique, offre pourtant quelques inconvénients. Elle ne mélange pas toujours parfaitement les couches, à cause de l'uniformité du mouvement. En outre, elle active beaucoup l'évaporation de l'eau entraînée au dehors, à la surface des anneaux et de leurs tiges, lors de chaque soulèvement ; ce qui introduit une cause d'erreur très sensible

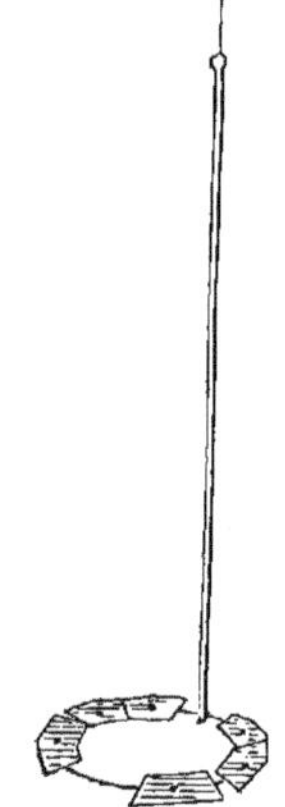

Fig. 4.

dans les expériences de longue durée. Le mouvement horizontal d'une lame verticale, animée d'un mouvement gyratoire, ne donne pas lieu à la même objection d'évaporation ; mais il ne produit qu'un mélange très imparfait des couches liquides.

2. J'ai imaginé un nouvel agitateur, qui n'offre pas les mêmes inconvénients et qui a l'avantage de mêler plus complètement toutes les couches d'eau, avec une moindre dépense de force, sans pourtant accélérer l'évaporation.

3. Mon agitateur (fig. 5) se compose de quatre larges lames hélicoïdales A, A′, A″, A‴, très minces, inclinées à 45 degrés environ sur la verticale et normales à la surface interne du cylindre employé comme calorimètre. Elles sont assemblées sur un cadre formé de deux anneaux horizontaux, BB′, qui terminent ce cadre à ses extrémités, et de quatre fortes tiges verticales, le tout de platine ou de laiton, suivant les besoins.

Les lames, larges de 10 millimètres environ, et les anneaux, de même diamètre, sont disposés de façon à former un ensemble concentrique à un vide cylindrique intérieur ; ensemble enveloppé lui-même et presque touché par le vase cylindrique VV, qui constitue mon calorimètre.

Deux des tiges verticales se prolongent de 15 centimètres environ au-dessus du calorimètre, et sont réunies, à leur partie supérieure, par une demi-bague CC, de bois, d'une largeur et d'une épaisseur convenables. D'autre part, l'anneau inférieur est muni de quatre petits pieds ou prolongements, longs de quelques millimètres, et disposés de façon à faire reposer l'agitateur sur leurs bouts arrondis, au fond du calorimètre.

Voici le tout, figuré au centre du calorimètre (fig. 5).

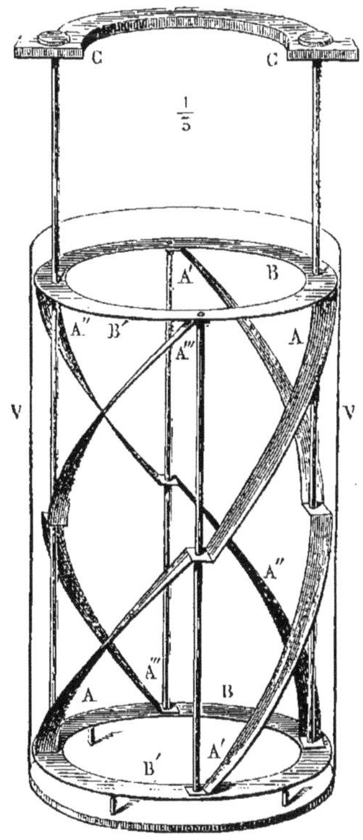

Fig. 5.

Dans le vide cylindrique, entouré par l'agitateur, on place le thermomètre et les appareils convenables.

4. Pour se servir de cet agitateur, on saisit à la main, ou

avec un appareil mécanique (tourne-broche, moteur hydrau-
lique, moteur électromagnétique, etc.), la demi-bague de bois,
on soulève l'agitateur de quelques millimètres et on lui imprime
un mouvement horizontal, rotatoire autour de son axe vertical :
ce mouvement est alternatif et comprend un arc de 30 à 35 degrés. Par suite, l'eau du calorimètre se trouve chassée vers le
centre et à toutes les hauteurs à la fois, étant poussée brusquement par les lames hélicoïdales, qui frappent l'eau sous un
angle de 45 degrés avec la verticale.

Le degré de perfection que l'on réalise ainsi dans le mélange
des couches, et la promptitude avec laquelle on atteint ce résultat, même avec un faible effort et un mouvement peu rapide,
sont surprenants.

En outre, l'agitateur, ne sortant pas continuellement du
liquide, comme il arrive pour les agitateurs mus de haut en
bas, n'expose pas à l'évaporation, très sensible, que ceux-ci pro-
voquent, ni aux causes d'erreur qui en résultent.

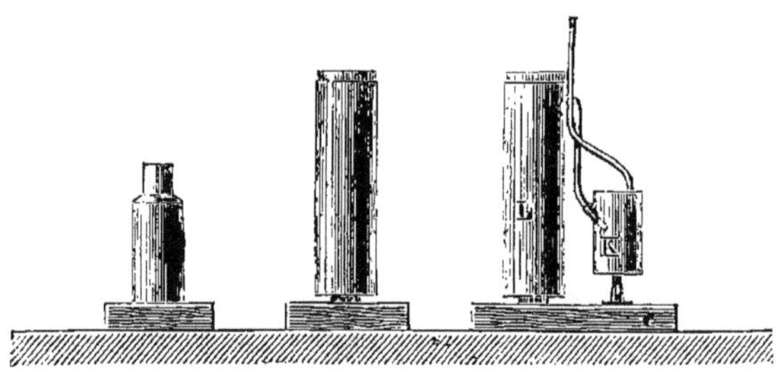

FIG. 6.   FIG. 7.   FIG. 8.

5. Terminons en faisant observer que le nouvel agitateur
n'exclut pas la possibilité de couvrir le calorimètre. A cet effet,
il suffit de pratiquer dans le couvercle deux rainures circulaires
correspondant aux arcs parcourus pendant le mouvement. Cette
disposition, de même que les trous relatifs au thermomètre, à
l'entrée et à la sortie des gaz, etc., est facile à réaliser en choisissant pour couvercle une mince lame de carton, plaquée avec
des feuilles d'étain collées sur ses deux faces ; on la taille ensuite
aisément, suivant le besoin.

6. L'agitateur et le couvercle ne sont pas les seuls accessoires
des calorimètres; on doit y comprendre encore, dans certaines
expériences, de petits flacons de platine mince (fig. 6), des
cylindres du même métal (fig. 7), qui peuvent être eux-mêmes
pourvus de tubes à dégagement (fig. 8), des serpentins et réci-
pients de platine de forme diverse (fig. 9), des tubes de verre très

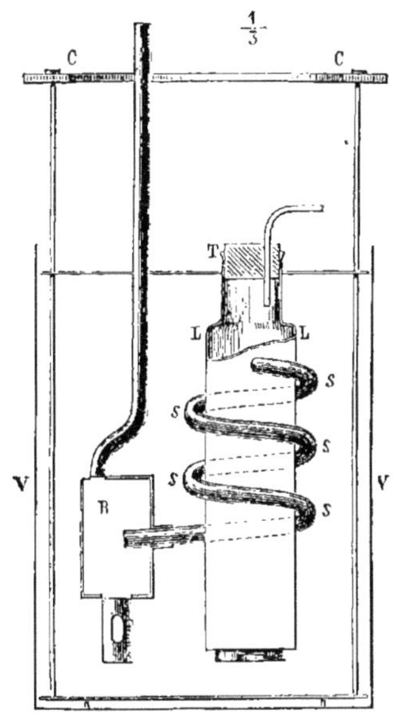

Fig. 9.

minces, des ampoules soufflées, etc., etc.: accessoires qui doivent
être rendus aussi légers que possible et dont on détermine le
poids précis et la valeur en eau. Je crois inutile de les figurer
tous ici, me réservant d'indiquer plus loin les plus importants.

§ 4. — Mesures relatives au calorimètre.

1. *Mesures de poids.* — Les mesures relatives au calorimètre
sont des mesures de poids et de capacité.

On doit peser très exactement toutes les substances qui interviennent dans l'expérience, telles que le calorimètre, chacun de

ses accessoires, les diverses portions du thermomètre (voy. plus loin), enfin chacun des liquides, des gaz ou des solides que l'on y introduit successivement, ou qui sont produits dans le cours des expériences.

La chaleur spécifique de chacune de ces matières, étant supposée connue, sera multipliée par le poids respectif de la matière ; ce qui constitue la matière *réduite en eau*, c'est-à-dire ramenée à une unité commune pour les calculs. Je n'insiste pas sur ces pesées, les chimistes étant familiers avec l'emploi de la balance ; je dirai seulement que je me sers de balances capables de peser, l'une 1 kilogramme, à 1 milligramme près ; l'autre, 10 kilogrammes à un demi-centigramme. La première surtout était nécessaire dans des expériences où le calorimètre plein d'eau pesait le plus souvent près de 700 grammes.

2. Les *chaleurs spécifiques* qui interviennent au cours de ces calculs ont été mesurées (voy. le Chapitre V), dans les cas où elles n'étaient pas déterminées par des observations antérieures avec une précision suffisante. J'ajouterai que les chaleurs spécifiques sont connues aujourd'hui pour la plupart des corps et des dissolutions observables, d'après les expériences de MM.: Person (*Annales de chimie et de physique*, 3ᵉ série, t. XXXIII, p. 437) ; Regnault (*Relation des expériences, etc.*, t. II, p. 269 et p. 93) ; Schüller (*Annales de Poggendorff*, t. CXXXVI, p. 70, et CXL, p. 484 ; même recueil, *Erganzung*, t. V, p. 116 et 192) ; Thomsen (*Annales de Poggendorff*, t. CXLII, p. 367) ; Dupré et Page (*Philos. Trans.* pour 1869, p. 591) ; Pfaundler (*Berichte der chem. Gesellsch. zu Berlin*, 1870, p. 798) ; Jamin et Amaury (*Comptes rendus*, t. LXX, p. 1237), et principalement Marignac (*Annales de chimie et de physique*, 4ᵉ série, t. XXII, p. 385, et 5ᵉ série, t. VIII, p. 440) ; etc. On peut d'ailleurs, dans le cas des liqueurs étendues, simplifier beaucoup les calculs par divers artifices qui seront indiqués et discutés plus loin.

3. *Mesures de volume.* — Au lieu de peser les liquides, on peut les mesurer à l'aide de vases exactement jaugés ; procédé qui convient surtout quand il s'agit des masses d'eau ou de disso-

lutions étendues qui remplissent le calorimètre. Ces mesures peuvent être effectuées à l'aide de ballons ou fioles jaugés, portant un trait gravé sur un col étroit et dont la capacité est égale à 1000, 600, 500, 300, 250, 200, 150, 100 centimètres cubes.

Les fioles doivent être jaugées très exactement, exactitude assez rare dans les vases fournis par le commerce. Aussi est-il indispensable de vérifier soi-même par des pesées la capacité précise de chacun des vases que l'on emploie. A cet effet, on pèse le vase vide, puis le même vase rempli d'eau jusqu'au trait, à une température connue. Par exemple, un vase jaugeant exactement un litre, à la température de 15 degrés, doit contenir un poids d'eau distillée égal à 998^{gr},084; la pesée étant faite avec des poids de laiton dans l'air, et de plus la température de 15 degrés étant également celle de l'air et de l'eau. C'est ce qu'on appelle le poids apparent d'un litre d'eau à 15 degrés, pesé dans l'air à 15 degrés. A 4 degrés, on aurait 998^{gr},876 (1).

4. Les nombres ainsi obtenus expriment la capacité précise du vase, laquelle est supérieure au volume du liquide écoulé réellement lorsqu'on verse celui-ci dans le calorimètre, un peu d'eau demeurant adhérente aux parois du vase. Pour obtenir plus d'exactitude dans ce genre d'essais, on pèse d'abord le vase plein d'eau, puis on fait écouler l'eau ; on égoutte un instant, et l'on pèse de nouveau. On déduit de là, d'après la connaissance de la densité absolue de l'eau à cette température et de la perte de poids (un huit-centième environ) dans l'air, le volume réel du liquide écoulé: ce qui est la donnée nécessaire dans les expériences calorimétriques. Elle est connue ainsi à un millième, et même, avec quelques précautions, à un demi-millième près. Je ferai observer cependant que cette précision ne s'applique qu'aux liquides aqueux, ou de viscosité et de volatilité analogues. L'éther, par exemple, est trop volatil pour être mesuré ; l'acide sulfurique concentré ou la lessive de potasse sont trop sirupeux

(1) *Vérification de l'aréomètre de Baumé*, par MM. Berthelot, Coulier et d'Almeida, p. 25. Chez Gauthier-Villars, 1873.

pour être jaugés exactement par écoulement : les corps de cette
espèce doivent être toujours pesés.

5. Les fioles destinées aux expériences calorimétriques proprement dites, c'est-à-dire destinées à renfermer les liquides
dont on prend la température (fig. 10), réclament certaines précautions spéciales dans leur construction. Elles doivent être très

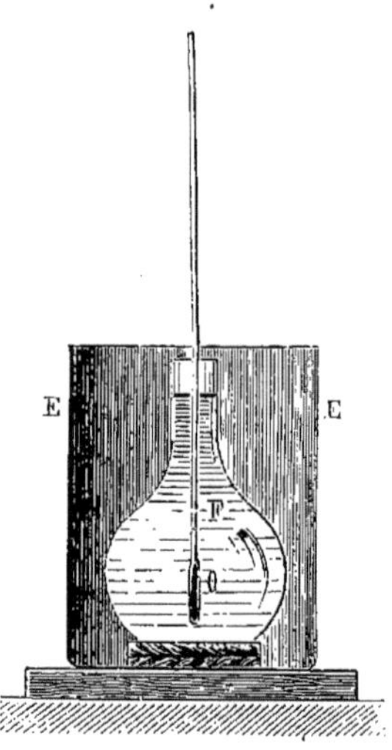

Fig. 10.

EE, enceinte argentée. — F, fiole remplie de liquide jusqu'au trait indiqué sur le col. — θ, thermomètre.

minces, afin que leurs parois puissent se mettre tout de suite en
équilibre de température avec le liquide intérieur. Il faut, en outre,
qu'elles puissent loger dans leur panse la totalité du réservoir des
thermomètres. Enfin, et cette précaution est des plus nécessaires,
le col doit être très court et le trait de la jauge doit être placé
à la naissance du col, ou plutôt un peu au-dessus, afin que le
liquide demeure presque en totalité dans la panse de la fiole
pendant que l'on en détermine la température. Cette précaution, dis-je, est nécessaire, car les portions de liquide qui se
trouvent soulevées dans un long col ne demeurent pas à la
même température que le liquide de la panse ; en très peu
de temps il s'établit des différences de plusieurs centièmes de

degré, différence que l'agitation imparfaite produite par les mouvements du thermomètre ne suffit pas pour faire disparaître.

6. Cette inégalité de température est bien plus marquée encore entre les diverses couches d'un liquide contenu dans une longue éprouvette graduée ou dans une burette; aussi ce genre de vases mesureurs doit-il être proscrit dans toute expérience calorimétrique précise. Il offre d'ailleurs un nouvel inconvénient, celui du contact momentané des liquides, soit avec les parois supérieures des éprouvettes pendant le déversement, soit avec les robinets inférieurs ou les tubes latéraux des burettes pendant l'écoulement. Or la température des parois et des robinets est inconnue, et elle altère en général, dans une proportion très sensible, celle des liquides avec lesquels ils se trouvent en contact momentané : je me suis assuré que cette cause d'erreur est considérable et presque impossible à corriger.

7. Les pipettes graduées ne doivent être employées en général que pour mesurer des liquides dont on n'a pas besoin de connaître très exactement la température, et cela pour des raisons analogues aux précédentes.

En tout cas, les pipettes fournies par les constructeurs doivent toujours être vérifiées par des pesées, exécutées dans les conditions mêmes de leur emploi. Par exemple, on place sur la balance un flacon, on le tare, et l'on y fait écouler le contenu de la pipette depuis le trait supérieur de la jauge. On appuie le bec pour faire écouler la dernière goutte, on souffle avec la bouche ou à l'aide d'une poire de caoutchouc (si le liquide est altérable par l'humidité ou par l'acide carbonique), on bouche aussitôt le flacon, puis on pèse l'eau qui s'y est écoulée. Étant connues la température, la densité de l'eau correspondant à cette température et la perte de poids dans l'air, on déduit de là le volume écoulé. Je me suis assuré que les divergences entre plusieurs essais consécutifs ne surpassent pas 1 centigramme dans les expériences faites avec soin, sur des pipettes de 5 à 50 centimètres cubes.

Par exemple, une pipette de 10 centimètres cubes a fourni par écoulement :

$$
\begin{array}{llr}
& & \text{gr.} \\
1^{\text{re}}\ \text{pesée}\dots\dots\dots\dots & & 9,983 \\
2^{\text{e}}\ \text{pesée}\dots\dots\dots\dots & & 9,984 \\
\hline
\text{Moyenne}\dots\dots\dots & 9,9835\ \text{d'eau à 14 degrés,}
\end{array}
$$

ce qui fait $9^{\text{gr}},99$, tout calcul exécuté.

Cette même pipette a fourni par écoulement une solution d'acide iodhydrique pesant :

$$
\begin{array}{llr}
& & \text{gr.} \\
1^{\text{re}}\ \text{pesée}\dots\dots\dots\dots & 19,129 \\
2^{\text{e}}\ \text{pesée}\dots\dots\dots\dots & 19,119 \\
\hline
\text{Moyenne}\dots\dots\dots & 19,124
\end{array}
$$

Avec une autre solution du même acide :

$$
\begin{array}{lr}
& \text{gr.} \\
& 14,125 \\
& 14,113 \\
\hline
\text{Moyenne}\dots\dots & 14,119
\end{array}
$$

Ces nombres permettent d'estimer le degré de concordance des pesées avec les mesures de volume évaluées à l'aide d'une pipette et par écoulement; elles coïncident à un millième près environ pour les petites mesures, à un demi-millième pour les grandes.

Si j'ai cru devoir entrer dans ces détails, c'est dans l'espérance d'être utile aux savants qui effectueront des expériences calorimétriques, expériences que l'emploi des vases jaugés rend beaucoup plus faciles. Mais on n'obtient de résultat précis qu'à la condition d'observer rigoureusement les précautions prescrites pour connaître très exactement les quantités de matières employées, et surtout leur température avant le mélange.

§ 5. — Thermomètres. — Description des instruments.

1. Deux genres de thermomètres fort distincts ont été employés dans mes expériences : des thermomètres à échelle arbitraire, construits par M. Fastré, et des thermomètres à échelle centési-

male, construits par M. Baudin. L'exactitude de ces deux genres d'instruments était à peu près la même, et permettait d'évaluer un demi centième de degré, comme je le prouverai tout à l'heure.

Il me paraît indispensable d'entrer ici dans quelques détails sur l'étude et la vérification des thermomètres, car il s'agit des déterminations fondamentales. Ce qu'il faut connaître avec la dernière précision, c'est la valeur réelle du degré, à partir de chaque point de l'instrument. Or cette valeur ne peut être déterminée qu'à l'aide d'un premier *thermomètre étalon*, comprenant l'intervalle entre 0 et 100. Mais un tel thermomètre n'offre pas une longueur suffisante pour permettre de partager chaque degré en 200 parties, soit à l'œil nu, soit à l'aide d'une lunette. Il est donc nécessaire de faire construire pour les recherches calorimétriques une seconde espèce de thermomètres, dits *thermomètres calorimétriques*, comprenant seulement un intervalle de 10 à 20 degrés, et que l'on gradue par comparaison avec l'étalon.

2. *Étalon.*—Commençons par étudier l'étalon. Pour déterminer le point zéro et le point 100, j'ai suivi une marche conforme aux prescriptions de M. Regnault ; aussi les observations que j'ai faites ont-elles fourni des résultats analogues ou identiques, sur la plupart des points, avec ceux qui figurent dans les travaux du savant physicien et de ses élèves, parmi lesquels je citerai spécialement le mémoire de M. Is. Pierre (*Annales de chimie et de physique*, 3ᵉ série, 1842, t. V, p. 427). Si je reviens sur ce sujet, ce n'est pas tant pour signaler des faits nouveaux que pour permettre de contrôler l'exactitude de mes propres expériences, comme aussi dans le but d'être utile aux personnes qui voudront faire des expériences semblables ; enfin pour remettre sous les yeux du public compétent des faits qui semblent avoir été oubliés ou méconnus plus d'une fois dans ces dernières années.

Je vais donc fournir les renseignements que j'ai réunis sur la détermination du point 0, du point 100 et de la valeur absolue du degré, sur les variations du zéro et de la valeur du degré, tant dans les thermomètres étalons, dont l'échelle s'étend de 0 à 100 degrés, que dans les thermomètres calorimétriques, dont l'échelle n'embrasse que 30 et même 10 degrés, sur la comparaison des thermomètres entre eux et avec le thermomètre à air, etc.

Soit d'abord le thermomètre n° 314, qui a servi d'étalon dans la plupart de mes mesures.

1° *Graduation.*—Échelle arbitraire, comprenant 790 divisions. Il a été construit en 1862, c'est-à-dire depuis un temps assez long pour que le verre ait pris son équilibre. Je vérifie d'abord l'exactitude de la graduation, en détachant par de petites secousses une colonne de mercure, dont la longueur est voisine de 100 divisions. Je place le thermomètre horizontalement sur la machine à diviser; je compte exactement, à l'aide d'un microscope, l'intervalle occupé par la colonne, par rapport à la graduation; puis je déplace la colonne mercurielle, et je répète cette opération à partir d'origines différentes, dont chacune surpasse de 20 divisions les précédentes. Cette vérification donne des résultats satisfaisants, comme il arrive en général avec les instruments construits autrefois par Fastré.

2° *Point* 100. — Je place le thermomètre dans le bouilleur de fer-blanc à double colonne cylindrique employé par M. Regnault, appareil décrit dans tous les traités de physique, et je fais la lecture au moyen d'une lunette placée à quelque distance. La colonne mercurielle s'élève d'abord, atteint un maximum; puis elle s'abaisse peu à peu d'une très petite quantité. Après dix minutes d'ébullition, la colonne mercurielle étant à peu près fixée, je commence les lectures; je prolonge l'ébullition pendant vingt minutes encore, en lisant de temps en temps. Je trouve ainsi que le point d'ébullition de l'eau, ou plus exactement la température de la vapeur dont la tension fait équilibre à la pression atmosphérique, répond à la division 709,3.

Au même moment, le baromètre marque $0^m,751$ à une température de $19°,5$ (juillet 1871). Je déduis de ces valeurs, d'après les Tables de M. Regnault (*Relation des expériences*, etc., t. 1, p. 633), que la température réelle de la vapeur était égale à $99°,57$.

3° Point zéro. — Aussitôt j'éteins la lampe qui maintenait l'eau en ébullition; cinq minutes après, je retire le thermomètre de l'appareil, et je le laisse refroidir à l'air libre pendant dix minutes, puis je le suspens dans un cylindre de fer-blanc, percé de trous par en bas et rempli de glace finement pilée. Il convient de placer le réservoir du thermomètre au centre du vase et à une certaine profondeur, de telle sorte qu'il soit arrosé par l'eau de fusion qui s'écoule à mesure, d'abord sur le réservoir du thermomètre, puis au dehors par les orifices inférieurs; mais il convient aussi, et c'est là une précaution capitale, que l'eau ait traversé, depuis la surface où elle s'est formée, une couche de glace suffisante pour être ramenée à zéro. De temps en temps je communique de petites secousses à l'instrument. Au bout d'un quart d'heure, je commence les lectures à l'aide d'une lunette, et je les poursuis pendant un autre quart d'heure, en tassant la glace de temps en temps, et en remplaçant les portions fondues. Je trouve ainsi que le point zéro répond à 41,9 divisions.

J'insiste sur les précautions précédentes, qui me semblent les plus convenables pour assurer le point zéro. J'emploie de la glace pilée, à l'état de fusion incessante, et dont l'eau s'écoule à mesure en passant sur le thermomètre, parce que la glace sèche est à une température un peu inférieure à zéro : la neige, d'autre part, donne lieu à des cavités intérieures, au milieu desquelles le thermomètre risque de demeurer isolé; dans ces conditions, on est donc exposé à ne pas atteindre exactement le point zéro, ou à le dépasser. Enfin l'eau de fusion, si elle demeure mêlée à la glace, ne tarde pas à prendre une température supérieure à zéro, laquelle se communique aussitôt au thermomètre, qui est en contact plus intime avec l'eau de fusion qu'avec la glace : il importe donc que cette eau s'écoule immédiatement. Pour éviter plus sûrement encore qu'elle ne prenne une température supérieure à zéro, le réservoir, je le répète, doit être plongé tout entier sous une couche de glace bien tassée, de plusieurs centimètres d'épaisseur; car c'est l'influence de l'eau fondue à la surface supérieure de la masse qui s'exerce surtout sur le thermomètre, et il faut que cette eau traverse une couche suffisante de glace pour être ramenée sûrement à zéro. La promptitude avec laquelle elle se surchauffe de quelques centièmes de degré est surprenante, et expose à fausser les indications du thermomètre, si l'on n'y prend garde.

J'ajouterai, enfin, que les thermomètres minces et à grand réservoir doivent être suspendus et non posés sur le fond du vase à glace, leur propre poids suffisant pour produire une très légère déformation. J'ai surtout observé ce phénomène avec certains thermomètres qui contiennent 250 grammes de mercure, et dont le zéro est presque impossible à fixer avec une précision absolue, à cause de ces déformations.

4° Valeur du degré.—D'après les observations précédentes faites sur le thermomètre n° 314, l'intervalle entre 0 et 99°,57 est représenté par 709,3 41,9 divisions, soit $6^{div},702$ pour un degré.

Pour permettre d'apprécier la confiance que ce chiffre mérite et en même temps le degré de stabilité dont un thermomètre est susceptible, je citerai les déterminations suivantes, faites avec le même thermomètre, à diverses époques et par divers observateurs :

I. Juillet 1871 (M. Berthelot) :

Valeur du degré : $6^d,702$.

II. 18 juin 1866 (M. Longuinine) :

Ébullition............ $99,78 = 708,9$
Après l'ébullition....... $0 \quad = 40,5$
Valeur du dégré : $6^d,699$.

III. 18 mars 1869 (M. Longuinine) :

Ébullition............ $99,84 = 711,6$
Après l'ébullition....... $0 \quad = 42,45$
Valeur du degré : $6^d,702$.

IV. 30 avril 1869 (M. Berthelot) :

Valeur du degré : $6^d,698$.

V. 25 mai 1869 (M. Berthelot) :

$$\text{Ébullition} \dots \dots \quad 99,67 = 709,7$$
$$\text{Après l'ébullition} \dots \quad 0 \ = 42,0$$
Valeur du degré : $6^{d},699$.

VI. 4 février 1872 (M. Mascart) :

$$\text{Ébullition} \dots \dots \quad 100 = 712,7$$
$$\text{Après l'ébullition} \dots \quad 0 = 43,0$$
Valeur du degré : $6^{d},697$.

On voit par ces chiffres que la valeur absolue du degré peut être regardée comme connue à un millième près, et même à un demi-millième, en prenant la moyenne des observations : 6,6995.

Les différences entre les observations isolées sont dues en partie aux erreurs de mesure, en partie aux légères variations que la structure même du thermomètre éprouve incessamment ; j'y vais revenir tout à l'heure. Mais, auparavant, je crois devoir donner quelques indications sur un second étalon, à échelle centésimale, construit par Baudin (n° 3370), et que j'ai employé concurremment avec le n° 314 dans mes recherches.

En traitant la graduation de ce thermomètre comme une échelle arbitraire, j'ai trouvé :

I. Juillet 1871 :

$$99,57 = 99,19$$
$$0 \ = -0,40$$
Valeur du degré : $1,0002$.

II. 4 février 1872 (M. Mascart) :

$$100 = 99,67$$
$$0 = -0,30$$
Valeur du degré : $0,9997$.

III. 17 février 1872 (M. Mascart) :

$$100 = 99,61$$
$$0 = -0,32$$
Valeur du degré : $0,9993$.

Ces valeurs sont également concordantes au millième ; elles

ne s'écartent pas plus d'un demi-millième de la valeur moyenne : 0,9997.

5° *Comparaison des thermomètres.*—J'ai comparé les deux étalons précédents dans plusieurs points de l'intervalle entre 0 et 100, pour vérifier la régularité de leur graduation respective. Cette opération a été faite à l'aide du comparateur de M. Regnault, vaste cylindre métallique rempli d'eau et pourvu d'un agitateur, dont on observe la température de minute en minute, pendant un certain temps, avec les thermomètres comparés ; puis on prend la moyenne des observations relatives à chaque thermomètre. J'ai trouvé :

$$
\begin{aligned}
\text{N}^\text{o}\ 3370 &\dots\dots\dots\dots\dots\dots\ 20,\!635 \\
\text{N}^\text{o}\ 314 &\dots\dots\dots\dots\dots\dots\ 20,\!64
\end{aligned}
$$

Dans une autre expérience, M. Mascart a trouvé :

	Première série.	Deuxième série.
N° 314	41,58	30,12
N° 3370	41,58	30,11
Étalon 427 du labor. de physique (Regnault).	41,55	30,06

Les deux thermomètres étalons de mes expériences marchent donc d'accord. On voit, en outre, que la graduation centésimale faite par M. Baudin est excellente.

6° *Comparaison avec le thermomètre à air.*—Enfin j'ai voulu comparer mes thermomètres avec le thermomètre à air, afin de savoir s'il y avait lieu de faire quelque correction dans l'intervalle compris entre 0 et 100 degrés, et spécialement vers le milieu de cet intervalle, conformément à la discussion soulevée par M. Bosscha (*Comptes rendus*, t. LXIX, p. 875).

M. Mascart a bien voulu se charger de cette comparaison, à l'aide d'un thermomètre à air qu'il avait construit au Collège de France pour ses propres expériences, d'après les méthodes de M. Regnault. Il a trouvé :

$$
\begin{aligned}
\text{N}^\text{o}\ 3370 &\dots\dots\dots\dots\dots\dots\ 43,\!58 \\
\text{Thermomètre à air} &\dots\dots\dots\dots\ 43,\!64
\end{aligned}
$$

On voit que l'écart observé entre le thermomètre à mercure 3370 et le thermomètre à air est beaucoup plus faible que l'écart indiqué par les calculs de M. Bosscha. L'écart, au lieu de s'élever à près d'un demi-degré, comme il résulterait des courbes du savant hollandais, a été trouvé seulement de $0°,06$. Cette concordance tient sans doute à certaines compensations introduites par la structure du verre et par diverses autres causes.

Les détails que je viens de donner ne paraîtront peut-être pas trop minutieux, si l'on remarque que la valeur du degré des thermomètres détermine celle de la calorie, qui est l'unité fondamentale des expériences calorimétriques.

7° *Variations du zéro.* — En raison de l'importance de cette détermination, je crois devoir signaler les observations que j'ai faites sur les variations du zéro des thermomètres, variations sur lesquelles peu de personnes se font des idées précises, à l'exception des physiciens qui se sont occupés spécialement du thermomètre.

Tout le monde sait que le zéro d'un thermomètre récemment construit se déplace peu à peu et durant un certain temps, par suite d'un changement lent dans la structure du verre et d'une variation progressive dans la capacité du réservoir. Cette variation semble atteindre sa limite au bout d'un temps assez long.

Alors même que la limite est atteinte, si le thermomètre éprouve un changement considérable de température, s'il est porté à 100 degrés, par exemple, même en opérant lentement, la capacité du réservoir change de nouveau; elle change peu à peu, comme l'attestent les variations successives du niveau de la colonne du thermomètre suspendu dans la vapeur d'eau bouillante. Cette colonne tend en général à s'abaisser, c'est-à-dire que la capacité du réservoir augmente; l'augmentation représente parfois un volume correspondant à un demi-degré. La nouvelle variation exige près d'une demi-heure pour atteindre sa limite, et il est souvent nécessaire de répéter deux fois l'ébullition à quelques heures d'intervalle, pour que le thermomètre arrive à un état invariable.

Le thermomètre, après refroidissement, conserve pendant un

certain temps la capacité acquise à 100 degrés. C'est pourquoi il convient de déterminer le point 0 après le point 100, en opérant aussitôt. On trouve ainsi un point très différent de celui que l'on a observé avant. Par exemple :

I. Le n° 3370 indiquait à zéro (juillet 1871)..   0.00
     Après l'avoir porté à 100 degrés, j'ai trouvé —   0.40

M. Mascart a trouvé (février 1872)....... $\Big\{$ +   0.02 avant. / —   0.30 après.

II. J'ai trouvé pour le n° 314 (avril 1869)..... $\Big\{$ + 13.5 avant. / + 11.5 après.

Pour le même (juillet 1871)............. $\Big\{$ + 14.7 avant. / + 11.9 après.

M. Mascart (4 février 1872)............ $\Big\{$ + 44.5 avant. / + 43.0 après.

—   (17 février 1872)............ $\Big\{$ + 43.7 avant. / + 42.6 après.

Ces thermomètres étaient d'ailleurs fabriqués depuis plusieurs années; le n° 314 remonte à 1862.

Le thermomètre qui a été porté à 100 degrés, puis refroidi, conserve pendant plusieurs heures la capacité acquise à cette température; plus tard, un travail lent s'opère, mais le réservoir ne revient à sa capacité première qu'au bout de plusieurs semaines, ou même de plusieurs mois.

On voit par là qu'un thermomètre étalon possède deux zéros :

L'un s'observe, après plusieurs années de construction, sur un instrument qui, après avoir été porté plusieurs fois à 100 degrés, a été abandonné pendant quelques mois à la température ordinaire.

L'autre zéro s'observe lorsqu'on place dans la glace fondante un thermomètre qui vient d'être porté à 100 degrés. Il diffère toujours du précédent; en général, l'écart est de plusieurs dixièmes de degré.

Voici des chiffres sur le changement lent du zéro après ébullition :

N° 314. Porté à 100 degrés, le 17 mars 1869. Après... $0 = 12{,}45$
   $\Big\{$ Quelques heures après, nouvelle ébullition.... $0 = 12{,}16$ / Repos jusqu'au 30 avril 1869 .... $0 = 13{,}5$

Repos jusqu'en juillet 1871................. 0 = 44,7
Porté à 100 degrés....................... 0 = 41,9
Deux jours plus tard..................... 0 = 43,2
Repos jusqu'au 4 février 1872.............. 0 = 44,5
Porté à 100 degrés........................ 0 = 43,0
Le 17 (treize jours après)................ 0 = 43,7
Porté à 100 degrés........................ 0 = 42,6
Le 18 février.............................. 0 = 42,8

La variation avant et après ébullition s'élève jusqu'à $2^d,8$: le degré étant égal à $6^d,7$, on voit que la variation est de 4 dixièmes de degré environ pour le thermomètre Fastré, n° 314, à échelle arbitraire; elle présente à peu près la même valeur pour le thermomètre Baudin, n° 3370, à graduation centésimale.

Ces nombres répondent à un agrandissement de la capacité du réservoir voisin de $\frac{1}{16000}$. Telle est la quantité dont a varié la valeur du degré des étalons précédents pendant leur conservation, à partir du moment où ils ont été portés à 100 degrés. Cette quantité en elle-même est négligeable à côté des autres erreurs d'expérience. Mais il ne faut pas oublier qu'elle introduirait une erreur de $\frac{1}{250}$ sur la valeur absolue du degré, si l'on déterminait le zéro de l'instrument avant de le porter à 100 degrés; ou bien si l'on ne maintenait pas cette température pendant un temps suffisant pour que le verre acquît son état d'équilibre.

Cet état lui-même n'est pas tout à fait fixe, et telle est la raison pour laquelle les valeurs du degré déterminées page 157 s'écartent un peu les unes des autres; mais les écarts ne surpassent pas un millième au maximum, ou un demi-millième, par rapport à la moyenne, pour des thermomètres construits depuis de longues années, tels que ceux que j'ai mis en œuvre. Un thermomètre plus récent offrirait des oscillations plus étendues.

3. *Thermomètres calorimétriques.* — J'entends par là, les thermomètres destinés à mesurer les variations de température du calorimètre. Ces thermomètres ne comprennent qu'une portion de l'échelle, assez petite pour permettre de mesurer le demi-centième de degré. Ils sont gradués par comparaison avec les étalons. Pourvu qu'on détermine leur zéro seulement

au bout de quelques années de conservation, il n'est pas sujet ensuite à des variations aussi étendues, parce que ces thermomètres ne sont jamais portés à 100 degrés, et n'éprouvent d'autres oscillations que celles de la température ambiante. Ajoutons enfin que les thermomètres calorimétriques doivent pouvoir être réduits en eau : ce qui se fait, soit empiriquement au moyen du calorimètre et d'un second thermomètre ; soit, et mieux, par la pesée séparée des divers éléments du thermomètre.

Voici quelques détails sur mes instruments.

1° Soit d'abord un thermomètre à échelle arbitraire de Fastré (n° 396). Ce thermomètre comprend 540 divisions.

		gr.		gr.
Le poids du mercure est égal à.....	18,003	Soit, réduit en eau.	0.60
Le poids du réservoir.............	3,075	—	.....	0.61
Le poids de la tige...............	21,209		.....	1,24

Soit, pour chaque division de la tige immergée dans le calorimètre, $0^{gr},00785$ ou 0,008 en nombre rond.

Dans les expériences, cet instrument vaut en eau :

$$1^{gr},21 + (0,008)\, n.$$

n étant le nombre de divisions immergées.

La valeur du degré a été fixée de la façon suivante : On a d'abord déterminé la valeur du zéro, en lisant la graduation avec une lunette, de façon à partager chaque division en dix parties au juger. On a trouvé (24 juillet 1871) le point zéro $= 49^d,05$.

Cela fait, on a placé le thermomètre dans un comparateur, grande cuve pleine d'eau et munie d'un agitateur, au centre de laquelle on suspend les thermomètres que l'on veut étudier, ainsi que les étalons. Une lunette placée vis-à-vis permet de lire successivement la graduation de tous les instruments, dans l'espace de moins d'une minute. On agite l'eau, et l'on attend que les thermomètres se soient mis en équilibre ; on lit alors rapidement les graduations, en faisant tourner la lunette de droite à gauche autour de son axe vertical.

Dix minutes après, on répète les lectures, en tournant la lunette de gauche à droite. On continue ainsi à des intervalles réguliers et pendant une heure au moins, la température de la cuve variant très lentement pendant le cours de ces déterminations.

I. Voici un exemple de ces mesures pour le n° 314 (étalon) et pour le n° 396 (thermomètre calorimétrique) :

$$24\ juillet\ 1871.$$

N° 314. $\overset{0}{0} = 44^{d},7.$ N° 396. $\overset{0}{0} = 49^{d},05.$

	d.	d.
	166,0	318,4
	166,9	319,5
	167,6	321,7
	168.2	323,2
	169,3	324,1
	170,5	325,2
Moyenne......	168,08	322,02
	— 44,7	— 49,05
	123,38 Répond à ...	272,97

La valeur du degré du n° 314 a été trouvée, à la même époque de 6^d,702.

Donc la température moyenne est 18°,41.

On tire de là, degré du n° 396 calculé : 14^d,827.

II. Une seconde détermination, faite à la température moyenne de 20°,603, a fourni : 14^d,806.

La valeur moyenne 14^d,816 peut être regardée comme suffisamment exacte; elle ne s'écarte pas de plus d'un quinze-centième des déterminations extrêmes : c'est à peu près la même limite d'exactitude que pour les étalons.

III. M. Louguinine avait fait la même détermination, avec les mêmes thermomètres, le 25 mai 1869, et avait trouvé 14^d,809 pour la valeur du degré. Ce nombre se confond avec le précédent.

Le thermomètre à échelle arbitraire n° 396 comprenant près de 500 divisions, à partir du zéro, on voit qu'il embrasse

33 degrés, c'est-à-dire toute l'étendue de l'échelle des déterminations calorimétriques, lesquelles se font en général au voisinage de la température ordinaire. Le degré vaut 15 divisions ; comme on peut apprécier le dixième de division au moyen de la lunette, on mesure la température à un cent-cinquantième de degré près.

Les thermomètres à échelle arbitraire sont, on le voit, fort exacts, à la condition d'employer une lunette pour les lectures.

J'ai reconnu que l'on peut supprimer la lunette, sans diminuer la précision, en employant des thermomètres à graduation centésimale, avec colonne émaillée, que j'ai fait construire par Baudin. Chacun de ces thermomètres embrasse seulement un intervalle de 10 degrés, divisés en cinquantièmes sur l'instrument. Avec un peu d'habitude, on partage aisément à l'œil ces divisions en quatre parties, ce qui fournit le demi-centième de degré. L'erreur de parallaxe peut être rendue insensible, si l'on a soin de placer toujours le centre de l'œil et la division que l'on veut lire sur le même plan horizontal. L'emploi d'une forte loupe assure complètement ce degré de précision.

Avec une lunette, ces instruments permettent d'évaluer le cinq-centième et même le millième de degré ; mais la détermination poussée jusqu'à ce degré de petitesse n'est pas très sûre pour diverses raisons, dont la principale est due à l'inertie du réservoir de l'instrument, les dilatations ne se faisant pas d'une manière absolument continue. Le demi-centième de degré, au contraire, peut être regardé comme exact, pourvu que l'on protège le calorimètre contre le voisinage de l'opérateur, à l'aide d'un système d'enceintes convenables (voy. p. 167).

2° Je vais décrire l'un de ces instruments de Baudin, le n° 3239, gradué de 10 à 23 degrés et divisé en cinquantièmes de degré.

L'instrument est muni d'une petite chambre, située au-dessous de la graduation précédente et destinée à contenir le mercure qui correspondrait à l'intervalle compris entre zéro et 10 degrés ; puis vient une nouvelle graduation de zéro à —1 degré. Cette disposition permet de vérifier immédiatement la constance du zéro de l'instrument.

La cuvette cylindrique pèse 2gr,43, et vaut en eau, 0gr,49.
Le mercure pèse 30gr,20, et vaut en eau, 1gr,01.
La tige pèse 19gr,17, et vaut en eau, 3gr,83 ; elle est longue de 43 centi-mètres.

Le thermomètre vaut donc en eau :

$$1^{gr},50 + 0,091\,l,$$

l étant le nombre de centimètres qui exprime la longueur de la tige immergée dans le liquide du calorimètre.

Ce thermomètre offre un réservoir mince ; il est très sensible, car il prend, en moins d'un quart de minute, la température d'un liquide au sein duquel on l'agite, pourvu que la différence avec la température initiale de l'instrument ne surpasse pas 2 degrés.

Comparé avec l'étalon n° 314, il a fourni les résultats suivants :

	Étalon n° 314.	Thermomètre n° 3239.
	o	o
	20,64	20,56
	12,81	12,73
Intervalle...	7,83	7,83

La graduation est donc exacte ; mais les températures absolues indiquées par le n° 3239 doivent être accrues de + 0,08.

Cet excès répond précisément au déplacement du zéro. En effet, par une expérience directe, j'ai trouvé le zéro situé à —0,08 : résultat qui prouve que la petite chambre inférieure signalée plus haut a bien la capacité indiquée sur la graduation.

Dans l'exécution des expériences calorimétriques, il est nécessaire le plus souvent de connaître à la fois la température du liquide du calorimètre et celle d'un second liquide destiné à être mélangé avec le premier. A cet effet, il est indispensable d'employer un second thermomètre aussi précis que le premier. C'est pourquoi tous mes thermomètres calorimétriques sont appareillés par couples, comprenant le même intervalle thermométrique et aussi semblables que possible. Au n° 3239 répond le n° 3240, représenté en eau par la formule

$$1^{gr},48 + 0,095\,t.$$

Le n° 3240, par une circonstance fortuite, possède exactement le même zéro et marche en accord parfait, à un deux-centième de degré près, avec le n° 3239 pendant toute l'étendue de l'échelle.

Ces deux thermomètres embrassent l'intervalle entre 10 et 23 degrés, intervalle dans lequel sont comprises presque toutes les déterminations que l'on a occasion de faire dans nos climats, à l'exception de quelques semaines d'été ou d'hiver. Ce sont ceux que j'ai employés dans la plupart de mes mesures.

Cependant, pour ne pas me trouver à court, j'ai fait construire et étudié deux autres couples, l'un comprenant l'intervalle de 0 à 12 degrés, l'autre comprenant l'intervalle de 22 à 33 degrés ; je supprime les détails relatifs à ces deux couples, me bornant à faire observer que je les ai étudiés surtout au voisinage des températures auxquelles ils se raccordent avec le couple 3239-3240, et comparés vers ces températures avec ledit couple. En effet, quand la température initiale des expériences est voisine de ces limites, située vers 22 degrés par exemple, il arrive parfois que la température finale surpasse 23 degrés et qu'elle exige, pour être mesurée, l'emploi d'un thermomètre du couple supérieur. Dans ces cas, on a soin de placer à l'avance dans le calorimètre les deux thermomètres destinés à mesurer les températures initiale et finale ; mais il faut éviter autant que possible une telle complication.

La comparaison des couples de thermomètres qui répondent à des intervalles différents doit être répétée de temps en temps, parce que les variations lentes du zéro ne sont pas identiques pour les divers thermomètres.

Par exemple, la différence entre le n° 3490 et le n° 3239 :

Au 1er novembre 1871, était.... + 0°,03
Au 15 janvier 1874............ — 0°,03

3° Disons quelques mots des thermomètres très petits qu'il

convient d'employer pour prendre la température locale des liquides et autres corps mis en œuvre sous de faibles poids, par exemple isolés dans des boîtes, ampoules ou fioles, et placés au centre du calorimètre dans certaines expériences (voy. p. 146). J'ai surtout employé un couple de ces instruments, construit par Tonnelot :

La cuvette de l'un d'eux, que je me bornerai à citer ici, pèse $0^{gr},599$ et vaut en eau, $0^{gr},120$.

Le mercure pèse $3^{gr},781$, et vaut en eau, $0^{gr},126$.

La tige, longue de 37 centimètres, pèse $11^{gr},706$ et vaut en eau, $2^{gr},34$.

La valeur du thermomètre est donc, en eau :

$$0^{gr},25 + 0,063\ t.$$

Ce thermomètre va de zéro à $+ 35$ degrés. Son zéro $=$ $- 0,105$. Comparé avec l'étalon 314, il a marqué $20°,50$ pour une température réelle de $20°,603$, valeur qui se confond avec $20,50 + 0,105 = 20,605$. C'est donc un instrument fort exact ; mais il n'indique que les vingtièmes de degré, précision suffisante d'ailleurs pour l'usage auquel il est destiné.

Enfin, dans les mesures relatives aux chaleurs spécifiques des liquides (chapitre V), je me suis servi de thermomètres de dimensions analogues, indiquant les températures comprises entre $- 40°$ et $+ 250°$, divisés en demi-degrés, et susceptibles de fournir les dixièmes de degré par estimation.

Tels sont les principaux types des thermomètres à mercure que j'ai employés dans mes recherches.

J'ai encore mis en œuvre un thermomètre à air de petite dimension, qui sera décrit au sixième chapitre.

§ 6. — Enceintes du calorimètre.

1. L'emploi d'une enceinte d'eau disposée autour du calorimètre constitue, à mon avis, l'une des précautions les plus importantes ; c'est par là que l'on peut mettre l'instrument à l'abri des influences variables, dues au rayonnement des corps ambiants, et le maintenir dans des conditions aussi constantes que pos-

sible, durant tout le cours d'une expérience. Cet artifice a déjà été employé plus d'une fois par les physiciens: c'est ainsi, par exemple, que MM. Dumas et Boussingault ont pu atteindre une précision inconnue jusque-là dans la détermination des densités gazeuses. Il offre en outre cet avantage d'éliminer, d'une façon à peu près totale, l'influence exercée par le voisinage de l'opérateur; ce qui rend les manipulations plus faciles, et par suite plus exactes. La lecture directe des thermomètres, sans l'emploi d'une lunette, n'est possible qu'à cette condition ; mais l'expérience prouve que la lecture est alors facile et, je le répète, affranchie de toute erreur due au voisinage de l'opérateur. Au contraire, une simple enceinte, formée par un vase métallique mince, ne protège pas suffisamment les liquides contenus dans le calorimètre, comme il est facile de le vérifier.

L'emploi d'une enceinte d'eau permet, dans la plupart des cas, de *supprimer complètement la correction* normale, relative au refroidissement ou au réchauffement des vases ; toutes les fois que la durée d'une expérience ne surpasse pas quelques minutes, et que les excès de température du calorimètre sur l'enceinte ne sont pas supérieurs à 2 degrés. Dans les cas peu nombreux où la correction subsiste, elle est du moins régularisée et réduite à la plus petite valeur possible.

2. Voici comment sont disposées les enceintes que j'ai mises en œuvre (voy. fig. 1, page 140).

Le *calorimètre* est posé sur trois pointes de liége, fixées sur un petit triangle de bois, le tout placé au centre d'un cylindre de cuivre rouge très mince et plaqué intérieurement d'argent poli, afin de diminuer autant que possible le rayonnement : C'est la *première enceinte*. Elle est munie d'un couvercle de même métal, également plaqué d'argent et pourvu de trous et d'ouvertures qui répondent à ceux du calorimètre.

Le système est posé sur trois minces rondelles de liége, au centre d'une enceinte d'eau (*seconde enceinte*), laquelle est constituée par un cylindre de fer-blanc à doubles parois, entre lesquelles on loge de 10 à 40 litres d'eau, suivant les dimensions adoptées, lesquelles varient avec la grandeur des calorimètres ;

le fond est également double et plein d'eau. Un agitateur circulaire permet de remuer cette eau de temps en temps, pour y établir l'équilibre de température; cette dernière étant donnée par un thermomètre très sensible. Un couvercle de fer-blanc, ou mieux de carton recouvert avec une feuille d'étain et percé de trous convenables, ferme l'orifice du cylindre de fer-blanc.

L'emploi du carton recouvert d'étain permet de donner aux couvercles tous les ajustements réclamés par le besoin des expériences.

Enfin le cylindre est complètement recouvert sur toutes ses surfaces extérieures par un feutre très épais, qui le protège contre le voisinage de l'opérateur. Le tout est posé sur une planche.

3. Au début de mes essais, j'avais cru utile de disposer une matière protectrice, tantôt du duvet de cygne, tantôt du coton, entre le cylindre de cuivre plaqué et l'enceinte d'eau, afin d'empêcher les courants d'air. Mais je n'ai pas tardé à renoncer au duvet de cygne aussi bien qu'au coton, cette disposition me paraissant en somme plus nuisible qu'utile, parce qu'elle entrave le jeu régulier des rayonnements entre les enceintes concentriques de mon appareil. Le coton ou le duvet de cygne ont en outre cet inconvénient d'enlever par contact beaucoup plus de chaleur au calorimètre, à cause de leur masse, que ne le fait la simple couche d'air comprise entre les deux enceintes. En effet, je me suis assuré, par des expériences numériques :

1° Que les pertes de chaleur du calorimètre sont plus considérables, en un temps donné, dans une enceinte étroite remplie de duvet de cygne ou de coton, que dans une enceinte semblable remplie d'air.

2° Que l'enceinte remplie de coton ou de duvet de cygne, qui a contenu le calorimètre échauffé dans une première expérience, cède ensuite dans une seconde expérience de la chaleur au calorimètre, si celui-ci est rempli d'eau à la température ambiante.

Ces causes d'erreur, quoique fort petites, sont manifestes dans les conditions où j'opère. Au contraire, l'emploi d'une simple enceinte argentée, étroite et remplie d'air, ne donne pas lieu à des effets appréciables, dans les mêmes conditions et pour les mêmes excès de température du calorimètre.

4. L'eau doit être placée dans l'enceinte à doubles parois plusieurs jours à l'avance, l'enceinte se trouvant posée au lieu même qu'elle doit occuper pendant les expériences, afin que tout le système se mette en équilibre régulier avec le milieu ambiant.

Le tout enfin est disposé dans une grande chambre, aussi bien abritée que possible contre l'action du soleil, et dans laquelle on place également, plusieurs jours d'avance, toutes les liqueurs, tous les solides, tous les instruments qui doivent jouer un rôle. Ces précautions sont des plus utiles pour la précision des expériences.

5. En opérant ainsi, l'enceinte d'eau ne varie pas de température d'une manière appréciable pendant le cours d'une expérience. Précisons davantage : alors même que l'expérience dure plus d'une heure, les variations de l'enceinte d'eau ne surpassent pas d'ordinaire un dixième de degré, c'est-à-dire que l'influence de l'enceinte peut être regardée comme constante : ce qui est une circonstance tout à fait capitale.

Voici quelques chiffres à cet égard, empruntés à des expériences où deux calorimètres fonctionnaient simultanément.

Premier appareil.

Enceinte d'eau (10 litres environ)............	$10°,225$
Calorimètre renfermant 800 grammes d'eau..	$10,355$
Calorimètre au bout de quarante-neuf minutes.	$10,35$

Quatre expériences successives sont faites alors dans ce calorimètre ; pendant chacune d'elles, l'eau du calorimètre est portée à des températures comprises entre 13 degrés et $13°,9$ pendant un quart d'heure. La durée totale des manipulations est égale à trois heures et demie, l'opérateur étant resté tout le temps auprès de l'enceinte d'eau.

Au bout de deux heures et demie, l'enceinte marque...	$10°,405$
Au bout de trois heures et demie...................	$10,515$

Deuxième appareil.

Enceinte d'eau (20 litres)...................... $10°,185$
Calorimètre couvert, renfermant 2000 gram. d'eau. $10,35$

Au bout de trois heures, l'opérateur étant demeuré auprès de l'enceinte, on trouve :

Enceinte................... $10°,32$
Calorimètre............... $10,325$

Au bout de vingt et une heures :

Enceinte .... $10°,31$
Calorimètre............... $10,32$

La variation de température du calorimètre a donc été seulement de $0°,03$ en vingt et une heures ; ce qui montre l'efficacité de l'enceinte.

DEUXIÈME SECTION. — MANIPULATIONS.

§ 1er. — Mélange de deux liquides aqueux.

1. Je vais décrire quelques types d'expériences complètes, répondant aux cas les plus fréquents de cet ordre de recherches.

Supposons d'abord que l'on veuille mélanger deux liquides aqueux sous des volumes égaux, tels que 300 centimètres cubes, ces liquides exerçant une réaction instantanée, comme il arrive dans la plupart des réactions salines.

On pose d'abord le calorimètre de platine sur son support à trois pointes de liége, au centre de l'enceinte argentée, celle-ci étant disposée elle-même au centre de l'enceinte d'eau à doubles parois. Les deux enceintes doivent être en place depuis plusieurs jours, dans la pièce destinée aux travaux calorimétriques et sur une table bien éclairée, mais qui ne reçoive pas directement les rayons du soleil.

Les deux liquides, d'autre part, sont contenus dans de grands flacons de 4 litres, lesquels ont été placés dans la même pièce, deux ou trois jours à l'avance, à côté l'un de l'autre, sur une table qui ne reçoit jamais directement les rayons du soleil ; autant que possible, ils sont voisins du calorimètre. Dans ces conditions, les deux liquides offrent la même température, à quelques centièmes de degré près, comme je m'en suis assuré bien des fois. Cette température diffère également très peu de celle de l'enceinte d'eau et des diverses portions de l'instrument. Toutes ces circonstances concourent beaucoup à accroître la précision.

Cependant on prend deux fioles jaugées (voy. p. 149), de 300 centimètres cubes chacune, et on les remplit, l'une avec l'un des liquides, l'autre avec le second liquide. On verse le contenu de l'une des fioles dans le calorimètre de platine et l'on y place un thermomètre, à l'aide duquel on agite vivement, de façon à mélanger toutes les couches avant d'en prendre la température. Pendant que le thermomètre se met en équilibre, on place la seconde fiole sur un valet de paille, dans une petite enceinte métallique, située à côté de la grande enceinte d'eau et à portée de l'opérateur (voy. fig. 9, page 150).

Un second thermomètre, semblable au premier, est placé dans cette fiole et agité vivement.

Au bout d'un moment, on lit les températures indiquées par les deux thermomètres ; on répète ces lectures deux ou trois fois, en agitant les liquides et en donnant aux instruments de petites secousses, puis on les inscrit définitivement. Prenons au hasard une expérience dans mon registre.

Par exemple, le 3 juillet 1872, j'ai trouvé :

Première liqueur. — Acide sulfurique, 49^{gr},0 = 4 litres. On en verse 300 centimètres cubes dans le calorimètre GC. Le thermomètre n° 3242 indique 23°,45.

Deuxième liqueur. — Sulfate de potasse, 87^{gr},1 = 4 litres. On en verse 300 centimètres cubes dans la fiole. Le thermomètre n° 3241 indique 23°,48 ; mais, ce thermomètre offrant une différence constante de 0,04 avec le précédent, sa température comparative est en réalité 23°,44.

Cela fait, on enlève le thermomètre contenu dans la fiole, lequel est remis à un aide ; puis, à l'aide d'une pince de bois, on saisit le col de la fiole, qui doit être court et large, et l'on en verse rapidement le contenu dans le calorimètre; on agite avec le thermomètre du calorimètre, lequel se met en équilibre dans l'espace de dix à douze secondes; on le lit aussitôt, et, après deux ou trois lectures, on enregistre la température, laquelle demeure absolument invariable pendant deux minutes au moins et souvent davantage, quand on opère dans les circonstances décrites.

Dans l'expérience précitée, le thermomètre n° 3242 indiquait après le mélange : 23°,33. La température moyenne des corps non mélangés étant 23°,445, comme on peut le calculer d'après la valeur en eau du calorimètre, du thermomètre et les chaleurs spécifiques des liquides mis en œuvre, on voit qu'il y a eu un abaissement de température égal à — 0°,115.

Aussitôt j'ai répété l'expérience.

Première liqueur. — Thermomètre n° 3242 : 23°,43.
Deuxième liqueur. — N° 3241 : 23°,445; corrigé, 23°,405.
Température moyenne, 23°,4175.
Après le mélange, n° 3242 : 23°,305.
Abaissement de température : — 0°,1125.

On voit par ces chiffres, pris au hasard dans mon registre, quel est le degré ordinaire de précision et de concordance des expériences. Je rappellerai que cette précision n'est pas relative, c'est-à-dire exprimée par une fraction proportionnelle de chaque nombre trouvé, mais absolue, c'est-à-dire correspondant à la limite d'exactitude des thermomètres, lesquels n'indiquent pas avec certitude des variations inférieures à 0°,005.

Quelques remarques doivent être ajoutées ici.

1° Le volume du liquide débité par les fioles varie un peu d'une expérience à l'autre, à cause de l'adhérence du liquide aux parois. Lorsqu'on emploie des solutions aqueuses diluées, et en opérant toujours de la même manière, ces variations n'atteignent pas un millième et même un demi-millième du poids total, comme il est facile de s'en assurer par des pesées (voy. page 149).

2° Le thermomètre contenu dans la deuxième fiole enlève une

goutte de liquide adhérente, au moment où on le retire. Le poids de ce liquide a été trouvé un peu inférieur à $0^{gr},1$ dans une série de pesées faites exprès. C'est une quantité négligeable.

3° La différence de température entre les deux liquides ne doit pas surpasser $0°,10$; si elle était plus grande, il faudrait ramener l'un des deux liquides, celui dont la température est la plus basse, à la température de l'autre. A cet effet, on opère de la manière suivante : on verse le liquide dont la température est la plus basse dans le calorimètre, l'autre liquide étant placé dans la fiole, et l'on échauffe au point voulu le calorimètre de platine, en le posant sur les genoux ou sur la main, et en agitant continuellement le liquide avec le thermomètre.

Il faudrait se garder de faire cette opération sur la fiole de verre qui contient l'autre liquide, parce que l'on ne peut pas mélanger aussi bien les couches de celui-ci, de façon à obtenir une répartition uniforme de la température ; les mouvements du thermomètre qui sert d'agitateur étant moins libres dans la fiole que dans le vase de platine. En outre, les parois de verre de la fiole, surchauffées par le contact de la main, ne se mettent que lentement en équilibre avec le liquide intérieur, tandis que les parois de platine du calorimètre se mettent tout de suite en équilibre, à cause de leur meilleure conductibilité.

C'est une raison analogue qui oblige à placer les provisions des liquides destinés aux expériences plusieurs jours à l'avance dans la pièce où l'on opère. Il y a encore une autre raison, qui est la suivante.

En général, une masse liquide, échauffée dans un intervalle de temps très court, ne présente pas la même régularité dans la distribution des températures au sein de ses couches, que si l'échauffement a été très lent. Il est facile de s'assurer qu'il en est ainsi, à l'aide de nos thermomètres indiquant un demi-centième de degré. Dans le premier cas, il convient de recourir à une agitation vive et prolongée pour réaliser la distribution homogène des températures; encore l'influence des parois, irrégulièrement échauffées, se fait-elle sentir pendant très longtemps. De là certaines

différences entre ce qu'on a appelé parfois *l'échauffement naturel*, opposé à *l'échauffement artificiel*.

4° Dans le mode opératoire précédent, la température des
deux liquides est mesurée séparément : ceci est indispensable.
En effet, il ne faudrait pas croire que deux liquides placés dans
deux vases distincts, même plongés l'un dans l'autre, puissent
être amenés par simple contact à une température tout à fait
identique, si ce n'est accidentellement et au bout d'un temps
très long. Il est facile de s'assurer de cette impossibilité à l'aide
de bons thermomètres, en plaçant par exemple 500 centimètres
cubes de liquide dans le calorimètre de platine, et 100, ou même
50 centimètres cubes, dans un calorimètre beaucoup plus petit,
que l'on fait flotter dans le premier. Quelle qu'ait été la durée
du contact, les deux thermomètres, plongés dans les deux calorimètres, ne sont *jamais* d'accord à un demi-centième de degré
près, même en agitant sans cesse les deux liquides. C'est même
là une des principales causes des erreurs commises par divers
observateurs, qui n'ont pas pris soin de mesurer séparément la
température de chacun des liquides contenus dans leurs appareils, pendant les expériences calorimétriques.

5° Le procédé employé pour mélanger les deux liquides est
très important. En effet, il est indispensable que le liquide de la
fiole, dont la température a été mesurée, ne change pas de température pendant qu'on l'introduit dans le calorimètre. L'observation m'a prouvé que ce résultat ne peut guère être atteint
avec une rigueur complète, toutes les fois que l'on interpose un
corps solide quelconque, tube, entonnoir, robinet, etc., sur le
trajet. Les parois de ces corps sont à une température inconnue, généralement différente de celle du liquide, et leur masse
est d'ordinaire assez considérable pour altérer sensiblement
celle-ci. Au contraire, en opérant comme je l'ai prescrit, on
obtient d'excellents résultats, aucun corps étranger n'étant
interposé et le mélange s'effectuant en quelques secondes.

J'ai contrôlé cette méthode à diverses reprises par le mélange
de deux masses d'eau pure, prises à deux températures différentes. Je citerai, entre autres, l'expérience suivante :

Eau, 300 centimètres cubes placés dans le calorimètre GC; thermomètre n° 3242 = 24°,43; le thermomètre n° 3241 a été placé à l'avance et simultanément dans le calorimètre (pour servir de liaison entre les n°s 3242 et 3240, qui n'embrassent pas la même région dans l'échelle des températures).

Eau, 300 centimètres cubes placés dans une fiole; thermomètre n° 3240 = 13°,04.

On verse le contenu de la fiole dans le calorimètre et l'on y transporte en même temps le thermomètre n° 3240 : il indique 18°,78. Entre les indications des thermomètres n°s 3242 et 3240, il existait un écart de 0°,02. La chute de température est donc :

$$24,5 - 18,78 = 5°,67.$$

Comparons ce chiffre avec le nombre calculé.

Le calcul de la variation est facile à faire, d'après la connaissance des masses du calorimètre et des trois thermomètres réduits en eau : il indique 5°,67, c'est-à-dire précisément le chiffre trouvé par expérience. J'ajouterai que l'erreur possible sur celui-ci est de ± 0,01, attendu que chaque température est mesurée à un demi-centième de degré.

Cette expérience, choisie parmi beaucoup d'autres semblables qui fournissent des résultats analogues, est très décisive ; d'autant plus que l'écart des températures surpassait beaucoup les limites entre lesquelles j'ai coutume d'opérer. En effet, il ne convient guère de réaliser un écart de plus de 2 à 3 degrés au-dessus ou au-dessous du milieu ambiant, si l'on veut éviter les influences du refroidissement.

6° Dans les expériences décrites, le calorimètre est découvert. Ce mode d'opérer expose à deux causes d'erreurs, à savoir, l'évaporation et le rayonnement de la surface libre. Cependant l'expérience prouve qu'en opérant dans les conditions précises que je développe ici, et avec les appareils de la dimension signalée, le thermomètre ne varie pas d'un demi-centième de degré en deux minutes, toutes les fois que l'excès positif ou négatif de la température ambiante sur la température du liquide du calorimètre ne surpasse pas 2 degrés.

Un excès plus grand commence à exercer une certaine influence ; mais celle-ci dépend plutôt de l'évaporation du liquide échauffé.

dans le cas où l'excès est positif, ou de la condensation de la vapeur extérieure sur le calorimètre refroidi, dans les cas inverses, que du rayonnement proprement dit : c'est ce que montre l'étude spéciale que j'ai faite de ces influences, lorsque j'ai cherché à déterminer les constantes du refroidissement pour mon instrument. Je reviendrai tout à l'heure sur ce point.

Dans tous les cas, ces influences n'entraînent que des corrections nulles ou très petites, comme il sera dit plus loin ; à moins que les expériences n'aient une longue durée, ou que l'air ambiant ne soit d'une sécheresse (ou d'une humidité) exceptionnelle. On atténue jusqu'à un certain point l'influence de l'évaporation en couvrant le calorimètre ; mais il vaut mieux éviter complètement toutes ces causes d'erreur, en se plaçant dans les limites d'expériences définies ci-dessus.

7° Le volume des liquides contenus dans le calorimètre et dans la fiole doit être tel que le réservoir du thermomètre soit complètement couvert. Cette précaution est absolument nécessaire, l'équilibre de température entre le thermomètre et le liquide ne se produisant pas autrement avec sécurité.

On peut encore noter la longueur de la colonne mercurielle du tube thermométrique contenue dans la portion qui sort du liquide et qui n'est pas à la même température ; mais cette dernière circonstance n'introduit aucune correction appréciable dans les expériences ordinaires, ainsi qu'on le prouvera plus loin.

8° La distribution relative des deux liquides, entre la fiole et le calorimètre, est en général indifférente ; cependant on doit prendre soin de placer dans la fiole de préférence les liquides susceptibles d'attirer l'acide carbonique de l'air, comme les alcalis, ou de s'oxyder lentement, comme les sulfures alcalins ; parce que la surface de contact avec l'air est beaucoup plus restreinte dans la fiole que dans le calorimètre.

9° La lecture des thermomètres exige certaines précautions : par exemple, il faut prendre garde qu'une petite portion de la colonne mercurielle ne se détache ; ce qui arrive parfois et ce qui fausse les mesures d'une façon soudaine et irrégulière, capable de mettre en défaut l'observateur le plus exercé.

Il convient de donner à l'instrument de petites secousses, pour vaincre l'inertie du réservoir et permettre au mercure de prendre son niveau régulier. En effet, la marche de l'instrument est intermittente, c'est-à-dire que le niveau n'est souvent atteint qu'après une série de petites oscillations; l'existence de ces oscillations est le principal obstacle à la certitude de la subdivision des degrés jusqu'au millième et au delà.

Enfin, la lecture opérée à l'œil nu expose à des erreurs de parallaxe, que l'on évite en plaçant le centre de l'œil et l'extrémité de la colonne mercurielle sur le même plan horizontal et exactement dans la même position relative, lors des deux lectures que l'on fait successivement avec le même instrument.

L'emploi d'une lunette n'expose pas à ces erreurs, ou du moins les restreint; mais la lenteur et la complication plus grande des opérations qui en résultent compensent à peu près ces avantages, au moins pour le genre de thermomètres que j'ai décrits.

Le procédé que j'ai jugé le plus commode et le plus exact consiste à lire la graduation à l'aide d'une grosse loupe d'un faible grossissement.

10° Dans la série des déterminations que l'on exécute pour répéter une même mesure, il est utile d'intervertir les deux thermomètres, en plaçant tantôt l'un, tantôt l'autre dans le calorimètre, et réciproquement dans la fiole. On compense ainsi les erreurs des instruments.

Dans les expériences destinées à constater de très-petites variations, il m'est souvent arrivé de prendre successivement la température des deux liquides avec un seul et même thermomètre; ce qui élimine la cause d'erreur due à la comparaison de deux instruments.

11° L'agitation produite avec un thermomètre mû par la main, agitation brusque et irrégulière, est préférable à l'emploi des agitateurs mécaniques ordinaires, lesquels sont plus lents, plus réguliers, et mélangent moins bien les couches.

Aussi observe-t-on parfois avec un agitateur mécanique la production d'un *maximum anormal*, dû à une réaction locale plus avancée, qui se produit dans un liquide mal mélangé au voisinage du réservoir du thermomètre. Ce fait a été observé surtout pendant la dissolution des sels; ou pendant la réaction d'une petite masse liquide (acide sulfurique concentré), ou solide (potasse caustique), qui se dissout dans l'eau du calorimètre. Le maximum anormal se distingue, parce qu'il ne dure pas, tandis que le maximum régulier a une durée considérable. Toutefois le maximum anormal doit être évité avec soin, surtout dans les expériences où l'on fait réagir les matières par portions successives, ce qui oblige à introduire les corrections du refroidissement; or, celles-ci ne peuvent être exécutées avec certitude que si la température du liquide est la même dans toutes les couches et si elle est identique avec celle du thermomètre. L'agitation produite à la main expose moins à cet accident : elle n'offre pas d'inconvénient dans les expériences de courte durée. Dans les expériences qui durent longtemps, il faut recourir à l'agitation mécanique, afin d'éviter l'influence du rayonnement exercé par le corps de l'opérateur. A cet effet, j'ai eu recours en dernier lieu à des agitateurs concentriques et pourvus de lames de platine hélicoïdales, lesquelles mélangent toutes les couches des liquides d'une manière plus efficace que des lames verticales ou horizontales (voy. fig. 5, page 145).

Telle est la marche suivie lorsqu'on veut mélanger deux liquides à volumes égaux; mais il convient de décrire aussi quelques observations faites dans d'autres circonstances.

2. Citons les chiffres d'une expérience faite avec des volumes très-inégaux.

Premier essai. — On place dans le calorimètre : 900 centimètres cubes de liquide, qui renferment en dissolution 2gr,65 de carbonate de soude anhydre. Thermomètre n° 3240 = 21°,46.

On place, d'autre part, dans une fiole : 100 centimètres cubes de liquide, renfermant en dissolution 2gr,45 d'acide sulfurique (SO^4H). Thermomètre n° 3239 = 21°,885.

Les deux thermomètres marchant d'accord, on en conclut, tout calcul fait, la température moyenne : 21°,502.

On mélange les liquides : le n° 3240 indique 21°,78.
Élévation de température : + 0°,278.
Deuxième essai. — Calorimètre .. 21°,44 }
         Fiole.............. 21°,78 } température moy.: 21°,474.
Après mélange : 21°,745.
Élévation de température : + 0°,271.
Valeur moyenne de cette élévation : + 0°,2745.

Le volume égal à 100 centimètres cubes est le plus petit
que l'on puisse mesurer avec une fiole capable de contenir les
thermomètres que j'emploie : c'est en raison de cette circonstance extrême que j'ai cité les nombres précédents.

3. Quand le volume du second liquide est encore plus petit,
on peut le puiser dans un grand flacon, avec une pipette jaugée,
toutes les fois que l'on possède une masse suffisante de liquide,
et qu'il n'est ni altérable au contact de l'atmosphère, ni susceptible d'une évaporation sensible.

Voici le détail de l'opération : On laisse la pipette séjourner
quelques instants dans le flacon, en l'agitant, et en la remplis-
sant et la vidant alternativement, afin d'en mettre les parois en
équilibre de température avec la liqueur. Le flacon lui-même
doit être au préalable fortement secoué, afin d'y établir une
température uniforme : précaution essentielle dans toutes les
expériences analogues. Un thermomètre plongé dans le flacon
indique exactement la température du liquide.

Cela fait, on laisse la pipette se remplir spontanément jusqu'au trait; puis on l'enlève, on l'essuie rapidement avec un
papier buvard, en évitant de la toucher avec la main, et l'on
fait écouler aussitôt le liquide dans le calorimètre, en expulsant
doucement la dernière goutte à l'aide du souffle d'une boule
creuse de caoutchouc vulcanisé adaptée à la tubulure de la pipette. Pendant ce temps, on agite continuellement le liquide
du calorimètre, au moyen du thermomètre correspondant.

§ 2. — Liquides et solides divers.

1. Quand le liquide que l'on veut faire agir sur l'eau du calorimètre est altérable à l'air (acide sulfurique monohydraté, sul-

fures alcalins, etc.), ou volatil (acide cyanhydrique, chlorure de cyanogène, etc.), ou susceptible d'émettre des vapeurs (hy-dracides concentrés), on l'introduit à l'aide d'un petit enton-noir dans une ampoule de verre mince, préalablement pesée, et que l'on remplit presque en totalité.

On enlève l'entonnoir, on scelle le bec de l'ampoule à la lampe, et l'on pèse de nouveau : ce qui donne le poids du liquide très exactement.

Cette ampoule, qui doit offrir deux pointes effilées, est lestée alors avec un gros fil de platine (pesé), que l'on roule en spirale autour de l'ampoule, de façon à faire reposer le système sur un anneau de platine. On introduit le tout dans le calorimètre, et l'on agite l'eau, jusqu'à ce que la température ne change plus. Il faut attendre dix à quinze minutes, et ne pas opérer sur plus de 15 à 20 grammes de liquide, s'il est possible. L'équilibre atteint, on casse la pointe supérieure de l'ampoule, soit à l'aide de l'écraseur de platine (voy. fig. 11, p. 183), soit à l'aide d'une petite baguette de verre (pesée), puis la pointe inférieure à l'aide de la même baguette; on peut encore écraser la pointe infé-rieure sur une petite plaque de verre pesée et coulée à l'avance au fond du calorimètre.

On peut aussi opérer suivant divers autres artifices : en effet, ici se présentent des détails de manipulation qui varient suivant chaque cas particulier et qu'il serait trop long d'énumérer.

2. Les corps solides donnent lieu à diverses remarques. S'agit-il de dissoudre dans le calorimètre un sel inaltérable à l'air, tel que le sulfate de potasse, on le pulvérise finement, on le passe au tamis de soie, puis on en pèse un certain poids, 10 grammes par exemple, dans une cartouche de papier que l'on vide au sein du calorimètre, après avoir constaté la tempé-rature d'un thermomètre juxtaposé au sel solide. La tempéra-ture du sel ainsi déterminée n'est pas connue avec une exacti-tude extrême, mais il suffit qu'elle diffère peu de celle du calorimètre pour que la correction résultante soit très petite, et *à fortiori* l'erreur dont cette correction peut être affectée, à cause du faible poids relatif du sel.

Le calorimètre lui-même contient 500 grammes d'eau, et sa température est mesurée comme à l'ordinaire : on agite rapidement le liquide à l'aide du thermomètre. Quand on opère sur un sel suffisamment pulvérisé, sa dissolution est instantanée; il en est ainsi, que les sels soient très solubles, comme le chlorure de sodium, ou bien très peu solubles, comme le bioxalate de soude hydraté.

3. Au contraire, un état de division moins parfait, tel que celui d'un sel non tamisé, donne lieu à une dissolution très lente pour certains sels peu solubles, et même avec des sels très solubles, tels que le sulfate de soude. Il existe à cet égard des différences singulières entre des sels fort analogues et amenés au même degré d'altération, tels que le bitartrate de soude, corps prompt à se dissoudre, et le bioxalate de soude, corps dont la dissolution est excessivement lente. Dans les cas de ce genre, l'action mécanique d'une petite molette, ou écraseur de platine, est indispensable : on y reviendra tout à l'heure. Elle ne saurait être suppléée, même par le concours d'un agitateur mû régulièrement. En effet, avec un tel agitateur, agissant isolément, la dissolution de 2 ou 3 grammes de bioxalate de soude risquerait de ne pas être complète au bout d'une heure.

4. La même difficulté existe dans les réactions opérées sur certains solides difficiles à mouiller. Par exemple, le soufre insoluble se transforme en soufre soluble au contact d'une solution aqueuse d'hydrogène sulfuré (voy. *Annales de chimie et de physique*, 4e série, t. XXVI, p. 465); mais il ne se mouille que lentement. Si l'on emploie un agitateur mû mécaniquement, le soufre demeure rassemblé à la surface du liquide, et l'expérience est impossible, la transformation n'ayant pas lieu. Pour réussir, il faut voir ce qui se passe au sein du liquide : condition qu'on ne peut guère réaliser qu'en employant un calorimètre de verre, et en se servant du thermomètre ou de l'écraseur pour immerger et mouiller le soufre, opération d'ailleurs assez facile à réaliser dans ces conditions.

5. On vient de dire que souvent il n'est pas possible de réduire en poudre et de tamiser les sels déliquescents et les sels

efflorescents, lesquels s'altèrent pendant l'opération. Comme la lenteur de leur dissolution nuit à la précision des expériences calorimétriques, j'ai imaginé d'écraser les corps solides dans le calorimètre même, à l'aide d'une petite molette de platine, représentée à la figure 11.

Elle se compose d'un cône à tête aplatie M, et d'une longue et forte tige t, qui s'enfonce à frottement par son extrémité supérieure apointie dans une tête de bois T, destinée à être tenue à la main.

Le poids des pièces de platine est de 39 grammes dans l'appareil que je viens de figurer; il suffit pour écraser tout corps qui n'est pas trop tenace, et il n'introduit dans le calorimètre qu'une masse étrangère équivalente à $1^{gr},2$ d'eau, c'est-à-dire très petite par rapport à un vase qui contient 500 à 600 grammes d'eau, tels que ceux que j'ai coutume d'employer.

6. Soit encore un sel déshydraté par la chaleur (acétate de soude, bioxalate de soude, bitartrate de soude, sulfate de soude, etc.) ; cette opération amène le sel à un grand état de division, toutes

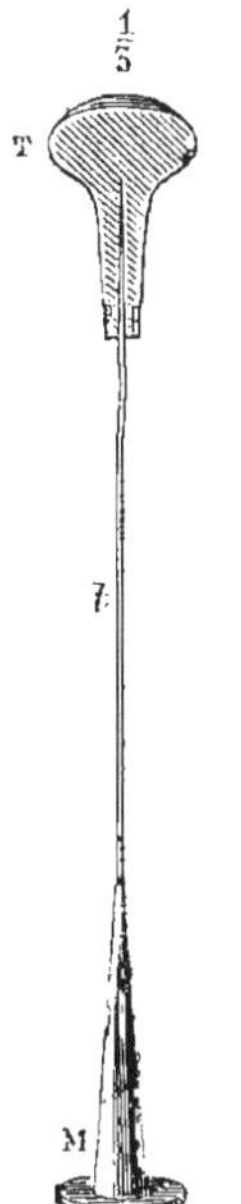

FIG. 11.

les fois qu'il n'entre pas en fusion. Pour peser de tels corps, on met sur la balance le flacon qui les contient ; puis on fait tomber directement du flacon dans le calorimètre (en évitant les rejaillissements d'eau) une certaine quantité de matière, dont on détermine le poids par différence.

7. Tantôt la substance ainsi projetée dans l'eau s'y dissout rapidement par l'agitation (acétate de soude); tantôt, au contraire, elle se combine d'abord avec l'eau pour former un hydrate solide, dont la production agglomère le sel en une masse lente à dissoudre. Ce phénomène est très marqué avec le sulfate de soude anhydre, et il en rend la dissolution très lente, malgré la grande solubilité du sel. Il se présente d'une manière plus fâcheuse encore avec le bioxalate de soude anhydre, sel très peu soluble. Dans ces circonstances, on est obligé de tenir compte

du réchauffement ou du refroidissement produit par le rayonnement, ce qui diminue la précision des déterminations. Diverses autres complications, dues à la lenteur des réactions multiples qui se succèdent, peuvent se présenter; on les signalera dans l'occasion.

8. Enfin il existe certains corps solides tellement avides d'eau, ou tellement volatils, qu'ils ne peuvent être pesés exactement par le procédé ci-dessus : tels sont l'acide phosphorique anhydre, le perchlorure de phosphore, le bromure de cyanogène, l'hydrate de potasse, l'acide sulfurique anhydre, etc.

De tels corps peuvent souvent être pesés dans des ampoules ou des tubes de verre mince, où on les introduit par volatilité ou autrement. On a soin de donner à l'ampoule une large surface, et on l'écrase brusquement au fond du calorimètre.

Dans les cas où cette opération donne lieu à des projections, comme il arrive avec le perchlorure de phosphore, on peut laisser l'eau pénétrer peu à peu par un étroit orifice dans l'ampoule submergée ; mais il convient alors de souder à la partie supérieure de l'ampoule un tube vertical un peu large et coudé deux fois à angle droit, afin de ramener dans le calorimètre les vapeurs acides qui pourraient s'échapper dans l'atmosphère au moment où l'eau pénètre par l'orifice opposé.

L'hydrate de potasse solide, le chlorure de zinc solide et les corps analogues ne sauraient être introduits dans les ampoules, parce qu'ils ne sont pas volatils, et que les portions de verre à la surface desquelles ils ont coulé ne peuvent plus être fondues à la lampe sans s'altérer ; les mêmes corps sont d'ailleurs trop avides d'eau pour n'en pas attirer une proportion sensible pendant le temps, quelque court qu'il soit, qui s'écoule entre leur fusion et leur introduction dans des flacons. Pour prévenir ces causes d'erreur, je fonds quelques grammes de la substance, déjà purifiée à l'avance, dans un petit creuset d'argent ou de platine dont le poids est connu, et je place le creuset, rempli de matière en fusion, sur un petit trépied disposé au centre d'un flacon à l'émeri à large ouverture. Je referme aussitôt. Après refroidissement, je pèse le tout sur une balance capable de

peser 1 kilogramme à 1 milligramme près. Les poids du flacon,
du trépied et de la capsule étant connus, il est facile de calculer
celui de l'hydrate de potasse, ou de tout autre corps analogue.
Pour opérer la détermination calorimétrique de la chaleur de
dissolution, il suffit d'ouvrir le flacon, de saisir le creuset avec
une pince et de l'immerger dans le calorimètre; ce qui se fait en
quelques secondes.

9. Les réactions opérées avec les corps gazeux exigent des artifices spéciaux. S'agit-il de dissoudre un gaz dans l'eau soit pure,
soit acide, soit alcaline, on fait arriver le gaz sec, tel que l'acide
chlorhydrique, dans un robinet de verre à trois voies (fig. 12), qui
permet de l'envoyer à volonté en dehors du laboratoire, suivant
le trajet tt', à travers un autre tube à gaz non figuré : on continue cette évacuation jusqu'à ce que l'appareil soit purgé d'air.

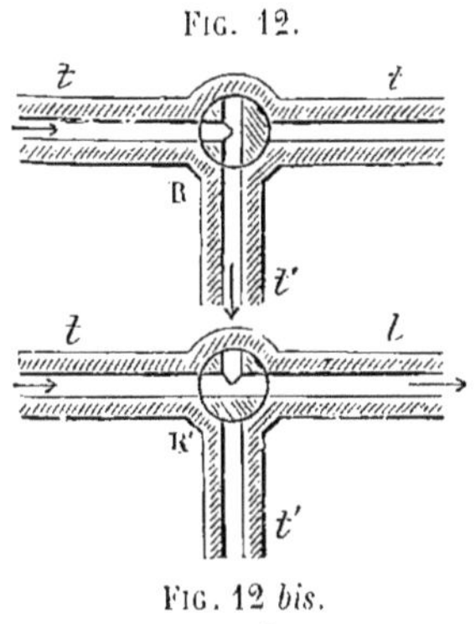

Fig. 12.

Fig. 12 *bis*.

Cela réalisé, on fait faire un quart de révolution au robinet
(fig. 12 *bis*) de façon à diriger lentement le gaz, suivant le trajet
tt, dans le tube d, qui plonge au sein du calorimètre CC (fig. 13).
Celui-ci renferme 500 grammes d'eau ; il est pourvu d'un thermomètre θ, d'un agitateur a et d'un couvercle. Il est placé au centre
de ses enceintes ordinaires.

On met fin à l'expérience dès que le thermomètre s'est élevé
de 3 degrés environ : il suffit pour cela de faire faire un quart
de révolution au robinet.

Dans mes premiers essais faits avec le gaz chlorhydrique, j'avais
pesé la liqueur avant et après l'absorption. Mais les dosages de

chlore peuvent être faits si exactement par précipitation, que
j'ai préféré depuis prendre la densité de la liqueur, puis y doser
l'acide chlorhydrique.

Ce sont là les types des procédés qui peuvent être suivis. Dans
les cas de ce genre, en général le poids du gaz est estimé par
l'analyse ultérieure du liquide du calorimètre. Cependant, je
le répète, on peut aussi peser, soit le calorimètre tout entier,
soit l'appareil même qui dégage le gaz.

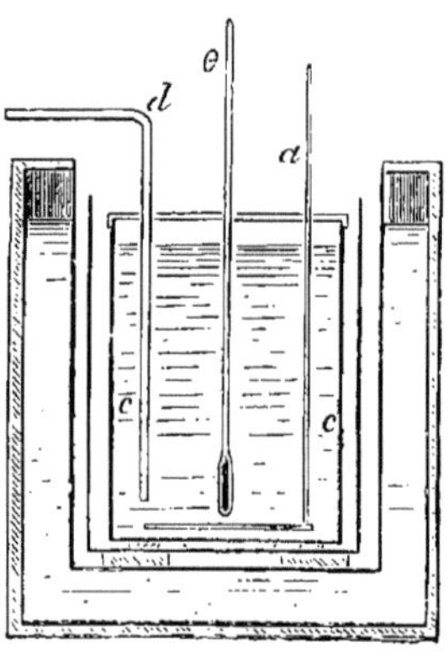

Fig. 13.

On peut encore mesurer ce dernier très exactement, dans un
appareil semblable à l'eudiomètre de M. Regnault. J'ai fait
construire des appareils de ce genre, dans lesquels la portion
moyenne de l'un des tubes du manomètre est remplacée par un
cylindre contenant un demi-litre de gaz, cylindre dont la capacité
comprise entre deux traits a été jaugée exactement par des
pesées de mercure.

La température du gaz est alors mesurée par un thermomètre,
placé soit dans la cuve d'eau qui entoure le cylindre-réservoir,
soit sur le trajet du courant gazeux, au point le plus voisin
possible de celui où le gaz entre dans le calorimètre. Cette température n'est pas connue tout à fait avec la même précision que
celle du liquide du calorimètre ; mais, le poids du gaz ne surpassant guère 1 à 2 centièmes du poids du liquide, l'erreur qui
résulte de cette incertitude peut être négligée. Dans ce genre d'ex-

périences, il est d'ordinaire nécessaire de suivre la marche du réchauffement ou du refroidissement pendant un certain temps (voy. plus loin).

10. Pendant la dissolution des sels dans l'eau, il faut prendre garde que l'abaissement de température ne surpasse point de plus de 3 à 4 degrés la température ambiante. En fait, cette circonstance se présente fréquemment quand le poids du sel s'élève à 8 ou 10 centièmes du poids de l'eau, par exemple avec l'azotate de potasse. Il arrive alors que le point de rosée est dépassé, et le calorimètre se couvre d'eau condensée sur sa surface extérieure. Dans ce cas, l'expérience est perdue. On la recommence avec un moindre poids de matière; ou bien avec un calorimètre rempli d'eau dont la température surpasse de 2 degrés environ celle du milieu ambiant.

11. Nous discuterons ailleurs l'influence de la vaporisation de l'eau du calorimètre sur les mesures, lorsque l'instrument est ouvert. Cette même influence se fait encore sentir lorsqu'une réaction, produite dans le calorimètre, dégage des gaz, de l'acide carbonique, par exemple, lequel entraîne une proportion de vapeur d'eau mal connue. J'ai évité ce genre de réactions, qui exigerait des corrections incertaines (voy. le chapitre suivant).

TROISIÈME SECTION. — CALCULS.

§ 1er. — **Réactions de très courte durée.**

1. Le cas le plus général et le plus simple dans les recherches calorimétriques est celui d'une expérience pendant laquelle le maximum thermométrique a été atteint dans un espace de temps moindre qu'une minute après le mélange, le volume du liquide s'élevant à un demi-litre au moins, et le calorimètre étant protégé par le système d'enceintes que j'ai décrit. Je rappellerai encore que les liquides et corps expérimentés doivent être placés dans la chambre des expériences depuis un temps assez long

pour que leur température ne diffère pas de plus d'un dixième de degré de celle des autres liquides et de l'enceinte d'eau.

Dans ces conditions, les nombres observés ne comportent aucune correction due au refroidissement, pourvu que la variation positive ou négative survenue dans le calorimètre ne surpasse pas 2 à 3 degrés. — En opérant sur un litre ou sur deux litres de liquide, l'absence de correction est même assurée pour un temps beaucoup plus long, et pour une variation de température plus grande.

2. Voici le type des calculs dans un cas de cette nature :

Chaleur dégagée dans la neutralisation de l'acide tartrique par la soude.

Soude : 2 litres contiennent $31^{gr},0$ (NaO $=$ 1 équivalent).

Acide tartrique : 4 litres contiennent 150 grammes ($C^8H^6O^{12} = 1$ double équivalent, capable de saturer 2 NaO).

Ces deux liqueurs sont équivalentes entre elles à volumes égaux.

Premier essai. — On verse 300 centimètres cubes de soude dans le calorimètre GC ; $t = 20°,48$.

On mesure 300 centimètres cubes d'acide tartrique dans la fiole ; $t = 21°,48$.

La différence des températures a été choisie à dessein plus forte dans cet exemple que dans les expériences ordinaires, afin de montrer que l'influence des causes d'erreurs, même exagérées, est négligeable.

On verse l'acide dans le calorimètre ; $t = 24°,105$.

Le maximum est atteint en dix secondes, et il subsiste sans variation pendant plus d'une minute.

Deuxième essai. — On verse 300 centimètres cubes de soude dans le calorimètre ; $t = 20°,47$;

300 centimètres cubes d'acide tartrique dans la fiole ; $t = 21°,55$.

Après mélange, $t = 24°,13$.

Calcul de la température moyenne avant le mélange. — Masses destinées à réagir : soude, acide tartrique, calorimètre et son thermomètre.

[1] La densité de la solution de soude est de 1,023, et sa chaleur spécifique 0,970, d'après les tables données par M. Thomsen (*Annales de Poggendorff*, 1871, CXLII, 368). Un litre absorbera $0^{Cal},992$, lorsque la température changera d'un degré; ce qui fait, pour 300 centimètres cubes, $297^{Cal},6$, ou plutôt 298 (en tenant compte de la perte de poids : $0^{gr},4$, du liquide dans l'air, le jaugeage des fioles ayant été fait dans ces conditions).

Le nombre 298 représente donc la soude réduite en eau.

[2] Le calorimètre de platine GC pèse $72^{gr},05$ dans cet essai, et vaut en eau, $2^{gr},3$.

[3] Les thermomètres n°s 3240 et 3242, qui ont dû être placés ensemble dans le calorimètre, à cause de l'intervalle thermométrique franchi, valent en eau, $3^{gr},3$, (portion immergée).

La masse totale du calorimètre et des corps inclus valait donc, au début de l'expérience, $303^{gr},6$ et se trouvait à la température de $20°,48$ dans le premier essai.

[4] D'autre part, la densité de la solution d'acide tartrique ($37^{gr},5 = 1$ litre) est 1,017, et sa chaleur spécifique 0,977. Un litre absorbera donc $0^{Cal},993$, lorsque la température changera d'un degré : ce qui fait, pour 300 centimètres cubes, $297^{Cal},9$ (ou plutôt 298,3, en tenant compte de la perte de poids dans l'air). Ce chiffre exprime la masse de la solution tartrique réduite en eau, masse qui se trouvait à la température de $21°,48$ dans le premier essai.

Pour évaluer la température moyenne, il suffit de multiplier chacune des températures $20°,48$ et $21°,48$ par la masse correspondante, et de diviser la somme des produits par la somme des masses :

$$\frac{303,6 \times 20,48 + 298,3 \times 21,48}{601,9}$$

$$= 20,48 + (21,48 - 20,48)\,\frac{298,3}{601,9}$$

$$= 20°,48 + 0°,495 = 20°,975.$$

Cette température représente celle à laquelle parviendrait un système formé par les deux liqueurs, le calorimètre et le thermomètre pris séparément et placés dans une enceinte incapable de prendre ou de céder de la chaleur.

Calcul de la variation de température. — Après le mélange, la température est devenue 24°,105.

La variation de température est donc égale à + 3°,13, dans le premier essai.

Dans le second essai, on a de même :

Température moyenne au début :

$$\frac{303,6 \times 20,47 + 298,3 \times 21,55}{601,9}$$

$$= 20,47 + (1,08)\, \frac{298,3}{601,9} =: 21°,005.$$

Après mélange, 24°,13.
Variation de température : + 3°,125.

Les deux essais sont donc aussi parfaitement concordants qu'on pouvait l'espérer.

Nous adopterons la moyenne : + 3°,1275.

Calcul de la chaleur dégagée. — Pour calculer la chaleur dégagée, il faut savoir la chaleur spécifique de la solution de tartrate de soude. Elle a été trouvée égale à 0,98.

La quantité de chaleur dégagée est donc :

$$(300,4 \times 1,023 + 300,4 \times 1,017)\, 0,98 \times 3,1275$$
$$+ 5,6 \times 3,1275 = 1893,0.$$

Soit, pour 31^{gr},0 NaO,

$$1893 \times \frac{20}{3} = 12,620.$$

3. Tel est le calcul rigoureux. Mais ce calcul peut être simplifié, toutes les fois qu'il s'agit de solutions aussi étendues que celles de l'expérience précédente.

Remarquons d'abord que la température moyenne du système initial peut être calculée beaucoup plus simplement, en multipliant la différence des températures des deux thermomètres (21,48 — 20,48) par le rapport $\dfrac{300}{600 + 5,6}$, c'est-à-dire en admettant que 1 centimètre-cube de liqueur vaut 1 gramme d'eau calorimétriquement. On obtient ainsi le même produit 0,495, et par conséquent la même température moyenne 20°,975.

Ce procédé de calcul est applicable en toute rigueur à toutes les liqueurs un peu étendues, parce que la chaleur spécifique des deux dissolutions diffère très peu; il l'est d'autant plus sûrement que la différence des deux températures est moindre. J'ai choisi à dessein un exemple dans lequel l'écart s'élève à 1 degré; mais j'ai presque toujours eu soin de rendre cet écart beaucoup plus faible. Un écart de 1 pour 100 entre les chaleurs spécifiques des deux liqueurs n'influe que sur le demi-centième de la différence qui concourt au calcul de la température moyenne : l'influence est encore bien moindre quand on admet, comme ci-dessus, que 1 centimètre cube de liquide équivaut à 1 gramme d'eau.

A fortiori, le calcul est-il praticable sans erreur sensible dans les cas où les deux masses que l'on mélange sont inégales, la température moyenne s'écartant d'autant moins de celle de la plus grande masse que l'autre masse est plus faible. Sous ces conditions, la température moyenne pourra donc être évaluée, indépendamment de la connaissance des densités et des chaleurs spécifiques, et cela sans erreur appréciable.

4. Examinons si l'on peut négliger aussi ces données dans le calcul de la chaleur dégagée. Presque tous les savants qui se sont occupés de thermochimie se bornent en effet à admettre que la chaleur spécifique des dissolutions étendues est égale à l'unité. En opérant ainsi dans le calcul ci-dessus, on augmenterait le résultat d'un cinquantième, la chaleur spécifique réelle étant 0,98; ce qui est une erreur beaucoup plus grande que celle des mesures calorimétriques. En effet, la différence thermométrique 3°,1275 est mesurée à un demi-centième de degré près, c'est-à-dire à un six-centième de sa valeur absolue. Cependant, s'il s'agissait de différences thermiques inférieures à 0°,25, comme il arrive souvent lorsqu'on mélange deux solutions salines, il serait inutile de tenir compte des chaleurs spécifiques, toutes les fois que la dissolution finale renfermerait moins de 2 pour 100

de sel. Mais, pour des liqueurs plus concentrées il convient de ne pas les négliger.

J'ai trouvé que l'on obtient des résultats plus avantageux en remplaçant, comme plus haut, les mesures de poids par des mesures de volume, et en regardant *le centimètre cube des liqueurs primitives comme équivalent à 1 gramme d'eau calorimétriquement*. En effet, le centimètre cube représente un poids supérieur à 1 gramme pour toutes les solutions salines, tandis que la chaleur spécifique de ces solutions est toujours inférieure à l'unité. Le produit des deux nombres l'un par l'autre est donc plus voisin de l'unité que le chiffre qui représente la chaleur spécifique; ce qui fait une première compensation dans ce mode de procéder. Il en existe une autre plus cachée, et qui s'ajoute en général à la première, comme il sera dit bientôt. Aussi ces compensations suffisent-elles presque toujours pour les liqueurs étendues.

Dans l'exemple ci-dessus, on trouve en effet, en calculant d'après le procédé indiqué et sans faire aucune correction :

$$(600 + 5,6)\ 3,1275 = 1893,0.$$

C'est exactement le chiffre fourni par un calcul rigoureux. Si cette coïncidence tout à fait exacte est fortuite, il n'en est pas de même de son caractère très approximatif.

5. Montrons par des chiffres dans quelles limites la compensation annoncée se vérifie en général pour les solutions salines étendues :

1° Soit la formation d'un sel obtenu par l'union d'un acide et d'une base en dissolution, la formation du chlorure de sodium par exemple. La solution

$$HCl + 100\ H^2O^2 \text{ occupe, à 18 degrés : } 1818^{cc},5;$$

tandis que la solution

$$NaHO^2 + 100\ H^2O^2 \text{ occupe, à 18 degrés : } 1795^{cc},9.$$

J'emprunte ces deux nombres à M. Thomsen. La somme de ces deux volumes, soit 3614,4, exprime dans ma manière de calculer, le nombre de calories nécessaire pour élever d'un degré la solution de chlorure de sodium formé

$$(NaCl + 201\ H^3O^2),$$

laquelle résulte de l'action réciproque des deux liqueurs.

Or cette quantité, c'est-à-dire la chaleur moléculaire de la dissolution, a été trouvée, par les expériences de M. Thomsen, égale à 3596. La différence entre le nombre calculé et le nombre réel est égale à 18 unités sur 3600, ou à un demi-centième. J'ajouterai que cette différence se rapporte précisément à des liqueurs très voisines de la concentration de celle que j'ai coutume d'employer (1 équivalent d'acide = 2 litres). Si l'on avait supposé la chaleur spécifique des liqueurs égale à 1, comme on le fait d'ordinaire, l'erreur serait d'un cinquantième.

2° Faisons réagir des liqueurs plus concentrées, telles que les solutions

$$HCl + 50\ H^2O^2 \qquad et\ NaHO^2 + 50\ H^2O^2;$$

ces solutions occupent en tout 1815 centimètres cubes, avant la réaction. Or la chaleur moléculaire de $NaCl + 101\ H^2O^2$, soit 1806, est moindre d'un demi-centième.

3° Même pour les solutions fort concentrées, telles que

$$HCl + 25\ H^2O^2 \qquad et\ NaHO^2 + 25\ H^2O^2,$$

l'écart entre le nombre approximatif, déduit des rapports de volume, et le nombre rigoureux, n'est que d'un centième; tandis que le calcul, exécuté d'après l'hypothèse d'une chaleur spécifique égale à l'unité, donnerait lieu à une erreur d'un quinzième.

4° Soient encore les solutions

$$SO^3 + 25\ H^2O^2 \qquad et\ NaHO^2 + 25\ H^2O^2,$$

elles occupent en tout 908 centimètres cubes, tandis que la chaleur moléculaire de $SO^4Na + 51\ HO^2$ est 911. L'écart est d'un tiers de centième, et il serait moindre encore pour des liqueurs plus diluées.

5° De même les solutions

$$AzO^6H + 100H^2O^2 \qquad et\ NaHO^2 + 100\ H^2O^2$$

occupent 3625 centimètres cubes avant la réaction; tandis que la chaleur moléculaire de $AzO^6Na + 201 H^2O^2$ est égale à 3611; l'écart est donc d'un deux-cent-cinquantième seulement.

Pour l'azotate de potasse de même concentration, l'écart est d'un centième; tandis que l'hypothèse d'une chaleur spécifique égale à l'unité donne lieu à une erreur égale au trentième.

Les limites d'erreur de ce mode de calculer sont en général du même ordre de grandeur que les précédentes, pour tous les sels de potasse ou de soude. Elles ne surpassent guère, dans la plupart des cas, les incertitudes relatives à la détermination des chaleurs spécifiques.

Pour les sels ammoniacaux seuls, les écarts sont un peu plus grands, sans dépasser pourtant un soixante-dixième dans nos essais; ce qui arrive par exemple pour les liqueurs renfermant 1 équivalent d'acide chlorhydrique et 1 équivalent d'ammoniaque, chacun dans deux litres.

Le procédé de calcul abrégé que je viens de signaler est, on le voit, beaucoup plus rapproché de la vérité que celui qui consiste à supposer les chaleurs spécifiques des dissolutions égales à l'unité; il ne surpasse guère, je le répète, pour les solutions diluées au degré où elles sont employées dans nos expériences, les erreurs qu'on peut commettre dans la détermination des chaleurs spécifiques elles-mêmes. J'ai employé ce procédé de calcul toutes les fois que les chaleurs spécifiques n'étaient pas connues, ou que les écarts ont été constatés négligeables, comme il arrive pour les sels de potasse et de soude étendus. Les sels ammoniacaux seuls exigent, dans la plupart des cas, un calcul un peu plus rigoureux. Cependant, même alors, un calcul complet fondé sur les chaleurs spécifiques n'est indispensable que si la concentration des liqueurs est supérieure à un demi-équivalent par litre; ou si les variations thermiques surpassent un demi-degré.

6. Deux circonstances concourent à rendre avantageux le procédé de calcul qui vient d'être exposé. L'une résulte de ce que la densité des liqueurs étant supérieure à l'unité pour toutes les solutions salines, et leur chaleur spécifique moindre que l'unité,

la quantité de chaleur nécessaire pour échauffer 1 centimètre cube se rapproche de l'unité, tout en demeurant généralement moindre. L'autre circonstance est due à ce que la chaleur spécifique moléculaire d'une dissolution saline est en général plus grande que la somme des chaleurs spécifiques de l'acide et de la base composants, ce qui tend encore à rapprocher de l'unité la chaleur absorbée par 1 centimètre cube des liqueurs primitives, volume qui sert de base au calcul. Par exemple, en s'élevant d'un degré, la solution $HCl + 100\,H^2O^2$ absorbe 1770 calories, elle pèse $1836^{gr},5$ et occupe $1818^{cc},5$; la solution $NaHO^2 + 100\,H^2O^2$ absorbe 1781 calories, pèse 1840 grammes et occupe 1796 cent. cubes. Enfin la solution résultante, $NaCl + 201\,H^2O^2$, pèse $3676^{gr},5$. L'ancien calcul donnerait pour la chaleur absorbée $3676^{cal},5$; la somme des chaleurs spécifiques des composants, 3551; notre procédé, $1818,5 + 1796 = 3614,5$. L'absorption réelle est 3596 calories.

7. Dans le cas où l'on dissout un gaz, un liquide, ou un solide dans l'eau, la température moyenne du système initial se calcule d'après les chaleurs spécifiques du sel, du gaz ou du liquide, lesquelles sont connues pour la plupart des corps. Quand elles n'ont pas été déterminées par des expériences, elles peuvent être calculées en général avec une approximation suffisante, à l'aide des lois théoriques des chaleurs spécifiques, lois bien connues des physiciens ; ou bien encore par les analogies, lesquelles n'amènent pas d'erreur appréciable, toutes les fois que le poids du corps dissous est une très petite fraction du poids de l'eau.

Quant au calcul de la chaleur dégagée, il exige la connaissance de la chaleur spécifique de la dissolution. Je rappellerai ici que cette chaleur spécifique, pour les dissolutions étendues des sels et même des acides minéraux, aussi bien que pour la potasse et pour la soude, est toujours inférieure à celle de l'eau qui dissout le sel, ou l'acide minéral, ou la base. C'est pourquoi, lorsque la *chaleur spécifique* n'est pas connue, on commet en général une erreur moindre en la regardant comme *égale à celle de l'eau dissolvante*, et en négligeant le corps additionnel (dont le poids est supposé peu considérable), qu'en calculant la chaleur spécifique de la dissolution d'après la somme de celles de l'eau et du corps dissous. Par exemple :

3600^{gr} d'eau $+ 80^{gr} SO^3$ exigent après leur mélange : 3595^{cal}, valeur très voisine de 3600, pour être élevés de 1 degré.

$$3600 \text{ gram. d'eau} + 63,0 \ AzO^6H \text{ exigent } 3597 \text{ calories.}$$
$$\text{Id.} \qquad + 36,5 \ HCl \ . \ . \ . \ . \ . \ . 3561$$
$$\text{Id.} \qquad + 40,0 \ NaHO^2. \ . \ . \ . \ . 3578$$
$$\text{Id.} \qquad + 58,5 \ NaCl. \ . \ . \ . \ . 3578$$
$$\text{Id.} \qquad + 74,6 \ KCl. \ . \ . \ . \ . 3565$$
$$\text{Id.} \qquad + 53,5 \ AzH^4Cl. \ . \ . \ . 3588$$

J'ai cru utile de donner ces chiffres, empruntés à M. Thomsen, parce qu'ils montrent dans quelles limites les procédés de calcul abrégé peuvent être appliqués aux recherches de thermochimie; du moins toutes les fois que l'on n'a pas recours au calcul rigoureux fondé par la connaissance complète des chaleurs spécifiques.

8. Venons aux corrections qu'il est nécessaire d'appliquer dans certains cas aux expériences. La première de ces corrections est relative à la portion de la tige du thermomètre qui n'est pas immergée dans le liquide. Cette correction est presque toujours négligeable, comme on va le voir.

Soit n le nombre des divisions du thermomètre (supposé divisé en degrés) occupées par la portion de colonne mercurielle qui se trouve en dehors du calorimètre.

Soit t la température ambiante, que nous supposerons égale à la température initiale du calorimètre, pour simplifier.

Soit T la température finale du calorimètre.

La correction relative à la portion de tige non immergée est, comme on sait, représentée très sensiblement par la formule $\dfrac{n(T - t)}{5006}$.

Or $T - t$ ne surpasse jamais 4 degrés, valeur extrême observable dans nos expériences. En outre, l'échelle de mes thermomètres Baudin comprend au plus 10 degrés environ; n ne saurait donc surpasser 6 unités. Dès lors la correction est au maximum égale à $\dfrac{24}{6500} = \dfrac{1}{270}$ de degré, c'est-à-dire qu'elle n'atteint jamais le demi-centième de degré, valeur qui est la limite d'exactitude des mesures fournies par l'instrument. Sauf dans des cas extrêmes assez rares, ou bien lorsqu'on emploie deux thermomètres comprenant des intervalles consécutifs, la colonne de l'un se trouvant complètement immergée, et celle de l'autre presque complètement extérieure au liquide, sauf ces cas, dis-je, la correction est négligeable pour les thermomètres Baudin.

Pour les thermomètres Fastré, à échelle arbitraire, l'échelle embrasse 30 degrés ; la correction peut donc s'élever à $\dfrac{4 \times 26}{6500} = \dfrac{1}{65}$ de degré, au maximum.

§ 2. — Correction du refroidissement.

1. Une correction plus importante est celle du refroidissement ou du réchauffement des appareils. Cette correction, avec quelque soin qu'elle soit faite, laisse toujours des doutes dans l'esprit de l'observateur, à cause de la complexité des données dont elle dépend. Aussi tous mes efforts ont-ils tendu à la supprimer. J'y ai réussi dans la plupart des cas, par l'emploi des enceintes d'eau, des calorimètres de platine de grande dimension et des liquides conservés depuis vingt-quatre heures au moins dans la même chambre que le calorimètre.

L'enceinte d'eau est fort importante, parce qu'elle protège le calorimètre contre les influences ambiantes, dues au voisinage de l'observateur et à diverses autres causes. Ce qui le prouve, c'est que l'eau contenue dans cette enceinte, abritée par son enveloppe de feutre, varie dans sa température avec une grande lenteur, pourvu que la chambre dans laquelle on exécute les essais calorimétriques ait une exposition convenable. Citons quelques nombres, pour préciser les idées :

	°
Dans une série d'expériences faites sur le chlorure de cyanogène, l'enceinte offrait une température initiale de......................	19,86
Au bout de 33 minutes (fin de la 1re expérience)...............	19,94
— de 41 id (début de la 2e expérience)............	19,98
— de 80 id (fin de la 2e expérience).............	20,12
— de 123 id (début de la 3e expérience)............	20,22
— de 163 id (fin de la 3e expérience)...............	20,28

Dans une expérience sur le soufre insoluble, j'ai trouvé :

Température initiale de l'enceinte....			18,65^{o}
Après 4 minutes d'expérimentation....			18,66
27	id	....	18,71
42	id	....	18,74
64	id	....	18,76

On voit par ces chiffres combien l'influence exercée par l'enceinte sur le calorimètre est régulière. On voit aussi combien est faible l'influence exercée par le voisinage de l'opérateur sur l'enceinte elle-même. Je rappellerai encore les expériences de contrôle exposées page 170.

2. Les dimensions du calorimètre sont tout à fait capitales, au point de vue de la correction du refroidissement. Plus le vase est grand, plus le refroidissement est lent; car le refroidissement dépend surtout de la surface du calorimètre, laquelle croît moins vite que sa capacité. Dans une série d'expériences faites avec des calorimètres de platine jaugeant 50 centimètres cubes, 150 centimètres cubes, 300 centimètres cubes, 600 centimètres cubes, 1 litre, enfin 2 litres et demi, j'ai reconnu que le calorimètre gagne ou perd toujours quelque chose en une minute, tant que ses dimensions ne surpassent pas 300 centimètres cubes. En atteignant la dimension de 600 centimètres cubes, j'ai vu soudain la correction de refroidissement s'évanouir, c'est-à-dire devenir inférieure à un demi-centième de degré par minute, toutes les fois que l'excès de température du calorimètre sur l'enceinte ne dépassait pas 2 degrés. Il en est ainsi, que le calorimètre soit fermé, ou qu'il soit ouvert à sa partie supérieure, pourvu qu'on ne rencontre pas à la fois ces deux circonstances défavorables, à savoir : une température ambiante surpassant 25 degrés, et un état hygrométrique de l'atmosphère très éloigné de la saturation.

3. Citons quelques expériences pour justifier les assertions précédentes :

[1] Le 6 octobre 1871, le calorimètre GC étant rempli avec 600 centimètres cubes d'une solution saline. et la surface supérieure étant découverte, l'instrument possédait une température initiale égale à.............. 15°,27

Après 5 minutes. . . . .   15°,26

Perte par minute : 0°,002.

La température de l'enceinte d'eau était égale à. . . . .   15°,20

Le refroidissement est dû ici à l'évaporation; on voit qu'il n'est pas appréciable dans l'espace d'une minute.

[2] Le 7 octobre 1871. — Mêmes conditions.

Température initiale.   15,365

Après 17 minutes.   15,34

Perte par minute : 0°,0015.

La température de l'enceinte d'eau était égale, au début de l'expérience, à.   15,34

Après 19 minutes.   15,37

On remarquera cette fois que la marche de la température de l'enceinte d'eau est inverse de celle du calorimètre; ce qui met bien en évidence l'influence de l'évaporation. Du reste, les chiffres ci-dessus montrent que la température du calorimètre ne comportait aucune correction qui fût appréciable au bout d'une minute.

[3] Le 3 juillet 1872. Même calorimètre rempli avec 500 centimètres cubes d'eau pure.

Température initiale.   22,96

Après 5 minutes.   22,94

Perte par minute : 0°,004.

L'enceinte possédait une température de 20°,23, c'est-à-dire inférieure de près de 3 degrés à celle du calorimètre. Malgré un si grand écart, le refroidissement du calorimètre pendant une minute était négligeable. En cinq minutes il s'élevait seulement à 0,02; chiffre qui représente les influences concourantes de l'évaporation et du rayonnement.

[4] Le 12 juillet 1872. — Eau : 500 centimètres cubes.

Température initiale. . . . .   22°,02.

On fait réagir sur cette eau un certain poids d'acide sulfurique anhydre. La température s'élève en un quart de minute à 24°,66.

Deux minutes après, la même température est observée, c'est-à-dire que la correction est nulle.

La température de l'enceinte était 22°,20.

[5] Voici une autre expérience, laquelle montre combien le refroidissement est lent, même avec un excès de 7 degrés.

20 janvier 1872. — On mélange 300 centimètres cubes d'une solution d'azotate d'argent avec 300 centimètres cubes d'une solution de sulfure de sodium, la température moyenne du système initial étant de 15°,105 et celle de l'enceinte 14°,90.

En une minute, le maximum est atteint............. .... 22°,62

Après 2 minutes................................... 22,60

    4   id.   22,57

    6   id.   22,53

La perte moyenne est 0°,015 par minute ; le maximum 22°,62 peut être regardé comme trop faible d'une quantité égale à la moitié de cette perte (en supposant l'ascension de la température uniforme depuis 15°,105) ; ce qui fait une correction de 0°,0075 sur 7°,515, soit le millième de la valeur totale.

Les pertes sont bien plus lentes encore, lorsqu'on opère avec le calorimètre de 1 litre, et surtout avec le calorimètre de 2 litres et demi.

·[6] Citons encore une expérience, que je choisirai à dessein parce qu'elle a été faite dans des conditions peu favorables. La pièce destinée aux essais a été chauffée par un poêle, lequel a déterminé un échauffement inégal des objets contenus dans la pièce ; par suite, l'air possède une température supérieure à celle de l'enceinte d'eau, et celle-ci l'emporte sur celle des flacons pleins d'eau, plus éloignés du poêle (octobre 1872).

Température d'un thermomètre placé sur la table. 17°,60

Température de l'enceinte d'eau................. 16,92

500 centimètres cubes d'eau, pris dans un flacon éloigné, sont versés dans le calorimètre. La température de cette eau est alors trouvée égale à 15°,16.

J'ai suivi la marche du réchauffement de l'eau ; le calorimètre était ouvert et j'agitais de temps en temps le thermomètre avec la main :

Température initiale	....	15,16°
Après 3 minutes	....	15,17
7 id	....	15,18
10 id	....	15,195
21 id	....	15,215
26 id	....	15,225

Le réchauffement était donc seulement de $0^u,01$ en trois minutes, au début, soit 0,003 par minute; c'est-à-dire qu'une expérience de courte durée, faite dans ces conditions très défavorables, n'aurait entraîné aucune correction.

Mais ce réchauffement même suit une marche décroissante : c'est là un fait très digne d'attention. Au bout de dix minutes, le réchauffement n'était plus que de $0^u,002$ par minute, bien que les excès de température de l'enceinte et du milieu ambiant sur le calorimètre fussent restés à peu près les mêmes.

Cette circonstance s'explique, je crois, parce que le calorimètre s'est d'abord réchauffé en empruntant de la chaleur à la couche d'air qui l'entourait, ainsi qu'à la première enceinte de plaqué d'argent, lesquelles ont tendu à se mettre en équilibre avec le calorimètre; elles ont à leur tour emprunté de la chaleur à la seconde couche d'air interposée entre les deux enceintes, ainsi qu'à l'enceinte d'eau. Les températures suivent donc une marche croissante, depuis le calorimètre jusqu'à l'enceinte d'eau; tandis qu'au début les deux enceintes avaient la même température. Comme la couche d'air la plus voisine et la première enceinte exercent l'action réchauffante la plus immédiate sur le calorimètre, les faits ci-dessus sont faciles à comprendre.

4. Il résulte de ces observations, comme de l'ensemble de mes recherches, que l'on peut supprimer complètement la correction du refroidissement dans les expériences de courte durée, à la condition d'employer un calorimètre de platine d'une capacité supérieure à un demi-litre et convenablement protégé par une enceinte d'eau. Il est d'ailleurs presque indifférent d'opérer

avec un vase fermé ou avec un vase découvert. C'est là un résultat capital sur lequel je ne saurais trop insister, car il donne aux expériences une facilité et une sécurité singulières.

5. Toutefois il subsiste encore plus d'une expérience dans laquelle on est obligé de prolonger plus longtemps les expériences, et où l'on retrouve par conséquent la correction du refroidissement. Mais, même dans ces cas, elle est beaucoup plus petite, en opérant comme je le fais, que par les procédés ordinaires. C'est pourquoi il convient de dire la marche que je suis pour observer et corriger le refroidissement, quand il n'est pas possible de le rendre négligeable.

Constatons d'abord les faits. Deux cas peuvent se présenter : on opère avec le calorimètre ouvert, ou avec le calorimètre fermé.

6. Dans le premier cas, qui est le plus commode pour la disposition des appareils, le refroidissement dépend à la fois de l'évaporation superficielle et de l'excès de température du calorimètre sur l'enceinte. L'influence exercée par l'excès de température est trop connue des physiciens pour y insister; mais il paraît utile de manifester par des chiffres les effets de l'évaporation et leur degré de grandeur. Par exemple :

[7] L'enceinte d'eau étant à 21°,64, le calorimètre, ouvert et contenant 600 grammes d'une solution saline, présentait :

Température initiale........................ 21°.64
Après 9 minutes........................... 21.58
Refroidissement par minute............... 0.007

[8] L'enceinte d'eau étant à 21°,54, le calorimètre offrait :

Température initiale........................ 21°.51
Après 14 minutes.......................... 21.38
Refroidissement par minute............... 0.009

Ces deux expériences, aussi bien que l'expérience [2], citée à la page 199, montrent que le refroidissement peut avoir lieu quand l'enceinte d'eau est à une température identique, ou même un peu supérieure à celle du calorimètre.

Un tel refroidissement ne dépend évidemment pas de l'excès

de température de l'enceinte, mais de l'évaporation. Ajoutons que, dans les expériences [7] et [8], il est beaucoup plus rapide que dans les expériences précédemment citées et même dans l'expérience [4], où l'excès était cependant de 2 degrés. Les expériences [7] et [8] offrent d'ailleurs des refroidissements exceptionnels entre tous ceux que j'ai observés, refroidissements attribuables à l'état hygrométrique de l'air. Elles ont été choisies à dessein et parmi les essais faits dans un jour très sec, afin d'exagérer le phénomène dont je voulais étudier l'influence.

7. Le refroidissement dû à l'évaporation peut être atténué en couvrant le calorimètre; précaution qu'il convient de prendre dans toute expérience un peu longue.

Toutefois je ne pense pas que cet effet puisse être complètement évité, à moins d'opérer dans un vase parfaitement clos, tel qu'une fiole de verre bouchée (voy. chapitre III), condition qui rend l'emploi des agitateurs difficile. En effet, les agitateurs dont la tige est mue du dehors, quelle qu'en soit la disposition, entraînent dans leur mouvement une couche d'eau qui s'évapore au dehors et refroidit leur surface. On verra dans le chapitre III comment on peut les supprimer, en modifiant la manière de procéder. Ce n'est pas tout : même avec un vase tout à fait clos, l'influence de l'état hygrométrique de l'air ambiant se fait encore sentir, quoique plus faiblement, à cause de la petite quantité d'eau qui se trouve d'ordinaire condensée à la surface extérieure des calorimètres.

8. En résumé, lorsqu'on opère dans des calorimètres ouverts ou incomplètement fermés, ce qui est la condition dans laquelle se placent en général les physiciens et les chimistes, les effets de l'évaporation se font toujours sentir; mais ils prennent une part inégale au refroidissement, suivant la température de l'air et son état hygrométrique.

En été, surtout quand la température atteint ou dépasse 25 degrés, le refroidissement dans un calorimètre ouvert dépend principalement de l'évaporation. Or celle-ci est réglée par le rapport entre l'état hygrométrique de l'air et la tension *maxima* de la vapeur d'eau, rapport qui varie très peu lorsque

la température du liquide change seulement de 2 à 3 degrés.
La nature et la vitesse des courants d'air autour de l'appareil
jouent également un rôle important, quoiqu'il soit impossible
de le définir avec précision.

Vers 15 degrés au contraire, et aux températures plus basses,
l'observation montre que l'évaporation joue un rôle très restreint
dans le refroidissement : celui-ci dépend alors principalement
des excès de température du calorimètre sur ses enceintes.

9. L'influence de l'état hygrométrique de l'air se fait sentir
d'une façon plus grave encore dans les expériences, lorsque
la température du calorimètre, au lieu d'être supérieure à la température ambiante, est ou devient inférieure de 3 à 4 degrés
à celle de l'air, pendant le cours des expériences. En effet,
il arrive alors que la vapeur d'eau atmosphérique se condense
à la surface de l'instrument. La présence accidentelle de quelques
gouttes d'eau dans l'intervalle des enceintes, en saturant d'humidité l'air qui s'y trouve, augmente beaucoup l'influence de
cette cause d'erreur ; il faut donc l'éviter très soigneusement,
surtout quand il y a refroidissement du calorimètre.

10. En raison de ces diverses circonstances, le *système de
compensations de Rumford*, si élégant en principe, est presque
toujours illusoire dans la pratique. On sait que ce système, employé pendant quelque temps par les physiciens, consiste à commencer l'expérience avec un calorimètre amené à posséder une
température qui soit inférieure à la température ambiante, d'une
quantité égale à celle dont il doit s'élever au-dessus, à la fin de
l'expérience ; de façon que la perte subie dans la période
finale soit égale, ou réputée égale au gain éprouvé dans la
période initiale.

Ce système, je le répète, est illusoire, même dans les cas où les
réchauffements successifs qui ont lieu dans la première moitié
de l'expérience se produiraient précisément dans le même temps
que les refroidissements de la seconde (circonstance d'ailleurs
fort difficile à réaliser et que l'on ne peut jamais être assuré
d'avoir obtenue). En effet, d'une part, l'influence de l'évaporation
ne change pas de signe, lorsqu'on passe de la première moitié de

l'expérience à la seconde; et, d'autre part, les excès de température des couches d'air contiguës et des surfaces des enceintes rayonnantes sur la surface extérieure du calorimètre sont variables et mal connus pendant la durée des expériences ; alors même que l'on aurait déterminé exactement la température ambiante et celle de l'enceinte au début et à la fin des essais. L'expérience [6] de la page 200 manifeste les variations dues à cette inévitable influence des enceintes et des couches d'air contiguës ; or les variations dues à l'évaporation, ainsi qu'au réchauffement des couches d'air contiguës et des parois des enceintes, introduisent entre les deux périodes de l'expérience une dissymétrie inévitable et qui rend illusoire, je le répète, le système des compensations.

11. Au lieu de supprimer ainsi toute correction, on a employé souvent, pour les évaluer, un *système* de corrections *fondé sur la loi de Newton*, d'après laquelle les refroidissements sont supposés proportionnels aux excès de la température du calorimètre sur celle du milieu ambiant. On observe donc la perte de température du calorimètre pendant cinq minutes, pour une quantité d'eau déterminée, 500 centimètres cubes, par exemple ; en établissant un certain excès de température, tel que 6 degrés, entre ce liquide et le milieu ambiant. Le nombre observé, divisé par 5, donne la perte pour une minute, et celle-ci divisée à son tour par 6, donne la perte A, pour un excès de 1 degré. Cette dernière quantité est regardée comme constante. Cela posé, soit une expérience faite avec 500 centimètres cubes d'eau ou d'une solution aqueuse étendue, dans le même calorimètre. Soient t_0, t_1, t_2, t_3,... t_n, les températures observées de minute en minute, T étant la température ambiante. Pendant une minute quelconque, telle que celle qui sépare les observations relatives à t_3 et t_2, la température moyenne du système sera $\dfrac{t_3 + t_2}{2}$, l'excès sera dès lors $\dfrac{t_3 + t_2}{2} - T$, et la correction $= A\left(\dfrac{t_3 + t_2}{2} - T\right)$. En faisant la somme de ces corrections pour tous les intervalles d'une minute, depuis le commencement jusqu'à la fin de l'expérience, on obtiendra la correction totale, c'est-à-dire la perte de température éprouvée par le système pendant la durée de l'ex-

périence ; perte qu'il convient d'ajouter à la différence observée entre les températures initiale et finale du calorimètre.

Quand la marche des températures est uniformément croissante pendant un certain temps, le calcul se simplifie, attendu qu'il suffit de prendre la moyenne des températures extrêmes relative à cet intervalle de temps, de retrancher la température extérieure, T, et de multiplier la différence par la quantité Λ, et par le nombre de minutes compris dans l'intervalle. Tout dépend ainsi d'une certaine *constante de refroidissement*, Λ.

Cette constante se rapporte à une masse d'eau déterminée, telle que 500 grammes. Elle s'applique également, que le calorimètre soit plus chaud ou plus froid que le milieu ambiant, la correction étant positive dans le premier cas, négative dans le second. Quand la masse d'eau est différente, soit 400 grammes par exemple, on peut déterminer empiriquement une constante spéciale correspondante, Λ'. On peut encore admettre que cette constante est proportionnelle à la précédente, multipliée par le rapport des masses calorimétriques, soit $\Lambda' = \Lambda \dfrac{400 + m}{500 + m}$. m représente les masses du calorimètre, du thermomètre, de l'agitateur, etc., réduites en eau.

Tel était le procédé suivi par la plupart des observateurs, il y a quarante ans, pour évaluer la correction du refroidissement : ce procédé reposait sur la détermination d'une constante Λ, et dispensait de suivre la marche du phénomène avant et après la réaction. Mais les détails donnés plus haut montrent qu'une correction ainsi calculée ne répond pas exactement au phénomène, celui-ci ne dépendant pas seulement de l'excès de température du calorimètre sur le milieu ambiant, mais à la fois de l'évaporation et de l'excès de température relatif aux enceintes, dont la température réelle diffère souvent de celle du milieu ambiant ; elle est en outre difficile à connaître avec la dernière précision. J'ai donné plus haut (p. 199, 201, 202) des expériences décisives à cet égard. Cette difficulté est encore plus sensible lorsqu'on entoure le calorimètre de peau de cygne ou de coton, comme on le faisait autrefois.

12. *Système de corrections Regnault et Pfaundler.* — M. Regnault, qui s'aperçut de ces causes d'erreur dans la longue suite de ses mesures calorimétriques, imagina un système de corrections un peu différent et plus exact, qui a été publié en détail par un de ses élèves, M. Pfaundler. Dans ce système, on ne fait pas intervenir la température du milieu ambiant ; on se borne à mesurer la perte (ou le gain) de température observée pendant les cinq minutes qui ont précédé l'expérience et les cinq minutes qui l'ont suivie. Cela étant connu, admettons qu'à un instant quelconque l'excès de la perte de température actuellement éprouvée pendant une minute, la n^e par exemple, sur la perte éprouvée au début, soit proportionnel à l'excès de la température actuelle sur la température initiale :

$$\Delta t_n - \Delta t_0 = \mathrm{K}\,(t_n - t_0), \text{ c'est-à-dire } \frac{\Delta t_n - \Delta t_0}{t_n - t_0} = \mathrm{K}.$$

Il est entendu que la température t_n est la moyenne des températures observées au commencement et à la fin de la n^e minute.

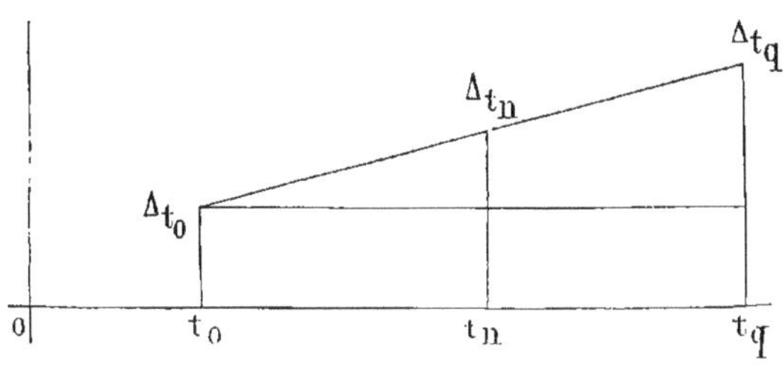

Fig. 14.

K est déterminé d'après la perte moyenne, Δt_0, des cinq minutes qui ont précédé l'expérience, et celle, Δt_q, des cinq minutes qui l'ont suivie.

La perte éprouvée pendant la n^e minute sera dès lors égale à la perte initiale, accrue de la quantité précédente :

$$\Delta t_0 + \mathrm{K}\,(t_n - t_0),$$

et il suffira de faire la somme de toutes ces pertes pendant la durée de l'expérience pour connaître la perte totale; soit pour q minutes :

$$q\Delta_{t0} + \mathrm{K}\Sigma\,(t_n - t_0).$$

La figure 14 (page 207) fera comprendre à première vue toute la marche de ces corrections. Les températures sont prises ici pour abscisses et les pertes pour ordonnées : l'hypothèse fondamentale consiste à admettre que la ligne Δ_{t0}, Δ_{tn}, Δ_{tq}, est droite.

Ce procédé est suivi le plus ordinairement aujourd'hui. Cependant il n'est pas irréprochable, surtout dans les expériences de longue durée, parce qu'il ne traduit pas suffisamment l'influence des enceintes et quelques autres encore. C'est ce que montrent les essais relatés à la page 201.

En général, la marche du refroidissement (ou du réchauffement) d'un calorimètre, et surtout celle d'un calorimètre ouvert, ne peuvent pas être représentées par une formule dépendant uniquement de l'excès de température du calorimètre sur celle de l'enceinte, ni même par aucune formule analytique simple. Elle doit être mesurée empiriquement, dans chaque cas particulier.

A la vérité, cette précision extrême importe peu, toutes les fois que la durée de l'expérience ne surpasse pas quelques minutes; attendu que les diverses hypothèses vraisemblables sur lesquelles ces calculs peuvent être fondés donnent toutes alors les mêmes corrections numériques, dans les limites d'erreurs de cet ordre de mesures. Mais il en est autrement si l'expérience dure une demi-heure, une heure ou davantage, circonstance qu'il n'est pas toujours possible d'éviter. Dans ces cas, j'emploie la méthode suivante, que je crois nouvelle et plus rigoureuse que toutes celles usitées jusqu'à présent.

13. *Système de correction Berthelot.* — La marche du thermomètre sera notée de minute en minute, d'abord pendant une période de cinq ou dix minutes, antérieure à l'expérience, puis pendant toute la durée de l'expérience, enfin pendant dix minutes après, ou même davantage. Dans la plupart des cas, la température finale du calorimètre surpasse sa température initiale. Supposons, pour fixer les idées, que cet excès soit égal à 3 degrés.

J'enlève alors le liquide du calorimètre, je le remplace aussitôt par un volume égal d'eau pure, prise à la même température; je suis la marche du thermomètre pendant dix minutes, puis j'enlève une portion de l'eau du calorimètre et je la remplace par un volume égal d'eau prise à une température un peu moins élevée, et telle que l'excès de température de la masse totale contenue dans le calorimètre, sur la température initiale, ne soit plus que de 2 degrés. Je note alors de nouveau la marche du thermomètre de minute en minute, pendant dix minutes; puis j'enlève une nouvelle portion de l'eau du calorimètre, que je remplace par de l'eau plus froide, de façon à n'avoir plus qu'un excès de 1 degré et demi sur la température initiale. Je note encore la marche du thermomètre pendant dix minutes. Cela fait, je ramène par le même artifice l'excès de température du calorimètre à 1 degré; et je répète les observations.

En procédant ainsi, on obtient, dans l'espace de 30 à 40 minutes, toutes les données nécessaires pour tracer une courbe qui

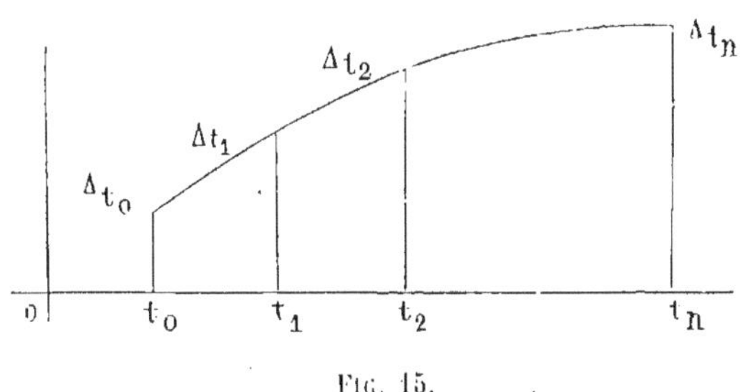

Fig. 15.

donne les pertes réelles de chaleur faites pendant le cours de l'expérience, à chacune des minutes de celle-ci (fig. 15). En faisant la somme de toutes ces pertes, on détermine la correction du refroidissement par une méthode de calcul indépendante des hypothèses ordinaires et, à mon avis, plus rigoureuse qu'aucune autre. Cette *méthode empirique* est applicable à tous les cas, quelle que soit la durée de l'expérience, pourvu que l'on ait soin de reproduire, aussitôt après, en sens inverse, et avec le calorimètre rempli d'eau pure, les excès de température traversés successivement par l'instrument, dans des circonstances atmosphériques identiques à celles de l'expérience. La dernière condition est la seule nécessaire pour que la méthode puisse être appliquée sans aucune hypothèse. Il est rare d'ailleurs qu'il faille employer cette méthode avec toute sa rigueur, c'est-à-dire en traçant la courbe des refroidissements pour tout l'intervalle des températures parcouru par l'instrument, à l'aide d'observations consécutives à la réaction et faites de demi-degré en demi-degré. Dans la plupart des cas, la correction est tellement petite, qu'on peut la simplifier, comme le montreront les expériences citées plus bas.

En suivant la marche qui précède, on peut vérifier si une réaction lente est réellement accomplie à la fin des mesures, et vers quel moment elle a pris fin : c'est le moment où la marche du refroidissement du système est devenue identique avec celle d'un système de masse identique porté à la même température, mais dans lequel ne s'accomplit aucune réaction, une masse d'eau pure par exemple. J'ai eu plusieurs fois recours à ce contrôle, lequel fait défaut dans le procédé Regnault et Pfaundler.

14. Voici le type des calculs dans deux conditions différentes :

[9] Le calorimètre contient 900 centimètres cubes d'eau, renfermant de la potasse ($5^{gr},56$), sur laquelle on vient de faire agir du chlorure de cyanogène ($2^{gr},137$), et dans laquelle on se propose de verser de l'acide chlorhydrique.

Température de l'enceinte (pour mémoire)........... $21^{o},73$
Température du liquide......................... $23^{o},45$

Marche du refroidissement avant l'expérience.

Après 2 minutes... .... $23^{o},43$
    4   id. .... $23,405$

On introduit 100 centimètres cubes d'une solution d'acide

chlorhydrique étendu (48gr,37 = 1 litre), et l'on mélange vivement les liqueurs : l'opération dure une minute et demie.

	Température.
On observe alors..........................	24,18
Après 2 minutes..........................	24,30
3 id.	24,42
4 id.	24,47
6 id.	24,56
8 id.	24,61
10 id.	24,61
12 id.	24,61

L'expérience est regardée comme terminée, le maximum se trouvant atteint.

Marche du refroidissement après le maximum.

1 minute..........................	24,605
8 id.	24,55
14 id.	24,505
24 id.	24,36
27 id.	24,33

Température de l'enceinte (pour mémoire), 21°,37.

L'expérience peut être partagée en trois périodes.

1° *Période du maximum.* — La température *maxima*, 24°,61, répond à un refroidissement

$$
\begin{aligned}
&\text{de 0,06 en 8 minutes.}\\
&\text{de 0,25 en 24 id.}\\
&\text{de 0,28 en 28 id.}
\end{aligned}
$$

soit 0,01 par minute; correction que l'on peut appliquer sans erreur sensible aux 10 minutes et demie qui ont précédé le maximum, attendu que le même intervalle de température a été parcouru en sens inverse dans l'expérience de contrôle. Cela fait : 0°,105.

2° *Période consécutive.* — Le refroidissement pendant les huit premières minutes qui ont suivi le maximum a été un peu plus faible que la moyenne : 0,06 au lieu de 0,08; et cela bien que l'excès de température fût plus grand. Cette circonstance tient évidemment à ce que la réaction n'était pas tout à fait achevée au moment du maximum. Elle entraîne une nouvelle correction, égale à peu près à 0,08 — 0,06, soit $0^o,02$.

3° Période antérieure. —Reste la période de 1 minute et demie, au début de l'expérience, pendant laquelle la température s'est élevée de $23^o,405$ à $24^o,18$. Pour en tenir compte, il suffit de remarquer que, avant l'expérience, la température du calorimètre étant $23^o,45$, le refroidissement a été trouvé de 0,045 en 4 minutes : valeur que l'on peut regarder comme identique avec le refroidissement observé à la fin de l'expérience ; ce qui fait, pour 1 minute et demie : 0,015. En définitive, on voit que la même vitesse de refroidissement, c'est-à-dire la même correction, s'applique sensiblement aux 12 minutes écoulées pendant l'expérience.

La correction totale pour les trois périodes est donc

$$0,105 + 0,02 + 0,015 = 0^o,14.$$

La variation de température observée étant

$$24,61 - 23,405 = 1^o,205,$$

elle doit être augmentée de $0^o,14$, soit un neuvième de sa valeur ; ce qui fait en tout : $1^o,345$.

[10] Voici une autre expérience, dans laquelle le calorimètre renferme 500 grammes d'eau pure. Au milieu de cette eau se trouve un petit cylindre de platine immergé presque juqu'aux bords, et contenant au fond de sa capacité 35 grammes d'acide nitrosulfurique.

Un thermomètre donne la température de l'eau.... $22^o.27$
Un petit thermomètre donne celle de l'acide...... $22,7$
Température de l'enceinte (pour mémoire)........ $22,37$

On fait tomber dans l'acide 1 gramme d'eau, ce qui détermine un dégagement de chaleur. Voici la marche des deux thermomètres contenus dans le calorimètre :

	Eau.	Acide.
Après quelques secondes.................	$22,55$	$30,4$
2 minutes......................	$22,74$	$25,3$
4 id.	$22,76$	$23,9$
6 id.	$22,75$	$23,2$

On arrête l'expérience. Le maximum ayant été atteint au bout de 4 minutes, on reconnaît que la marche du thermomètre contenu dans l'eau, pendant les 2 minutes suivantes, est représentée par une perte de $0°,01$ en 2 minutes; ce qui fait une perte de $0,02$ pour les 4 minutes employées à atteindre le maximum, correction qui s'applique à une différence de $22°,76 - 22°,27 = 0°,49$. En somme, la variation de température aurait dû être, au moment du maximum

$$0,49 + 0,02 = 0°,51.$$

Mais il faut aussi tenir compte de cette circonstance, que les liquides contenus dans le petit cylindre de platine, liquides dont la masse relative est très faible, offraient un excès de $1°,10$ sur l'eau du calorimètre, au moment du maximum. Or la masse totale de ces liquides, du cylindre et du petit thermomètre, vaut en eau, $16^{gr},4$; tandis que la masse totale du calorimètre, de l'eau qu'il renferme et du gros thermomètre vaut $503^{gr},7$. Il faudra donc ajouter à la température précédente la valeur

$$1,10 \times \frac{16,4}{503,7 + 16,4} = 0°,034.$$ Ce qui fait, en définitive, $0°,544$ pour l'excès de température réel, et

$$0,544 \times 520,1 = 283 \text{ calories}$$

pour la quantité de chaleur dégagée.

Dans les expériences analogues, dont la durée ne surpasse pas quelques minutes, il arrive souvent que le refroidissement est nul pendant une durée égale à celle de l'expérience, c'est-à-dire qu'il n'y a pas de correction; mais j'ai choisi les chiffres ci-dessus, précisément comme types des corrections *maxima* que l'on est exposé à rencontrer.

15. Dans des calculs très rigoureux, il conviendrait de tenir compte des variations de la chaleur spécifique de l'eau. Ces variations ne sont malheureusement pas bien connues. M. Regnault a donné les chiffres suivants (*Relation des expériences, etc.,* 1847, t. I, p. 748) :

A 0°. 1,000
Entre 0° et 20°. 1,0005
Entre 0° et 40°. 1,0013

M. Jamin indique une formule qui conduirait à des décroissements plus rapides (1) : entre 0 et 20 degrés, par exemple, on trouve 1,011. Mais je suis porté à croire ce nombre trop fort, d'après les expériences de vérification faites par le simple mélange de deux masses d'eau à des températures inégales, expériences que j'ai citées à la page 176.

La correction due aux variations de la chaleur spécifique de l'eau sera moindre d'ailleurs que la correction déduite des valeurs précédentes, si l'on admet que le même volume d'eau conserve la même chaleur spécifique aux températures des observations (voy. les remarques de M. Regnault, *Comptes rendus*, t. LXX, p. 664); ce qui est tout à fait conforme à ma manière d'opérer.

Quoi qu'il en soit, je n'ai fait aucune correction pour les variations de la chaleur spécifique de l'eau, ces variations étant en somme négligeables à côté des autres erreurs des expériences.

16. Je n'ai pas besoin de rappeler que la *pureté des corps* mis en expérience doit être rigoureusement vérifiée. Il convient souvent de les analyser avant et après l'expérience : j'ai cité dans mes mémoires de nombreux exemples de ces vérifications.

17. Le *degré de certitude* de chaque expérience isolée dépend des poids de matière employés. Étant donné un calorimètre qui renferme 500 à 600 grammes d'eau, et l'exactitude limite des lectures thermométriques étant d'un demi centième de degré, chaque mesure isolée implique une erreur possible de $2^{cal},5$ à 3 calories (quantité de chaleur nécessaire pour élever d'un degré 1 gramme d'eau).

Si cette mesure est rapportée à des liqueurs renfermant 1 équivalent du corps étudié, dissous dans 2 litres, les liqueurs étant mêlées sous des volumes égaux et représentés par 300 centimètres cubes, l'erreur possible, rapportée à ce poids équivalent, sera comprise entre $2,5 \times \frac{20}{3}$ et $3 \times \frac{20}{3}$, c'est-à-dire égale à 20 calories environ pour chaque observation isolée. La comparaison

_____

(1)
$$\frac{Q}{t} = 1 + \frac{0,0011}{2}\,t + \frac{(0,0011)^2}{3}\,t^2.$$

Q est la quantité totale de chaleur absorbée de zéro à *t*. (*Comptes rendus de l'Académie des sciences*, 1870, t. LXX, p. 663 et 715.)

de deux séries d'expériences comportera donc une erreur possible égale à ± 40 calories, au maximum.

Dans le cas des liqueurs plus diluées, le nombre expérimental conserve la même exactitude absolue; mais il faut le multiplier par un coefficient plus fort, lorsqu'on veut le rapporter aux équivalents; l'exactitude relative diminue donc avec la dilution.

18. Les expériences doivent être contrôlées, non-seulement en répétant chacune d'elles plusieurs fois, mais surtout en déterminant la valeur calorimétrique de chaque réaction par plusieurs séries de transformations distinctes, liées entre elles par des équations du premier degré. Il est facile de concevoir une multitude de vérifications de cette espèce; j'en ai fourni de nombreux exemples (1).

19. En résumé, j'opère dans des calorimètres de platine, dont le principal renferme 600 centimètres cubes de liquide. Le calorimètre est placé dans une enceinte plaquée d'argent, et celle-ci dans une enceinte d'eau concentrique, contenue dans un vase de fer-blanc, revêtu lui-même de feutre à l'extérieur.

Je mesure la température à l'aide de thermomètres soigneusement étudiés, indiquant le demi-centième de degré, pendant un intervalle de 10 à 12 degrés. Le nombre de ces thermomètres indispensable aux expériences est de quatre, auxquels il faut joindre un étalon comprenant l'intervalle entre 0 et 100 degrés, lequel fixe la valeur du degré.

Les liquides sur lesquels j'opère sont pesés ou jaugés, à l'aide de fioles soigneusement vérifiées par des pesées; ils renferment d'ordinaire 1 équivalent du corps dissous (en grammes) pour 2 litres. Ils sont préparés en grandes masses (4 à 16 litres) et placés plusieurs jours à l'avance dans la pièce où se font les expériences, les uns auprès des autres, de façon à être amenés à des températures presque identiques.

---

(1) Acide formique et oxyde de carbone, chaleurs de combustion. *Ann. de chim. et de phys.*, 5ᵉ série, t. V, p. 316, et t. XIII, p. 11. — Azotites changés en azotates, même recueil, t. VI, p. 151 à 159. — Bioxyde d'azote changé en acide azotique, p. 165. — Acide hypoazotique, p. 165 à 168. — Combustion de l'acétylène, t. IX, p. 170, et t. XIII, p. 14. — Formation des chlorure, bromure d'aluminium, d'étain, etc., t. XV. p. 194, 196. Etc., etc.

En opérant dans ces conditions, les expériences peuvent être exécutées rapidement et avec la précision *maxima* que comporte la calorimétrie. La réalisation en est d'ailleurs très simple et les calculs consécutifs faciles. Enfin je rappellerai qu'il n'y a pas de correction du refroidissement dans les cas ordinaires, circonstance qui simplifie tout et augmente singulièrement l'exactitude.

CHAPITRE III

CALORIMÈTRES CLOS

§ 1er. — Leur objet.

Il existe un certain nombre d'expériences qui ne peuvent être exécutées dans des calorimètres ouverts, même munis d'un couvercle. Je citerai : la dissolution d'un liquide très volatil dans l'eau, tel que l'éther ou le chlorure de bore; la dissolution d'un gaz peu soluble, tel que le chlore; ou lentement attaquable par les matières contenues dans l'eau, tel que l'ozone; la dissolution d'un gaz, d'un liquide, ou d'un solide, dans un liquide altérable au contact de l'air, tels que les solutions d'hydrosulfite, etc., etc.

Voici les dispositions applicables à ce genre d'expériences.

§ 2. — Dissolution d'un corps très volatil ou très altérable par l'humidité atmosphérique.

1. On emploie comme calorimètre un ballon ou un flacon bouché à l'émeri, de 600 à 1200 centimètres cubes, à parois aussi minces que possible, et dont on détermine le poids. On le remplit d'eau presque en totalité, le volume ou le poids de cette eau étant exactement mesuré. On détermine la température de cette eau avec un thermomètre calorimétrique, le flacon étant débouché et posé au centre des enceintes calorimétriques.

2. D'autre part, le liquide volatil a été pesé à l'avance dans une ampoule scellée à deux pointes, le poids du liquide étant calculé de façon à en permettre la dissolution totale au sein de la quantité d'eau employée. On saisit l'ampoule, on en casse la pointe supérieure, on la laisse tomber dans le flacon, que l'on

bouche aussitôt solidement, et que l'on agite avec violence. Pour opérer cette agitation, on saisit le col du flacon avec une forte pince de bois ou de fer, armée de plaques de liége, et disposée de façon à permettre de tenir solidement le flacon. L'agitation est dirigée de façon à briser l'ampoule et à opérer la dissolution du liquide.

On note soigneusement le temps nécessaire pour effectuer ces opérations.

3. Cela fait, on débouche le flacon, et l'on prend de nouveau la température du liquide, avec le thermomètre calorimétrique.

4. Cependant on peut craindre que le flacon n'ait gagné ou perdu de la chaleur pendant cette agitation prolongée, durant laquelle il a été par moments tiré de ses enceintes. C'est pourquoi on répète l'agitation, pendant le même temps et de la même manière :

1° Sur le flacon renfermant les produits mêmes de la dissolution, et dont on prend ensuite de nouveau la température.

2° Sur le flacon rempli avec le même volume d'eau pure, à la même température initiale, et dont on prend la température, avant et après l'agitation.

On possède alors toutes les données nécessaires aux calculs et vérifications calorimétriques.

5. Ce procédé s'applique également aux liquides très volatils, tels que l'éther, et aux matières qui réagissent violemment sur l'eau, sans pourtant dégager de gaz permanent, telles que le bromure d'aluminium, le chlorure de bore, les chlorures de phosphore, l'acide sulfurique anhydre, etc.; les liquides de ce genre étant placés dans des ampoules, et les solides dans de petits tubes.

Il convient seulement d'opérer sur des poids de matière assez faibles pour que les élévations totales de température ne dépassent point 2 ou 3 degrés. Il est d'ailleurs nécessaire, dans les cas de réaction violente, de reboucher fortement le flacon avant le contact de l'eau avec la matière altérable, et d'agiter assez vivement pour que les produits soient disséminés en un moment dans toute la masse, sans avoir le temps de développer des pressions locales considérables.

§ 3. — **Dissolution d'un gaz peu soluble ou lentement attaquable.**

1. Je donnerai comme exemples la *dissolution du chlore* dans l'eau pure ou alcaline, *l'absorption de l'ozone* par l'acide arsénieux étendu, enfin *l'absorption de l'acéthylène* par le perman-

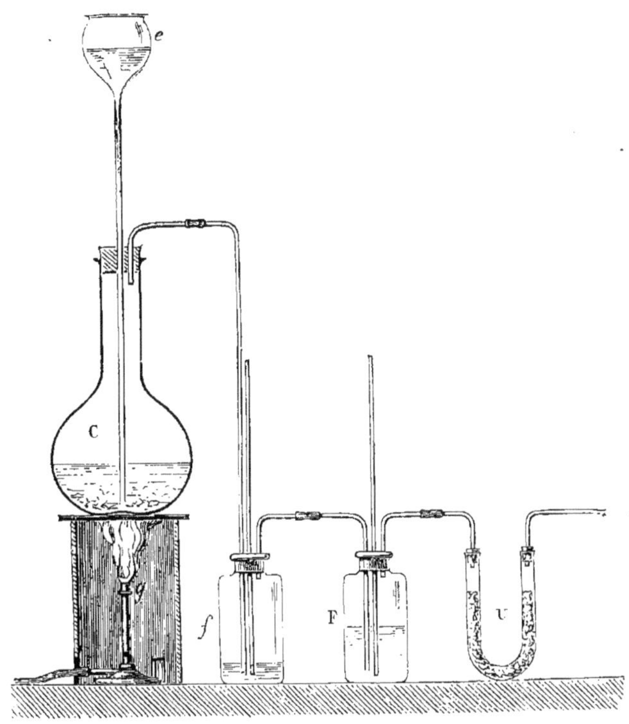

FIG. 16.

ganate de potasse; chacune de ces réactions comportant des manœuvres spéciales.

2. Soit la *dissolution du chlore* dans la potasse étendue (1). Voici l'appareil complet qui sert à cette expérience :

C est une fiole (fig. 16) renfermant du bioxyde de manganèse, sur lequel on verse de l'acide chlorhydrique par un entonnoir

(1) *Annales de chimie et de physique*, 5ᵉ série, t. X, p. 322.

effilé *e*; la fiole étant suspendue, à l'aide d'un support, au-dessus d'un bec de gaz. Le gaz se dégage, il se lave en *f* dans l'eau; il se sèche en F dans l'acide sulfurique concentré; puis il traverse en U un tube rempli de ponce sulfurique, et il arrive par des tubes non figurés jusqu'au robinet R (fig. 17).

FIG. 17.

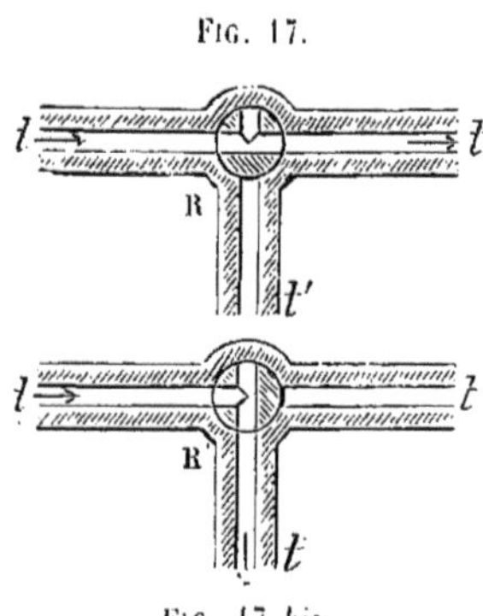

FIG. 17 bis.

Toutes les jonctions peuvent être faites avec des tubes de verre rentrant l'un dans l'autre, comme il sera dit pour l'ozone (p. 223).

On commence par purger les appareils d'air, à l'aide d'un courant de chlore, que l'on envoie ensuite très soigneusement au dehors du laboratoire, à l'aide du robinet disposé dans la direction *tt*, selon la figure 17 *bis*.

Pendant ce temps on ajuste (fig. 18) la fiole F, dont la capacité égale trois quarts de litre environ, et qui est munie d'un bouchon à trois trous.

L'un de ces trous est traversé par un tube à gaz *t*, destiné à amener le chlore; le deuxième, par un tube abducteur *s*, relié avec d'autres tubes qui conduisent soigneusement l'excès de chlore, s'il y a lieu, en dehors du laboratoire; enfin le troisième trou reçoit un large tube, KK, immergé de quelques millimètres sous le liquide de la fiole, et dans lequel flotte le thermomètre calorimétrique, légèrement fixé en *b* par un petit bouchon conique.

La fiole montée et pesée, on y place 500 à 600 centimètres d'une solution alcaline étendue; puis on la tare très exactement sur une balance capable de peser 1 kilogramme à un demi-milligramme près. Pendant cette pesée, les tubes t et s sont munis de petits obturateurs. On a soin, d'ailleurs, d'équilibrer la fiole à l'aide d'une fiole vide, du même verre, de même volume et de même surface approximativement.

Cela fait, on place la fiole pleine dans les enceintes calorimétriques, et l'on suit pendant dix minutes la marche du thermomètre θ, en agitant la fiole saisie par son col à l'aide d'une pince à bouchons.

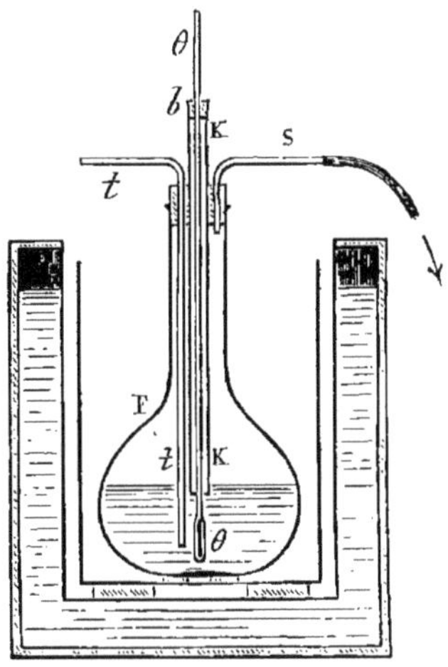

Fig. 18.

On fait alors arriver le chlore dans la fiole pendant le temps que l'on juge convenable, *en agitant continuellement,* et en suivant la marche du thermomètre.

On arrête le courant gazeux. On continue à suivre le thermomètre pendant dix minutes ou plus, puis on reporte la fiole sur la balance : son accroissement de poids est égal au poids du chlore absorbé. On peut d'ailleurs, comme contrôle, faire un essai chlorométrique ; mais la pesée directe est plus exacte.

3. *Absorption de l'ozone par l'acide arsénieux.* — L'ozone (1) est produit au moyen d'un appareil que j'ai imaginé, appareil formé d'un large tube de verre muni de deux tubulures a et b. Un

(1) *Annales de chimie et de physique,* 5e série. t. X, p. 162.

autre large tube *d* pénètre dans le premier et lui constitue une fermeture rodée à l'émeri en C (fig. 19).

Le tube *d* est rempli d'un liquide conducteur (eau aiguisée d'acide sulfurique). Le tout est placé dans une éprouvette remplie du même liquide. Les électrodes d'une puissante bobine d'induction communiquent, l'une avec le liquide du tube intérieur, l'autre avec le liquide extérieur.

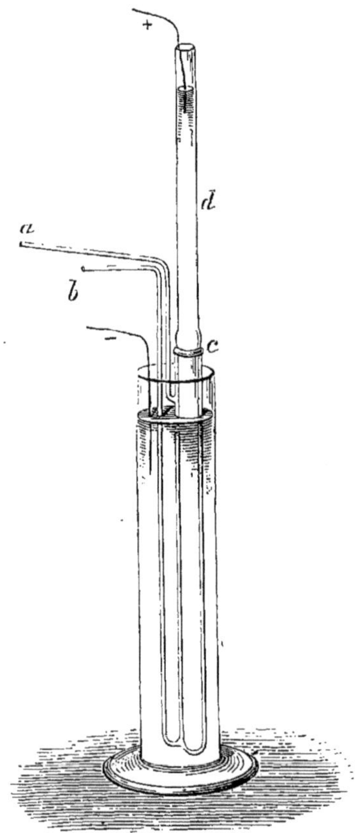

FIG. 19.

La décharge silencieuse (effluve électrique) se produit dans l'espace annulaire compris entre les tubes *c* et *d*. Elle agit sur l'oxygène pur et sec, lequel est débité par un gazomètre, arrive lentement en *a* et s'échappe en *b*, après avoir été en partie transformé en ozone sous l'influence de l'effluve.

Cet appareil est peut-être le plus simple de ceux qui ont été proposés pour préparer l'ozone. Il fournit des rendements considérables.

La jonction du tube *b* avec le calorimètre exige un artifice particulier, les bouchons et les caoutchoucs étant attaqués immédiatement par l'ozone. J'élude cette difficulté, en employant deux tubes de verre de diamètre inégal, *ee* et *bb*, emboîtés l'un dans l'autre à frottement doux, sur une longueur de 10 à 12 centimètres (fig. 20). On les réunit, soit à l'aide d'une lame de caoutchouc ordinaire, roulée sept ou huit fois sur elle-même et liée avec un fil de la même matière, soit à l'aide d'un peu de cire à cacheter (*jj*).

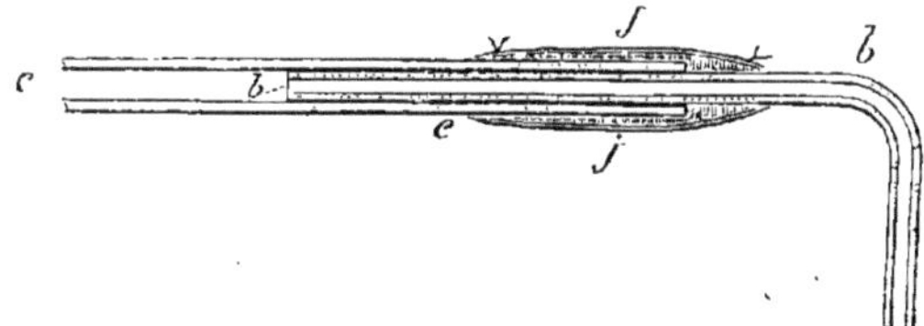

Fig. 20.

L'ozone se dégage ainsi en *b* et passe directement dans le tube *ee*. Ce n'est qu'à la longue que l'ozone parvient jusqu'au joint, par l'interstice capillaire qui sépare les deux tubes, espace où la circulation des gaz est très lente. En prenant soin d'assembler les deux tubes au dehors avec de la cire rouge, la clôture est assurée pour toute la durée de l'expérience, quelque longue qu'elle soit. Avec le caoutchouc roulé, qui permet un peu plus de mobilité, les fuites ne se manifestent pas avant une heure de courant prolongé.

Venons à la fiole calorimétrique; elle est représentée (fig. 21), toute disposée pour les expériences sur l'ozone, au centre de ses enceintes.

La fiole F, de verre mince, d'une capacité de 800 centimètres cubes environ, possède un poids exactement connu. Elle renferme 600 centimètres cubes d'une solution arsénieuse titrée; elle est fermée par un bouchon de liége B, percé de trois trous qui reçoivent chacun un tube.

1° L'un de ceux-ci, *ee*, est recourbé à angle droit et plonge jusque sous la surface du liquide de la fiole (solution arsénieuse); il est destiné à l'entrée de l'ozone, fourni lui-même par un appareil figuré à gauche. Le tube est assemblé avec l'appareil ozonogène en *bb*, suivant l'artifice décrit ci-dessus, à l'aide d'une feuille de caoutchouc roulée. Malgré la rigidité apparente de cette ceinture, le système possède assez d'élasticité pour que l'on puisse agiter doucement la fiole remplie de liquide, en la saisissant près de son orifice avec une large pince armée de bouchons.

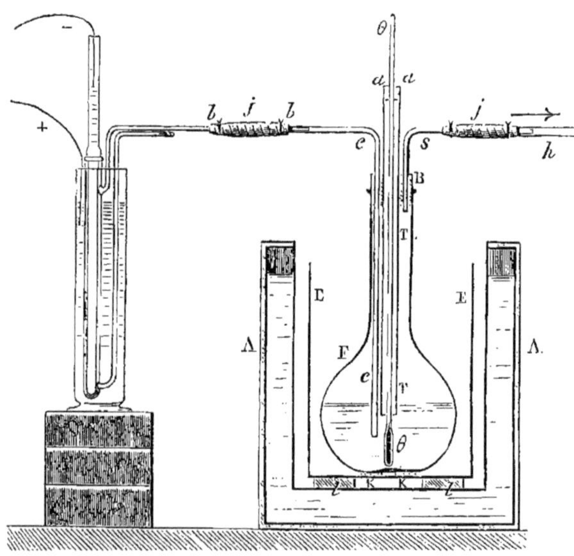

Fig. 21.

2° Un second tube étroit *s*, recourbé aussi à angle droit, mais plongeant seulement dans l'atmosphère gazeuse de la fiole, est destiné à évacuer les gaz qui ont réagi sur la solution arsénieuse. Comme ces gaz renferment encore un peu d'ozone qui incommoderait l'opérateur, on les envoie en dehors de la chambre, en joignant *s* avec un tube *h* (toujours par le même système); lequel tube se relie lui-même avec d'autres tubes de verre ou de plomb, par des assemblages analogues.

3° Un troisième tube TT, beaucoup plus large, destiné à loger le thermomètre calorimétrique oo. Ce large tube plonge à une profondeur d'un centimètre environ dans le liquide de la fiole : il s'élève de plusieurs centimètres au-dessus du bouchon qu'il traverse. Le thermomètre lui-même est fixé sur un petit bouchon fortement conique aa, qui s'appuie doucement sur le tube TT, sans cependant y demeurer assujetti. Cette disposition permet d'agiter le thermomètre au sein du liquide de la fiole, lequel circule librement autour de la boule du thermomètre.

La fiole ainsi disposée sert de calorimètre. Elle est posée sur quelques plaques de liége, au fond d'une enceinte argentée EE, posée elle-même sur des plaques de liége dans l'enceinte d'eau AA, recouverte de feutre ; enceinte qui sert à toutes mes expériences calorimétriques.

Voici la marche de l'expérience :

Je fais passer un courant régulier d'oxygène pur et sec, d'abord à travers le tube ozonogène, où le gaz subit l'influence de l'effluve électrique, puis dans la fiole calorimétrique renfermant 600 centimètres cubes d'une solution titrée d'acide arsénieux étendu ($2^{gr},475$ par litre, plus 5 centimètres cubes d'une solution d'acide chlorhydrique concentré). Une partie de l'ozone s'y change en acide arsénique, avec dégagement de chaleur ; le surplus s'échappe avec l'excès d'oxygène, l'absorption de l'ozone par l'acide arsénieux n'étant pas instantanée.

Au bout de vingt à trente minutes, 6 à 9 litres d'oxygène ayant traversé le calorimètre, et l'élévation de température étant d'un tiers de degré, on cesse de donner l'effluve ; mais on poursuit le courant d'oxygène pur, avec la même vitesse et dans les mêmes conditions, pendant vingt minutes. On a eu soin d'ailleurs de faire la même opération pendant le même temps, avant de donner l'effluve.

La température étant observée également pendant la durée de la période préalable et pendant la durée de la période consécutive, on possède toutes les données nécessaires pour calculer la chaleur dégagée par la transformation de l'ozone gazeux et de l'acide arsénieux étendu en acide arsénique étendu.

La quantité même d'oxygène consommé pour cette transformation est obtenue par l'analyse de la solution arsénieuse du calorimètre. A cet effet, je prends la liqueur primitive, j'y verse un excès très notable de permanganate de potasse très étendu, et je décolore par une solution d'acide oxalique étendu, additionnée d'un grand excès d'acide sulfurique dilué. On dépasse un peu la limite, puis on verse de nouveau du permanganate goutte à goutte, jusqu'à rétablissement de la teinte rose. On obtient ainsi des résultats très sensibles. L'analyse faite à blanc concorde, à un dixième de milligramme près, avec les résultats fournis par la pesée préalable de l'acide arsénieux. Mais il faudrait se garder de doser l'acide arsénieux *directement* par le permanganate, la limite de l'oxydation n'étant pas nette dans cette condition.

Après l'action de l'effluve, on titre de même l'acide arsénieux restant : ce qui donne par différence le poids de l'acide oxydé par l'ozone, et par conséquent le poids de l'oxygène absorbé. Quant au poids même de l'ozone, je le calcule, d'après les expériences de M. Soret et de M. Brodie, en admettant qu'il est triple du poids de l'oxygène absorbé par l'acide arsénieux.

Voici les résultats numériques que j'ai observés :

Poids de l'oxygène absorbé.	Poids de l'ozone correspondant.	Quantité de chaleur dégagée.
mgr	mgr	cal
30,3	90,9	118,2
51,9	155,7	223,7

D'où je déduis pour 8 grammes (1 équivalent) d'oxygène, c'est-à-dire pour 24 grammes d'ozone $= O^3$

$$+ 31^{cal},4 \quad \text{et} \quad + 34,4 :$$

la moyenne est $+ 32^{cal},9$. Mais j'adopterai de préférence la valeur $+ 34,4$, obtenue dans les conditions expérimentales les plus précises et qui me paraît dès lors plus voisine de la vérité.

Or la chaleur dégagée par l'oxydation de l'acide arsénieux étendu, au moyen de l'oxygène libre, déterminée par voie indirecte, a été trouvée :

Par M. Favre. . . . . $+ 19,55$ ⎫ Moyenne. . . . . $+ 19,6$
Par M. Thomsen. . . $+ 19,59$ ⎭

En la retranchant du nombre $+$ 34,4, on trouve : $+$ 14,8 pour la chaleur dégagée par la métamorphose de l'ozone en oxygène ordinaire, c'est-à-dire $-$ 14,8 pour la chaleur absorbée par la formation de l'ozone, rapportée à 1 équivalent, 24 grammes :

$$3\,O = (O^3);$$

soit, en la rapportant à un atome, 48 grammes :

$$3\,\Theta = (\Theta^3) \dots \dots \dots \dots \quad - 29^{\text{cal}},6.$$

4. *Gaz acétylène et permanganate de potasse* (1). — L'acétylène est contenu (fig. 22) dans un flacon B, d'où on l'expulse par un écoulement de mercure : l'acétylène arrive alors dans une fiole F,

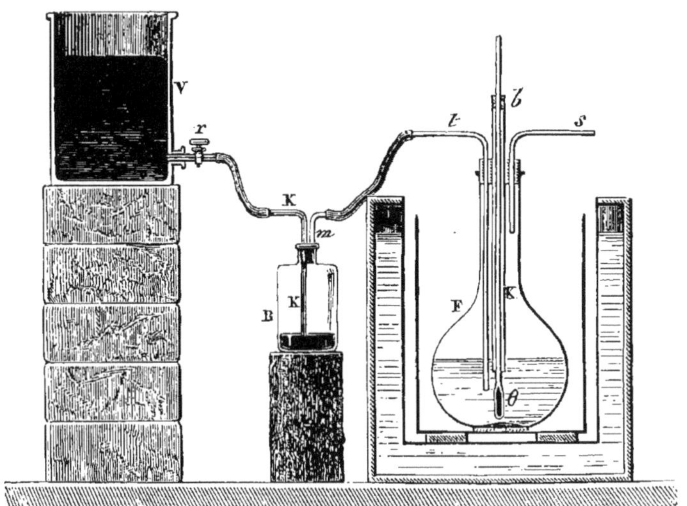

Fig. 22.

pesée et semblable à celle qui vient d'être décrite pour l'absorption du chlore. Cette fiole renferme une dissolution étendue de permanganate de potasse ; on y fait dégager l'acétylène bulle à bulle, en agitant sans cesse, afin d'en déterminer l'absorption complète. Quand l'élévation de température du thermomètre est suffisante, on arrête l'écoulement gazeux. On continue de suivre

(1) *Annales de chimie et de physique*, 5ᵉ série, t. IX, p. 165.

la marche du thermomètre. Au bout de quelque temps, on pèse de nouveau la fiole; ce qui donne le poids de l'acétylène absorbé.

Il reste une opération à faire pour achever l'expérience : c'est de compléter la réduction du permanganate par un mélange d'acides oxalique et sulfurique étendus, le tout étant changé en acide carbonique et sulfate manganeux.

A cet effet, on place la fiole dans ce mélange fait à l'avance et renfermé dans un grand calorimètre LL, d'une capacité égale à 2 litres et quart environ, et disposé avec ses enceintes (fig. 23).

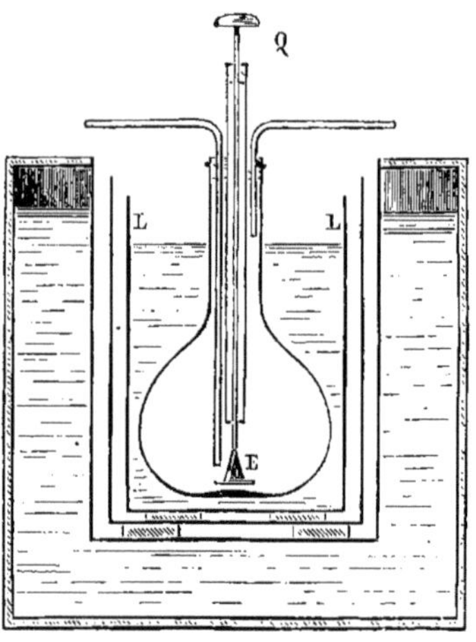

Fig. 23.

Avant d'y mettre la fiole, on refroidit celle-ci extérieurement, à l'aide d'un filet d'eau froide, jusqu'à ce que la température de la dissolution qu'elle renferme soit identiquement la même que celle de la liqueur acide continue en LL ; ce qui peut se faire à l'aide de quelques tâtonnements. Cela réalisé, on enlève les deux thermomètres calorimétriques (celui de la fiole et celui du grand calorimètre); on soulève le bouchon de la fiole, on place dans celle-ci l'écraseur de platine E ; on en enlève la pomme Q, (voy. p. 183). On replace aussitôt le bouchon, en enfilant la tige de l'écraseur dans le large tube, à la place occupée précédemment par le thermomètre calorimétrique; on replace alors la pomme sur la tige de l'écraseur. Puis saisissant le col de la fiole avec une pince à bouchon et la soulevant un peu, on en brise complètement le fond et la panse, en s'aidant de l'écraseur E, et par des chocs consécutifs contre les parois du calorimètre : on mélange ainsi les liquides contenus dans la fiole avec la solution oxalico-sulfurique. Aussitôt le fond et la panse de la fiole brisés, on replace le thermomètre calorimétrique : la liqueur se décolore presque immédiatement, et l'on effectue la mesure de la chaleur dégagée, comme à l'ordinaire. Les volumes relatifs de l'acétylène et de la liqueur finale doivent être calculés d'avance approximativement, de façon que tout l'acide carbonique produit dans l'expérience, tant aux dépens de l'acétylène qu'aux dépens de l'acide oxalique, demeure entièrement dissous : ce qui épargne des corrections incertaines sur les volumes dégagés à l'état gazeux.

§ 4. — Emploi d'un liquide calorimétrique altérable au contact de l'air.

1. Tel est le cas où l'on fait *absorber l'oxygène par une solution d'hydrosulfite* de soude et de zinc (1).

2. J'opère sur 650 centimètres cubes environ d'une liqueur capable d'absorber 6 fois son volume d'oxygène ; elle est contenue dans une fiole servant de calorimètre (fig. 24).

On y dirige l'oxygène pur, dont le poids absorbé est déterminé par des pesées successives, jusqu'à absorption d'un poids égal à la moitié environ de la quantité nécessaire pour saturer la liqueur.

La chaleur dégagée, au moment même de l'absorption, ne surpasse pas la moitié ou le tiers de la chaleur totale. Le surplus se développe pendant les dix ou douze minutes consécutives, comme s'il se produisait deux combinaisons successives.

Voici comment on procède :

1° On remplit la fiole calorimétrique F avec de l'azote pur, par déplacement.

(1) *Annales de chimie et de physique*, 5e série. t. X. p. 389.

2° On a préparé à l'avance (la veille) 2 ou 3 litres d'une solution d'hydrosulfite de soude et de zinc un peu étendue; cette solution étant capable d'absorber 6 fois son poids d'oxygène, et sa densité voisine de 1,04.

3° On fait pénétrer 650 centimètres cubes environ de cette liqueur dans la fiole, en les refoulant par le tube tt, à l'aide d'une pression exercée dans le flacon qui renferme l'hydrosulfite par du gaz azote contenu dans un gazomètre spécial.

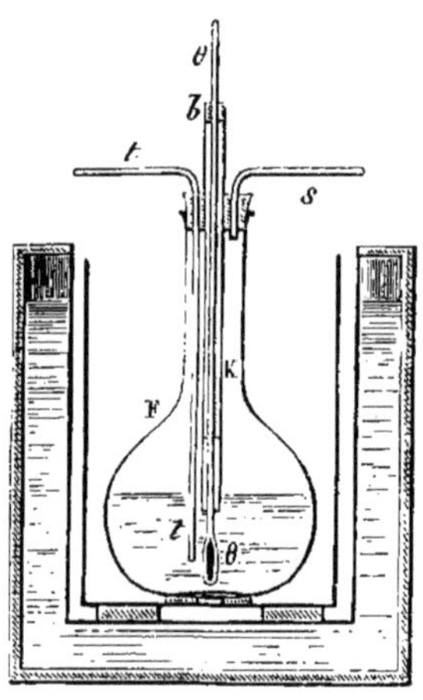

Fig. 24.

4° Ensuite on détache les tubes qui relient le flacon d'hydrosulfite avec le tube t; on essuie ce dernier intérieurement; on place de petits obturateurs aux extrémités extérieures de t et de s. On introduit le thermomètre θ par un large tube K, adapté au bouchon de la fiole. Le thermomètre lui-même est soutenu par un petit bouchon b, qui permet de le suspendre au sein du liquide. Le tube K doit pénétrer seulement un peu au-dessous du niveau du liquide; mais ne pas envelopper la boule du thermomètre, afin que celui-ci puisse se mettre aisément en équilibre de température avec la masse du liquide.

5° On pèse tout le système sur une balance sensible à un demi-milligramme, le système étant équilibré au moyen d'une tare de verre, de même forme et de même surface que la fiole F.

6° Cela fait, on place la fiole dans la double enceinte protec-trice qui sert à mes expériences.

7° On suit la marche du thermomètre θ pendant dix minutes.

8° On fait arriver dans la fiole, par le tube adducteur t, un courant régulier d'oxygène sec, puisé dans un gazomètre. Le tube abducteur s lui-même est muni d'un prolongement, plongé sous une couche d'eau, de façon à permettre de suivre la marche de l'absorption. On agite incessamment la fiole. Au début, il se dégage quelques bulles de gaz au dehors ; mais dès que la dose de l'oxygène dans la fiole est devenue notable, la vitesse du cou-rant gazeux peut être réglée, de façon à rendre l'absorption totale. Trois minutes suffisent pour cette première période, pendant laquelle on suit avec attention la marche du thermomètre.

9° On arrête alors le dégagement gazeux, tout en continuant d'agiter la fiole. Le dégagement de chaleur se poursuit durant huit à dix minutes, et il atteint pendant cette seconde période une valeur $1\frac{1}{2}$ fois à 2 fois aussi grande que pendant la période initiale d'absorption proprement dite : ces circonstances sem-blent indiquer la formation de deux composés successifs. Quoi qu'il en soit, le maximum est atteint après huit à dix minutes ; il dure une à deux minutes ; puis la température baisse, et le refroidissement prend bientôt une marche régulière.

10° On pèse alors la fiole : son accroissement de poids indique l'oxygène absorbé.

11° Comme contrôle calorimétrique, on a pris soin de repro-duire presque aussitôt la même température, avec un même volume d'eau pure, dans le même appareil, au sein d'une fiole semblable, et l'on a suivi également pendant dix minutes la marche du refroidissement, laquelle s'est trouvée en fait iden-tique à la précédente.

Ce dernier résultat prouve que la réaction était réellement terminée dans l'expérience précédente : contrôle qui ne doit jamais être négligée dans les réactions qui ne sont pas instan-tanées.

On peut alors reprendre l'opération une seconde fois, c'est-à-dire répéter l'absorption de l'oxygène, sur la même fiole et le même liquide; reproduire ensuite la même opération une troisième fois, et ainsi de suite, jusqu'au voisinage de la saturation du liquide par l'oxygène.

3. J'ai trouvé dans trois essais consécutifs, faits sur la même liqueur (liqueur capable d'absorber $4^{gr},400$ d'oxygène) :

	Oxygène absorbé.	Chaleur dégagée, rapportée à 8 gram. d'oxygène.
	gr.	Cal.
Première portion.......	0,753	+ 34,00
Deuxième portion......	0,769	+ 34,01
Troisième portion......	0,859	+ 33,82
	2,381	+ 33,94

CHAPITRE IV

CHAMBRES SPÉCIALES DE RÉACTIONS

§ 1er. — **Objet de ces chambres.**

1. Il est un certain nombre de réactions qui ne peuvent être effectuées dans des dissolutions très étendues, de l'ordre des liqueurs employées pour remplir le calorimètre. Telles sont : les combustions vives; les décompositions brusques; les réactions effectuées avec des acides ou des bases concentrés; les réactions opérées avec des liquides autres que l'eau, susceptibles parfois d'évaporation; les réactions entre corps gazeux, avec formation de gaz ou de liquides, par exemple la réaction de l'éthylène sur le brome, celle de l'oxygène sur le bioxyde d'azote, etc.

Ces transformations donnent lieu fréquemment à la production d'une température trop élevée pour être mesurée avec les thermomètres calorimétriques, parfois même avec aucun genre de thermomètres. Ajoutons que les produits des réactions possèdent souvent une chaleur spécifique différente de celle de l'eau et difficile à évaluer avec une grande précision.

2. Dans ces circonstances, il convient de faire absorber la chaleur produite à l'aide d'une masse d'eau environnant le vase où la réaction proprement dite s'accomplit; masse dont la chaleur spécifique est bien connue et dont la température varie seulement dans des limites accessibles aux mesures calorimétriques.

On voit par là la nécessité de chambres et laboratoires spéciaux où s'effectuent les réactions, ces chambres et laboratoires étant immergés dans un calorimètre.

3. Les conditions expérimentales deviennent encore plus compliquées, lorsqu'il est nécessaire de déterminer une réaction

à une température supérieure à celle du milieu ambiant : telle est la décomposition spontanée de l'azotite d'ammoniaque.

Je vais décrire les appareils que j'ai employés dans cet ordre de recherches, en prenant une série d'exemples particuliers, mais caractéristiques.

§ 2. — Cylindres et tubes de verre et de platine.

1. Soit la *formation d'un composé nitré*, par la réaction d'un composé organique, tel que la benzine, la mannite, le coton, etc., sur l'acide nitrosulfurique (1). Pour la réaliser, on introduit l'acide dans un petit cylindre de platine, jaugeant 60 centimètres cubes environ (fig. 7, page 146), assez long d'ailleurs pour qu'il puisse être posé verticalement et flotter au centre d'un calorimètre de 600 centimètres cubes, plein d'eau.

On pose sur le cylindre un bouchon de liége, enduit de paraffine, afin de prévenir la réaction de l'humidité atmosphérique sur l'acide. Cependant on agite l'eau du calorimètre, jusqu'à ce que l'équilibre de température soit établi entre l'eau et l'acide nitrosulfurique. La température de l'eau est prise avec le thermomètre calorimétrique; la température de l'acide, avec un petit thermomètre accusant les vingtièmes de degré.

Cela fait, on débouche le cylindre et l'on y fait tomber goutte à goutte la benzine en agitant sans cesse; ou bien on immerge dans l'acide, soit le coton, soit la mannite, etc., en un mot le corps destiné à être nitrifié, que l'on remue et mélange soigneusement avec l'acide nitrosulfurique, au moyen d'un petit tube de verre.

La réaction s'effectue. Cependant on a soin d'agiter vivement l'eau du calorimètre, et d'y promener le cylindre flottant, afin d'éviter que la température intérieure de ce dernier ne s'élève trop : précaution surtout indispensable si l'on veut éviter les oxydations violentes et explosives dans la formation de la nitroglycérine et des autres éthers nitriques.

____

(1) *Annales de chimie et de physique*, 5ᵉ série, t. IX, p. 316.,

La réaction terminée et l'équilibre de température presque rétabli entre le cylindre et le calorimètre, on procède au calcul. — Je dis presque rétabli, parce que, en réalité, cet équilibre serait trop long à réaliser. Dès lors on arrête l'expérience lorsqu'il n'existe plus qu'une différence de quelques dixièmes de degré entre le liquide du cylindre et l'eau du calorimètre; circonstance dont on tient compte dans les calculs. En effet, dans ces conditions, le calcul de la chaleur dégagée est possible, bien que la chaleur spécifique du mélange nitrosulfurique ne soit pas connue très exactement; mais il suffit de l'évaluer approximativement, attendu que la valeur en eau du cylindre et de son contenu représente une petite fraction de la masse d'eau du calorimètre. C'est pourquoi, dès que la température du cylindre diffère peu de celle de la masse d'eau, le calcul de la chaleur dégagée peut être fait avec le degré de précision accoutumé.

2. Certaines réactions entre deux liquides volatils, ou bien entre un liquide et un solide, s'effectuent au sein de la petite bouteille de platine (fig. 6, page 146). Par exemple, les deux liquides (soit l'alcool et le chlorure acétique) étant introduits d'avance, chacun dans une ampoule ou tube séparé, on bouche fortement la bouteille; on l'immerge dans le calorimètre, en la lestant au besoin à l'aide de morceaux de plomb enroulés autour; puis on l'agite violemment, afin de mêler les liquides.

On opère de même, si l'on veut faire agir un liquide sur un solide, le liquide étant contenu dans une ampoule, et le solide dans le cylindre de platine lui-même.

3. Dans les cas où des gaz interviennent pour produire la réaction, ou bien sont développés par suite de son accomplissement, il est nécessaire de modifier un peu les dispositions précédentes. Je citerai comme exemple la chaleur dégagée dans la *réaction du gaz bromhydrique sur l'alcool.*

On prépare à l'avance le gaz bromhydrique sec dans des flacons, en opérant sur le mercure, ou même par simple déplacement; puis on le fait passer dans un cylindre de verre mince, P, placé dans le calorimètre, cylindre rempli à moitié d'alcool absolu (fig. 25).

Donnons le détail des manipulations nécessaires pour réaliser l'expérience calorimétrique :

1° Le gaz bromhydrique est contenu dans un flacon d'un demi-litre B, à orifice étroit, bouché à l'émeri.

2° On a disposé au préalable un petit bouchon de liége conique, pourvu de deux tubes de verre très-étroits et susceptibles de s'adapter exactement dans le col du flacon B.

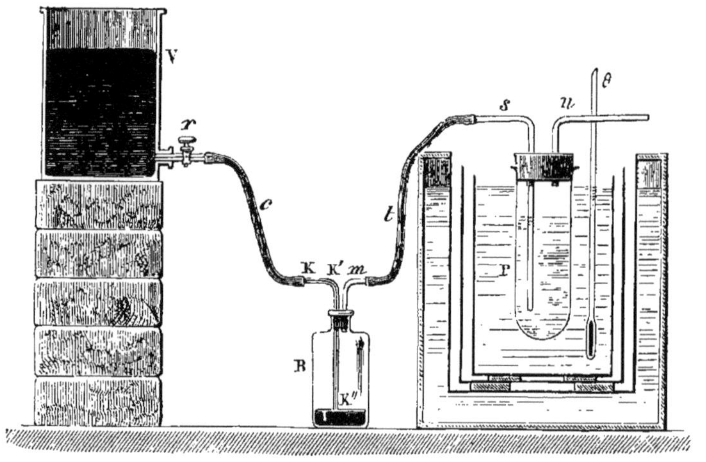

FIG. 25.

3° Au moment de commencer l'expérience, on saisit ce petit bouchon, on le retourne de façon à tenir en l'air la pointe K″ du tube KK′K″, pointe qui devra se trouver tout à l'heure au fond du flacon ; on ajuste la branche recourbée K, avec un tube de caoutchouc très étroit, posé lui-même sur le robinet de verre (ou de fer) d'un vase d'un litre V, rempli de mercure et placé sur un support. On fait alors écouler du mercure par le robinet r jusqu'à ce que le tube KK′K″ en soit rempli.

4° Cela fait, on ferme le robinet ; on pose auprès du vase V le flacon B ; on en enlève le bouchon de verre et l'on y substitue prestement le bouchon de liége armé de ses deux tubes. Cette opération, effectuée avec promptitude, n'introduit pas une dose d'air appréciable dans le flacon B; introduction peu importante du reste au point de vue calorimétrique.

5° On ajuste ensuite le tube *m* avec un second caoutchouc et avec le tube auxiliaire *t*, laissé libre à dessein par son autre extrémité.

6° On fait alors écouler 50 à 60 centimètres cubes de mercure par le robinet *r*; ce qui déplace un peu de gaz bromhydrique, lequel expulse l'air des tubes *m* et *t*.

7° Cela fait, on ajuste à l'extrémité de *t* le tube *s*.

Le petit tube *s* plonge dans un cylindre de verre mince P, renfermant de 20 à 50 centimètres cubes d'alcool absolu, et pourvu d'un bouchon de liége à deux trous : dans ces trous s'engagent, d'une part le tube adducteur *s*, plongeant jusqu'aux deux tiers de la profondeur de P, et d'autre part le tube abducteur *u*.

8° Le large cylindre P, avec son bouchon et ses tubes, a été pesé à l'avance rigoureusement sur une balance à analyse; puis on y a introduit l'alcool et l'on a pesé de nouveau. Le *poids de l'alcool* employé est ainsi connu. Cela fait, on met le cylindre en place dans le calorimètre CC, où il est maintenu plongé jusqu'à la hauteur du niveau intérieur du bouchon; on l'ajuste avec les tubes *m*, *t*, *s*, comme il a été dit plus haut.

9° On fait arriver lentement, par *s*, le gaz bromhydrique pur, lequel se dissout sans résidu sensible, si l'on a observé les précautions prescrites. On agite d'ailleurs incessamment le cylindre P, ainsi que l'eau du calorimètre. Rien ne doit sortir par le tube *u*, si l'opération est conduite convenablement.

Quand le thermomètre θ a monté suffisamment, on arrête l'écoulement du gaz.

Si l'élévation de température produite par le gaz d'un seul flacon B ne suffisait pas, on en prendrait un second, en observant les mêmes précautions pour l'ajustement et la substitution des bouchons.

10° La mesure thermique terminée, il ne reste plus qu'à enlever le cylindre P, à l'essuyer et à le peser, pour savoir le *poids du gaz bromhydrique* absorbé.

Le même appareil s'applique à beaucoup d'expériences analogues, telles que l'absorption du propylène par l'acide sulfurique monohydraté (*Ann. de chim. et de phys.*, 5ᵉ série, t. IX, p. 335), celle de l'éthylène par l'acide sulfurique fumant (même volume, p. 306), celle du bioxyde d'azote par l'acide nitrique ordinaire (même recueil, 5ᵉ série, t. VI, p. 163) ; etc., etc.

§ 3. — Petit laboratoire.

Voici un appareil plus complet que les précédents, et disposé de façon à faire réagir des gaz ou des liquides, à condenser les liquides volatils, à écouler au dehors les gaz produits, etc. Les dimensions en sont telles, qu'il peut être placé au centre d'un calorimètre cylindrique de 600 centimètres cubes, plein d'eau.

L'appareil se compose de trois parties, toutes trois de platine, savoir :

1° Un laboratoire LL, jaugeant 50 centimètres cubes environ;

2° Un serpentin SS;

3° Un récipient R (fig. 26), avec son tube à dégagement gazeux ;

Le tout entouré par le calorimètre VV muni de l'agitateur CC, et du thermomètre.

1° Le laboratoire est pourvu, à sa partie supérieure, d'une large tubulure T, dans laquelle on peut fixer un bouchon de liége, paraffiné s'il y a lieu, et pourvu de trous, suivant les besoins. Au-dessous de la tubulure et à l'origine de la partie élargie, se trouve soudé un tube latéral, dans lequel s'engage, à frottement doux, l'extrémité supérieure du serpentin.

2° Celui-ci se compose de trois tours de spires, dont la plus basse vient pénétrer à frottement doux dans la tubulure latérale du récipient. Elle s'y enfonce de façon que son extrémité arrive presque jusqu'au centre du récipient.

3° Le récipient lui-même est pourvu, du côté opposé, d'une tubulure d'abord oblique puis verticale, laquelle s'élève en dehors de l'eau du calorimètre. Elle est destinée à évacuer les gaz.

L'assemblage du serpentin avec les tubulures respectives du

laboratoire et du récipient est rendu étanche à l'aide de minces
tubes de caoutchouc, qui enveloppent chaque jointure.

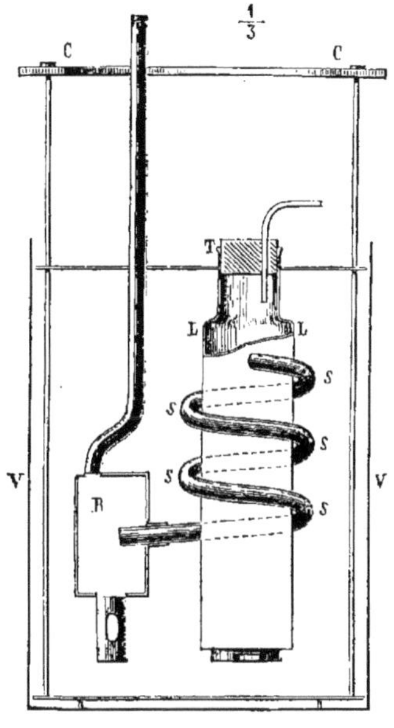

Fig. 26.

Tel est l'appareil construit avec beaucoup de délicatesse par
M. Golaz, appareil que j'ai employé dans mes expériences sur
la décomposition de l'acide formique pur par l'acide sulfurique
concentré (1) et dans beaucoup d'autres recherches.

§ 4. — Chambres à combustion.

1. La détermination de la chaleur dégagée : soit par la com=
bustion directe des métaux, du soufre, de l'hydrogène, du charbon, des composés organiques, au moyen de l'oxygène libre ; soit
par la combustion de l'hydrogène et des métaux, au moyen du
chlore gazeux, etc., a été l'objet de nombreuses expériences de
la part de Lavoisier, de Dulong, de Favre et Silbermann, d'An-

(1) *Annales de chimie et de physique*, 5ᵉ série, 1875, t. V, p. 291.

drews, de Thomsen, etc., et de l'auteur du présent ouvrage. J'ai construit, à cet effet, un appareil spécial, dont les dimensions et la structure me paraissent plus favorables qu'aucunes autres.

Cet appareil offre deux dispositifs distincts : suivant que le corps combustible, solide ou liquide, est placé à l'avance dans la chambre ; ou bien qu'il est gazeux et introduit à mesure en même temps que l'oxygène.

2. Dans le premier cas, tel que la *combustion du soufre* (1), j'ai employé une chambre à combustion de verre mince, très légère, d'une capacité assez considérable, disposée de façon à pouvoir apercevoir nettement la combustion et constater s'il y a quelque trace de soufre sublimé ou d'acide sulfurique condensé : dernière circonstance qui se présente en effet, pour peu que l'oxygène ne soit pas absolument sec.

Voici le dessin de cet appareil (fig. 27) :

CCCC est la chambre à combustion de verre, figurée au centre d'un calorimètre d'un litre, lequel est disposé comme dans mes autres expériences.

Cette chambre de verre, de forme cylindrique, est terminée par deux calottes sphéroïdales. Vers sa partie inférieure s'ouvre un serpentin de verre *ss's*, soudé, enroulé autour de la chambre, et qui se termine en *s'* par un tube vertical *tt*, recourbé plus loin à angle droit, et destiné à conduire l'acide sulfureux hors du laboratoire.

La chambre à combustion est munie de deux tubulures verticales à sa partie supérieure. L'une d'elles, plus étroite, *oo*, porte un tube recourbé à angle droit, *t't'*, qui amène l'oxygène sec dans la chambre. Cet oxygène est débité par un gazomètre.

L'autre tubulure, plus large, K, est munie d'un gros bouchon B, par lequel s'engage un large tube vertical T, fermé à sa partie supérieure par un autre bouchon plus petit, *b*.

C'est par ce tube T que l'on introduit le charbon en ignition, destiné à enflammer le soufre (voy. plus loin).

(1) *Annales de chimie et de physique*, 5ᵉ série, 1878, t. XIII, p. 5.

Le soufre lui-même est placé dans un petit creuset de biscuit, suspendu par un fil de platine *f*.

Ce fil est fiché par sa partie supérieure dans le bouchon B. Il traverse deux rondelles de mica *mm*, destinées à protéger le bouchon contre la flamme.

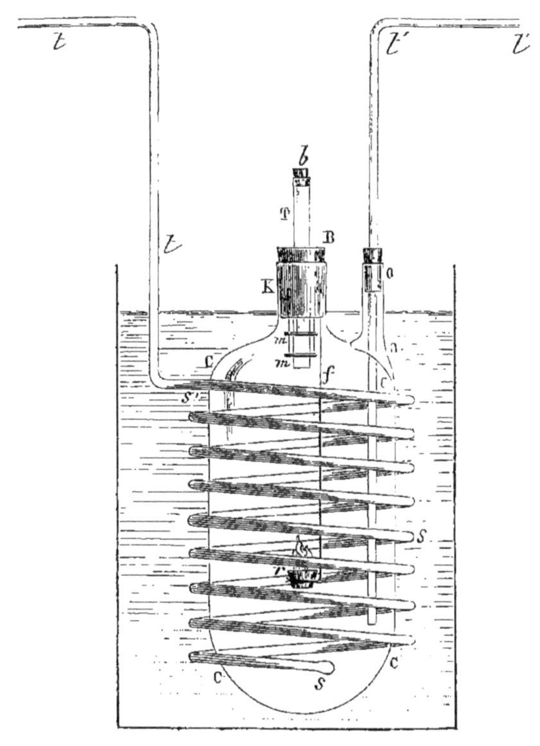

Fig. 27.

3. J'ai employé aussi la même chambre à combustion de verre pour brûler l'oxyde de carbone et les carbures d'hydrogène, sauf à en modifier légèrement les dispositions, comme il sera dit plus loin (page 246). Elle me paraît offrir de grands avantages sur les chambres métalliques, employées par Dulong et par MM. Favre et Silbermann.

Elle est beaucoup plus légère, son poids ne surpassant pas quelques dizaines de grammes : ce qui permet de la peser sur des balances à analyse ordinaire et ce qui rend très petite l'intervention dans les calculs de la masse de cette chambre évaluée en eau. Au contraire, les chambres métalliques pèsent au moins 500 à 600 grammes, voire même davantage.

En outre, la transparence de la chambre de verre permet d'apercevoir directement et de régler la combustion ; ce qu'il n'est pas facile de réaliser avec les chambres métalliques.

La clôture de la chambre de verre est plus facile à obtenir que celle des chambres métalliques. La forme peut en être modifiée aisément, suivant les besoins de chaque expérience ; d'ailleurs la construction d'une chambre nouvelle, appropriée à chaque cas particulier, est facile, peu coûteuse, et prompte à réaliser.

Enfin la chambre de verre peut être immergée entièrement, à l'exception des tubulures, sous le niveau de l'eau du calorimètre ; tandis que les chambres métalliques les plus usitées offrent, dans leur partie supérieure, une surface considérable qui demeure extérieure à l'eau du calorimètre. J'ajouterai que la cause d'erreur résultant de cette circonstance est d'autant plus atténuée dans une chambre de verre, que le verre est moins conducteur que le métal.

4. Mais revenons à la combustion du soufre. L'inflammation de ce corps, dans mes essais, était produite à l'aide d'un très petit morceau de charbon de bois, pesant environ 2 milligrammes, que l'on enflammait sur un bec de gaz et qu'on laissait tomber par le large tube vertical ouvert, puis aussitôt refermé, dans le creuset de biscuit suspendu à l'intérieur de la chambre à combustion.

En réglant convenablement l'accès de l'oxygène, la combustion s'effectue très bien. Elle durait dix à douze minutes dans mes essais ; l'échauffement de l'eau du calorimètre se prolongeant ensuite pendant quatre à cinq minutes. Voici les nombres obtenus :

Poids du soufre brûlé.	Chaleur dégagée par 16 grammes de soufre. $S + O^2 = SO^2$.
gr.	Cal
0,867	+ 34,57
0,826	+ 34,54
0,901	+ 34,39
0,860	+ 34,70
Moyenne	+ 34,55

Dans mes expériences, le soufre était du soufre octaédrique pur, ne laissant pas de cendres. On le pesait, avant l'expérience, dans un petit creuset de porcelaine, et l'on avait soin de le brûler jusqu'à la dernière trace. Cette précaution m'a paru indispensable, les combustions incomplètes fournissant des nombres peu réguliers.

Comme contrôle, on peut peser l'acide sulfureux produit, en le récoltant dans un tube de Liebig.

5. Ce contrôle est indispensable quand *on brûle du carbone*, une portion de ce corps fournissant toujours de l'oxyde de carbone.

Ce dernier doit être estimé séparément. Or, à cet effet, les gaz de la combustion sont dirigés au sortir du calorimètre dans un tube à boule de Liebig, suivi d'un tube à potasse solide ; ce qui permet d'évaluer l'acide carbonique renfermé dans ces gaz. Puis on les conduit sur une colonne d'oxyde de cuivre chauffée au rouge, comme pour une analyse organique. Un second tube à boules de Liebig fournit le poids de la nouvelle proportion d'acide carbonique formée, laquelle représente l'oxyde de carbone engendré d'abord dans le calorimètre.

6. Quand on brûle un *carbure d'hydrogène solide*, tel que la benzine, il convient de le placer dans une petite lampe métallique pourvue d'une mèche d'asbeste, et de l'enflammer au moment même où on l'introduit dans la chambre à combustion. On pèse la lampe avant et après la combustion ; ce qui fournit le poids de la benzine brûlée.

Dans cette circonstance, il se produit de l'eau et de l'acide carbonique. L'acide carbonique est récolté dans un tube de Liebig. L'eau se condense en partie dans la chambre à combustion, qui doit être remplie d'air avant et après la combustion ; le surplus de l'eau est condensé dans un tube à chlorure de calcium fondu, lequel précède le tube de Liebig.

Il est bien entendu que dans les calculs thermiques, la formation de cette dernière portion d'eau doit être calculée d'après la chaleur de formation de l'eau gazeuse, en tenant compte de la chaleur de vaporisation de l'eau à la température de l'expérience.

7. Les combustions de carbures d'hydrogène et autres composés organiques offrent une complication qui les rend fort pénibles, parce qu'il se forme toujours un peu d'oxyde de carbone et quelques traces de carbures d'hydrogène échappés à la combustion vive. Il est indispensable de tenir compte de ces *portions incomplètement brûlées*.

Pour les évaluer, on en complète la combustion, de façon à les changer entièrement en eau et en acide carbonique, que l'on pèse. A cet effet, les gaz de la première combustion, au sortir du tube de Liebig et du petit tube dessiccateur qui le suit, les gaz, dis-je, sont dirigés dans un tube à oxyde de cuivre chauffé au rouge. On récolte au delà et l'on pèse les nouvelles doses d'acide carbonique et d'eau formées.

Deux cas peuvent se présenter ici :

·1° S'il ne forme pas d'eau, on évalue l'oxyde de carbone d'après le poids d'acide carbonique.

2° S'il se forme de l'eau et de l'acide carbonique, on peut dans les calculs :

Soit supposer que l'hydrogène correspondant était libre, le carbone étant entièrement à l'état d'oxyde de carbone, et les produits de la combustion incomplète regardés comme les suivants : $x\,C^2O^2 + y\,H^2$.

Soit supposer ces produits constitués par un mélange de formène et d'oxyde de carbone : $\frac{y}{2}\,C^2H^4 + \left(x - \frac{y}{2}\right)C^2O^2$.

Soit enfin supposer que l'hydrogène appartenait à la vapeur du composé lui-même, circonstance assez probable en effet dans le cas de la benzine et des corps volatils et très stables : dans ce cas on évalue la dose correspondante de carbone d'après le poids de l'acide carbonique obtenu, les produits de la combustion incomplète de la benzine étant supposés être : $\frac{y}{3}\,C^{12}H^6 + (x - 2y)C^2O^1$.

On déduit du poids de la matière brûlée le poids calculé qui répondrait à ces doses d'hydrogène et de carbone. Seulement il convient de tenir compte de la chaleur absorbée par la vaporisation de cette portion de matière, la benzine par exemple, puisqu'elle a été transportée dans l'état gazeux, hors du calorimètre.

8. Ces corrections n'offrent pas une certitude complète ; aussi ne sont-elles acceptables que dans les cas où les doses de carbone et d'hydrogène incomplètement oxydées ne surpassent pas quelques centièmes du poids total du poids de ces éléments contenues dans la matière réellement brûlée. Dans ces conditions, les trois procédés de correction précédents, quoique fort distincts en apparence, conduisent aux mêmes résultats numériques, à quelques millièmes près.

C'est ce qu'il est facile d'établir. En effet, on obtient la chaleur de combustion totale en ajoutant au nombre trouvé la chaleur de combustion des produits incomplètement brûlés. Calculons cette dernière, dans les trois hypothèses ci-dessus :

$$x \; C^2O^2 + y \; H^2, \text{ dégagerait en brûlant}.. \quad 68,2 \; x + 69 \; y$$

$$\left(x - \frac{y}{2}\right) C^2O^2 + \frac{y}{2} \; C^2H^4 \dots \dots \dots \quad 68,2 \; x + 70,9y$$

$$(x - 2y) \; C^2O^2 + \frac{y}{3} \; C^{12}H^6 \dots \dots \dots \quad 68,2 \; x + 124,6y$$

Les deux premières évaluations se confondent ; mais la dernière fournit un excès de 27 calories pour chaque milligramme d'hydrogène retrouvé sous forme d'eau dans le tube à ponce sulfurique qui suit le tube à oxyde de cuivre, où la combustion totale s'est accomplie. — Admettons, pour fixer les idées, que l'on ait brûlé 1 gramme de benzine dans le calorimètre, poids qui dégage 10,038 calories ; chaque milligramme d'hydrogène non brûlé dans la chambre à combustion donne lieu à une correction, dont les valeurs extrêmes évaluées par les procédés ci-dessus diffèrent à peu près d'un nombre égal à un quart de centième de la chaleur de combustion totale. Ces nombres donnent une idée de l'écart qui peut exister entre les résultats des trois modes de corrections.

9. Quoi qu'il en soit, il y a toujours quelque chose d'incertain dans cette correction relative à la matière incomplètement brûlée. Aussi convient-il de diriger la combustion de façon à la rendre la plus complète possible ; quand la correction est très

petite, l'erreur que l'on peut commettre sur cette correction se trouve réduite à une quantité du second ordre de petitesse, c'est-à-dire négligeable.

10. La chambre de combustion doit être un peu modifiée lorsque l'on y fait réagir deux gaz, par exemple l'hydrogène sur le chlore, ou bien l'oxygène sur l'oxyde de carbone. Décrivons la combustion de l'oxyde de carbone. J'ai opéré avec la chambre

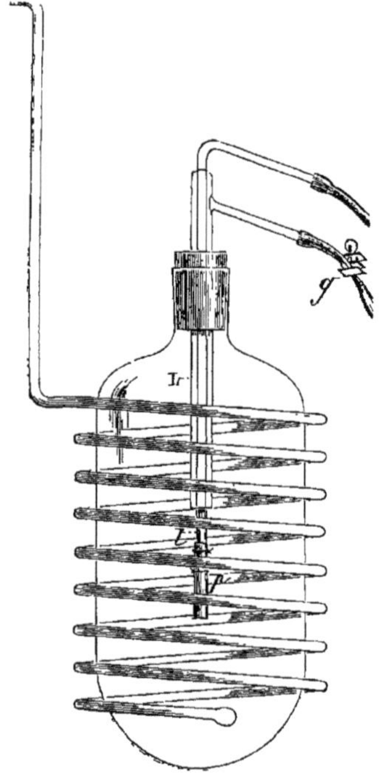

FIG. 28.

à combustion décrite à la page 240, et modifiée conformément à la figure 28, par l'introduction de deux tubes concentriques L et *l*, destinés à amener l'oxyde de carbone et l'oxygène à travers le bouchon. Ces tubes sont terminés à leur partie inférieure par une feuille de platine *p*, mince et enroulée.

Je suis parvenu (1), avec l'aide dévouée de M. Ogier, à brûler

____
(1) *Annales de chimie et de physique*, 5ᵉ série, t. XIII, p. 11.

ainsi l'oxyde de carbone pur dans l'oxygène. Il suffit de régler convenablement l'accès des deux gaz, à l'aide d'une petite pince posée en g sur le tube de caoutchouc qui amène l'oxyde de carbone. L'expérience est délicate et ne réussit pas toujours, l'oxyde de carbone s'éteignant parfois subitement.

Une première série de huit expériences, dans lesquelles l'oxyde de carbone brûlé a été pesé sous forme d'acide carbonique, ont donné comme valeur moyenne : $+ 68^{Cal},22$.

Quelques-unes de ces expériences s'écartant un peu de la moyenne, on a répété les essais. Quatre nouvelles expériences, conduites avec beaucoup de soin, ont donné des résultats concordant à 2 ou 3 millièmes près, et qui conduisent à exprimer la chaleur de combustion par la valeur

$$+ 68^{Cal},12.$$

J'adopterai la valeur $+68,17$, ou plus simplement $+ 68^{Cal},2$, comme moyenne définitive.

11. De même le chlore brûlé dans une atmosphère d'hydrogène m'a fourni $+ 22,1$. M. Thomsen a donné : $+22,0$. Cette combustion est des plus faciles.

12. La *combustion de l'éthylène* (1), $C^4H^4 = 28$ grammes, m'a fourni $+ 334^{Cal},5$; nombre concordant avec ceux de Dulong, Favre et Silbermann, Andrews et Thomson ; lesquels oscillent entre 332,0 et 336,8. Dans cette combustion, qui est assez facile d'ailleurs, il convient de tenir compte des traces non brûlées, comme il a été dit plus haut (page 244).

13. La *combustion de l'acétylène* (2) est plus difficile à régulariser. Elle m'a fourni, pour $C^4H^2 = 26$ grammes : $+ 312^{Cal},0$ et $+ 323^{Ca},0$.

Par voie humide (voy. page 227), j'ai obtenu, d'autre part, $321^{Cal},0$.

(1) *Annales de chimie et de physique*, 5ᵉ série, t. XIII, p. 14.
(2) *Ibid.*, p. 14.

§ 5. — Réaction de deux gaz ou vapeurs, mélangés en masse sans explosion.

1. Les combustions précédentes exigent que les gaz soient mêlés au moment et dans les conditions mêmes de leur combinaison; cela est nécessaire pour éviter les explosions. Mais il est des cas différents.

Deux cas sont possibles : ou bien les deux gaz sont permanents (oxygène et bioxyde d'azote); ou bien l'un des deux gaz ou vapeurs est dégagé par un liquide, soit identique avec le gaz liquéfié (brome), soit constitué par sa dissolution saturée dans un menstrue (acide iodhydrique).

2. Ce dernier cas étant le plus facile à expérimenter, je le traiterai d'abord.

Soient le *brome et l'éthylène* (1). On remplit d'éthylène pur, par déplacement, une fiole de 500 à 600 centim. cubes, pesée exactement, mais qui n'a pas besoin d'être jaugée avec précision.

D'autre part, on pèse exactement dans une ampoule un poids de brome déterminé, un peu moindre que celui qui serait nécessaire pour absorber tout l'éthylène contenu dans la fiole.

On place celle-ci dans l'eau d'un calorimètre, où elle est maintenue immergée à l'aide d'un lest de plomb, jusqu'au niveau du bouchon qui en clôt l'orifice. Dès que l'équilibre de température est établi, on débouche la fiole, on y introduit l'ampoule, dont on a brisé une pointe; on rebouche aussitôt, et l'on agite vivement. Le bromure d'éthylène se forme. Quand tout le brome a disparu, l'atmosphère de la fiole doit demeurer incolore.

On mesure ainsi la chaleur dégagée par la transformation d'un poids connu de brome en bromure d'éthylène; ce composé étant le produit à peu près unique de l'exécution, dans ces conditions, ainsi que je l'ai vérifié. Il n'en serait pas de même dans la formation du chlorure d'éthylène.

3. Examinons maintenant l'action réciproque de deux gaz :

____

(1) *Annales de chimie et de physique*, 5ᵉ série, t. IX, p. 296.

soit la *formation des gaz azoteux et hypoazotique* (1) par la réaction régulière du bioxyde d'azote sur l'oxygène employé en diverses proportions. La nature de la réaction pouvant varier suivant les conditions du mélange, il est préférable de l'effectuer sur des masses relatives exactement connues.

Voici comment j'ai procédé : J'ai fait construire par M. Alvergniat l'appareil ci-dessous (fig. 29).

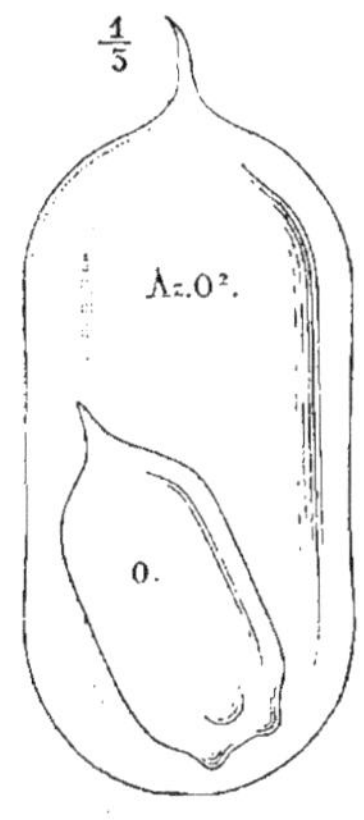

Fig. 29.

Il se compose de deux grosses ampoules de verre mince, de capacités bien connues, l'une remplie d'oxygène pur, l'autre de bioxyde d'azote pur, et renfermées l'une dans l'autre.

4. Pour construire ce petit appareil, on dispose d'abord l'ampoule intérieure avec une petite tubulure ouverte, allongée, et étranglée en un point. Cet état initial n'a pas été figuré.

Le fond de l'ampoule est aminci par insufflation, en deux ou trois places, sous forme de renflements, susceptibles d'être brisés par un choc très léger, et que l'on peut apercevoir dans la figure.

Cela fait, on pèse l'ampoule vide ; puis on la remplit d'eau distillée, jusqu'à un trait marqué sur la tubulure, et on la pèse de nouveau, à une température connue : il est facile de déduire de cette pesée sa capacité exacte. On en prend note. On vide l'ampoule et on la dessèche avec soin.

Après ces opérations, on remplit l'ampoule par déplacement,

(1) *Annales de chimie et de physique*, 5ᵉ série, t. VI, p. 167.

avec de l'oxygène pur et sec, que l'on introduit à l'aide d'un tube terminé par une longue pointe effilée. La température du vase où l'on dépose l'ampoule pendant ce remplissage est donnée par un thermomètre juxtaposé.

Un coup de chalumeau permet ensuite de sceller celle-ci dans la partie étranglée à l'avance de la tubulure : c'est alors que l'ampoule offre l'aspect représenté dans la figure 29. Pendant cette opération elle a été maintenue dans un bain d'eau, à l'exception de la tubulure étranglée.

On obtient ainsi un volume donné d'oxygène pur, à une température et sous une pression donnée.

Des expériences de contrôle, faites en analysant le gaz d'une ampoule semblable, remplie de la même manière, ont montré que l'on pouvait compter sur sa pureté à $\frac{1}{200}$ et même à $\frac{1}{500}$ près.

5. Il faut maintenant placer cette ampoule pleine d'oxygène dans un vase plus grand, rempli de bioxyde d'azote ; ce dernier également en proportion connue.

A cet effet, on remet l'ampoule, pleine d'oxygène et scellée, au souffleur de verre, qui l'introduit dans un très-grand vase ovoïde de verre, un peu plus épais, vase qu'il a préparé d'avance, en le laissant ouvert à sa partie supérieure. Il le referme ensuite et le soude avec un tube de verre étranglé sur un point, et destiné à y faire pénétrer plus tard le bioxyde d'azote. Ce tube n'a pas été figuré en entier, mais seulement vers son origine et dans la portion qui subsiste à la fin des manipulations.

Cela fait, on pèse le système des deux ampoules concentriques ; puis on remplit d'eau le vase ovoïde enveloppant, jusqu'à un trait marqué sur le tube de verre soudé avec lui. On pèse de nouveau le système. La différence des deux pesées permet de calculer le volume de l'espace vide compris entre les deux ampoules.

Si celui-ci est dans le rapport exact que l'on se propose d'observer entre les volumes des deux gaz réagissants, il ne reste plus qu'à vider l'eau (opération qui demande beaucoup de prudence, pour éviter toute fracture due au choc de l'ampoule intérieure qui flotte dans le liquide). On sèche alors le vase enveloppant, par l'action d'une lampe à alcool, combinée avec le jeu d'un soufflet à air sec.

Mais si le rapport du volume de l'espace compris entre les ampoules, comparé avec le volume de l'ampoule intérieure, n'est pas celui que l'on cherche, tout en étant voisin (ce que l'on peut réaliser avec un peu d'apprentissage) ; alors le souffleur gonfle un peu le vase enveloppant, ou bien il le rétrécit, selon qu'il est trop petit ou trop grand.

Puis on jauge de nouveau ce vase, par le même procédé. On répète la série de ces opérations, jusqu'à ce que le rapport cherché entre les volumes soit réalisé à $\frac{1}{60}$ près : soient, par exemple, 181 centimètres cubes dans l'ampoule intérieure, pour 362 ou 363 centimètres cubes dans l'espace qui l'enveloppe. Ces tâtonnements exigent beaucoup de patience et de dextérité.

Ces opérations terminées, on vide et on sèche une dernière fois le vase ovoïde ; puis l'on le remplit, par déplacement, de bioxyde d'azote sec et pur (préparé avec le sulfate ferreux, mêlé d'acide sulfurique, réagissant sur l'azotate de potasse).

On le scelle enfin à la lampe, dans la portion étranglée du tube supérieur ; en prenant soin de maintenir les ampoules dans un bain d'eau de température connue, à l'exception de la tubulure. Cependant on note la température et la pression, qui doivent être aussi rapprochées que possible des données relatives à l'ampoule pleine d'oxygène.

Ces nouvelles déterminations permettent de calculer le rapport exact entre les volumes du bioxyde d'azote et de l'oxygène, rapportés aux mêmes conditions physiques.

6. Il s'agit maintenant d'opérer la réaction des deux gaz, dans des circonstances convenables pour les mesures calorimétriques. A cet effet, on fixe le système des deux ampoules concentriques au centre du cadre de l'agitateur hélicoïdal, à l'aide d'un gros fil de platine, et on l'immerge dans le calorimètre, où on le maintient par une pression exercée sur la bague de bois supérieure (fig. 30). On agite alors l'eau et on laisse tout le système se mettre en équilibre de température.

Ce point réalisé, on soulève un peu l'agitateur, avec les am-

poules qui y sont fixées, et on lui donne quelques secousses
brusques, de façon à briser les renflements de l'ampoule intérieure, par leur choc contre l'ampoule enveloppante. Il y a là
une manœuvre très délicate, pour ne pas rompre du même coup
l'enveloppe; auquel cas l'expérience serait perdue. Cependant
j'y suis parvenu dans un certain nombre de cas, dans la moitié
environ des essais.

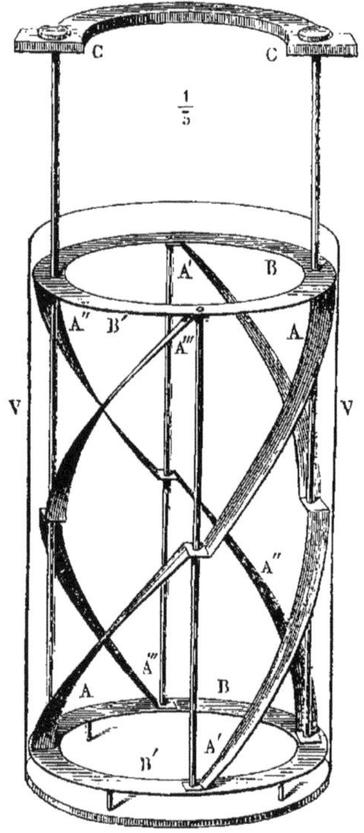

Fig. 30.

7. La réaction entre l'oxygène et le bioxyde d'azote commence
aussitôt. En raison de l'agitation que l'on continue à donner
au système, jointe avec le changement de pression intérieure
qui résulte de la contraction produite par la combinaison,
la réaction se termine au bout de peu de minutes. La chaleur dégagée est absorbée par l'eau du calorimètre, et on la
mesure.

8. L'équilibre de température une fois rétabli, il reste à analyser les produits de la réaction. A cet effet :

1° On verse dans l'eau du calorimètre un volume très exactement déterminé d'une solution de potasse.

2° On retourne l'ampoule enveloppante, la pointe en bas.

3° On brise celle-ci, au-dessous du niveau de la liqueur, qui s'y précipite aussitôt, jusqu'à décoloration des gaz, lesquels se changent en azotite et azotate de potasse.

Cette opération peut aussi être faite dans des conditions telles que l'on mesure en même temps la chaleur dégagée. Mais c'est là un simple contrôle, la dernière détermination calorimétrique offrant moins de garanties que celle de la réaction primitive.

4° Les gaz une fois décolorés, on les mesure avec les précautions ordinaires.

5° On vérifie alors qu'ils sont formés réellement par le bioxyde d'azote, ou par l'oxygène pur (suivant l'excès relatif de l'un des gaz primitifs).

6° Enfin on analyse les liqueurs par des procédés appropriés.

§ 6. — **Développement d'un gaz que l'on recueille dans le calorimètre même.**

1. Tel est le cas de la *décomposition de l'oxyammoniaque* (1), qui fournit un type de manipulations multiples effectuées au sein du calorimètre.

En effet j'ai décomposé, par la potasse en solution aqueuse saturée, le chlorhydrate d'oxyammoniaque : j'opérais sur des cristaux très beaux et très purs de ce dernier sel.

On sait que l'oxyammoniaque, mise à nu dans ces conditions, se décompose aussitôt en azote et ammoniaque, conformément aux observations de M. Lossen :

$$AzH^3O^2 = \frac{1}{3}\ AzH^3 + \frac{2}{3}\ Az + H^2O^2.$$

Après avoir vérifié qu'il ne se formait aucun autre produit (sauf quelques centièmes de protoxyde d'azote) pendant les pre-

(1) *Annales de chimie et de physique*, 5ᵉ série, t. X, p. 433.

miers moments d'une réaction brusque, et après avoir constaté que la proportion d'oxyammoniaque détruite ainsi, à la température ordinaire et en quelques minutes, peut s'élever aux $\frac{4}{5}$ de son poids total, j'ai effectué la réaction au sein du calorimètre, en opérant avec un poids connu de chlorhydrate et en recueillant sur l'eau, dans le calorimètre même, les gaz dégagés, de façon à les mesurer exactement.

2. Voici l'appareil employé dans les expériences (fig. 31).

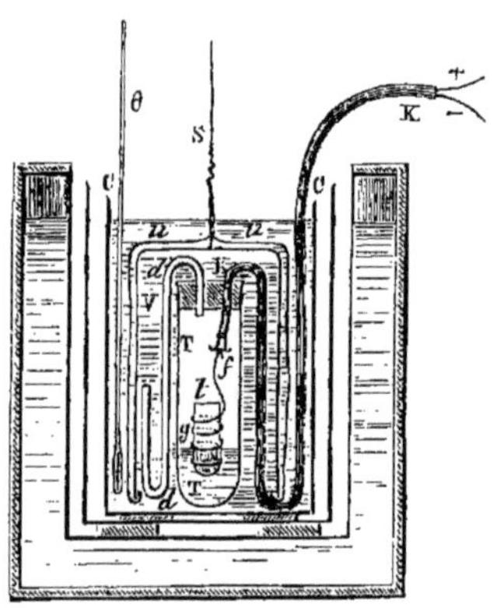

Fig. 31.

Je procède de la manière suivante :

1° Je place au fond d'un gros tube de verre fermé par un bout, TT, un poids exactement connu de solution aqueuse de potasse, saturée à la température de l'expérience.

2° Je suspens au-dessus de la potasse, dans l'intérieur du gros tube, un tube plus petit, tt, renfermant 1 gramme environ de chlorhydrate d'oxyammoniaque, exactement pesé.

3° Le petit tube est entouré d'une grosse et lourde spirale de platine gg, destinée à faire enfoncer plus tard le système au-dessous du niveau de la potasse, et à déterminer ainsi le contact et la réaction entre la solution alcaline et le sel solide.

4° Cette spirale est accrochée à sa partie supérieure par le travers d'un fil de platine, de $\frac{1}{20}$ de millimètre de diamètre, tendu lui-même entre les deux fils de cuivre d'un petit câble électrique de gutta-percha, K K K : ce câble est destiné à amener le courant qui fera rougir et fondre plus tard le petit fil de platine, et par suite qui fera tomber le petit tube dans la solution de potasse, où il doit être immergé.

5° Le gros tube de verre TT est fermé par un bouchon, traversé d'une part par le câble qui se replie jusqu'au dehors des appareils, et d'autre part par un tube à dégagement gazeux dd.

6° Ce gros tube de verre TT, et le tube à dégagement gazeux dd, y compris la terminaison recourbée de 'ce dernier, par laquelle les gaz doivent s'échapper, sont entièrement contenus dans une petite cloche de verre mince VVVV, assez large et capable de contenir 200 à 250 centim. cubes de gaz, volume notablement supérieur à celui qui va être dégagé par la réaction.

7° La cloche à son tour est posée, toute renversée, avec le système des tubes et apparaux qu'elle renferme, au sein d'un calorimètre de platine ordinaire CC, d'une capacité de 1050 centimètres cubes, mais contenant seulement 850 grammes d'eau distillée.

De gros fils de cuivre uu, disposés à l'avance en étoile autour d'un point central situé à la surface supérieure et sur l'axe même de la cloche, embrassent cette dernière et permettent de la maintenir sous l'eau dans une position fixe : ces fils sont reliés à une tige centrale S, qui s'élève verticalement au dehors et permet de manier l'appareil, sans introduire d'instrument spécial dans le calorimètre.

Je n'ai pas besoin de dire que le poids de chacune des portions de ce système compliqué a été déterminé à l'avance, de façon à permettre de réduire en eau les masses immergées. On a mesuré d'ailleurs la chaleur spécifique du câble et celle du bouchon par des essais spéciaux, lesquels peuvent être faits assez grossièrement, parce que le poids du câble immergé ne surpasse pas quelques grammes; le poids du bouchon est bien plus faible encore. Quant au verre, au cuivre et au platine, leur chaleur spécifique est connue.

8° Toutes les pièces étant ainsi disposées, on évacue l'air de la cloche à l'aide d'un siphon renversé.

9° Il ne reste plus qu'à suivre la marche du thermomètre o, pendant dix minutes.

10° On fait alors rougir et fondre le petit fil de platine, à l'aide du courant de 4 éléments Bunsen : le chlorhydrate d'oxyammoniaque tombe dans la potasse, et s'y détruit aussitôt. Les gaz produits par sa destruction se dégagent tumultueusement sous la cloche. Pendant quelques minutes, on imprime un mou

Fig. 32.

vement de rotation à la cloche, au moyen de la tige S, tout en ayant soin de la maintenir entièrement immergée. On lit le thermomètre de minute en minute.

11° Cela fait on brise le fond du gros tube de verre à l'aide d'une molette de platine introduite du dehors et fixée à l'extrémité d'une longue tige de même métal (fig. 32) : les liquides et autres matières que les tubes renferment se répandent dans le calorimètre et y demeurent complètement mélangés, à la suite d'une agitation convenable que la tige S permet de réaliser aisément.

12° On suit, pendant tout cet intervalle et quelque temps encore, la marche du thermomètre.

Toutes les données thermiques sont ainsi déterminées.

13° Cela fait, il ne reste plus qu'à connaître le volume de l'azote développé par la décomposition. A cet effet, on transporte, sur de l'eau contenue dans une très grande terrine, le calorimètre de platine avec sa cloche, de façon à les immerger complètement; on soulève la cloche, pour la rendre indépendante du calorimètre, et l'on en transvase les gaz dans une éprouvette graduée.

Ces gaz renferment l'azote dégagé (mêlé avec 3 à 4 centièmes de protoxyde d'azote, d'après les analyses), plus l'air contenu primitivement dans le gros tube et dans le tube à dégagement. Le volume de cet air est connu par des jaugeages préalables, dont on retranche les volumes de la potasse et des divers autres objets introduits dans le gros tube pour faire l'expérience. En définitive, on connaît avec une approximation de $\frac{1}{2}$ centimètre cube environ le volume de l'azote dégagé par la destruction de l'oxyammoniaque.

Ce volume répondait, dans mes deux expériences, à 78 et 79 centièmes du poids du sel mis en réaction. Le surplus du sel, ou plus exactement de l'oxyammoniaque qui en dérive, se retrouve inaltéré dans l'eau du calorimètre, où il est mêlé avec la potasse.

3. Pour calculer la décomposition de l'oxyammoniaque pure, il est nécessaire de mesurer :

1° La chaleur totale dégagée dans la réaction décrite.

2° La chaleur dégagée par un poids égal de la même potasse, réagissant sur un poids d'eau pure, identique à celui qui est contenu dans le calorimètre.

3° La chaleur absorbée par le même poids de chlorhydrate d'oxyammoniaque, dissous dans une quantité d'eau identique.

4° La chaleur dégagée, lorsque le chlorhydrate d'oxyammoniaque en solution étendue est décomposé par la potasse étendue : circonstance dans laquelle l'oxyammoniaque est mise en liberté, sans éprouver aucune destruction.

Toutes ces données étant acquises par des expériences spéciales, il est facile de calculer la chaleur dégagée par la simple destruction de 1 équivalent d'oxyammoniaque.

L'appareil qui vient d'être décrit est très compliqué; mais l'expérience en elle-même est simple : elle comporte une mesure fort précise de la chaleur dégagée, et elle est dirigée de façon à partir d'un état initial rigoureusement connu, pour parvenir d'un seul coup à un état final strictement défini.

4. Voici les nombres qui se déduisent de mes expériences :

$$AzH^3O^2 \text{ dissous} = \frac{2}{3} Az + \frac{1}{3} AzH^3 \text{ dissoute} + H^2O^2$$

a dégagé (1) : $+ 57,3$ et $+ 56,7$,

en moyenne, $+ 57^{Cal},0$.

____

(1) Il a été tenu compte dans le calcul des expériences de la formation d'un peu de protoxyde d'azote, soit 3 à 4 centièmes, pour les conditions où j'opérais. Cette formation élève de $+ 0,7$ le nombre brut de l'expérience.

§ 7. — Réaction provoquée à une température supérieure à celle du calorimètre, par l'introduction d'une quantité de chaleur déterminée.

1. C'est ici un des problèmes les plus difficiles à résoudre dans la pratique calorimétrique. Je citerai comme exemple la *transformation de l'azotite d'ammoniaque en azote et eau* (1) :

$$AzO^3 HO,AzH^3 = Az^2 + 2H^2O^2.$$

La décomposition de l'azotite d'ammoniaque ne s'opère avec promptitude qu'à une température supérieure à 80 degrés; elle donne lieu à un dégagement de chaleur que je me proposais de mesurer, en opérant dans mon calorimètre à la température ordinaire.

Il s'agit donc d'introduire dans le calorimètre une quantité de chaleur bien connue, suffisante pour porter le sel à 80 degrés environ et pour l'y maintenir quelques instants; il faut en outre mesurer la chaleur totale cédée au calorimètre pendant ces opérations, et jusqu'au moment où tout le système se trouve ramené à la température ordinaire.

Ce sont là des conditions très difficiles à remplir exactement; surtout si l'on veut que la quantité de chaleur introduite pour provoquer la réaction ne soit pas beaucoup plus grande que la quantité de chaleur dégagée dans la réaction même : règle dont l'oubli rendrait la mesure thermique de celle-ci incertaine.

Voici quelles sont les dispositions qui m'ont réussi et qui peuvent servir dans des cas analogues.

2. Je prends comme *source de chaleur* un poids d'eau connu, que je porte à une température donnée, dans l'appareil représenté par la figure 33.

L'eau est contenue dans le tube récipient T; son poids, déterminé exactement, s'élève à 25 grammes. Il est limité par cette condition, que la chaleur apportée par cette eau dans

---

(1) *Annales de chimie et de physique*, 5ᵉ série, t. VI, p. 159.

le calorimètre ne doit pas élever de plus de 1°,5 à 2 degrés
la masse totale de l'eau du calorimètre (800 grammes environ):
un excès plus grand nuirait à la précision des mesures calorimétriques.

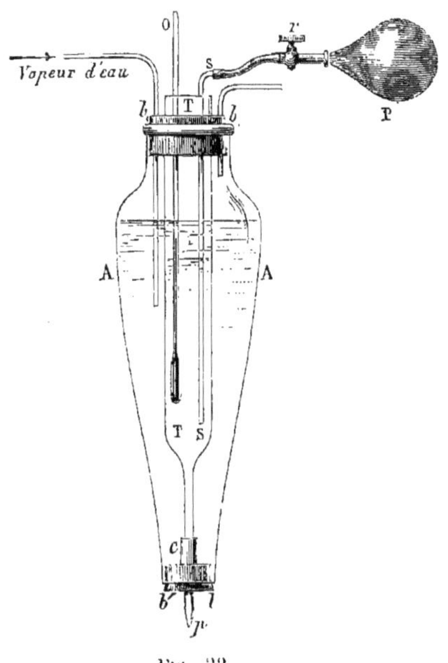

Fig. 33.

Le tube récipient T est plongé dans une masse d'eau considérable, contenue dans une très grosse allonge de verre **AA**.
Il en sort à affleurement, par l'orifice supérieur, à travers
le bouchon *bb*; il est lui-même fermé par un bouchon qui
reçoit:

1° Un thermomètre de précision *o*, donnant les vingtièmes
de degré jusqu'à 100 degrés;

2° Un tube étroit SS, plongeant presque au fond de l'eau.

Le dernier tube est relié avec une pomme creuse de caoutchouc P, munie d'un robinet *r*, et à l'aide de laquelle on peut
injecter avec précaution quelques bulles d'air dans l'eau du tube
récipient **T**, de façon à en mélanger les couches, au moment
final où l'on en mesure la température.

Enfin le tube récipient T est soudé à sa partie inférieure avec un tube plus étroit, qui sort de la partie étranglée de l'allonge, à travers un bouchon $b'b'$, dans lequel il est maintenu à frottement par un tube de caoutchouc c. Ce tube étroit se termine par une pointe p, à l'origine de laquelle on a tracé à l'avance un trait à la lime, de façon à pouvoir la rompre aisément par une simple application sur la paroi du tube EE de la figure 34, en produisant un orifice capable de laisser écouler toute l'eau en quelques secondes.

Tel est le récipient de la masse d'eau destinée à apporter la chaleur qui doit produire la décomposition de l'azotite d'ammoniaque.

3. Ce récipient est échauffé par l'eau de l'allonge AA, portée elle-même au voisinage de 100 degrés par une circulation de vapeur d'eau, que l'on amène à l'aide d'un tube latéral et que l'on règle convenablement. On échauffe ainsi l'eau de l'allonge AA et, par contact, l'eau du petit tube, et l'on règle la marche de la vapeur d'eau, de façon à rendre la température de l'eau du petit tube stationnaire à un point fixe, compris entre 85 et 90 degrés. Ce règlement est délicat; mais on peut l'obtenir, après quelque pratique des appareils. On lit la température du thermomètre θ, la colonne mercurielle devant s'élever un peu au-dessus de l'affleurement du bouchon du tube récipient T.

4. Ajoutons encore que l'allonge AA est tenue par une pince de fer mobile, laquelle permet d'amener aisément l'allonge dans telle position que l'on désire. Je n'ai pas cru utile de compliquer les figures par le dessin de cet appareil accessoire.

5. *Introduction de la quantité de chaleur.* — Le système échauffé et réglé, on l'amène rapidement au-dessus du calorimètre, on détache la pomme de caoutchouc P, on introduit la pointe p dans le trou o du bouchon ee du tube EE (fig. 34), et on la rompt, comme il a été dit plus haut, au-dessous du niveau de l'eau du calorimètre. L'eau du récipient T s'écoule aussitôt dans le tube EE et y introduit une quantité de chaleur donnée, sur la mesure exacte de laquelle je reviendrai tout à l'heure. L'écoulement terminé, on enlève l'allonge et l'on bouche le trou o du

bouchon *ee*. Avec un peu d'habitude, toute cette introduction dure à peine quelques secondes.

6. Les *vases où s'effectue la réaction* sont représentés dans la figure 34, entourés par l'agitateur AA et le calorimètre VV.

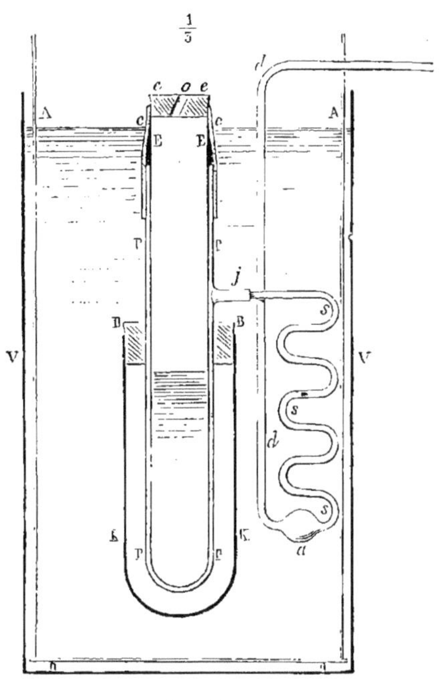

Fig. 34.

Ces vases se composent de trois larges tubes de verre EE, PP, KK, très minces, concentriques; d'un serpentin de verre, dont les replis *ss* sont disposés dans un même plan vertical; et d'un tube à dégagement *d*.

La chaleur qui provoque la réaction est fournie par l'eau du tube EE, eau dont je viens de décrire l'introduction.

Elle se communique, par contacts successifs, à une solution excessivement concentrée d'azotite d'ammoniaque, contenue dans le tube PP, au sein de l'étroit espace annulaire compris entre les tubes EE et PP, qui rentrent l'un dans l'autre. Cet espace doit être tel que 3 à 4 centimètres cubes de liquide l'occupent jusqu'à une hauteur presque égale à celle de l'eau chaude dans le tube EE. C'est là une condition indispensable pour que la solution d'azotite d'ammoniaque soit distribuée sous la forme d'une couche ou anneau cylindrique, excessivement mince et susceptible d'être échauffée brusquement, avant que la température de l'eau chaude du tube EE ait baissé au-dessous de 80 degrés. On réussit à la remplir assez facilement, après quelques tâtonnements préalables.

Les tubes EE et PP sont assemblés à leur partie supérieure, et l'espace qui les sépare est clos à l'aide d'une forte et large bague de caoutchouc vulcanisé, choisie et éprouvée avec soin et qui se replie en cc, de façon à embrasser les deux tubes, dont l'un, extérieur, PP, est notablement plus court que l'autre, intérieur, EE.

Le tube extérieur PP est soudé en j avec un petit prolongement, sur lequel on ajuste, à l'aide d'un caoutchouc, le serpentin aplati ss. Ce dernier contient en a une petite ampoule destinée à recevoir la portion de liquide qui pourrait être chassée du tube pendant la réaction; puis il remonte verticalement en dd, et se termine par un tube à dégagement, destiné à recueillir l'azote. Le gaz se dégage dans une cloche graduée.

Telles sont les dispositions relatives des deux tubes EE et PP.

Cependant, la solution d'azotite contenue entre les deux tubes étant échauffée par l'eau de EE, il importe d'éviter que cette dissolution ne soit refroidie aussitôt au contact de l'eau du calorimètre. Le tube, ou plus exactement le vase cylindrique KK prévient cette difficulté. Il est plein d'air et ajusté par un bouchon étanche BB avec le tube PP, lequel se trouve ainsi suspendu au centre d'une enceinte d'air. Dès lors ce tube ne perd plus guère sa chaleur que par rayonnement : influence bien plus lente que celle du contact direct avec l'eau du calorimètre. Le tout est représenté dans la figure 34.

Voici maintenant la description des expériences proprement dites, c'est-à-dire la mise en œuvre de cet appareil.

7. On commence par faire une série d'*expériences à blanc*, destinées à évaluer la quantité de chaleur introduite.

1° On détermine le poids de toutes les pièces de verre et autres de l'appareil ; on les réduit en eau.

2° On dispose alors le système EE, PP, KK, tout monté dans le calorimètre, sous l'eau duquel on l'enfonce, en le lestant avec des lames de plomb, que l'on enroule autour de PP, entre le caoutchouc *cc* et le vase KK : le poids de ces lames et, par suite, leur valeur en eau sont exactement connus.

3° D'autre part, on pèse 25 grammes d'eau dans le récipient TT ; on les amène à une température constante, comprise au voisinage de 90 degrés, à l'aide de l'appareil 33 (page 259).

4° On suit pendant quinze à vingt minutes la marche du refroidissement du calorimètre, disposé avec les appareils décrits ci-dessus (fig. 34) et pourvu d'un thermomètre indiquant les demi-centièmes de degré.

5° Ces données acquises, on amène rapidement l'allonge AA et la pointe *p* du récipient TT au-dessus du bouchon du tube EE (fig. 34), et on la rompt (voy. p. 260), en l'appuyant sur la paroi du tube EE ; la rupture se faisant en un point affaibli par un trait marqué d'avance avec la lime. L'eau chaude s'écoule rapidement dans le tube EE.

6° On enlève aussitôt l'allonge AA ; on bouche tout à fait le tube EE, et l'on suit la marche du thermomètre pendant dix minutes.

7° Au bout de ce temps, on rouvre le trou *o* du bouchon *ee* et l'on y introduit vivement une longue tige de fer, très pointue à son extrémité inférieure, et tenue à la main à l'aide d'un manche de bois, par son extrémité supérieure. A l'aide de cette tige, dont le poids et la valeur en eau sont connus, on perce et l'on brise brusquement le fond des trois tubes de verre concentriques EE, PP et KK, de façon à y faire pénétrer l'eau du calorimètre et à mélanger celle-ci exactement avec l'eau chaude du tube EE.

8° On perce encore, à l'aide d'une forte aiguille, le bouchon BB, afin d'évacuer l'air contenu dans l'enceinte KK ; l'eau du calorimètre remplit alors toutes les parties de l'appareil brisé. Quelques mouvements de va-et-vient, donnés à ses débris

et imprimés de haut en bas, achèvent d'établir une température absolument uniforme dans tout le système : ce que
l'on vérifie, en transportant le thermomètre dans l'intérieur
du tube EE.

9° Il ne reste plus qu'à étudier la vitesse du refroidissement,
pendant dix minutes.

On possède alors toutes les données nécessaires pour calculer
la chaleur prise par le calorimètre et par tous les objets qu'il
renferme, évalués en eau.

Cette quantité serait égale à la quantité de chaleur contenue
primitivement dans l'eau du récipient TT, si cette eau pouvait
être introduite dans le tube EE en totalité et sans aucune perte
de chaleur. Mais les manipulations sont trop compliquées pour
qu'il en soit tout à fait ainsi ; surtout en raison du faible poids
d'eau (25 grammes) sur lequel on est obligé d'opérer, si l'on
veut maintenir entre des limites convenables la variation thermique du calorimètre. Il y a donc une perte ; mais cette perte
est connue, ou plutôt facile à calculer, d'après les données
précédentes.

D'une part, en effet, nous savons, comme il vient d'être dit,
la chaleur réellement prise par le calorimètre. D'autre part, le
poids de l'eau introduite (25 grammes), multiplié par l'écart
entre la température initiale de cette eau, prise au moment de
son introduction, et la température finale du calorimètre, indique la quantité de chaleur qui aurait dû être cédée, s'il n'y avait
pas de perte. Comme on opère au voisinage de 100 degrés, il
faut tenir compte dans les calculs précédents de la variation de
la chaleur spécifique de l'eau avec la température : je l'ai empruntée aux expériences de M. Regnault (voy. p. 213). On obtient
par différence la perte de chaleur.

Cette perte varie évidemment beaucoup avec le mode d'opérer. Mais, en opérant très rapidement et en s'astreignant à un
système de manœuvres uniformes, chacune d'une durée exactement réglée à l'avance et semblables à celles qui devront être
faites avec l'azotite d'ammoniaque, on parvient, après quelque
exercice, à rendre la perte très faible et sensiblement constante,

à quelques millièmes près de la quantité totale. Dans les conditions où j'ai opéré, cette perte a oscillé seulement entre 38 et 37 millièmes de la chaleur totale qui aurait dû être cédée, d'après le calcul théorique : la concordance des essais faits à blanc, dans des conditions uniformes, était beaucoup plus grande que je n'aurais osé l'espérer.

Les mesures ainsi prises permettent de calculer la quantité de chaleur introduite, lorsqu'on opère dans les conditions de l'expérience réelle, c'est-à-dire lorsqu'on recueille en même temps la chaleur fournie par la décomposition provoquée de l'azotite d'ammoniaque.

8. Décrivons cette *expérience définitive*, qui est le but essentiel de nos essais.

1° On pèse dans un tube bouché l'azotite d'ammoniaque sec : précaution nécessaire, à cause de la déliquescence du sel. On en prend 2 à 3 grammes environ.

2° On dispose, d'autre part, les pièces de l'appareil de la figure 34, dans le calorimètre plein d'eau, conformément à ce qui a été dit plus haut.

3° Cela fait, on tient un peu soulevé le système des tubes EEPPKK, de façon à faire émerger de l'eau l'extrémité supérieure des tubes EE et PP; on enroule la bague de caoutchouc *cc* autour du tube EE; on soulève un peu plus celui-ci et l'on fait tomber rapidement l'azotite solide au fond du tube PP, demeuré ouvert; on y verse aussitôt un poids d'eau connu, égal à la moitié du poids du sel approximativement.

Toutes ces opérations s'exécutent sans sortir complètement du calorimètre le système des tubes concentriques, mais en se bornant à soulever un peu l'orifice des tubes au-dessus du niveau de l'eau.

4° Cela fait, on enfonce et l'on replace le tube EE dans sa position primitive; de telle sorte que la dissolution d'azotite, qui se produit aussitôt dans PP par la réaction de l'eau sur le solide, s'élève à peu près à la moitié de la hauteur de PP, dans l'espace annulaire compris entre les deux tubes. Observons d'ailleurs que cette dissolution se produit avec une certaine absorption de chaleur, empruntée aux objets divers et à l'eau qui se trouvent placés dans l'intérieur du calorimètre.

5° Tandis que ces effets se réalisent, la bague de caoutchouc *cc*, préalablement posée sur EE, doit être amenée et rabattue sur le tube PP, de façon à clore celui-ci : les gaz qui vont s'y dégager ne trouveront plus désormais d'issue que par le serpentin aplati *ss* et par son tube à dégagement.

6° L'opération faite, on suit quelque temps la marche des thermomètres du calorimètre et du récipient TT (fig. 33); puis on introduit dans le tube EE (fig. 34) l'eau du récipient TT, portée à une température exactement connue et voisine de 90 degrés, en procédant comme il a été dit plus haut (pages 260 et 263, 5°).

7° Aussitôt la dissolution d'azotite d'ammoniaque s'échauffe, et elle commence à se décomposer, en dégageant de l'azote, que l'on recueille par le tube *dd*, au sein d'une cloche graduée.

Ce dégagement, d'abord très rapide, se ralentit, à mesure que la dissolution d'azotite devient plus étendue et qu'elle se refroidit par son rayonnement dans le calorimètre. Il faut diriger l'expérience de façon à obtenir un demi-litre de gaz au plus, pour que les résultats en soient satisfaisants.

8° Après quelques minutes, pendant lesquelles on suit soigneusement la marche du thermomètre calorimétrique, le dégagement gazeux devenant insignifiant, on met fin à l'expérience, en perçant et en brisant brusquement les tubes de verre EE, PP, KK, avec la tige de fer; sans oublier d'évacuer l'air de l'enceinte KK par le percement du bouchon B, comme il a été dit (page 263, 7° et 8°).

9° On mélange enfin tous les liquides, et l'on agite jusqu'à température uniforme; puis on étudie le refroidissement pendant dix minutes.

9. Cela fait, on calcule, d'une part, la *quantité totale de chaleur* prise par le calorimètre et par les masses auxiliaires réduites en eau.

On calcule, d'autre part, la chaleur cédée par l'eau du récipient TT, d'après son poids, sa température, et en tenant compte

de la perte empirique, perte dont on a donné plus haut l'évaluation, dans des circonstances exactement pareilles (pages 262
à 265).

La différence entre ces deux quantités est égale à la chaleur
fournie par la décomposition propre du poids d'azotite d'ammoniaque solide changé en azote et en eau, diminuée de la chaleur
de dissolution de la portion d'azotite non décomposé.

10. Il ne reste donc plus qu'à savoir le *poids d'azotite d'ammoniaque réellement décomposé*. Je l'ai évalué par deux procédés qui se contrôlent, savoir :

1° Le dosage de l'acide azoteux demeuré en dissolution dans
l'eau du calorimètre (sous forme d'azotite). On effectue ce dosage
par le permanganate de potasse, après avoir chassé avec soin
toute l'ammoniaque, en faisant bouillir la liqueur, additionnée
préalablement de potasse pure en excès. Le poids de l'acide azoteux fournit celui de l'azotite d'ammoniaque non décomposé, et,
par différence, le poids de l'azotite détruit.

2° La mesure de l'azote dégagé doit être effectuée, d'autre
part, avec les précautions connues pour la mesure des gaz. On
en déduit le poids de l'azotite détruit, d'après l'équation

$$AzO^4H, AzH^3 = Az^2 + 2H^2O^2.$$

Le succès de cette mesure exige que la bague de caoutchouc *cc*
et les autres pièces de l'appareil de la figure 34 retiennent parfaitement les gaz : ce que l'on doit vérifier au préalable.

Les données des deux évaluations que je viens de présenter
sont tout à fait indépendantes les unes des autres; elles se contrôlent donc, et les résultats doivent concorder pour que l'expérience soit valable.

11. Telle est la méthode et tels sont les appareils que j'ai
employés pour étudier, au point de vue calorimétrique, la décomposition de l'azotite d'ammoniaque, laquelle fournit une
donnée fondamentale dans l'histoire thermique des oxydes de
l'azote. J'ai regardé comme un devoir de décrire avec précision
les appareils et les manipulations auxquels j'ai eu recours, descriptions qui ne seront peut-être pas inutiles pour les savants

qui se proposeraient de résoudre des problèmes analogues. Je rappellerai qu'il s'agit d'introduire dans un calorimètre une quantité de chaleur définie, capable de déterminer par échauffement une certaine décomposition.

§ 8. — Réactions effectuées à une température différente de celle du milieu ambiant.

1. L'évaluation de la chaleur dégagée ou absorbée dans cet ordre de réactions est un problème fort difficile à résoudre avec précision ; surtout quand l'écart des températures est considérable. En principe, il suffit d'opérer dans une étuve maintenue à température fixe, avec les mêmes artifices qu'à la température ordinaire.

Mais la fixité absolue de la température d'une étuve est difficile à maintenir, avec le degré de précision réclamée par la calorimétrie. Elle le devient encore davantage, lorsqu'on a besoin d'introduire dans l'étuve certaines matières nécessaires à la réaction, ou d'y opérer certaines manipulations. Pour réussir, il convient de placer à l'avance dans l'étuve tous les matériaux et instruments, et de s'arranger pour exécuter du dehors et à distance toutes les manipulations.

Ajoutons que dans ces conditions, la marche du refroidissement ou du réchauffement doit être observée avec le plus grand soin, la correction résultante étant souvent considérable.

Entrons dans quelques détails.

2. *Au-dessous de la température ambiante*, et jusqu'au voisinage de zéro, il n'est pas très compliqué d'opérer à l'aide d'un système d'enceintes concentriques, analogues au calorimètre à glace de Lavoisier et Laplace. Dans les enceintes extérieures, on place de la glace pilée ; une enceinte intermédiaire renferme de l'air, et le calorimètre est placé au centre de cette enceinte d'air. Le tout est muni d'un système convenable de couvercles successifs. On doit seulement éviter soigneusement la pénétration de l'air extérieur dans l'enceinte centrale, à cause des condensations d'humidité auxquelles cet air donne naissance.

En opérant ainsi, on peut abaisser jusque vers 2 à 3 degrés la température de l'eau du calorimètre (500 à 600 cent. cubes). Cependant il n'est guère praticable d'atteindre la température même de zéro, en agissant sur de telles masses, quelle que soit d'ailleurs la durée de l'expérience.

A la vérité, on pourrait atteindre ce résultat en profitant de la température ambiante, développée soit en hiver, soit dans une glacière. Mais alors l'incommodité qui en résulte pour l'observateur ne permet guère de prolonger suffisamment les essais.

3. *Au-dessus de la température ambiante*, on emploie un système analogue. On prend toujours la précaution d'envelopper avec une enceinte d'air le calorimètre. En outre celui-ci doit être clos, pour prévenir l'évaporation.

Les mesures obtenues à une haute température sont moins exactes qu'à la température ambiante, et cela en raison de l'élévation de température du milieu expérimenté; milieu qu'il devient de plus en plus difficile de maintenir, soit en équilibre, soit dans des conditions de déperdition absolument constantes.

4. Comme application de ce genre d'appareils destinés aux hautes températures, je citerai mes expériences sur *la chaleur de dissolution du chlorure de sodium* (1) *vers 86 degrés*, dans l'eau.

La figure 35 représente deux ballons concentriques, assemblés par une soudure pratiquée aux tubulures inférieures qui les terminent.

Cet assemblage offrait de grandes difficultés pratiques, que M. Alvergniat a surmontées avec son adresse accoutumée.

La tubulure d'en bas du ballon intérieur est fermée par un bouchon de verre rodé à l'émeri, et que l'on peut soulever à volonté, au moyen de la tige de verre T, soudée à ce bouchon.

Le ballon intérieur doit être pesé à l'avance, avant la soudure, et le système entier pesé après. La première pesée entre seule dans le calcul calorimétrique; mais la seconde est nécessaire pour connaître le poids du dissolvant, comme il sera dit.

On a figuré dans le ballon intérieur, qui joue le rôle de calori-

____

(1) *Annales de chimie et de physique*, 5ᵉ série, t. IV, p. 30.

mètre, le thermomètre θ, indiquant les vingtièmes de degré, et l'agitateur *aa*.

Le tout est plongé dans un bain d'eau, maintenu à une température fixe à l'aide d'une enceinte concentrique remplie d'eau chaude, dont on élève et dont on maintient la température par des becs de gaz. La température du bain est mesurée à l'aide d'un second thermomètre, indiquant aussi les vingtièmes de degré.

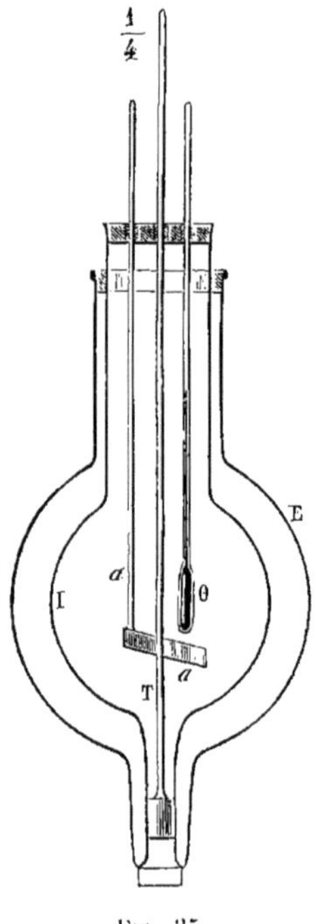

Fig. 35.

On place à l'avance dans le ballon calorimétrique un poids connu du sel que l'on veut dissoudre, ce sel étant anhydre et pulvérisé avec soin. On plonge dans la masse pulvérulente le thermomètre θ.

Tout l'appareil se trouve immergé dans le bain d'eau, presque jusqu'au niveau de l'orifice du ballon extérieur, et on le maintient en place à l'aide d'une pince de fer munie de plaques de liége.

On attend que les deux thermomètres, celui du bain extérieur et le thermomètre intérieur θ, demeurent stationnaires : condition qui ne répond jamais à un équilibre parfait de température entre les deux instruments, quelle que soit la durée de l'attente.

Cela fait, on note exactement les deux températures, on en suit la marche, puis on soulève un peu la tige T et le bouchon de verre qui y est attaché, ce qui fait pénétrer l'eau dans le ballon calorimétrique. Quand il est rempli aux deux tiers, opération qui doit s'effectuer en une demi-minute au plus, on abaisse de nouveau la tige munie de son bouchon et l'on intercepte ainsi la communication entre le ballon calorimétrique et le bain d'eau qui entoure l'enceinte. On agite avec la lame *aa*, de façon à compléter la dissolution du sel par l'eau qui a pénétré dans le ballon. Pendant ce temps, on note de minute en minute la température du thermomètre intérieur, ainsi que celle du thermomètre extérieur.

Cela fait, on détermine le poids de l'eau entrée dans le calorimètre ; on mesure les chaleurs spécifiques du sel anhydre et de la dissolution, si elles ne sont pas déjà connues : ce qui est d'ailleurs le cas pour le chlorure de sodium.

On possède alors toutes les données nécessaires au calcul de la chaleur dégagée ou absorbée par la dissolution.

Observons ici que ce genre de mesures n'est applicable qu'à des dégagements de chaleur un peu notables, attendu que la précision en est bien moindre que dans les essais faits à la température ordinaire. Il faut de grandes précautions et beaucoup d'adresse pour pouvoir répondre du dixième de degré. Mais cela suffit pour résoudre certains problèmes.

5. L'expérience est plus simple, lorsqu'il s'agit d'étudier les effets thermiques que développent les *changements opérés dans une matière homogène*. Dans ce cas, on peut se borner à suivre la marche du refroidissement depuis une certaine température, à la double condition d'opérer sur une masse notable et d'en connaître exactement la chaleur spécifique.

6. Je décrirai encore un appareil qui m'a servi à constater, non plus quantitativement, mais qualitativement, le dégagement

de chaleur qui se produit au moment de la *décomposition spontanée de l'acide formique gazeux* vers 267 degrés (1) :

$$C^2H^2O^4 = C^2O^4 + H^2.$$

Dans cette expérience, il s'agit de constater un dégagement de
chaleur qui se produit au sein d'une vapeur maintenue à une
température fixe fort élevée. La masse du bain employée pour
conserver la température constante étant beaucoup plus grande

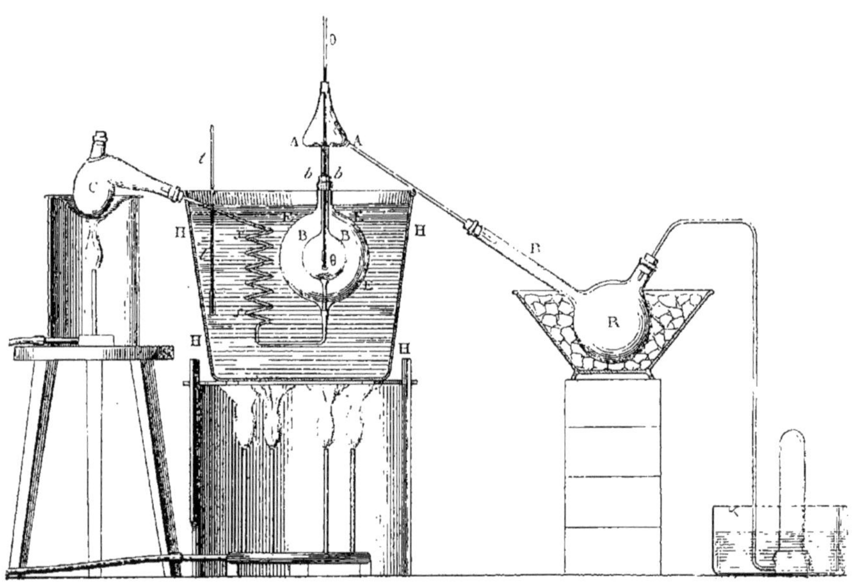

Fig. 36.

que la masse de la vapeur, et la quantité de chaleur dégagée au
sein de celle-ci dans un temps donné étant relativement peu
considérable, j'ai dû adopter des dispositions spéciales pour
empêcher, ou plutôt ralentir le refroidissement de la vapeur par
les milieux qui l'entourent.

L'artifice principal est toujours le même que ci-dessus ; il
consiste à entourer l'espace où s'opère le phénomène avec un bain

(1) *Annales de chimie et de physique*, 4ᵉ série, t. XIII, p. 141, et t. XVIII, p. 42.

d'air, c'est-à-dire avec un corps gazeux, mauvais conducteur et dont la masse est comparable à celle de la vapeur qui est le siége du phénomène thermique étudié. Voici les dispositions adoptées.

C est une cornue renfermant l'acide formique et chauffée à l'aide d'un bec de gaz. Le bec de la cornue est réuni par un bouchon avec l'extrémité d'un serpentin de verre *ss*. Ce serpentin se prolonge horizontalement à son extrémité inférieure, puis il remonte, traverse un ballon EEE, dans la partie inférieure duquel il est soudé, et débouche dans un ballon intérieur BB, placé au centre de EEE.

Le ballon EEE est pourvu à sa partie supérieure d'une courte tubulure, traversée en son centre par la tubulure supérieure du ballon intérieur BB; un bouchon *bb*, coupé en deux moitiés, ferme l'intervalle des deux tubulures.

La tubulure du ballon intérieur remonte un peu plus haut, puis se dilate en forme d'alambic AA. Par l'ouverture supérieure de cet alambic s'engage un thermomètre *ɷ*, dont la boule arrive vers le centre du ballon BB, un peu au-dessus de quelques fragments de mousse de platine, placés eux-mêmes au-dessus de l'orifice du serpentin.

D'autre part, l'alambic AA est muni d'un tube latéral, par lequel s'échappent les gaz et les vapeurs. Celles-ci se condensent dans le récipient RR; les gaz sont recueillis plus loin, dans une éprouvette placée sur l'eau ou sur le mercure.

Toute la portion de l'appareil située entre la cornue et le récipient est construite en verre et d'une seule pièce, entièrement soudé.

Elle est plongée dans un bain d'huile HHHHH, jusqu'au niveau du bouchon *bb*, et maintenue par un support fixe, lequel la saisit par la tubulure située entre AA et *bb*. Ce support n'a pas été représenté, pour ne pas trop compliquer la figure.

Voici comment on met en œuvre cet appareil.

On chauffe le bain d'huile (ou le bain d'alliage) jusqu'au degré voulu; on règle alors la combustion et l'on agite l'huile, de façon à maintenir cette température fixe. La température est accusée par un thermomètre *tt*, placé dans le bain : soit 250 degrés, par exemple. Le thermomètre ω, placé dans le ballon intérieur BB, arrive en même temps à une température fixe, laquelle est généralement inférieure de 2 ou 3 degrés à celle du thermomètre plongé dans le bain. Cette différence constante résulte de l'existence d'une surface rayonnante extérieure au bain d'huile, à savoir, la surface des tubulures.

Quand les thermomètres sont devenus stationnaires, on fait bouillir l'acide formique contenu dans la cornue; la vapeur s'échauffe dans le serpentin et prend exactement la température du bain, comme je m'en suis assuré en supprimant la mousse de platine : les deux thermomètres se mettent alors complètement en équilibre.

Mais si on laisse en place la mousse de platine, elle détermine la décomposition de la vapeur, avec un dégagement de chaleur très notable (8 à 16 degrés et plus), accusé par le thermomètre ω, et qui se maintient pendant toute la durée du passage de la vapeur.

7. Je viens de décrire l'appareil que j'ai mis en œuvre dans la plupart des expériences de cette nature. Mais j'ai eu aussi recours, dans d'autres essais, à quelques dispositions spéciales. Par exemple, on peut enrouler le serpentin autour du ballon EEE; ce qui donne un peu plus de solidité à l'appareil.

J'ai encore employé des appareils dans lesquels on faisait arriver *deux gaz ou deux vapeurs différentes*, par deux serpentins distincts, tous deux enroulés autour de EEE, et qui venaient déboucher dans le ballon BB, l'orifice de l'un des serpentins s'ouvrant au centre de l'orifice de l'autre. Toutes ces dispositions ont été réalisées par M. Alvergniat, avec l'habileté singulière que chacun lui connaît.

CHAPITRE V

CHALEURS SPÉCIFIQUES ET CHALEURS DES CHANGEMENTS D'ÉTAT

§ 1er. — **Division du sujet.**

L'étude de la chaleur dégagée dans les réactions chimiques comprend en même temps celle de la chaleur absorbée par les simples variations de température et par les changements d'état, c'est-à-dire l'étude des chaleurs spécifiques solides, liquides et gazeuses, des chaleurs de fusion et des chaleurs de vaporisation.

Les procédés propres à déterminer ces diverses quantités ont été étudiés et décrits en détail par M. Regnault; ils se trouvent développés dans tous les traités de physique. Aussi me bornerai-je à présenter ici les dispositions et appareils spéciaux que j'ai eu occasion d'employer dans le cours de mes recherches personnelles, dispositions qui offrent certaines particularités et détails nouveaux.

§ 2. — **Chaleur spécifique des liquides.**

1. J'emploie l'appareil suivant pour mesurer la chaleur spécifique des liquides (1). Il est fondé sur la méthode des mélanges; mais il se distingue parce que les températures initiale et finale du liquide sont toutes deux parfaitement connues et tout à fait uniformes, conditions qui ne sont pas remplies avec la même rigueur dans les appareils ordinaires.

La forme de mon instrument est fort analogue à celle des appareils employés pour mesurer la chaleur spécifique par la méthode du refroidissement, appareils qui renferment aussi un

(1) *Annales de chimie et de physique*, t. XII, p. 559.

thermomètre intérieur; mais la méthode même est essentielle-
ment différente.

CC est une bouteille de platine mince, d'une capacité comprise entre 50 et 100 centimètres cubes. Dans son col, on fixe, à
l'aide d'un très petit bouchon, un petit thermomètre sensible,
sur lequel sont tracés les cinquièmes de degré entre 0 et 100.
A l'aide d'une loupe, on peut estimer aisément les vingtièmes.
Dans d'autres cas, j'emploie un thermomètre divisé en demi-
degrés et qui va de — 40° à + 250°; ce thermomètre permet d'estimer les dixièmes de degré.

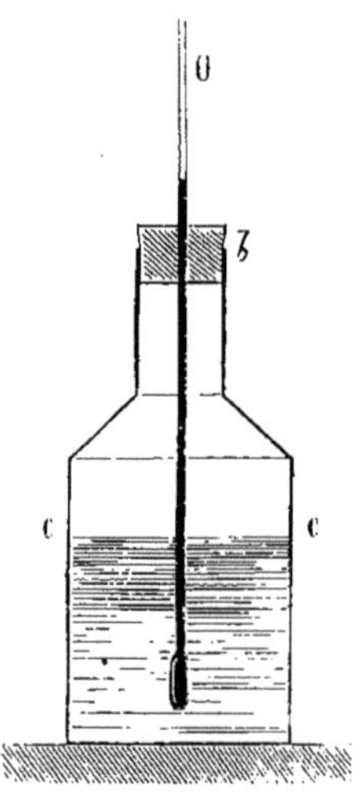

Fig. 37.

2. On connaît : la valeur en eau de la bouteille de platine, d'après
son poids;

La valeur en eau du thermomètre, ou, plus exactement, de
la partie immergée dans la bouteille, d'après les poids du réservoir, du mercure et de la tige (voy. page 162).

Enfin la valeur en eau du bouchon, dont le poids est extrêmement petit (quelques centigrammes); en admettant la valeur
0,35 pour la chaleur spécifique du liége. La valeur en eau du
bouchon pourrait d'ailleurs être négligée sans erreur sensible,

à cause de la petitesse de son poids, et cela d'autant mieux que
la température intérieure en est mal connue.

On pèse très exactement la bouteille, munie de son thermomètre et de son bouchon; puis on ôte le bouchon et l'on remplit
la bouteille aux deux tiers, avec le liquide dont on cherche la
chaleur spécifique; on rebouche et l'on pèse de nouveau.

3. Cela fait, on introduit la bouteille dans un cylindre de verre
ou de métal, d'un diamètre à peine supérieur au sien, sans
cependant être ajusté à frottement.

On pose ce cylindre, muni de la bouteille de platine, dans
une étuve, ou même au-dessus d'un bec de gaz; on le saisit avec
une pince de bois, et l'on agite continuellement, jusqu'à ce que
le thermomètre de la bouteille ait atteint une température convenable, telle que 90 ou 95 degrés. A ce moment, on transporte
rapidement le cylindre à côté du calorimètre; on l'agite vivement, on lit une dernière fois et très exactement le thermomètre; puis on saisit la tige de celui-ci, on s'en sert pour soulever la bouteille, et pour l'immerger brusquement dans le
calorimètre. Cette immersion peut être totale; toutefois il est
préférable de ne pas mouiller le bouchon, en maintenant l'orifice
à quelques millimètres au-dessus de l'eau du calorimètre.

Celui-ci doit contenir de 400 à 600 grammes d'eau.

4. Aussitôt l'immersion faite, on agite rapidement l'eau du
calorimètre, au moyen de la bouteille tenue par la tige de son
thermomètre, et on lit de minute en minute le thermomètre
calorimétrique (indiquant les demi-centièmes de degré), ainsi
que le thermomètre de la bouteille. Deux à trois minutes suffisent, en général, pour que l'écart des deux thermomètres soit
inférieur à 1 degré.

A ce moment, on enlève la bouteille, on suit la marche du
refroidissement du calorimètre pendant cinq minutes (1), et l'expérience est terminée.

5. Le calcul s'effectue comme à l'ordinaire, en égalant le gain
de chaleur du calorimètre à la perte de chaleur de la bouteille.

____

(1) On a fait la même opération pendant les cinq minutes qui ont précédé l'immersion.

Le gain est connu très exactement, et dans des conditions où la correction du refroidissement est négligeable, ou extrêmement petite, comme dans la plupart de mes expériences.

La perte est également connue avec une grande précision ; car les températures initiale et finale du liquide ont été rendues uniformes par l'agitation ; et elles sont données très exactement par le thermomètre intérieur (1).

On les obtient ainsi plus exactement que les anciens procédés, où le liquide est simplement échauffé dans une étuve, avec laquelle on suppose qu'il se met en équilibre : ce qui est fort long ; puis refroidi dans le calorimètre, pour lequel on fait la même hypothèse : ce qui exige un intervalle de temps cinq ou six fois aussi long que la durée de mon expérience.

§ 3. — **Méthode différentielle pour mesurer la chaleur spécifique des dissolutions étendues.**

1. Les relations générales que nous avons exposées, relativement à la variation de la chaleur des réactions avec la température (p. 105), et spécialement à la variation de la chaleur produite par le mélange de deux liquides (p. 117), ou par la dilution d'une solution saline (p. 127 et 134), fournissent le principe d'une nouvelle méthode pour la mesure des chaleurs spécifiques des solutions étendues; méthode d'une exécution plus facile et d'une précision huit à dix fois aussi grande que celles qui sont connues jusqu'ici.

En effet, il suffit de mesurer la variation de la chaleur dégagée par la réaction entre deux températures distinctes, telles que T et t, c'est-à-dire la fonction $U - V$, et de la diviser par l'intervalle de température $T - t$, pour savoir l'excès des chaleurs spécifiques des corps composant le système initial (eau et dissolution saline concentrée), sur celle du système final (dissolution diluée). On a en effet :

$$U - V = (C + C' - C_1)(T - t).$$

Or, la fonction $U - V$ est égale à la différence entre les quantités

---

(1) Il convient de faire la correction ordinaire, relative à la portion de la tige du thermomètre non immergée dans la bouteille.

de chaleur dégagées par une même réaction exécutée aux deux
températures T et t :

$$Q_T - Q_t = U - V.$$

2. On peut mesurer ainsi par voie indirecte la *chaleur spécifique d'une dissolution concentrée*; ainsi que M. Winckelmann l'a
réalisé avec succès, en partant du sel solide et de l'eau pure, et
en dissolvant le sel dans l'eau à deux températures différentes,
telles que 10° et 45°, par exemple.

Mais ce procédé ne paraît pas offrir plus de précision ni de
facilité que la mesure directe de la chaleur spécifique de la dissolution elle-même. Il est même plus compliqué, en raison de la
difficulté d'opérer une mesure calorimétrique dans une étuve, et
aussi parce que la chaleur de dissolution est souvent beaucoup
plus grande que la variation que l'on se propose d'évaluer.

3. Au contraire, ces difficultés disparaissent et la méthode
acquiert une extrême précision, lorsqu'on l'applique, comme je
l'ai proposé et réalisé (1), non à mesurer la chaleur spécifique
même de la dissolution, mais *la différence entre la chaleur
spécifique d'une dissolution concentrée et celle d'une dissolution
plus étendue formée par le même sel.*

Dans ces conditions, je le répète, la fonction U — V peut être
déterminée avec une précision extrême, pour une solution quelconque, à l'aide de deux expériences de mélange, faites à deux
températures écartées de 10 à 15 degrés. Si l'on opère aux températures ambiantes, par exemple en été et en hiver successivement,
ces expériences, très simples et très rapides, n'exigent aucune des
corrections difficiles et douteuses qui compliquent presque toutes
les méthodes connues pour mesurer les chaleurs spécifiques.

Or j'ai établi plus haut (page 127) la relation

$$U - V = (K - K_1)(T - t),$$

K et K$_1$ étant les excès respectifs des chaleurs spécifiques moléculaires de la solution primitive $(18n + K)$ et de la solution
diluée $(18n + 18n_1 + K_1)$ sur la chaleur spécifique de l'eau qui
les constitue. Si donc nous avons déterminé à l'avance, par un

____

(1) *Annales de chimie et de physique*, 5ᵉ série, t. IV, p. 44.

procédé quelconque, la chaleur spécifique de la solution la plus
concentrée, c'est-à-dire $18n + K$, nous trouverons aisément
celle d'une solution plus étendue, $18n + 18n_1 + K_1$, par le procédé que je viens de décrire. Ce procédé nous permettra même
de mesurer très exactement les chaleurs spécifiques de toutes
les solutions de la même substance, plus étendues que celle qui
sert de point de départ, et dont la chaleur spécifique est supposée connue à l'avance. Or, et c'est là une remarque capitale
qui fait toute l'originalité du procédé que j'emploie, les erreurs
commises dans l'évaluation de K et K_1 sont du même ordre
de grandeur absolue, grandeur indépendante des valeurs de
$18n$ et de $18n + 18n_1$; c'est-à-dire qu'elles ne croissent pas avec
la dilution; contrairement à ce qui arrive pour toutes les méthodes employées jusqu'à ce jour. En effet, dans ces dernières
méthodes l'erreur est proportionnelle à la valeur même des
chaleurs spécifiques, c'est-à-dire aux deux nombres $18n + K$ et
$18n + 18n_1 + K_1$.

4. De là résulte cette conséquence remarquable, que *les chaleurs spécifiques ordinaires des solutions salines sont mesurées
par le procédé différentiel avec d'autant plus d'exactitude que
la dilution est plus considérable;* au moins jusqu'à une certaine
limite. En effet, la chaleur spécifique ordinaire de la solution
concentrée, formée avec 1 équivalent E du sel et nH^2O^2, sera
exprimée par le rapport

$$\frac{18n + K}{18n + E};$$

celle de la solution diluée sera

$$\frac{18n + 18n_1 + K + (K_1 - K)}{18n + 18n_1 + E}.$$

Mais n étant très grand par rapport à E, à K et à K_1, on voit immédiatement que l'erreur sur la première évaluation, c'est-à-dire
sur K, diminue proportionnellement à la dilution.

Il en est de même de l'erreur commise sur $K_1 - K$, laquelle
est du même ordre que la précédente en valeur absolue.

5. Précisons ces relations par des chiffres. Étant donnée une

solution concentrée d'un certain corps, solution dont la chaleur spécifique soit connue à $\frac{1}{200}$ de sa valeur, ce qui est à peu près la limite d'erreur des bonnes méthodes ordinaires, on pourra mesurer par la méthode différentielle la chaleur spécifique d'une nouvelle solution du même corps dix fois plus étendue que la première, à $\frac{1}{2000}$ près; limite qu'on atteint en effet, mais que l'exactitude d'un thermomètre indiquant les demi-centièmes de degré ne permet pas de dépasser. Cette limite répond, en fait comme en théorie, à une erreur probable de 1 à 2 unités environ sur la chaleur spécifique moléculaire des liqueurs qui renferment 1 équivalent de sel $+ 200\,H^2O^2$ [concentration voisine de (1 éq. $= 4$ lit.)].

Au contraire, les méthodes employées jusqu'ici comportent une erreur probable de 10 à 20 unités sur la même détermination ; ce qui représente, en effet, l'écart que l'on observe fréquemment entre les nombres obtenus pour la chaleur spécifique de deux dissolutions aussi étendues par deux habiles expérimentateurs, tels que M. Marignac et M. Thomsen, par exemple.

§ 4. — Chaleurs de fusion.

1. On détermine en général la chaleur de fusion d'un corps de la manière suivante. La fusion supposée produite *au-dessus* de la température ambiante : le corps étant liquéfié, on le porte à une température connue t_0, un peu supérieure à son point de fusion, et on l'immerge dans le calorimètre, où il repasse depuis la température supérieure jusqu'à celle du calorimètre, t_2, en prenant dans l'intervalle l'état solide. La chaleur cédée au calorimètre dans ces conditions se compose de trois quantités, savoir :

1° La chaleur cédée pendant que le corps est liquide depuis t_0 jusqu'à t_1 ; t_1 étant la température de fusion ;

2° La chaleur de fusion, à la température t_1 supposée fixe ;

3° Enfin la chaleur cédée dans l'état solide, de t_1 à t_2.

Le calcul de la première et de la troisième quantité exige la connaissance préalable des chaleurs spécifiques du corps, dans les états liquide et solide.

Si la fusion a lieu *au-dessous* de la température ambiante, on procède de même, mais en sens inverse, à partir du corps solidifié à basse température.

Tels sont les principes que les physiciens donnent pour la mesure de la chaleur de fusion. Ces principes résultent de l'étude de l'eau. Mais ils se trouvent souvent en défaut, dans l'étude réelle de nombreux corps que nous connaissons en chimie.

2. En effet, la solidification des corps liquides, et surtout celle des composés organiques analogues aux graisses, aux cires, aux camphres et aux résines, est rarement aussi nette que la solidification de l'eau; un grand nombre de substances se solidifient peu à peu et conservent l'état demi-mou et pâteux, pendant un certain intervalle de température. En outre, les corps solides, ramenés à une même température, si basse qu'elle soit, ne redeviennent pas toujours et tout de suite identiques à ce qu'ils étaient avant d'avoir été chauffés. Quelques-uns conservent un état spécial, qui se modifie très lentement, avec un dégagement de chaleur, susceptible de durer plusieurs jours, plusieurs mois, ou même davantage, avant que le corps ait repris un état stable, identique à celui qui a précédé la fusion.

Dans ces conditions, la mesure de la chaleur de fusion devient fort difficile; car il n'est pas possible de l'obtenir en se bornant à mesurer la chaleur abandonnée par le corps pendant qu'il se solidifie à une température stationnaire, seule condition exigée par les définitions des physiciens.

On a observé, par exemple, que l'hydrate de chloral se solidifie et cristallise à la température sensiblement fixe de 46 degrés; et j'ai vérifié cette observation. Mais j'ai reconnu en même temps que la chaleur ainsi dégagée par 1 gramme d'hydrate de chloral, pendant la solidification, s'élevait d'ordinaire à $+ 17^{cal},6$ seulement; tandis que la chaleur absorbée pendant la fusion, opérée également à 46 degrés, s'élève presque au double, soit $+ 33^{cal},2$. Ces observations prouvent que les phénomènes de la fusion et de la solidification ne sont pas réciproques pour l'hydrate de chloral, lorsqu'ils se suivent immédiatement. Ils ne deviennent exactement réciproques, comme je le prouverai tout à l'heure,

que s'ils sont séparés par un intervalle de temps très considérable
et qui s'élève à plusieurs mois.

3. Les circonstances du *ramollissement préalable* et de *l'état
pâteux* qui précèdent la fusion et suivent la solidification ont
été aperçues par bien des expérimentateurs. M. Person avait
fait autrefois quelques observations analogues sur la cire. Mais,
n'ayant pas aperçu le rôle du temps dans les changements intérieurs des corps solides, il ne s'était pas nettement rendu compte
de l'absence de réciprocité entre la fusion et la solidification ,
aussi bien qu'entre les travaux qui précèdent et qui suivent
l'une et l'autre de ces opérations. Aussi avait-il cru pouvoir
définir la chaleur de fusion comme une quantité fixe, susceptible d'être mesurée immédiatement, mais répartie sur un certain intervalle de température. En raison de cette définition.
plus large que celle des anciens physiciens, mais encore insuffi-
sante, il était obligé d'admettre dans ses déterminations et dans
ses calculs que le corps fondu, une fois ramené à une température suffisamment basse, reprenait aussitôt un état identique
avec son état initial.

4. Or cette identité d'état n'existe point pour l'hydrate de chloral
récemment fondu, malgré son apparence cristallisée, ainsi que je
vais l'établir. Elle n'existe probablement pas davantage pour la
plupart des substances dont l'état physique se rapproche de
celui du camphre, des cires ou des résines.

Il s'agit ici de simples changements physiques, attribuables
à la plasticité variable des corps camphrés ou résineux.

5. Je ne parle pas, bien entendu, des substances qui acquièrent à une haute température un *état isomérique* tout à fait
nouveau, qu'elles conservent après refroidissement : telles que
le soufre insoluble, dont l'état spécial se développe seulement
au-dessus de 155 et principalement de 170 degrés (1).

Observons cependant que la transition entre ces deux ordres
de faits s'opère par degrés insensibles, pour les corps résineux
particulièrement. D'ailleurs la méthode propre à mesurer le

(1) *Annales de chimie et de physique*, 3ᵉ série, 1857, t. XLIX, p. 478.

travail calorifique accompli pour passer d'un état à l'autre est
exactement la même dans les deux ordres de faits. Elle s'applique
également à tous les cas où des solides prennent naissance,
avec des propriétés diverses, par solidification spontanée ou
par séparation d'un dissolvant (évaporation, coagulation, précipitation).

6. Cette méthode est fondée sur le *théorème des actions lentes*
(p. 39); elle consiste à ramener le corps à *un certain état final,
démontré identique* dans tous les cas par des mesures thermiques; démonstration dont la nécessité n'avait pas frappé
les anciens observateurs.

7. Pour bien la définir, je demande la permission de rappeler
ici mes recherches sur la fusion de l'hydrate de chloral (1).
On parvient à un état final identique, propre à définir les différents états de ce corps, en le dissolvant à une température
donnée et dans une quantité d'eau constante. La chaleur absorbée par cette dissolution, opérée avec l'hydrate amené à un état
définitif, est d'ailleurs peu considérable : ce qui augmente
la précision des mesures relatives aux chaleurs de fusion et aux
chaleurs spécifiques.

Mais la dissolution ainsi obtenue est-elle toujours identique à
elle-même? On doit le prouver, et on le prouve en effet, en établissant l'identité de la chaleur de dissolution d'échantillons également purs, mais divers, d'origine distincte et conservés les
uns depuis plusieurs mois, les autres depuis quatre ans.

Je l'ai prouvé encore, et avec plus de certitude, en décomposant la dissolution de chloral, aussitôt faite, par un agent
chimique : soit la potasse étendue (47^{gr},1 formant 2 litres de
dissolution), laquelle change le chloral dissous en potasse et
chloroforme.

J'ai mesuré ainsi, à 16 degrés, le chloral ayant été dissous à
l'instant même dans 100 fois son poids d'eau, la chaleur que
dégageait la décomposition ultérieure par la potasse de 1 gramme
d'hydrate de chloral dissous, soit :

(1) *Annales de chimie et de physique*, 5ᵉ série, t. XII, p. 538 et suiv.

		cal
Chloral anhydre		79,7
Hydrate de chloral pur		79,2
Id.	datant de quatre ans	79,1
Id.	fondu récemment	79,1
Id.	vaporisé et condensé dans l'eau	79,5
	Moyenne	79,4

La concordance de ces nombres prouve l'identité des dissolutions, quel que soit l'état antérieur de l'hydrate de chloral qui les a fournies.

8. L'identité de l'état final de la dissolution d'hydrate de chloral étant ainsi assurée, on procède à la mesure des chaleurs spécifiques dans l'état solide, dans l'état liquide, et à la mesure de la chaleur de fusion ; ces trois quantités devant en général être déterminées par un même système d'expériences, système applicable à tous les cas analogues.

1° *Chaleur spécifique solide.* — Je prends un poids connu d'hydrate de chloral, je le porte à une température précise, mais inférieure à celle de sa fusion, puis je l'immerge et le dissous subitement dans l'eau du calorimètre : procédé d'autant plus exact, que la dissolution étant presque instantanée, la correction du refroidissement est supprimée. J'ai obtenu ainsi :

Chaleur spécifique solide entre 17 et 44 degrés...   0,206.

Ce nombre a été trouvé sensiblement le même entre 34° et 17°.

Il doit être mesuré, en évitant avec le plus grand soin toute surchauffe et fusion préalable du corps. Il résulte de la constance du chiffre obtenu, que, dans ces conditions, l'hydrate de chloral n'éprouve ni ramollissement, ni changement préalable qui en accroisse notablement la chaleur spécifique à une petite distance du point de fusion.

Mais, si l'on opérait avec un hydrate fondu récemment, puis solidifié, on obtiendrait des nombres tout différents, et variables d'une expérience à l'autre. J'ai trouvé, par exemple, avec un tel corps :

entre 41 et 15 degrés, 0,694 ; entre 34 et 15 degrés, 0,813 ;

valeurs excessives et d'autant plus grandes, que l'intervalle de

température est moindre. Les anomalies résultent de ce fait
que, dans ces conditions, l'hydrate de chloral peut retenir près
de moitié de sa chaleur de fusion. Au bout de plusieurs jours,
l'observation a montré qu'il en retient encore un dixième, qu'il
achève de perdre peu à peu et très lentement.

2° La *chaleur spécifique liquide* se mesure, en opérant de
même avec l'hydrate de chloral fondu et porté d'abord à une
température à peine supérieure à celle de son point de fusion,
51 degrés, par exemple. Dans cet état, on l'immerge et on le
dissout subitement au sein de l'eau du calorimètre : on mesure
la chaleur cédée à l'instrument. On répète l'expérience avec un
même poids d'hydrate de chloral fondu et porté à une température beaucoup plus haute, telle que 88 degrés. — Le résultat
obtenu étant retranché du précédent, puis divisé par l'intervalle
des températures, soit 88-51, et par le poids de l'hydrate de
chloral employé, fournit la *chaleur spécifique de l'hydrate de
chloral liquide*.

J'ai obtenu entre 51 et 88 degrés : 0,470.

3° La *chaleur de fusion* se calcule à l'aide des données précédentes, lesquelles comprennent deux expériences de dissolution, faites : l'une avec l'hydrate liquide porté à une température un peu supérieure à celle de la fusion, telle que
51 degrés; l'autre avec l'hydrate solide conservé dans cet état
depuis plusieurs mois, puis porté seulement à une température telle que 34 degrés, température inférieure à celle de la
fusion, que l'on évite avec le plus grand soin d'atteindre.

Or la chaleur totale abandonnée au dissolvant par 1 gramme
d'hydrate de chloral dissous dans 100 grammes d'eau, à 16 degrés, après avoir été chauffé lui-même à 51 degrés, peut être
regardée comme la somme des quantités suivantes :

La chaleur spécifique liquide, multipliée par l'intervalle de
liquidité normal, soit $(51 - 46) \times 0,470$;

La chaleur de fusion, x, à 46 degrés ;

La chaleur spécifique solide normale, multipliée par l'intervalle de solidité, soit $(46 - 16) \times 0,206$;

Enfin la chaleur de dissolution de l'hydrate de chloral, à

16 degrés et dans le poids d'eau employé, soit D, qui est sup-posée connue.

Cette quantité totale de chaleur ayant été mesurée, il est facile d'en déduire maintenant la chaleur de fusion x.

La *chaleur de fusion* véritable, ainsi obtenue, soit $33^{cal},2$ pour 1 gramme, est une quantité constante ; comme la théorie l'indique et comme je l'ai vérifié par des expériences précises sur des échantillons divers.

Elle demeure également la même, pour le corps conservé depuis un temps beaucoup plus long et s'élevant à plusieurs années.

En fait, cette quantité de chaleur est absorbée, sinon à un point tout à fait fixe, du moins dans un très petit intervalle de tem-pérature pour l'hydrate de chloral. Elle serait répartie sur un intervalle de ramollissement plus étendu, que la méthode de-meurerait pareille.

9. On peut résumer ces observations, en disant que *la chaleur de fusion des corps est la seule quantité rigoureusement définie* et *mesurable par expérience* ; du moins toutes les fois qu'il s'agit d'un corps cristallisé et conservé depuis un temps suffisamment long. Au contraire, *la chaleur de solidification*, telle qu'elle peut être mesurée, c'est-à-dire dans un intervalle de temps peu considérable, varie fréquemment avec les conditions de l'expé-rience, le corps ne revenant pas tout d'abord à un état final identique.

§ 5. — **Points d'ébullition.**

Voici un petit appareil pour déterminer les points d'ébulli-tion, construit suivant les règles bien connues des physiciens, mais avec des vases de verre et de simples bouchons. Je l'ai décrit incidemment, il y a vingt-cinq ans, dans mes recherches sur l'essence de térébenthine. Si je crois utile de le signaler, c'est à cause de l'oubli des règles précédentes dans les appareils à petits condensateurs superposés et à reflux, que beaucoup de chimistes emploient aujourd'hui pour mesurer les points d'ébullition. Ce genre d'appareils, favorable peut-être à la sépa-ration des liquides mélangés, tend au contraire à exagérer la plupart des causes d'erreur dans la détermination exacte des points d'ébullition.

Mon appareil se compose d'un ballon de verre de 100 à 200 centimètres cubes environ, B, dont le long col est entouré d'un cylindre de verre plus large, CC, pourvu de deux bouchons plats.

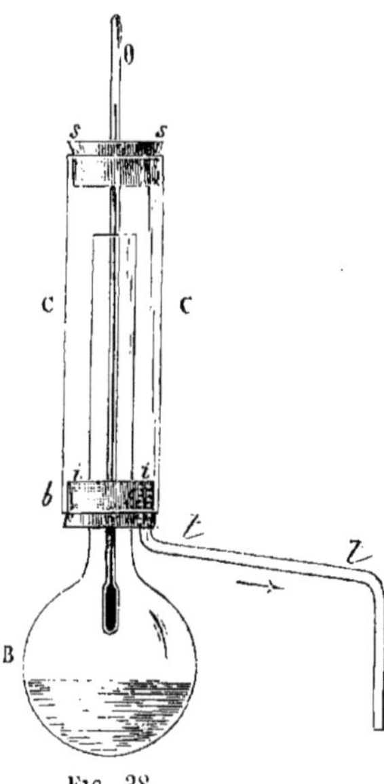

FIG. 38.

Le bouchon inférieur b est traversé d'une part par le col du ballon, qu'il sert à assembler avec le cylindre, et d'autre part par un tube tt affleurant le bouchon, tube un peu large et légèrement incliné, qui éconduit la vapeur au dehors, vers un condensateur.

Le bouchon supérieur ss est traversé en son centre par un thermomètre de précision o, dont la boule se trouve librement suspendue dans la vapeur, vers la partie supérieure du ballon. Ce dernier ne doit pas être rempli par le liquide au delà de la moitié de sa capacité.

§ 6. — Chaleur de vaporisation des liquides.

1. Lorsqu'on cherche à mesurer la chaleur de vaporisation d'un liquide, la principale difficulté consiste à transmettre la

vapeur sèche, c'est-à-dire ne contenant point de gouttelettes liquides, depuis le générateur jusqu'au calorimètre, et sans aucune condensation intermédiaire. De là les doubles enveloppes et les systèmes protecteurs plus ou moins compliqués employés dans les expériences de M. Regnault; de là aussi la nécessité d'opérer sur de très grandes masses de liquide, afin de réduire les corrections et de leur donner plus de certitude.

J'ai imaginé un appareil beaucoup plus simple, qui permet de remplir cette condition avec rigueur, tout en opérant sur des quantités de matières limitées, avec mon calorimètre ordinaire, en écartant les causes d'erreur dues aux communications métalliques, et en réduisant à une très petite valeur la correction du réchauffement.

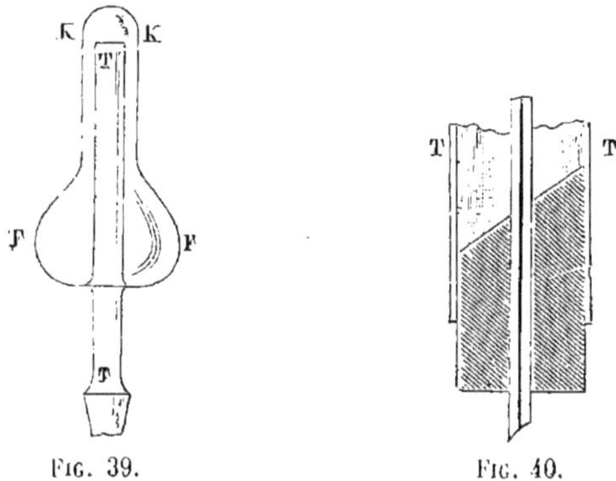

Fig. 39.   Fig. 40.

2. La figure 39 représente la pièce fondamentale destinée à faire bouillir le liquide. Ce liquide est contenu dans une capacité de verre FF en forme de fiole, qu'il remplit à moitié.

Le col de cette fiole est fermé à la lampe en K; la base est percée en son centre d'un trou rond, dans lequel un souffleur habile (M. Alvergniat) a soudé un tube de verre mince TT; la section de ce tube présente un diamètre égal à 10 ou 12 millimètres.

Le tube est ouvert aux deux bouts: sa partie supérieure arrive à 8 ou 10 millimètres au-dessous de K; la partie inférieure se prolonge de 40 à 50 millimètres au-dessous du fond de la fiole.

Pour introduire le liquide, on retourne le système, de façon à présenter en haut l'ouverture du tube TT, que l'on incline à 50 ou 60 degrés; on y verse alors le liquide avec un entonnoir, ou autrement.

Cela fait, on essuie l'orifice, on le ferme, soit à l'aide d'un bouchon de liége fin (fig. 40), soit à l'aide d'un bouchon de verre rodé à l'émeri; on pèse le système : la différence avec le poids de la fiole vide donne le poids du liquide introduit, 80 à 100 grammes, par exemple.

La figure 41 représente la lampe dont il sera question tout à l'heure.

Fig. 41.

La figure 42 représente le condensateur : c'est un large tube *oo*, rodé intérieurement à l'émeri, de façon à s'ajuster avec l'orifice du tube T.

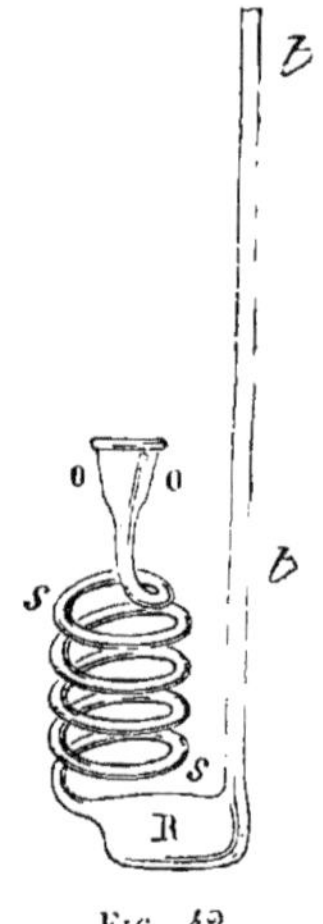

Fig. 42.

Le large tube *oo* est suivi d'un serpentin *ss*, qui s'ouvre par en bas à la partie supérieure et sur la droite d'un récipient ellipsoïdal R, récipient dont la capacité doit être environ de

100 centim. cubes. Sur la droite de ce récipient, et toujours à sa partie supérieure, est soudé un long tube étroit *tt*, disposé de façon à s'élever en dehors du calorimètre pendant l'expérience, lorsque la fiole est ajustée sur le serpentin.

Les dimensions du serpentin sont réglées d'ailleurs de façon qu'il puisse être placé dans un calorimètre d'un litre, l'orifice du tube *oo* émergeant hors de l'eau de quelques millimètres.

Le condensateur, avec son serpentin, doit être pesé avant l'expérience sur une balance à analyses.

3. L'appareil étant ainsi disposé, le tube TT ajusté à l'émeri dans l'orifice *oo*, et la fiole saisie en K par un support à mâchoires de liége, que l'on n'a pas figuré pour simplifier, on introduit, entre le fond de la fiole et le calorimètre (voy. fig. 43):

1° Un écran *ff*, formé de deux feuilles de carton minces et superposées, qui reposent sur le bord de l'enceinte de mon calorimètre ordinaire. Chacune de ces feuilles est coupée en deux, et chaque moitié découpée au centre en demi-cercle, de façon à laisser passer à frottement doux le tube T. On ajuste les deux moitiés de la première feuille, puis les deux moitiés de la seconde, de façon que la jonction de ces deux dernières ait lieu à angle droit avec celle des deux moitiés de la première.

La disposition de cet écran est telle qu'il recouvre les deux tiers environ de l'ouverture du calorimètre demeuré libre; l'autre tiers demeure libre et permet l'introduction du thermomètre calorimétrique, lequel sert en même temps d'agitateur.

2° Une toile métallique *nn*, repliée sur les bords, de façon à toucher seulement sur quelques points l'écran de carton, qu'elle doit protéger contre le contact direct de la lampe à gaz.

3° Une lampe à gaz, représentée séparément dans la figure 44 : c'est un anneau creux *ll*, percé de six à huit trous, et interrompu sur un point, de façon à permettre d'introduire la lampe, en laissant un passage au tube TT. Le diamètre de cet anneau ne doit guère surpasser la moitié de celui de la fiole FF, afin d'éviter les surchauffes locales.

La lampe est munie d'un robinet *g*, et soutenue par un support, lequel n'a pas été figuré.

4° Une deuxième toile métallique *m* sépare encore la lampe du fond de la fiole; la toile métallique restant à quelque distance de l'une comme de l'autre et étant soutenue par ses coins, repliés eux-mêmes à angle droit et attachés sur le tube métallique qui amène le gaz dans la lampe, ou par tout autre artifice.

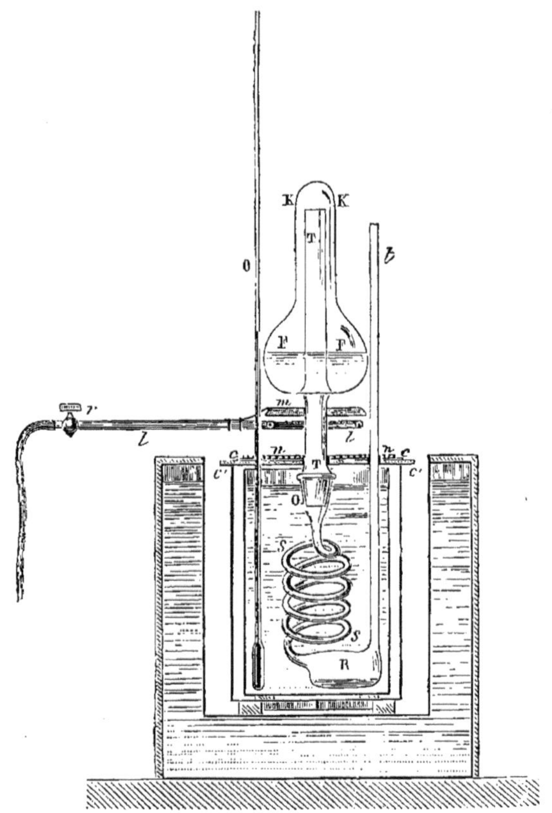

FIG. 43.

L'intervalle total qui sépare le fond de la fiole de la surface de l'eau du calorimètre ne surpasse pas 35 à 40 millimètres.

La figure 43 représente l'appareil ajusté et placé dans le calorimètre, au moment qui précède l'expérience.

Dans les conditions qui viennent d'être décrites, la vapeur du liquide se produit dans la fiole, passe d'abord dans le tube KK, de là dans le tube TT. Elle y est protégée contre tout refroidissement et maintenue à la température même qui répond à sa tension normale, par suite de la circulation incessante de la vapeur elle-même dans le tube KK enveloppant. Il en est ainsi jusqu'au fond de la fiole. Au delà la vapeur se précipite *per descensum* dans le serpentin, en traversant seulement une longueur de 35 millimètres, dans laquelle le rayonnement de la lampe empêche toute condensation, sans pourtant produire une surchauffe appréciable, quand l'ébullition est rapidement conduite.

4. Cela posé, voici comment on procède à l'expérience :

Première période. — On dispose le calorimètre, les écrans, la lampe, la fiole et le serpentin conformément à la figure 43 ; on allume la lampe, de façon à produire l'ébullition en peu de minutes, et l'on note la marche du thermomètre calorimétrique de minute en minute, en agitant l'eau continuellement. Le voisinage de la lampe échauffe en effet l'eau du calorimètre, malgré l'interposition des écrans.

Un premier essai, fait à blanc, c'est-à-dire sans ébullition, permet de régler les dispositions relatives des diverses pièces, de façon à rendre l'échauffement du calorimètre, par rayonnement, aussi petit que possible. Dans un essai bien conduit, le calorimètre contenant 800 à 900 grammes d'eau, sa température s'élève au plus de 2 à 3 centièmes de degré par minute. On peut même arriver à réduire davantage ce réchauffement

En tout cas, après avoir fixé la disposition de l'appareil, on procède à l'expérience proprement dite, poussée jusqu'à l'ébullition du liquide. Les observations thermométriques obtenues cette fois concourent aux calculs définitifs. Elles s'appliquent à une première période, qui donne la valeur de la correction destinée à être employée pour rectifier les nombres obtenus durant la période ultérieure, celle de l'ébullition.

Deuxième période. — Au bout de quelques minutes, l'ébullition commence dans la fiole : la vapeur se condense d'abord en KK, puis elle pénètre dans le tube TT et vient se condenser dans le serpentin, au-dessous du niveau de l'eau du calorimètre. On maintient cette eau continuellement agitée, jusqu'à ce que sa température ait monté de 3 à 4 degrés : ce qui n'exige pas plus de trois à quatre minutes. Le poids du liquide évaporé dans la fiole et condensé dans le serpentin s'élève à 20 ou 30 grammes environ, pour la plupart des liquides organiques. C'est la deuxième période de l'expérience.

Dans une expérience bien conduite, la forme et les dimensions du récipient du condensateur doivent être réglées, de façon à éviter qu'aucune gouttelette de liquide puisse s'engager dans le tube *tt*, où elle risquerait d'être projetée au dehors.

Troisième période. — On éteint alors la lampe, et l'on continue à suivre la marche du thermomètre calorimétrique ; ce qui constitue la troisième période.

La fiole étant enlevée, comme il va être dit, et l'orifice du serpentin fermé par un bouchon, la marche du thermomètre ne tarde pas à devenir régulière ; c'est-à-dire précisément la même que celle du thermomètre placé dans le même calorimètre, rempli de la même quantité d'eau, prise à la température finale, mais sans échauffement préalable des écrans : marche constatée avec soin par des essais antérieurs.

5. L'expérience est alors terminée. Le calcul de la chaleur cédée au calorimètre s'exécute facilement, suivant les règles ordinaires.

On calcule, en effet, la chaleur acquise par le calorimètre pendant la période moyenne ; on en retranche la chaleur gagnée par rayonnement, laquelle se déduit des données de la période préalable ; enfin, on y ajoute la chaleur gagnée pendant la dernière période. Cette dernière quantité de chaleur s'évalue en calculant la valeur absolue de la perte de chaleur éprouvée pendant un refroidissement régulier, fait à blanc, dans les mêmes conditions de température et toutes choses égales d'ailleurs, et en retranchant la perte réellement observée durant le même temps, pendant la troisième période.

En définitive, on obtient ainsi la chaleur totale cédée au calorimètre. Dans mes observations, cette quantité ne différait, de la chaleur cédée pendant la période moyenne, que de quelques centièmes de sa valeur totale; les corrections dues aux périodes antérieure et postérieure étant petites et de signe contraire.

Si l'écart était plus considérable, les nombres de l'expérience devraient être rejetés, et celle-ci reprise dans des conditions mieux réglées.

6. Reste à connaître le poids du liquide vaporisé. On l'évalue à l'aide d'une pesée, ou plutôt de deux pesées, qui se contrôlent l'une l'autre : celle de la fiole et celle du serpentin. A cette fin, au bout d'une ou deux minutes, la vapeur étant condensée et l'air rentré dans la fiole, on enlève celle-ci, en prenant soin d'obturer aussitôt l'intérieur du tube T à l'aide d'un bouchon de liége fin; ce bouchon doit être taillé légèrement en biseau, afin de permettre aux gouttelettes liquides qui pourraient se condenser encore dans le tube, de se réunir sur la paroi inclinée du bouchon. En outre, ce dernier est traversé, suivant son axe, par un tube capillaire un peu épais, qui dépasse de part et d'autre, et qui est destiné à permettre la rentrée incessante de l'air pendant le refroidissement de la fiole. La figure 40 montre ces petites dispositions, sur une échelle un peu plus forte que celle des autres portions de l'appareil.

Le bouchon a été figuré construit en liége. Mais j'ai aussi mis en œuvre des bouchons à l'émeri, disposés de la même manière, dans certains essais, tels que ceux relatifs à l'acide azotique monohydraté, lequel attaque le liége.

La fiole ainsi ajustée est abandonnée au refroidissement, puis pesée au bout d'un quart d'heure. La perte de poids qu'elle a subie indique le poids du liquide vaporisé.

Comme contrôle, le serpentin est enlevé du calorimètre, soigneusement essuyé, et pesé : ce qui donne le poids du liquide condensé. Ce poids doit être égal à celui du liquide vaporisé.

En fait, les observations que j'ai faites avec divers corps n'ont pas fourni des différences surpassant 5 à 6 centigrammes entre les deux pesées, sur un poids total de 20 à 30 grammes de liquide vaporisé. Ces petites différences sont dues à quelques traces de vapeur et de liquide, dont on ne peut guère éviter la perte dans les manipulations. J'ai adopté la moyenne des deux pesées dans mes calculs.

7. C'est ainsi qu'on calcule la chaleur totale cédée par un poids donné de vapeur : depuis l'état gazeux, à la température de l'ébullition t, jusqu'à l'état liquide, à la température finale t' du calorimètre.

En déterminant, d'autre part, la chaleur spécifique du liquide, depuis une température un peu inférieure à t' jusque vers t, à l'aide de l'appareil décrit à la page 275, ou par tout autre procédé, on peut calculer ensuite la chaleur cédée par le poids du corps que l'on envisage sous la forme liquide. En retranchant cette quantité, on calcule exactement la chaleur même de vaporisation du liquide.

8. J'ai employé l'appareil que je viens de décrire dans mes expériences sur la chaleur de vaporisation des acides azotique monohydraté, acétique monohydraté, acétique anhydre, du chloral et de son hydrate, etc.

Je citerai seulement ici quelques vérifications, faites en mesurant la chaleur de vaporisation de l'eau. Trois essais ont donné, pour la chaleur totale cédée depuis 100 degrés jusqu'à zéro, par 1 gramme d'eau :

$$
\begin{array}{r}
635,2 \\
636,2 \\
637,2 \\
\hline
\end{array}
$$

Moyenne...... 636,2

M. Regnault a trouvé.... 636,6

9. J'ai encore procédé à la mesure de la chaleur de vaporisation suivant un autre artifice, dans certains cas où la simple condensation d'une vapeur n'amène pas toujours le liquide, ou le solide résultant, à un *état final strictement défini*. Dans ce cas, on fait éprouver immédiatement au corps condensé une transformation capable de l'amener à un tel état final, d'une façon incontestable. C'est ainsi qu'il m'a paru utile de changer tout de suite l'hydrate de chloral solide en hydrate dissous (voy. p. 284); de même l'acide acétique anhydre a été changé en acétate de soude dissous.

Cette précaution est indispensable d'ailleurs, lorsque l'on condense une vapeur qui prend l'état solide et qui obstrue le serpentin.

Dans les cas de ce genre, je supprime le condensateur ainsi que le serpentin, et je fais arriver directement le tube T dans l'eau du calorimètre, continuellement agitée. La vapeur s'y condense et s'y mêle aussitôt. L'eau d'ailleurs peut être pure ou renfermer un agent chimique (potasse, ou acide chlorhydrique, etc.).

La première et la deuxième période sont les mêmes que ci-dessus. Il faut seulement observer la précaution suivante. Quand on éteint la lampe, on surveille avec soin les mouvements de l'eau dans le tube T ; dès qu'elle menace de s'y élever, par suite de la condensation de la vapeur, on enlève rapidement la fiole, on l'essuie au dehors et l'on y adapte le bouchon de la figure 40. On la laisse refroidir et on la pèse comme à l'ordinaire. La troisième période est absolument pareille.

10. Les méthodes qui précèdent, et qui sont les plus précises, se trouvent cependant en défaut, ou tout au moins d'une application difficile, lorsqu'on opère sur des *liquides extrêmement volatils* et condensables au voisinage de la température ordinaire ; surtout si ces liquides sont peu abondants ou dangereux à respirer, tels que le chlorure de cyanogène, l'acide cyanhydrique, l'acide hypoazotique, le chlorure de bore, etc., etc. Cependant la chaleur de vaporisation de tels corps est indispensable à connaître pour en évaluer la chaleur de formation, dans les états liquide et gazeux. Pour la déterminer, j'ai eu recours à un procédé plus simple que les précédents. Il n'est pas aussi précis ; cependant il fournit des résultats suffisamment exacts, même avec quelques grammes de matière.

Ce procédé consiste à peser le liquide (6 à 20 grammes, suivant les cas) dans une ampoule de verre très mince et scellée ; à introduire cette ampoule au fond d'un large tube de verre mince, ajusté avec un serpentin et plongé dans un calorimètre. Le tout présente une forme et une disposition analogues à celles du laboratoire de platine figuré page 239 ; à cela près que le tube actuel est de verre et soudé avec serpentin. Ce large tube est muni d'un bouchon par lequel pénètre un petit tube, qui permet d'y faire circuler un courant d'air sec, ou d'azote sec, suivant les circonstances. Le serpentin est relié par son extrémité libre avec un aspirateur de 12 à 15 litres plein d'eau, et renfermant des réactifs appropriés pour l'absorption ou la destruction de la vapeur dangereuse.

L'eau du calorimètre (500 grammes) est prise à une température un peu inférieure à celle de l'ébullition du liquide que l'on étudie.

Tout étant disposé et l'ampoule placée dans le large tube, celui-ci disposé dans le calorimètre depuis un temps convenable, enfin le large tube étant rempli d'air sec ou d'azote sec ; l'aspirateur est mis en activité, de façon à balayer le tube par un courant de gaz sec. Ce gaz est en général de l'air, rigoureusement desséché par son passage à travers un flacon d'acide sulfurique et d'une suite de tubes à ponce sulfurique. Si l'oxygène de l'air est nuisible, c'est-à-dire susceptible d'altérer le [corps vaporisable, on le remplace par de l'azote sec et pur, débité par un grand gazomètre, et dont on règle la vitesse sur celle de l'aspirateur. Pendant ce temps, on suit la marche du thermomètre calorimétrique.

Cela fait, on brise l'ampoule, en l'agitant violemment dans le gros tube qui la renferme ; ou bien encore à l'aide d'une baguette glissant à frottement dans un tube de caoutchouc, ajusté lui-même sur un petit tube qui traverse le bouchon.

Le liquide volatil se répand aussitôt dans le gros tube, et il est entraîné sous forme de vapeur par le courant de gaz sec, jusque dans l'aspirateur. On règle l'aspiration ; on agite l'eau du calorimètre, qui se refroidit aussitôt, par suite de la vaporisation du liquide, et on lit de minute en minute le thermomètre calorimétrique.

L'expérience doit être dirigée de façon à durer huit à dix minutes au plus. Quand tout le liquide est vaporisé, on continue cinq minutes encore, pour obtenir la correction du réchauffement.

Le calcul se fait suivant les règles ordinaires.

En opérant ainsi, aucune trace des vapeurs, même les plus dangereuses, ne s'échappe au dehors et ne vient incommoder l'opérateur.

Ce procédé cesse d'être applicable, dès que le liquide bout 15 à 20 degrés au-dessus de la température du calorimètre, parce que l'évaporation est trop lente. Mais c'est alors que la méthode générale exposée plus haut reçoit son application.

11. Les *liquides qui bouillent au voisinage de zéro ou au-dessous* ne peuvent pas non plus être étudiés par ce procédé, à cause de leur vaporisation trop brusque dans le gros tube. Dans ce cas, on réussit souvent à faire la mesure par un artifice très simple, qui consiste à placer le liquide dans une ampoule lestée avec un gros fil de platine, et reliée par un caoutchouc épais avec un serpentin de verre ascendant à minces parois.

On pèse d'abord l'ampoule scellée; puis on la refroidit séparément, jusqu'au-dessous du point d'ébullition du liquide, en la plaçant au sein d'un réfrigérant dans un appareil à double enceinte, disposé de façon à éviter que l'humidité atmosphérique ne se condense à la surface de l'ampoule. Cela fait, on ajuste la pointe de l'ampoule avec le tube de caoutchouc et le serpentin (ces derniers placés dans l'atmosphère, à la température ambiante); on casse la pointe de l'ampoule à travers le caoutchouc, on enlève ensuite très rapidement le système formé par l'ampoule assemblée au serpentin, et l'on immerge ce système dans le calorimètre, au sein duquel tout se trouve alors plongé, à l'exception du tube droit qui termine le serpentin ascendant. Le liquide se vaporise aussitôt, en empruntant sa chaleur à l'eau du calorimètre; on laisse le gaz qui en résulte se répandre dans l'atmosphère, s'il n'est pas dangereux. Sinon, on l'envoie en dehors du laboratoire; à moins qu'on ne préfère le condenser dans un mélange réfrigérant, dans le cas où il s'agit d'un liquide précieux.

CHAPITRE VI

THERMOMÈTRE A AIR DE PETITES DIMENSIONS

§ 1er. — **Son objet.**

1. Il n'est aucun chimiste ou physicien qui n'ait eu l'occasion de regretter l'absence d'un thermomètre sensible et peu volumineux, destiné à mesurer les hautes températures, aussi bien que les températures très-basses. C'est surtout en chimie organique et dans l'exécution des distillations fractionnées, lesquelles se présentent sans cesse, que cette lacune se fait vivement sentir. A la vérité, jusque vers 330 à 350 degrés, le thermomètre à mercure répond à tous les besoins; bien qu'au voisinage de ces hautes températures, ses indications exigent des corrections de 15 et même 20 degrés, lorsqu'on veut tenir compte de la portion de la tige extérieure au vase distillatoire. Mais, au delà, nous ne possédons aucun thermomètre susceptible d'un emploi analogue. De même, les températures inférieures au point de congélation du mercure n'ont guère été appréciées jusqu'ici qu'avec le thermomètre à alcool, instrument dont le coefficient de dilatation est peu ou point connu à ces basses températures.

2. Ce n'est pas que l'on ne puisse mesurer, dans certains cas et avec une grande précision, des températures soit inférieures, soit plus élevées. Le thermomètre à air, surtout avec les dernières modifications que lui ont fait subir M. Regnault et M. H. Sainte-Claire Deville, permet d'évaluer de très basses comme de très hautes températures. Mais c'est un instrument d'un volume considérable; car il occupe au moins 300 à 400 centimètres cubes, circonstance qui lui enlève toute sensibilité, et qui n'en permet point l'emploi, autrement que pour mesurer

la température d'un grand espace. En outre, le thermomètre
à air, tel qu'il a été usité jusqu'ici, ne saurait indiquer
directement et par une simple lecture les températures. Celles-ci
sont conclues d'un long calcul, dans lequel interviennent de
nombreuses corrections, variables d'une expérience à l'autre, avec
la pression atmosphérique et diverses conditions.

3. Il restait donc à construire un thermomètre sensible,
d'un volume assez petit pour se prêter à des opérations faites
dans des cornues ou dans des ballons de faibles dimensions,
enfin indiquant, directement et sans correction, les températures
supérieures à 350 degrés, aussi bien que les températures inférieures à — 38 degrés.

C'est cet instrument que j'ai réussi à fabriquer (1). Le thermomètre que j'ai imaginé permet en effet d'atteindre 500 et
même 550 degrés; il peut être employé jusqu'à la température
à laquelle le verre des cornues commence à fondre.

Il s'applique également et sans limite aux très-basses températures, inférieures au point de congélation du mercure (2).

Au-dessus du point de ramollissement du verre, on peut
même construire un thermomètre analogue et qui serait
applicable jusque vers 1000 ou 1500 degrés, à la condition de
prendre un réservoir d'argent (3).

Je vais décrire le thermomètre à réservoir de verre, capable
d'atteindre 500 à 550 degrés. Je donnerai d'abord la description
de l'appareil; j'indiquerai ensuite comment on le gradue; j'en
discuterai la théorie; enfin je signalerai quelques-unes des
applications que j'en ai faites.

§ 2. — **Description du thermomètre.**

Le nouveau thermomètre (fig. 44) se compose d'un réservoir
d'air, d'une tige capillaire, d'un réservoir plein de mercure,
d'une règle graduée et d'un support.

---

(1) *Annales de chimie et de physique*, 4ᵉ série, 1868, t. XIII, p. 144.
(2) Même recueil, 5ᵉ série, t. XIV, p. 441.
(3) Même recueil, 4ᵉ série, t. XV, p. 413.

1° *Réservoir d'air.* — Le réservoir d'air B est de verre dur,

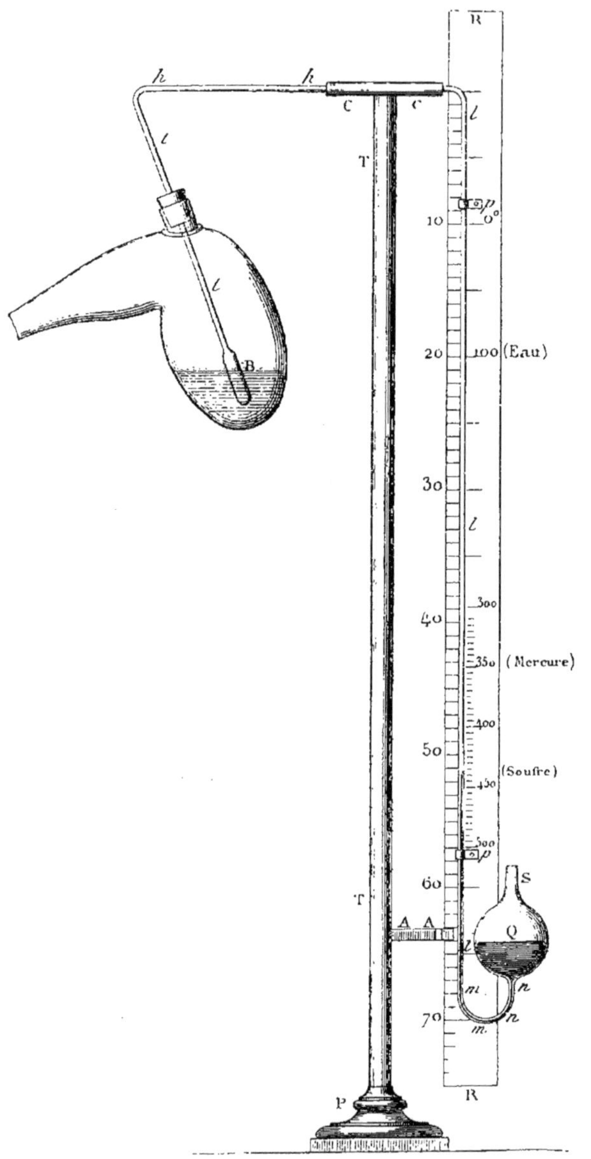

Fig. 44.

cylindrique, long de 40 millimètres, et d'un diamètre égal

à 12 millimètres. Ses parois sont peu épaisses. Sa capacité intérieure est de 4 centimètres cubes environ.

Ces dimensions ont été adoptées, afin de permettre d'introduire le thermomètre dans une cornue tubulée jaugeant 125 centimètres cubes ; ce qui suffit pour obtenir un point d'ébullition régulier avec 50, et même avec 25 centimètres cubes de liquide. Mais on peut les augmenter à volonté, lorsqu'on emploie des vases d'une plus grande capacité.

Le réservoir est soudé, à sa partie supérieure, avec une tige capillaire.

2° *Tige*. — La tige *tthh llll mm nn* est longue de près de 1200 millimètres ; elle est formée par un tube très capillaire, dont le diamètre intérieur est voisin d'un cinquième de millimètre. Si l'on emploie des réservoirs d'une plus grande capacité, le diamètre intérieur du tube capillaire peut être porté jusqu'à un demi-millimètre et au delà.

Dans tous les cas, la tige doit être essayée à l'avance et avec soin, à l'aide d'une petite colonne de mercure et d'une machine à diviser ; de façon à vérifier que son calibre intérieur est uniforme.

La tige ainsi vérifiée est soudée à la partie supérieure du réservoir B. On lui donne la forme et les dispositions représentées dans la figure 43. La partie verticale doit être longue de 730 millimètres environ ; elle se termine en bas par une grosse boule de verre Q, munie à sa partie supérieure d'une embouchure cylindrique en forme de goulot.

La tige *tthh llll mm nn* doit être d'une seule pièce et sans aucune soudure intermédiaire. *Ce point est essentiel*, car toute soudure donnerait lieu à une chambre intérieure, avec variation brusque de la capillarité.

Une précaution utile à observer consiste à dessécher le tube capillaire et le réservoir d'air B. A cet effet, on profite du moment où celui-ci vient d'être soudé à sa partie supérieure avec la tige capillaire, mais où il se trouve encore ouvert et terminé en pointe à sa partie inférieure. On met cette pointe ouverte en communication avec un appareil aspirateur, et l'on y exerce une aspiration continue, pendant que l'on chauffe fortement avec une lampe le réservoir Q et la tige capillaire, sur toute sa longueur successivement : on chasse ainsi la vapeur d'eau, fortement adhérente au verre du tube capillaire. L'air rentre à mesure en S, et l'on peut au besoin dessécher cet air. Quand toute la tige a été chauffée, on ferme la pointe inférieure du réservoir d'air B, et on laisse refroidir.

3° *Réservoir de mercure.* — Le réservoir de mercure est formé par la boule Q ; il est soudé à sa partie inférieure avec la tige, capillaire et s'ouvre à sa partie supérieure par un petit orifice en forme de goulot. Pour éviter l'introduction des poussières, on pose sur cet orifice un petit bouchon, lequel doit être soulevé de façon à permettre la libre transmission de la pression atmosphérique, lorsqu'on se sert de l'instrument. On décrira tout à l'heure le remplissage de ce réservoir.

4° *Règle graduée.* — Le long de la tige *llll*, disposée verticalement, se trouve fixée une règle plate de bois RR, longue de 750 millimètres environ. Cette règle est fixée par deux petites pattes *p, p,* quel'on peut serrer ou relâcher à volunté, à l'aide d'une vis, et de façon à faire glisser la règle le long de la tige *llll*. D'autre part, la règle est posée le long d'une gorge creusée dans un appendice métallique AA, adapté au pied métallique de l'instrument.

La règle porte une double graduation : l'une, située à gauche de l'opérateur, est une division uniforme en millimètres, de haut en bas ; l'autre, située à sa droite, est une division en degrés thermométriques, de longueur légèrement décroissante ; elle est construite empiriquement et à l'aide de certains points fixes que l'on indiquera tout à l'heure

5° *Support.* — Le thermomètre est soutenu par un support métallique très solide et très pesant. Ce support se compose :

1° D'une coulisse horizontale CC, sur laquelle repose la branche horizontale *hh* de la tige.

2° A la droite de cette coulisse et presque à son extrémité se trouve soudée la tige métallique TT, verticale, et d'un diamètre égal à 5 ou 6 millimètres. Cette tige porte vers son tiers inférieur un appendice soudé AA, et muni à son extrémité libre d'une gorge verticale destinée à soutenir la règle de bois.

3° La tige elle-même est solidement fixée sur un pied PP très lourd, et qui donne au système une grande stabilité.

§ 3. — Graduation du thermomètre.

1. Cette graduation se compose de trois opérations : 1° remplissage; 2° détermination des points fixes; 3° graduation de l'échelle.

1° *Remplissage.* — Pour remplir le thermomètre, on verse du mercure très propre, sec et très pur, dans la boule Q, de façon à la remplir à moitié; puis on fait un vide partiel au-dessus de Q avec une machine pneumatique; on abaisse la pression jusqu'à 20 ou 25 centimètres de mercure, au plus : l'air de l'appareil sort en partie à travers le mercure. On rétablit la pression atmosphérique, et le mercure s'élève dans le tube capillaire.

Pour reconnaître si le vide a été fait au degré voulu, on plonge successivement le réservoir B dans de la glace fondante et dans de l'eau prise à la température ambiante. On détermine ainsi une différence de pression intérieure et une certaine marche de la colonne mercurielle contenue dans le tube capillaire. Le nombre de millimètres parcourus par la colonne sur l'échelle doit être exprimé par un chiffre voisin du nombre de degrés qui exprime la température ambiante, si l'on veut que le thermomètre indique les températures jusque vers 500 degrés.

Dans le cas où le vide n'est pas suffisant, ce chiffre est plus fort. On fait alors le vide de nouveau et jusqu'à un point un peu plus éloigné. Au contraire, si le vide était trop considérable, par exemple si l'on avait laissé tomber la pression à 10 ou 12 centimètres, il faudrait vider complètement le réservoir Q, en enlevant le mercure avec une pipette. Puis on recommencerait toute l'opération.

On a donné à la boule Q un diamètre considérable, afin que les changements de hauteurs de la colonne mercurielle dans le tube capillaire n'affectent pas sensiblement le niveau du mercure dans cette boule. La masse du mercure qu'elle renferme présente encore cet avantage de rendre plus faciles et plus rapides les mouvements du mercure dans le tube capillaire *llll*. Il suffit de donner une série de petites secousses à l'instrument, pour faire prendre au ménisque sa forme normale et rendre les indications régulières.

2° *Détermination des points fixes.* — Pour graduer l'instrument, j'ai choisi les points fixes suivants, relatifs à la pression de 760 millimètres :

Point de fusion de la glace........	0°
Point d'ébullition de l'eau........	100°
Point d'ébullition du mercure......	354°,7 (1)
Point d'ébullition du soufre........	447°,4 (2)

Ces quatre points doivent être déterminés le même jour, sous une pression de 760 millimètres, ou voisine, et dans un intervalle de temps assez court pour que la pression atmosphérique n'éprouve aucune variation sensible : j'entends par là une variation d'un millimètre.

Le point zéro se détermine en plongeant le réservoir d'air B, et quelques centimètres de la partie capillaire *tt*, dans la glace fondante, avec les précautions connues (voy. p. 155). La tige *llll* doit être disposée verticalement et avec soin. Au bout de quelques minutes, et lorsque la colonne mercurielle commence à se fixer dans la tige *llll*, on donne avec le doigt une série de légers chocs à la règle, un peu au-dessous de l'appendice AA et de façon à déterminer dans le tube capillaire une série de va-et-vient, de signes alternatifs. On amène ainsi la colonne mercurielle à son état d'équilibre définitif. Quand elle a cessé d'osciller, on note le nombre de millimètres et de fractions de millimètre correspondants sur l'échelle divisée. C'est le point zéro, pour la pression atmosphérique existant le jour de l'expérience.

Le point 100 se détermine alors en plongeant le réservoir B

---

(1) C'est le nombre qui résulte des expériences réelles de M. Regnault (*Relation*, t. II, p. 516, etc.).

(2) Même remarque (*Relation*, t. II, p. 527, etc.).

au sein d'un ballon, dans lequel on fait bouillir de l'eau distillée.

Le point 447°,4 se détermine ensuite. A cet effet, on plonge le réservoir d'air B dans une cornue tubulée, renfermant du soufre préalablement fondu ; on ferme la tubulure de la cornue à l'aide d'un bouchon de liége percé d'un trou central capable de recevoir la tige capillaire *tt*, et coupé en deux moitiés égales dans le sens vertical. On place d'abord le réservoir dans la cornue, fixée à l'avance par un support : la tige capillaire doit répondre à peu près au centre de la tubulure. On introduit alors entre la tubulure et la tige successivement les deux moitiés du bouchon que l'on rapproche ensuite : elles fixent la tige capillaire à la façon ordinaire, c'est-à-dire à la façon de la tige d'un thermomètre engagé dans le col d'une cornue. Le col de la cornue se trouve ainsi clos suffisamment. On engage son bec dans un récipient, et l'on chauffe graduellement le soufre sur une forte lampe à gaz, jusqu'à ce qu'il entre en pleine ébullition et distille en filet continu. Le réservoir à air doit plonger en partie dans la vapeur du soufre bouillant (voy. la figure de la page 302).

C'est alors que l'on détermine le point 354°,7 au moyen du mercure en ébullition. L'opération s'exécute exactement comme la détermination du point d'ébullition du soufre, sauf les précautions suivantes. Le réservoir d'air B doit être assujetti avec soin, afin qu'il plonge dans la vapeur de mercure. Il faut en outre clore le col de la cornue d'une façon plus complète que dans le cas du soufre, pour éviter que les vapeurs mercurielles ne se répandent dans le laboratoire. A cet effet, on empâte le bouchon avec de la terre à lut soigneusement ajustée. Enfin l'ébullition doit être conduite avec la prudence que connaissent tous les opérateurs qui ont eu occasion de distiller du mercure et d'observer les soubresauts violents qui accompagnent cette distillation.

Après cette opération, il est indispensable de vérifier si la capacité du réservoir d'air B n'a pas éprouvé quelque changement, par le fait des températures de 447 et 355 degrés. On s'en assure en déterminant de nouveau les points 0 et 100 degrés, lesquels doivent n'avoir éprouvé que des variations nulles ou négligeables. S'ils ont varié, on répète les expériences.

Les quatre points fixes 0, 100, 354,4, 447,4, sont ainsi déterminés. Il semble, à première vue, qu'ils ne répondent qu'à une certaine pression atmosphérique : car il est évident que notre instrument offre une marche analogue à celle d'un baromètre, et que la colonne mercurielle, à une même température, oscille suivant les changements de la pression atmosphérique. Pour éviter cet inconvénient, on pourrait fermer à la lampe l'orifice S et plonger la boule Q dans un milieu à température constante : soit à zéro, par exemple, toutes les fois que l'on veut mesurer les points fixes, ou faire une détermination quelconque.

Mais cet artifice, qui complique l'instrument, n'est pas indispensable. En effet, il est facile de reconnaître que ces oscillations n'affectent que très faiblement les intervalles qui séparent les points fixes, pris deux à deux (1), tant qu'on reste entre des limites de pression peu distantes les unes des autres : nous le prouverons rigoureusement (p. 316). Dès lors il suffira de noter très exactement ces intervalles, dans une première expérience, pour être autorisé à reporter ensuite les mêmes intervalles à partir d'un seul des quatre points fixes, ce point unique devant seul être déterminé chaque fois et au moment même où l'on veut se servir du thermomètre. Cela posé, on pourra inscrire les quatre points fixes sur l'échelle, à côté de la graduation en millimètres. On les inscrira tels qu'on les observe à un jour et dans une série d'observations donnée, faite avec le plus grand soin possible. Lorsqu'on voudra se servir de l'instrument, on déterminera de nouveau l'un des points fixes, le zéro, par exemple. ou bien encore le point 100; et l'on fera mouvoir la règle le long de la tige *llll*, en desserrant les vis *pp*, jusqu'à ce que le point fixe inscrit sur la règle réponde exactement à la situation présente de la colonne mercurielle. On assujettit alors la tige sur la règle.

(1) Pourvu que la capillarité du tube ne change point dans l'espace correspondant à l'oscillation.

3° *Graduation de l'échelle.* — Pour graduer l'instrument, la méthode la plus rigoureuse consiste à inscrire sur du papier quadrillé les quatre températures prises pour points fixes, en les rapportant aux longueurs comptées sur l'échelle en millimètres, et à tracer la courbe qui les sépare, suivant des artifices bien connus. On prolonge cette courbe, d'une part, jusqu'à $+ 500$ degrés, et d'autre part jusqu'à -100 degrés. Les x représentent alors les longueurs de l'échelle, comptées en millimètres, et les y les températures.

On reporte ces dernières sur la règle graduée, en les inscrivant sur une colonne verticale située parallèlement à la colonne des millimètres de l'échelle et à droite du tube *llll*.

Quand le tube capillaire est d'un calibre uniforme, la longueur du degré va en diminuant très lentement, à mesure que la température s'élève. Cette variation peut devenir un peu plus lente, quand le calibre du tube capillaire change régulièrement, par suite de sa conicité. Il peut même se produire accidentellement une compensation entre la variation du calibre et celle du degré, telle que la longueur du degré demeure constante : je possède un instrument de cette espèce.

Dans tous les cas, en tenant compte des limites de l'erreur que l'instrument comporte, lesquelles peuvent s'élever à 2 ou 3 degrés pour les hautes températures, et en observant que son usage est spécialement combiné pour les températures comprises entre 300 et 500 degrés, on peut simplifier la graduation de l'instrument. Il suffit en effet de partager l'intervalle entre le point d'ébullition du mercure (354,7) et le point d'ébullition du soufre (447,4) en 92,7, ou plus simplement en 93 parties égales; ce qui répond aussi exactement que possible aux observations de M. Regnault, citées plus haut. Chacune de ces parties représente sensiblement un degré de température. On prolonge la graduation, d'une part jusqu'à 300 degrés, et de l'autre jusqu'à 500 degrés. Entre ces limites, la graduation ainsi tracée se confond à peu près avec celle qui résulte de la courbe déduite des quatre points fixes; la différence ne dépasse pas les erreurs d'expériences.

Quand on gradue le thermomètre de cette façon, on se borne à inscrire sur l'échelle les points 0 et 100 degrés, destinés à servir de points de repère et d'origine ; mais il est inutile de diviser l'intervalle en degrés, puisque le thermomètre ne sera jamais employé entre ces limites. On vérifie de temps à autre que l'intervalle entre ces deux points fixes n'a pas changé.

2. L'instrument construit comme il vient d'être dit fournit au-dessus de 300 degrés des indications au moins aussi précises que celles du thermomètre à mercure ; surtout si l'on tient compte de la nécessité de corriger les nombres de ce dernier thermomètre, à cause de la portion de la tige qui n'est pas immergée dans l'espace dont on détermine la température (1), correction négligeable dans mon instrument, à cause de son mode même de graduation.

Au-dessus même de 330 degrés, le nouveau thermomètre est d'autant plus précieux, que la plupart des thermomètres à mercure se divisent, par suite de la vaporisation du mercure, à partir de ce point.

3. L'incertitude des indications du thermomètre à mercure paraîtra au moins aussi grande que celle du nouveau thermomètre, si l'on se rappelle les variations de dilatation des diverses espèces de verres : on sait en effet, par les expériences de M. Regnault, que, dans les thermomètres à mercure les mieux construits, ces variations laissent la température douteuse entre des limites atteignant jusqu'à 5 et 6 degrés, au-dessus de 300 degrés.

En outre, un thermomètre de verre chauffé à ce point ne reprend jamais exactement sa capacité première. Mais les variations résultantes exercent bien moins d'influence sur un thermomètre à air que sur un thermomètre à mercure, parce que la dilatation du mercure est à peu près 24 fois plus petite que celle de l'air. Une déformation qui répond à 6 degrés du thermomètre à mercure représente donc seulement un quart de degré du thermomètre à air.

---

(1) Je rappellerai que cette correction du thermomètre à mercure, estimée vers 350, peut s'élever jusqu'à 20 degrés.

4. Les indications de notre thermomètre offrent encore l'avantage d'être les indications mêmes d'un thermomètre à air normal; lesquelles diffèrent de 10 degrés environ de celles du thermomètre à mercure, au voisinage de 350 degrés.

Quand le nouvel instrument est bien construit, ses membres ne me paraissent pas comporter une incertitude de plus de 2 ou 3 degrés, même aux températures voisines de 500 degrés.

5. Si l'on voulait prolonger sur un tel thermomètre la graduation au-dessous de zéro et jusqu'à — 100 degrés, il faudrait déterminer un nouveau point fixe, situé le plus bas possible. Cependant cela n'est pas indispensable, et il suffirait à la rigueur de prendre comme valeur du degré le centième de l'intervalle compris entre 0 et 100 degrés. L'erreur résultante, estimée jusque vers — 100 degrés, n'atteindrait pas un degré. On obtient ainsi un thermomètre plus exact que les thermomètres à alcool, généralement usités pour les basses températures. En opérant avec mon instrument, j'ai trouvé, par exemple, le point d'ébullition de l'acide carbonique solide, situé à — 78°,2; M. Regnault a obtenu avec son thermomètre à air, en prenant les précautions les plus rigoureuses : — 77°,9.

§ 4. — Théorie de l'instrument.

1. L'exactitude de l'instrument repose sur deux conditions fondamentales, savoir : la construction empirique de la courbe des températures, à l'aide de points fixes déterminés par expérience, et la petitesse relative de la masse d'air située dans la partie capillaire, comparée à la masse d'air contenue dans le réservoir cylindrique.

En somme, le nouveau thermomètre se rapproche des conditions que présenterait un réservoir d'air à capacité invariable. Dans un tel réservoir les variations de la pression seraient proportionnelles aux variations de la température. En effet, soit V_0 le volume du gaz, sous une première initiale H_0, à la température de zéro. Si la température devient t, la pression deviendra $H_0 + h$, et l'on aura :

$$V_0 = V_0(1 + \alpha t)\,\frac{H_0}{H_0 + h}.$$

Donc

$$1 + \frac{h}{\Pi_0} = 1 + \alpha t,$$

c'est-à-dire

$$\frac{h}{\Pi_0} = \alpha t,$$

ce qui est la relation signalée.

Si elle pouvait être observée rigoureusement, il suffirait de tracer à côté de l'échelle des pressions l'échelle des températures, représentée par des divisions proportionnelles.

2. A la vérité, la condition qui détermine cette relation n'est pas remplie exactement dans le nouveau thermomètre, et cela pour deux raisons, savoir : la dilatation de l'enveloppe et la sortie d'une portion de l'air du réservoir, lequel refoule le mercure dans le tube capillaire. Mais il est facile de montrer que l'instrument demeure rigoureux, dans les limites d'une approximation permise; pourvu que sa graduation soit faite empiriquement d'après les dimensions et les préceptes signalés tout à l'heure. C'est ce que je vais établir, en examinant l'influence exercée par l'écart entre les conditions théoriques signalées plus haut et les conditions réelles de la construction du thermomètre.

3. Nous supposerons d'abord la pression atmosphérique constante. Calculons l'influence exercée par le changement de capacité de l'enveloppe.

En admettant $\frac{1}{37000}$ pour le coefficient de dilatation cubique du verre, on trouve que de 0 à 500 degrés la capacité du réservoir augmente de $\frac{500}{37000}$, soit d'un soixante-quatorzième. D'où il résulte que la longueur du degré de l'instrument devra diminuer peu à peu entre 0 et 500 degrés, de façon à être un peu moindre à la dernière limite. D'après les dimensions adoptées, cette diminution vers 500 degrés paraît voisine de 1/16. Mais, sans qu'il soit besoin de préciser cette diminution, il suffit de remarquer que notre mode de graduation étant tracé par expérience et à l'aide de points fixes empiriques, il n'est exposé à aucune objection par le fait du changement progressif de la capacité de l'enveloppe.

4. Venons à la sortie d'une portion de l'air hors du réservoir.

D'après les dimensions adoptées, la capacité du réservoir cylindrique est voisine de 4 centimètres cubes. D'autre part, l'air occupe dans le tube capillaire, à zéro, une longueur de 500 à 550 millimètres environ. A 500 degrés, il occupe environ 1000 à 1100 millimètres. Calculons l'accroissement de volume de cet air dans les conditions extrêmes, c'est-à-dire à 500 degrés. Soit un tube d'un cinquième de millimètre de diamètre intérieur; sa capacité intérieure, pour la longueur de 1 mètre, sera égale à $\pi \dfrac{1}{10^2} \times 1000$ millimètres cubes : soit 31 millimètres cubes environ.

Ce volume représente seulement la 130e partie du volume du réservoir. Mais le poids de l'air qu'il renferme représente une fraction notablement plus grande du poids de l'air contenu dans le réservoir. En effet, l'air du réservoir, à 500 degrés, est deux fois et demie moins dense que l'air du tube capillaire, lequel se trouve à la température ambiante. La masse de l'air contenu dans le réservoir a donc diminué :

1° De la masse de l'air contenu dans les 500 millimètres du tube capillaire, qui étaient remplis de mercure à zéro, et qui sont maintenant remplis d'air à 500 degrés : cette masse est environ la centième partie de celle de l'air contenu dans le réservoir à 500 degrés.

2° De la différence entre la masse de l'air contenu dans la première partie du tube capillaire à zéro et la masse de l'air contenu dans la même partie à 500 degrés. La pression, et par suite la condensation de l'air, ayant presque triplé dans cet intervalle, et la longueur de cette première portion du tube étant à peu près égale à celle de l'autre partie (celle dans laquelle l'air a remplacé le mercure), on voit que l'accroissement de la masse de l'air dans la première partie du tube représente à peu près les deux tiers de la quantité qui a remplacé le mercure dans la deuxième portion du même tube.

En réunissant ces deux quantités, on trouve en tout une diminution d'un soixantième dans la masse de l'air contenu dans le réservoir, par le fait de la dilatation qui résulte de l'ac-croissement de la température.

Cette diminution varie évidemment avec la capillarité du tube. Dans l'exemple que j'ai choisi et qui est relatif à un ther-momètre réel, elle concerne un tube d'un cinquième de milli-mètre de diamètre intérieur. Dans un tube d'un dixième de millimètre de diamètre, la diminution serait seulement d'un deux-cent-quarantième; tandis que, dans un tube d'un demi-millimètre de diamètre, elle s'élèverait à un dixième.

Examinons maintenant les conséquences de cette variation de la masse de l'air du réservoir.

Il en résulte d'abord une nouvelle cause de diminution de la longueur du degré, laquelle vient s'ajouter à celle qui résulte de la dilatation de l'enveloppe. Mais, à ce point de vue, il n'y a pas là de cause d'erreur théorique; toujours parce que les degrés sont déterminés empiriquement par une courbe et à l'aide de points fixes.

5. Cependant la sortie d'une fraction de l'air du réservoir donne lieu à une cause d'erreur théoriquement bien plus grave, quoique son importance pratique puisse être entièrement né-gligée, comme il va être dit. Cette cause d'erreur résulte des variations de la température ambiante. En effet, l'air contenu dans la partie capillaire ne se trouve pas à la même température dans les diverses expériences. Son volume change donc, par une cause indépendante de la température de l'espace dans lequel se trouve le réservoir. En quoi notre thermomètre diffère-t-il donc du thermomètre à air ordinaire?

On sait que dans ce dernier instrument le volume de l'air con-tenu dans l'appareil se partage en deux portions, toutes deux consi-dérables. C'est pourquoi la température de la portion extérieure au réservoir doit être alors déterminée avec la dernière précision.

Mais il n'en est pas de même dans notre instrument, à cause de la petitesse relative du volume de l'air contenu dans la por-tion capillaire. En effet, on a vu que la masse de l'air contenu dans le réservoir à 500 degrés est inférieure d'un soixantième environ à la masse de l'air contenu dans le réservoir à zéro;

il en est ainsi lorsque le tube capillaire possède un diamètre intérieur égal à un cinquième de millimètre. La masse totale de l'air contenu dans le tube capillaire est même un peu plus forte, puisque le tube capillaire contenait déjà de l'air à 0 degré. Tout compte fait, cette masse totale, à 500 degrés, s'élève environ à la cinquantième partie de la masse de l'air contenu dans le réservoir. Or c'est cet air contenu dans le tube capillaire, dont la température varie avec la température ambiante; par suite, le volume qu'il occupe change et exerce une certaine influence sur la position de la colonne mercurielle.

6. Précisons la grandeur de cette cause d'erreur. Supposons l'instrument gradué à la température de 15 degrés, et admettons que la température ambiante, au moment des expériences faites avec le thermomètre, oscille au maximum entre zéro et 30 degrés, c'est-à-dire de 15 degrés de part et d'autre. On sait qu'un volume d'air déterminé change des $\frac{11}{3000}$ de son volume par chaque degré de température. La variation extrême de chaque unité de volume de l'air renfermé dans la portion capillaire sera donc $\frac{11 \times 15}{3000}$; ce qui fait un vingtième environ du volume de l'air contenu dans cette partie capillaire. Mais ce dernier volume renferme au plus, et dans les cas extrêmes, un cinquantième de la masse de l'air du réservoir. La variation du volume de la masse totale, sous l'influence des variations de la température ambiante et dans les conditions définies, équivaut donc au maximum à une variation d'un millième.

Or cette quantité n'atteint pas un tiers de degré de l'instrument : elle est donc négligeable. Alors même que l'on construirait l'instrument avec un tube capillaire d'un demi-millimètre de diamètre intérieur, la variation maximum, due à l'influence de la température ambiante, représenterait seulement un demi-centième du volume de l'air du réservoir, quantité qui dépasse à peine la limite d'erreur des expériences.

7. Dans ce qui précède, nous avons supposé la pression atmosphérique constante. Il reste à examiner quelle influence ses changements peuvent exercer sur la graduation de l'instrument.

Il est clair d'abord que les points fixes seront déplacés sur l'échelle : si la pression extérieure augmente de 30 millimètres, le mercure remontera à peu près de cette quantité dans le tube capillaire, et le point zéro sera déplacé d'autant. Mais je dis que le même déplacement aura lieu approximativement pour toute autre température, de telle façon que la valeur de chaque degré ne sera pas modifiée sensiblement; au moins pour les limites des variations ordinaires de la pression atmosphérique. En effet, ces variations ne surpassent guère 2 à 3 centimètres, de part et d'autre de la pression normale, dans nos climats. Or, un tel déplacement de la colonne mercurielle dans le tube capillaire du thermomètre représente, pour les dimensions données, une capacité voisine de 1 millimètre cube, soit $\frac{1}{4000}$ environ du volume du réservoir. Telle est la quantité dont la valeur absolue de chaque degré variera : elle est de l'ordre de grandeur de celles que nous sommes convenus de négliger.

Notre appareil fonctionne à ce point de vue, et dans les limites d'erreur admises, comme un réservoir de capacité constante. Or, dans un tel réservoir, le coefficient de dilatation, c'est-à-dire la fraction de volume dont le gaz se dilate pour un degré, est indépendant de la pression. Il en est très sensiblement de même pour chaque degré de notre appareil.

On peut d'ailleurs, pour plus de sûreté, déterminer de nouveau deux points fixes tels que 0 et 100, quelques instants avant chaque expérience, et en déduire la variation réelle du degré.

§ 5. — Applications.

1. L'instrument supposé bien construit, et muni d'un tube capillaire convenablement calibré, indique, je le répète, les hautes températures avec une erreur moindre que 2 ou 3 degrés : dans ces limites, il a déjà rendu, pour l'étude des corps pyrogénés, et il me paraît appelé à rendre encore de très grands services.

En effet, le nouveau thermomètre est spécialement destiné à la détermination des températures comprises entre 330 et

500 degrés. Son emploi a lieu exactement dans les mêmes conditions que celui du thermomètre à mercure ; sauf la précaution de fixer au début de chaque expérience l'origine de l'échelle, en déterminant soit le point zéro, soit le point 100.

2. J'ai employé ce thermomètre pour soumettre le goudron de houille à des distillations fractionnées entre 330 et 450 degrés ; ce qui s'exécute avec une grande facilité. On opère dans des cornues tubulées, à la façon ordinaire, en ajustant la tige du thermomètre dans la tubulure, à l'aide d'un bouchon coupé en deux. On peut pousser le feu jusqu'au point de ramollissement des cornues.

Dans la distillation du goudron de houille, j'ai observé que, vers 450 degrés, ce produit commence à se boursoufler, en dégageant lentement de l'hydrogène et en se changeant en une matière charbonneuse. La même température est celle de la décomposition commençante de la plupart des composés organiques réputés les plus stables. Ce qui montre que le thermomètre suffit pour toutes les applications relatives aux substances organiques.

3. On peut aussi s'en servir pour déterminer les points d'ébullition des corps peu volatils.

J'ai vérifié, par exemple,

Que le point d'ébullition du soufre est constant pendant toute la durée de sa distillation.

J'ai trouvé :

Le point d'ébullition du rétène, $C^{36}H^{18}$, égal à 390 degrés ;

Le point d'ébullition de la naphtaline perchlorée, $C^{20}Cl^{8}$, égal à 403 degrés.

4. J'ai également employé ce thermomètre pour mesurer de très basses températures. Par exemple, j'ai mesuré le point de fusion de l'acide azotique monohydraté : — 47°,5 ; celui du chloroforme : — 70 degrés ; celui du chloral anhydre : — 75 degrés.

Cette mesure des basses températures peut être utilisée dans la détermination des chaleurs spécifiques et des chaleurs de fusion.

5. Le thermomètre que je viens de décrire est construit par M. Golaz, avec son habileté bien connue. La forme décrite est celle d'un thermomètre destiné à faire des distillations. Mais il est clair que l'on peut donner au réservoir cylindrique B et aux deux premières portions de la tige capillaire telle direction que l'on veut, en vue des applications.

§ 6. — Thermomètre pour les températures supérieures à celle du ramollissement du verre.

1. On peut construire le réservoir du thermomètre en argent et le prolonger par étirement et sans soudure en un tube de même métal, long de 2 mètres, et dont le diamètre intérieur soit inférieur à un cinquième de millimètre. On réunit l'extrémité de ce fil d'argent avec un tube de verre capillaire, de même diamètre intérieur, en évitant de laisser aucune chambre d'air au point de jonction. Ce tube de verre présente d'abord une partie horizontale; puis il se recourbe vers la terre verticalement, et offre les mêmes dispositions que j'ai décrites précédemment.

2. La modification que je viens de signaler diminue la fragilité de l'instrument, et permet de l'introduire plus aisément dans les lieux dont on veut connaître la température, en raison de la flexibilité du fil d'argent.

En outre, on peut s'en servir pour déterminer les températures jusqu'au voisinage du point de fusion de l'argent, c'est-à-dire jusque vers 1000 degrés.

Dans son usage, il faut éviter le contact direct du réservoir avec les métaux, les alliages, les corps sulfurés, iodurés, etc.

3. Les points fixes employés pour faire la graduation de ce thermomètre à réservoir d'argent sont : l'ébullition de l'eau, celle du mercure, celle du soufre et celle du cadmium; ils doivent être déterminés en plaçant le réservoir au fond d'un long tube de fer étroit et plongé dans la vapeur.

LIVRE III

DONNÉES NUMÉRIQUES

CHAPITRE PREMIER

GÉNÉRALITÉS

§ 1ᵉʳ. — **Division.**

1. La quantité de chaleur dégagée dans une combinaison chimique, et plus généralement la chaleur dégagée dans une réaction quelconque, mesure la somme des travaux chimiques et physiques accomplis dans la combinaison ou dans les réactions. Ce travail varie suivant l'état des corps réagissants et suivant l'état des produits, lesquels dépendent de la température, de la pression et de diverses autres conditions physiques. De là la nécessité de définir la chaleur dégagée dans ces diverses conditions.

2. A cette fin, nous allons présenter toutes les valeurs numériques qui ont été obtenues jusqu'à ce jour en thermochimie; nous ramènerons d'abord, autant que possible, les combinaisons à un état physique identique pour les composants et pour le composé. Nous définirons ainsi :

1° Les chaleurs de combinaison rapportées à l'état gazeux (CHAPITRE II).

2° Les chaleurs de combinaison rapportées à l'état liquide (CHAPITRE III).

3° Les chaleurs de combinaison rapportées à l'état solide (CHAPITRE IV).

Dans les chapitres suivants, nous réunirons toutes les combinaisons pour lesquelles l'état physique du composé n'est pas le même que celui des composants : circonstance qui se présente le plus ordinairement dans les réactions chimiques rapportées à l'état actuel des corps réagissants.

Ainsi le CHAPITRE V sera consacré aux combinaisons des métalloïdes et des métaux ;

Le CHAPITRE VI, à la formation des sels ;

Le CHAPITRE VII, à la formation des composés organiques depuis les éléments, et aux transformations réciproques de ces composés.

3. Toutes les données qui précèdent sont relatives à la température ordinaire; pour les étendre à une température quelconque, il est nécessaire de connaître les quantités de chaleur absorbées ou dégagées par les changements d'état, ainsi que les chaleurs spécifiques des corps simples ou composés sous les quatre états gazeux, liquide, solide et dissous, qu'ils sont susceptibles d'affecter dans nos expériences. Tel est l'objet des chapitres suivants :

Le CHAPITRE VIII concerne les changements d'état (vaporisation et fusion).

Le CHAPITRE IX comprend les chaleurs spécifiques des gaz simples et composés.

Le CHAPITRE X, les chaleurs spécifiques des liquides ;

Le CHAPITRE XI, les chaleurs spécifiques des corps solides, simples et composés ;

Le CHAPITRE XII, les chaleurs spécifiques des dissolutions ;

Le CHAPITRE XIII, les chaleurs de dissolution des gaz, des liquides et des solides ;

Le CHAPITRE XIV, les changements isomériques.

§ 2. — **Définitions.**

1. Les unités adoptées dans la mesure des quantités de chaleur sont les calories, ainsi qu'il a été dit ailleurs dans cet ouvrage.

On distingue aujourd'hui deux sortes de calories, dont l'emploi a été rendu nécessaire parce que la chaleur absorbée ou dégagée dans les phénomènes chimiques est en général beaucoup plus grande que la chaleur absorbée ou dégagée dans les phéno- mènes physiques : par exemple, 1 gramme d'hydrogène, en se changeant en eau, dégage dix mille fois autant de chaleur qu'en passant de 1 degré à zéro. Dès lors on est convenu d'appeler *grande calorie* (j'écrirai *Calorie* avec majuscule), la quantité de chaleur nécessaire pour porter 1 kilogramme d'eau de zéro à 1 degré.

La *petite calorie* (ou *calorie* avec minuscule) est mille fois aussi petite, et représente la chaleur absorbée lorsque 1 gramme d'eau passe de zéro à 1 degré.

Ainsi l'on dit : 1 gramme d'hydrogène, en brûlant, dégage $34^{Cal},5$ ou 34,500 calories; 1 gramme d'hydrogène, en passant de zéro à 1 degré, absorbe $3^{cal},4$ ou $0^{Cal},0034$.

S'agit-il d'exprimer en kilogrammètres le travail mécanique équivalent à une quantité de chaleur donnée, il faudra multi- plier par 425 le nombre qui exprime les calories.

2. Dans les tableaux qui suivent, on a désigné le nom des auteurs des expériences par leurs initiales, savoir :

Ab.= Abria ; Al. = Alluard ; A. = Andrews ; B. = Berthelot ; Bu. = Bun- sen; Cald. = Calderon; D. = Dulong; Ds. = Desains; Dt. = Ditte ; Dup. et P. = Dupré et Page;Dv. = Deville; F. = Favre; Fr. = Frankland; G. = Grassi ; Gh. = Graham ; H.= Hautefeuille;Ham. = Hammerl; Hs.= Hess; Is. = Isam- bert; K. = Kopp; L. = Louguinine;M. = Mitscherlich ; Mar. = de Marignac : N. = Neumann; Og. = Ogier ; P. = Person; Pa. = Pape;Pf = Pfaundler; R. = Regnault; S. = Silbermann; Sab. = Sabatier ; Sch. = Schuller; T. = Thomsen; Tr. = Troost ; Vi. = Violle; W. = Woods; We. = Weber; Wie. = Wiedemann; Wul. = Wullner.

3. Quand une donnée thermique a été déterminée par plu- sieurs observateurs : tantôt j'ai adopté la moyenne des nombres publiés par ces observateurs, auquel cas nulle remarque spéciale n'a été faite;

Tantôt j'ai adopté de préférence le nombre donné par l'un d'eux, ce nombre m'ayant paru le plus exact ; auquel cas j'ai désigné cet observateur en encadrant les initiales de son nom.

Par exemple, la chaleur dégagée par l'union du phosphore et de l'oxygène, formant de l'acide phosphorique anhydre, a été mesurée par les auteurs suivants qui ont trouvé pour la réaction de 31 grammes de phosphore sur 40 grammes d'oxygène, $Ph + O^5 = PhO^5$, les nombres que voici :

$$
\begin{aligned}
&\text{Favre} &&+ 190,5 \\
&\text{Andrews} &&+ 183,9 \\
&\text{Abria} &&+ 181,4 \\
&\text{Thomsen} &&+ 181,9
\end{aligned}
$$

La moyenne serait :

$$+ 184,4\ldots \text{ F. A. Ab. T.}$$

Mais il m'a paru préférable d'adopter le nombre de M. Thomsen, ce que j'exprime de la façon suivante :

$$\ldots + 181,9\ldots \text{ F. A. Ab. [T.]}$$

Dans certains cas, j'ai adopté la moyenne de deux auteurs, de préférence à tous les autres : je les ai distingués de même en encadrant leurs initiales réunies. Tel est le cas de la formation de l'acide iodhydrique.

$H + I$ solide $= H$ dissous, dégage, d'après :

$$
\begin{aligned}
&\text{Favre et Silbermann} &&+ 15,0 \\
&\text{Favre seul} &&+ 14,3 \\
&\text{Thomsen} &&+ 13,17 \\
&\text{Berthelot} &&+ 13,2
\end{aligned}
$$

J'ai adopté le nombre $+ 13,2$ qui résulte des expériences des deux derniers observateurs :

$$\ldots + 13,2\ldots \text{ F. S. [T. B.]}$$

Il arrive parfois que, pour déterminer le nombre inscrit aux tableaux, on a dû faire concourir les données de plusieurs observateurs, données se rapportant à des réactions ou transformations distinctes. Par exemple, la chaleur de formation d'un certain corps a été mesurée par un auteur dans l'état dissous, et la chaleur de dissolution du même corps anhydre a été mesurée par un autre observateur; d'où l'on tire la chaleur de formation du corps anhydre. Dans ce cas, j'ai réuni les noms des deux observateurs par le signe $+$, soit :

$$\ldots\ldots F.\ [T. + B.].$$

Toutefois cette circonstance se présente si souvent dans l'étude des réactions rapportées à l'état gazeux ou à l'état solide, que je me suis borné d'ordinaire, dans les cas de ce genre, à citer l'observateur de la donnée thermique principale.

4. Ajoutons enfin que les chiffres des tableaux qui suivent sont, en général, déduits entièrement de données expérimentales; cependant, dans un très petit nombre de cas, on a dû compléter celles-ci d'après les analogies. On a pris soin de désigner ces cas par un astérisque (*).

§ 3. — Usage des tableaux pour le calcul des réactions.

1. Les quantités de chaleurs dégagées par la combinaison des éléments chimiques formant les composés binaires, ternaires, etc., sont ainsi définies. Il est facile de passer de là à l'évaluation de la quantité de chaleur dégagée dans une réaction déterminée, à laquelle ces composés prennent part.

En effet, la quantité de chaleur dégagée dans une réaction quelconque peut se calculer aisément lorsque l'on connaît la chaleur dégagée par la formation, depuis les éléments, de chacun des corps composés qui entrent dans la réaction, soit comme matériaux, soit comme produits. Il suffit de faire la somme des chaleurs de formation des matériaux et de la comparer à la somme des chaleurs de formation des produits : la différence entre ces deux sommes représente la chaleur dégagée dans la réaction même (voy. page 23).

2. Soit, par exemple, la combustion de la poudre avec excès de nitre :

$$5\,AzO^6K + 3S + 8C = 3SO^4K + 2CO^3K + 6CO^2 + 5\,Az.$$

Les matériaux sont ici : l'azotate de potasse, le soufre et le carbone ; les produits sont : le sulfate de potasse, le carbonate de potasse, l'acide carbonique et l'azote.

Or, la formation des matériaux depuis les éléments

Azotate. $5(Az + O^6 + K) = 5AzO^6K$, dégage : $+ 97,0 \times 5 = 485^{Cal},0$

Soufre.. 0

Carbone.. 0

$$\text{Somme}........ + 485^{Cal},0$$

D'autre part, la formation des produits depuis les éléments

$$3(S + O^4 + K) = 3{,}SO^4K \quad : + 175 \times 3 = 525$$
$$2(C + O^3 + K) = 2CO^3K^{(1)} : + 140,4 \times 2 = 280,8$$
$$6(C + O^2) \quad\quad = 6CO^2 \quad\quad : + \ \ 48,5 \times 6 = 291$$

$$\text{Somme}......... + 1096,8$$

$$+ 1096,8 - 485 = + 611^{Cal},8.$$

Le nombre $+ 611^{Cal},8$ représente la chaleur dégagée dans la combustion de la poudre avec excès de nitre. Ce nombre se rapporte aux poids équivalents, c'est-à-dire à 701 grammes. Pour 1 gramme, ce serait $0^{Cal},873$ ou 873 calories ordinaires. M. Sarrau, dans des expériences directes, a obtenu 876.

3. Il arrive souvent que le calcul peut être simplifié, les matériaux et les produits étant formés au moyen des mêmes composés. Soit, par exemple, la réaction entre le sulfate de potasse dissous et le chlorure de baryum dissous, réaction qui produit du sulfate de baryte précipité et du chlorure de potassium dissous :

$$SO^4K \text{ dissous} + BaCl \text{ dissous} = KCl \text{ dissous} + SO^4Ba \text{ précipité.}$$

A première vue, il semble qu'il faille connaître la chaleur dégagée : d'une part, dans les combinaisons du baryum avec le chlore, du potassium avec le chlore ; et d'autre part dans les combinaisons respectives du soufre, de l'oxygène et du baryum, du soufre, de l'oxygène et du potassium. La connaissance de ces quatre quantités permettrait en effet le calcul ; mais celles qui concernent le baryum n'ont pas encore été déterminées. On peut y suppléer avec toute rigueur en observant qu'il suffit de connaître la différence entre les chaleurs de formation du sulfate de

____

(1) On suppose cette réaction exécutée avec le carbone extrait du charbon de bois ; car la chaleur dégagée varie suivant les divers états du carbone.

potasse et du chlorure de potassium, d'une part; entre celles du
sulfate de baryte et du chlorure de baryum, d'autre part. Or
ces différences sont faciles à déterminer, si l'on sait la chaleur
dégagée par l'union respective des acides sulfurique et chlorhydrique étendus avec la potasse et la baryte étendues :

$$SO^4H \text{ étendu} + BaO \text{ étendue} = SO^4Ba \text{ précipité} + HO, \text{ dégage} : \quad + 18,4$$
$$SO^4H \text{ étendu} + KO \text{ étendue} = SO^4K \text{ dissous} + HO, \text{ dégage} : \quad + 15,7$$

$$\text{Différence} \dots\dots\dots + 2,7$$

$$HCl \text{ étendu} + KO \text{ étendue} = KCl \text{ étendu} + HO : \quad + 13,7$$
$$HCl \text{ étendu} + BaO \text{ étendue} = BaCl \text{ étendu} + HO : \quad + 13,8$$

$$\text{Différence} \dots\dots\dots - 0,15$$

La chaleur dégagée par la réaction entre les corps dissous
sera, en définitive, $+ 2,7 - 0,1 = + 2,6$.

On passe de là facilement à la chaleur qui serait dégagée par
la même réaction, supposée réalisée entre les corps purs et
séparés de l'eau, tels que

$$SO^4K + BaCl = SO^4Ba + KCl.$$

Il suffit de connaître les chaleurs de dissolution des corps
solubles qui entrent dans la réaction et de les prendre avec leur
signe dans le premier membre, avec le signe contraire dans le
second membre, soit

$$- 3,0 + 0,8 + 4,2 = + 2,0 ;$$

ce qui fait en tout $+ 2,6 + 2,0 = + 4,6$ pour la chaleur
dégagée par la transformation des corps anhydres.

4. On voit par cet exemple comment il est nécessaire de
connaître *la chaleur dégagée par la réaction réciproque de
certains groupes de corps composés*, toutes les fois que la chaleur
de formation de ceux-ci à partir des éléments n'a pas été déterminée. Tels sont les sels, formés au moyen des acides et des bases;
les hydrates, formés au moyen de l'eau et des corps anhydres ;
les éthers, formés au moyen des acides et des carbures d'hydrogène ou des alcools; les amides, formés au moyen des sels ammo-

niacaux; les corps polymères, au moyen des monomères; les aldéhydes, les acides, au moyen des carbures ou des alcools, etc.

§ 4. — Bibliographie.

Voici l'indication des mémoires dont les résultats numériques ont été employés dans le calcul des tableaux qui suivent :

ABRIA : Action du chlore sur l'hydrogène et le phosphore, *Comptes rendus*, XXII, 372; 1846. — Acide sulfurique, *Ann. de ch. et de phys.* (3), XII, 167; 1844.

ALLUARD : Naphtaline, *Ann. de ch. et de phys.* (3), LVII, 438; 1859.

ANDREWS : Formation des sels, *Ann. de ch. et de phys.* (3), IV, 316; 1842; — XIV, 68; 1845; — Chaleurs spécifiques, XIV, 92; — Substitution, chaleurs de combustion, *Philos. Mag.* (3), XXXII, 321, 392, 426; 1848; — Chaleurs latentes, etc., XXXI, 90; — Solutions, précipités, XXXVI, 511; 1850; — *Ann. de ch. et de phys.* (4), IV, 497; 1852; — Acides et bases, *Journ. Chem. Soc.* (2), VIII, 432; 1870.

BERTHELOT : Chaleur de combinaison, *Ann. de ch. et de phys.* (4), VI, 292, 1865; — Composés organiques, 329, 1865; — Mélanges de liquides, (4), XVIII, 99; 1869; — Composés nitriques, XXII. 111, 1871; — Force de la poudre, XXIII, 223; 1871; — États du soufre, XXVI, 462, 1872; — États des corps dissous, XXIX, 94; — Alcoolates, 289; — Sels, 433; — Sels solides, 328; — Sels métalliques, XXX, 145; — Sels acides, 433; — Partage d'une base, 456; 1873; — Principes généraux, (5), IV, 5 à 132 (Influence de la température, Dissolution, État solide, etc.), 141 à 205; — Acides tartriques (avec JUNGFLEISCH), V, p. 147; — Précipités, 160, 186, 205; — Dissolution des acides et des alcalis, 445 à 537; 1875; — Appareils, V, 5; — Acides formique et oxalique, 289; — Agents d'oxydation, 318; — Série du cyanogène, 433; 1875; — Oxydes de l'azote, VI, 145; — Eau oxygénée, 209; — Acides gras et chlorures acides, 289 (en commun avec LOUGUININE); — Partages, 242; 1875; — Sels dissous; Phosphates et Citrates (avec LOUGUININE), (5), IX, 5; 1876; — Explosion de la poudre, 145, 161; — Acétylène, 165; — Aldéhyde, 174; les Éthers, 289 à 348; — Amides, 348; 1876; — Ozone, X, 162; 1877; — Aldéhydes propyliques, 369; — Acide chlorique, 377; — Acide hydrosulfureux, 389; — Oxyammoniaque, 433; — Acides anhydres gazeux, XII, 529; — Chloral, 536; — Appareils, 550; — Données fondamentales, XIII, 5; 1878; — Acide iodique, 20; — Hydrates d'hydracides; XIV, 368; — Bioxyde de baryum, 433; — Eau et acide sulfurique, 443; — Éthérification, XV, 220; — Déplacements réciproques des métalloïdes, 185; — Chaleurs spécifiques, 242, 1878; — Hydracides et métaux, XVI, 433; 1879; — Oxygène opposé aux halogènes, 442; — Acides faibles, 447; — Composés de l'oxyde de carbone, *Comptes rendus*, LXXXVII, 571; 1878; — Éthers gazeux, LXXXVIII, 52; 1879; — Corps isomères, *Bulletin de la Soc. chim.* (2), XXVIII, 530, 1877.

BETTENDORF et WULLNER : Chaleurs spécifiques, *Pogg. Ann.* CXXXIII, 293; 1869.

BUIGNET et BUSSY : *Comptes rendus*, LXIV, 330, 411, 1867; — *Ann. de ch. et de phys.* (4), IV, 5, 1865.

BUNSEN : Calorimétrie, *Ann. de ch. et de phys.* (4), XXIII, 50, 1871; — *Pogg. Ann.*, CXLI, 1, 1870.

CALDERON : Resorcine, *Comptes rendus*, LXXXV, 149, 1877; — LXXXVII, 142, 1878.

CAZIN : Chaleurs spécifiques des gaz, *Ann. de ch. et de phys.* (3), LXVI, 206, 1864.

DESAINS : Glace, *Ann. de ch. et de phys.* (3), VIII, 5, 1842 (avec DE LA PRÉVOSTAYE); — XIV, 306, 1845; — Phosphore, XXII, 432, 1848; — Eau, LXIV, 419, 1862.

DESPRETZ : Chaleurs latentes, *Ann. de ch. et de phys.* (2), XXIV, 323, 1823; — Chaleur animale, XXVI, 337, 1824; — Chaleurs de combustion, XXXVII, 180, 1828.

DEVILLE (H. Ste-Claire) et HAUTEFEUILLE : Chlorure d'azote, *Comptes rendus*, LXIX, 152, 1869; — 152, 1869.

DITTE : Acide iodique, *Ann. de ch. et de phys.* (4), XXI, 52, 1870; — Acide borique (5), XIII, 67; 1878.

DULONG : Chaleurs spécifiques des éléments, *Ann. de ch. et de phys.* (2), X, 395, 1819 (avec PETIT); — Chaleurs spécifiques des gaz, *Ann. de ch. et de phys.* (2), XLI, 113; 1829; — Chaleur animale, *Ann. de ch. et de phys.* (3), I, 440, 1841; — Chaleurs de combinaison, VIII, 180; 1843.

DUPRÉ et PAGE : Chaleurs spécifiques, *Philos. Mag.* (4), XXXV, 464, 1869; — XXXVIII, 158, 1869; — *Pogg. Ann.*, CXLVIII, 236; 1873; — *Erg.*, V, 221; 1870.

FAVRE et SILBERMANN : Combinaisons et combustions, *Ann. de ch. et de phys.* (3), XXXIV, 357, 1852; — XXXVI, 1; — XXXVII, 406, 1853.

FAVRE : *Journal de pharmacie* (3), XXIV, 241, 311, 412; 1853; — Electrolyse, *Ann. de ch. et de phys.* (3), XL, 293; 1854; — Corps poreux (5), I, 209, 1874; *Comptes rendus*, XXXIX, 729; 1854; — Dissolution, L, 1150, 1860; — LI, 316 (avec QUAILLARD); — Mélanges de liquides, LIX, 783; 1864; — LI, 316; Hydracides, LXXIII, 974; 1872; — Précipités, LXXVII, 101.

FAVRE et VALSON : Dissolutions, *Comptes rendus*, LXXIII, 719, 1144; 1876; LXXIV, 1016, 1165; — LXXV, 330, 385, 798, 925, 1000, 1066; — LXXVII, 577, 802, 907 (1872-1873); — LXXIX, 968, 1036, 1874.

FRANKLAND : Combustions, *Philos. Mag.*, XXXII, 184, 1866.

GRAHAM : Combinaisons, *Ann. de ch. et de phys.* (3), VIII, 151, 1843; — XIII, 188, 1845.

GRASSI : Combustions, *Journ. de pharm.* (3), VIII, 170, 1845.

GUTHRIE : Cryohydrates, *Philos. Mag.* (4), LIX, 1, 206, 266, 1875.

HAMMERL : Acide sulfurique, *Jahr. der Chem. von Fittica*, 1875, p. 86. — Chlorure de calcium, *Sitz. Akad. Wien*, LXXVIII, 1878.

HAUTEFEUILLE : Acide sulfhydrique, *Comptes rendus*, LXVIII, 1554, 1869.

HAUTEFEUILLE et TROOST : Acide cyanique, *Comptes rendus*, LXIX, 48, 202; 1869; — Composés nitrés, LXXIII, 663, 681; 1871; — Phosphore, LXXVIII, 748; 1874; — Carbures, siliciures, etc., *Ann. de ch. et de phys.* (5), IX, 56; 1876; — Bore et silicium, 70.

HESS : Combinaisons, *Ann. de ch. et de phys.* (2), LXXIV, 325, 1840; — LXXV, 80; — (3), IV, 211, 290, 1842.

HILLEBRAND : Chaleurs spécifiques, *Pogg. Ann.*, CLVIII, 71.

HIRN : Chaleurs spécifiques, *Ann. de ch. et de phys.* (4), X, 63, 91, 1867.

ISAMBERT : Chlorures ammoniacaux, *Comptes rendus*, LXXXVI, 968, 1878.

JAMIN et AMAURY : Chaleurs spécifiques, *Comptes rendus*, LXX, 1237, 1870.

JOULE : *Ann. de ch. et de phys.* (3), XVI, 474, 1846; — *Philos. Mag.* (4), III, 481; 1852; — *Mem. of the Soc. Manchester* (2), VII, part. 2.

KOPP (H.) : Chaleurs spécifiques, *Pogg. Ann.*, LXXV, 98, 1848; — *Ann. Chem. und Pharm.*, CXXVI, 362, 1863; — *Id. Suppl.* III, 1, 289, 1864; — *Jahr. der Chemie; für* 1864, 49.

KUNDT et WARBURG : Chaleurs spécifiques, *Pogg. Ann.*, CLVII, 355; 1876.

LOUGUININE : Composés substitués, *Ann. de ch. et de phys.* (5), XVI, 1879.

MARIGNAC (de) : Influence de l'eau sur les sels, *Arch. sc. phys.* XXXVI, 319, 1869; — XXXIX, 217, 1870; — Chaleurs spécifiques, *Ann. de ch. et de phys.* (4), XXII, 385, 1871; — (5), VIII, 410, 1876.

MITSCHERLICH : Soufre, *Ann. de ch. et de phys.* (3), XLVI, 124, 1856.

NAUMANN : *Ann. der Chem. und Pharm.*, CXLII, 265, 1867; — CLI, 145, 1870; — *Grundriss der Thermochemie*, 1869.

NEUMANN : *Pogg. Ann.*, XXIII, 21, 1831.

OGIER : Hydrogènes phosphoré et arsénié; *Comptes rendus*, LXXXVII, 210, 1878.

PAPE : Chaleurs spécifiques, *Pogg. Ann.*, CXX, 337, 579; 1863; — CXXII, 408, 1864; CXXVI, 123, 1865.

PERSON : Chaleur de fusion, *Ann. de ch. et de phys.* (3), XXI, 295, 1847; — XXIV, 129, 257, 265; 1848; — XXVII, 250; 1849; — XXX, 73; 1850; — Chaleur de disso-

lution, XXXIII, 437, 448, 1851. — Chaleur de fusion, *Comptes rendus*, XXV, 334
1847; — XXVII, 258, 1848.

PFAUNDLER : Acide sulfurique et eau, *Jahresb. der Chemie von Strecker für* 1869, p. 122,
— Mélanges refrigérants, *Jahr. der Chem. für* 1875, p. 59, 61.

RAOULT : Combinaisons, *Ann. de ch. et de phys.* (4), II, 317, 1864; — IV, 392, 1865,

REGNAULT : Chaleurs spécifiques, *Ann. de ch. et de phys.* (2), LXXII, 5, 1840; — 3°.
I, 129, 1841; — Glace, VIII, 19; — IX, 322, 1843; — Potassium, XXVI, 261; —
Brome, 268, 1849; — XLVI, 257, 1856; — Phosphore, XXXVIII, 129, 1853; —
Divers sujets, LXIII, 5, 1861; — LXIV, 441, 1862; — LXVII, 427, 1863; —
(4), III, 495, 1864; VII, 450, 1866; — XXIV, 375, 1871; — *Relation des expériences sur la chaleur, etc.*, 2 vol. in-4°, 1847-1862; *Mém. de l'Acad. des
sciences*, XXXVII, 1868-1870.

RONTGEN : Chaleurs spécifiques, *Pogg. Ann.*, CXLVIII, 580; 1875.

RUDBERG : Dissolution, *Jahr. Berzelius*, XV, 64; 1834.

SABATIER : Sulfures; *Comptes rendus*, LXXXVIII, 651; 1879.

SARRAU et ROUX : Matières explosives, *Comptes rendus*, LXXVII, 478; 1873.

SCHEURER-KESTNER : Combustions, *Comptes rendus*, LXXIII, 1061; 1871.

SCHULLER : Chaleurs spécifiques, *Pogg. Ann.*, CXXXVI, 70; 1869; — CXL, 484;
1870; — *Ann. de ch. et de phys.* (4), XVII, 478; 1869; — *Pogg. Ann. Erg.*, V,
116, 192; 1870.

SPRING : Chaleurs spécifiques, *Ann. de ch. et de phys.* (5), VII, 178; 1876.

THAN : Combustion, *Jahr. der Chem. von Fittica*, 106, 1877.

THOMSEN : Formation des sels, *Pogg. Ann.*, CXXXVIII, 65, 201, 497, 1869; — Cha-
leurs spécifiques, CXLII, 337, 1870; — Chaleurs de neutralisation, acides, CXXXIX,
193, 1870; — CXL, 88, 497, 532, 1870; — Bases, CXLIII, 354, 497, 1871; — Hy-
drogène et métalloïdes, CXLVIII, 178, 368, 1873; — Oxydation, CL, 31, 194; —
Acide chlorhydrique, *Jubelband*, 135, 1873; — Acides des halogènes et du phosphore,
Journal für prakt. Ch., XI, 133, 1875; — Composés métalliques, 233, 402, 1875;
— XII, 271, 286; — Neutralisation, XIII, 242, 1876; — Métaux, 348, 1876; —
XIV, 413; — XV, 435; — XVI, 97, 323, 1877; — Dissolutions, XVII, 172, 1877;
— XVIII, 5; — *Ber. Ch. Ges. Berlin*, 697, 710-717, 1873; — Multiples, 452, 1874.

TOLLINGER : Chaleurs spécifiques des sels ammoniacaux, *Jahr. der Chemie von Naumann für* 1870, 112. — Nitrate d'ammoniaque, *Jahr. der Ch. für* 1875, 64.

TRENTINAGLIA : Hyposulfite, *Jahr. der Chem. von Fittica*, 65, 1876.

VIOLLE : Chaleurs spécifiques, *Comptes rendus*, LXXXV, 543, 1877; — LXXXVII,
981, 1878.

WARTHA et SCHULLER : Combustion, *Pogg. Ann.* (2), II, 359, 1877.

WEBER : Chaleurs spécifiques, *Pogg. Ann.*, CXLVII, 311, 1872; — *Ann. de ch. et de
phys.* (5), VII, 132, 1876.

WIEDEMANN (E.) : Chaleurs spécifiques, *Ann. Pogg.*, CLVII, 1, 1876; — N. F., II, 195,
1877.

WINCKELMANN : Chaleurs spécifiques, *Pogg. Ann.*, CXLIX, 1, 492, 1873; — CL, 592
1873; — CLIX, 152; 1876.

WŒSTYN : Chaleurs spécifiques, *Ann. de ch. et de phys.* (3), XXIII, 295, 1848.

WOODS : Combinaisons, *Philos. Mag.*, (4), II, 268, 1851; — III, 43, 299; — IV, 370,
1852.

WULLNER : Chaleurs spécifiques des gaz, *Pogg. Ann.*, N. R., IV, 330. 1878.

CHAPITRE II

CHALEURS DE COMBINAISON RAPPORTÉES A L'ÉTAT GAZEUX

§ 1ᵉʳ. — **Notions générales.**

1. En général, l'état gazeux est plus favorable qu'aucun autre à la comparaison des réactions chimiques, parce que les équivalents des corps occupent tous le même volume, ou des volumes qui sont entre eux dans des rapports simples.

2. Précisons davantage.

La réaction des gaz proprement dits, pris à volume constant, dégage des quantités de chaleur sensiblement indépendantes de la pression sous laquelle on opère (voy. pages 2, 16, 115).

La réaction a-t-elle lieu à pression constante, sans condensation, ni dilatation, la même relation subsiste (voy. p. 13 et 18).

Mais s'il y a changement de volume sous pression constante, il convient de tenir compte du travail extérieur : les règles de ce calcul ont été données pages 18 et surtout 114 à 117.

3. Ce n'est pas tout : lorsque *deux éléments*, pris dans un état aussi voisin que possible de celui de gaz parfait, *se combinent sans condensation*, la chaleur dégagée est indépendante de la température (voy. p. 111). On vient de rappeler qu'elle est aussi indépendante de la pression. C'est donc une constante qui peut définir la *chaleur moléculaire de combinaison*. Elle répond à une perte d'énergie toute spéciale et telle que la connaissance des changements survenus dans les propriétés physiques des gaz mis en expérience ne permet pas de l'évaluer.

4. On peut admettre qu'il existe en principe des relations semblables pour toutes les réactions entre gaz simples ou composés, telles que *la somme des volumes demeure constante*.

Examinons maintenant, et pour de tels composés, quels changements la combinaison apporte à ces trois données caractéristiques des gaz : la température, la pression et le volume.

5. *Température.* — On appelle *température de combustion* d'un mélange gazeux, la température que prendraient les gaz formés, si toute la chaleur dégagée par la réaction était employée à les échauffer. Soient deux gaz, voisins de l'état parfait, qui se combinent avec formation d'un composé gazeux et en dégageant une quantité de chaleur Q; C étant la chaleur spécifique du composé, l'excès de température T que prendra le système sera donné par la formule

$$T = \frac{Q}{C}.$$

Cette formule s'applique à toute espèce de réaction entre corps gazeux. Observons que C n'est pas constante dans la plupart des cas, sauf dans celui des gaz composés formés sans condensation (voy. p. 113, et surtout le chap. IX de ce livre). Dans le cas des gaz composés formés avec condensation, la chaleur spécifique varie, et même fort vite, avec la température (voy. p. 335). Mais dans les calculs on envisage toujours la chaleur spécifique moléculaire moyenne du composé, évaluée entre la température initiale et la température T.

Soit, par exemple, l'union du chlore et de l'hydrogène; cette union a lieu sans condensation, et la réaction

$$Cl + H = HCl$$

dégage $+ 22^{Cal},000$, autrement dit 22 000 calories.

La chaleur moléculaire du gaz chlorhydrique à pression constante, rapportée au poids $36^{gr},5$, étant admise comme constante à toute température et égale à 6,8, on aura :

$$T = \frac{22\,000}{6,8} = 3235 \text{ degrés, à pression constante.}$$

A volume constant, la chaleur moléculaire du gaz chlorhydrique étant admise comme invariable et égale à 4,8 :

$$T_1 = \frac{22\,000}{4,8} = 4166 \text{ degrés.}$$

Si la température initiale était égale à zéro, 3235 degrés exprimeraient donc, en théorie, la température acquise par les produits de la combustion opérée à pression constante; on aurait 4166 degrés, à volume constant.

Si la température initiale est t, les produits devront acquérir une température T + t, c'est-à-dire que *la température initiale s'ajoute à la température de combustion théorique*. Mais celle-ci n'est indépendante de la température initiale que si la chaleur spécifique du composé est constante : circonstance qui se présente seulement pour les gaz formés sans condensation. En supposant C constant, il y aurait avantage à échauffer à l'avance les gaz élémentaires, pour obtenir une température finale plus élevée.

Ces relations s'appliquent également, lorsque deux gaz brûlent en proportion équivalente et lorsqu'ils sont mélangés avec un excès de l'un ou de l'autre des composants, ou de tout autre gaz inerte; à la condition, bien entendu, que la chaleur spécifique C comprenne l'ensemble des produits qui subsistent après la combustion.

6. *Dissociation.* — Les conclusions ci-dessus supposent que le composé puisse exister, sans éprouver aucune décomposition, à la température de combustion calculée. Or il n'en est point ainsi, les gaz composés éprouvant en général, à cette température, une décomposition plus ou moins avancée. La température de combustion véritable dépend évidemment de la proportion réellement combinée (voy. p. 17). Or la connaissance de cette température véritable est essentielle, lorsqu'on veut évaluer l'effet utile des flammes dans les applications (1).

Admettons que la chaleur de combinaison correspondant à la portion qui se combine soit constante et identique (pour un même poids de matière réellement combinée) avec la chaleur qui répondrait à la combinaison intégrale; hypothèse qui peut être acceptée pour les gaz composés formés sans condensation.

(1) Voyez la Leçon faite par M. Debray devant la Société chimique de Paris en 1861, p. 62 et 66. Chez Hachette.

Admettons, en outre, que cette portion représente une fraction k du poids total; alors on aura :

$$T = k\frac{Q}{C}.$$

Si la chaleur spécifique n'est pas constante, la formule précédente subsiste, à la condition d'y faire figurer la chaleur spécifique moyenne (entre O et T) du système, tel qu'il existe au moment de la combustion.

Observons que k pourrait être calculé par un simple problème de maximum (1), si l'on connaissait la relation générale qui existe entre cette quantité et la température :

$$k = f(t).$$

Il est essentiel de faire remarquer que les phénomènes de dissociation ne changent pas *l'effet utile* des combustions dans une circonstance donnée, toutes les fois qu'ils s'exercent seulement à une température supérieure à celle à laquelle l'effet utile est produit.

7. *Pression.* — Supposons la réaction entre deux gaz élémentaires opérée à volume constant et sans condensation, la température initiale étant zéro et la pression initiale P_0. Le mélange prendrait, si la combinaison pouvait être intégrale, une température T_1 :

$$T_1 = \frac{Q}{C_1},$$

Q étant la chaleur dégagée, et C_1 la chaleur spécifique moyenne du composé à volume constant, entre O et T_1.

Dès lors la pression deviendra :

$$P = P_0\left(1 + \alpha\frac{Q}{C_1}\right) = P_0\left(1 + \frac{1}{273}\frac{Q}{C_1}\right).$$

Soit la combinaison du chlore et de l'hydrogène, pris sous une pression initiale d'une atmosphère, on devrait avoir :

$$P = 16^{\text{atm}},2.$$

(1) *Annales de chimie et de physique*, 5ᵉ série, 1865, t. VI, p. 328.

Mais c'est là une limite théorique, à cause des phénomènes de dissociation.

Soit k la fraction réellement combinée, on aura, en supposant la chaleur spécifique du gaz chlorhydrique constante, indépendante de la température et de la pression, enfin égale à celle de ses éléments :

$$P = P_0 \left(1 + \frac{1}{273} k \frac{Q}{C_1} \right);$$

expression qui permettra de calculer k et T, si P est déterminé par expérience, comme la chose peut se faire. Le problème de la dissociation devient par là accessible à des expériences directes, mais seulement dans le cas des gaz formés sans condensation.

Si la combinaison des deux gaz s'opère avec condensation, le problème est plus compliqué, et la variabilité des chaleurs spécifiques avec la température ne permet pas de le résoudre dans l'état présent de la science (1).

8. *Volume.* — Supposons la réaction intégrale de deux gaz élémentaires, unis sans condensation, la température initiale étant zéro et le volume initial V_0. En opérant à pression constante, ce volume deviendra :

$$V = V_0 \left(1 + \frac{1}{273} \frac{Q}{C} \right).$$

Soit, pour la combinaison du chlore et de l'hydrogène :

$$V = V_0 \times 12,8.$$

(1) La variabilité de C avec la température avait été négligée dans les anciens calculs sur la combustion de l'oxyde de carbone et de l'hydrogène : circonstance qui ne permet point d'utiliser, pour le calcul rigoureux de T, les expériences de M. Bunsen relatives à la pression développée pendant les combustions opérées à volume constant. Tout au plus peut-on tirer de ces expériences deux limites, entre lesquelles la température de combustion réelle est nécessairement comprise. M. Bunsen n'en a pas moins le mérite d'avoir imaginé la méthode théorique. —Voy. *Annales de chimie et de physique*, 5ᵉ série, 1877, t. XII, p. 302.

C'est encore là une limite théorique, à cause de la dissociation.

La connaissance du volume réel, si elle pouvait être obtenue par expérience, permettrait d'évaluer la proportion réellement combinée.

9. Passons à l'étude de la *chaleur de combinaison des gaz qui se combinent avec condensation*. Pour de tels gaz, la chaleur spécifique, soit à pression constante, soit à volume constant, croît rapidement avec la température. Dans plusieurs des cas observés, elle finit par surpasser la somme des chaleurs spécifiques des éléments, excès qui paraît même offrir un certain caractère de généralité (voy. le chap. IX de ce livre). Dès lors la chaleur de formation de tels composés devra décroître continuellement, à partir d'une certaine température, d'après la relation générale (page 110) :

$$U - V < 0 \ (1).$$

Par exemple, étant donné un intervalle de 1000 degrés, le décroissement de la chaleur de combinaison sous pression constante s'élèverait à 4900 calories pour le chlorure de phosphore, à 7300 calories pour le perchlorure d'étain, etc.

10. Développons ce calcul pour l'acide carbonique. Soit donc la formation de ce composé gazeux, sous *pression constante*, à partir de deux gaz réels, l'oxyde de carbone et l'oxygène,

$$C^2O^2 + O^2 = C^2O^4.$$

La réaction de ces deux gaz dégage : $+ 68\,200$ calories.

Or, d'après M. Regnault, la chaleur spécifique moléculaire de l'oxyde de carbone sous pression constante est constante et égale à celle de ses éléments, supposés gazeux sous le même volume, soit : $+ 6,86$; l'oxyde de carbone peut donc être assimilé aux gaz composés formés sans condensation.

---

(1) Pour plus de détails, voyez *Annales de l'École normale supérieure*, Supplément pour 1877.

D'autre part, la chaleur spécifique moléculaire de l'oxygène, O^2, étant 3,47, on a :

$$\Sigma c = + 6{,}86 + 3{,}47 = + 10{,}33$$

pour les composants du système.

Quant au composé, sa chaleur spécifique moléculaire, à la température t et sous pression constante, évaluée en fonction de la température, est exprimée par la formule suivante :

$$C = 8{,}23 + 0{,}0117\,t, \text{ d'après Regnault ;}$$

ou

$$8{,}59 + 0{,}0095\,t, \text{ d'après E. Wiedemann.}$$

Cette expression fournit des nombres inférieurs à la chaleur spécifique moléculaire des composants, jusque vers 180 degrés ; ils lui deviennent égaux vers cette température, puis ils la surpassent de plus en plus.

Dès lors on aura, jusqu'à 180 degrés :

$$U > V.$$

Entre zéro et 180 degrés, l'accroissement total de la chaleur de combinaison sera égal à $+$ 180 calories, c'est-à-dire négligeable par rapport à 68 200.

A cette température,
$$U = V;$$
au-dessus ,
$$U > V.$$

11. Jusqu'ici nous sommes restés dans la limite des faits observés; mais, si l'on veut prendre quelque idée de la dissociation, il est nécessaire d'aller plus loin. Supposons, par exemple, que la chaleur spécifique de l'acide carbonique continue à croître avec la température, suivant la même loi observée entre $-$ 30 et $+$ 180 degrés : à la température $T + 180$, elle deviendra à peu près

$$10{,}3 + 1{,}06\,\frac{T}{100}.$$

La chaleur absorbée par le gaz carbonique, entre 180 degrés et T, sera dès lors :

$$10,3\,T + 1,06\,\frac{T^2}{200}.$$

La diminution de la chaleur de combinaison, à partir de 200 degrés, sera :

$$U - V = 10,3\,T - 10,3\,T - 1,06\,\frac{T^2}{200} = -\frac{1,06}{200}\,T^2,$$

très-sensiblement.

Si l'on admet que la réaction

$$C^2O^2 + O^2 = C^2O^4$$

dégage $+\ 68\,200$ calories vers 200 degrés, on peut maintenant calculer à quelle température ce nombre deviendra nul, soit :

$$T = \sqrt{\frac{68\,200 \times 200}{1,06}} = 3590 \text{ environ.}$$

On a encore

$$180 + T = 3770.$$

A cette température de 3770 degrés, l'oxyde de carbone et l'oxygène ne dégageront plus de chaleur. Au-dessus, leur union en absorberait.

12. On peut admettre que telle est la limite à laquelle l'acide carbonique serait complètement décomposé, sous la pression ordinaire (*température de dissociation totale*). Cette limite est d'ailleurs dans l'ordre de grandeur que les observations de M. H. Sainte-Claire Deville auraient permis de prévoir.

13. Ainsi l'acide carbonique possède, à partir de 200 degrés et au-dessus, une chaleur spécifique sous pression constante supérieure à celle de ses composants gazeux; il en est de même pour les protochlorures de phosphore et d'arsenic, et les chlorures de silicium, d'étain et de titane, au-dessous de 200 degrés. Comme l'acide carbonique ne paraît offrir, ni à cette température, ni même bien au delà, aucun indice de dissociation, pas plus que les chlorures phosphoreux et arsé-

nieux, dans les conditions où leur chaleur spécifique a été mesurée réellement, on est conduit à admettre que, dans les cas de cette espèce, l'excès des chaleurs spécifiques du composé par rapport à ses composants représente une sorte de *transformation du gaz, laquelle en précède la décomposition.*

14. Cependant, à partir d'une température voisine du rouge, la décomposition réelle de l'acide carbonique commence, et l'expression théorique donnée plus haut pour sa chaleur spécifique ne semble plus devoir être appliquée qu'à la fraction du gaz carbonique non décomposée, le surplus prenant les chaleurs spécifiques constantes de l'oxyde de carbone et de l'oxygène.

15. On voit, en outre, que *la chaleur de combinaison qui répond à la portion des deux composants réellement combinés,* soit avant, soit pendant la période de dissociation, *ne saurait, dans aucun cas, être regardée comme une constante ;* c'est-à-dire comme ayant toujours la même valeur, pour un même poids du composé réellement formé. Loin de là, elle devra diminuer sans cesse, à mesure que la température s'élève.

Toutes ces déductions se rapportent à une réaction opérée avec condensation, sous pression constante. Mais on les retrouve aussi sous volume constant.

16. *Sous volume constant,* la combinaison des mêmes gaz ne produit plus une condensation, mais une diminution de pression.

Or, la chaleur spécifique des composants, à volume constant, est égale à 7,3 et indépendante de la température ; celle du composé, prise à la température t, offre une valeur voisine de $6,4 + 0,0107\, t$.

Par suite, jusque vers 84 degrés,

$$U > V;$$

la chaleur dégagée va donc croissant. Vers 84 degrés, elle ne varie pas, car :

$$U = V.$$

Au delà de 84 degrés,

$$U < V,$$

c'est-à-dire que la chaleur dégagée décroît continuellement. La température à laquelle la réaction ne produirait plus de chaleur est nécessairement la même, soit à pression constante, soit à volume constant.

17. *Stabilité.* — On voit par ce qui précède que le signe de la chaleur mise en jeu dans la formation d'un composé peut changer avec la température; une même combinaison dégageant de la chaleur à la température ordinaire, tandis qu'elle en absorberait à une température plus haute. Par suite, une combinaison peut se produire directement à une certaine température et devenir impossible à une température plus haute. Ceci est une conséquence de la relation : $U - V < 0$. Elle s'accorde avec le fait bien connu que la stabilité des composés diminue en général avec la température.

18. Réciproquement, dans les cas où la relation inverse : $U - V > 0$, subsiste pendant un intervalle considérable de température, il peut arriver qu'une combinaison directe, impossible à basse température parce qu'elle absorberait de la chaleur, devienne au contraire possible à une température plus élevée, à laquelle la réaction dégage de la chaleur. C'est ici le cas d'un composé gazeux dont la stabilité augmente avec la température : cas exceptionnel, mais dont on connaît cependant plusieurs exemples en chimie.

19. J'ai cru utile de développer les calculs précédents, malgré les hypothèses qu'ils renferment, parce qu'il importe au progrès de la science que toute conjecture suffisamment vraisemblable soit poursuivie jusqu'à ses dernières conséquences. Il convient seulement de présenter celles-ci avec réserve, et de les distinguer avec soin des vérités démontrées.

20. Quoi qu'il en soit, lorsqu'on se restreint à envisager les phénomènes au voisinage de la température ordinaire, il est utile de remarquer que les variations de la chaleur de combinaison Q_T, déterminée à une température T, sont faibles en

général, pour les corps gazeux pris dans un intervalle de 100 à 200 degrés; attendu qu'elles représentent une petite fraction de la valeur observée pour Q_T, valeur, au contraire, qui est presque toujours un grand nombre. La chaleur de combinaison peut donc être regardée comme sensiblement constante dans la plupart des réactions gazeuses, tant qu'on opère entre des limites de température peu écartées.

21. Établissons une dernière proposition, relative aux changements de pression et de volume, produits par la combinaison chimique, proposition qui trouve diverses applications pratiques.

Lorsque deux ou plusieurs gaz réagissent directement les uns sur les autres, avec formation exclusive de produits gazeux, la chaleur dégagée est telle, qu'il y a toujours accroissement de pression, si l'on opère à volume constant; ou, ce qui revient au même, accroissement de volume, si l'on opère à pression constante.

Soient : t, la température développée par la réaction à volume constant;

V_0, le volume des gaz initials réduits à zéro et $0^m,760$;

V_1, le volume des produits :

$$\frac{V_1}{V_0} = k$$

sera la condensation.

A une température de t degrés, on aura

$$P = P_0 k (1 + \alpha t).$$

Dès lors :

$$P > P_0, \text{ si } + \alpha t > \frac{1}{k};$$

Au contraire,

$$P < P_0, \text{ si } + \alpha t < \frac{1}{k}.$$

Le premier cas se présente évidemment lorsque la condensation est égale à l'unité (chlore et hydrogène; cyanogène et oxygène, supposés produire une combustion totale); ou lorsqu'il y a dilatation (acétylène et oxygène).

Reste le cas où la réaction donne lieu à une contraction. Pour faire intervenir ici la chaleur dégagée, posons comme plus haut :

$t = \dfrac{Q}{C}$; la relation $P > P_0$ exige dès lors :

$$1 + \frac{Q}{273\,C} > \frac{1}{k}.$$

Or l'expérience donne, dans tous les cas connus,

$$Q > 273 \left(\frac{1}{k} - 1\right) C;$$

ce qui vérifie notre proposition. L'écart entre ces deux quantités est d'ordinaire très considérable.

Cette vérification est purement empirique; attendu qu'on ne connaît aucune théorie qui permette de calculer *à priori*, soit la chaleur spécifique des corps composés à diverses températures, soit la chaleur dégagée par une réaction.

La proposition précédente étant admise dans l'hypothèse d'une combinaison totale, elle sera également vraie pour les cas de dissociation; le volume du mélange gazeux ne s'écarte guère alors de ce qu'il serait, s'il était la somme de deux fractions : l'une formée par la partie qui se combine, échauffée par la chaleur dégagée; l'autre formée par la partie non combinée, maintenue à la température initiale.

§ 2. — Tableaux numériques.

Voici le tableau des combinaisons où l'on a réussi à mesurer la chaleur dégagée par la réaction des gaz, avec formation de produits gazeux.

Tableau I. — *Formation des gaz par l'union des éléments gazeux, les composés étant rapportés à un même volume:* $22^{lit},32\ (1 + \alpha t)$, *sous la pression normale.*

NOMS.	ÉLÉMENTS dans l'état gazeux.	ÉQUIVAL. du composé gazeux (poids molécul.).	CHALEUR dégagée (Calories).	AUTEURS des expériences.
I. — *Gaz simples unis sans condensation.*				
Acide chlorhydrique.	$H + Cl$	36,5	$+\ 22,0$	F. et S. Ab. [T. B.]
Ac. bromhydrique...	$H + Br$	81	$+\ 13,5$	F. et S. T. [B.]
Ac. iodhydrique.....	$H + I$	128	$-\ 0,8$	F. et S. [T. B.]
II. — *Gaz simples unis avec condensation.*				
Ozone..............	$2(O^2 + O)$	24×2	$-\ 14,8 \times 2$	B.
Eau...............	$2(H + O)$	9×2	$+\ 29,5 \times 2$	D. Hs. F. et S. G. A. T.
Acide sulfhydrique ..	$2(H + S)$	17×2	$+\ 3,6 \times 2$	T. H.
Ammoniaque........	$H^3 + Az$	17	$+\ 26,7$	F. et S. [T.]
Protoxyde d'azote ...	$2(Az + O)$	22×2	$-\ 9,0 \times 2$	F. et S. T.
Bioxyde d'azote.....	$Az + O^2$	30	$-\ 43,3$	B.
Acide azoteux.......	$2(Az + O^3)$	38×2	$-\ 52,8 \times 2$	B.
Ac. hypoazotique....	$Az + O^4$	46	$-\ 24,3$	B.
Ac. azotique........	$2(Az + O^5)$	54×2	$-\ 22,3 \times 2$	B.
Ac. azotique hydraté.	$Az + O^6 + H$	63	$+\ 12,7$	B.
Ac. hypochloreux ...	$2(Cl + O)$	$43,5 \times 2$	$-\ 7,6 \times 2$	T. + B.
Ac. sulfureux.......	$2(S + O^2)$	32×2	$+\ 35,8 \times 2$	D. Hs. F. et S. A. [B.]

Tableau II. — *Formation des gaz par l'union d'un élément gazeux avec un gaz composé.*

NOMS.	COMPOSANTS gazeux.	Poids moléculaire du composé	Chaleur dégagée.	AUTEURS.
Bihydrure de carbone (éthylène)...........	$2(C^2H + H)$	14×2	$+28 \times 2$	D'après B.
Trihydrure (méthyle) ...	$2(C^2H + H^2)$	14×2	$+46 \times 2^*$	»
Quadrihydrure (formène)	$2(C^2H + H^3)$	16	$+54 \times 2$	D'après B.
—	—	—	—	—
Acide azoteux..........	$AzO^2 + O$	38×2	$+10,5 \times 2$	B.
Acide hypoazotique.....	$AzO^2 + O^2$	46	$+19$	B.
Acide azotique.........	$AzO^2 + O^3$	54×2	$+21$	B.
—	—	—	—	—
Acide carbonique.......	$C^2O^2 + O^2$	22×2	$+34,1 \times 2$	D.Fr.G.A.T. [B.]
Oxysulfure carbonique..	$C^2O^2 + S^2$ gaz	30×2	$-1,8 \times 2$	B.
Oxychlorure carbonique.	$C^2O^2 + Cl^2$	$49,5 \times 2$	$+9,4 \times 2$	B.
—	—	—	—	—
Acide cyanhydrique.....	$Cy + H$	27	$+26,9$	B.
Chlorure de cyanogène..	$Cy + Cl$	$61,5$	$+19,5$	B.

Tableau III. — *Formation des gaz par l'union de deux gaz composés.*

NOMS.	COMPOSANTS gazeux.	Poids moléculaire du composé.	Chaleur dégagée.	AUTEURS.
Ac. azotique..........	$AzO^5 + HO$	63	$+ 5,3$	B.
Ac. acétique..........	$C^4H^2O^3 + HO$	60	$+ 7,9$	B.
Hydrate de chloral......	$C^4HCl^3O^2 + H^2O^2$	»	$+ 2,0$	B.
—	—	—	—	—
Alcool................	$C^4H^4 + H^2O^2$	46	$+ 16,9$	B.
Éther ordinaire........	$C^4H^4 + C^4H^6O^2$	74	$+ 19,4$	B.
Chlorhydrate d'amylène.	$C^{10}H^{10} + HCl$	106,3	$+ 16,9$	B.
Bromhydrate id.	$C^{10}H^{10} + HBr$	151	$+ 13,2$	B.
Iodhydrate id.	$C^{10}H^{10} + HI$	198	$+ 10,6$	B.
Éther acétique........	$C^4H^4 + C^4H^4O^4$	88	$+ 11,2$	B.
Bromure d'éthylène	$C^4H^4 + Br^2$	188	$+ 27,2$	B.
Aldéhyde.............	$C^4H^4 + O^2$	44	$+ 46,8$	B.
Acide acétique........	$C^4H^4 + O^4$	60	$+ 116,5$	B.
—	—	—	—	—
Acétone..............	$C^6H^6 + O^2$	58	$+ 61^*$	»
Benzine..............	$3C^4H^2$	78	$+ 180$	B.

Ces nombres donnent lieu à diverses remarques, relatives aux proportions multiples et aux réactions opérées sans changement de volume.

§ 3. — **Proportions calorifiques multiples.**

1. On s'est demandé si les quantités de chaleur dégagées dans les réactions chimiques ne seraient pas les multiples d'une même unité, qui devrait se retrouver dans toutes les réactions. Cette question, soulevée par Welter à l'occasion des chaleurs de combustion dès 1821 (1), et réveillée par les expériences de Dulong sur les deux degrés d'oxydation de l'étain, a été depuis agitée par Hess, par MM. Favre et Silbermann, en dernier lieu par M. Thomsen. Aucun raisonnement *à priori* n'établit la probabilité d'une telle relation. C'est donc une question purement empirique.

2. Pour que la recherche de ces multiples offre quelque chance de succès, il est indispensable d'éliminer l'influence, variable d'un corps à l'autre, des changements d'états physiques, changements dont les effets s'ajoutent à ceux des changements purement chimiques. J'ai montré comment on y parvient en rapportant les réactions à l'état gazeux parfait, et en comparant des corps qui occupent tous le même volume gazeux, tant avant qu'après la réaction (pages 2, 16, 112, 329). Les trois hydracides, dérivés des éléments halogènes remplissent très bien ces conditions; en outre, ils appartiennent à une même famille chimique, ce qui rend la comparaison plus étroite.

Or la formation des trois hydracides gazeux, au moyen des éléments gazeux, dégage :

	Cal
Pour HCl	+ 22,0
Pour HBr	+ 13,5
Pour HI	— 0,8

Ces nombres ne sont pas des multiples d'une même unité. Cependant on ne peut s'empêcher de remarquer qu'ils sont fort voisins des nombres 0, 11 et 22, qui appartiennent tous les trois à la progression 11 n. Ce rapprochement est-il fortuit? ou bien

(1) *Annales de chimie et de physique*, 2ᵉ série, t. XIX, p. 425, et t. XXVII, p. 223.

les nombres observés s'y conformeraient-ils exactement, si l'on pouvait écarter toute cause perturbatrice ?

3. Poursuivons cette discussion. On peut se demander si la relation cherchée n'existerait pas : soit entre les températures, soit entre les volumes, soit entre les pressions des trois gaz, au moment de leur formation ; c'est-à-dire en supposant qu'ils conservent toute la chaleur dégagée par la réaction des éléments. Les changements de volume, par exemple, sont-ils régis dans ce cas par quelque loi analogue à la loi de Gay-Lussac, loi observée lorsque les combinaisons gazeuses sont ramenées à la même température et à la même pression ?

En fait, on trouve, d'après les quantités de chaleur dégagées :

	Températures à pression constante.	Volumes à pression constante.	Pressions à volume constant.
Pour HCl.......	$+ 3235°$	$V_0 \times 12,8$	atm 16,2
Pour HBr......	$+ 1985$	$V_0 \times 8,3$	11,3
Pour HI........	$- 118$	$V_0 \times 0,6$	0,4

Les relations de proportionnalité sont plus éloignées d'être ainsi vérifiées, que si l'on compare directement les quantités de chaleur. Cependant les rapports demeurent assez simples, soit $0 : 2 : 3$; pour les volumes comme pour les pressions.

4. Comparons maintenant les composés formés avec condensation et en proportion pondérale multiple, tels que les hydrures de carbone et les oxydes de l'azote.

Soient les quatre hydrures de carbone fondamentaux, dont l'acétylène, renfermant un seul équivalent d'hydrogène, constitue le premier terme :

			Cal
Le 1er équivalent d'hydrogène fixé sur l'acétylène, (C^2H), dégage :			$+ 28$
Le 2e	—	—	$+ 18$
Le 3e	—	—	$+ 8$

Ces quantités vont en décroissant. Observons qu'il s'agit ici de composés liés entre eux par des réactions réelles et directes ; car

ils se transforment tous réciproquement les uns dans les autres,
à la température rouge (1).

De même la série des oxydes de l'azote, à partir du bioxyde :

Le 1ᵉʳ équivalent d'oxygène fixé sur le bioxyde d'azote dégage : $+ 10,5$ Cal

Le 2ᵉ — — $+ 8,5$

Le 3ᵉ — — $+ 2,0$

On sait que les deux premières réactions sont directes et
immédiates.

Remarquons encore que l'acétylène et le bioxyde d'azote
sont des composés exceptionnels formés depuis leurs éléments
avec absorption de chaleur, mais susceptibles de se combiner
ultérieurement avec les autres éléments en dégageant de la chaleur, suivant le procédé normal des affinités chimiques. Ce sont
de véritables radicaux composés, qui dépensent dans des combinaisons directes l'excès d'énergie emmagasiné dans l'acte de
leur synthèse.

Ainsi la chaleur dégagée par les combinaisons successives de
l'hydrogène avec l'acétylène, aussi bien que la chaleur dégagée
par les combinaisons successives de l'oxygène avec le bioxyde
d'azote, va en décroissant, à mesure que la proportion des
éléments augmente dans la série des composés gazeux qu'ils
engendrent.

Au contraire :

Une 1ʳᵉ molécule d'éthylène unie à l'eau, H^2O^2, pour former
l'alcool gazeux, $C^4H^4 + H^2O^2$, dégage $+ 16$Cal$,9$.

Une 2ᵉ molécule d'éthylène, formant l'éther gazeux avec le premier composé, $C^4H^4 + C^4H^6O^2$, dégage $+ 19$Cal$,4$; c'est-à-dire
une quantité de chaleur plus considérable que la précédente.

De même l'éthylène uni avec l'oxygène pour former l'aldéhyde
gazeux, $C^4H^4 + O^2$, dégage $+ 46,8$;

Et l'union de l'aldéhyde avec le même volume d'oxygène, pour
former l'acide acétique gazeux, $C^4H^4O^2 + O^2$, dégage $+ 69,7$.

Ces nombres vont également en croissant.

(1) Voyez ma *Synthèse chimique* 1876, p. 219. Chez Germer-Baillière.

5. Je n'insiste pas sur ce genre de rapprochements; je le ferai
d'autant moins que les changements rapides des chaleurs spécifiques des gaz composés avec la température (voy. page 335, et
chap. IX) ne permettent pas d'admettre la probabilité de relations numériques simples et invariables, entre les gaz composés
formés avec condensation.

6. On n'aperçoit pas de rapprochement de plus décisif, soit en
comparant les groupes des gaz formés avec une même condensation : par exemple l'eau, l'hydrogène sulfuré, le protoxyde d'azote,
l'acide carbonique; soit les groupes des gaz d'une même famille,
tels que les dérivés éthérés de l'amylène, ou les composés analogues.

7. Observons cependant :

1° Que les divers éthers composés sont formés avec des dégagements de chaleur assez voisins (voy. page 343).

2° Que la chaleur de formation de l'acétone, au moyen de
l'oxygène et du propylène surpasse de 14,2 celle de son
pseudo-homologue, l'aldéhyde, au moyen de l'éthylène et de
l'oxygène : accroissement numérique qui se retrouve souvent,
avec des valeurs voisines, dans l'étude des corps homologues
formés par oxydation.

3° Que la condensation polymérique de l'acétylène en benzine
est accompagnée par un grand dégagement de chaleur, soit
60×3.

§ 4. — Réactions opérées sans changement de volume.

1. Telles sont les substitutions entre le chlore, le brome et
l'iode. Tous les corps supposés gazeux, on aurait :

$$
\begin{aligned}
HI \ \ + Cl &= HCl + I\ldots\ldots\ldots\ldots\ \ + 22^{Cal},8 \\
HI \ \ + Br &= HBr + I\ldots\ldots\ldots\ldots\ \ + 14,3 \\
HBr + Cl &= HCl + Br\ldots\ldots\ldots\ \ + \ \ 8,5
\end{aligned}
$$

Ces quantités ne changent guère avec la température initiale.
Elles changent au contraire lorsque le volume des produits
n'est pas égal à celui des composants, comme il arrive dans la

réaction suivante (opérée sous une pression convenable, pour que tous les produits restent gazeux) :

$$\text{HCl} + O = \text{HO gaz} + Cl, \text{ dégage à froid.} \ldots \quad + 7,1$$

Les composants occupent ici 5 volumes et les produits 4 volumes ; le travail extérieur développé pendant un changement de température ne sera donc plus le même, si l'on opère à des températures initiales différentes. Par suite, la chaleur dégagée par la réaction ira sans cesse en augmentant avec l'élévation de température ; soit de $+ 0^{Cal},1$ environ pour chaque intervalle de 200 degrés.

2. *La substitution des corps halogènes à l'hydrogène dans les composés organiques* s'opère également sans changement de volume : soit la synthèse de l'éther méthylchlorhydrique

$$C^2H^4 + Cl^2 = C^2H^3Cl + HCl ;$$

mais il n'existe aucun cas de ce genre pour lequel nous possédions les données d'un calcul thermique complet.

Citons aussi la *substitution réciproque des hydracidës* dans les composés organiques, substitution qui s'opère parfois si aisément.

3. De même encore *la fixation de l'eau sur les acides anhydres monobasiques* :

$$AzO^5 + HO = AzO^6H.$$

Cette réaction dégage entre les corps gazeux : $+ 5^{Cal},3$;
Avec l'acide acétique, la chaleur dégagée est : $+ 7,9$, valeur voisine de la précédente.

4. La *formation des éthers composés*, au moyen des acides et des alcools, par exemple celle de l'éther acétique :

$$C^4H^6O^2 + C^4H^4O^4 = C^4H^4(C^4H^4O^4) + H^2O^2,$$

absorbe, tous les corps supposés gazeux : $- 5^{Cal},5$.

5. La *transformation des alcools en acides* par oxydation,

par exemple celle de l'alcool méthylique en acide formique, a lieu aussi sans changement de volume. Elle dégage

$$C^2H^4O^2 + O^4 = C^2H^2O^4 + H^2O^2,$$

tous les corps gazeux : $+$ 93,3.

De même, l'alcool ordinaire changé en acide acétique, tous les corps supposés gazeux,

$$C^4H^6O^2 + O^4 = C^4H^4O^4 + H^2O^2, \text{ dégage : } + 105,1.$$

Dans toutes ces réactions, les quantités de chaleurs ne doivent guère varier dans un intervalle de température compris entre des limites compatibles avec l'existence des corps réagissants et celle des produits.

Je me suis étendu sur la formation et les réactions des gaz, à cause de l'importance théorique de ces corps et de la grande analogie de leurs propriétés physiques. Mais je serai plus bref pour les autres états des corps.

CHAPITRE III

CHALEURS DE COMBINAISON RAPPORTÉES A L'ÉTAT LIQUIDE

§ 1er. — Notions générales.

1. La chaleur spécifique des liquides change rapidement avec la température : elle va croissant, dans tous les cas connus. En outre, ce changement n'est pas le même en général pour les composants et pour le produit d'une combinaison. De là résulte une variation de la quantité de chaleur dégagée par la combinaison elle-même, variation plus rapide d'ordinaire pour l'état liquide que pour les états gazeux et solide (voy. page 117).

2. L'influence de cette double condition s'exerce d'une façon fort inégale suivant les corps : dans certains cas, elle est telle que le signe du phénomène thermique de la combinaison lui-même peut être changé, lorsqu'on opère à des températures différentes. Je prendrai comme exemple de ces variations la transformation (théorique) de l'éther en alcool :

$$C^8H^{10}O^2 + H^2O^2 = 2C^4H^6O^2.$$

Cette réaction, à 15 degrés, dégagerait : $+0^{Cal},300$.

Mais la quantité de chaleur dégagée diminue à mesure que la température s'abaisse. D'après les valeurs connues des chaleurs spécifiques (voy. page 120) :

A zéro, la chaleur dégagée est réduite à $+0,205$.

Elle devient nulle vers — 20 degrés.

Au-dessous de cette température, tous les corps étant supposés liquides, la chaleur dégagée deviendrait négative; soit $-0^{Cal},200$ au voisinage de — 50°.

Au contraire, au-dessus de 15°, la chaleur développée par la même réaction va grandissant, mais suivant une progression de moins en moins rapide : vers 110 degrés, elle atteindrait une valeur maxima de $+0^{Cal},572$ environ ;

Puis elle décroîtrait de nouveau, de façon à être réduite à $+0^{Cal},560$ vers $+130$ degrés, etc.

3. Sans insister autrement sur la valeur absolue de ces chiffres, je les cite surtout pour prouver que l'état liquide se prête mal à la comparaison des quantités de chaleurs dégagées par les combinaisons et réactions chimiques.

En chimie minérale, d'ailleurs, il est rare que nous possédions les données nécessaires pour exécuter ainsi le calcul de la chaleur dégagée par les corps, réduits tous dans l'état liquide. En chimie organique, au contraire, un grand nombre de composés étant liquides à la température ordinaire, les réactions doivent être rapportées fréquemment à cet état, malgré les inconvénients théoriques d'un tel mode d'évaluation.

4. C'est à l'état de dissolution, forme spéciale de l'état liquide, que se rapportent la plupart de nos mesures calorimétriques, dans les conditions mêmes où elles peuvent être réalisées par expériences. Aussi a-t-on été conduit tout naturellement à comparer les quantités de chaleur dégagées par les réactions dans l'état dissous et à en déduire des rapprochements numériques. Par exemple Hess, le premier, puis Andrews, Favre et Silbermann, Thomsen enfin, ont montré que les actions réciproques des acides et des bases paraissent devenir comparables dans l'état dissous : les chaleurs dégagées ne différant pas beaucoup pour les groupes de composés analogues. Il semble donc que les divers acides, les diverses bases et les divers sels, dissous dans une grande quantité d'eau, tendent tous vers une sorte de désagrégation moléculaire pareille et caractéristique de la fonction saline.

5. Cependant ce sont là des relations approximatives, incapables de fournir en réalité un terme général et absolu de comparaison, et cela pour le même motif déjà invoqué tout à l'heure : à savoir, parce que ces relations se modifient avec la température, en raison de l'inégalité considérable qui existe le plus souvent entre la somme des chaleurs spécifiques des dissolutions composantes et celle des produits de leur réaction.

Par exemple, l'action de l'acide chlorhydrique étendu :
HCl $+$ 100 H²O² sur la soude étendue ; NaHO² $+$ 100 H²O²,
dégage vers 50 degrés : $+$ 12^{Cal},60.

C'est précisément la même quantité de chaleur que développe
l'union du même acide, à la même température, avec l'ammoniaque étendue : AzH³,H²O² $+$ 100 H²O².

Mais ce rapprochement ne subsiste pas à d'autres températures. En effet, vers zéro, la réaction du même acide dégage avec
la soude, dans les mêmes conditions de concentration : $+$14,70;

Avec l'ammoniaque, à zéro, la valeur est plus faible : $+$12,50.

Au contraire, à 100 degrés, on aurait avec la soude et l'acide
chlorhydrique, toutes choses égales d'ailleurs : $+$ 10,50;

Avec l'ammoniaque et le même acide, à la même température,
la chaleur dégagée est au contraire plus grande, soit : $+$12,70.

En d'autres termes, la chaleur de formation du chlorure
de sodium dissous varie de 14^{Cal},7 à 10,5; soit près de moitié
de la plus petite valeur entre zéro et 100 degrés; tandis que la
chaleur de formation du chlorhydrate d'ammoniaque demeure
à peu près constante.

§ 2. — **Tableaux numériques.**

Voici les tableaux de la chaleur dégagée par les principales combinaisons liquides, formées au moyen de composants
liquides, qui aient été étudiées calorimétriquement jusqu'à ce
jour.

Tableau IV. — *Formation de composés liquides par l'union
des éléments liquides.*

NOMS.	ÉLÉMENTS.	Équivalent du composé	Chaleur dégagée.	AUTEURS.
Bromure phosphoreux	P $+$ Br³	271	$+$42,7	B. et Loug.
Bromure stannique ..	Sn $+$ Br²	219	$+$58,0	B.

Tableau V. — *Formation des hydrates liquides par l'union de l'eau avec les acides et autres composants liquides, d'après les expériences de M. Berthelot.*

NOMS.	COMPOSANTS.	Équivalent du composé.	Chaleur dégagée.
Acide azotique...............	$AzO^5 + HO$	63	$+ \ 5,3$
Hydrate secondaire...........	$AzO^6H + 2H^2O^2$	99	$+ \ 5,0$
Autre hydrate secondaire.......	$AzO^6H + 6,5H^2O^2$	180	$+ \ 7,0$
Acide acétique...............	$C^4H^3O^3 + HO$	60	$+ \ 6,95$
Acide sulfurique : hydrate secon-daire.....................	$SO^4H + HO$	58	$+ \ 3,1$
Hydrate chlorhydrique secon-daire.....................	$HCl,2H^2O^2 + 4,5H^2O^2$	153,5	$+ \ 4,9$
Hydrate bromhydrique secon-daire...............	$HBr,2H^2O^2 + 2,5H^2O^2$	153	$+ \ 3,3$
Hydrate iodhydrique secondaire.	$HI,3H^2O^4 + 1,5H^2O^2$	209	$+ \ 1,4$
Hydrate de chloral............	$C^4HCl^3O^2 + H^2O^2$	136,5	à 46° $+ 7,3$ à 96°,5 $+ 6,2$

§ 3. — **Conséquences.**

1. Ce tableau donne lieu aux remarques suivantes :

Relations entre l'état liquide et l'état gazeux. — L'union de l'acide azotique anhydre et de l'eau rapportée à l'état liquide dégage la même quantité de chaleur que dans l'état gazeux, relation qui ne subsiste plus dans l'état solide des mêmes corps (pages 343 et 359).

Avec l'acide acétique anhydre, les résultats demeurent également voisins, sans être identiques, pour les deux états liquide ($+ 6,95$), gazeux ($+ 7,9$).

Avec l'hydrate de chloral, la chaleur de combinaison relative à l'état liquide varie rapidement et décroît, à mesure que la température s'élève. Elle est triple de la chaleur de combinaison relative à l'état gazeux ($+ 2,0$) : probablement à cause de l'état de dissociation partielle du composé dans ce dernier état.

2. *Hydrates successifs.* — La chaleur dégagée par l'union de chaque équivalent d'eau va en diminuant, à mesure que la proportion d'eau déjà combinée est plus considérable.

$$AzO^5 + HO, \text{ dégage}\ldots\ldots\ldots\ldots \quad + 5,3$$
$$AzO^6H + 2H^2O^2\ldots\ldots\ldots\ldots\ldots \quad + 1,25 \times 4$$
$$AzO^6H,2H^2O^2 + 4,5H^2O^2\ldots\ldots \quad + 0,22 \times 9$$

3. *Hydrates analogues.* — La chaleur de formation des hydrates secondaires des trois hydracides dégage, pour chaque équivalent d'eau, des nombres qui ne sont pas fort éloignés, soit :

$$\text{Avec HCl}\ldots\ldots \quad + 1,09$$
$$\text{HBr}\ldots\ldots \quad + 1,32$$
$$\text{HI}\ldots\ldots \quad + 0,80$$

Cependant le dernier chiffre est sensiblement plus faible que les deux autres.

La formation de l'hydrate de chloral dégage à peu près la même quantité de chaleur que celle de l'hydrate sulfurique secondaire, soit pour HO : $+3,6$ à $+3,1$; au lieu de $+3,1$.

La chaleur d'hydratation des acides anhydres surpasse celle des hydrates secondaires, pour un même nombre d'équivalents d'eau. Mais les différences s'effacent, si l'on envisage le composé total.

4. Les *combinaisons organiques* offrent de nombreux exemples de réactions rapportées à l'état liquide. Telles sont : la formation de l'éther acétique :

$$C^4H^6O^2 + C^4H^4O^4 = C^4H^4(C^4H^4O^4) + H^2O^2, \text{ absorbe} : - 2,0 \ ;$$

celle de l'éther azotique :

$$C^4H^6O^2 + AzO^6H = C^4H^4(AzHO^6) + H^2O^2, \text{ dégage} : + 6,2 \ ;$$

celle de la nitroglycérine :

$$C^6H^8O^6 + 3\,AzO^6H = C^6H^2(AzO^6H)^3 + 3\,H^2O^2 \text{ dégage} : + 4,7 \times 3 \ ;$$

celle de la nitrobenzine :

$$C^2H^6 + AzO^6H = C^{12}H^5AzO^4 + H^{12}O^2, \text{ dégage} : + 36,6^1.$$

Mais je renverrai sur ce sujet aux tableaux du chapitre VII.

5. Les tableaux relatifs à la *formation des sels dissous* offrent une grande importance dans les applications; ils figurent au chapitre VI.

CHAPITRE IV

CHALEURS DE COMBINAISON RAPPORTÉES A L'ÉTAT SOLIDE

§ 1ᵉʳ. — **Notions générales.**

1. La chaleur dégagée dans la formation des composés solides, au moyen de composants solides, est sensiblement indépendante de la température, toutes les fois que celle-ci varie seulement entre des limites qui ne surpassent pas 100 à 200 degrés.

2. Ce théorème résulte, comme nous l'avons vu (p. 120) : d'une part, de la variation lente des chaleurs spécifiques solides pour de tels intervalles; et, d'autre part, de la relation qui existe entre la chaleur spécifique moléculaire d'un composé solide et celles de ses composants; la première étant approximativement la somme des deux autres, il en résulte que le terme $U - V$, qui exprime la variation de la chaleur de combinaison, est nul ou très petit, pour les intervalles de température envisagés ici.

3. Les variations de la chaleur de combinaison sont au contraire, le plus souvent, très grandes et très rapides pour l'état liquide et pour l'état dissous, comme nous l'avons établi (pages 118, 122, 352).

4. En raison de ces circonstances, la chaleur de combinaison rapportée à l'état solide fournit des termes de comparaison mieux définis que si on la rapportait à l'état liquide ou dissous. Elle partage cet avantage avec l'état gazeux; mais elle peut être mesurée par expérience dans des cas bien plus nombreux que la chaleur de combinaison rapportée à l'état gazeux. L'importance de la chaleur de combinaison rapportée à l'état solide est surtout capitale, quand il s'agit des réactions salines; nous le montrerons dans le second volume de cet ouvrage.

§ 2. — **Tableaux numériques : composés binaires.**

1. Voici les tableaux des principaux nombres connus à cet égard.

Tableau VI. — *Formation des combinaisons binaires dans l'état solide, avec les éléments solides. — Bromures et iodures.*

NOMS.	COMPOSANTS.	Équivalent du composé.	Chaleur dégagée.	AUTEURS.
	MÉTALLOIDES.			
Bromure d'arsenic....	$As + Br^3$	315	$+46,7$ ou $+15,6 \times 3$	B.
Iodure d'arsenic......	$As + I^3$	456	$+12,6$ ou $+4,2 \times 3$	B.
Iodure de phosphore ...	$Ph + I^3$	412	$+10,5$ ou $+3,5 \times 3$	B. et Luug.
	MÉTAUX.			
Bromure de potassium.	$K + Br$	119,1	$+96,3$	T.
Iodure id........	$K + I$	166,1	$+80,0$	T.
Bromure de sodium ..	$Na + Br$	103	$+86,6$	T.
Iodure id........	$Na + I$	150	$+68,8$	T.
Bromure de calcium..	$Ca + Br$	100	$+71,7$	T.
Iodure id........	$Ca + I$	147	$+53,9$	T.
Bromure de strontium..	$Sr + Br$	123,8	$+79,9$	T.
Bromure d'aluminium.	$Al^2 + Br^3$	267,4	$+40,1 \times 3$ ou $+120,2$	B.
Iodure id........	$Al^2 + I^3$	408,4	$+23,4 \times 3$ ou $+70,i$	B.
Bromure de zinc.....	$Zn + Br$	112,5	$+39,0$	T.
Iodure id........	$Zn + I$	159,5	$+24,6$	T.
Bromure de cadmium..	$Cd + Br$	136	$+38,0$	T.
Iodure id........	$Cd + I$	183	$+22,5$	T.
Bromure de plomb....	$Pb + Br$	183,5	$+34,4$	T.
Iodure id........	$Pb + I$	230,5	$+21,0$	T.
Bromure de thallium..	$Th + Br$	284	$+42,3$	T.
Iodure id........	$Th + I$	331	$+30,2$	T.
Bromure d'étain (proto)	$Sn + Br$	139	$+34,4$	B.
Bromure d'étain (bi)....	$Sn + Br^2$	219	$+25,3 \times 2$ ou $+50,5$	B.
Brom. de cuivre (proto).	$Cu^2 + Br$	143,4	$+25,9$	T.
Iodure id........	$Cu^2 + I$	190,4	$+16,5$	T.
Bromure de cuivre (bi)..	$Cu + Br$	111,7	$+17,3$	T.
Brom. de merc. (proto).	$Hg^2 + Br$	280	$+35,0$	T.
Iodure id........	$Hg^2 + I$	327	$+23,8$	T.
Brom. de mercure (bi).	$Hg + Br$	180	$+26,3$	T.
Iodure id........	$Hg + I$	227	$+17,0$	T.
Bromure d'argent.....	$Ag + Br$	188	$+23,6$	B.
Iodure id........	$Ag + I$	236	$+10,5$ puis $+14,3 (^1)$	B.
Bromure d'or (proto)..	$Au^2 + Br$	277	$+0,9$	T.
Iodure id	$Au^2 + I$	324	$-5,5$	T.
Bromure d'or (per).....	$Au^2 + Br^3$	437	$+3,9 \times 3$ ou $+11,7$	T.
Iodure de palladium....	$Pd + I$	180	$+9,1$	T.
Brom. de Pt et K (proto)	$Pt + Br + KBr$	298,1	$+16,9$	T.
Id. (bi)...	$Pt + Br^2 + KBr$	378,1	$+31,6$	T.

(1) $+10,5$ se rapporte aux premiers moments de la précipitation; $+14,3$, à la chaleur dégagée après quelques minutes, pendant les changements successifs de cohésion du précipité.

Tableau VII. — *Sulfures solides, d'après M. Berthelot* (1).

NOMS.	COMPOSANTS.	Équivalent du composé.	Chaleur dégagée.
Sulfure de calcium. (Sab.)........	Ca + S	36	+46,0
Id. strontium. (Sab.).....	Sr + S	59,8	+49,6
Id. manganèse..........	Mn + S	43,5	+22,6
Id. fer................	Fe + S	44	+11,9
Id. zinc...............	Zn + S	48,5	+21,5
Id. plomb	Pb + S	119,5	+ 8,9
Id. cuivre.............	Cu + S	47,5	+ 5,1
Id. mercure	Hg + S	116	+ 9,9
Id. argent.............	Ag + S	124	+ 1,5?

2. Comparons les chiffres de ces deux tableaux, sous divers points de vue.

Sous le rapport des *proportions multiples :* Les deux bromures d'étain produisent en se formant $+ 31,4$ et $+ 50,6$; c'est-à-dire que les chaleurs de combinaison sont à peu près comme 2 : 3; au lieu d'être doubles l'une de l'autre, comme il arrive pour les deux oxydes. Les deux bromures doubles de platine et de potassium produisent $+ 16,9$ et $+ 31,7$; nombres dont le rapport est plus voisin de celui des équivalents, soit 1 : 2. Mais les deux bromures d'or : $+ 0,9$ et $+ 3,9 \times 3$ sont bien plus éloignés.

3. *Substitution des métalloïdes.* — La substitution du brome à l'iode dégage toujours de la chaleur. Mais ce n'est pas une quantité constante. En effet, elle varie depuis $+ 16$ à 18 Calor. (métaux alcalins) jusqu'à $+ 9$ Calor. (argent, mercure), et même $+ 6^{Cal},4$ (or). Elle diminue en général avec la valeur absolue de la chaleur de combinaison, sans pourtant lui être proportionnelle.

(1) Les sulfures métalliques sont ici envisagés dans l'état précipité, aucune expérience n'ayant été faite sur les sulfures cristallisés.

4. La chaleur de formation des sulfures métalliques est, dans tous les cas où elle a été mesurée, moindre que la chaleur de formation des bromures et des iodures correspondants.

5. Quant aux *substitutions métalliques*, elles s'effectuent suivant l'ordre des chaleurs de combinaisons, toutes les fois qu'il n'intervient aucun phénomène d'équilibre ou de dissociation (voyez le second volume).

§ 3. — Hydrates rapportés à l'état solide.

Tableau VIII. — *Formation des hydrates acides, rapportée a l'état solide.*

NOMS.	COMPOSANTS.	Équivalent du composé.	Chaleur dégagée.	AUTEURS
		HYDRATES PRIMAIRES.		
Acide azotique..........	$AzO^2 + HO$	63	+ 1,1	B.
— iodique...........	$IO^5 + HO$	176	+ 0,8	B.
— sulfurique........	$S^2O^6 + H^2O^2$	98	+ 19,8	B. Dt.
— phosphorique....	$PhO^5 + 3HO$	98	+ 14,8	T.
— arsénique........	$AsO^5 + 2HO$	133	+ 0,43	T.
— arsénique........	$AsO^5 + 3HO$	142	+ 1,3	T.
— borique.........	$BO^3 + 3HO$	62	+ 6,3	B.
		HYDRATES SECONDAIRES.		
Acide sulfurique........	$S^2O^8H^2 + H^2O^2$	116	+ 7,50	B.
— oxalique........	$C^4H^2O^8 + H^2O^2$	126	+ 3,3	B.
— racémique.......	$C^8H^6O^{12} + H^2O^2$	168	+ 0,0	B. et J.

Tableau IX. — *Formation des hydrates basiques, rapportée à l'état solide.*

NOMS.	COMPOSANTS	Équivalent du composé.	Chaleur dégagée.	AUTEURS.
		HYDRATES PRIMAIRES.		
Baryte.................	$BaO + HO$	85,5	+ 8,1	B.
Strontiane............	$SrO + HO$	60,8	+ 7,9	B.
Chaux.................	$CaO + HO$	37	+ 6,85	B.
Oxyde de plomb........	$PbO + HO$	120	+ 0,5	T.
Oxyde de zinc.........	$ZnO + HO$	49,5	— 1,4	T.
		HYDRATES SECONDAIRES.		
Potasse	$KHO^2 + H^2O^2$	74,1	+ 7,5	B.
Id.	$KHO^2 + 2H^2O^2$	92,1	+ 9,6	B.
Baryte	$BaHO^2 + 9HO$	166,5	+ 5,7	B.
Strontium	$SrHO^2 + 9HO$	141,8	+ 5,9	B.
Bioxyde de baryum.....	$BaO^2 + 7HO$	147,5	+ 4,2	B.

Tableau X. — *Hydrates salins minéraux.*

SELS HALOGÈNES.			AZOTATES ET ANALOGUES.		
FORMULES.	Chaleur dégagée.	AUTEURS.	FORMULES.	Chaleur dégagée.	AUTEURS.
$NaBr + 4HO$	+ 1,3	B. T.	$AzO^6Ca + 4HO$	+ 2,7	F. B. T.
$NaI + 4HO$	+ 2,5	B. T.	$AzO^6Sr + 5HO$	+ 6,2	B. F. T.
$BaCl + 2HO$	+ 2,0	B. T.	$AzO^4Ba + HO$	+ 0,8	B.
$BaBr + 2HO$	+ 3,1	T.	$ClO^6Ba + HO$	+ 1,6	B.
$SrCl + 6HO$	+ 4,8	B. F. T.	$ClO^8Ba + 3HO$	+ 2,1	B.
$SrBr + 6HO$	+ 7,3	T.			
$CaCl + 6HO$	+ 6,4	Hs. F. T.	SULFATES.		
$CaBr + 6HO$	+ 8,5	T.			
$MgCl + 6HO$	+12,1	T.	$S^2O^7K + HO$	+ 4,5	B.
$FeCl + 4HO$	+ 4,7	T.	$SO^4Na + HO$	+ 0,6	T.
$MnCl + 4HO$	+ 4,3	T.	$SO^4Na + 10HO$	+ 2,3	B. F. T.
$CdCl + 2HO$	— 0,3	T.	$SO^4Am + HO$	+ 0,1	Gh.
$CdBr + 4HO$	+ 2,0	T.	$SO^4Ca + 2HO$	+ 0,3	Hs.
$CoCl + 6HO$	+ 6,3	T.	$SO^4Li + HO$	+ 2,0	T.
$NiCl + 6HO$	+ 5,9	T.	$SO^4Mg + HO$	+ 3,8	F.
$CuCl + 2HO$	+ 6,3	T.		+ 2,1	Gh.
$SnCl + 2HO$	+ 1,5	B.		+ 2,8	T.
$PtCl^2, NaCl + 6HO$	+ 5,3	T.	$SO^4Mg + 7HO$	+ 6,4	Gh.
$PtBr^2, NaBr + 6HO$	+ 5,0	T.		+ 7,0	F. T.
$Cy^3K^2Fe + 3HO$	+ 0,4	B.	$SO^4Zn + HO$	+ 3,1	Gh.
$Au^2Cl^3 + 4HO$	+ 3,4	T.		+ 3,8	T.
			$SO^4Zn + 7HO$	+ 6,3	Hs. Gh. F. T.
CARBONATES.			$SO^4Mn + HO$	+ 2,3	Gh. F. T.
			$SO^4Mn + 4HO$	+ 3,1	T.
$CO^3K + 1\frac{1}{2}HO$	+ 2,4	B. T.	$SO^4Mn + 5HO$	+ 3,6	Gh.
$CO^3Na + 10HO$	+ 3,8	B. T.		+ 3,3	F. T.
Id. $+ HO$	+ 1,0	T.	$SO^4Cd + HO$	+ 1,6	F. T.
			$SO^4Cu + HO$	+ 2,6	Gh. F. T.
BORATE.			id. $+ 5HO$	+ 5,8	F. T.
			$SO^4K, SO^4Mg + 3HO$	+ 4,2	Gh.
$B^2O^7Na + 10HO$	+ 9,1	F.	id. $+ 6HO$	+ 4,2	Gh.
			$SO^4Zn, SO^4K + 6HO$	+ 5,0	Gh.
PHOSPHATES.			$SO^4Zn, SO^4K + 4HO$	+ 5,4	Gh.
			$SO^4Mn, SO^4Na + 2HO$	+ 3,6	Gh.
$PhO^8Na^2H + 4HO$	+ 3,2	T.	$SO^4Cu, SO^4K + 6HO$	+ 6,6	.Gh. T.
Id. $+14HO$	+ 6,1	Pf.			
Id. $+24HO$	+11,0	Pf. T.	HYPOSULFITE.		
$PhO^7Na^2 + 10HO$	+ 4,7	T.	$S^2O^3K + HO$	+ 0,1	B.

Tableau XI. — *Hydrates des sels organiques, d'après Berthelot.*

Formiates et acétates.

$$C^4H^3MnO^4 + 4HO \text{ (solide) dégage } +1,47 \text{ ; soit pour } HO : +0,37$$
$$C^2H\ MnO^4 + 2HO \quad \text{»} \quad +2,18 \quad \text{»} \quad +1,09$$
$$C^4H^3NaO^4 + 6HO \quad \text{»} \quad +4,37 \quad \text{»} \quad +0,73$$
$$C^4H^3CaO^4 + \ HO \quad \text{»} \quad +0,83 \quad \text{»} \quad +0,12$$
$$C^4H^3SrO^4 + \tfrac{4}{3}HO \quad \text{»} \quad -0,21 \quad \text{»} \quad -0,42$$
$$C^4H^3BaO^4 + 3HO \quad \text{»} \quad +0,88 \quad \text{»} \quad +0,29$$
$$C^2HSrO^4 + 2HO \quad \text{»} \quad +1,60 \quad \text{»} \quad +0,80$$
$$C^4H^3ZnO^4 + 2HO \quad \text{»} \quad +2,00 \quad \text{»} \quad +1,00$$
$$\text{Id.} + HO \quad \text{»} \quad +1,01 \quad \text{»} \quad +1,01$$
$$C^2H\ ZnO^4 + 2HO \quad \text{»} \quad +1,76 \quad \text{»} \quad +0,88$$
$$C^4H^3CuO^4 + \ HO \quad \text{»} \quad +0,08 \quad \text{»} \quad +0,08$$
$$C^2H\ CuO^4 + 4HO \quad \text{»} \quad +1,32 \quad \text{»} \quad +0,33$$
$$C^4H^3PbO^4 + 3HO \quad \text{»} \quad +1,32 \quad \text{»} \quad +0,44$$

Butyrates et valérates.

$$C^8H^7NaO^4 + \ HO : -0,2 \text{ ; soit pour } HO : -0,2$$
$$\text{Id.} \quad +6HO : -3,5 \dots\dots\dots\dots -0,6$$
$$C^{10}H^9NaO^4 + 3HO : +1,0 \dots\dots\dots\dots +1,0$$

Oxalates et tartrates.

$$C^4K^2O^8 + 2HO \text{ (solide) dégage } +1,6 \text{ ; soit pour } HO : +0,8$$
$$C^4Am^2O^8 + 2HO \quad \text{»} \quad +2,0 \quad \text{»} \quad +1,0$$
$$C^4HNaO^8 + 2HO \quad \text{»} \quad +2,5 \quad \text{»} \quad +1,2$$
$$C^8H^4Na^2O^{12} + \ HO \quad \text{»} \quad +0,6 \quad \text{»} \quad +0,6$$
$$C^8H^4Na^2O^{12} + 4HO \quad \text{»} \quad +1,9 \quad \text{»} \quad +0,45$$
$$C^8H^4NaKO^{12} + 8HO \quad \text{»} \quad +4,75 \quad \text{»} \quad +0,6$$

Sulfates conjugués.

$$\text{Ethylsulfate de soude : } C^4H^4(S^2O^8NaH) + 2HO : +0,7.$$
$$\text{Id. de baryte : } C^4H^4(S^2O^8BaH) + 2HO : +1,0.$$
$$\text{Benzinosulfate de soude : } C^{12}H^5\ NaS^2O^6 + 4HO : +1,3.$$
$$\text{Id. de baryte : } C^{12}H^5\ BaS^2O^6 + 3HO : +0,5.$$

D'après les chiffres des tableaux X et XI, la chaleur dégagée par l'union de 1 équivalent d'eau solide varie, depuis la chaleur d'hydratation des acides anhydres jusqu'à des nombres très petits, voire même négatifs (ce qui indique l'intervention d'un travail spécial, attribuable à la fusion de l'eau).

Il n'existe point de relation simple entre la chaleur dégagée et le nombre d'équivalents d'eau fixés ; même lorsque l'on compare les groupes des sels analogues. On peut observer cependant que la chaleur dégagée par la combinaison successive de plusieurs équivalents d'eau, tout en demeurant constante pour chaque hydrate défini, va d'ordinaire en diminuant, depuis les hydrates primaires jusqu'aux hydrates secondaires, si on la rapporte à un seul équivalent d'eau. Au contraire, si l'on envisage chaque hydrate secondaire par rapport à 1 équivalent du sel, sa chaleur de formation est souvent supérieure à celle de l'hydrate primaire.

La comparaison des sels homologues ; celle des sels analogues, formés, soit par une même base unie à divers acides, soit par un même acide uni avec diverses bases, ou bien par une même base unie à des acides correspondants, tels que les trois hydracides dérivés des éléments halogènes ; enfin la comparaison des sels formés par les métaux correspondants (métaux alcalins ; baryum strontium et calcium ; cobalt et nickel, etc.), donnent lieu à des rapprochements que chacun fera aisément. Je n'y insiste pas.

Tableau XII. — *Formation des sels solides, depuis l'acide et la base anhydres, tous deux solides, d'après M. Berthelot.*

AZOTATES.		SULFATES.	
$AzO^5 + HO$ (solide)	+ 1,1	$SO^3 + HO$ (solide)	+ 9,9
$AzO^5 + BaO$	+ 40,7	$SO^3 + BaO$	+ 51,0
$AzO^5 + SrO$	+ 38,1	$SO^3 + SrO$	+ 47,8
$AzO^5 + CaO$	+ 29,6	$SO^3 + CaO$	+ 42,0*
$AzO^5 + HgO$	+ 20,1	$SO^3 + PbO$	+ 30,4
$AzO^5 + AgO$	+ 19,2	$SO^3 + ZnO$	+ 22,5
$IO^5 + BaO$	+ 34,9	$SO^3 + CuO$	+ 21,3
CO^2 (solide) $+ BaO$	+ 25,0*	$SO^3 + AgO$	+ 28,0

La chaleur dégagée est d'autant moindre que les bases sont plus faibles.

Tableau XIII. — *Formation des sels solides, depuis l'acide anhydre gazeux et la base solide, d'après M. Berthelot.*

NOMS.	ÉLÉMENTS.	CHALEUR DÉGAGÉE.
Azotate................	$AzO^5 + BaO$	$+ 55,6$
Azotite............	$AzO^3 + BaO$	$+ 33,8$
Acétate..............	$C^4H^3O^3 + BaO$	$+ 35,5$
Carbonate	$CO^2 + BaO$	$+ 28$

La chaleur dégagée est d'autant moindre que les acides sont plus faibles.

Tableau XIV. — *Formation des sels solides, depuis l'acide hydraté et la base hydratée, tous deux solides, d'après M. Berthelot.*

Acide + base = sel + eau solide.

Symbole des métaux.	AZOTATES AzO^6M	IODATES IO^6M	FORMIATES C^2HMO^4	ACÉTATES $C^4H^3MO^1$	BENZOATES $C^{11}H^5MO^1$	PICRATES $C^{12}H^2(AzO^4)^3MO^2$	PHÉNATES $C^{12}H^3MO^2$	SULFATES SO^4M	OXALATES $\frac{1}{2}(C^4M^2O^8)$	TARTRATES $\frac{1}{2}(C^8H^4M^4O^{12})$
K	+ 42,6	+ 31,5	+ 25,5	+ 21,9	+ 22,5	+ 30,5	+ 17 7	+ 40,7	+ 29,4	+ 27,1
Na	+ 36,4	»	+ 22,3	+ 18,3	+ 17,4	+ 24,3	»	+ 34,7	+ 26,5	+ 22,9
Ba	+ 31,7	+ 25,8	+ 18,5	+ 15,2	»	»	»	+ 33,0	+ 20,8(1)	»
Sr	+ 29,2	»	+ 16,7	+ 14,7	»	»	»	+ 29,5	+ 21,3(1)	»
Ca	»	»	+ 13,5	+ 10,6	+ 8,2	»	»	+ 24,7	+ 18,9(1)	+ 16,7(1)
Mn	»	»	+ 7,6	+ 4,5	»	»	»	+ 15,6	+ 13,2(1)	»
Zn	»	»	+ 6,2	+ 3,3	»	»	»	+ 11,9	+ 11,5(1)	»
Cu	»	»	+ 5,4	+ 4,3	»	»	»	+ 10,5	»	»
Pb	+ 19,7	»	+ 9,1	+ 5,1	»	»	»	+ 19,9	+ 13,1	»
Ag	+ 18,0	»	»	+ 7,6	»	»	»	+ 17,9	+ 12,5	»

(1) Ce nombre se rapporte au sel précipité, qui renferme de l'eau combinée.

Ces nombres mesurent l'ordre relatif de l'affinité des divers acides pour une même base, et celui des diverses bases pour un même acide. Ils sont applicables non-seulement aux sels anhydres, mais même aux sels dissous; toutes les fois que ceux-ci ne forment pas en s'unissant à l'eau des hydrates stables, capables de subsister au sein des dissolutions.

Tableau XV. — *Sels doubles et sels acides.*

NOMS.	COMPOSANTS.	Chaleur dégagée.	AUTEURS.
Bisulfate de potasse anhydre	$SO^3 + SO^4K$	+ 13,1	B.
·· de potasse........	SO^4H (solide) $+ SO^4K$	+ 7,5	Gh. [B.]
— de soude........	$SO^4H + SO^4Na$	+ 8,1	Gh. [B.]
Bichromate de potasse....	$CrO^3 + CrO^4K$	+ 1,9	Gh.
Biiodate de potasse......	$IO^6H + IO^6K$	+ 3,1	B.
Bioxalate de soude.......	$\frac{1}{2}C^4H^2O^8 + \frac{1}{2}C^4Na^2O^8$	+ 1,9	B.
Bitartrate de soude......	$\frac{1}{2}C^8H^6O^{12} + \frac{1}{2}C^8H^4Na^2O^{12}$	+ 3,3	B.
Biacétate de soude.......	$C^4H^4O^4$ (solide) $+ C^4H^3NaO^4$	+ 0,1	B.
Triacétate de soude.......	$2C^4H^4O^4 + C^4H^3NaO^4$	+ 5,5	B.
Sulfate de potasse et de magnésie..............	$SO^4K + SO^4Mg$	+ 1,65	Gh. [T.]
Sulfate de potasse et de zinc.	$SO^4K + SO^4Zn$	+ 2,1	Gh. [T.]
Sulfate de potasse et de manganèse.............	$SO^4K + SO^4Mn$	+ 0,5	T.
Sulfate de potasse et de cuivre................	$SO^4K + SO^4Cu$	+ 0,3	Gh. [T.]
Sulfate de soude et de zinc.	$SO^4Na + SO^4Zn$	+ 1,5	Gh.
Sulfate de soude et de manganèse.............	$SO^4Na + SO^4Mn$	+ 0,9	Gh.
Cyanure de mercure et de potassium.............	$HgCy + KCy$	+ 8,3	B.
Cyanure d'argent et de potassium.............	$AgCy + KCy$	+ 11,2	B.

On voit que la formation des sels doubles dégage des quantités de chaleur très diverses, mais qui approchent, dans certains cas, de la chaleur de formation des sels des acides faibles, au moyen de la base et de l'acide hydraté (tableau XIV).

§ 4. — Union des gaz simples, avec formation de composés solides.

Tableau XVI. — *Composés binaires et ternaires.*

Acides solides.

Acide azotique anhydre........	$Az + O^5 = AzO^5 : -15,8$
— iodique anhydre.........	$I + O^5 = IO^5 : +28,2$
— sulfurique anhydre......	$S + O^3 = SO^3 : +52,8$

Oxydes et sels haloïdes.

Eau......................	$H + O = HO : +35,2$
Oxyde de mercure (bi)........	$Hg + O = HgO : +23,2$
— — (proto).....	$Hg^2 + O = Hg^2O : +36,5$
Sulfure de mercure...........	$Hg + S\,(gaz) = HgS : +17,6$
Chlorure de mercure (bi).......	$Hg + Cl = HgCl : +39,1$
— — (proto).....	$Hg^2 + Cl = Hg^2Cl : +56,3$
Bromure de mercure (bi)......	$Hg + Br\,(gaz) = HgBr : +38,1$
— — (proto)....	$Hg^2 + Br = Hg^2Br : +54,6$
Iodure de mercure (bi)........	$Hg^2 + I\,(gaz) = Hg^2I : +30,1$
— — (proto)......	$Hg^2 + I = HgI : +44,6$
Cyanure de mercure..........	$Hy + Cy = HyCy : +38,5$

Acides organiques solides.

Acide acétique (par l'éthylène).	$C^4H^4 + O^4 = C^4H^4O^4 : +121,5$ ou $+60,7 \times 2$
— — (par l'aldéhyde).	$C^4H^4O^2 + O^2 = C^4H^4O^4 : +74,7$
Acide oxalique (par l'acétylène).	$C^4H^2 + O^8 = C^4H^2O^8 : +261$ ou $+65,2 \times 4$

On remarquera combien les chaleurs de formation des chlorures, bromures, cyanures de mercure, sont voisines : rapprochement qui subsiste lorsque la chaleur de combinaison est rapportée au mercure liquide ou solide, et qui s'étend aux chlorures et bromures correspondants de cuivre, d'or et d'argent (voy. le tableau VI).

Les chaleurs de formation des deux chlorures, bromures, iodures de mercure, ne sont pas doubles l'une de l'autre ; mais leur rapport est celui de 2 : 3 environ, c'est-à-dire qu'elles sont décroissantes, conformément à la relation la plus générale observée dans les combinaisons en proportions multiples (p. 345).

§ 5. — **Formation des sels ammoniacaux solides,** d'après M. Berthelot.

Tableau XVII. — *Depuis l'acide hydraté solide et la base gazeuse.*

Azotate............	$AzO^6H + AzH^3$:	$+34,0$
Formiate.........	$C^2H^2O^4 + AzH^3$	$+21,0$
Acétate	$C^4H^4O^4 + AzH^3$	$+18,5$
Benzoate.........	$C^{14}H^6O^4 + AzH^3$	$+17,0$
Picrate...........	$C^{12}H^2(AzO^4)^3O^2 + AzH^3$:	$+22,9$
Sulfate...........	$SO^4H + AzH^3$	$+33,8$
Oxalate	$\frac{1}{2}(C^4H^2O^8 + AzH^3)$.	$+24,4$

Tableau XVII *bis.* — *Depuis l'acide gazeux et la base gazeuse.*

Chlorhydrate.......	$HCl + AzH^3$:	$+42,5$
Bromhydrate.......	$HBr + AzH^3$	$+45,6$
Iodhydrate	$HI + AzH^3$	$+44,2$
Cyanhydrate	$HCy + AzH^3$	$+20,5$
Sulfhydrate........	$H^2S^2 + AzH^3$	$+23,0$
Acétate	$C^4H^4O^4 + AzH^3$	$+28,2$
Formiate.........	$C^2H^2O^4 + AzH^3$	$+29,0$
Azotate	$AzO^6H + AzH^3$	$+41,9$

Tableau XVII *ter.* — *Depuis l'oxacide anhydre, l'eau et la base, tous trois gazeux.*

Azotate	$AzO^5 + HO + AzH^3$:	$+47,1$
Azotite...........	$AzO^3 + HO + AzH^3$	$+33,7$
Acétate...........	$C^4H^3O^3 + HO + AzH^3$	$+41,5$
Bicarbonate........	$C^2O^4 + H^2O^2 + AzH^3$	$+30,4$
Formiate.........	$C^2O^2 + H^2O^2 + AzH^3$	$+31,6$

Tableau XVIII. — *Depuis leurs éléments gazeux.*

Chlorhydrate.......	$Cl + H^4 + Az$:	$+91,2$
Bromhydrate.......	$Br (gaz) + H^4 + Az$	$+85,7$
Iodhydrate	$I (gaz) + H^4 + Az$	$+70,5$
Sulfhydrate........	$S^2 (gaz) + H^5 + Az$	$+56,9$
Azotite...........	$O^4 + H^4 + Az^2$	$+57,6$
Azotate	$O^6 + H^4 + Az^2$	$+80,7$
Chlorhydr. d'oxam.	$Cl + H^4 + Az + O^2$	$+75,5$

Nous donnerons plus loin (pages 376 à 380) la formation des oxydes solides, au moyen de l'oxygène gazeux et des métaux solides; celle des chlorures, bromures, iodures solides, au moyen des métaux solides combinés respectivement avec le chlore, le brome, l'iode gazeux. Nous remarquerons seulement ici que la chaleur de formation d'un bromure quelconque, ainsi calculée, est à peu près la moyenne des chaleurs de formation des chlorure et iodure correspondants. Elle offre également, dans tous les cas connus, une valeur voisine de celle de l'azotate du même métal, calculée depuis l'azote et l'oxygène gazeux.

La formation des autres composés solides qui peuvent être obtenus par l'union d'un gaz et d'un solide, d'un liquide et d'un solide, d'un liquide et d'un gaz, ou de deux liquides, ne donne lieu à aucune observation d'un intérêt général. Ces formations peuvent d'ailleurs être calculées dans un grand nombre de cas, à l'aide des tableaux du présent ouvrage.

CHAPITRE V

CHALEURS DE COMBINAISON DES ÉLÉMENTS DANS LEUR ÉTAT ACTUEL

§ 1er. — Notions générales.

1. Dans les chapitres précédents nous avons rapporté les chaleurs de combinaison à un état défini, le même d'ordinaire pour les divers corps réagissants, tel que l'état gazeux, l'état liquide et l'état solide : les comparaisons sont ainsi plus faciles et plus rigoureuses. Mais, dans la plupart des cas, nous ne possédons point toutes les données nécessaires pour des comparaisons aussi nettes, et nous devons nous borner à évaluer la chaleur de formation des corps composés au moyen de leurs composants, pris dans l'état qu'ils affectent à la température actuelle, c'est-à-dire au voisinage de $+ 15$ degrés. Tel est l'objet des tableaux du présent chapitre, consacré aux combinaisons des métalloïdes et des métaux. Le chapitre suivant sera consacré aux composés ternaires de l'ordre des sels ; enfin le chapitre VII traitera des composés organiques.

On a pris soin de faire figurer dans ces tableaux les chaleurs dégagées sous les divers états des corps composants et composés, d'après les données connues relativement aux chaleurs de volatilisation, de fusion et de dissolution.

§ 2. — **Tableaux numériques.**

Tableau XIX. — *Formation des principales combinaisons chimiques, les composants et les composés étant pris, dans leur état actuel, à + 15 degrés. — Métalloïdes et hydrogène.*

NOMS.	COMPOSANTS.	COMPOSÉS.	ÉQUIVALENTS du composé.	CHALEUR DÉGAGÉE.				AUTEURS.
				État gazeux.	État liquide.	État solide.	État dissous.	
Acide chlorhydrique.........	$H + Cl$	HCl	36,5	+ 22,0	"	"	+ 39,3	F. et S. Ab. [T. B.]
Acide bromhydrique.......	$H + Br$	HBr	81	+ 9,5	"	"	+ 29,5	F. et S. T. [B.]
Acide iodhydrique..........	$H + I$	HI	128	— 6,2	"	"	+ 13,2	F. et S. [T. B.]
Eau	$H + O$	HO	9	+ 29,1	+ 34,5	+ 35,2	+ 34,5	D. Hs F. et S. G. A. T.
Bioxyde d'hydrogène.......	$H + O^2$	HO^2	17	"	"	"	+ 23,3	F. et S. T. [B.]
Acide sulfhydrique.......	$H + S$	HS	17	+ 2,3	"	"	+ 4,6	H. T.
Acide sélénhydrique (Se métall.)	$H + Se$	HSe	40,5	— 2,7	"	"	+ "	H.
Ammoniaque..........	$H^3 + Az$	AzH^3	17	+ 26,7	"	"	+ 35,5	F. et S. [T.]
Oxyammoniaque........	$Az + H^3 + O^2$	AzH^3O^2	33	"	"	"	+ 23,7	B.
Hydrogène phosphoré gazeux..	$H^3 + Ph$	PhH^3	34	+ 36 6	"	"	"	Ogier.
Id. solide.........	$H + Ph^2$	Ph^2H	63	"	"	+ 66,7	"	Ogier.
Id. arsénié gazeux.....	$H^3 + As$	AsH^3	78	— 11,7	"	"	"	Ogier.
Protohydrure de carbone ou Acétylène (C diamant)......	$C^2 + H$	C^2H	13	— 32	"	"	"	T. [B.]
Bihydrure (éthylène) (C diam.)	$C^2 + H^2$	C^2H^2	14	— 4	"	"	"	D. F. et S. A. T. B. (')
Trihydrure (méthyle) id...	$C^2 + H^3$	C^2H^3	15	+ 14*	"	"	"	
Quadrihydr. (formène) id...	$C^2 + H^4$	C^2H^4	16	+ 22	"	"	"	D. F. et S. A. (')
Hydr. silicé (Si amorphe)....	$Si + H^4$	Si^4H	32	+ 33,2	"	"	"	Og.

Tableau XX. — *Formation des principales combinaisons chimiques, les composants et les composés étant pris dans leur état actuel, à + 15 degrés. — Métalloïdes et oxygène.*

NOMS.	COMPOSANTS.	COMPOSÉS.	ÉQUIV du comp.	CHALEUR DÉGAGÉE.				AUTEURS.
				État gazeux.	État liquide.	État solide.	État dissous.	
Composés de l'azote.								
Protoxyde d'azote............	Az + O	AzO	22	— 9,0	— 6,8	"	"	F. et S. T.
Bioxyde d'azote............	Az + O²	AzO²	30	— 43,3	"	"	"	B.
Acide azoteux............	Az + O³	AzO³	38	— 32,8	"	"	— 25,9	B.
Acide hypoazotique............	Az + O⁴	AzO⁴	46	— 24,3	— 20,0	"	"	B.
Acide azotique anhydre........	Az + O⁵	AzO⁵	54	— 22,3	— 19,9	— 15,8	— 7,4	B.
Acide azotique hydraté......... {	Az + O⁵ + HO	AzO⁵HO	63	— 21,8	— 11,6	— 14,0	— 7,4	B.
	Az + O⁶ + H	AzO⁶H	63	+ 12,3	+ 19,9	+ 20,5	+ 27,1	B.
Composés du soufre.								
Acide hydrosulfureux..........	S + O + HO	SO,HO	33	"	"	"	+ 4,4	B.
Acide hyposulfureux.	S² + O² + HO	S²O²,HO	57	"	"	"	+ 33,6	F. [T.]
Acide hyposulfurique..........	S² + O³ + HO	S²O³,HO	81	"	"	"	+103,3	T.
Acide tétrathionique..........	S⁴ + O⁵ + HO	S⁴O⁵,HO	113	"	"	"	+101,3	T.
Acide sulfureux............	S + O²	SO²	32	+ 34,55	"	"	+ 38,4	D. Hs A. F. et S. [B.]
Acide sulfurique anhydre.......	S + O³	SO³	40	"	"	+ 51,5	+ 70,2	D. Hs F. et S. A. [T. B.]
Acide sulfurique monohydraté.. {	SO² + O + HO	SO³,HO	49	"	+ 27,2	"	+ 35,7	Id.
	S + O³ + HO	SO³,HO	49	"	+ 61,7	+ 62,2	+ 70,2	Id.
	S + O⁴ + H	SO⁴,H	49	"	+ 96,2	+ 96,7	+104,7	Id.
Acide sulfurique bihydraté......	SO⁴H + HO	SO⁴H,HO	58	"	+ 3,1	+ 4,5(¹)	"	HsGh.Ab.F.etS.T.[B.]
Acide sélénieux............	Se + O²	SeO²	55,5	"	"	+ 28,8	+ 28,4	F. [T.]
Acide sélénique............	Se + O³ + HO	SeO³,HO³	72,5	"	"	"	+ 38,6	F. [T.]
Acide tellureux	Te + O²	TeO	80	"	"	"	+ 40,6	T.
Acide tellurique............	Te + O³ + HO	TeO³,HO	97	"	"	"	+ 53,5	T.
Composés du phosphore et de l'arsenic.								
Acide hypophosphoreux........	Ph + O + 3HO	PhO,3HO	66	"	+ 35,0	+ 37,4	+ 37,2	F. [T.]
Acide phosphoreux	Ph + O³ + 3HO	PhO³,3HO	82	"	+122,1	+125,1	+125,0	F. [T.]
Ac. phosphorique anhydre......	Ph + O⁵	PhO⁵	71	"	"	+181,9	+202,7	F. A. [Ab. T.]
Ac. phosphorique hydraté.......	Ph + O⁵ + 3HO	PhO⁵,3HO	98	"	+197,5	+200,0	+202,7	Despretz. F. [T.]
Acide arsénieux............	As + O³	AsO³	99	"	"	+ 77,	+ 73,5	F. [T.]
Acide arsénique	As + O⁵	AsO⁵	115	"	"	+109,7	+112,7	F. [T.]

(1) Eau solide.

Tableau XX bis.—*Formation des principales combinaisons chimiques, les composants et les composés étant pris dans leur état actuel, à + 15 degrés. — Métalloïdes et oxygène* (suite).

NOMS.	COMPOSANTS.	COMPOSÉS.	ÉQUIVALENTS du composé.	CHALEUR DÉGAGÉE.				AUTEURS.
				État gazeux du composé.	État liquide.	État solide.	État dissous.	
Composés du chlore et analogues.								
Acide hypochloreux	$Cl + O$	ClO	43,5	— 7,6	"	"	— 2,9	F. [T. + B.].
Id. chlorique hydraté	$Cl + O^5 + HO$	ClO^5,HO	84,5	"	"	"	— 12,0	F. [T. B].
Id. hypobromeux..........	$Br + O$	BrO	88	"	"	"	— 6,2	B.
Id. bromique.............	$Br + O^5 + HO$	BrO^5,HO	129	"	"	"	— 24,8	T. B.
Id. hypoiodeux	$I + O$	IO	135	"	"	"	< — 5,2	B.
Id. iodique anhydre........	$I + O^5$	IO^5	167	"	"	+ 22,8	+ 21,9	T. B.
Id. iodique hydraté	$IO^5 + HO$	IO^5,HO	176	"	"	+ 24,3	+ 21,9	T. B.
Id. periodique.............	$I + O^7 + HO$	IO^7,HO	192	"	"	"	+ 13,5	T.
Composés du carbone et analogues.								
Acide carbonique. { C diamant..... / C amorphe. ... }	$C + O^2$	CO^2	22	{ + 47 / + 48,5	" / "	+ 50,0 / + 51,5	+ 49,8 / + 51,3 }	Despretz. [F. et S.].
Oxyde de carbone. { C diamant..... / C amorphe.... }	$C + O$	CO	14	{ + 12,9 / + 14,4	" / "	" / "	" / " }	F. et S. G. A. T. [B.].
Oxysulfure de carbone. { C diamant..... / C amorphe.... }	$C + O + S$	CO S	30	{ — 3,1 / + 1,4	" / "	" / "	" / " }	B.
Sulfure de carbone. { C diamant..... / C amorphe..... }	$C + S^2$	CS^2	38	{ — 7,8 / — 6,3	— 4,6 / — 3,1	" / "	" / " }	F. et S. (1).
Acide borique (B amorphe)....	$B + O^3$	BO^3	35		"	+ 156,3	+ 159,9	Tr. et H. + B.
Acide silicique. { Si amorphe.... / Si cristallisé... }	$Si + O^4$	SiO^4	60	"	"	+ 219,2 / + 211,1	+ 207,4 / " }	Tr. et H. + B.

(1) D'après les chaleurs de combustion.

Tableau XXI. — *Formation des principales combinaisons chimiques les composants et composés étant pris dans leur état actuel, à + 15 degrés. — Métalloïdes et corps halogènes.*

NOMS.	COMPOSANTS.	COMPOSÉS	ÉQUIVALENTS du composé.	CHALEUR DÉGAGÉE. État gazeux du composé.	État liquide	État solide.	État dissous.	AUTEURS.
CHLORURES.								
Chlorure d'azote..........	Az + Cl³	AzCl³	120,5	"	— 38,1	"	"	Dv. et H.
Chlorure phosphoreux	Ph + Cl³	PhCl³	137,5	+ 68,9	+ 75,8	"	"	
Chlorure phosphorique...... { Ph + Cl⁵ / PhCl³ + Cl² }		PhCl⁵	208,5	"	"	{ +107,8 / + 32,0 }	"	F. T. [B. et L.]
Oxychlorure phosphorique..... { Ph + Cl³ + O² / PhCl³ + C² }		PhCl³O²	153,5	"	{ +142,4 / + 66,6 }	"	"	B. et L.
Chlorure d'arsenic..........	As + Cl³	AsCl³	181,5	+ 61,0	+ 69,4	"	"	A. [B.]
Chlorure de bore (B amorphe)..	B + Cl³	BCl³	117,5	+104,0	+108,5	"	"	Tr. et H.
Chlorure de silicium. { Si amorphe..... / Si cristallisé.... }	Si + Cl⁴	SiCl⁴	170	"	{ +157,6 / +149,5 }	"	"	Tr. et H.
Oxychl. carbonique (diamant).	C + O + Cl	COCl	49,5	+ 22,3	"	"	"	B.
BROMURES.								
Bromure phosphoreux. { Br gaz (¹)..... / Br liquide..... / Br solide...... }	Ph + Br³	PhBr³	271	" / " / "	+ 54,6 / + 42,6 / + 42,2	" / " / "	" / " / "	B. et L.
Bromure d'arsenic. { Br gaz........ / Br liquide..... / Br solide...... }	As + Br³	AsBr³	315	" / " / "	" / " / "	+ 59,1 / + 47,1 / + 46,7	" / " / "	B.
Bromure de bore B. amorphe. { Br gaz........ / Br liquide..... / Br solide...... }	B + Br³	BBr³	251	" / " / "	+ 73,1 / + 61,1 / + 60,7	" / " / "	" / " / "	B.

(1) Les réactions du brome et de l'iode sous leurs trois états ont été réduites par le calcul zéro degré.

Tableau XXI bis. — *Formation des principales combinaisons chimiques, les composants et composés étant pris dans leur état actuel, à + 15 degrés. — Métalloïdes et corps halogènes (suite).*

NOMS	COMPOSANTS.	COMPOSÉS.	ÉQUIVALENTS du composé.	CHALEUR DÉGAGÉE.				AUTEURS.
				État gazeux du composé.	État liquide.	État solide.	État dissous.	
Bromure de silicium. Si amorphe. { Br gaz...... Br liquide..... Br solide...... }	$Si + Br^4$	$SiBr^4$	318	″ ″ ″	$+120,4$ $+104,4$ $+103,9$	″ ″ ″	″ ″ ″	B.
IODURES.								
Iodure de phosphore. { I gaz........ I liquide...... I solide....... }	$Ph + I^3$	PhI^3	412	″ ″ ″	″ ″ ″	$+26,7$ $+17,1$ $+10,5$	″ ″ ″	B. et Loug.
Iodure d'arsenic. { I gaz....... I liquide...... I solide....... }	$As + I^3$	AsI^3	456	″ ″ ″	″ ″ ″	$+28,8$ $+19,2$ $+12,6$	″ ″ ″	B.
Iodure de silicium. Si amorphe. { I gaz....... I liquide...... I solide....... }	$Si + I'$	SiI'	536	″ ″ ″	″ ″ ″	$+58,0$ $+45,2$ $+36,4$	″ ″ ″	B.
SÉRIE CYANIQUE.								
Cyanogène (C, diamant)......	$C^2 + Az$	C^2Az	26	-41	″	″	″	D. (¹).
Acide cyanhydrique (id.)......	$C^2 + Az + H$	C^2AzH	27	$-14,1$	$-8,4$	″	$-8,0$	B.
Cyanure de potassium......	$C^2 + Az + K$	C^2AzK	65	″	″	$+45,7$	$+42,9$	B.
Cyanure d'ammonium......	$C^2 + Az^2 + H^1$	C^2AzH,AzH^3	44	″	″	$+32,7$	$+28,3$	B.
Cyanure de mercure......	$C^2 + Az + Hg$	C^2AzHg	126	″	″	$-10,2$	$-11,7$	B.
Cyanure d'argent......	$C^2 + Az + Ag$	C^2AzAg	134	″	″	$-18,6$	″	B.
Chlorure de cyanogène......	$C^2 + Az + Cl$	C^2AzCl	61,	$-21,5$	$-13,2$	″	″	B.
Iodure de cyanogène. { I gaz........ I solide....... }	$C^2 + Az + I$	C^2AzI	155	″ ″	″ ″	$-17,7$ $-23,1$	$-20,5$ $-25,9$	B
Cyanate de potasse.........	$C^2 + Az + K + O^2$	C^2AzKO^2	81,1	″	″	$+116,5$	$+111,3$	B.

(1) Calculé d'après la chaleur de combustion trouvée par Dulong.

Tableau **XXII**. — *Formation des oxydes métalliques, d'après M. Thomsen* (1).

NOMS.	COMPOSANTS.	ÉQUIVALENTS.	CHALEUR DÉGAGÉE.	
			État solide.	État dissous
Potasse	$K + O + HO$	56,1	+ 69,8	+ 82,3
	$K + H + O^2$		+ 104,3	+ 116,8
Soude	$Na + O + HO$	40	+ 67,8	+ 77,6
	$Na + H + O^2$		+ 102,3	+ 112,1
Lithine	$Li + O + HO$	24	''	+ 83,3
	$Li + H + O^2$			+ 117,8
Ammoniaque	$Az + H^3 + 2HO$	35	''	+ 35,2
	$Az + H^3 + O^2$			+ 104,2
Chaux	$Ca + O$	28	+ 66,0	+ 75,05
	$Ca + O + HO$	37	+ 73,5	+ 75,05
	$Ca + H + O^2$	37	+ 108,0	+ 109,55
Strontiane	$Sr + O$	51,8	+ 65,7	+ 79,1
	$Sr + O + HO$	60,8	+ 74,3	+ 79,1
	$Sr + H + O^2$	60,8	+ 108,8	+ 113,6
Baryte	$Ba + O$	76,5	''	''
Bioxyde de baryum (B.)	$BaO + O$	84,5	+ 6,05	''
Magnésie	$Mg + O + HO$	29	+ 74,9	''
	$Mg + H + O^2$		+ 109,4	''
Alumine	$Al^2 + O^2 + 3HO$	78,4	+ 195.8 ou	''
			+ 65,3 $\times$ 3	''

(1) Les chaleurs de dissolution des alcalis sont empruntées à M. Berthelot. Sans modifier le-
bases expérimentales de M. Thomsen, on a fait subir à ses calculs, dans les tableaux XXII et XXIII.
les petits changements nécessaires pour les mettre en harmonie avec les autres données des présents tableaux, telles que la chaleur de la formation de l'eau : + 34,5 au lieu de 34,1 ; et les
chiffres de tableaux XIX, XX et XXI.

Rappelons encore que Dulong, Hess, Andrews, et surtout Favre et Silbermann, avaient déterminé la chaleur d'oxydation de la plupart des métaux, et trouvé des nombres voisins de ceux
qui sont adoptés ici. Cette remarque s'applique également aux composés halogènes et autres des
métaux

Tableau XXII bis. — *Formation des oxydes métalliques,*
d'après M. Thomsen.

NOMS.	COMPOSANTS.	ÉQUIVALENTS.	CHALEUR DÉGAGÉE.	
			État solide.	État dissous.
Protoxyde de manganèse (hydraté)	$Mn + O$	35,5	+ 47,4	"
Bioxyde id. (hydraté)	$Mn + O^2$	43,5	+ 58,1	"
Acide permanganique (dissous)..	$Mn^2 + O^7 + HO$	120	"	+ 89
Acide chromique..............	Cr^2O^3 hydraté $+ O^3$	79	+6,2 ou 2,1×3	"
Protoxyde de fer (hydraté)......	$Fe + O$	36	+ 34,5	"
Peroxyde de fer (hydraté).......	$Fe^2 + O^3$	80	{ + 95,6 ou + 31,9×3	" "
Oxyde de nickel (hydraté)......	$Ni + O$	37,5	+ 30,7	"
Sesquioxyde de nickel (hydraté).	$Ni^2 + O^3$	83	+ 61,1	"
Oxyde de cobalt (hydraté).......	$Co + O$	37,5	+ 32,0	"
Sesquioxyde de cobalt (hydraté).	$Co^2 + O^3$	83	+ 75,3	"
Oxyde d'or (hydraté)...........	$Au^2 + O^3$	221	— 5,6	"
Oxyde de zinc { anhydre.......	$Zn + O$	40,5	+ 43,2	"
{ hydraté........	$Zn + O + HO$	49,5	+ 41,8	"
Oxyde de cadmium (hydraté)....	$Cd + O$	64	+ 33,2	"
Oxyde de plomb { anhydre.....	$Pb + O$	111,5	+ 25,5	"
{ hydraté......	$Pb + O + HO$	120,5	+ 26,7	"
Oxyde de thallium { anhydre...	$Th + O$	212	+ 21,5	+ 20,0
{ hydraté....	$Th + O + HO$	221	+ 23,1	+ 20,0
{ hydraté....	$Th + H + O^2$	221	+ 57,6	+ 54,5
Peroxyde de thallium (hydraté)..	$Th + O^3 + 3HO$	255	+ 41,7	"
Protoxyde de cuivre...........	$Cu^2 + O$	71,4	+ 21,0	"
Bioxyde de cuivre { anhydre...	$Cu + O$	39,7	+ 19,2	"
{ hydraté....	$Cu + O + HO$	48,7	+ 19,0	"
Protoxyde d'étain (hydraté).....	$Sn + O$	67	+ 34,9	"
Bioxyde d'étain (hydraté).......	$Sn + O^2$	75	+ 67,9	"
Protoxyde de mercure..........	$Hg^2 + O$	208	+ 21,1	"
Bioxyde de mercure (jaune).....	$Hg + O$	108	+ 15,5	"
Oxyde d'argent................	$Ag + O$	116	+ 3,5	"
Protoxyde de platine...........	$Pt + O$	107	+ 7,5	"
Protoxyde de palladium (hydraté)	$Pd + O$	61	+ 11,3	"
Bioxyde de palladium (hydraté).	$Pd + O^2$	69	+ 15,2	"
Oxyde de bismuth (W.).........	$Bi + O^3$	234	+ 19,8	"
Oxyde antimonique (D.)........	$Sb + O^4$	154	+ 124,3	"

Tableau XXIII. — *Formation des chlorures métalliques, d'après M. Thomsen* (1).

NOMS.	COMPOSANTS.	ÉQUIVALENTS.	CHALEUR DÉGAGÉE.	
			État solide.	État dissous.
Chlorure de potassium	$K + Cl$	74,6	+ 105,0	+ 100,8
Id. de sodium	$Na + Cl$	58,5	+ 97,3	+ 96,2
Id. d'ammonium	$Az + H^4 + Cl$	53,5	+ 91,2	+ 87,2
Id. de lithium	$Li + Cl$	42,5	+ 93,5	+ 101,9
Id. de calcium	$Ca + Cl$	55,5	+ 85,1	+ 93,8
Id. de strontium	$Sr + Cl$	79,3	+ 92,3	+ 57,8
Id. de magnésium	$Mg + Cl$	47,5	+ 75,5	+ 93,5
Id. d'aluminium	$Al^2 + Cl^3$	132,9	+ 160,9 ou + 53,6 × 3	+ 237,8 ou + 79,3 × 3
Id. de manganèse	$Mn + Cl$	63	+ 56,0	+ 64,0
Id. de fer	$Fe + Cl$	63,5	+ 41,0	+ 50,0
Id. de fer (per)	$Fe^2 + Cl^2$	161,5	+ 96,0 ou + 32 × 3	+ 147,7 ou + 2,6 × 3
Id. de zinc	$Zn + Cl$	68	+ 48,6	+ 56,4
Id. de cadmium	$Cd + Cl$	91,5	+ 46,6	+ 48,1
Id. de plomb	$Pb + Cl$	139	+ 42,6	+ 39,2
Id. de thallium	$Th + Cl$	239,5	+ 48,6	+ 3,5
Id. de nickel	$Ni + Cl$	65	+ 37,3	+ 46,8
Id. de cobalt	$Co + Cl$	65	+ 38,2	+ 47,4
Id. d'étain	$Sn + Cl$	94,5	+ 40,2	+ 40,6
Id. (bi)	$Sn + Cl^2$	130	+ 65,6 (liq.)	+ 78,7
Id. d'or (proto)	$Au^2 + Cl$	232,5	+ 5.8	"
Id. d'or (per)	$Au^2 + Cl^2$	303,5	+ 22,8	+ 27.3
Id. de cuivre (proto)	$Cu^2 + Cl$	98,9	+ 33,1	"
Id. de cuivre (bi)	$Cu + Cl$	67,2	+ 25,8	+ 31,3
Id. de mercure (proto)	$Hg^2 + Cl$	235,5	+ 40,9	"
Id. de mercure (bi)	$Hg + Cl$	135,5	+ 31,4	+ 29,8
Id. d'argent	$Ag + Cl$	143,5	+ 29,2	"
Protochlorure de palladium et de potassium	$Pd + Cl + KCl$	163,1	+ 26,3	+ 24,0
Bichlorure de palladium et de potassium	$Pd + Cl^2 + KCl$	198,6	+ 39,5	+ 32,0
Protochlorure de platine et de potassium	$Pt + Cl + KCl$	209,1	+ 22,6	+ 20,9
Bichlorure de platine et de potassium	$Pt + Cl^2 + KCl$	244,6	+ 44,7	+ 42.3

(1) Même remarque que pour les calculs du tableau précédent.

Tableau XXIV. — *Formation des bromures métalliques,
d'après MM. Thomsen et Berthelot.*

NOMS.	COMPOSANTS.	ÉQUIVALENTS.	CHALEUR DÉGAGÉE.			
			Br gazeux.		Br liquide.	
			Sel solide.	Sel dissous.	Sel solide.	Sel dissous.
Bromure de potassium....	K + Br	119,1	+ 100,4	+ 95,0	+ 96,4	+ 91,0
Id. de sodium......	Na + Br	103	+ 90,7	+ 90,4	+ 86,7	+ 86,4
Id. d'ammonium....	Az + H⁴ + Br	98	+ 85,7	+ 81,4	+ 81,7	+ 77,4
Id. de calcium......	Ca + Br	100	+ 75,8	+ 88,0	+ 71,8	+ 84,0
Id. de strontium....	Sr + Br	123,8	+ 84,0	+ 92,0	+ 80,0	+ 88,0
Id. d'aluminium.....	$Al^2 + Br^3$	267,4	+ 132,6 ou + 44,2 × 3	+ 219,5 ou + 73,2 × 3	+ 120,6 ou + 40,2 × 3	+ 207,5 ou + 69,2 × 3
Id de zinc.........	Zn + Br	112,5	+ 43,1	+ 50,6	+ 39,1	+ 46,6
Id. de cadmium.....	Cd + Br	136	+ 42,1	+ 42,3	+ 38,1	+ 38,5
Id. de plomb.......	Pb + Br	183,5	+ 38,5	+ 33,5	+ 34,5	+ 29,5
Id. de thallium.....	Th + Br	284	+ 46,4	"	+ 42,4	"
Id. id. (per).	$Th + Br^3$	444	"	+ 69,3	"	+ 57,3
Id. stanneux........	Sn + Br	139	+ 35,5	"	+ 31,5	"
Id. stannique.......	$Sn + Br^2$	219	+ 58,7 sol. + 57,2 liq.	+ 67,0	+ 50.7 sol. + 49,2 liq.	+ 59,0
Id. cuivreux........	$Cu^2 + Br$	143,4	+ 30,0	"	+ 26,0	"
Id. cuivrique.......	Cu + Br	111,7	+ 21,4	+ 25,5	+ 17,4	+ 21,5
Id. mercureux......	$Hg^3 + Br$	280	+ 30,2	"	+ 35,2	"
Id. mercurique......	Hg + Br	180	+ 30,4	"	+ 26,4	"
Id. d'argent........	Ag + Br	188	+ 27,7	"	+ 23,7	"
Id. aureux	$Au^2 + Br$	277	+ 5,0	"	+ 1,0	"
Id. aurique........	$Au^2 + Br^3$	437	+ 24,1	+ 20,4	+ 12,1	+ 8,4
Id. de Pt et K (proto).	Pt + Br + KBr	298,1	+ 21,0	"	+ 17,0	"
Id. id. (bi)....	$Pt + Br^2 + KBr$	378,1	+ 39,8	+ 38,8	+ 31,8	+ 30,8

(1) On a admis dans les calculs que H + Br liq. = HBr dissous, dégage + 29,5 (B.); et que Br gaz
changé en liquide à zéro dégage + 4,0; d'après la chaleur de vaporisation, à + 58°, et les chaleurs
spécifiques de Br liquide et gazeux. La formation d'un bromure au moyen de Br solide dégagerait — 0,13
de moins qu'avec Br liquide, différence fort petite. La différence entre les chaleurs de formation d'un
chlorure et d'un bromure dissous est en général la même qu'entre les hydracides correspondants : soit
+ 39,3 — 33,5 = + 5,8 pour le brome gazeux, + 9,8 pour le brome liquide. Tel est le cas des bromures dissous de Li, Mg, Mn, Fe, Ni, Co, composés qui ne figurent pas au tableau.

Tableau XXV. — *Formation des iodures métalliques, d'après M. Thomsen (1).*

NOMS.	COMPOSANTS.	ÉQUIVALENTS.	CHALEUR DÉGAGÉE.			
			1 gazeux.		1 solide.	
			Sel solide.	Sel dissous.	Sel solide.	Sel dissous.
Iodure de potassium......	$K + I$	166,1	+ 85,4	+ 80,1	+ 80,0	+ 74,7
Id. de sodium.........	$Na + I$	150	+ 74,2	+ 75,5	+ 68,8	+ 70,1
Id. d'ammonium.......	$Az + H^i + I$	145	+ 70,5	+ 67,0	+ 65,1	+ 61,6
Id. de calcium........	$Ca + I$	147	+ 59,3	+ 73,1	+ 53,9	+ 67,7
Id. d'aluminium (B.)...	$Al^2 + I^3$	108,4	+ 86,3 ou + 28,8×3	+ 175,3 ou + 58,4×3	+ 70,4 ou + 23,4×3	+ 159,4 ou + 53,0×3
Id. de zinc	$Zn + I$	159,5	+ 30,0	+ 35,7	+ 24,6	+ 30,3
Id. de cadmium.......	$Cd + I$	183	+ 27,9	+ 27,4	+ 22,5	+ 22,0
Id. de plomb.........	$Pb + I$	230,5	+ 26,4	"	+ 21,0	"
Id. de thallium.......	$Th + I$	331	+ 35,6	"	+ 30,2	"
Id. cuivreux..........	$Cu^2 + I$	190,4	+ 21,9	"	+ 16,5	"
Id. mercureux	$Hg^2 + I$	327	+ 29,2	"	+ 23,8	"
Id. mercurique........	$Hg + I$	227	+ 22,4	"	+ 17,0	"
Id. d'argent (B).......	$Ag + I$	236	+ 15,9 puis + 19,7	"	+ 10,5 puis + 14,3	"
Id. d'or (proto).........	$Au^2 + I$	324	— 0,1	"	— 5,5	"
Id. palladeux (précipité).	$Pd + I$	180	+ 11,5	"	+ 9,1	"

(1) Même remarque que pour le tableau XXII. On a admis que I gaz changé en solide à zéro dégage + 5,4 ; d'après la chaleur de vaporisation à 180 degrés, la chaleur de fusion à 113°,6, et les chaleurs spécifiques solide, liquide et gazeuse. La différence entre les chaleurs de formation d'un chlorure et d'un iodure dissous est en général la même que entre les hydracides correspondants ; soit + 39,3 — 18,5 = + 20,7 pour 1 gazeux ; et + 26, 1 pour I solide. Tel est le cas des iodures de Li, Sr, Mg, Mn, Fe, Ni, Co, composés qui ne figurent pas au tableau.

Tableau XXVI. — *Formation des sulfures métalliques* (1).

| NOMS. | COMPOSANTS. | ÉQUIVALENTS. | CHALEUR DÉGAGÉE, le composé étant | | AUTEURS. |
			solide.	dissous.	
Sulfure de potassium......	K + S	55,1	"	+ 56,3	T .
Id. de sodium........	Na + S	39	"	+ 51,6	T .
Id. d'ammonium......	Az + H^4 + S	34	"	+ 42,9	B .
Id. de lithium........	Li + S	23	"	+ 57,6	T .
Id. de strontium......	Sr + S	59,8	+ 49,6	+ 53,0	Sab.
Id. de calcium	Ca + S	36	+ 46,0	+ 48,0	Sab.
Id. de manganèse	Mn + S	43,5	+ 22,6	"	B .
Id. de fer..........	Fe + S	44	+ 11,9	"	B .
Id. de zinc..........	Zn + S	72	+ 21,5	"	B .
Id. de cadmium......	Cd + S	45,5	+ 17,0	"	T .
Id. de cobalt........	Co + S	45,5	+ 10,9	"	T .
Id. de nickel........	Ni + S	48,5	+ 9,7	"	T .
Id. de plomb........	Pb + S	119,5	+ 8,9	"	B .
Id. de cuivre (2).....	Cu + S	47,5	+ 5,1	"	
Id. de mercure	Hg + S	116	+ 9,9	"	B .
Id. d'argent........	Ag + S	124	+ 1,5	"	B .

On remarquera que les chaleurs de formation des oxydes et sulfures de calcium, de strontium (et probablement de baryum) sont très voisines; pareillement pour les oxydes et sulfures de cobalt, de nickel et même de fer; pour les oxydes de plomb et de thallium : rapprochements qui s'étendent en général aux composés correspondants des mêmes métaux.

(1) Ces nombres se rapportent au soufre solide; pour passer au soufre gazeux, il suffirait d'y ajouter + 1,3. Les sulfures solides sont ici les sulfures précipités, aucune expérience n'ayant été faite sur des sulfures cristallisés. On rappellera encore que les sulfures solubles se combinent avec un deuxième équivalent de HS dissous, en formant des sulfhydrates dissous, avec dégagement de + 3,9, pour KS, NaS, BaS, SrS; et de + 3,0 pour AzH^{5}S.

RS diss. + HS diss. = KS,HS, dégage : + 3,9.

(2) D'après M. Thomsen, ce sulfure précipité serait un mélange d'un sous-sulfure, avec du soufre libre.

Tableau XXVII.—*Formation des cyanures, d'après M. Berthelot* (1).

NOMS.	COMPOSANTS.	ÉQUIVALENTS.	CHALEUR DÉGAGÉE, le composé étant	
			solide.	dissous.
Cyanure de potassium........ ...	$K + Cy$	65,1	$+ 86,7$	$+ 83,4$
Id. de sodium..............	$Na + Cy$	49	"	$+ 78,8$
Id. d'ammonium............	$Az + H^4 + Cy$	44	$+ 73,7$	$+ 69,3$
Acide ferrocyanhydrique..........	$Fe + H^2 + Cy^3$	108	"	$+ 145,4$ ou $+ 48,5 \times 3$
	$Fe + Oy + 2CyH$ liq	108	"	$+ 80,2$
Cyanoferrure de potassium.......	$Fe + K^2 + Cy^3$	184,2	$+ 212,5$ ou $+ 80,2 \times 2$	$+ 234,5$ ou $+ 78,2 \times 3$
	$Fe + Cy + 2KCy$	184,2	$+ 67,1$	$+ 61,1$
Bleu de Prusse (précipité).......	$Fe^7 + Cy^9$	130	$+ 665,2$ ou $+ 73,9 \times 9$	"
Cyanure de mercure............	$Hg + Cy$	126	$+ 30,8$	$+ 29,3$
			$+ 8,3$	$+ 1,3$
Id. de mercure et de potassium	$HgCy + KCy$	191,1	"	$+ 5,8$ composants d.
Id. d'argent..............	$Ag + Cy$	134	$+ 27,9$	"
			$+ 11,2$	$+ 2,7$
Id. d'argent et de potassium.	$AgCy + KCy$	199,1	"	$+ 5,6$ (KCy diss.)

(1) Ces nombres sont subordonnés à l'exactitude de la chaleur de combustion du cyanogène, mesurée par Dulong.

CHAPITRE VI

CHALEUR DE FORMATION DES SELS

§ 1er. — Formation des sels en dissolutions étendues.

1. Le tableau suivant donne la chaleur dégagée par la formation des principaux sels, dans les conditions où elle a été réalisée expérimentalement. A une même température, et avec des dilutions diverses, cette chaleur est sensiblement constante pour les sels alcalins formés par les acides forts.

2. Au contraire, la chaleur dégagée dans la formation des sels métalliques varie notablement avec la concentration.

Il en est de même [pour les sels ammoniacaux formés par les acides faibles, et pour les alcoolates alcalins.

3. Je n'insiste pas sur les rapprochements, faciles à apercevoir, entre les sels qu'un même acide forme avec la potasse et la soude; les trois alcalis terreux; les oxydes de cobalt et de nickel, etc.

4. La formation des sels solubles de lithine et d'oxyde de thallium dégage la même quantité de chaleur que celle des sels de soude correspondants.

La formation des bromures et iodures solubles dégage également la même quantité de chaleur que la formation des chlorures correspondants. Aussi les nombres correspondants n'ont pas paru utiles à reproduire.

Il en est de même des azotates, chlorates, bromates, hyposulfates solubles, comparés entre eux.

5. Je rappellerai que MM. Hess, Graham, Andrews, Favre et Silbermann ont publié les premiers des tableaux de ce genre, mais moins étendus et moins précis que le tableau XXVIII.

Tableau XXVIII. — *Formation des principaux sels, dans l'état dissous ou précipité, au moyen des acides dissous (1 équiv. dissous dans 2 litres ou 4 litres de liqueur) vers 15 degrés, d'après MM. Berthelot et Thomsen.*

BASES.	CHLORURES $HClO$ 1 éq. = 2 lit.	AZOTATES AzO^6H 1 éq. = 2 lit.	ACÉTATES $C^4H^3O^3$ 1 éq. = 2 lit.	FORMIATES $C^2H^1O^3$ 1 éq. = 2 lit.	OXALATES $\frac{1}{3}C^4H^2O^8$ 1 éq. = 4 lit.	SULFATES SO^3H 1 éq. = 2 lit.	SULFURES 1 éq. = 8 lit.	CYANURES CyH 1 éq. = 2 lit.	CARBONATES CO^2 1 éq. = 15 lit.
NaO (*)	13,7	13,7	13,3	13,4	14,3	15,85	3,85	2,9	10,2
KO	13,7	13,8	13,3	13,4	14,3	15,7	3,85	3,0	10,1
AzH^2	12,45	12,5	12,0	11,9	12,7	14,5	3,1	1,3	5,3
CaO (**)	14,0	13,9	13,4	13,5	18,5	15,6	3,9	»	9,8 (2)
BaO (***)	13,85	13,9	13,4	13,5	16,7	18,4 (2)	»	»	11,1
SrO (1)	14,10	13,9	13,3	13,5	17,6	15,4 (2)	»	»	10,5 (3)
MgO (2)	13,8 (1)	13,8 (1)	»	»	»	15,6	»	»	9,0
MnO (2)	11,8	11,7	11,3 (1)	10,7	14,3	13,5	5,1 (2)	»	6,8 (2)
FeO	10,7	»	9,9	»	»	12,5	7,3	»	5,0
NiO	11,3	»	»	»	»	13,1	»	»	»
CaO	10,6	»	»	»	»	13,3	»	»	»
CdO	10,1	10,1	»	»	»	11,9	»	»	»
ZnO	9,8	9,8	8,9	6,6	12,5	11,7	9,6	»	5,5
PbO	7,7 (3) 10,7 (3)	7,7 »	6,5 »	6,6 »	12,8 »	10,7 (2) »	13,3 »	» »	6,7 »
CuO	7,5 (2)	7,5	6,2	»	»	9,2	15,8	»	2,4
HgO	9,45	»	»	»	»	»	24,35	15,5	»
AgO (2)	» +20,1 (2)	5,2 »	4,7 »	» »	12,9 »	7,2 »	26,9 »	20,9 (2) »	6,9 »
$\frac{1}{3}Al^2O^3$ (2)	9,3	»	»	»	»	10,5	»	»	.
$\frac{1}{3}Fe^2O^3$ (2)	5,9	5,9	4,5	»	»	5,7	»	»	»
$\frac{2}{3}Cr^2O^3$ (2)	6,9	»	»	»	»	8,2	»	»	»

(*) 1 équiv. = 2 litres. — (**) 1 équiv. = 25 litres. — (***) 1 équiv. = 6 litres. — (1) 1 équiv. = 10 litres. — (2) Précipité; observation qui s'applique aux oxalates et aux carbonates terreux et métalliques, ainsi qu'aux sulfures métalliques. — (3) Cristallisé. — (4) 1 équiv. = 4 litres; ce qui s'applique à tous les sels formés par des oxydes insolubles. — (5) Très-étendu.

On a encore :

HBr étendu $+ AgO$: $+ 25,5$; HI étendu $+ AgO$: $+ 28,3$ d'abord, puis : $+ 32,1$.

Tableau XXIX. — *Acides polybasiques, d'après B. [1] et T., 1 équivalent de la base dans 2 litr., et l'acide dans 1 volume d'eau équiv. vers 15°.*

NOMS DES ACIDES ET FORMULES.	POIDS moléculaires.	NaO.	KO.	AzH².	BaO.	CaO.	SrO.
Sulfur.. $S^2O^8H^2$	98	1er NaO:14,7	14,6	13,6	"	"	"
		2e NaO:15,85 × 2	15,7 × 2	14,5 × 2	"	"	"
Oxaliq... $C^4H^2O^8$	90	1er NaO:13,8	13,8	"	"	"	"
		2 NaO:14,3 × 2	14,3 × 2	12,7 × 2	"	"	"
Tartriq... $C^8H^6O^{12}$	150	1er NaO:12,9	"	"	"	"	"
		2e NaO:12,95 × 2	"	"	"	"	"
Carbon.(diss.) C^2O^4	44	1er NaO:11,0	11,1	9,7	"	"	"
		2e NaO:10,1 × 2	10,2 × 2	6,2 × 2 à 5,3 × 2 [2]	"	"	"
Borique... B^2O^6	70	1er NaO:11,6	"	8,9	"	"	"
		2e NaO:9,9 × 2 [2]	"	5,8 × 2 [2]	"	"	"
Citrique.. $C^{12}H^4O^{14}$	192	1er NaO:12,6	"	11,2	1er BaO:13,4	"	"
		2e NaO:12,8 } ×3 = 12,6 [2]	"	11,2 } - 11,3 × 3	2e BaO:14,3 } 11,2 × 3	"	"
		3e NaO:13,2	"	11,5	3e BaO:15,0	"	"
		4e NaO:0,8 à 0,0 [2]	"	0,2	4e BaO: 0,7	"	"
Phosph. $PhO^5.3HO$	98	1er NaO: 14,7	"	13,5	1er BaO:15,0	1er CaO:14,8	1er SrO:15,0
		2e NaO:11,6	"	12,8 ou 9,3 [3]	2e BaO:10,3 } 10,1 × 3	2e CaO: 9,7 } 10,1 × 3	2e SrO:10,3 } 10,1 × 3
		3e NaO: 7,3	"	6,8 ou 0,2 [3]	3e BaO: 5,0	3e CaO: 5,1	3e SrO: 4,9
		4e NaO:1,6 [2]	"	"	4e BaO: 0,4	"	"
Periodi. $IO^7,5HO$	228	"	1er KO: 5,55	"	"	"	"
		"	2e KO.21,45	"	"	"	"
		"	3e KO.3,1	"	"	"	"
		"	4e-5e KO:3,1	"	"	"	"

(1) Les expér. relatives aux phosphates et aux citrates ont été faites en commun avec M. Louguinine.

(2) Varie suivant la concentration et l'excès d'alcali.

(3) 12,8 d'abord, ou 9,3 à la longue ; par suite de la décomposition spontanée du sel dissous ; de même 6,8 ou 0,2 pour le 3e AzH³.

Tableau XXX. — *Formation des sels dissous :*
Acides divers, vers 15 degrés.

NOMS DES ACIDES.	FORMULES.	BASES.	CHALEUR DÉGAGÉE.	AUTEURS.
Acide fluorhydrique......	HF dissous.	NaO étendue.	$+ 16,3$	T.
		NaO étendue.	$+ 13,3$	T.
		2 NaO ét.	$+ 26,6$	T.
Acide fluosilic que......	$SiF^4,2HF$ diss.	3 NaO ét.	$+ 35,0$	T.
		6 NaO ét.	$+ 61,4$	T.
		12 NaO ét.	$+ 71,0$	T.
Acide fluorhydriq. et silice	6 HF dissous ét.	SiO^4 précipité.	$+ 32,7$	T.
Acide sulfhydrique	H^2S^2 dissous.	NaO ét.	$+ 7,7$	T. B.
		2 NaO ét.	$+ 7,8$	T. B.
		2 KO ét.	$+13,5\times2$	B.
Acide ferrocyanhydrique..	Cy^3FeH^2 dissous.	$\frac{1}{2}$ Fe^2O^3 précipité.	$+ 6,3\times2$	B.
		BaO étendu.	$+ 9,3$	B.
Acide azoteux..........	AzO^3,HO étendu.	AzH^3 ét.	$+ 8,8$	B.
		AgO pr. (sel dis.)	$+ 3,4$	B.
		KO étendue.	$+ 9,6$	B.
Acide hypochloreux......	CIO,HO étendu.	NaO ét.	$+ 9,5$	B. T.
		BaO ét.	$+ 9,8$	B.
Acide iodique..........	IO^5,HO étendu.	KO ét.	$+ 14,3$	B.
		2 KO ét.	$+ 14,7$	B.
Acide hyposulfureux.....	S^2O^2,HO étendu.	NaO ét.	$+ 13,5$	T.
Acide sulfureux.........	SO^2 dissous	NaO ét.	$+ 15,5$	T.
Acide sélénieux.........	SeO^2 dissous.	NaO ét.	$+ 13,7$	T.
	2 SeO^2 dissous.	NaO ét.	$+ 14,8$	T.
Acide sélénique........	SeO^3 étendu.	NaO ét.	$+ 15,2$	T.
	2 SeO^3 étendu.	NaO ét.	$+ 14,8$	T.
Acide hypophosphoreux..	$PhO,3HO$ étendu.	NaO ét.	$+ 15,2$	T.
Acide phosphoreux......	$PhO^3,3HO$ étendu.	NaO ét.	$+ 14,8$	T.
		2 NaO ét.	$+ 28,4$	T.
Acide métaphosphorique..	PhO^5,HO étendu.	NaO ét.	$+ 14,5$	T.
Acide pyrophosphorique..	$PhO^5,2HO$ étendu.	NaO ét.	$+ 14,8$	T.
		2 NaO ét.	$+ 26,4$	T.
Acide arsénieux.........	AsO^3 dissous.	NaO ét.	$+ 13,8$	T.
	Id.	2 NaO ét.	$+ 15,1$	T.
	$2AsO^3$	NaO ét.	$+ 14,6$	T.
Acide silicique....... .	SiO^4 gélatineuse.	NaO ét.	$+ 4,3$ Varie avec les quantités d'eau et de base.	T.

Tableau XXX bis. — *Formation des sels dissous :*
Acides divers, vers 15 degrés (suite).

NOMS DES ACIDES.	FORMULES.	BASES.	CHALEUR DÉGAGÉE.	AUTEURS.
Acide stannique........	SnO^2 gélatineux.	NaO ét.	+ 4,8	T
Acide chromique........	CrO^3 étendu.	NaO ét.	+ 12,4	T.
Acide chloroplatinique..	$PtCl^2,HCl$ ét.	NaO ét.	+ 13,6	T.
Acide propionique......	$C^6H^6O^4$ étendu .	BaO dissous.	+ 13,4	B.
Acide butyrique........	$C^8H^8O^4$ étendu.	NaO diss.	+ 13,7	B
Acide valérique........	$C^{10}H^{10}O^4$ dissous.	NaO diss.	+ 14,0	B.
		AzH^3 diss.	+ 12,7	B.
Acide succinique.......	$C^8H^6O^8$ dissous.	2 NaOétendu.	+12,4×2	T.
Acide lactique.........	$C^6H^6O^6$ dissous.	Na O ét.	+ 13,5	B.
Acide tartrique........	$C^8H^6O^{12}$ dissous.	Na O ét.	+ 12,7	B.
		2 NaO ét.	+ 12,6	B.
Acide iséthionique......	$C^4H^6S^2O^6$ dissous.	NaO ét.	+ 13,7	B.
Acide éthylsulfurique....	$C^4H^4(S^2H^2O^8)$ diss.	NaO ét.	+ 13,7	B.
		BaO ét.	+ 13,9	B.
Acide benzinosulfurique..	$C^{12}H^6S^2O^6$ étendu.	NaO ét.	+ 13,6	B.
		BaO ét.	+ 13,7	B.
Acide picrique (phénol tri-nitré)....	$C^{12}H^3(AzO^4)^3O^2$ diss.	AzH^3 ét.	+ 12,7	B.
		NaO ét.	+ 13,7	B.
		BaO ét.	+ 13,8	B.
Phénol nitré (ortho).....	$C^{12}H^3(AzO^4) O^2$ diss.	NaO ét.	+ 9,3	Loug.
Phénol chloronitré (para).	$C^{12}H^4Cl(AzO^4)O^2$ d.	NaO ét.	+ 8,9	Loug.
Phénol chloré (meta)....	$C^{12}H^{34}ClO^2$ diss.	NaO ét.	+ 7,8	Loug.
Phénol bichloré........	$C^{12}H^4Cl^2O^2$ diss.	NaO ét.	+ 9,1	Loug.
		KO ét.	+ 7,4	B.
Acide phénique (phénol).	$C^{12}H^6O^2$ dissous.	NaO ét.	+ 7,4	B.
		AzH^3 ét.	+ 2,0	B.
		KO ét.	+ 8,6	Cald.
		2 KO ét.	+ 15,1	Cald.
Oxyphénol : Résorcine...	$C^{12}H^6O^4$ dissous.	BaO ét.	+ 14,8	Cald.
		2 BaO ét.	+ 16,1	Cald.
		AzH^3 ét.	+ 4,8	Cald.
		2 AzH^3 ét.	+ 5,5	Cald.
Acide acétique chloré...	$C^4H^3ClO^4$ ét.	NaO ét.	+ 14,4	Loug.
Acide acétique trichloré..	$C^4HCl^3O^4$ ét.	NaO ét.	+ 14,1	Loug.
Acide amidoacétique.....	$C^4H^5AzO^4$	NaO ét.	+ 3,0	Loug.
Alanine......	$C^6H^7AzO^4$	NaO ét.	+ 2,5	Loug.
Acide nitrobenz. (méta)..	$C^{14}H^3(AzO^4)O^4$	NaO ét.	+ 12,8	Loug.
Acide amidobenz. (méta).	$C^{14}H^7AzO^4$	NaO ét.	+ 9,3	Loug.
Acide benzoïque........	$C^{14}H^6O^4$	NaO ét.	+ 13,5	B.
Mannite	$C^{12}H^{14}O^{12}$ diss. (¹)	KOdissoute (¹)	+ 1,1	B.
		NaO diss. (¹)	+ 1,1	B.
		Varie avec les proportions relatives.		
Glycérine.............	$C^6H^8O^6$ diss. (¹)	NaO dissoute (¹)	+ 0,5	B.
		Varie avec les proportions d'eau, de base et de glycérine.		

(1) 1 équiv. = 2 litres.

Tableau XXXI. — *Formation des sels dissous :*
Bases diverses, vers 15 degrés.

NOMS DES BASES.	FORMULES.	ACIDES.	CHALEUR DÉGAGÉE.	AUTEURS.
Oxyammoniaque........	AzH^3O^2 étendu.	HCl étendu.	+ 9,2	B. T.
		SO^4H étendu.	+ 10,8	B.
Triéthylammine........	$(C^4H^5)^3Az$ dissous.	HCl ét.	+ 12,5	T.
		SO^4H ét.	+ 14,2	T.
Oxyde de tétraméthylam-monium............	$(C^2H^3)^4O,HO$ diss.	SO^4H ét.	+ 15,5	T
Urée.................	$C^2H^4Az^2O^2$ diss.	HCl ét.	+ 0,1	T.
Aniline..............	$C^{12}H^7Az$ diss.	HCl ét.	+ 7,4	T. Loug.
	Id. liquide.	HCl ét.	+ 7,3	Loug.
Toluidine (para)........	$C^{14}H^9Az$ diss.	HCl ét.	+ 8,2	Loug.
	Id. solide.	HCl ét.	+ 4,5	Loug.
Aniline chlorée (ortho)...	$C^{12}H^6ClAz$ diss.	HCl ét.	+ 6,3	Loug.
	Id. pure.	HCl ét.	+ 5,6	Loug.
Aniline chlorée (méta)...	$C^{12}H^6ClAz$ diss.	HCl ét.	+ 6,6	Loug.
	Id. pure.	HCl ét.	+ 5,8	Loug.
Aniline chlorée (para)....	$C^{12}H^6ClAz$ diss.	HCl ét.	+ 7,2	Loug.
	Id. pure.	HCl ét.	+ 2,1	Loug.
Aniline nitrée..........	$C^{12}H^6(AzO^4)Az$ dis.	HCl ét.	+ 1,8	Loug.
	Id. pure.	HCl ét.	— 1,9	Loug.
Oxyde de triéthylstilbine.	$(C^4H^4)^3SbO^2$ diss.	SO^4H ét.	+ 1,8	T.
Glycocolle (ac. amidoacét.)	$C^4H^5AzO^4$ diss.	HCl ét.	+ 1,1	Loug.
Alanine	$C^6H^7AzO^4$	HCl ét.	+ 0,9	Loug.
Oxybenzam. (ac. amidob.)	$C^{14}H^7AzO^4$ diss.	HCl ét.	+ 2,8	Loug.
Méthylquinine..........	$C^{42}H^{28}Az^2O^6$	SO^4H ét.	+ 10,0	T.
Oxyde de glucynium.....	$\frac{1}{2}Be^2O^3$ précipité.	SO^4H ét.	+ 8,0	T.
		HCl ét.	+ 6,8	T.
Oxyde de lanthane......	LaO précipité.	SO^4H ét.	+ 13,7	T.
		HCl ét.	+ 12,5	T.
Oxyde de cérium........	CeO précip.	SO^4H ét.	+ 13,0	T.
		HCl ét.	+ 12,1	T.
Oxyde de didyme........	DiO précip.	SO^4H ét.	+ 12,8	T.
		HCl ét.	+ 12,0	T.
Oxyde d'yttrium........	YO précip.	SO^4H ét.	+ 12,5	T.
		HCl ét.	+ 11,8	T.
Oxyde d'erbium........	ErbO précip.	$C^4H^4O^4$ ét.	+ 9,2	T.
Oxyde stanneux........	SnO précip.	HCl ét.	+ 1,4	T
Oxyde stannique........	SnO^2 gélatineux.	2HCl ét.	+ 1,5	T.
Oxyde cuivreux	Cu^2O	HCl ét.	+7,5(c.ins)	T.
		HBr ét.	+10,4 id.	T.
		HI ét.	+16,9 id.	T.
		3HBr ét.	+ 29,1	T.
		4HBr ét.	+ 36,8	T.
Oxyde aurique........ .	Au^2O^3 hydraté.	3HCl ét.	+ 18,5	T.
		$4H^3Cl$ ét.	+ 23,0	T.

§ 2. — **Formation des sels solides.**

Les tableaux du chapitre précédent ont défini :

La formation des sels solides, depuis l'acide anhydre, solide ou gazeux, et depuis la base anhydre (tableaux XII et XIII) ;

La formation des mêmes sels, depuis l'acide hydraté et la base hydratée, tous deux solides (tableau XIV) ;

La formation des sels doubles et des sels acides (tableau XV) ;

Enfin la formation des sels ammoniacaux solides, depuis l'acide et la base pris sous divers états; ou bien encore depuis leurs éléments gazeux (tableaux XVII et XVIII).

Nous nous bornerons donc à donner ici la chaleur de formation des principaux oxysels alcalins et métalliques solides, depuis leurs éléments, pris dans leur état actuel, vers 15°.

Tableau XXXII. — *Formation des principaux oxysels solides, depuis leurs éléments pris dans leur état actuel, calculée par M. Berthelot* (1).

Azotates........	Sel de H :	$Az + O^6 + H$......	+ 20,5
	— K :	$Az + O^6 + K$......	+ 97,0
	Na :	$Az + O^6 + Na$.....	+ 88,9
	— AzH^3 :	$Az^2 + O^6 + H^4$.....	+ 80,7
	— Sr :	$Az + O^6 + Sr$.....	+ 88,1
	— Ca :	$Az + O^6 + Ca$.....	+ 79,5
	— Pb :	$Az + O^6 + Pb$.....	+ 31,1
	— Ag :	$Az + O^6 + Ag$.....	+ 7,0
Sulfates........	Sel de H :	$S + O^4 + H$.......	+ 96,7
	— K :	$S + O^4 + K$.......	+ 171,1
	Na :	$S + O^4 + Na$......	+ 163,2
	— AzH^3 :	$S + O^4 + Az + H^4$.	+ 157,2
	— Sr :	$S + O^4 + Sr$......	+ 164,7
	— Ca :	$S + O^4 + Ca$......	+ 160,0
	— Mg :	$S + O^4 + Mg$......	+ 150,6
	— Mn :	$S + O^4 + Mn$......	+ 123,8
	— Pb :	$S + O^4 + Pb$......	+ 107,0
	— Zn :	$S + O^4 + Zn$......	+ 117,2
	— Cu :	$S + O^4 + Cu$......	+ 91,8
	— Ag :	$S + O^4 + Ag$......	+ 82,9
Hyposulfite....	Sel de K :	$S^2 + O^3 + K$........	+ 133,7
Chlorates......	Sel de K :	$Cl + O^6 + K$........	+ 94,6
	— K :	$KCl + O^6$...........	— 11,0
	— Na :	$Cl + O^6 + Na$......	+ 85,4

(1) D'après les données de divers auteurs et les siennes propres.

Bromate.....	Sel de K :	$\{$ Br gaz $+ O^6 + K$....	$+\ \ 87,6$
		$\{$ KBr $+ O^6$..........	$-\ \ 11,1$
Iodate.......	Sel de H :	I gaz $+ O^6 + H$.....	$+\ \ 64,2$
	$-$ K :	$\{$ I gaz $+ O^6 + K$......	$+\ 128,4$
		$\{$ KI $+ O^6$...........	$+\ \ 44,1$
Borate.......	Sel de Na :	$B^2 + O^6 + Na$......	$+\ 403,9$
Phosphates...	Sel de H :	$P + O^8 + H^3$.......	$+\ 303,3$
	$-$ Sr :	$P + O^8 + Sr^3$.......	$+\ 471,9$
	$-$ Ca :	$P + O^8 + Ca^3$......	$+\ 460,6$
	$-$ Na :	$P + O^8 + Na^3$......	$+\ 451,6$
	$-$ Na :	$P + O^8 + Na^2 + H$..	$+\ 443,6$
Carbonates (carbone diamant).	Sel de K :	$C + O^3 + K$........	$+\ 138,9$
	$-$ Na :	$C + O^3 + Na$.......	$+\ 134,8$
	$-$ Sr :	$C + O^3 + Sr$........	$+\ 139,4$
	$-$ Ca :	$C + O^3 + Ca$......	$+\ 134,6$
	$-$ Mg :	$C + O^3 + Mg$.......	$+\ 133,7$
	$-$ Zn :	$C + O^3 + Zn$.......	$+\ \ 97,1$
	$-$ Cu :	$C + O^3 + Cu$......	$+\ \ 71,4$
	$-$ Ag :	$C + O^3 + Ag$.......	$+\ \ 60,2$
Bicarbonates..	Sel de K :	$C^2 + O^6 + K + H$...	$+\ 232,7$
	$-$ Na :	$C^2 + O^6 + Na + H$..	$+\ 227,1$
Formiates (carbone diamant).	Sel de H :	$C^2 + H^2 + O^4$.......	$+\ \ 95,5$
	$-$ K :	$C^2 + H + K + O^4$...	$+\ 154,8$
	$-$ Na :	$C^2 + H + Na + O^4$..	$+\ 149,6$
	$-$ AzH^4:	$C^2 + H^5 + Az + O^4$..	$+\ 143,1$
	$-$ Ca :	$C^2 + H + Ca + O^4$.	$+\ 146,5$
	$-$ Sr :	$C^2 + H + Sr + O^4$..	$+\ 150,5$
	$-$ Mn :	$C^2 + H + Mn + O^4$.	$+\ 114,5$
	$-$ Zn :	$C^2 + H + Zn + O^4$.	$+\ 108,9$
	$-$ Pb :	$C^2 + H + Pb + O^4$.	$+\ \ 94,2$
	$-$ Cu :	$C^2 + H + Cu + O^4$.	$+\ \ 84,1$
Acétates (carbone diamant).	Sel de H :	$C^4 + H^4 + O^4$:	$+\ 118,4$
	$-$ K :	$C^4 + H^3 + K + O^4$..	$+\ 174,3$
	$-$ Na :	$C^4 + H^3 + Na + O^4$.	$+\ 168,6$
	$-$ AzH^3:	$C^4 + H^7 + Az + O^4$.	$+\ 163,6$
	$-$ Ca :	$C^4 + H^3 + Ca + O^4$.	$+\ 166,1$
	$-$ Sr :	$C^4 + H^3 + Sr + O^4$.	$+\ 171,5$
	$-$ Mn :	$C^4 + H^3 + Mn + O^4$.	$+\ 133,5$
	$-$ Zn :	$C^4 + H^3 + Zn + O^4$.	$+\ 129,1$
	$-$ Pb :	$C^4 + H^3 + Pb + O^4$.	$+\ 112,2$
	$-$ Cu :	$C^4 + H^3 + Cu + O^4$.	$+\ 106,1$
	$-$ Ag :	$C^4 + H^3 + Ag + O^4$.	$+\ \ 96,4$

Butyrate (C. diamant). Sel de Na : $C^8 + H^7 + Na + O^4$. $+ 208,2$

Valérates (C. dimant).
- Sel de Na : $C^{10} + H^{13} + Na + O^4$: $+ 203,2$
- — AzH³:$C^{19} + H^{13} + Az + O^4$: $+ 208,3$

Oxalates (même remarque).
- Sel de H : $C^4 + H^2 + O^8$: $+ 197$ ou $98,5 \times 2$
- — K : $C^4 + K^2 + O^8$: $+ 323,6$ ou $161,8 \times 2$
- — Na : $C^4 + Na^2 + O^2$: $+ 313,8$ ou $152,9 \times 2$
- — AzH³:$C^4 + H^6 + Az^2 + O^8$: $+ 301,4$ ou $150,7 \times 2$
- — Ag : $C^4 + Ag^2 + O^8$: $+ 158,5$ ou $79,2 \times 2$

§ 3. — Hydratation et dilution des sels et des bases.

Les chaleurs de formation données dans les tableaux précédents se rapportent à des dissolutions étendues, renfermant pour la plupart 200 à 400 H^2O^2 pour 1 équivalent du sel dissous.

Ces nombres étant connus, on en déduira la chaleur de formation des sels dans un état de concentration donnée; pourvu que l'on connaisse les chaleurs de dilution de l'acide, de la base et du sel, depuis cette concentration jusqu'à celle qui répond aux tableaux précédents (voy. page 55). En effet, N et N′ étant les chaleurs de formation du sel dans les deux états de concentration, Δ, δ, δ', les chaleurs de dilution respectives du sel, de l'acide et de la base, on a la relation

$$N' - N = \Delta - (\delta + \delta').$$

Les trois quantités Δ, δ, δ', deviennent en général très petites et négligeables, à partir de la dilution envisagée dans les tableaux; il en est ainsi du moins pour les acides forts et les bases fortes, qui forment des sels stables en présence de l'eau.

Quant aux concentrations plus grandes, on en fera le calcul à l'aide des tableaux suivants, lesquels renferment les chaleurs d'hydratation et de dilution des acides et des bases (δ et δ'), et doivent être complétés par les données individuelles, relatives à la chaleur de dilution de chaque sel (1).

(1) Les chaleurs de dilution des sels, tels que les chlorures, bromures, iodures, azotates, sulfates et acétates de potasse, de soude, d'ammoniaque, de chaux, etc., ont été étudiées par Graham, Rudberg, Person, Favre, Thomsen, Berthelot, Pfaundler; mais ces données, qui changent de grandeur et de signe suivant la température et les proportions relatives, offrent un caractère trop spécial pour être reproduites ici.

Tableau XXXIII. — *Hydratation des acides et des bases anhydres.*

COMPOSANTS.	COMPOSÉS.	ÉQUIVAL.	Chaleur dégagée. Eau liquide.	Chaleur dégagée. Eau solide.	AUTEURS.
AzO^5 solide + HO....	AzO^5,HO solide........	63	+ 1,8	+ 1,1	B.
AzO^5 liquide + HO...	AzO^5,HO liquide...... .	63	+ 5,3	+ 4,6	B.
SO^3 solide + HO.....	SO^3,HO (liquide......	49	+ 10,2	+ 9,5	B.
	(cristallisé....	49	+ 10,6	+ 9,9	B.
IO^5 solide + HO.....	IO^5,HO cristallisé......	176	+ 1,5	+ 0,8	Dt. B.
PhO^5 solide + 3HO...	PhO^3,3 HO cristallisé...	98	+ 16,9	+ 14,8	T.
AsO^5 solide + 3HO...	AsO^5,3 HO cristallisé...	142	+ 3,4	+ 1,3	T.
BO^3 + 3HO....	BO^3,3HO cristallisé.....	62	+ 8,4	+ 6,3	B
$C^4H^3O^3$ liquide + HO..	$C^4H^4O^4$ (liquide........	60	+ 6,95	+ 6,2	B. et L.
	(cristallisé....	»	+ 9,4	+ 8,7	B. et L.
BaO + HO.........	BaO,HO solide........	85,5	+ 8,8	+ 8,1	B.
SrO + HO.........	SrO,HO id.........	60,8	+ 8,6	+ 7,9	B.
CaO + HO........	CaO,HO id	37	+ 7,55	+ 6,85	B.
PbO + HO.........	PbO,HO id.........	120	+ 1,2	+ 0,5	T.
ZnO + HO.........	ZnO,HO id.........	49,5	— 1,5	— 2,2	T.
	$C^4HCl^3O^2$,H^2O^2 liq. à 46°..	165,5	+ 7,3	+ 6,4	B.
	Id. id. à 96°,5	»	+ 6,2	»	B.
$C^4HCl^3O^2$ liq. + H^2O^2..	Id. sol. à 0°..	»	+ 11,8	+ 10,4	B.
(Chloral)...........	Id. sol. à 46°..	»	+ 12,8	»	B.

Tableau XXXIV. — *Hydrates secondaires, vers 15 degrés,
d'après M. Berthelot.*

COMPOSANTS.	COMPOSÉS.	ÉQUIVAL.	CHALEUR DÉGAGÉE.	
			Eau liquide.	Eau solide.
HCl gaz $+ 2\,H^2O^2$	$HCl, 2\,H^2O^2$ solide...	72,5	$+14,1$	$+11,2$
	$HCl, 2\,H^2O^2$ liquide...	72,5	$+11,6$	$+\ 8,7$
HCl gaz $+ 6,5\,H^2O^2$	$HCl, 6,5\,H^2O^2$ liquide	153,5	$+16,5$	$+\ 6,3$
HCl gaz $+ n\,H^2O^2$ (¹)	$HCl, n\,H^2O^2$ liquide..	$36,5 + 18n$	$+17,4$	$+17,4$ $-\ 1,41n$
HBr gaz $+ 2\,H^2O^2$	$HBr, 2\,H^2O^2$ solide...	117	»	»
	$HBr, 2\,H^2O^2$ liquide...	117	$+14,2$	$+10,3$
HBr gaz $+ 4,5\,H^2O^2$	$HBr, 4,5\,H^2O^2$ liquide.	153	$+17,5$	$+11,8$
HBr gaz $+ n\,H^2O^2$ (¹)	$HBr, n\,H^2O^2$ liquide..	$81 + 18n$	$+20,0$	$+20,0$ $-\ 1,41n$
HI gaz $+ 3\,H^2O^2$	$HI, 3\,H^2O^2$ liquide...	182	$+15,6$	$+11,3$
HI gaz $+ 4,5\,H^2O^2$	$HI, 4,5\,H^2O^2$ liquide..	209	$+17,0$	$+10,5$
HI gaz $+ 6,5\,H^2O^2$	$HI, 6,5\,H^2O^2$ liquide..	245	$+18,2$	$+\ 8,9$
HI gaz $+ n\,H^2O^2$ (¹)	$HI, n\,H^2O^2$ liquide...	$128 + 18n$	$+19,5$	$+19,5$ $-\ 1,41n$
AzO^6H gaz $+ 2\,H^2O^2$	$AzO^6H, 2\,H^2O^2$ liquide.	99	$+12,2$	»
AzO^6H liq. $+ 2\,H^2O^2$	$AzO^6H, 2\,H^2O^2$ liquide.	99	$+\ 5,0$	»
AzO^6H liq. $+ 6,5\,H^2O^2$	$AzO^6H, 6,5\,H^2O^2$ liq..	180	$+\ 7,0$	»
AzO^6H liq. $+ n\,H^2O^2$ (¹)	$AzO^6H, n\,H^2O^2$ liq...	$63 + 18n$	$+\ 7,2$	$+\ 7,2$ $-\ 1,41n$
SO^4H sol. $+ HO$ sol.	SO^4H, HO solide.....	58	»	$+\ 3,75$
SO^4H liq. $+ HO$ liq.	SO^4H, HO liquide....	58	$+\ 3,1$	»
SO^4H liq. $+ n\,H^2O^2$ (¹)	$SO^4H, n\,H^2O^2$ liquide.	$49 + 18n$	$+\ 8,5$	$+\ 8,5$ $-\ 1,41n$
$C^4H^2O^8 + 2\,H^2O^2$	$C^4H^2O^8, 2\,H^2O^2$ solide.	126	$+\ 6,2$	$+\ 3,3$
$C^8H^6O^{12} + H^2O^2$ (ac. racém.).	$C^8H^6O^{12}, H^2O^2$ solide..	168	$+\ 1,4$	0,0
AzH^3 gaz $+ H^2O^2$	AzH^3, H^2O^2 solide. ..	35	»	»
	AzH^3, H^2O^2 liquide..	35	$+\ 7,6$	$+\ 6,2$
AzH^3 gaz $+ n\,H^2O^2$ (¹)	$AzH^3, n\,H^2O^2$ liquide..	$17 + 18n$	$+\ 8,8$	$+8,8-1,41n$
$KHO^2 + H^2O^2$	KHO^2, H^2O^2 solide...	74,1	$+\ 8,9$	$+\ 7,5$
$KHO^2 + 2\,H^2O^2$	KHO^2, H^2O^2 solide...	92,1	$+12,5$	$+\ 9,6$
$KHO^2 + n\,H^2O^2$ (¹)	$KHO^2, n\,H^2O^2$ liquide.	$56,1 + 18n$	$+12,5$	$+12,5$ $-\ 1,41n$
$NaHO^2 + n\,H^2O^2$ (¹)	$NaHO^2, n\,H^2O^2$ liq....	$40 + 18n$	$+\ 9,8$	$+\ 9,8$ $-\ 1,41n$
$BaHO^2 + 9\,HO$	$BaHO^2, 9\,HO$ cristall..	166,5	$+12,2$	$+\ 5,7$
$BaHO^2 + n\,H^2O^2$	$BaHO^2, n\,H^2O^2$ liq....	$85,5 + 18n$	$+\ 5,1$	$+5,1-1,41n$
$SrHO^2 + 9\,HO$	$SrHO^2, + 9HO$ crist..	141,8	$+12,4$	$+\ 5,9$

(1) n est pris ici très grand, c'est-à-dire que l'on envisage les dissolutions étendues.

§4. — Chaleurs de dilution.

1. *Solutions d'ammoniaque.*

AzH^3 gaz $+$ 200 H^2O^2, à 10°,5, dégage : $+ 8^{Cal},82$ [B.] F et S. T.
A 100°, on aurait : $+ 8,2$.

Tableau XXXV. — *Dilution des solutions d'ammoniaque, jusqu'à 200 H^2O^2, à la température de 14 degrès (B.).*

Composition de la liqueur primitive.		Poids de AzH^3 dans 1. kil gr.	Densité.	Chaleur dégagée $= Q$. Cal.
$AzH^3 +$	0,98 H^2O^2 (saturée à — 16°)	491	»	$+ 1,285$
$AzH^3 +$	1,00 H^2O^2 »	485	»	$+ 1,265$
$AzH^3 +$	1,07 H^2O^2 »	469	0,860	$+ 1,17$
$AzH^3 +$	1,87 H^2O^2 »	305	»	$+ 0,48$
$AzH^3 +$	3,00 H^2O^2 »	239	»	$+ 0,385$
$AzH^3 +$	3,55 H^2O^2 »	210	»	$+ 0,32$
$AzH^3 +$	5,77 H^2O^2 »	141	»	$+ 0,21$
$AzH^3 +$	9,5 H^2O^2 »	49	»	$+ 0,02$
$AzH^3 +$	54,2 H^2O^2 (1 éq. $= 1$ lit.)....	17	»	$+ 0,00$
$AzH^3 +$	110 H^2O^2 (1 éq. $= 2$ litr.)...	8,5	»	$+ 0,00$

En général, $AzH^3 + nH^2O^2$ dégage, pour une dilution qui l'amène à 200 H^2O^2, à la température de 14 degrés, une quantité de chaleur exprimée par la formule suivante :

$$Q = \frac{1,27}{n}.$$

Cette formule représente une hyperbole équilatère.

Ainsi *la chaleur dégagée par la dilution est en raison inverse de la quantité d'eau déjà unie avec l'ammoniaque.* Mais les valeurs numériques sont environ 9 fois aussi faibles pour l'ammoniaque que pour les hydracides, ou même pour les alcalis concentrés, dissous dans une quantité d'eau équivalente, ainsi qu'il résulte des tableaux suivants.

2. *Solutions d'acide chlorhydrique.*

HCl gaz $+$ 200 H^2O^2, à 15°, dégage : $+ 17^{Cal},43$ [B et L.] F. et S. T.
A 100°, on aurait : $+ 20,5$.

Tableau XXXVI. — *Dilution des solutions d'acide chlorhydrique, vers 15 degrés (B.).*

Composition du liquide employé.	Poids de l'acide réel dans 1 kil. gr.	Densité.	Quantité d'eau additionnelle (dissolvant).	Chaleur dégagée = Q. Cal.
HCl + 2,17 H^2O^2 (saturé à — 12°).	482	»	240 H^2O^2	+ 5,31
+ 2,26	473	»	210	+ 5,15
+ 2,50 (saturé à zéro).	441	»	260	+ 4,47
+ 2,745	425	1,215 à 13°	180	+ 4,39
+ 2,77	422	»	190	+ 4,35
+ 2,93	409	1,203 à 13°	200	+ 3,89
+ 3,20	388	1,196 à 13°	200	+ 3,77
+ 3,45	370	1,190 à 17°	220	+ 3,61
+ 3,56	262	1,183 à 17°	230	+ 3,17
+ 3,70	354	»	120	+ 3,13
+ 3,99	337	1,171 à 17°	240	+ 2,865
+ 5,07	286	1,144 à 17°	280	+ 2,29
+ 6,70	232	1,116 à 17°	160	+ 1,67
+ 10,54	161	1,082 à 13°,5	240	+ 1,04
+ 14,90	120	1,063 à 14°	160	+ 0,69
+ 22,31	82	1,042 à 14°,5	150	+ 0,42
+ 48,0	40,6	1,025 à 13°	100	+ 0,18
+ 50,4	38,6	1,020 à 13°	100	+ 0,175
+ 110 H^2O^2	18,0	»	110	+ 0,05

Au delà de ces dilutions, les résultats ne sont plus sensibles au thermomètre.

Les chiffres de ce tableau peuvent être exprimés par une formule très simple. HCl + $n H^2O^2$ étant le liquide employé, sa dilution dans une grande quantité d'eau, telle que 200 H^2O^2, dégage :

$$Q = \frac{11,62}{n}.$$

Cette formule représente une hyperbole équilatère.

Le tracé graphique ne s'écarte guère de cette courbe, jusque vers 8 à 10 H^2O^2 ; au delà, la courbure change un peu. A partir de 15 H^2O^2 surtout, la formule donne des valeurs un peu trop fortes. Traduite en langage ordinaire, elle signifie que :

La chaleur dégagée par la dilution est en raison inverse de la quantité d'eau déjà unie avec l'hydracide.

3. *Solutions d'acide bromhydrique*, vers 15 degrés.

HBr gaz + 200 H^2O^2, à 15 degrés, dégage : + 20^{Cal},0 [B.] F. et S. T.

Tableau XXXVII. — *Dilution des solutions d'acide bromhydrique.* (B.)

Composition du liquide primitif.	Poids de l'acide réel dans 1 kil.	Densité.	Quantité d'eau additionnelle.	Chaleur dégagée = Q. Cal.
HBr + 2,045 H^2O^2	687	1,792 à 15°	225 H^2O^2	+ 5,75
+ 2,061	685	»	130	+ 5,68
+ 2,090	683	»	130	+ 5,61
+ 2,22	669	»	225	+ 6,46
+ 3,46	563	1,600 à 14°	215	+ 3,15
+ 7,04	390	1,365 à 14°	172	+ 1,21
+ 9,78	315	1,280 à 13°	22,3	+ 0,69
+ 9,78	»	»	40,9	+ 0,94
+ 9,78	»	»	123	+ 1,02
+ 22,0	171	1,131 à 14°	250	+ 0,35
+ 32,17	123	1,093 à 13°	33,9	+ 0,15
+ 65,7	64,2	1,046 à 18°	67	+ 0,10
+ 133	32,9	1,023 à 18°	134	+ 0,015
+ 267	16,4	»	268	+ 0,00

$\left.\begin{array}{c}\\\\\\\end{array}\right\}$ + 0,265

La formule suivante

$$Q = \frac{12,06}{n} - 0,20$$

représente assez exactement les chaleurs dégagées jusque vers $n = 40$. Au delà et surtout depuis $n = 60$, il convient de supprimer le terme — 0,20.

4. *Solutions d'acide iodhydrique*, vers 15 degrés.

HI gaz + 100H^2O^2, à 15°, dégage : + 19^{Cal},57 [B et Loug.] F et S. T.

Tableau XXXVIII. — *Dilution des solutions d'acide iodhydrique* [B.].

Composition du liquide primitif.	Poids de l'acide dans 1 kil. gr.	Densité.	Quantité d'eau additionnelle.	Chaleur dégagée — Q. Cal.
HI + 2,95 H^2O^2..........	706	»	350 H^2O^2	+ 3,98
+ 3,00	700	2,031 à 14°	»	»
+ 3,25	685	1,984	180	+ 3,74
+ 3,67	657	1,912	180	+ 3,10
+ 4,35	619	1,808	107	+ 2,18
+ 8,02	469	1,536	140	+ 0,95
+ 10,18	411	1,413	24,5	+ 0,43
+ 10,67	100	1,400	25,4	+ 0,43
+ 10,67	»	»	300	+ 0,48
+ 19,5	266	1,256	120	+ 0,115
+ 35,68	151	»	70	+ 0,05
+ 106	64^{gr}=1^l	»	210	+ 0,00

La chaleur dégagée par la dilution des liqueurs concentrées d'acide iodhydrique est à peu près la même que pour les acides bromhydrique et surtout chlorhydrique : relation semblable à celle qui existe entre les chaleurs de dissolution des acides gazeux. Il résulte de là que : *les travaux moléculaires accomplis dans les réactions de ces trois hydracides sur un même nombre d'équivalents d'eau sont les mêmes ;* par conséquent, les liqueurs correspondantes possèdent la même constitution.

La formule suivante représente assez bien les expériences :

$$Q = \frac{11,74}{n} - 0,50 ;$$

du moins jusqu'à $n = 20$. Au delà, $Q = \frac{19,57}{10\,n}$ suffit.

5. *Solutions d'acide azotique.*

Tableau XXXIX. — *Dilution de l'acide azotique, à* 10 *degrés* [B.].

Formule de l'acide primitif : $AzO^6H + n\ H^2O^2$.	Chaleur dégagée par la dilution, pour un acide final $AzO^6H + 200\ H^2O^2$.
	Cal.
AzO^6H	$+ 7,15$
$AzO^6H + 0,5\,H^2O^2$	$+ 5,15$
1,0	$+ 3,84$
1,5	$+ 3,02$
2	$+ 2,32$
3	$+ 1,42$
4	$+ 0,79$
5	$+ 0,42$
6	$+ 0,20$
7	$+ 0,06$
7,5	$+ 0,00$
8	$- 0,04$
10	$- 0,09$
15	$- 0,24$
20	$- 0,18$
40	$- 0,09$
100	$- 0,03$

À 100 degrés, $Az\,O^6H$ additionné de 200 H^2O^2 dégagerait : $+ 10^{Cal},8$

À — 20 degrés... $+ 6^{Cal},0$

On voit par l'étendue de ces variations combien est trompeuse la recherche d'une constante thermique, commune aux réactions des liquides.

6. *Solutions d'acide sulfurique.*

Ces dissolutions ont été étudiées par un grand nombre d'observateurs, savoir : Hess, Graham, Abria, Favre et Silbermann, Thomsen, Pfaundler. On donnera ici les résultats observés par M. Thomsen.

Tableau XL. — *Dilution de l'acide sulfurique pur, vers 18 degrés.*

$$
\begin{array}{lr}
 & \text{Cal} \\
SO^4H + \quad HO\ldots\ldots\ldots & +\ 3,14 \\
+\ 2\ HO\ldots\ldots\ldots & +\ 4,68 \\
+\ 3\ HO\ldots\ldots\ldots & +\ 5,55 \\
+\ 5\ HO\ldots\ldots\ldots & +\ 6,54 \\
+\ 9\ HO\ldots\ldots\ldots & +\ 7,47 \\
+\ 19\ HO\ldots\ldots\ldots & +\ 8,12 \\
+\ 49\ HO\ldots\ldots\ldots & +\ 8,3 \\
+\ 99\ HO\ldots\ldots\ldots & +\ 8,42 \\
+\ 199\ HO\ldots\ldots\ldots & +\ 8,52 \\
+\ 399\ HO\ldots\ldots\ldots & +\ 8,65 \\
+\ 799\ HO\ldots\ldots\ldots & +\ 8,81 \\
+\ 1599\ HO\ldots\ldots\ldots & +\ 8,92 \\
\end{array}
$$

Q_n étant la chaleur dégagée vers 18 degrés, lorsque SO^4H est étendu avec $n\,HO$, on a en général

$$Q_n = \frac{n}{n + 1,86}\ 9,0,\ \text{d'après Thomsen;}$$

ou bien $Q_n = \dfrac{n}{1 + 1,59}\ 8,96;$ d'après Pfaundler.

A 100 degrés, $SO^4H + 200\ H^2O^2$ dégagerait : $+ 9,8$.

7. *Solutions d'acide phosphorique* (T).

$PhO^5,3\,HO$ solide, en présence de $n\,HO$, à 18 degrés, dégage :

$$\frac{n}{n + 3,715}\ 5,40 - 2,52.$$

8. *Solutions de potasse.*

KHO^2, en se dissolvant dans $200\ H^2O^2$, à 11°, dégage : $+ 12^{Cal},46$ (B.).

A 100°, on aurait$\ldots\ldots\ldots\ldots\ldots\ldots\ldots\ldots\ldots$ $+ 16,8$

$KHO^2 + 2H^2O^2$, cristallisé, en se dissolvant à 11 degrés dans $200\,H^2O^2$, absorbe$\ldots\ldots\ldots\ldots\ldots$ $- 0,03$ (B.).

Tableau XLI. — *Dilution des solutions de potasse vers 15 degrés* (B.)

Composition du liquide employé.	Poids de la potasse, KHO^2 dans 1 kilogr.	Densité.	Quantité d'eau additionnelle (dissolvant).	Chaleur dégagée = Q.	
				Trouvée.	Calcul. pour 200 H^2O^2.
KHO^2 + 3,06 H^2O^2 (saturée).	503$^{gr.}$	1,532 vers 16°	+ 41 H^2O^2	+ 2,41	+ 2,38
+ 3,28..............	488	1,512 à 12°	+ 42,5	+ 2,14	+ 2,11
+ 3,52..............	470	1,499 à 13°	+ 44,3	+ 1,98	+ 1,95
+ 4,11..............	431	1,452 à 12°,5	+ 50	+ 1,44	+ 1,41
+ 5,20..............	379	1,392 à 12°,5	+ 60	+ 0,98	+ 0,95
+ 7,02..............	307,05	1,307 à 14°,5	+ 39	+ 0,60	+ 0,57
+ 11,00..............	221	1,215 à 15°	+ 60	+ 0,16	+ 0,13
+ 15,3..............	169	1,167 à 10°	+ 79	+ 0,045	+ 0,06
+ 15,3..............	»	»	+ 17	— 0,035	— 0,06
+ 32,3..............	»	»	+ 21	— 0,035	— 0,06
+ 46..............	»	1,062	+ 46	— 0,03	— 0,03
+ 48..............	»	»	+ 48	— 0,035	— 0,03
+ 54..............	»	1,053	+ 54	— 0,028	— 0,03
+ 64,6..............	»	1,044	+ 65	— 0,024	— 0,025
+ 55,3 (1 éq. = 1 lit.).	»	1,052 à 11°,5	+ 56	— 0,026	— 0,025
+ 111 (1 éq. = 2 lit.).	»	1,026	+110	— 0,00	— 0,00

La formule empirique

$$Q = \frac{23}{n^2}$$

représente assez fidèlement les nombres obtenus jusque vers $n = 11$. Au delà, il faut ajouter un terme correctif, tel que $-\frac{23}{10\,n}$; enfin la formule se réduit sensiblement à ce dernier terme, depuis $n = 32$.

9. *Solutions de soude.*

Na HO² solide + 145 H²O²; à 10°,5, dégage : + 9,78 (B.).
A 100°, on aurait : + 13,0.

Tableau XLII. — *Dilution des solutions de soude, entre 10 et 12 degrés (B.).*

Composition.	Poids de la soude $NaHO^2$ dans 1 kil.	Densité vers 14 degrés.	Quantité d'eau additionnelle (dissolvant).	Chaleur dégagée.	
				Trouvée.	Calculée pour 200 H^2O^2.
$NaHO^2 + 2{,}57\ H^2O^2$ (saturée)	464	1,494	80 H^2O^2	+ 3,69	+ 3,59
2,84	439	1,470	86	+ 3,18	+ 3,09
3,29	404	1,436	64	+ 2,41	+ 2,13
4,09	358	1,383	75	+ 1,47	+ 1,37
5,58	285	1,312	59	+ 0,38	+ 0,18
8,78	200	1,220	46	-- 0,20	— 0,42
15,4	126	1,140	76	— 0,29	— 0,40
18,4	»	»	61	— 0,39	— 0,49
27,8 (2 éq. = 1 lit.)	»	1,088 à 7°	27,6	— 0,24	— 0,46
37,4	»	1,067	74	— 0,245	— 0,32
55,8 (1 éq. = 1 lit.)	»	1,046	56	— 0,145	— 0,225
70,2	»	1,035	140	— 0,155	— 0,175
80	»	»	80	— 0,075	— 0,10
111,4 (1 éq. = 2 lit.)	»	1,023	111,5	— 0,06	— 0,08
223 (1 éq. = 4 lit.) . .	»	»	223	-- 0,02	— 0,02

La formule empirique

$$Q = \frac{23}{n^2}$$

représente les chaleurs dégagées à la température de 10 à 12 degrés, et cela jusque vers $5,6\,H^2O^2$. Elle est la même que pour la potasse ; c'est-à-dire que : *les premiers travaux accomplis dans la dilution des solutions concentrées de potasse et de soude sont les mêmes,* malgré la différence qui existe entre les chaleurs de dissolution des hydrates solides.

Entre $5,6\,H^2O^2$ et $18,4\,H^2O^2$, il faut ajouter, à la formule pour la soude, un terme correctif tel que $-0,60$. Au delà de ce point, le terme correctif $-\dfrac{23}{2n}$ suffit, et la formule finit même par se réduire à ce terme unique.

10. Donnons encore la chaleur dégagée par les équivalents d'eau successifs unis aux alcalis, en la comparant avec les nombres analogues relatifs aux acides sulfurique, chlorhydrique et azotique.

Tableau XLIII. — *Acides et bases + Eau : équivalents successifs.*

	Acide azotique. AzO^6H.	Acide sulfurique. SO^4H.	Acide chlorhydrique. HCl.	Potasse. KHO^2.	Soude. $NaHO^2$.	Ammoniaque. AzH^3.
+ 1er HO dégage	+ 2,00	+ 3,14	»	»	»	»
2e HO	+ 1,31	+ 1,54	»	»	»	»
3e	+ 0,82	+ 0,87	»	»	»	2 × 0,40
4e	+ 0,70	2 × 0,50 (4e et 5e)	»	»	»	
5e et 6e dégagent	+ 2 × 0,55	4 × 0,23 (6e à 9e)	2 × 0,77	»	1,0 (6e)	2 × 0,09
7e et 8e	+ 2 × 0,31		2 × 0,51	2 × 0,45	2 × 0,48	4 × 0,03
9e et 10e	+ 2 × 0,19	»	2 × 0,28	2 × 0,23	»	
11e au 20e	+ 10 × 0,065	10 × 0,065	10 × 0,13	10 × 0,07	»	

Il ressort de ce tableau que la chaleur, dégagée par l'addition d'un équivalent d'eau avec les acides et les bases, décroît en général suivant une loi analogue à une progression géométrique, quand les équivalents d'eau (n) croissent en progression arithmétique. On a donc à peu près

$$Q = \frac{A}{\rho^n},$$

ρ étant un nombre voisin de l'unité, un peu variable, et de la forme $\frac{n}{n+b}$.

Hess, ayant remarqué le premier ce rapprochement, en avait conclu l'existence d'une unité thermique, commune aux réactions chimiques (*Annales de chimie et de physique*, 2ᵉ série, t. LXXIV, p. 325; et surtout, 3ᵉ série, t. IV, p. 314). Mais les valeurs numériques relatives à la potasse et à l'acide sulfurique diffèrent beaucoup, comme on peut le voir au tableau de la page 403; et elles ne sont plus les mêmes pour les hydracides. Bref, il ne paraît pas que la tentative faite par ce savant pour découvrir ici des nombres qui fussent multiples d'une même unité générale, tentative reproduite dans ces derniers temps, (voy. p. 344), soit confirmée par l'expérience.

Cependant la relation même qui existe entre les quantités de chaleur successivement dégagées donne lieu à une remarque intéressante.

En effet, M. Becquerel, dans ses expériences sur la force électromotrice des solutions acides et alcalines (*Comptes rendus des séances de l'Académie des sciences*, t. LXXVII, p. 1132), a été conduit à représenter ces forces par une expression : $x = \frac{a}{r^n}$, tout à fait analogue à la précédente. A la vérité, les valeurs numériques de la fonction thermique, tout en suivant une marche pareille, ne sont pas identiques à celles de lafonction qui exprime les forces électromotrices. Mais il ne saurait guère en être autrement, les quantités de chaleur aussi bien que les forces électromotrices mesurant la somme complexe de divers effets, les uns chimiques et les autres physiques. La similitude des deux expressions n'en est pas moins frappante, et il demeure établi que le décroissement des forces électromotrices suit la même marche générale que le décroissement des quantités de chaleur qui répondent à la réaction chimique, celles-ci comme celles-là pouvant servir de termes de comparaison aux affinités.

CHAPITRE VII

FORMATION DES COMPOSÉS ORGANIQUES.

Tableau XLIV. — *Chaleur dégagée dans la formation des composés organiques depuis leurs éléments : carbone diamant, hydrogène gazeux, oxygène gazeux, azote gazeux ; calculée par M. Berthelot, d'après les chaleurs de combustion* (1) *et autres données.*

NOMS.			COMPOSANTS.	POIDS moléculaire.	CHALEUR dégagée.
1. — *Carbone et carbures d'hydrogène.*					
Carbone amorphe changé en diamant.			C^2 (diamant)	12	$+3,0$
Oxyde de carbone (carbone diamant)....			$C^2 + O^2$	28	$+25,8$
Acide carbonique	id.	....	$C^2 + O^4$	44	$+94$
Acétylène.......	id.	....	$2(C^2 + H)$	26 ou 13×2	-64 ou -32×2
Éthylène........	id.	....	$2(C^2 + H^2)$	28 ou 14×2	-8 ou -4×2
Méthyle	id.	....	$2(C^2 + H^3)$	30 ou 15×2	$+28^*$ ou $+14^* \times 2$
Formène........	id.	....	$C^2 + H^4$	16	$+22$
Amylène gaz...	id.	....	$C^{10} + H^{10}$	70 ou 14×5	$+5,4$ ou $+1,1 \times 5$
Amylène liquid.	id.	....	$C^{10} + H^{10}$	70 ou 14×5	$+10,6$
Diamylène liquid.	id.	....	$2(C^{10} + H^{10})$	140	$+33.0$
Éthalène liquide.	id.	....	$C^{32} + H^{32}$	224	$+118$ ou $7,2 \times 16$
Citrène liquide..	id.	....	$C^{20} + H^{16}$	136	$+\frac{9}{2}$
Térébenthène ...	id.	....	$C^{20} + H^{16}$	136	$+17$
Térébène	id.	....	$C^{20} + H^{16}$	136	$+42$
Benzine liquid.	id.	....	$C^{12} + H^6$	78	-5
Benzine gaz ..	id.	....			-12
2. — *Alcools.*					
Alcool méthylique.	id.	....	$C^2 + H^4 + O^2$	32	$+62$
Alcool ordinaire...	id.	....	$C^4 + H^6 + O^2$	46	$+74$
Alcool isopropyliq. et propyliq.	id.	....	$C^6 + H^8 + O^2$	60	$+82^*$
Alcool amylique...	id.	....	$C^{10} + H^{12} + O^3$	88	$+96$
Alcool éthal. sol..	id.	....	$C^{32} + H^{34} + O^2$	242	$+112$
Phénol........	id.	....	$C^{12} + H^6 + O^2$	94	$+34$
Glucose........	id.	....	$C^{12} + H^{12} + O^{12}$	180	$+265^*$
Cellulose......	id.	....	$C^{12} + H^{10} + O^{10}$	162	$+345$
Éther ord. liquid.	id.	....	$C^8 + H^{10} + O^2$	74	$+53$
Éther amyléthyliq.	id.	....	$C^{14} + H^{16} + O^2$	116	$+49^*$
3. — *Aldéhydes.*					
Aldéhyde liq....	id.	....	$C^4 + H^4 + O^2$	44	$+16$
Aldéhyde gaz...	id.	....	$C^4 + H^4 + O^2$	44	$+40$
Acétone........	id.	....	$C^6 + H^6 + O^2$	48	$+65$
Ald. orthopropyl.	id.	....	$C^6 + H^6 + O^2$	58	$+69$

(1) Un tiers environ de celles-ci est emprunté aux expériences de MM. Favre et Silbermann ; le reste est tiré de mes mémoires cités à la page 76.

Tableau **XLIV** bis.

NOMS.	COMPOSANTS.	POIDS moléculaire.	CHALEUR dégagée.
4. — Acides.			
Acide formique { gaz........... liquide........... solide...........	$C^2+H^2+O^1$	46	+ 87,4 + 93 + 95,5
Acide acétique { gaz........... liquide........... solide...........	$C^4+H^4+O^4$	60	+108,8 +116 +118,4
Id. acétique anhydre { gaz........... liquide.......	$2(C^4+H^3+O^3)$	51 × 2	+71,6×2 +75,0+2
Id. butyrique liquide...............	$C^8+H^8+O^4$	88	+155
Id. valérique liquide	$C^{10}+H^{10}+O^4$	102	+158
Id. margarique solide.............	$C^{22}+H^{32}+O^4$	256	+223
Id. oxalique solide	$C^4+H^2+O^8$	90	+197
5. — Éthers.			
Éther méthylformique liquide.........	$C^4+H^4+O^4$	60	= chaleur
Id. méthylacétique id.	$C^6+H^6+O^4$	74	dégagée
Id. éthylformique id.		74	dans la for-
Id. éthylacétique id.	$C^8+H^8+O^4$	88	mat. de l'a-
Id. méthylbutyrique id.	$C^{10}+H^{10}+O^4$	102	cide+ chal.
Id. méthylvalérique id.	$C^{12}+H^{12}+O^4$	116	de format.
Id. éthylvalérique id.	$C^{14}+H^{14}+O^4$	130	de l'alcool
Id. amylacétique id.		130	— chal. de
Id. amylvalérique id.	$C^{20}+H^{20}+O^4$	172	format. de
Id. éthalmargarique solide.........	$C^{64}+H^{64}+O^4$	480	l'eau — 2,0
Id. méthyloxalique solide.........	$C^8+H^6+O^8$	118	pour chaq.
Id. éthyloxalique liquide............	$C^{12}+H^{10}+O^8$	146	éq.d'alcool.
Trioléine liquide....................	$C^{114}+H^{104}+O^{12}$	884	+228*
Éther chlorhydriq. { gazeux........... liquide...	C^4+H^5+Cl	64,5	+ 30,4* + 36,9*
Éther bromhydriq. { gazeux........... liquide..	$C^4+H^5+Br.$	109	+ 11,7* + 18,4*
Éther iodhydrique { gazeux (I gaz).... liquide (I solide)..	C^4+H^5+I	156	+ 3,7* — 1,7*
Bromure d'éthylène { gazeux........... liquide...........	$C^4+H^4+Br^2$	188	+ 13,1 + 21,3
Éther amylchlorhydrique liquide (1)...	$C^{10}+H^{11}+Cl$	106,5	+ 50,2
Id. amylbromhydrique liquide (Br. liq.)	$C^{10}+H^{11}+Br$	151	+ 35,3
Id. amyliodhydrique liquide (I solide).	$C^{10}+H^{11}+I$	198	+ 19,2
Id. azotique liquide...............	$C^4+H^5+Az+O^6$	91	+ 30,7

(1) C'est-à-dire iodhydrate d'amylène; de même chlorhydrate, bromhydrate d'amylène ; tous ces éthers ayant été préparés avec le carbure et les hydracides.

Tableau XLIV ter.

NOMS.	COMPOSANTS.	POIDS moléculaire.	CHALEUR dégagée.
6. — *Composés divers.*			
Chlorure acétique liquide............	$C^4+H^3+Cl+O^2$	78,5	+ 63,5
Bromure acétique liquide............	$C^4+H^3+Br+O^2$	123	+ 53,6
Iodure acétique liquide..............	$C^4+H^3+I+O^2$	170	+ 39
Oxamide solide....................	$C^4+H^4+Az^2+O^4$	88	+169
Nitrobenzine liquide..	$C^{12}+H^5+Az+O^4$	123	... 17,5
Binitrobenzine solide..............	$C^{12}+H^4+Az^2+O^8$	168	— 30,7
Cyanogène gaz..	$(C^2+Az)^2$ ou C^4+Az^2	26×2 / 52	41×2 ou — 82
Acide cyanhydrique (gazeux........... / liquide..........	C^2+Az+H	27	— 14,1 / — 8,4
Chlorure de cyanogène (gazeux..... / liquide......	$C^2+Az+Cl$	61,5	— 21,5 / — 13,2
Iodure de cyanogène solide..........	C^2+Az+I	153	— 23,1
Formiate de potasse solide..........	$C^2+H+K+O^4$	84	+ 154,8
Acétate de potasse solide............	$C^4+H^3+K+O^4$	98	+174,3
Oxalate de potasse solide	$C^4+K^2+O^8$	166	+323,6 ou +161,8×2
Formation d'un homologue liquide....	$(A)+C^2+H^2$	(N) + 14	+ 6,0

Tableau XLV. — *Formation des éthers au moyen des alcools : état actuel des composants et des composés ; d'après M. Berthelot.*

	NOMS.	FORMULES.	ÉQUIVAL.	CHALEUR DÉGAGÉE. Corps isolés et purs.	CHALEUR DÉGAGÉE. Corps dissous dans l'eau [2].
		ALCOOL + ACIDE = ÉTHER + EAU;		ALCOOL + ALCOOL = ÉTHER + EAU.	
	Éther chlorhydrique liquide....	$C^4H^4(HCl)$	64,5	+ 6,0*	»
	Éther bromhydrique	$C^4H^4(HBr)$	109	+ 3,6*	»
	Éther iodhydrique..	$C^4H^4(HI)$	156	+ 3,1*	»
	Éther acétique....................	$C^4H^4(C^4H^4O^4)$	88	— 2,0	— 1, 8
	Éther oxalique....................	$[C^4H^4]^2(C^4H^2O^8)$	146	— 1,9×2	—1,75×2
	Acide éthyloxalique dissous..........	$C^4H^4(C^4H^2O^8)$	118	»	—3,6
	Éther méthyloxalique solide........	$[C^2H^2]^2(C^4H^2O^8)$	118	+ 0,8×2	—1,2×2
	Éther azotique....................	$C^4H^4(AzO^6H)$	91	+ 6,2	—2,6
	Nitroglycérine (regardée comme insol.)	$C^6H^2(AzO^6H)^3$	227	+ 4,7×3	—2,9×3
	Nitromannite solide (insoluble)......	$C^{12}H^2(AzO^6H)^6$	452	+ 3,9×6	—2,5×6
	Éther ordinaire...................	$C^4H^4(C^4H^6O^2)$	74	— 0,3	+0,5
Acide	méthylsulfurique..............	$C^2H^2(S^2O^6H^2)$	112	+ 13,8 [1]	—5,1
	éthylsulfurique............	$C^4H^4(S^2O^6H^2)$	126	+ 14,7 [1]	—4,7
	iséthionique	$C^4H^6O^2, S^2O^6$	126	+ 16,0 [1]	—3,4
	propylsulfurique normal.......	$C^6H^6(S^2O^6H^2)$	140	+ 15,9 [1]	—4,0
	isopropylsulfurique	$C^6H^6(S^2O^6H^2)$	140	+ 17,1 [1]	—3,3
	isobutylsulfuriq. (alcool de ferm.).	$C^8H^8(S^2O^6H^2)$	154	+ 17,6 [1]	—2,2
	amylsulfurique (alcool de ferm.).	$C^{10}H^{10}(S^2O^6H^2)$	168	+ 19,5 [1]	—0,2
	glycérisulfurique	$C^6H^6O^4(S^2O^6H^2)$	172	+ 15,2 [1]	—3,2

(1) Alcool et acide sulfurique purs, acide éthéré en solution aqueuse étendue.
(2) Composants et composé.

Tableau XLVI. — *Formation des éthers et des alcools, dans leur état actuel, au moyen des carbures d'hydrogène; d'après M. Berthelot.*

CARBURES + EAU = ALCOOL.		CARBURE + ACIDE = ÉTHER.		CHALEUR DÉGAGÉE.	
NOMS.	COMPOSANTS.	FORMULE DU COMPOSÉ.	ÉQUIVAL.	Carbure liquide.	Carbure gazeux.
Alcool ordinaire	$C^4H^4 + H^2O^2$ (gaz)	$C^4H^4(H^2O^2)$ gaz	46	"	+16,9
	$C^4H^4 + H^2O^2$ (liquide)	liquide	46	"	+26,5
		$C^4H^4(H^2O^2)$ liquide	46	"	+16,9
		dissous dans l'eau	46	"	+19,4
Alcool isopropylique	$C^6H^6 + H^2O^2$ (gaz)	$C^6H^6(H^2O^2)$ liquide	60	"	+26,1
	$C^6H^6 + H^2O^2$ (liquide)	$C^6H^6(H^2O^2)$ liquide	60	"	+16,5
		dissous dans l'eau	60	"	+20,0
Son chang. en alcool propyl. norm	$C^6H^8O^2$	$C^6H^8O^2$	60	"	0,0
Éther ordinaire	$C^4H^4 + C^4H^6O^2$ (gaz)	$C^4H^4(C^4H^6O^2)$ gaz	74	"	+19,4
	$C^4H^4 + C^4H^6O^2$ (liquide)	$C^4H^4(C^4H^6O^2)$ liquide	74	"	+16,1
		dissous	74	"	+22,0
Éther amylchlorhydrique	$C^{10}H^{10} + HCl$	$C^{10}H^{10}(HCl)$	106,5	+17,6	+22,9
Éther amylbromhydrique	$C^{10}H^{10} + HBr$	$C^{10}H^{10}(HBr)$	151	+15,2	+20,5
Éther amyliodhydrique	$C^{10}H^{10} + HI$	$C^{10}H^{10}(HI)$	198	+14,8	+20,0
Bromure d'éthylène	$C^4H^4 + Br^2$ (liquide)	$C^4H^4Br^2$	188	"	+29,3
	$C^4H^4 + Br^2$ (gaz)	$C^4H^4Br^2$	188	"	+36,5 on 18,2×2
Éther acétique	$C^4H^4 + C^4H^4O^4$ (liquide)	$C^4H^4(C^4H^4O^4)$ liquide	88	"	+14,9
	$C^4H^4 + C^4H^4O^4$ (gaz)	$C^4H^4(C^4H^4O^4)$ gaz	88	"	+11,2
Acide éthylsulfurique	$C^4H^4 + 2SO^4H$ (pur)	$C^4H^4(S^2O^8H^2)$ dissous	126	"	+31,6
	$C^4H^4 + 2SO^4H$ (étendu)	$C^4H^4(S^2O^8H^2)$ id.	126	"	+14,7
Acide propylsulfurique	$C^6H^6 + 2SO^4H$ (pur)	$C^6H^6(S^2O^8H^2)$ id.	140	"	+33,6
	$C^6H^6 + 2SO^4H$ (étendu)	$C^6H^6(S^2O^8H^2)$ id.	140	"	+16,7
Acide iséthionique	$C^4H^4 + S^2O^6 + H^2O^2$	$C^4H^4H^2O^2(S^2O^6)$ id.	126	"	+53,3
	$C^4H^4 + 2SO^4H$ (étendu)	$C^4H^4H^2O^2(S^2O^6)$	126	"	+16,0
	$C^4H^6O^2 + S^2O^6$	$C^4H^4H^2O^2(S^2O^6)$	126	+36,4(1)	+46,2 (1)
Acide benzino-sulfurique	$C^{12}H^6 + S^2O^6$	$C^{12}H^6(S^2O^6)$ dissous	158	+34,7	+41,9
	$C^{12}H^6 + 2SO^4H$ (étendu)	$C^{12}H^6(S^2O^6)$ id.	158	− 2,6	+ 3,6
Acide toluéno-sulfurique	$C^{14}H^8 + S^2O^6$	$C^{14}H^8(S^2O^6)$ id.	172	+35,9	"
	$C^{14}H^8 + 2SO^4H$ (étendu)	$C^{14}H^8(S^2O^6)$ id.	172	− 1,4	"
Benzino-sulfate de soude	$C^{12}H^6 + S^2O^6 + NaHO^2$	$C^{12}H^5NaS^2O^6$ sol. + H^2O^2 sol	"	+60,3	"
Benzino-sulfate de baryte	$C^{12}H^6 + S^2O^6 + BaHO^2$	$C^{12}H^5BaS^2O^6$ sol. + H^2O^2 sol	"	+53,5	"
Éthylsulfate de soude	$C^4H^6O^2 - 2SO^4H$ liq. + $NaHO^2$	$C^4H^4(S^2O^8NaH) + H^2O^2$ sol	"	+40,6(1)	"
Éthylsulfate de baryte	$C^4H^6O^2 + 2SO^4H$ liq. + $BaHO^2$	$C^4H^4(S^2O^8BaH) + H^2O^2$ sol	"	+33,2(1)	"

(1) Ce composé n'est pas formé avec le carbone, mais avec l'alcool.

Tableau XLVII. — *Formation des aldéhydes et des acides organiques par oxydation, d'après M. Berthelot.*

NOMS.	COMPOSANTS.	COMPOSÉS.	CHALEUR dégagée.	ÉTAT PHYSIQUE du composé.
1° *Avec les carbures d'hydrogène.*				
Aldéhyde éthylique..........	$C^4H^4 + O^2$	$C^4H^4O^2$	+ 46,8	gaz.
			+ 54	liquide.
Aldéhyde orthopropylique .	$C^6H^6 + O^2$	$C^6H^6O^2$	+ 72,5	liquide.
Aldéhyde isopropylique....	$C^6H^6 + O^2$	$C^6H^6O^2$	+ 68,5	liquide.
			+ 116,5	gaz.
Acide acétique..........	$C^4H^4 + O^4$	$C^4H^4O^4$	+ 124	liquide.
			+ 121,5	solide.
Acide propionique........	$C^6H^6 + O^4$	$C^6H^6O^4$	+ 146,5	liquide.
Acide oxalique..........	$C^4H^2 + O^8$	$C^4H^2O^8$	+ 261	solide.
Acide acétique..........	$C^4H^2 + O^2 + H^2O^2$	$C^4H^4O^4$	+ 111	liquide.
			+ 113,5	solide.
Acide formique	$C^2H^4 + O^6$	$C^2H^2O^4 + H^2O^2$	+ 140	liquide.
			+ 137,6	solide.
2° *Avec les aldéhydes.*				
Acide acétique..........	$C^4H^4O^2 + O^2$	$C^4H^4O^4$	+ 70,3	Tous corps gazeux.
			+ 72,5	État actuel.
Acide propionique........	$C^6H^6O^2 + O^2$	$C^6H^6O^4$	+ 74,0	État actuel.
3° *Avec les alcools.*				
Acide formique liquide....	$C^2H^4O^2 + O^4$	$C^2H^2O^4 + H^2O^2$	+ 100	État actuel.
Acide acétique liquide	$C^4H^6O^2 + O^4$	$C^4H^4O^4 + H^2O^2$	+ 111	Id.
Acide valérique liquide ...	$C^{10}H^{12}O^2 + O^4$	$C^{10}H^{10}O^4 + H^2O^2$	+ 131	Id.
Acide margarique solide ..	$C^{32}H^{34}O^2 + O^4$	$C^{32}H^{32}O^4 + H^2O^2$	+ 180	Id.
Acide oxalique solide.....	$C^4H^6O^2 + O^{10}$	$C^4H^2O^8 + 2H^2O^2$	+ 261	Id.
	$C^4H^4O^4 + O^6$	$C^4H^2O^8 + H^2O^2$	+ 150	Id.

Tableau **XLVIII**. — *Divers composés organiques.*

NOMS.	COMPOSANTS.	COMPOSÉS.	ÉQUIVAL.	CHALEUR dégagée.

Formation des amides par les sels ammoniacaux (B.).

NOMS.	COMPOSANTS.	COMPOSÉS.	ÉQUIVAL.	CHALEUR dégagée.
Amide formique.......	$C^2H^2O^4, Az\,H^3$ (diss.)..	$C^2H^3AzO^2$ (diss.).	45	— 1,0
Nitrique formique ou acide cyanhydrique..	$C^2H^2O^4, Az\,H^3$ (diss.)..	$C^2H\,Az$ (dissous).	27	— 10,4
Oxamide.............	$C^4H^2O^8, 2Az\,H^3$ (crist.).	$C^4H^4Az^2O^4$ (solide)	88	— $1,2 \times 2$

Formation des corps polymères (B.).

NOMS.	COMPOSANTS.	COMPOSÉS.	ÉQUIVAL.	CHALEUR dégagée.
Diamylène...........	$2C^{10}H^{10}$ { liquide.... ; gazeux ...	$C^{20}H^{20}$ { liquide . ; liquide .	140 ; 140	+ 11,8 ; + 22,3
Benzine.............	$3C^4H^2$	$C^{12}H^6$ gaz........	78	+ 180
Chloral insoluble.....	$n(C^4HCl^3O^2)$...	$n\,C^4HCl^3O^2$ liquide	$n \times 147,5$	+ $8,9 \times n$
Acide cyanurique (Tr. et H.).............	$3C^2H\,Az\,O^2$ liq.	$C^6H^3\,Az^3\,O^6$ solide	43×3	+ $14,4 \times 3$
Cyamélide (Tr. et H.)..	$n\,C^2H\,Az\,O^2$ liq.......	$n\,C^2H\,Az\,O^2$ solide.	$43 \times n$	$\times 17,6 \times n$

Formation des chlorures acides avec les acides organiques (B. et L.).

Acide pur + HCl gaz = Chlorure acide liq. + H^2O^2 liquide.

NOMS.	COMPOSANTS.	COMPOSÉS.	ÉQUIVAL.	CHALEUR dégagée.
Chlorure acétique.....	$C^4H^4O^4 + HCl — H^2O^2$	$C^4H^3ClO^2$	78,5	— 5,5
Bromure id.	$C^4H^4O^4 + HBr — H^2O^2$	$C^4H^3BrO^2$	123	— 2,9
Iodure id.	$CH^4O^4 + HI — H^2O^2$	$C^4H^3IO^4$	170	— 1,8
Chlorure butyrique....	$C^8H^8O^4 + HCl — H^2O^2$	$C^8H^7ClO^2$	106,5	— 3,8
Bromure id.	$C^8H^8O^4 + HBr — H^2O^2$	$C^8H^7BrO^2$	151	— 1,9
Chlorure valérique....	$C^{10}H^{10}O^4 + HCl — H^2O^2$	$C^{10}H^9ClO^2$	120,5	— 2,5
Bromure id.	$C^{10}H^{10}O^4 + HBr — H^2O^2$	$C^{10}H^9BrO^2$	165	— 1,7

Formation des dérivés nitriques (B. Tr. et B.).

Composé organique + AzO^6H liquide = Dérivé nitrique + H^2O^2 liquide.

NOMS.	COMPOSANTS.	COMPOSÉS.	ÉQUIVAL.	CHALEUR dégagée.
Éther nitrique........	$C^4H^6O^2 + AzO^6H — H^2O^2$	$C^4H^4(AzO^6H)$	91	+ 6,2
Nitroglycérine........	$C^6H^8O^6 + 3\,AzO^6H + 3\,H^2O^2$	$C^6H^2(AzO^6H)^3$	227	+ $4,7 \times 3$
Nitromannite.........	....	$C^{12}H^2(AzO^6H)^6$	453	+ $3,9 \times 6$
Poudre-coton.........	....	$C^{24}H^{10}O^{10}(AzO^6H)^5$	549	+ $11,4 \times 5$
Amidon nitrique......	....	$C^{12}H^8O^8(AzO^6H)$	207	+ 12,4
Nitrobenzine.........	$C^{12}H^6 + AzO^6H — H^2O^2$	$C^{12}H^5AzO^4$	123	+ 36,6
Binitrobenzine.......	....	$C^{12}H^4(AzO^4)^2$	168	+ $36,2 \times 2$
Benzine chloronitrée.	....	$C^{12}H^4Cl(AzO^4)$	157,5	+ 36,4
Acide nitrobenzoïque..	....	$C^{14}H^5(AzO^4)\,O^4$	167	+ 36,6
Toluène nitré	....	$C^{14}H^7(AzO^4)$	137	+ 38,0
Id. binitré.......	....	$C^{14}H^6(AzO^4)^2$	182	+ $38,0 \times 2$
Naphtaline nitrée.....	....	$C^{20}H^7(AzO^4)$	173	+ 36,5
Id. binitrée.......	....	$C^{20}H^6(AzO^4)^2$	218	+ $36,5 \times 2$

Les *chaleurs de combustion* des composés organiques figurent dans les tableaux des anciens auteurs, parce qu'on ignorait jusqu'en 1864 qu'elles pussent être calculées d'après les connaissances des chaleurs de formation depuis les éléments. Mais je n'ai pas jugé utile de les donner ici, attendu qu'elles se déduisent aisément des chaleurs de formation (voy. p. 80), nombres dont la signification et les usages sont d'ailleurs beaucoup plus étendus. Pour calculer la chaleur de combustion d'un composé, il suffit, en effet, de retrancher sa chaleur de formation de la chaleur de combustion des éléments du composé, carbone et hydrogène. Si le composé renferme de l'azote, on suppose cet élément rendu libre par la combustion; si le composé contient du chlore, on admet que cet élément forme du gaz chlorhydrique, en s'unissant avec une dose équivalente d'hydrogène, pendant la combustion, etc.

CHAPITRE VIII

DES CHANGEMENTS D'ÉTAT. — CHALEURS DE VAPORISATION ET DE FUSION

§ 1er. — Transformation d'un gaz en liquide. — Notions générales.

1. Quand on abaisse progressivement la température d'un gaz, sous pression constante, on atteint en général une température pour laquelle le gaz se transforme en liquide. Tous les gaz ont été ainsi liquéfiés. Au voisinage de son point de liquéfaction, un gaz prend le nom de *vapeur*, et il cesse d'obéir aux lois de Mariotte et de Gay-Lussac, son coefficient de dilatation devenant de plus en plus considérable et sa compressibilité de plus en plus grande. Sa densité gazeuse cesse en même temps d'être proportionnelle à son équivalent chimique.

La température à laquelle un gaz commence à se liquéfier, sous pression constante, demeure fixe pendant toute la durée de la liquéfaction. Mais elle change avec la pression sous laquelle on opère, et cela entre des limites qui peuvent s'étendre à plusieurs centaines de degrés : suivant que la pression est de quelques millimètres, ou de plusieurs centaines d'atmosphères.

2. Pendant cette liquéfaction, la vapeur dégage de la chaleur : nous appellerons *chaleur moléculaire de vaporisation*, la quantité de chaleur L que dégage le poids moléculaire d'une vapeur qui se liquéfie sous une pression et à une température constantes. Cette quantité de chaleur dépend de la nature du corps, et de la température (c'est-à-dire de la pression) à laquelle s'effectue le changement d'état.

Par exemple, 18 grammes d'eau $= H^2O^2$, devenant liquides, dégagent :

$$
\begin{array}{llll}
\text{A } 0^\circ & \ldots\ldots\ldots & 606,5 \times 18 = + & 10,917 \\
20^\circ & \ldots\ldots\ldots & 592,6 \times 18 = + & 10,667 \\
100^\circ & \ldots\ldots\ldots & 536,5 \times 18 = + & 9,657 \\
160^\circ & \ldots\ldots\ldots & 493,6 \times 18 = + & 8,885 \\
180^\circ & \ldots\ldots\ldots & 464,3 \times 18 = + & 8,257 \\
240^\circ & \ldots\ldots\ldots & 434,4 \times 18 = + & 7,799
\end{array}
$$

De même 74 grammes d'éther $= C^8H^{10}O^2$, en devenant liquides, dégagent :

$$
\begin{array}{lll}
\text{A } 0^\circ & \ldots\ldots\ldots & + 6,956 \\
35^\circ & \ldots\ldots\ldots & + 7,660 \\
160^\circ & \ldots\ldots\ldots & + 2,975
\end{array}
$$

3. Des quantités de chaleur si inégales répondent à des changements de volume qui ne le sont pas moins.

Précisons. L'eau réduite en vapeur à 100 degrés occupe un volume 1600 fois aussi grand que dans l'état liquide; la distance des centres de gravité des molécules devenant à peu près 12 fois aussi grande. Tandis qu'à 240 degrés, le rapport des volumes dans l'état liquide et dans l'état gazeux est seulement celui de 1 : 50; la distance des centres de gravité des molécules n'étant pas tout à fait quadruplée.

Avec l'éther, vaporisé à 40 degrés, le volume gazeux est 200 fois aussi grand que le volume du liquide qui le fournit; à 160 degrés, il est seulement 4 fois et demie aussi considérable : la distance des centres de gravité des molécules devenant à peu près une fois et demie aussi grande. On voit ici la transition entre l'état liquide et l'état gazeux.

4. En général, l'accroissement des distances intermoléculaires qui résulte de la transformation d'un liquide en gaz est très grand, par rapport à celui qui résulterait de l'action de la même quantité de chaleur appliquée à dilater le gaz ainsi formé. Par exemple, la quantité de chaleur qui change à 100 degrés l'eau liquide en eau gazeuse, serait capable de porter le gaz aqueux de 100 à 1200 degrés environ; elle en quadruplerait seulement le volume sous une pression constante.

5. D'après une loi fondamentale de la chimie, dans l'état gazeux, à une pression et à une température telles que les

lois de Mariotte et de Gay-Lussac soient applicables, tous les corps simples ou composés occupent le même volume, ou des volumes qui sont entre eux comme 1 : 2; ce qui a donné lieu à l'opinion que tous les gaz, pris à volumes égaux et sous la même pression, renferment le même nombre de molécules. D'après cette hypothèse, les poids des molécules elles-mêmes seraient proportionnels aux poids de l'unité de volume des divers gaz.

Dans l'état liquide, au contraire, les poids moléculaires des divers corps occupent des volumes fort inégaux, à la même température.

Ainsi, 18 grammes d'eau, 46 grammes d'alcool, 116 grammes d'éther butyrique, occupent un même volume dans l'état gazeux, la pression et la température étant les mêmes; tandis que, dans l'état liquide, les volumes respectifs des mêmes poids des substances sont : 18 centimètres cubes, $56^{cc},8$, $128^{cc},3$; c'est-à-dire des volumes proportionnels aux nombres 1 : 3 : 7.

En chimie organique, l'observation a montré que le volume moléculaire des liquides homologues croît à peu près proportionnellement à leur poids moléculaire : soit de $+$ 18 centimètres cubes environ, pour chaque accroissement de C^2H^2.

Ces relations sont bien différentes de celles qui caractérisent l'état gazeux. Elles tendent à faire penser que les molécules des liquides sont assez voisines les unes des autres pour que le volume total occupé par leur assemblage approche d'être proportionnel au volume de chaque molécule isolée; tandis que dans les gaz le volume individuel des molécules demeure complètement inconnu.

6. De là résultent des conséquences mécaniques fort importantes. En effet, si nous envisageons les gaz comme formés de molécules indépendantes, douées d'un triple mouvement de translation, de rotation et de vibration; les liquides au contraire devront être regardés comme formés de molécules liées entre elles par certaines forces attractives et caractérisés par la prépondérance des mouvements de rotation, opposée à la petitesse des mouvements de translation. Rien ne prouve d'ailleurs que le nombre de ces molécules, pour un poids déterminé

de chaque corps, soit le même dans l'état liquide que dans l'état gazeux. Les propriétés physiques des liquides devront donc être à la fois plus compliquées et plus particulières que celles des gaz.

Sans entrer plus avant dans cette discussion, signalons quelques données générales relatives au calcul des chaleurs de vaporisation.

7. La théorie mécanique de la chaleur établit une relation très simple entre la chaleur de vaporisation d'un liquide et sa tension de vapeur :

$$\frac{L}{T} = \frac{1}{E}(u' - u)\frac{df}{dT};$$

T étant la température absolue (c'est-à-dire $T = 273 + t$); f étant la tension de la vapeur saturée à la température T; u' et u étant les volumes respectifs occupés par un même poids de matière sous cette pression f, dans l'état gazeux et dans l'état liquide, à la température T. Si l'on connaissait la relation théorique qui existe entre la tension d'une vapeur saturée et la température, la dérivée $\frac{dp}{dT}$ serait facile à obtenir d'une manière générale.

A défaut de cette relation théorique, on peut employer les formules empiriques par lesquelles M. Regnault a représenté ses expériences sur les tensions de vapeur d'un très grand nombre de liquides (*Relation des expériences*, etc., t. II, p. 361, 651 et 654).

8. Ces résultats relatifs à f étant supposés acquis, le calcul de L exige encore la connaissance des valeurs de u' et de u; lesquelles sont inverses avec les densités du liquide et de sa vapeur saturée, à la même température. En général, on ne saurait les calculer *à priori*, surtout pour les vapeurs saturées, qui s'éloignent notablement des lois de Mariotte et de Gay-Lussac.

9. Cependant, toutes les fois qu'une vapeur s'écartera très peu de ces dernières lois, et que l'on opérera sous des pressions faibles, on pourra, sans grande erreur, substituer à u' le volume moléculaire proprement dit, c'est-à-dire $22^{lit},3 \times \frac{f}{0,760}$; on pourra en outre négliger u, qui est une petite fraction

de u' sous les faibles pressions. On aura dès lors la formule approchée :

$$L = \frac{T}{425}\, 22,3\, \frac{0,760}{f}\, (1 + \alpha t)\frac{df}{dT}\,;$$

ou bien :

$$L = 0,04\, \frac{T}{f}\, (1 + \alpha t)\frac{df}{dT}.$$

10. En fait, la chaleur de vaporisation des liquides, pris sous diverses pressions et à diverses températures, n'a été mesurée que pour quatre liquides, savoir : l'eau, le sulfure de carbone, l'éther et l'alcool. Nous renverrons les personnes qui voudraient approfondir cette question aux travaux de Regnault et de M. Hirn, nous bornant à donner ici les chaleurs de vaporisation sous la pression atmosphérique, telles qu'on les mesure dans les conditions ordinaires.

§ 2. — **Tableau numérique.**

Tableau XLIX. — *Chaleur de volatilisation (chaleur latente) des éléments et de leurs principaux composés, rapportés à un même volume gazeux* $(22^{lit},32)$ $(1 + \alpha t)$, *sous la pression atmosphérique.*

NOMS.	FORMULES.	POIDS molécul.	CHALEUR latente.	AUTEURS.
Brome (liquide)	Br^3	160	7,2	R.
Iode (liquide)	I^2	254	6,0	F.
Soufre (liquide)	S^4	64	4,6	F.
Mercure (liquide)	Hg^2	200	15,5	F.
Eau	H^2O^2	18	9,65	R.
Ammoniaque	AzH^3	17	4,4	R.
Protoxyde d'azote	$2\,AzO$	44	4.	F.
Acide hypoazotique	AzO^4	46	4,3	B.
Acide azotique anhydre (liquide)	$2\,AzO^5$	108	4,8	B.
Acide azotique hydraté	AzO^6H	63	7,25	B.
Acide sulfureux	$2\,SO^2$	64	6,2	F.
Chlorure stannique	$2\,SnCl^2$	260	7,6	R.
Chlorure phosphoreux	$PhCl^3$	137,5	6,9	R.
Chlorure arsénieux	$AsCl^3$	181,5	8.4	R.
Chlorure de bore	BCl^3	117,5	4,5	B.
Chlorure de silicium	$SiCl^4$	170	6,35	Og.
Acide carbonique (solide)	$2\,CO^2$	44	6,1	F.
Sulfure de carbone	$2\,CS^2$	76	6,4	R.
Acide cyanhydrique	C^2AzH	27	5,7	R.
Chlorure de cyanogène	C^2AzCl	61,5	8,3	B.
Amylène	$C^{10}H^{10}$	70	5,25	B.
Diamylène	$C^{20}H^{20}$	140	6,9	B.
Benzine	$C^{12}H^6$	78	7,2	R.
Térébenthène	$C^{20}H^{16}$	136	9,4	R.
Citrène	$C^{20}H^{16}$	136	9,5	R.
Éther méthyliodhydrique	$C^2H^2(HI)$	142	6,5	A.
Chloroforme	C^2HCl^3	119,5	7,3	R.
Formène perchloré	C^2Cl^4	154	7,2	R.
Éther chlorhydrique	$C^4H^4(HCl)$	64,5	6,45	R.
Éther bromhydrique	$C^4H^4(HBr)$	109	6,7	B.
Éther iodhydrique	$C^4H^4(HI)$	156	7,5	R.
Bromure d'éthylène	$C^4H^4Br^2$	188	8,2	B.
Chlorhydrate d'amylène	$C^{10}H^{10}HCl$	106,5	6,0	B.
Bromhydrate d'amylène	$C^{10}H^{10}HBr$	151	7,3	B.
Iodhydrate d'amylène	$C^{10}H^{10}HI$	198	9,4	B.
Alcool méthylique	$C^2H^2(H^2O^2)$	32	8,45	R.
Alcool ordinaire	$C^4H^4(H^2O^2)$	46	9,8	R.
Alcool amylique	$C^{10}H^{10}(H^2O^2)$	88	10,7	R.
Alcool éthalique	$C^{32}H^{32}(H^2O^2)$	242	14,1	F. et S.
Aldéhyde	$C^4H^4O^2$	44	6,0	B.
Acétone	$C^6H^6O^2$	58	7,5	R.
Chloral	$C^4HCl^3O^2$	147,5	8,0	B.
Hydrate de chloral	$C^4HCl^3O^2,H^2O^2$	165,5	21,9	B.
Acide formique	$C^2H^2O^4$	46	5,6	F. et S.
Acide acétique	$C^4H^4O^4$	60	7,25	B.
Acide acétique anhydre	$(C^4H^3O^3)^2$	102	6,7	B.
Acide butyrique	$C^8H^8O^4$	88	10,1	F. et S.
Acide valérique	$C^{10}H^{10}O^4$	102	10,6	F. et S.
Ether méthylformique	$C^2H^2(C^2H^2O^4)$	60	7,0	A.
Ether méthylacétique	$C^2H^2(C^4H^4O^4)$	74	7,9	A.
Ether méthylbutyrique	$C^2H^2(C^8H^8O^4)$	102	8,9	F. et S.
Ether éthylformique	$C^4H^4(C^2H^2O^4)$	74	7,8	A.
Ether éthylacétique	$C^4H^4(C^4H^4O^4)$	88	10,9	R.
Ether éthyloxalique	$[C^4H^4]^2(C^4H^4O^8)$	146	10,6	A.
Ether ordinaire	$C^4H^4(C^4H^6O^2)$	74	6,7	R.
Ether silicique	$[C^4H^4]^4(SiO^4,4HO)$	208	7,0	Og.

§ 3. — De la solidification en général.

1. Tout corps liquide étant soumis à l'influence d'un refroidissement toujours croissant, la fluidité de ce corps diminue ; ses particules ne se laissent séparer de la masse qu'avec difficulté ; la viscosité augmente et rend les mouvements intérieurs de plus en plus gênés : c'est-à-dire que, la force vive des mouvements de rotation devenant plus petite avec la température, les actions réciproques des molécules exercent une influence prépondérante pour entraver tout changement dans leurs distances et leurs positions relatives. Les mouvements de translation et de rotation tendent à s'anéantir, pour ne laisser subsister que les mouvements oscillatoires de chaque molécule, ou groupe de molécules, autour de son centre de gravité.

On parvient ainsi à une température à laquelle le corps devient *solide ;* c'est-à-dire que ses particules demeurent fixées dans des positions relatives invariables, ou presque invariables : c'est la *température de solidification.*

2. Réciproquement, tout corps solide, soumis à l'action progressive de la chaleur, devient liquide à une *température* dite *de fusion ;* laquelle demeure fixe, en général, pendant toute la durée de la liquéfaction. Tandis que celle-ci a lieu, il s'opère un travail intérieur, correspondant à la nouvelle distribution des molécules et à la destruction des forces vives de rotation. Ce travail absorbe une certaine quantité de chaleur, appelée *chaleur latente de fusion.*

3. La chaleur de fusion dépend de la pression sous laquelle la fusion a lieu. En effet, on établit en thermodynamique la relation suivante :

$$(1) \qquad \frac{\lambda}{T} = \frac{1}{E}\,(u - u')\,\frac{dp}{dT},$$

λ étant la chaleur latente de fusion ; T, la température absolue ; E, l'équivalent mécanique de la chaleur ; u, le volume du corps à l'état liquide ; u', le volume du même corps à l'état solide ; $\frac{dp}{dT}$, la dérivée de la pression par rapport à la température.

4. Cela posé, *si le corps se dilate* en se liquéfiant, on a $u > u'$; comme d'ailleurs λ est en général positif, on en conclut que $\frac{dp}{dT}$ est aussi une quantité positive. Par conséquent, la température de fusion pour un tel liquide sera d'autant plus élevée, que la pression sera plus forte.

Cette conséquence a été vérifiée par M. Bunsen, sur le blanc de baleine, corps dont le point de fusion s'élève de 47°,7 à 50°,9, quand la pression est portée de 1 à 156 atmosphères.

5. Réciproquement, *si le corps se contracte* en se liquéfiant, comme il arrive pour l'eau, la pression doit abaisser le point de fusion.

On peut même calculer cet abaissement, lorsque la pression est connue. En effet, on a, d'après l'équation précédente :

$$(2) \qquad \frac{dT}{dp} = -\frac{1}{E}(u'-u)\frac{T}{\lambda}.$$

Mais la densité de l'eau liquide, à zéro, est 1 sensiblement, et celle de la glace : 0,923; d'ailleurs $T = 273$; $\lambda = 79,25$; $E = 425$, d'où l'on tire :

$$\frac{dT}{dp} = -\frac{1}{425}\frac{0,0835}{1000}\frac{273}{79,25} = 0°,00000065.$$

En posant $p = 10333$ (c'est-à-dire égale à 1 atmosphère), on a

$$\frac{dT}{dp} = 0°,0067.$$

Telle est la quantité dont un accroissement de pression égal à 1 atmosphère doit abaisser le point de fusion de la glace. L'expérience a donné à M. W. Thomson 0,0075 : nombre qui peut être regardé comme suffisamment concordant, en raison de la grande difficulté d'une telle détermination.

Sans nous étendre davantage sur cet ordre de considérations, nous envisagerons seulement, dans ce qui suit, la fusion opérée sous la pression atmosphérique, ou sous une pression voisine.

6. La solidification d'un liquide fondu a lieu souvent à une température plus basse que celle de sa fusion normale : c'est ce

que l'on appelle la *surfusion*. D'ordinaire, la valeur numérique
de la chaleur de fusion se trouve alors modifiée. Mais il
existe une relation très simple entre la chaleur de fusion normale du corps, λ, et sa chaleur de fusion, λ_1, à une température
plus basse. En effet, C et c étant les chaleurs spécifiques respectives du corps liquide et du même corps solide, pendant
l'intervalle $t_1 - t_0$ qui sépare le point de fusion normal t_1 du
point de fusion retardé t_0, on a (1) :

$$C(t_1 - t_0) + \lambda_1 = \lambda + c\,(t_1 - t_0),$$

d'où l'on tire, en toute rigueur :

$$\lambda_1 = \lambda + (C - c_1)\,(t_1 - t_0).$$

Pour $\lambda_1 = \lambda = $ constante, il faut que la chaleur spécifique
soit la même dans les deux états solide et liquide : ce qui est,
en effet, réalisé pour les métaux, d'une façon très approximative. Au contraire, $\lambda_1 = 0$, à une température t_0, telle que
l'on ait :

$$t_1 - t_0 = \frac{\lambda}{C - c}.$$

La température t_1, au-dessous de laquelle le corps surfondu
se congèlera en totalité, sans que la chaleur développée par la
solidification puisse le ramener jusqu'au point de fusion normal, sera donnée par la relation :

$$t_1 - t_0 = \frac{\lambda}{C}.$$

Ces formules supposent que l'état final du corps redevient
identique à une même température, après la solidification : ce
qui n'est pas toujours vrai, surtout pour les corps cireux et résineux (voy. *Ann. de phys. et de chim.*, 5ᵉ série, t. XII, p. 564, et
le présent ouvrage, p. 282).

7. M. Person a proposé quelques formules qui représentent
assez bien, dans un grand nombre de cas, la chaleur de fusion

____

(1) Ces formules ont été démontrées par M. E. Desains, *Ann. de chim. et de phys.*,
3ᵉ série, 1862, t. LXIV, p. 419.

des liquides, envisagée d'une manière empirique. Pour les liquides ordinaires, on aurait, d'après ce savant :

$$(3) \qquad \lambda = (C - c)(160 + t);$$

C étant la chaleur spécifique du corps à l'état liquide ;
c' la même, à l'état solide ;
t, la température de fusion.

Pour les métaux et les alliages :

$$(4) \qquad \lambda = 0,001669 \, q \left(1 + \frac{2}{\sqrt{\delta}}\right)$$

q étant le coefficient d'élasticité, et δ la densité. Mais ces relations souffrent des exceptions.

§ 4. — Chaleurs de fusion.

Voici le tableau numérique des chaleurs de fusion qui ont été mesurées jusqu'à présent :

Tableau L. — *Chaleur de fusion des éléments et de quelques-uns de leurs composés.*

NOMS.	FORMULES.	ÉQUIV.	TEMPÉRAT. de fusion.	CHALEUR de fusion	AUTEURS.
			°	Cal	
Brome..................	Br	80	— 7,3	— 0,13	R.
Iode..................	I	127	+ 113,6	— 1,49	R.
Soufre.................	S	16	+ 113,6	— 0,15	P.
Phosphore..............	Ph	31	+ 44,2	— 0,15	P.
Mercure...............	Hg	100	— 39,5	— 0,28	P.
Plomb.................	Pb	103	+ 335	— 0,53	P.
Bismuth...............	Bi	210	+ 265	— 2,6	P.
Étain.................	Sn	59	+ 235	— 0,84	P.
Gallium...............	Ga	35	+ 30	— 0,66	B.
Cadmium.....	Cd	56	+ 500	— 0,65	P.
Argent................	Ag	108	+1000	— 0,23	P.
Platine................	Pt	98,6	+1760	— 2,68	Violle.
Palladium.	Pd	53	+1500	— 1,9	Vi
Eau..................	HO	9	0,0	—0,715	Ds.
Acide azotique anhydre...	AzO^5	54	+ 29,5	— 4,14	B.
Acide azotique monohydraté	$Az O^5,HO$	63	— 47	— 0,6	B.
Acide sulfurique monohydr.	SO^3,HO	49	+ 8	— 0,43	B.
Id. bihydraté.	SO^4H,HO	58	+ 8,8	— 1,84	B.
Ac. hypophosphoreux hydr.	$PhO,3HO$	69	+ 17	— 2,0	T.
Acide phosphoreux hydraté	$PhO^3,3HO$	82	+ 71	— 3,1	T.
Acide phosphorique hydr.	$PhO^5,3HO$	98	+ 42	— 2,5	T.
Hydrate chlorhydrique....	$HCl,2H^2O^2$	72,5	— 18	— 2,47	B.
Naphtaline..............	$C^{20}H^8$	128	+ 79	— 4,6	Al.
Acide formique...........	$C^2H^2O^4$	46	+ 8,2	— 2,43	B.
Acide acétique...........	$C^4H^4O^4$	60	+ 17	— 2,5	B.
Hydrate de chloral.......	$C^4HCl^3O^2,H^2O^2$	165,5	+ 46	— 5,5	B
Azotate de soude........	AzO^5,NaO	85	+ 333,5	— 5,3	P.
Azotate de potasse........	AzO^4,KO	101	+ 306	— 4,8	P.
Bromure stannique.......	$SnBr^2$	219	+ 25	— 1,57	B.
Chlorure de calcium hydr.	$CaCl,6HO$	109,5	+ 28,5	— 4,46	P.
Chromate de soude hydr.	$CrO^4Na,10HO$	172,5	+ 23	— 6,16	B.
Phosphate de soude hydr.	$PhO^5Na^2H,24HO$	358	+ 36	—23,9	P.
Hyposulfite de soude hydr.	$S^2O^3Na,5HO$	124	+ 48	— 9,7	Trentinaglia.

CHAPITRE IX

CHALEURS SPÉCIFIQUES DES GAZ SIMPLES ET COMPOSÉS

§ 1ᵉʳ — Définition des chaleurs spécifiques moyennes et élémentaires.

1. La chaleur dégagée dans une réaction varie avec la température, non-seulement en raison des changements d'état, mais aussi à cause de la différence entre les chaleurs spécifiques des corps composants et celles des produits. Nous nous sommes étendu ailleurs sur cette question (pages 105 et suiv.), et nous avons établi que la variation de la chaleur de combinaison est exprimée par la formule générale :

$$Q_T - Q_t = U - V ;$$

dans laquelle U représente la chaleur totale absorbée par les composants, supposés portés de la température t à la température T, et V la quantité analogue pour les produits.

Rappelons ici quelques définitions relatives aux températures et aux chaleurs spécifiques.

2. *Températures.* — *Les changements de température sont proportionnels aux dilatations d'une certaine masse d'air sous pression constante :* définition justifiée par les observations des physiciens, d'après lesquelles ces dilatations sont elles-mêmes proportionnelles aux quantités de chaleur nécessaires pour les produire, toutes les fois que la pression n'est pas trop considérable ou la température trop basse.

3. La *chaleur spécifique moyenne* d'un corps, C, pendant un certain intervalle de température exprimé en degrés, $t_1 - t_0$, est le quotient de la quantité de chaleur, M, employée à échauffer le corps par le nombre de degrés qui exprime cet intervalle :

$$C = \frac{M}{t_1 - t_0}.$$

On suppose qu'il n'y a point de changement d'état dans cet intervalle.

4. Faisons décroître indéfiniment l'intervalle $t_1 - t_0$.

M se réduira à dM, et C tendra vers une limite γ, soit :

$$\gamma = \frac{dM}{dt}.$$

Cette limite est ce qu'on appelle la *chaleur spécifique élémentaire*.

Si M est proportionnel à la différence des températures, comme il arrive pour l'oxygène, l'azote et quelques autres gaz, γ sera une quantité constante et égale à C.

Mais, dans la plupart des cas, M varie suivant une autre loi ; loi que l'on peut représenter par une formule empirique, déduite des valeurs numériques des expériences, telle que :

$$M = At + Bt^2 + Dt^3 + \ldots ;$$

d'où l'on tire la valeur de la *chaleur spécifique élémentaire*, à la température t, soit :

$$\gamma = A + 2Bt + 3Dt^2 + \ldots$$

D'autre part, il est clair que, d'après sa définition, la *chaleur spécifique moyenne*, C_1, comptée depuis zéro jusqu'à t_1, est exprimée par la formule :

$$C_1 = A + Bt_1 + Dt_1^2 + \ldots$$

5. Le calcul des coefficients numériques A, B, D, est facile, dès que l'on a déterminé par des expériences calorimétriques les quantités M_1, M_2, M_3 ; ou, ce qui revient au même, C_1, C_2, C_3. Si l'on se borne à la 1re puissance de t_1, ce qui suffit quand la variation de la chaleur spécifique est lente, c'est-à-dire dans la plupart des cas connus relatifs aux solides et aux gaz ; dans ces conditions, dis-je, on aura :

$$B = \frac{C_2 - C_1}{t_2 - t_1}, \qquad A = \frac{C_1 t_2 - C_2 t_1}{t_2 - t_1} ;$$

C_1 et C_2 étant comptés respectivement depuis zéro jusqu'à t_1 et t_2.

6. Observons que l'on a, par définition :

$$M = \int_t^T \gamma \, dt.$$

7. Faisons une intégration analogue pour chacune des quantités de chaleur absorbées par les corps composants qui entrent dans une réaction chimique, aussi bien que par les produits, et ajoutons toutes ces quantités, nous aurons en définitive :

$$U - V = \int_t^T (\Sigma \gamma - \Sigma \gamma_1) \, dt.$$

Cette formule suppose qu'il n'y a point de changements d'état pendant l'intervalle $T - t$; ou bien que ces changements s'accomplissent d'une manière progressive, de façon à demeurer compris dans l'expression théorique des chaleurs spécifiques.

Voulons-nous tenir un compte distinct des changements d'état, il faudra connaître la chaleur f absorbée par chacun d'eux. On a alors (1) :

$$U - V = \Sigma f - \Sigma f_1 + \int_t^T (\Sigma \gamma - \Sigma \gamma_1) \, dt.$$

8. On peut encore écrire :

$$Q_T = A + \int_t^T \Sigma \gamma - \Sigma \gamma_1) \, dt.$$

A étant une constante égale à $Q_t + \Sigma f - \Sigma f_1$; c'est-à-dire déterminée par la seule connaissance de la température originelle.

En d'autres termes :

La quantité de chaleur dégagée dans une réaction quelconque est représentée par une intégrale définie de la différence entre les chaleurs spécifiques élémentaires des composants et celles des produits, plus une constante.

On voit par là toute l'importance que présentent les chaleurs spécifiques en thermochimie; car elles mesurent le travail progressif accompli par la chaleur sur les divers corps, tant simples que composés.

Examinons d'une manière plus spéciale les propriétés thermiques des corps gazeux.

____

(1) Voyez aussi page 107.

§ 2. — Notions générales relatives aux gaz.

1. La chaleur spécifique des gaz est rapportée, d'ordinaire, soit à l'unité de poids, soit à l'unité de volume, soit enfin à l'équivalent chimique. De cette diversité de définitions résulte quelque confusion. Pour simplifier les raisonnements et l'étude des réactions, nous adopterons une définition uniforme, à laquelle toutes les autres se ramènent aisément, et nous rapporterons la chaleur spécifique des gaz au *poids moléculaire*; c'est-à-dire à un poids capable d'occuper le même volume que 2 grammes (2 équivalents $= H^2$) d'hydrogène, ou sensiblement *quatre fois le volume* occupé par 1 équivalent d'oxygène gazeux, c'est-à-dire 8 grammes, toujours dans les conditions où les gaz obéissent aux lois de Mariotte et de Gay-Lussac.

Nous venons de rappeler que le poids moléculaire de l'hydrogène, H^2, est égal à 2 grammes : ce poids, pris à 0 degré et $0^m,760$, occupe $22^{litres},32$. A une température t et à une pression H, ce volume devient

$$(1) \qquad V = 22^l,32 \times \left(1 + \frac{t}{273}\right) \times \frac{760}{H}.$$

L'expression ci-dessus représente le *volume moléculaire* d'un gaz simple ou composé gazeux quelconque, à une température et à une pression quelconques, toujours pourvu que le gaz obéisse aux lois de Mariotte et de Gay-Lussac.

2. Ainsi nous rapporterons la chaleur spécifique des gaz à leur poids moléculaire. Cette expression, que nous appellerons *chaleur spécifique moléculaire*, ou plus brièvement *chaleur moléculaire*, offre l'avantage de réunir dans un même nombre les deux valeurs désignées par les physiciens sous les noms de *chaleur spécifique en volume* et *chaleur spécifique en poids*. En effet, d'une part, en divisant la chaleur spécifique moléculaire par le poids moléculaire, on a la chaleur spécifique rapportée à l'unité de poids; d'autre part, en divisant la chaleur spécifique moléculaire par le nombre 22,32, on a la chaleur spécifique rapportée à l'unité de volume.

3. La chaleur spécifique moléculaire elle-même peut être

définie de deux manières distinctes, qui expriment deux quantités de chaleur différentes, savoir :

La chaleur spécifique moléculaire à pression constante, C, laquelle est la plus facile à mesurer par expérience ;

Et *la chaleur spécifique moléculaire à volume constant*, K. Cette dernière est théoriquement plus simple que l'autre ; attendu que la chaleur spécifique à pression constante comprend à la fois la chaleur employée à élever la température du gaz d'un degré, et la chaleur employée à le dilater, laquelle produit un certain travail extérieur (voy. page 116).

4. En général, les quantités de chaleur ainsi définies produisent deux ordres d'effets suivants, lorsqu'elles agissent sur un gaz pris à volume constant, savoir : un accroissement de la force vive des molécules gazeuses et certains travaux intérieurs. Entrons dans quelques détails.

5. *Accroissement de la force vive des molécules gazeuses.* — Cette force vive peut être décomposée en trois portions, relatives aux mouvements de translation, aux mouvements de rotation, et aux mouvements de vibration.

Les mouvements de translation se rapportent à chaque molécule prise dans son ensemble ; tandis que les autres mouvements se rapportent aux particules plus petites qui constituent chaque molécule. Ces particules plus petites pourront être de même nature chimique que l'ensemble : ce qui arrive nécessairement dans un gaz simple, tel que l'hydrogène ou l'azote, et ce qui peut arriver aussi dans un gaz composé.

Mais, dans un gaz composé, on devra en outre concevoir chacune des particules actuelles comme constituées par l'assemblage des particules plus petites encore qui forment les corps élémentaires (1). Enfin ces dernières pourront être divisibles à leur tour en particules de même nature, et ainsi de suite.

Or toutes ces particules, tant composées que simples, consti-

---

(1) C'est cet ordre de particules que l'on désigne souvent sous le nom d'*atomes* : dénomination hypothétique, sinon même incorrecte, à la prendre dans un sens rigoureux. De là résulte aussi le nom de *force vive atomique*, appliqué par divers auteurs à la force vive des mouvements de rotation et de vibration, par opposition à la *force vive de translation*.

tuent des systèmes diversement assemblés; chacune d'elles doit être conçue comme oscillant autour de certaines positions d'équilibre, peut-être aussi comme tournant en même temps autour d'un certain axe de rotation.

L'action de la chaleur accroît en général la force vive de ces diverses espèces de mouvements.

6. *Travaux intérieurs et changements d'arrangements relatifs.* — La chaleur produit en même temps des travaux intérieurs plus ou moins compliqués. En effet, l'accroissement de force vive des systèmes particuliers tend à résoudre les systèmes complexes, que ces systèmes particuliers constituent par leur assemblage, en des systèmes plus simples. C'est ainsi que les masses moléculaires complexes peuvent se résoudre en molécules moins grosses, de même nature chimique. C'est ainsi encore que la molécule composée elle-même peut être détruite, avec mise en liberté de composés plus simples, voire même des particules élémentaires qui la constituent.

Des effets semblables peuvent être développés par les chocs survenus entre ces masses moléculaires. Ils peuvent encore être produits par leur simple rapprochement : de telle sorte que, par suite des échanges de force vive et des modifications dans les distances et les dispositions relatives des particules, certaines molécules se réunissent en masses complexes plus considérables, tandis que d'autres se séparent en systèmes plus petits et plus simples.

Ces réunions, aussi bien que ces séparations, peuvent être d'ailleurs, tantôt d'ordre chimique, tantôt d'ordre purement physique. Observons que quelques-unes de ces réunions et de ces séparations dégagent ou absorbent une certaine dose de chaleur, dont les effets s'ajoutent, ou se retranchent, avec les effets produits par la chaleur venue du dehors.

C'est surtout par l'étude des chaleurs spécifiques que nous pouvons essayer de démêler ces effets si multiples et si compliqués, et acquérir quelque notion sur les phénomènes qui se développent dans les gaz, au moment de leurs réactions.

§ 3. — Lois des gaz.

1. Sans développer davantage ces théories, que l'on trouve exposées d'ailleurs dans les ouvrages de thermodynamique, je crois utile de rappeler brièvement les lois fondamentales de la théorie des gaz, telles qu'elles résultent des études expérimentales des physiciens :

1° *Loi de Mariotte.* — Les volumes des gaz (v) sont en raison inverse des pressions (p) qu'ils supportent.

2° *Loi de Gay-Lussac.* — Tous les gaz permanents ont le même coefficient de dilatation.

3° Ce coefficient, $\alpha = \dfrac{1}{273}$, est indépendant de la pression et il ne varie pas avec la température.

On déduit des lois ci-dessus la relation caractéristique

$$vp = v_0 p_0 (1 + \alpha t),$$

v_0, p_0 se rapportant à la température zéro et à la pression $0^m,760$.

4° *Les poids des gaz simples ou composés, pris sous le même volume* (poids moléculaires), *sont proportionnels à leurs équivalents, multipliés par des nombres simples. C'est la seconde loi de Gay-Lussac.*

Les quatre lois précédentes sont applicables à tous les gaz, tant simples que composés.

Observons d'ailleurs que ce sont des lois limites, c'est-à-dire qu'elles se vérifient seulement d'une manière approchée. Cependant il ne faudrait pas que cette réserve jetât un doute sur l'existence physique des lois elles-mêmes. En effet, les résultats observés en chimie dans la détermination des densités de vapeur, à diverses températures et sous diverses pressions, sont trop nombreux pour que l'on puisse refuser d'admettre la généralité des lois précédentes.

On déduit de ces lois l'expression du travail extérieur G, développé par la dilatation, à pression constante et pendant

un degré, d'un gaz quelconque, pris sous son poids moléculaire.
On a en effet :

$$G = \frac{1}{E}\,\alpha\,p_0\,v_0,\ \text{exprimé en calories;}$$

soit pour $v_0 = 22,32$:

$$G = \frac{10335 \times 22,32}{425 \times 273} = 1^c,988\ \text{ou}\ 2,0\ \text{en nombres ronds.}$$

Cette valeur est indépendante de la pression et de la température, pourvu que les lois précédentes soient observées.

5° *Loi des mélanges.* — La pression d'un mélange gazeux est
la somme des pressions qu'exerceraient les gaz mélangés, si
chacun d'eux occupait seul le volume du mélange. Cette relation n'est vraie que pour les gaz qui n'exercent point d'action
chimique réciproque.

On en conclut encore que les molécules d'un même gaz n'exercent point les unes sur les autres d'action réciproque sensible.

6° *Loi de Joule.* — Un gaz qui se dilate, sans effectuer de travail extérieur, ne donne lieu à aucun phénomène thermique.

Cette loi n'est vraie que pour les gaz simples et les gaz composés formés sans condensation. Pour de tels gaz, le travail
extérieur de dilatation pendant un degré est mesuré par la
différence des deux chaleurs spécifiques (voy. page 116) :

$$G = C - K = 2,0\ \text{sensiblement.}$$

7° *La chaleur spécifique d'un gaz parfait est constante*, c'est-
à-dire indépendante de la température et de la pression. Cette
loi n'est vraie que pour les gaz simples et les gaz composés formés sans condensation. La chaleur spécifique des autres gaz
composés varie au contraire rapidement avec la température.

8° *Lois de Dulong et Petit.* — Tous les gaz simples, pris sous
le même volume, absorbent la même quantité de chaleur pour
s'élever d'un degré. En d'autres termes, la chaleur spécifique
moléculaire des gaz simples est la même. On vient de dire
d'ailleurs qu'elle est constante, c'est-à-dire indépendante de la
température et de la pression; pourvu que la température ne
soit pas trop basse, ou la pression trop considérable.

A pression constante, la chaleur spécifique moléculaire des gaz simples peut être exprimée par le nombre 6,82, trouvé pour l'hydrogène :

$$C = 6,82.$$

Cette loi, ou plutôt cet ensemble de lois a été vérifié par M. Regnault pour l'hydrogène, l'oxygène et l'azote. Le chlore et le brome gazeux ont donné des nombres plus forts : $+ 8,6$ et $8,9$; mais ces deux derniers gaz n'ont été étudiés qu'entre deux limites de température voisines de leur point de liquéfaction et sous la pression normale. Il n'existe aucune expérience certaine pour les autres corps simples. Cependant la loi doit être regardée comme applicable à tous les gaz simples, à la limite.

La valeur de C étant connue par expérience, il est facile d'en déduire la chaleur spécifique à volume constant, d'après la loi de Joule. En effet, cette loi nous a permis d'évaluer la différence

$$C - K = 1,988;$$

on a donc pour les gaz simples

$$K = 4,83.$$

On peut vérifier cette valeur en en tirant le rapport

$$\frac{C}{K} = 1,41;$$

rapport vérifiable et vérifié en effet approximativement par les expériences des physiciens sur la vitesse du son.

2. L'identité des chaleurs spécifiques des gaz simples signifie que les molécules de ces gaz, pris sous le même volume, éprouvent à la fois un même accroissement de la force vive totale et un même accroissement de la force vive des mouvements de translation, pour une même élévation de température.

3. Venons aux gaz composés. Nous devons les distinguer en deux groupes. En effet, les gaz composés formés sans condensation possèdent la même chaleur spécifique moléculaire que les gaz simples. Tels sont : l'oxyde de carbone, le bioxyde d'azote,

l'acide chlorhydrique. La théorie indique et l'expérience a vérifié cette relation, propre aux gaz composés formés sans condensation; elle l'a vérifiée, tant à pression constante (Regnault) qu'à volume constant (mesures de Dulong, Masson, Cazin, Wüllner, sur la vitesse du son).

Mais les mêmes relations ne se vérifient plus sur les gaz composés formés avec condensation. En effet, les chaleurs spécifiques de cet ordre de gaz varient avec la température, suivant des lois individuelles, et cela tant à volume constant qu'à pression constante.

Ces généralités étant exposées, nous allons donner les nombres trouvés par les observateurs.

Dans ce qui suit, on appellera, pour abréger, *molécule d'un gaz*, le volume occupé par le poids moléculaire de ce gaz. Sous la pression normale et à la température zéro, ce volume est égal à $22^{\text{lit.}},32$. (voy. page 427). Sous une pression H et à la température t, il devient :

$$22^{\text{l}},32 \times \frac{\text{H}}{760} \times (1 + \alpha t).$$

Nous dirons, par exemple, que le gaz ammoniac est formé par l'union de quatre molécules condensées en deux, parce qu'il résulte de l'union de trois volumes d'hydrogène avec un volume d'azote, le tout formant deux volumes de gaz ammoniac. De même le gaz aqueux résulte de l'union de deux volumes d'hydrogène avec un volume d'oxygène réunis en deux volumes; c'est-à-dire qu'il est formé par l'union de trois molécules condensées en deux. Pour les gaz qui renferment un élément fixe, tels que les gaz carbonés, on a admis le nombre de molécules élémentaires indiqué par les analogies tirées de l'étude de certains d'entre eux, tels que l'oxyde de carbone et l'acide carbonique, etc.

§ 4. — **Tableaux numériques.**

Tableau LI. — *Chaleurs spécifiques des gaz.*

I. — GAZ SIMPLES.

Noms.	Poids moléculaires.	Chaleur spécif. moléculaire à pression constante.		Rapport des deux chaleurs spécif. à pression et à volume constant.
		Nombre.	Conditions.	
Hydrogène..........	$H^2 = 2$..........	6,82; entre — 2.° et + 6° (R.)........		
		id. entre 0° et 200° (R.).............		1,396 (R.).
		id. de 1 à 9 atmosphères. (R.).........		
Azote...............	$Az^2 = 28$.........	6,83; constante entre —30° et + 200° (R.).		1,405 à 0.
		id. constant de 1 à 12 atmosph. 1/2 (R.).		1,403 à 100° (Wüllner) (1).
Oxygène............	$O^4 = 32$.........	6,95, 0° à 200° (R.)...................		1,40 (D.).
Chlore.............	$Cl^2 = 71$........	8,59; + 10° à 200° (R.)...............		»
Brome.............	$Br^2 = 160$........	8,88; + 85° à 228° (R.)...............		»

II. — GAZ COMPOSÉS FORMÉS SANS CONDENSATION : $n = 1$.

Acide chlorhydrique...	$HCl = 36,5$......	6,75; + 20° à 210° (R.)...............		»
Bioxyde d'azote.......	$AzO^2 = 30$......	6,96; + 10° à 170° (R.)...............		»
Oxyde de carbone.....	$C^2O^2 = 28$......	6,86; + 10° à 200° (R.)...............		1,403 à 0° (Wüllner).
		6,79; + 25° à 100° (E. Wiedemann).....		1,395 à 100° (id.).
		id. + 25° à 100°		

III. — TROIS MOLÉCULES CONDENSÉES EN DEUX : $n = \frac{3}{2}$.

Eau gazeuse..........	$H^2O^2 = 18$......	8,65; + 130° à + 230° (R)............		»
Hydrogène sulfuré....	$H^2S^2 = 34$........	8,26; + 10° à + 200° (R)..............		»

(1) D'après les expériences faites sur l'air.

Protoxyde d'azote..... $Az^2O^2 = 44$.......
$\begin{cases} 8,76 + 0,0055\,t\,; + 10^\circ \text{ à } + 210^\circ \text{ (R)}... & 1,361 \text{ (R.)}. \\ 9,16 + 0,0057\,t\,; + 25^\circ \text{ à } + 200^\circ \text{ (Wied.)}. & 1,311 \text{ à } 0^\circ \text{ (Wüllner)}. \\ & 1,272 \text{ à } 100^\circ \text{ (id.)}. \end{cases}$

Acide carbonique...... $C^2O^4 = 44$.......
$\begin{cases} 8,23 + 0,0117\,t\,; \text{ zéro à } 200^\circ \text{ (R.)}...... & 1,368 \text{ (R.)}. \\ 8,59 + 0,0095\,t\,; + 25^\circ \text{ à } + 200^\circ \text{ (Wied.)} & 1,311 \text{ à } 0^\circ \text{ (Wüllner)}. \\ & 1,282 \text{ à } 100^\circ \text{ (id.)}. \end{cases}$

Sulfure de carbone, gaz $C^2S^4 = 76$........ $10,0 + 0,0146\,t\,; + 80^\circ \text{ à } + 230^\circ \text{ (R.)}..$ »

Acide sulfureux....... $S^2O^4 = 64$........ $9,86\,; + 10^\circ \text{ à } + 200^\circ \text{ (R.)}...........$ »

IV. — QUATRE MOLÉCULES CONDENSÉES EN DEUX : $n = 2$.

Ammoniaque......... $AzH^3 = 14$........
$\begin{cases} 8,64\,; + 20^\circ \text{ à } + 210^\circ \text{ (R.)}........ & 1,239 \text{ (R)}. \\ 8,51\,; + 0,0053\,t\,; \text{ id. (Wied.)}........ & 1,317 \text{ à } 0^\circ \text{ (Wüllner)}. \\ & 1,277 \text{ à } 100^\circ \text{ (id.)}. \end{cases}$

Chlorure phosphoreux. $PhCl^3 = 137,5$.... $18,6 \text{ (R)}; + 111^\circ \text{ à } 246^\circ.............$ »

Chlorure arsénieux.... $AsCl^3 = 181,5$.... $20,3 \text{ (R)}; + 159^\circ \text{ à } 268^\circ..........$ »

V. — CINQ MOLÉCULES CONDENSÉES EN DEUX : $n = \dfrac{5}{2}$.

Formène............ C^2H^4 ou $CH^4 = 16$... $9,49\,; + 100^\circ \text{ à } + 200^\circ \text{ (R.)}........$ 1,315 (Masson).

Formène trichloré ou $\Big\{$ $C^2HCl^3 = 119,5$... $\begin{cases} 19,07\,; + 117^\circ \text{ à } + 228^\circ \text{ (R.)}........... \\ 16,29 + 0,0164\,t \text{ (Wied.)}........... \end{cases}$ »
chloroforme ....

Chlorure de silicium.. $SiCl^4 = 170$....... $22,4\,; + 90^\circ \text{ à } + 234^\circ \text{ (R.)}..........$ »

Chlorure stannique... $Sn^2Cl^4 = 259,6$.... $24,8\,; + 149^\circ \text{ à } 274^\circ \text{ (R.)}..........$ »

Chlorure titanique.... $Ti^2Cl^4 = 192,3$.... $24,4\,; + 162^\circ \text{ à } 272^\circ \text{ (R.)}...........$ »

VI. — Six molécules condensées en deux : $n = 3$.

Noms.	Poids moléculaires.	Chaleur spécif. moléculaire à pression constante.		Rapport des deux chaleurs spécif. à pression et à volume constants.
		Nombre.	Conditions.	
Éthylène	C^4H^4 ou $C^2H^4 = 28$.	$+ 11,3$; $+ 10°$ à $+ 200°$ (R.)		$1,245$ à $0°$ (Wüllner).
		$+ 9,42 + 0,0231\ t$; id. (Wied.)		$1,187$ à $100°$ (id.).

VII. — Gaz dérivés de l'éthylène.

Noms.	Poids moléculaires.	Nombre. Conditions.	Rapport
Éther chlorhydrique	$C^4H^4 (HCl) = 64,5$.	$17,67$; $+ 20°$ à $190°$ (R.)	»
Éther bromhydrique	$C^4H^4 (HBr) = 109$.	$20,71$; $+ 78°$ à $196°$ (R.)	»
		$14,76 + 0,0388\ t$ (Wied.)	
Chlorure d'éthylène	$C^4H^4Cl^2 = 99$	$22,67$; $+ 111°$ à $221°$ (R.)	»
Alcool	$C^4H^4 (H^2O^2) = 46$.	$20,84$; $+ 110°$ à $220°$ (R.)	»
Éther cyanhydrique	$C^4H^4 (C^2HAz) = 55$.	$23,43$; $+ 116°$ à $221°$ (R.)	»
Éther acétique	$C^4H^4 (C^4H^4O^4) = 88$.	$35,3$; $+ 115°$ à $220°$ (R.)	»
		$24,1 + 0,0765\ t$ (Wied.)	
Éther ordinaire	$C^4H^4 (C^4H^6O^2) = 74$.	$35,5$; $+ 70°$ à $225°$ (R.)	»
		$26,6 + 0,0632\ t$ (Wied.)	
Éther sulfhydrique	$C^4H^4 (C^4H^6S^2) = 90$.	$36,1$; $+ 120°$ à $223°$ (R.)	»

VIII. — Gaz divers.

Noms.	Poids moléculaires.	Nombre. Conditions.	Rapport
Benzine	$C^{12}H^6 = 78$	$29,25$; $+ 116°$ à $218°$ (R.)	»
		$17,45 + 0,0798\ t$ (Wied.)	
Térébenthène	$C^{20}H^{16} = 136$	$68,8$; $+ 180°$ à $250°$ (R.)	»
Alcool méthylique	$C^2H^4O^2 = 32$	$14,7$; $+ 101°$ à $225°$ (R.)	»
Acétone	$C^6H^6O^2 = 58$	$23,95$; $+ 129°$ à $233°$ (R.)	»
		$17,3 + 0,0449\ t$ (Wied.)	

Dans ces tableaux, les chaleurs spécifiques représentées par un simple nombre sont les chaleurs spécifiques moyennes, pendant l'intervalle de température désigné ; tandis que les chaleurs spécifiques représentées par une expression de la forme $A + Bt$ expriment la chaleur spécifique élémentaire à la température t. On en déduit aisément la chaleur spécifique moyenne entre 0 et t, soit $A + \dfrac{B}{2}t$. Dans l'intervalle $t_1 - t_0$, on aura encore la valeur moyenne : $A + B\left(\dfrac{t_1 + t_0}{2}\right)$.

<h3 align="center">§ 5. — Relations entre les chaleurs spécifiques des gaz simples et celles des gaz composés.</h3>

1. Les gaz simples possèdent une chaleur spécifique indépendante de la température et de la pression (voy. page 431) ; je parle des gaz très éloignés de leur point de liquéfaction, tels que l'hydrogène, l'oxygène et l'azote.

. Le même caractère appartient, en principe, aux gaz composés formés sans condensation. En fait, il a été vérifié sur l'oxyde de carbone, composé que l'on est autorisé à regarder comme formé par ses éléments unis à volumes gazeux égaux, sans condensation. On admet encore comme très probable la constance effective des chaleurs spécifiques pour le bioxyde d'azote et l'acide chlorhydrique, en se fondant sur ce que ces deux gaz, formés aussi sans condensation, ont une chaleur spécifique égale à la somme des gaz parfaits élémentaires, pris sous le même volume.

Pour tous ces gaz, tant simples que composés, le travail intérieur est très petit ; la force vive totale qui répond aux mouvements physiques, et la force vive de translation en particulier, croissent proportionnellement à l'accroissement de la température : on conclut de ces deux relations qu'il en est de même de la somme des forces vives de vibration et de rotation.

2. Mais aucune de ces relations générales relatives aux chaleurs spécifiques n'existe, ni d'après la théorie, ni d'après les expériences que nous avons citées au tableau LI, pour les gaz formés avec condensation, tels que l'acide carbonique, le prot-

oxyde d'azote, le gaz ammoniac, l'éthylène, etc. Entrons dans quelques détails, afin de préciser la question.

Envisageons un gaz composé de $\frac{n}{2}$ poids moléculaires simples (1). La somme des chaleurs spécifiques de ses éléments gazeux, prises à pression constante, serait en principe

$$\frac{6,8\,n}{2} = 3,4\,n.$$

La somme des chaleurs spécifiques des mêmes éléments gazeux, prises à volume constant, serait, d'autre part,

$$\frac{4,8\,n}{2} = 2,4\,n;$$

ces deux quantités étant d'ailleurs indépendantes de la température et de la pression.

Comparons-les avec les chaleurs spécifiques du gaz composé.

Si le gaz composé est formé sans condensation, nous avons vu que ses deux chaleurs spécifiques sont précisément la somme de celles des éléments, tant à volume constant qu'à pression constante.

Si le gaz composé est au contraire formé avec condensation, la même relation pourrait exister, en principe et comme M. Clausius l'a supposé, pour la chaleur spécifique à volume constant. Mais elle ne saurait exister pour la chaleur spécifique à pression constante; attendu que sous une pression constante le travail extérieur est moindre pour le gaz composé que pour ses éléments gazeux. La différence qui résulte de cette circonstance a déjà été calculée pour tout gaz qui obéit aux lois de Mariotte et de Gay-Lussac. En admettant que le travail extérieur correspondant à la dilatation d'un degré équivale approximativement à $2^{\mathrm{cal}},0$ (voy. p. 116 et 431), pour le volume moléculaire $22^{\mathrm{lit}},32$ et sous la pression normale, il est clair que ce travail équivaudra très sensiblement à $2\,\frac{n}{2} = n^{\mathrm{cal}}$ pour les éléments gazeux du composé; tandis qu'il équivaudra seulement à 2^{cal} pour leur combinaison.

____

(1) Observons que la molécule des gaz simples ($22^{\mathrm{l}},3$) peut être formée de 1, 2, 4, 6 équivalents; ou, ce qui revient au même, de 1, 2, 3 atomes dans la théorie atomique.

Maintenant posons, par hypothèse, la chaleur spécifique de ce dernier, sous volume constant, comme égale à celle de ses éléments, elle sera représentée par le nombre $2,4 \times n$. Dès lors; la chaleur spécifique du gaz composé, sous pression constante, vaudra très sensiblement $2,4\,n + 2$; en supposant le travail intérieur négligeable.

D'après ces hypothèses, le rapport des deux chaleurs spécifiques sera $\dfrac{2,4\,n + 2}{2,4\,n} = 1 + \dfrac{1}{1,2\,n}$: expression qui se rapproche de plus en plus de l'unité, à mesure que n, c'est-à-dire le nombre des molécules simples qui concourent à former le gaz composé, devient plus grand.

3. La chaleur dégagée par la réaction des éléments combinés à volume constant, serait dans tous les cas, d'après ces mêmes hypothèses, indépendante de la température. Au contraire, il ne saurait en être ainsi pour les gaz formés avec condensation, lorsque la réaction des éléments a lieu sous pression constante; à cause de l'inégalité du travail extérieur. La variation théorique de la chaleur de combinaison qui résulte de cette circonstance est facile à calculer entre deux températures t_0 et t_1; car elle est égale à l'expression suivante :

$$U - V = [3,4n - (2,4\,n + 2)]\,(t_1 - t_0) = (n - 2)(t_1 - t_0);$$

c'est-à-dire qu'elle croît proportionnellement au nombre des molécules élémentaires, diminué de deux unités.

Comparons les conséquences de ces hypothèses avec les résultats des expériences des physiciens, en passant en revue les diverses condensations observées dans l'acte de la combinaison chimique.

4. Soient d'abord *trois molécules gazeuses condensées en deux* (voy. page 434). D'après l'hypothèse, on doit avoir :

$$K \text{ (chaleur spécifique à volume constant)} = 7,2;$$

$$C \text{ (chaleur spécifique à pression constante)} = 9,2;$$

$$\frac{C}{K} = 1,28$$

Or, d'après le tableau LI, les valeurs moyennes de C, telles qu'elles ont été observées, sont tantôt plus grandes, tantôt moindres que le chiffre théorique. Les valeurs mêmes de la chaleur spécifique élémentaire , prise à zéro, oscillent entre $+ 8,23$ et $+ 10,0$.

Il y a plus : les chaleurs spécifiques à pression constante changent avec la température, et cela même très rapidement. Il en résulte d'abord que la chaleur spécifique à pression constante, pour tous les gaz formés avec cette condensation, est moindre à une certaine température que la somme des chaleurs spécifiques des éléments gazeux. Mais cette inégalité diminue à mesure que la température s'élève. Il existe, dans tous les cas, une température plus haute, à laquelle la chaleur spécifique du gaz composé atteint la valeur théorique 9,2. Puis elle continue à croître, jusqu'à devenir égale à la somme 10,2 des chaleurs spécifiques des éléments, à une température plus haute encore, telle que 180 à 200 degrés pour le protoxyde d'azote et l'acide carbonique. Enfin la température s'élevant toujours, la chaleur spécifique du gaz composé surpasse celle de ses composants; sans que l'on connaisse avec certitude la limite de ses accroissements. Ceux-ci se poursuivent peut-être jusqu'à une température limite qui répondrait à la dissociation totale du composé (voy. page 336).

Des relations analogues paraissent exister pour les chaleurs spécifiques des mêmes gaz, pris à volume constant; attendu que le rapport des deux chaleurs spécifiques est supérieur à 1,28 vers zéro; mais il décroît et se rapproche de l'unité, à mesure que la température s'élève, d'après les déterminations de M. Wüllner.

On arrive d'ailleurs à la même conséquence, en regardant les deux chaleurs spécifiques moléculaires comme variables avec la température, tout en différant entre elles d'une quantité constante et égale à 2. Soit $C = A + Bt$, on aura :

$$K = C - 2 = A - 2 + Bt \quad \text{et} \quad \frac{C}{K} = 1 + \frac{2}{A - 2 + Bt}.$$

Or, ce dernier rapport se rapproche de l'unité, à mesure que t devient plus considérable.

Observons que ces effets ont été observés aussi bien sur les gaz formés avec absorption de chaleur, tels que le protoxyde d'azote, que sur les gaz formés avec dégagement de chaleur depuis les éléments, tels que l'acide carbonique.

5. Nous pouvons encore comparer les chaleurs spécifiques des gaz formés suivant la même condensation, avec la nature de leurs éléments. A ce point de vue, elles n'offrent pas de relation bien précise. Cependant les nombres relatifs à la vapeur d'eau et à l'hydrogène sulfuré sont voisins. Entre l'acide carbonique et le sulfure de carbone, l'écart est notable, et il s'accroît avec la température; sans doute parce que le second gaz est plus voisin de sa décomposition que le premier.

6. Venons aux gaz formés par l'union de *quatre molécules condensées en deux*. Pour de tels gaz, en théorie :

$$K = 9{,}6; \quad C = 11{,}6; \quad \frac{C}{K} = 1{,}21.$$

En fait, les valeurs de C trouvées pour le gaz ammoniac sont moindres vers 0 degré (8,51) que la valeur ci-dessus. Mais elles croissent avec la température, jusqu'à devenir égales au nombre 11,6, puis à le surpasser, comme pour la condensation précédente.

Ajoutons encore que le rapport des deux chaleurs spécifiques pour le gaz ammoniac est plus fort que le nombre théorique, à 0 degré ; mais il diminue avec la température : ce qui est encore conforme aux calculs exposés plus haut.

7. Les chlorures de phosphore et d'arsenic ont des chaleurs spécifiques moléculaires voisines entre elles, mais dont les valeurs sont plus que doubles de celles du gaz ammoniac, et très-supérieures à la valeur hypothétique, $C = 11{,}6$.

En supposant que la loi de variation observée sur le gaz ammoniac se maintînt indéfiniment, il faudrait porter ce gaz à 1000 degrés environ, pour arriver à une chaleur spécifique aussi grande que celle des chlorures de phosphore et d'arsenic. Observons qu'à une telle température, le gaz ammoniac peut subsister quelques instants ; mais il se décompose peu à peu, jusqu'à la séparation totale de ses éléments. La chaleur spécifique du composé, calculée dans ces conditions, ne répondrait donc qu'à un état transitoire; tandis que celle des chlorures de phosphore et d'arsenic répond à un état stable.

8. *Cinq molécules condensées en deux.*

$$K = 12,0; \quad C = 14,0; \quad \frac{C}{K} = 1,17.$$

En fait, le gaz des marais possède une chaleur spécifique moindre que ces valeurs théoriques, tant à pression constante (9,5) qu'à volume constant (7,2). Mais les chiffres relatifs au gaz des marais croissent, sans aucun doute, avec la température: ce qui donne lieu à des observations analogues à celles qui ont été faites plus haut, pour d'autres rapports de condensation. Ajoutons même que l'accroissement de C avec la température a été constaté pour le chloroforme. Le chloroforme possède en outre une chaleur spécifique supérieure au chiffre théorique. La variation de cette quantité est telle que sa valeur surpasse, à partir de 50 degrés, la somme (17,0) des chaleurs spécifiques des éléments.

Ce n'est pas tout : le chloroforme possède une chaleur spécifique moléculaire double de celle du formène, malgré l'analogie de constitution chimique des deux corps.

Les chaleurs spécifiques gazeuses des chlorures de silicium, d'étain, de titane, composés qui se rapportent au même ordre de condensation, surpassent également la somme théorique de celles de leurs éléments supposés gazeux. Les composés chlorés ont donc quelque chose de particulier, sous le rapport des chaleurs spécifiques gazeuses.

9. L'éthylène (*six molécules condensées en deux*) possède à 0 degré une chaleur spécifique bien moindre que la somme théorique de celles de ses éléments; tant à pression constante (9,4 au lieu de 17,4) qu'à volume constant (7,6 au lieu de 15,4). Mais, à 100 degrés, l'intervalle a déjà diminué (11,7 et 9,9); les chaleurs spécifiques de l'éthylène varient si vite avec la température, que vers 350 à 400 degrés, les chiffres théoriques sont probablement atteints et surpassés.

10. Parmi les *gaz dérivés de l'éthylène*, on peut remarquer les chaleurs spécifiques moyennes du chlorure d'éthylène, des éthers chlorhydrique, bromhydrique, celles de l'alcool enfin, lesquelles ne diffèrent pas beaucoup de la somme des chaleurs spécifiques de l'éthylène et des gaz chlore, chlorhydrique, bromhydrique, aqueux, respectivement. Mais il convient de ne pas trop insister sur ces rapprochements, parce que la variation de la chaleur spécifique des éthers et des corps analogues dans l'état gazeux, est plus rapide avec la température que celle de leurs composants. Cette variation est si rapide, qu'elle s'élèverait dans certains cas à 12 et même à 24 unités (benzine), pour un intervalle de 300 degrés, d'après les nombres du tableau.

En général, et toutes choses égales d'ailleurs, les gaz très denses et formés d'un grand nombre de molécules participent déjà à quelques égards des propriétés des liquides; c'est-à-dire que les travaux intérieurs développés par la chaleur y sont notables et fort compliqués. Aussi les chaleurs spécifiques de tels gaz varient-elle s avec la température, à la façon de celles des liquides tels que l'alcool : substance dont la chaleur spécifique double pendant l'intervalle compris entre 0° et 150°.

11. Précisons davantage la signification des variations de la chaleur spécifique moléculaire des gaz, avec la température. Ces variations ne sont attribuables au travail extérieur : ni sous volume constant, condition dans laquelle ce travail n'existe pas; ni sous pression constante, condition dans laquelle ce travail demeure à peu près invariable. Du moins il en est ainsi, toutes les fois que la constance observée de la densité de la vapeur démontre que celle-ci se conforme aux lois de Mariotte et de Gay-Lussac : ce qui est le cas général en chimie (voy. p. 430).

Il y a plus : les mêmes lois étant admises, il en résulte que la force vive de translation croît proportionnellement à la température absolue. L'accroissement de la chaleur moléculaire des gaz, tant à volume constant qu'à pression constante, est donc dû principalement aux travaux intérieurs et à l'accroissement des forces vives de rotation et de vibration.

En d'autres termes, la molécule du gaz composé tourne et

vibre de plus en plus vite, à mesure que sa température s'élève; ses parties constituantes s'écartent les unes des autres, et le système tout entier se déforme. Par suite, les arrangements des particules élémentaires qui assuraient la stabilité de l'ensemble disparaissent par degrés et d'une façon toujours plus marquée; jusqu'au moment où l'équilibre se détruit, le système se brise, et la molécule éprouve une décomposition proprement dite.

§ 6. — **Sur certains caractères positifs des éléments chimiques.**

1. Les relations que nous venons d'établir entre les chaleurs spécifiques des gaz simples et celles des gaz composés permettent d'assigner certains caractères formels et positifs, qui distinguent les éléments chimiques actuels des corps composés produits par leur combinaison. En effet : d'une part, la chaleur spécifique rapportée, soit au poids moléculaire, soit à l'équivalent, est toujours plus grande pour les gaz composés formés avec condensation que pour les éléments, pris à l'état de gaz parfaits; d'autre part, la chaleur spécifique des gaz composés formés sans condensation, si on la rapporte au poids équivalent, est double de celle de l'hydrogène, rapportée également à son poids équivalent (1).

C'est là une question fort importante et sur laquelle je demande la permission de donner quelques développements.

2. D'après la loi de Dulong et Petit, tous les gaz simples offrent la même chaleur spécifique sous pression constante, pourvu qu'on les prenne sous un même volume, tel que celui qui répond au poids moléculaire (22^{lit},3). Nous avons vu que la chaleur moléculaire ainsi définie ne varie ni avec la température, ni avec la pression; elle est représentée par le nombre 6,8 pour tous les éléments amenés à un état voisin de celui des gaz parfaits. Elle répond à 2 équivalents d'hydrogène ($H^2 = 2^{gr}$) et des corps analogues, à 4 équivalents d'oxygène ($O^4 = 32^{gr}$), etc.

____

(1) Nous supposons ici l'équivalent déterminé d'une façon rigoureuse et par les considérations familières aux chimistes, c'est-à-dire déduit uniquement des poids relatifs des corps qui se combinent ou se substituent dans les réactions.

Le chlore seul donne un nombre un peu plus fort, soit 8,6 (pour $Cl^2 = 71^{gr}$); mais l'écart est peu considérable, et il s'effacerait probablement, si le chlore était étudié à une distance convenable de son point de liquéfaction et dans un état plus voisin de celui de gaz parfait.

3. Comparons cette valeur constante 6,8 aux quantités de chaleurs absorbées, soit par un même volume des divers gaz composés, soit par un même poids équivalent de ces gaz.

Soient d'abord les *gaz composés formés sans condensation* : ils possèdent, comme nous l'avons montré en fait et en théorie, les mêmes chaleurs spécifiques moléculaires que leurs éléments, et ces quantités sont indépendantes de la température et de la pression. Mais elles répondent, pour les gaz simples, au double de leur équivalent, et pour les gaz composés de cet ordre, à l'équivalent même. En effet, le poids moléculaire de ces gaz composés est égal à leur équivalent, lequel est la somme des équivalents de leurs composants; tandis que le poids moléculaire des gaz simples est double (ou quadruple) de l'équivalent. Ainsi :

La quantité de chaleur nécessaire pour élever d'un degré le poids équivalent d'un gaz composé formé sans condensation est double (ou quadruple) de la quantité de chaleur nécessaire pour le poids équivalent d'un gaz simple.

Par exemple, 1 équivalent d'hydrogène, $H = 1$, absorbe, à pression constante, $3^{cal},4$, pour s'élever d'un degré; tandis que 1 équivalent de gaz chlorhydrique, $HCl = 36,5$, absorbe $6^{cal},8$.

L'équivalent de l'hydrogène est ici déterminé par le poids de ce corps qui se combine avec 8 grammes d'oxygène; et l'équivalent de l'acide chlorhydrique, par le poids de ce corps qui renferme 1 gramme d'hydrogène, ou bien qui se combine avec un oxyde métallique renfermant également 8 gram. d'oxygène.

4. Soient maintenant les *gaz composés formés avec condensation* : par exemple, les gaz formés par l'union de n molécules qui se réduisent à 2; ce qui comprend tous les cas possibles, d'après la loi de Gay-Lussac sur les densités gazeuses (page 430).

Nous allons d'abord calculer les chaleurs spécifiques de ces gaz, en les supposant égales à la somme de celles des éléments sous volume constant; et nous les comparerons avec les chaleurs spécifiques des éléments eux-mêmes : ce qui montrera mieux la raison théorique de la relation que nous cherchons à établir. Puis, nous répéterons cette comparaison sur les chaleurs spécifiques obtenues par des expériences réelles.

En théorie, c'est-à-dire en supposant la chaleur spécifique moléculaire des gaz composés, à volume constant, égale à la somme de celle des éléments (page 438), elle sera exprimée par $2,4\,n$; c'est-à-dire supérieure à 4,8 (valeur commune aux éléments gazeux), toutes les fois que n surpassera deux unités : ce qui est le cas de tous les gaz composés formés avec condensation.

La chaleur spécifique moléculaire des gaz composés, à pression constante, serait exprimée dans la même hypothèse, par $2,4\,n + 2$; ou ce qui est la même chose, par $6,8 + 2,4\,(n - 2)$. Si n est supérieur à 2, ce qui comprend tous les gaz composés formés avec condensation, la valeur précédente l'emporte sur 6,8 (valeur commune aux éléments gazeux).

Ainsi, d'après le calcul théorique, la valeur numérique de la chaleur spécifique moléculaire, tant à pression qu'à volume constants, sera toujours supérieure, pour les gaz composés formés avec condensation, à la valeur qui répond aux gaz simples.

5. En fait, cette conclusion est confirmée par toutes les valeurs numériques des chaleurs spécifiques trouvées dans les expériences. En effet, les chaleurs moléculaires à pression constante réellement observées entre 0 et 200 degrés, pour les gaz composés formés avec condensation, sont, *toutes sans exception*, supérieures à 6,8. Les plus petites sont relatives à l'hydrogène sulfuré (8,3), à l'eau (8,65), à l'acide carbonique (9,6), au gaz ammoniac (8,6), et au formène (9,5).

Néanmoins, pour l'hydrogène sulfuré, l'eau et le gaz ammoniac, les chaleurs spécifiques moléculaires moyennes entre 0 et 200 degrés ne s'écartent pas du chiffre trouvé pour le chlore (8,6) : ce sont les seuls cas où la chaleur moléculaire d'un corps composé se rapproche de celle d'un corps simple.

Mais ce rapprochement disparaît, si l'on observe que les cha-

leurs spécifiques des gaz composés formés avec condensation
ne sont pas des quantités constantes et croissent au contraire
rapidement avec la température. C'est encore là une propriété
fondamentale, qui distingue les gaz simples véritables des gaz
composés. La chaleur moléculaire de l'acide carbonique à 200 degrés s'élève, par exemple, à $+ 10°,6$, et elle continue à grandir
sans limite connue, à mesure que la température s'élève.

6. Les déductions précédentes, tirées de l'étude des chaleurs
spécifiques moléculaires, subsistent lorsqu'on rapporte les chaleurs spécifiques aux équivalents ; comme nous l'avons fait pour
les gaz composés formés sans condensation. En effet, dans le cas
des gaz composés formés avec condensation, tantôt l'équivalent
est identique au poids moléculaire (ammoniaque, éthylène, formène, etc.); tantôt il en représente seulement la moitié (eau,
hydrogène sulfuré, acide carbonique, etc.). Dans le premier cas,
comme dans le second, la chaleur spécifique équivalente surpasse
celle des éléments gazeux (3, 4). Ainsi, pour les gaz composés
formés avec condensation, aussi bien que pour les gaz formés
sans condensation, l'observation montre que :

*La chaleur spécifique d'un corps composé gazeux, rapportée
à son équivalent, est toujours notablement plus grande que celle
d'un corps simple,* jouant le rôle de gaz parfait; il en est ainsi,
pourvu qu'on la détermine à une température suffisamment
élevée. L'excès croît avec le nombre de molécules simples qui
concourent à former le corps composé.

7. Ces faits étant admis comme la conséquence des observations des physiciens relatives aux chaleurs spécifiques, il est
facile d'assigner quels caractères devrait offrir un des corps
actuellement réputés simples, s'il était formé en réalité par la
réunion de plusieurs autres de nos éléments actuels combinés
entre eux; ou bien encore, par la condensation de plusieurs équivalents d'un même élément. Il est entendu que cette combinaison
ou cette condensation est supposée comparable à la combinaison
ou à la condensation qui donne naissance à des corps composés,
de l'ordre de ceux que nous connaissons aujourd'hui.

S'il s'agissait de l'un de nos corps gazeux, qui fût réputé à

tort élémentaire, pour qu'un tel corps composé satisfît à la loi
de Dulong et Petit, il devrait être formé sans condensation par
l'union de deux éléments hypothétiques. En effet, les gaz composés formés sans condensation sont les seuls qui présentent
à toute température une chaleur spécifique constante et égale
à celle des gaz simples, sous le même volume. Tous les autres
gaz composés possèdent, soit à froid, soit à une température
élevée, une chaleur spécifique beaucoup plus forte.

Mais, d'autre part, le volume moléculaire de ce prétendu corps
simple répondrait à un seul équivalent de la substance; tandis
que le même volume moléculaire représente 2 ou 4 équivalents
pour tous les éléments connus. L'hypothèse que nous venons de
faire ne s'applique donc à aucun de ceux-ci (sauf peut-être au
chlore et au brome, qui offrent une anomalie).

D'où il suit qu'il ne peut exister aucun de nos éléments actuels,
tel que sa molécule chimique soit constituée par la réunion d'un
certain nombre de molécules des autres éléments connus, identiques ou dissemblables; je dis constituée à la façon de nos
corps composés actuellement connus et suivant les lois physiques manifestées par l'étude de ces éléments. En particulier,
il n'existe pas d'élément polymère jouant le même rôle chimique
que l'élément non condensé dont il dérive; c'est-à-dire constitué au sens des composés polymères de la chimie organique,
composés dont l'équivalent, le poids moléculaire et la chaleur
spécifique, tant moléculaire qu'équivalente, sont la somme des
équivalents, des poids moléculaires et des chaleurs spécifiques
tant moléculaires qu'équivalentes de leurs composants.

8. Précisons ces idées par les exemples. Nous pouvons comparer une série d'éléments dont les poids moléculaires sont à
peu près multiples les uns des autres. Tels sont :

L'hydrogène, dont le poids moléculaire est égal à $\quad 1 \times 2$
L'oxygène, environ. . . . . 16×2
L'azote. . . . . 14×2

pour nous borner aux gaz dont on a mesuré la chaleur spécifique. Or, si une molécule d'oxygène résultait de l'association de

16 molécules d'hydrogène, au même sens qu'une molécule de bioxyde d'azote résulte de l'association de 1 volume d'azote et de 1 volume d'oxygène, il faudrait qu'elle occupât un volume 16 fois aussi grand. Autrement la chaleur spécifique de l'oxygène ne satisferait pas aux lois des chaleurs spécifiques des corps composés (1). De même la molécule d'azote devrait occuper un volume 14 fois aussi grand. On voit par là que les lois des chaleurs spécifiques gazeuses, déterminées par expérience, établissent une différence profonde entre nos éléments actuels et leurs combinaisons, connues ou vraisemblables : cette différence est indépendante de la température et de la pression.

9. Jusqu'ici nous avons comparé seulement les chaleurs spécifiques des corps dans l'état gazeux, seul état pour lequel la loi de Dulong et Petit offre une signification vraiment rigoureuse ; mais les mêmes caractères distinctifs peuvent être tirés de l'étude des chaleurs spécifiques des corps composés solides comparées avec celles des éléments solides. En effet, les éléments solides appartenant à une même famille ont la même chaleur spécifique sous des poids équivalents ; tandis que la chaleur spécifique d'un corps composé solide, rapportée à son équivalent, est la somme de celles des éléments qui le constituent, ou du moins possède une valeur voisine de cette somme : ce caractère ne permet pas de confondre un corps simple avec un corps composé dont la fonction chimique serait analogue, de façon à conduire à ranger les deux corps dans une même famille.

10. Soit, par exemple, une série d'éléments semblables, appartenant à une même famille, et dont les équivalents soient multiples d'une même unité, par exemple les éléments thioniques, tels que :

Le soufre, dont l'équivalent est égal à $8 \times 2 = 16$; le poids moléc., 16×2
Le sélénium, dont l'éq. 39,7 est voisin de $8 \times 5 = 40$; le poids moléc., 16×5
Le tellure,   id.   est égal à $8 \times 8 = 64$; le poids moléc., 16×5

---

(1) A volumes égaux, ce qui est plus rigoureux (au point de vue des chaleurs spécifiques), la pression exercée par le poids moléculaire de l'oxygène devrait être 16 fois aussi grande que celle de l'hydrogène.

Les valeurs numériques des équivalents de ces éléments sont absolument définies à tous les points de vue : au point de vue physique, par les densités gazeuses des éléments, prises à une température suffisamment haute, vers 1000 degrés, par exemple; au point de vue chimique, par leurs combinaisons parallèles avec un même groupe d'autres éléments, tels que l'hydrogène et les métaux. En particulier, ils forment avec l'hydrogène :

$$
\begin{array}{ll}
\text{L'acide sulfhydrique} \dots\dots\dots & HS \ \text{ou} \ S^2H^2 \\
\text{L'acide sélénhydrique} \dots\dots\dots & HSe \ \text{ou} \ Se^2H^2 \\
\text{L'acide tellurhydrique} \dots\dots\dots & HTe \ \text{ou} \ Te^2H^2
\end{array}
$$

composés dont la condensation est pareille, et qui renferment tous leur propre volume d'hydrogène.

Enfin, la chaleur spécifique des trois éléments thioniques, pris des poids équivalents et dans l'état solide, est à peu près la même; car on a trouvé :

$$
\begin{array}{ll}
\text{Pour S} \ = 16 \text{ grammes, le nombre} \dots\dots & 2,84 \\
\text{Pour Se} = 39,7 \dots\dots\dots\dots\dots\dots & 3,02 \\
\text{Pour Te} = 64 \dots\dots\dots\dots\dots\dots & 3,03
\end{array}
$$

Les chaleurs spécifiques moléculaires ont des valeurs doubles.

À première vue, il semble que l'on soit autorisé à comparer cette série d'éléments avec une série de carbures d'hydrogène, diversement condensés, mais jouissant de propriétés chimiques pareilles les unes aux autres. Tels seraient les carbures éthyléniques :

$$
\begin{array}{lll}
\text{L'éthylène, dont l'équiv., ident. avec son poids moléc., est égal à} & 14 \times 2 = 28 \\
\text{L'amylène,} & \text{id.} & 14 \times 5 = 70 \\
\text{Le caprylène,} & \text{id.} & 14 \times 8 = 112 \\
\text{Le décylène,} & \text{id.} & 14 \times 10 = 140 \\
\text{L'éthalène,} & \text{id.} & 14 \times 16 = 224
\end{array}
$$

Les équivalents des carbures éthyléniques sont absolument définis, à tous les points de vue, par des résultats pareils à ceux qui caractérisent la série thionique : au point de vue physique, par leur densité gazeuse; au point de vue chimique, par leurs combinaisons avec un même groupe d'éléments, tels que l'hydrogène, le chlore, etc. En particulier, ils forment avec l'hydrogène les hydrures suivants :

Hydrure d'éthylène.................	(C^4H^4) H^2
Hydrure d'amylène.................	$(C^{10}H^{10})$ H^2
Hydrure de caprylène.............	$(C^{16}H^{16})$ H^2
Hydrure de décylène.........	$(C^{20}H^{20})$ H^2
Hydrure d'éthalène...............	$(C^{32}H^{32})$ H^2

Entre la série des éléments thioniques et la série des carbures éthyléniques, le parallélisme est évidemment fort étroit; aussi une opinion des plus autorisées s'est-elle appuyée sur ces analogies pour rapprocher certaines séries de corps simples, telles que la précédente, avec les corps composés véritables.

Mais ce rapprochement s'évanouit lorsque l'on compare les chaleurs spécifiques. En effet, les chaleurs spécifiques du soufre, du sélénium, du tellure, prises sous l'unité de poids, sont en raison inverse de leurs équivalents et de leurs poids moléculaires; c'est-à-dire que les chaleurs spécifiques moléculaires de ces éléments ont la même valeur.

Au contraire, les chaleurs spécifiques des carbures polymères qui viennent d'être cités sont sensiblement les mêmes sous l'unité de poids et dans le même état physique, d'après les déterminations que l'on en connaît dans l'état liquide; c'est-à-dire que les chaleurs spécifiques moléculaires des carbures éthyléniques, pris dans le même état physique, sont multiples les unes des autres, et croissent proportionnellement à leurs équivalents.

11. Entre les corps composés que nous connaissons et leurs polymères, on observe cette relation générale, que : *la chaleur spécifique moléculaire d'un polymère est sensiblement multiple de celle du corps non condensé, pris sous le même état.*

Au contraire, *la chaleur spécifique moléculaire est sensiblement constante pour les éléments analogues dont les équivalents sont multiples les uns des autres.* Il existe un contraste complet, sous ce rapport, entre les corps simples à équivalents multiples et les composés polymères.

12. Les mêmes difficultés s'opposent à l'hypothèse d'un corps simple solide, dont l'équivalent serait la somme des équiva-

lents de deux autres éléments. En effet, les carbures de la série
de l'éthylène offrent précisément cette relation numérique
entre leurs équivalents. Certains d'entre eux, étant représentés
par la somme de deux ou de trois carbures plus simples, sont,
je le répète, des corps du même ordre, de la même fonction
chimique, aussi analogues entre eux que les véritables radicaux
simples : calcium, baryum et strontium ; ou bien encore, fer,
zinc et magnésium. Les mêmes analogies chimiques existent
entre les combinaisons correspondantes, formées par ces
groupes de radicaux, tant simples que composés, unis au chlore,
au brome, à l'oxygène, à l'eau, etc. Mais les rapprochements
cessent dès que l'on compare les chaleurs spécifiques sous le
même état physique. En effet, les chaleurs spécifiques moléculaires des radicaux simples d'un même groupe ont la même
valeur : cette valeur étant connue et mise en regard de leur
poids moléculaire, la simplicité de leur composition en découle
presque toujours nécessairement, comme je l'ai établi plus
haut. Tandis que les chaleurs moléculaires des radicaux composés sont sensiblement la somme de celles de leurs composants, pris sous le même état : dès lors la grandeur des chaleurs
spécifiques moléculaires suffit pour établir la complexité des
radicaux eux-mêmes.

13. Ce que je viens de dire des chaleurs spécifiques des radicaux s'étend à celles de leurs combinaisons. En effet, les combinaisons du même ordre, formées par les radicaux simples, ont
toutes à peu près la même chaleur spécifique moléculaire,
d'après les observations de MM. Naumann et Regnault.

Voici, par exemple, les chaleurs moléculaires de deux groupes
de chlorures métalliques. Pour les chlorures des métaux alcalins
proprement dits, dans l'état solide, tels que :

$$
\begin{array}{lll}
\text{KCl, la chaleur moléculaire est} & 12,9 \\
\text{NaCl} \qquad\qquad \text{id.} & 12,5 \\
\text{LiCl} \qquad\qquad \text{id.} & 11,1 \\
\end{array}
$$

valeurs fort voisines les unes des autres ; les poids moléculaires
varient d'ailleurs de 74,6 à 42,1, c'est-à-dire du simple au

double. Pour le groupe des alcalis terreux, les valeurs sont
également voisines entre elles, mais distinctes des précédentes.
Ainsi pour :

BaCl, la chaleur moléculaire est	9,3	
SrCl	id.	9,5
CaCl	id.	9,2
MgCl	id.	9,4

Les poids moléculaires varient ici de 47,5 à 104, c'est-à-dire
encore du simple au double.

Au contraire, les combinaisons du même ordre, formées par
une série de radicaux composés, analogues entre eux, offrent
des chaleurs spécifiques moléculaires qui tendent à s'accroître
proportionnellement avec les poids moléculaires.

Voici, par exemple, les chaleurs spécifiques moléculaires de
diverses combinaisons du même ordre, dérivées des carbures
éthyléniques : ces chaleurs spécifiques sont rapportées à un
même état physique, l'état liquide, et prises entre des limites
de température aussi voisines que possible.

Soient les alcools : $C^{2n}H^{2n} + H^2O^2$; on a trouvé pour :

L'alcool méthylique......	$C^2H^2 + H^2O^2$, la chaleur moléculaire		18,9
— éthylique........	$C^4H^4 + H^2O^2$	id.	27,4
— amylique........	$C^{10}H^{10} + H^2O^2$	id.	49,6

De même pour les acides : $C^{2n}H^{2n} + O^4$; on a trouvé pour :

L'acide formique........	$C^2H^2 + O^4$,	la chaleur moléculaire	24,7
— acétique........	$C^4H^4 + O^4$	id.	30,5
— butyrique........	$C^8H^8 + O^4$	id.	44,3
— valérique........	$C^{10}H^{10} + O^4$	id.	49,0

Tous ces nombres croissent avec le poids moléculaire; ce qui
est précisément le contraire des relations que l'on aurait pu
concevoir entre les combinaisons organiques dérivées des radicaux composés du même ordre, à l'époque des travaux de
Naumann sur l'identité des chaleurs spécifiques moléculaires
des combinaisons analogues formées par les radicaux simples
d'une même famille.

14. En résumé, l'étude des chaleurs spécifiques, telle que les

travaux les plus récents l'ont mise en lumière, conduit à établir des caractères positifs qui distinguent les corps simples de la chimie présente des corps composés proprement dits. Cette étude montre qu'aucun corps simple actuel ne doit être réputé comparable aux corps composés, de l'ordre de ceux que nous connaissons aujourd'hui.

15. Ainsi, il y a entre les propriétés physiques des éléments et celles de leurs composés une opposition singulière et qui donne à réfléchir. Le contraste entre les chaleurs spécifiques des corps simples et celle des corps composés est d'autant plus important, que la notion même de chaleur spécifique représente la traduction du travail moléculaire général, par lequel tous les corps sont maintenus en équilibre de température les uns avec les autres.

16. Cependant il ne faudrait pas tirer d'une telle opposition entre les caractères physiques et mécaniques de nos corps simples et ceux de nos corps composés des conclusions exagérées. Si nos corps simples n'ont pas été décomposés jusqu'ici, et s'ils ne paraissent pas devoir l'être par les forces qui sont aujourd'hui à la disposition des chimistes et dont ils ont tant de fois épuisé l'action sur les éléments actuels; pourtant rien n'oblige à affirmer que ces mêmes corps simples soient indécomposables, suivant une autre manière que nos corps composés, par exemple, par les forces agissant dans les espaces célestes, comme le veut M. Lockyer. Rien n'empêche non plus de supposer qu'une découverte, semblable à celle du courant voltaïque, permette aux chimistes de l'avenir de franchir les barrières qui nous ont arrêtés.

Dans tous les cas, la relation que je viens d'établir définit mieux les conditions du problème, et elle conduit à penser que la décomposition de nos corps simples, si elle pouvait avoir réellement lieu, devrait être accompagnée par des phénomènes d'un tout autre ordre que ceux qui ont déterminé jusqu'ici la destruction de nos corps composés.

17. L'identité fondamentale de la matière constitutive de nos éléments actuels et la possibilité de transmuter les uns dans les

autres les corps réputés simples peuvent d'ailleurs être admises, à titre d'hypothèses plus ou moins vraisemblables, sans qu'il en résulte la nécessité d'une substance unique, réellement existante, et telle que nos corps simples actuels en représentent les états inégaux de condensation. C'est ici un point de vue nouveau, d'une haute importance, et sur lequel je prends la liberté d'appeler l'attention (1). En effet, rien ne force à concevoir une décomposition finale qui tende nécessairement à ramener nos éléments actuels, soit à des éléments plus simples, ajoutés les uns aux autres pour former ces éléments actuels ; soit aux multiples d'une même unité pondérale élémentaire, telle que l'hydrogène. Les divers états d'équilibre sous lesquels se manifeste la matière fondamentale pourraient offrir entre eux certaines relations générales, analogues à celles qui existent entre les valeurs multiples d'une même fonction. Dans cette hypothèse, un corps simple pourrait être détruit, sans être décomposé au sens ordinaire du mot. Au moment de sa destruction, il se transformerait subitement en un ou en plusieurs autres corps simples, identiques ou analogues à nos éléments ; mais les équivalents des nouveaux éléments pourraient n'offrir aucune relation simple avec l'équivalent de l'élément qui les aurait produits par sa métamorphose : le poids absolu demeurerait seul invariable dans la suite des transformations.

Cette hypothèse d'une matière, formée sans doute par les condensations diverses de la substance éthérée, et dès lors identique au fond, quoique multiforme en ses apparences, caractérisée dans chacune d'elles par un mode de mouvement particulier, telle enfin qu'aucune de ses manifestations ne puisse être définie d'une façon absolue comme le point de départ nécessaire de toutes les autres, est peut-être la plus vraisemblable de toutes ; mais il ne convient pas de s'y arrêter plus longtemps.

<hr>

(1) *Leçon sur l'isomérie*, professée devant la Société chimique de Paris, en 1863, p. 164. Chez Hachette.

CHAPITRE X

CHALEURS SPÉCIFIQUES DES LIQUIDES

§ 1er. — Notions physiques.

1. D'après M. Regnault, la quantité totale de chaleur que prend l'eau liquide pour passer de zéro à la température t, sans changer d'état et sous le poids d'un gramme, est exprimée par la formule :

$$Q = t + 2,10^{-5}\, t^2 + 3,10^{-7}\, t^3,$$

formule vérifiée par expérience jusqu'à 200 degrés.

La chaleur spécifique moyenne s'obtient, avons-nous dit, en divisant Q par t. Elle est donc égale, entre 0 et 100 degrés, à 1,005;

Entre 0 et 200 degrés, à 1,016.

Soit 18,09 et 18,14 pour le poids moléculaire $H^2O^2 = 18$ gram.

La chaleur spécifique élémentaire, $\frac{dQ}{dt}$, rapportée au même poids moléculaire, est égale, vers zéro, à 18,0;

Vers 100 degrés, à 18,23;

Vers 200 degrés, à 18,79.

Ces nombres sont un peu plus que doubles de la chaleur moléculaire de la vapeur d'eau. En effet, celle-ci présente la valeur moyenne $+ 8,65$ entre 130 et 230, nombre qui exprime à peu près la chaleur spécifique élémentaire vers 180 degrés; au lieu de la valeur 18,7 qui se rapporte à l'eau liquide à 180 degrés.

D'où il résulte que l'accroissement d'énergie, c'est-à-dire la variation des travaux moléculaires, jointe à la variation des forces vives de rotation et de vibration, offre une valeur bien plus grande dans les liquides que dans les gaz, pendant un même intervalle de température : relation contraire à celle que l'on aurait été porté à admettre *à priori*, puisque les particules des gaz présentent en plus le mouvement de translation. Il semble que la grande énergie intérieure que possèdent les gaz s'accumule peu à peu dans le liquide qui va les fournir, avant sa vaporisation, à la façon d'un ressort qui se banderait progressivement.

2. Mêmes relations pour les autres liquides, les variations de la chaleur spécifique avec la température étant d'ailleurs plus rapides que celles de l'eau. Ainsi, pour l'alcool liquide, entre — 23 degrés et + 66 degrés, la chaleur absorbée par 1 gramme de matière est exprimée par la formule suivante :

$$Q = 0,5475\,t + 0,001218\,t^2 + 0,000002206\,t^3 \text{ (R.).}$$

La chaleur spécifique élémentaire rapportée à 46 grammes, peut être évaluée aux nombres que voici :

D'après Regnault.	D'après Hirn.
— 20° ..... + 23,2	» (soit, pour l'unité de poids : 0,505).
0° ..... + 25,2	»
+ 20° ..... + 27,4	»
+ 40° ..... + 29,8	+ 27,2
+ 60° ..... + 32,5	»
+ 80° ..... + 35,4	+ 32,7
+ 120° ..... »	+ 39,5
+ 160° ..... »	+ 51,2 (soit, pour l'unité de poids : 1,114).

D'autre part, à 160 degrés, la chaleur moléculaire de l'alcool gazeux est + 20,8 ; soit les 2/5 seulement de celle de l'alcool liquide.

3. Voici tous les nombres connus, pour la comparaison des chaleurs spécifiques des corps sous les deux états, liquide et gazeux, et pour l'étude de leurs variations avec la température :

Tableau LII. — *Chaleurs spécifiques élémentaires sous les deux états : liquide et gazeux.*

Noms.	Poids moléculaire.	Chaleur spécifique élémentaire.	
		Dans l'état liquide.	Dans l'état gazeux.
Eau.........	$H^2O^2 = 18$	18,7 vers 180° (R.)	8.65 (R.) vers 180°
Sulf. de carb.	$C^2S^4 = 76$	$17,9 + 0,0121t$ (R.)	$10,0 + 0,0146t$ (R.)
Chloroforme..	$C^2HCl^3 = 119,5$	$28,2 + 0,0126t$ (R.)	$16,3 + 0,01645t$ (Wied.)
Alcool.......	$C^4H^6O^2 = 46$	51,2 vers 160° (Hirn)	20,8 (R.) vers 160°
Éther ordin..	$C^4H^4(C^4H^6O^2) = 74$	$39,1 + 0,0386t$ (R.)	$26,6 + 0,0632t$ (Wied.)
Éther acétique	$C^4H^4(C^4H^4O^4) = 88$	$46,4 + 0,0921t$ (R.)	$24,1 + 0,0765t$ (Wied.)
Acétone.....	$C^6H^6O^2 = 58$	$29,4 + 0,046t$ (R.)	$17,3 + 0,0449t$ (Wied.)
Benzine.....	$C^{12}H^6 = 78$	$29,6 + 01123t$ (Schull.)	$17,45 + 0,0798t$ (Wied.)
Térébenthène.	$C^{20}H^{16} = 136$	70,8 vers 215° (R.)	68,8 (R.) vers 215°

La chaleur spécifique moléculaire du mercure liquide, $Hg^2 = 200$ grammes, vers 360 degrés, est voisine de 7,6 ; la chaleur spécifique gazeuse devrait être 6,8, d'après la loi de Dulong et Petit.

4. Les chaleurs spécifiques des liquides croissent avec la température, dans le même sens que leurs volumes ; mais les variations de ces deux quantités ne sont pas proportionnelles, d'après les faits connus relatifs à l'eau, au chlorure de carbone et à l'alcool.

5. Complétons cette discussion des chaleurs spécifiques prises sous les divers états des corps, en rappelant toutes les données relatives aux substances simples, qui sont connues à la fois dans l'état liquide et dans l'état solide. On y joindra l'eau, la naphtaline, l'hydrate de chloral, et quelques sels, seuls composés pour lesquels on possède des expériences convenables. Les noms des auteurs des observations sont donnés aux tableaux LI, LII, LIV, LV, LVI, LVII, LX, LXI, LXII.

Tableau LIII. — *Chaleurs spécifiques moyennes sous les trois états : gazeux, liquide, solide.*

		État solide.	État liquide.	État gazeux (pression constante).
Brome............	$Br^2 = 160$	13,3 ($-78°$ à $-25°$)	18,1 (13° à 58°)	8,8 (vers 150°).
Iode.............	$I^2 = 254$	13,7 (20° à 107°)	27,5 (107° à 180°)	»
Phosphore........	$Ph^2 = 62$	11,8 (7° à 30°)	12,7 (50° à 100°)	»
Soufre...........	$S^4 = 64$	12,8 (13° à 97°)	15,0 (120° à 150°)	»
Mercure..........	$Hg^2 = 200$	6,4 ($-78°$ à $-40°$)	6,7 (10° à 100°) / 7,8 (à 360°)	6,8 probable.
Gallium..........	$Ga^2 = 70$	5,5 (12° à 23°)	5,6 (13° à 120°)	6,8 id.
Plomb............	$Pb^2 = 207$	6,50 (0° à 100°)	8,3 (350° à 450°)	6,8 id.
Étain............	$Sn^2 = 118$	6,63 (0° à 100°)	7,5 (250° à 350°)	6,8 id.
Bismuth..........	$Bi^2 = 208$	6,44 (0° à 100°)	7,5 (280° à 380°)	6,8 id.
Eau..............	$H^2O^2 = 18$	9,0 ($-20°$ à 0°)	18,1 (0° à 100°)	8,65 vers 180°.
Naphtaline.......	$C^{20}H^8 = 128$	41,6 (20° à 66°)	54,8 (80° à 130°)	»
Hydrate de chloral..	$C^4HCl^3O^2, H^2O^2 = 165,5$	34,1 (17° à 44°)	77,8 (51° à 88°)	»
»	»	»	60 (à 46°)	»
»	»	»	98 (à 97°)	»
Azotate de potasse...	$AzO^6K = 101$	24,2 (0° à 100°)	33.5 (361° à 435°)	»
Azotate de soude....	$AzO^6Na = 85$	23,7 (0° à 100°)	35,9 (320° à 430°)	»
Chlorure de calcium.	$CaCl,6HO = 109,5$	37,6 ($-21°$ à $+3°$)	60,1 (33° à 99°)	»
Phosphate de soude..	$PhO^8Na^2H,24HO = 358$	146,8 ($-21°$ à $+3°$)	267,4 (40° à 80°)	»
Chromate de soude..	$CrO^4Na,10HO = 172,5$	72 (calculée)	115,6 (10° à 48°)	»

6. On voit par ce tableau que la chaleur spécifique dans l'état liquide est plus grande que dans tout autre état. Cependant les

rapports entre les chaleurs spécifiques rapportées aux trois états fondamentaux sont très divers, suivant les corps.

Tandis que les chaleurs spécifiques de l'eau, de l'iode et du phosphate de soude sont à peu près doubles de celles des mêmes corps liquides, relation qui a été généralisée à tort; celles du brome, des azotates de potasse et de soude, du chromate de soude, du chlorure de calcium liquide, surpassent seulement de moitié les chaleurs spécifiques des mêmes corps solides. Pour l'hydrate de chloral, la chaleur spécifique liquide s'élève avec la température, depuis une valeur voisine du double de celle de l'état solide, presque jusqu'à en atteindre le triple; mais la dissociation du composé pourrait bien jouer quelque rôle dans une variation si rapide et si étendue.

Au contraire, les deux chaleurs spécifiques ont des valeurs très voisines pour le même métal solide et liquide, pris à la même température. Pour les métaux, en général, la chaleur spécifique, sous les trois états, paraît être à peu près la même : relation capitale, établie en fait pour les états liquide et solide, mais qui ne repose jusqu'ici que sur des inductions en ce qui touche l'état gazeux.

§ 2. — Chaleurs spécifiques des liquides au point de vue chimique.

Tableau LIV. — *Composés minéraux.*

I. — CORPS SIMPLES.

Noms.	Poids molécul.	Chaleur molécul. moyen.	Chaleur spécif. pour l'unité de poids.	Limites de température.	Observat.
Brome	$Br^2 = 160^{gr}$	16,96	0,106	— 7° à + 10°	R.
		18,08	0,113	+ 13° à + 58°	R.
Iode	$I^2 = 254$	27,5	0,1082	107° à 180°	F. et S.
Phosphore	$Ph^2 = 62$	12,68	0,2045	50° à 100°	P.
Soufre	$S^4 = 64$	14,98	0,234	120° à 150°	P.
Mercure	$Hg^2 = 200$	6,66	0,0333	10° à 100°	R.
		6,60		0° à 100°	D. et Pet.
		7,00		0° à 300°	Id.
		$6,4 + 0,004\,t$		0° à 300°	

Noms.	Poids molécul.	Chaleur molécul. moyenne.	Chaleur spécif. pour l'unité de poids.	Limites de températ.	Observat.
Plomb	Pb² = 207	8,32	0,0402	350° à 450°	P.
Étain	Sn² = 118	7,51	0,0637	250° à 350°	P.
Bismuth.	Bi² = 208	7,55	0,0363	280° à 300°	P.
Gallium	Ga² = 70	5,59	0,0802	12° à 120°	B.

II. — COMPOSÉS BINAIRES.

Noms.	Poids molécul.	Chaleur molécul. moyenne.	Chaleur spécif. pour l'unité de poids.	Limites de températ.	Observat.
Eau	H²O² = 18	18,09	1,005	0° à 100°	R.
Sulfure de carbone...	C²S⁴ = 76	18,15	0,239	0° à 50°	R.
Chlorure de soufre. . .	2S²Cl = 133	27,1	0,204	5° à 20°	R.
Chlorure phosphoreux.	PhCl³ = 137,5	28,8	0,209	0° à 20°	R.
Chlorure arsénieux...	AsCl³ = 181,5	31,8	0,176	0° à 20°	R.
Chlorure de silicium..	SiCl⁴ = 170	32,3	0,190	0° à 20°	R.
»	»	34,0	0,200	12° à 50°	Og.
Chlorure d'étain... . . .	Sn²Cl⁴ = 259,6	38,3	0,1476	0° à 20°	R.
Chlorure de titane. . . .	Ti²Cl⁴ = 192,3	36,8	0,1915	0° à 20°	R.

III. — ACIDES MINÉRAUX ET SELS LIQUIDES.

Noms.	Poids molécul.	Chaleur molécul. moyenne.	Chaleur spécif. pour l'unité de poids.	Limites de températ.	Observat.
Acide azotique.	AzO⁶H = 63	28,0	0,445		Hs.
Acide sulfurique.	2SO⁴H = 98	33,0	0,336		Mar.
Hydrate.	2(SO⁴H,HO)=116	51,2	0,449		Mar.
Azotate de potasse. . . .	AzO⁶K = 101	33,5	0,332	360° à 435°	P.
Azotate de soude.	AzO⁶Na = 85	35,9	0,422	320° à 430°	P.
Chlorure de calcium...	CaCl,6HO = 109	60,1	0,555	33° à 99°	P.
Phosphate de soude...	PhO⁸Na²H,24HO=358	267,4	0,747	40° à 48°	P.
Chromate de soude...	CrO⁴Na,10HO=172,5	115,6	0,68	10° à 48°	B.

Tableau LV. — *Composés organiques.*

I. — CARBURES D'HYDROGÈNE.

Noms.	Poids moléculaire.	Chaleur moléculaire élémentaire.	Chaleur moléc. moyenne.	Chal. spéc. pour 1 gr.	Limites de températ.	Auteurs.
Benzine	$C^{12}H^6 = 78$	»	34,0	0,436	$+ 20^\circ$ à 70.	R.
Térébenthène	$C^{20}H^{16} = 136$	»	57,0	0,4259	$+ 10^\circ$ à 15.	R.
		51,4 à $- 20^\circ$				R.
X		55,0 à 0°				R.
		67,3 à 100°				R.
		68,8 à 150°				R.
Pétrolène	$C^{30}H^{24}? = 204$	85,1 à 0°				R.
		103,4 à 100°				R.
		112,6 à 150°				R.
		131,0 à 210°				R.
Térébène	$C^{20}H^{16} = 136$	»	54,5	0,415	5° à 10°.	R.
Citrène	$C^{20}H^{16} = 136$	»	60,0	0,449	5° à 10°.	R.
Naphtaline	$C^{20}H^8 = 128$	»	54,8	0,428	80° à 130°.	Al.
Carbures	$C^{2n}H^{2n}$	»	$0,49 \times 14n$.	0,49.		F. et S.

II. — ALCOOLS.

Noms.	Poids moléculaire.	Chaleur moléculaire élémentaire.	Chaleur moléc. moyenne.	Chal. spéc. pour 1 gr.	Limites de températ.	Auteurs.
Alcool méthylique	$C^2H^2(H^2O^2) = 32$.	»	18,9	0,59	5° à 20°.	R.
			20,6	0,645	23° à 43°.	K.
Alcool ordinaire	$C^4H^4(H^2O^2) = 46$	(Voy. p.457.)	27,4	0,595	0° à 40°.	R.
Id. amylique	$C^{10}H^{10}(H^2O^2) = 88$	»	61,0	0,6935	10° à 117°.	R.
Id. éthalique	$C^{32}H^{32}(H^2O^2) = 242$	»	122,5	0,506	44° à 350°.	F. et S.

III. — ACIDES.

Substance	Formule	Expression	Valeur	Chaleur spécifique et intervalle	Source
Acide formique	$C^2H^2O^4 = 46$	»	24,7	0,536 24° à 45°	K.
Acide acétique	$C^4H^4O^4 = 60$	»	27,6	0,460 5° à 20°	R.
			30,5	0,509 24° à 45°	K.
			31,3	0,522 26° à 96°	B.
Id. acétique anhydre.	$(C^4H^3O^3)^2 = 51 \times 2$	»	22,2 × 2	0,434 23° à 122°	B.
Id. butyrique	$C^8H^8O^4 = 88$	»	44,3	0,503 21° à 45°	K.
Id. valérique	$C^{10}H^{10}O^4 = 102$	»	49,0	0, 8	F. et S.
Id. cyanhydrique	$C^2HAz = 27$	»	16,2	0,60 + 20 (Bussy et Buignet.)	

IV. — ÉTHERS ET CORPS ANALOGUES.

Substance	Formule	Expression	Valeur	Chaleur spécifique et intervalle	Source
Éther ordinaire	$C^4H^4(C^4H^6O^2) = 74$	$39,15 + 0,034\,t.$	»	» —30° à +130.	R. + Hirn.
Id. sulfhydrique	$C^4H^4(C^4H^6S^2) = 90$	»	43,1	0,4785 20° à 70°	R.
Id. chlorhydrique	$C^4H^5Cl = 64,5$	»	27,6	0,428 — 28° à + 5°	R.
Id. bromhydrique	$C^4H^5Br = 109$	»	23,4	0,215 + 5° à 20°	R.
Id. iodhydrique	$C^4H^5I = 156$	$25,2 + 0,026\,t.$	25,6	0,164 — 30° à + 160°	R.
Id. méthylacétique	$C^2H^2(C^4H^4O^4) = 74$	»	37,5	0,507 21° à 41°	K.
Id. méthylbutyrique	$C^2H^2(C^8H^8O^4) = 102$	»	49,7	0,487 21° à 45°	K.
Id. méthylvalérique	$C^2H^2(C^{10}H^{10}O^4) = 116$	»	54,3	0,491 21° à 45°	K.
Id. éthylformique	$C^4H^4(C^2H^2O^4) = 74$	»	37,9	0,513 20° à 39°	K.
Id. éthylacétique	$C^4H^4(C^4H^4O^4) = 88$	$46,4 + 0,092\,t.$	»	» — 21° à + 63°	R.
Id. oxalique	$\{C^4H^4\}^2(C^4H^2O^8) = 146$	»	67,2	0,457 15° à 20°	R.
Id. silicique	$\{C^4H^4\}^4(SiO^4,4HO) = 208$	»	88,4	0,427 15° à 85°	Og.

Noms.	Poids moléculaire.	Chaleur moléculaire. élémentaire.	Chaleur moléc. moyenne.	Ch. spéc. pour 1 gram.	Limites de températ.	Auteurs
Éther cyanhydrique....	$C^4H^4(C^2HAz) = 55$	$28,0 + 0,14\,t$	»	»	$- 20°$ à $+ 70°$	R.
		$23,8$	»	$0,4325$	$- 30°$	R.
		$40,6$	»	$0,737$	$+ 90°$	R.
Éther allylcyanhydrique. (essence de moutarde).	$C^6H^4(C^2HAzS^2) = 99$	»	$42,8$	$0,432$	$+ 23°$ à $48°$	K.
Chlorure d'éthylène......	$C^4H^4Cl^2 = 99$	$28,9 + 0044\,t$	$29,7$	$0,300$	$- 23°$ à $+ 68°$	R.
Bromure d'éthylène......	$C^4H^4Br^2 = 188$	»	$33,0$	$0,1755$	$+ 13°$ à $+ 106°$	R.
»	»	»	$34,3$	$0,183$	$8°$ à $95°$	B.
Formène trichloré...... (chloroforme).	$C^2HCl^3 = 119,5$	$27,8 + 0,012\,t$	$28,0$	$0,234$	$- 30°$ à $+ 60°$	R.
Formène perchloré..... (perchlorure de carb.).	$C^2Cl^4 = 154$	$30,5 + 0,028\,t$	$31,6$	$0,205$	$- 20°$ à $+ 64°$	R.
Nitrobenzine............	$C^{12}H^5AzO^4 = 123$	»	$43,0$	$0,350$	$5°$ à $20°$	R.
Chlorhydrate d'amylène..	$C^{10}H^{10}(HCl) = 106,5$	»	$42,6$	$0,40$	$10°$ à $86°$	B.
Bromhydrate...........	$C^{10}H^{10}(HBr) = 150$	»	$43,3$	$0,287$	$12°$ à $87°$	B.
Iodhydrate.............	$C^{10}H^{10}(HI) = 198$	»	$43,4$	$0,219$	$11°$ à $87°$	B.
Trioléine............. (huile d'olive).	$C^{114}H^{104}O^{12} = 884$	»	445	$0,504$		
Blanc de baleine........	$C^{64}H^{64}O^4 = 480$	480	254	$0,529$	$44°$ à $100°$	P.
Cire.................		»	»	$0,499$	$66°$ à $102°$	P.

V. — ALDÉHYDES.

Noms.	Poids moléculaire.	Chaleur moléculaire. élémentaire.	Chaleur moléc. moyenne.	Ch. spéc. pour 1 gram.	Limites de températ.	Auteurs
Acétone...............	$C^6H^6O^2 = 58$	$29,4 + 0,046\,t$	»	»	$- 22°$ à $+ 53°$	R.
Chloral..............	$C^4HCl^3O^2 = 147,5$	»	$38,2$	$0,259$	$17°$ à $81°$	B.
Chloral hydraté.......	$C^4HCl^3O^2,H^2O^2 = 165,5$	»	$77,8$	$0,478$	$51°$ à $88°$	B.

Parmi les conséquences chimiques que l'on peut tirer de ces tableaux, je signalerai seulement les suivantes :

1° Les chaleurs spécifiques moléculaires des métaux liquides ne diffèrent pas beaucoup les unes des autres (5,6 à 8,3) ; celles des métalloïdes varient beaucoup plus, savoir : de 12 à 27.

2° La chaleur spécifique du bihydrate sulfurique est sensiblement la somme de celles de l'eau et du monhydrate qui le constituent : relation qui se retrouve entre l'acide acétique anhydre et l'acide monohydraté. Mais l'extension de la même relation aux hydrates salins conduirait à des valeurs très petites et peu vraisemblables pour les chaleurs moléculaires des sels anhydres dans l'état fondu. Pour l'hydrate de chloral fondu, la chaleur moléculaire surpasse au contraire celle des composants liquides ; mais elle varie beaucoup plus rapidement avec la température que celles des composants, circonstance qui rend ce genre de relations incertain.

3° Les composés minéraux analogues (chlorures de phosphore et d'étain ; chlorures de silicium, d'étain et de titane, azotates de potasse et de soude) ont des chaleurs spécifiques moléculaires voisines.

4° Les composés organiques isomères (carbures et éthers) ont des chaleurs spécifiques moléculaires très voisines.

5° Les composés polymères, pris sous le même poids, ont des chaleurs spécifiques voisines, c'est-à-dire à peu de chose près multiples les unes des autres, sous les poids moléculaires (voy. p. 451). Ce rapprochement subsiste, même entre les corps doués de fonctions différentes (acide butyrique et éther acétique) ; mais il est parfois troublé, au voisinage des points d'ébullition, par la variation rapide des chaleurs spécifiques avec la température.

6° La chaleur spécifique moléculaire des corps homologues croît avec le poids moléculaire (voy. page 453), l'accroissement étant à peu près de 7 unités pour chaque différence de C^2H^2 ; mais cette valeur est loin d'être constante.

7° Les dérivés formés en vertu de substitutions analogues (éthers des trois hydracides, chlorure et bromure d'éthylène, éthers hydrique et sulfhydrique) ont des chaleurs spécifiques moléculaires voisines.

8° La chaleur spécifique moléculaire d'un éther ou d'un corps analogue diffère peu de la somme des chaleurs spécifiques moléculaires de l'acide et de l'alcool générateurs, diminuée de celle de l'eau éliminée. Soit, par exemple, l'éther éthylformique vers 30 degrés : d'après le calcul, la chaleur spécifique moléculaire est 34,7; d'après l'expérience, 37,9.

Ce rapprochement s'étend à l'éther ordinaire (dérivé de deux molécules d'alcool) et à la nitrobenzine.

L'influence inégale de la température sur les divers composants et composés ne permet pas d'ailleurs d'espérer une relation plus précise entre les chaleurs spécifiques des corps pris dans l'état liquide.

CHAPITRE XI

CHALEURS SPÉCIFIQUES DES CORPS SOLIDES

§ 1er. — Influence de la température.

1. La chaleur spécifique des corps solides varie, aussi bien que celle des liquides, avec la température; elle augmente, à mesure que la température s'élève, de même que la dilatabilité. Cependant la variation de la chaleur spécifique des solides est beaucoup plus lente que celle de la plupart des liquides; aussi se borne-t-on le plus souvent à mesurer les chaleurs spécifiques moyennes des corps solides.

2. Pour bien établir et caractériser ces relations, citons les observations faites sur les substances solides, à des températures diverses.

DONNÉES NUMÉRIQUES.

Tableau LVI. — *Chaleurs spécifiques élémentaires des solides, à diverses températures.*

I. — MÉTAUX.

Noms.	Formules.	Équiv.	Chaleur spécif. moyenne pour l'unité de poids entre 0° et 100°.	Chaleur spécifique élémentaire rapportée au poids équivalent.	La même à 0°.	à 300°.	Auteurs.
Fer.........	Fe	= 28	0,1098	$2,906 + 0,00336\,t\,(0° \text{ à } 300°)$	3,058	4,066	D. et P. (1)
				$2,97 + 0,00336\,t + 0,0000052\,t^2$	»	»	Weinhold (2)
Zinc.........	Zn	= 32,6	0,0927	$2,878 + 0,00287\,t\,(0° \text{ à } 300°)$	2,878	3,78	Id.
				$2,826 + 0,00287\,t\,(0° \text{ à } 300°)$	2,83	3,69	Bède (3).
Cuivre.........	Cu	= 31,7	0,0949	$2,907 + 0,00203\,t$ (id.)	2,91	3,52	D. et P.
				$2,885 + 0,00143\,t$ (id.)	2,89	3,31	Bède.
Plomb.........	Pb	= 103,5	»	$2,96 + 0,00393\,t$ (id.)	2,96	4,14	Bède.
Argent.........	Ag	= 108	0,0557	$5,616 + 0,00583\,t$ (id.)	5,62	7,37	D. etP.
Antimoine.....	Sb	= 122	0,0507	$5,93 + 0,00512\,t$ (id.)	5,93	7,47	D. etP.
Platine.........	Pt	= 98,7	0,0323	$3,17 + 0,00195\,t$ (id.)	3,17	3,76	D. etP.
»	»	»	»	$3,13 + 0,00118\,t\,(0° \text{ à } 1200°)$	3,13	3,47	Violle.
»	»	»	»	$3,13 \text{ à } 0°$	»	»	Id.
»	»	»	»	$4,54 \text{ à } 1200°$	»	»	Id.
Palladium.....	Pd	= 53	0,0592	$3,08 + 0,00106\,t\,(0° \text{ à } 1300°)$	3,08	3,40	Id.
Iridium.......	Ir	= 99	0,0324	$3,22 + 0,0010\,t\,(0° \text{ à } 1045°)$	3,22	3,52	Id.
Or............	Au	= 98,5	0,0324	$3,16 + 0,00052\,t\,(0° \text{ à } 930°)$	3,16	3,31	Id.

(1) *Annales de chimie et de physique*, 2ᵉ série, t. LXXIII, p. 6.
(2) *Ann. de Poggend*, t. CXLIX, p. 213.
(3) *Mémoirs de l'Académie de Bruxelles*, t. XXVII.

II. — Métalloïdes.

Phosphore....	Ph	$= 31$	»	$5,66 + 0,0114\,t\,(78^\circ\,\text{à} + 30^\circ)$		»	»	R.
				Diamant. — Graphite.				
Carbone.......	C²	$= 12$	»	0,76	$1,37, \text{à} -50^\circ$	»	»	Weber.
»	»	»	»	1,34	$1,92; \text{à} + 10^\circ$	»	»	Id.
»	»	»	»	2,66	$2,96, \text{à} + 140^\circ$	»	»	Id.
»	»	»	»	3,63	$3,90, \text{à} + 250^\circ$	»	»	Id.
»	»	»	»	5,29	$5,34, \text{à} + 600^\circ$	»	»	Id.
»	»	»	»	5,51	$6,04, \text{à} + 1000^\circ$	»	»	Id.
Bore.........	B	$= 11$	»	$2,10, \text{à} -40^\circ$		»	»	Weber.
»	»	»	»	$2,62, \text{à} + 27^\circ$		»	»	Id.
»	»	»	»	$3,38, \text{à} + 126^\circ$		»	»	Id.
»	»	»	»	$4,03, \text{à} + 233^\circ$		»	»	Id.
Silicium.......	Si	$= 28$	»	$3,81, \text{à} + 40^\circ$		»	»	Weber.
»	»	»	»	$4,76, \text{à} + 21^\circ$		»	»	Id.
»	»	»	»	$5,50, \text{à} + 129^\circ$		»	»	Id.
»	»	»	»	$5,68, \text{à} + 232^\circ$		»	»	Id.

III. — Corps composés.

Eau..........	H²O²	$= 18$	»	$9,07 + 0,0186\,t\,(-78^\circ\,\text{à}\,0^\circ)$	»	»	R.
Verre........	»	»	»	$0,167 + 0,0002\,t$	»	»	D. et P.
Naphtaline....	C²⁰H⁸	$= 128$	»	$39,6\,(-26^\circ\,\text{à} + 18^\circ)$	»	»	Al.
»	»	»	»	$41,6\,(+20^\circ\,\text{à} + 65^\circ)$	»	»	Id.

§ 2. — États moléculaires différents d'une même substance.

1. Un même corps solide, pris à la même température, peut affecter des états différents, sous lesquels il ne présente pas la même chaleur spécifique. Résumons les faits connus à cet égard.

2. *Soufre*. — La chaleur spécifique du soufre insoluble (dans l'état solide et conservé depuis longtemps) l'emporte sur celle du soufre octaédrique. En effet, la transformation du premier corps dans le second dégage, vers 112 degrés, une quantité de chaleur capable de fondre partiellement la masse; tandis qu'à 18 degrés, le même changement a lieu sans dégager ni absorber de chaleur, d'après mes observations. Cela étant admis, la chaleur dégagée par la transformation, à 112 degrés, doit être égale à la différence des deux chaleurs spécifiques multipliée par l'intervalle 94 des températures 112 et 18 degrés :

$$Q = (C - C_1)(112 - 18).$$

Cette quantité est d'ailleurs égale à la chaleur de fusion normale de la fraction de soufre fondue au moment de la transformation ; quantité qu'il serait facile d'évaluer, si cette dernière fraction était connue. En effet,

Soit $C = 2,85$; soit $\dfrac{1}{n}$ la fraction d'équivalent du soufre qui entre en fusion ; 150 calories exprimant d'ailleurs la chaleur de fusion d'un équivalent de soufre. Cela posé, on trouve facilement :

$$C = 2,85 + \frac{150}{94n}.$$

3. *Sélénium*. — Cet élément possède la même chaleur spécifique équivalente, 2,96, sous les deux états, métallique et vitreux (R.).

4. *Phosphore*. — Chaleur spécifique équivalente :

Phosphore blanc (10° à 30°)................. 5,89 (R.)
Phosphore rouge vitreux (15° à 100°)........ 5,27 (R.)

La différence s'élève au neuvième.

5. *Carbone.* — Entre 10 et 100 degrés, d'après M. Regnault, les chaleurs spécifiques moyennes rapportées à 12^{gr} sont :

Diamant.................... 1,76
Graphite naturel............. 2,40
Charbon de bore............ 2,90

Les chaleurs élémentaires ne varient pas moins (voy. les résultats de M. Weber, page 469).

6. *Bore* $= 11^{gr}$. — Chaleurs spécifiques équivalentes :

Bore amorphe (18° à 48°)................ 2,79 (K.)
graphitoïde (17° à 99°)............. 2,59 (K.)
cristallisé (21° à 51°)............. 2,53 (K.)

Mais la pureté du bore, dans ces différents états, est douteuse.

7. *Silicium* $= 28^{gr}$. — Chaleurs spécifiques équivalentes :

Si amorphe (21° à 51°)........ 5,99 (K.)
fondu (21° à 50°)........... 4,00 (K.)   4,9 (R.)
cristallisé (21° à 52°) .... 4,62 (K.)   5,0 (R.)

8. *Métaux.* — L'acier doux et l'acier trempé ont la même chaleur spécifique, sous l'unité de poids, soit : 0,117 (R.).

De même, le cuivre mou et le cuivre écroui : 0,094 (R.).

9. *Alumine.* — Chaleurs spécifiques rapportées à $Al^2O^3 = 51^{gr},4$:

Corindon .... 10,25 (R.)
Saphir.................................. 10,25 (R.)

10. *Peroxyde de fer.* — Chaleurs spécifiques rapportées à $Fe^2O^3 = 80$ grammes :

Oxyde cristallisé (fer oligiste)..................... 13,35 (R.)
amorphe (sulfate décomposé par la chaleur)..... 14,06 (R.)
Le même, calciné fortement .... 13,6 (R.)

11. *Sels.* — Les sels fondus ou cristallisés à froid ont la même chaleur spécifique ($NaCl$, SO^4K, SO^4Na, AzO^6K, AzO^6Na, d'après Kopp).

12. *Corps dimorphes.* — L'aragonite et le spath d'Islande ont la même chaleur spécifique; de même le bisulfure de fer, sous ses deux états; de même le rutile et la brookite, etc.

13. *Corps trempés.* — Le métal des cymbales, aigre ou trempé, a la même chaleur spécifique (0,086, R.).

De même pour le verre trempé (larmes bataviques) ou recuit (0,193, R.). Identité qui s'explique, que le verre revient à son état initial; tandis qu'on l'échauffe dans l'étuve, avant la mesure calorimétrique.

14. Le *sucre de canne amorphe* aurait une chaleur spécifique supérieure d'un dixième à celle du *même corps cristallisé*, d'après les essais qui ont été publiés. Mais il est probable que ce résultat est dû à une partie de la chaleur de fusion retenue dans le corps solide; ou plus exactement, à ce que la mesure de la chaleur spécifique du sucre se complique d'un changement moléculaire simultané : de telle sorte que l'état final du corps n'est pas identique à son état initial. J'ai fait à cet égard des observations très nettes sur l'hydrate de chloral (*Annales de chimie et de physique*, 5ᵉ série, t. XII, p. 564; et le présent volume, page 282, et surtout page 285).

§ 3. — **Rapports entre les chaleurs spécifiques dans l'état solide et la composition chimique. — Éléments chimiques.**

1. Nous allons établir ces rapports entre les chaleurs spécifiques mesurées au voisinage de la température ordinaire, pour les éléments et pour leurs combinaisons; en commençant par les premiers. Nous emploierons particulièrement les nombres calculés d'après les expériences de M. Regnault, faites entre 10 et 100 degrés, et d'après celles de M. Kopp, entre 20 et 45 degrés.

Il serait préférable de raisonner sur la fonction même qui exprime les chaleurs spécifiques élémentaires. Mais l'état de nos connaissances n'est pas assez avancé pour permettre de discuter ainsi les chaleurs spécifiques des corps : soit en les exprimant par une formule générale empirique, telle que $A + Bt + Ct^2$, ou mieux par quelque formule théorique; soit en les rapportant à des valeurs limites, telles que celles qui devraient exister au voisinage du zéro absolu.

2. Voici les nombres observés :

Tableau LVII. — *Chaleurs spécifiques moyennes des corps simples, solides.*

1er GROUPE. — LA CHALEUR SPÉCIFIQUE DE L'ÉQUIVALENT EST VOISINE DE 6,4.

Noms.	Équiv.	Chaleur spécifique rapportée au poids équival.	Chaleur spécifique pour l'unité de poids.	Auteurs.
Potassium......	K = 39,1	6,47	0,1655 (de — 78° à 0°)	(R.)
Sodium........	Na = 23	6,75	0,2934 (de —34° à +7°)	(R.)
Lithium.......	Li = 7	6,59	0,941	(R.)
Thallium.....	Th = 204	6,15	0,0334	(R.)
Argent........	Ag = 108	6,05	0,056	(P. et D. K.)
		6,16	0,057	(R.)
Bismuth.......	Bi = 210	6,47	0,0308	(R.)
Antimoine.....	Sb = 122	6,20	0,0508	(R.)
		6,38	0,0523	(R.)
Arsenic........	As = 75	6,11	0,0814	(R.)
Phosphore.....	Ph = 31	5,87	0,1895 (7° à 30°)	(R.)
Brome (solide)..	Br = 80	6,74	0,0843 (—78° à —20°)	(R.)
Iode..........	I = 127	6,87	0,0541	(R.)

2e GROUPE. — LA CHALEUR SPÉCIFIQUE DE L'ÉQUIVALENT EST VOISINE DE 3,2.

Noms.	Équiv.	Chaleur spécifique rapportée au poids équival.	Chaleur spécifique pour l'unité de poids.	Auteurs.
Magnésium.....	Mg = 12	2,94	0,245	(K.)
		3,00	0,250	(R.)
Calcium.......	Ca = 20	3,40	0,170	(Bunsen.)
Aluminium.....	Al = 13,7	2,93	0,214	(R.)
		2,76	0,202	(K.)
Gallium.......	Ga = 35	2,77	0,079	(B.)
Manganèse.....	Mn = 27,5	3,34	0,122	(R.)
Fer..........	Fe = 28	3,18	0,1138	(R.)
Nickel........	Ni = 29,4	3,21	0,1092	(R.)
Cobalt........	Co = 29,4	3,13	0,1067	(R.)
Zinc..........	Zn = 32,7	3,11	0,0956	(R.)
		3,04	0,0932	(K.)
Cadmium......	Cd = 56	3,17	0,0567	(R.)
		3,03	0,0542	(K.)
Indium........	In = 56,7	3,23	0,057	(Bunsen.)
Cuivre........	Cu = 31,7	3,02	0,0952	(R.)

Noms.	Equiv.	Chaleur spécifique rapportée au poids équivalent.	Chaleur spécifique pour l'unité de poids.	Auteurs.
Plomb.........	Pb $=103,5$	3,25	0,0314	(R.)
Mercure (solide).	Hg $=100$	3,19	0,0319 ($-78°$à$-40°$)	(R.)
Étain..........	Sn $=59$	3,31	0,0562	(R.)
		3,23	0,0548	(R.)
Palladium......	Pd $=53,3$	3,16	0,0593	(K.)
Or...........	Au $=98,5$	3,19	0,0324	(R.)
Ruthénium.....	Ru $=52$	3,18	0,061	(Bunsen.)
Platine........	Pt $=98,7$	3,20	0,0324	(R.)
Iridium........	Ir $=99$	3,22	0,0326	(K.)
Rhodium.......	Rh $=52,2$	3,03	0,058	(R.)
Molybdène.....	Mo $=48$	3,46	0,0722	(R.)
Tungstène.....	W $=92$	3,07	0,0334	(R.)
Zirconium.....	Zr $=45$	3,00	0,0666	(Mixter et Dana.)
Osmium........	Os $=99,6$	3,10	0,0311	(R.)
Soufre crist....	S $=16$	2,84	0,0776	(R.)
		2,61	0,163	(K.)
Sélénium crist..	Se $=39,7$	3,02	0,0762	(R.)
Tellure........	Te $=64$	3,03	0,0474	(R.)
Bore crist......	B $=11$	2,53	0,230	(K.)
		2,86	0,262	(R.)
Silicium crist...	Si $=28$	2,50	0,179	(R.)
Carbone........	$C^2 =12$	1,76 diamant. 0,147		
		2,44 graphite nat. 0,202		(R.)(1)
		2,90 charb. de bois 0,244		

3. Ces nombres montrent que les corps simples peuvent être partagés en deux groupes : pour les uns, la chaleur spécifique rapportée à l'équivalent est voisine du nombre 6,4; pour les autres, elle est voisine du nombre 3,2, qui est la moitié du précédent.

4. Observons cependant que les écarts extrêmes vont de 6,9 à 5,8 dans le premier groupe; de 3,5 à 2,8 dans le second groupe; c'est-à-dire qu'ils s'élèvent au quart de la valeur minima : ce qui indique plutôt une relation grossière qu'une loi physique proprement dite.

Le bore, le silicium et le carbone donnent même des nombres beaucoup plus faibles. En outre les chaleurs spécifiques de ces trois corps simples varient avec la température d'une façon beau-

(1) Voyez aussi les observations de M. Weber, page 469.

coup plus marquée que celles des autres éléments : circonstance qui paraît traduire dans ces trois corps solides une constitution moléculaire dissemblable de celles des autres éléments solides.

5. Cependant les deux groupes principaux d'éléments peuvent être ramenés à un seul, si l'on convient d'adopter un nombre double pour l'équivalent des corps du second groupe ; ou, plus exactement, si l'on convient d'appeler *poids atomique* une valeur double du poids équivalent pour le magnésium, le fer, le manganèse, etc.; tandis que l'on conserverait un poids atomique égal à l'équivalent pour l'argent, le potassium, etc. M. Regnault avait proposé de le faire, il y a longtemps, et un grand nombre de chimistes ont adopté depuis la même convention. Cette convention étant admise, on pourrait dire que : *les poids atomiques de tous les éléments chimiques solides ont la même capacité pour la chaleur.*

6. Tel était l'énoncé primitif de la loi de Dulong et Petit. Mais, je le répète, et j'insiste fortement sur ce défaut d'exactitude, la loi ainsi formulée n'est vraie qu'à un quart près des chaleurs spécifiques réelles, d'après ce qui précède ; elle se trouve tout à fait en défaut pour trois éléments, à la température actuelle ; enfin les écarts entre les chaleurs spécifiques, et par suite les rapports de celles-ci, varient d'une façon extrêmement inégale pour les divers éléments avec la température (tableau LVI).

C'est pourquoi je ne pense pas que l'on soit autorisé à regarder un énoncé de ce genre comme suffisamment exact, dans son application aux éléments solides, pour constituer une loi physique véritable. Au contraire, la loi de Dulong et Petit me paraît vraie et rigoureuse en principe pour les éléments gazeux. En effet, pour un tel état des corps, la réduction de tous les éléments à une même unité de chaleur spécifique est fondée sur des notions mécaniques très vraisemblables : elle signifie alors que tous les gaz simples, amenés à un état voisin de celui de gaz parfait, éprouvent un même accroissement de force vive pour une même élévation de température (voy. page 431). Mais la constitution physique des corps solides est trop compliquée pour autoriser une conclusion si simple et si générale.

7. Sans doute, il est incontestable que les poids atomiques du soufre et du sélénium, déterminés d'après leurs densités gazeuses, sont doubles de leurs équivalents : ce qui concorde avec l'induction tirée des chaleurs spécifiques solides. Mais, par contre, les poids atomiques du mercure et du cadmium, déterminés aussi d'après leurs densités gazeuses, sont précisément égaux à leurs équivalents : leur valeur numérique est seulement la moitié de celle des poids atomiques peu corrects, à mon avis, que l'on a déduits des chaleurs spécifiques de ces mêmes corps pris dans l'état solide.

8. Pour concilier cette contradiction apparente, on pourrait supposer que, dans l'état solide, chaque particule élémentaire du mercure, du plomb, et des métaux analogues, résulte de l'association de deux particules plus simples ; lesquelles seraient indépendantes l'une de l'autre dans l'état gazeux et comparables alors à la particule simple du potassium ou de l'argent. Au contraire, cette dernière demeurerait la même, soit dans l'état gazeux, soit dans l'état solide.

Quelques développements à cet égard ne seront peut-être pas superflus ; ils nous permettront de comparer plus nettement les chaleurs spécifiques des divers groupes d'éléments sous les états gazeux et solide, en attribuant aux chaleurs spécifiques leur véritable signification mécanique.

9. En général, la chaleur appliquée à un corps produit deux ordres d'effets, savoir : un accroissement de la force vive et certains travaux intérieurs. Ces derniers étant négligeables dans les gaz simples et parfaits, l'accroissement de force vive est alors, je le répète, mesuré par la chaleur spécifique à volume constant, laquelle est exprimée par le nombre 4,8 pour les poids moléculaires de ces gaz, tels que :

$$H^2 = 2 \text{ grammes} ; O^4 = 32 \text{ grammes}.$$

Ces relations théoriques sont confirmées par l'expérience.

En outre, la valeur 4,8 trouvée pour la chaleur spécifique à volume constant des gaz précédents doit être encore la même, d'après le véritable énoncé de la loi de Dulong et Petit, pour les poids moléculaires des gaz suivants, pris à une température convenable :

$$K^2 = 78^{gr},2; \quad Hg^2 = 200 \text{ grammes}; \quad S^4 = 64 \text{ grammes, etc.}$$

Cela étant admis pour les éléments gazeux, venons aux éléments solides. Pour un tel état des corps, la chaleur spécifique comprend à la fois l'accroissement de la force vive (réduite alors aux mouvements de vibration et d'oscillation) et les travaux intérieurs. Or l'expérience prouve que la chaleur spécifique moléculaire des éléments solides est égale :

$$\text{Pour } K^2, \text{ à } 6,47 \times 2 = 12,94\,;$$
$$\text{Pour } S^4, \text{ à } 5,68 \times 2 = 11,36. \qquad \cdot$$

elle a des valeurs voisines pour tout un groupe d'éléments pris sous leurs poids moléculaires.

Les poids moléculaires $K^2 = 78^{gr},2$; $S^4 = 64^{gr}$, sont ici définis comme tout à l'heure par les densités gazeuses des éléments pris à une température convenable.

Au contraire, les poids moléculaires étant également définis par les densités gazeuses, l'expérience a donné :

$$\text{Pour } Hg^2 \text{ solide : chaleur spécifique} = 3,19 \times 2 = 6,38\,;$$
$$\text{Pour } Cd^2 \text{ solide : } \dots\dots\dots\dots\dots\dots 3,17 \times 2 = 6,34.$$

Et cette valeur se retrouve à peu près la même pour tout le groupe des métaux analogues.

Il résulte de ces nombres, comparés à ceux donnés plus haut, que la chaleur spécifique moléculaire des éléments solides n'est ni identique, ni proportionnelle à celle des mêmes éléments gazeux. En fait, elle lui est toujours supérieure, et les écarts entre ces deux chaleurs spécifiques sont fort inégaux. En effet, la chaleur spécifique solide surpasserait seulement d'un tiers, dans le cas du mercure ou du cadmiun, la chaleur spécifique gazeuse à volume constant d'un élément, cette dernière quantité (4,8) étant calculée d'après la loi de Dulong et Petit. Au contraire, la chaleur spécifique solide prend une valeur presque triple de la même chaleur spécifique des éléments gazeux pour le potassium et les éléments analogues.

10. Une telle inégalité semble fort surprenante, et même opposée à ce qu'on aurait pu croire à priori, d'après la nullité des mouvements de translation et de rotation des particules dans les corps solides.

Les travaux intérieurs de l'ordre physique proprement dit qu'une élévation de température produit dans les solides ne semblent pas d'ailleurs capables d'expliquer cette divergence; ces travaux pouvant être évalués tout au plus à un chiffre voisin de 0,8, d'après certaines hypothèses (1). On est donc conduit à admettre que la constitution intime des dernières particules physiques des corps solides est toute différente de celle des dernières particules physiques des corps gazeux. Pour se rendre compte d'une telle diversité, on pourrait, je le répète, supposer que plusieurs molécules, distinctes dans l'état gazeux, s'assemblent en une molécule unique dans l'état solide. Le nombre de molécules ainsi assemblées ne serait pas d'ailleurs le même pour le mercure, le cadmium et les métaux analogues, que pour le potassium, le soufre, etc. Enfin ce serait la séparation progressive de ces nouveaux groupements moléculaires, c'est-à-dire un phénomène comparable à une décomposition chimique proprement dite, qui consommerait les quantités de chaleur considérables, nécessaires pour expliquer la diversité entre les chaleurs spécifiques des éléments gazeux, sous les deux états solide et gazeux.

11. En résumé, la loi de Dulong et Petit, appliquée aux solides, manque de rigueur. A proprement parler, ce n'est plus alors une loi physique, mais le résidu et la trace d'une loi véritable, justifiable pour les gaz seulement; si on la retrouve avec quelque approximation pour un certain groupe d'éléments solides, c'est probablement dans les cas où tous les éléments sont assez analogues pour avoir subi depuis l'état gazeux une suite de transformations parallèles.

§ 4. — Chaleurs spécifiques des corps composés.

1. La masse d'un corps composé étant égale à la somme des

______

(1) Edlund, *Ann. de Poggend.*, t. CXIV, p. 1.

masses de ses éléments, la quantité de chaleur nécessaire pour élever d'un certain nombre de degrés la température du composé est en relation évidente avec la quantité de chaleur nécessaire pour élever du même nombre de degrés ses éléments. L'hypothèse la plus simple que l'on puisse faire à cet égard, c'est qu'elle en est la somme; du moins toutes les fois que l'état physique du composé est le même que celui des composants. Il pourrait en être ainsi, par exemple, lorsque tous les corps composants et composés offrent l'état solide : relation que M. Regnault a vérifiée en effet dans un cas très simple, celui des alliages métalliques, pris à une distance notable de leurs points de fusion (1).

M. Wœstyn a étendu *à priori* la même relation à tous les composés chimiques, et M. Kopp a consacré de longs et importants travaux à la discussion expérimentale de cette hypothèse. Nous allons l'examiner, en comparant les nombres réels avec ceux auxquels conduit le calcul théorique.

2. Donnons d'abord le tableau des nombres trouvés par expérience pour les composés binaires formés par des éléments solides.

(1) *Ann. de phys. et de chim.*, 3ᵉ série, t. I, p. 172 et 183.

Tableau LVIII. — *Chaleurs spécifiques des combinaisons binaires formées par les éléments solides.*

I. — IODURES.

Formules.	Équivalents.	Chaleur spécifique rapportée au poids équivalent.		Chaleur spécifique rapportée à l'unité de poids.
		Trouvée.	Calculée (1).	
KI	166,1	13,5	13,3	0,0819 (R.)
NaI	150	13,0	13,6	0,087 (R.)
AgI	235	14,4	12,9	0,062 (R.)
HgI	227	9,5	10,0	0,042 (R.)
Hg^2I	327	13,0	13,1	0,0395 (R.)
Cu^2	190,4	13,0	12,9	0,069 (R.)
PbI	230,5	9,8	10,1	0,0427 (R.)

II. — BROMURES.

Formules.	Équivalents.	Trouvée.	Calculée (1).	À l'unité de poids.
KBr	119,1	13,3	13,2	0,113 (R.)
$NaBr$	103	14,1	13,5	0,138 (R.)
$AgBr$	188	13,8	12,8	0,074 (R.)
$PbBr$	183,5	9,7	· 10,0	0,053 (R.)

III. — SULFURES.

Formules.	Équivalents.	Trouvée.	Calculée (1).	À l'unité de poids.
FeS	44	6,0	6,0	0,136 (R.)
FeS^2	60	7,6 à 7,8	8,8	0,130 (R.); 0,126 (K.)
Fe^7S^8	324	51,8 à 49,6	45,0	0,160 (R.); 0,153 (N.)
$CuFeS^2$	91,7	11,8 à 12,0	11,8	0,131 (K.); 0,129 (N.)
CoS	45,4	5,7	5,9	0,125 (R.)
NiS	45,4	5,9	6,0	0,128 (R.); 0,115 (N.)
ZnS	48,6	5,6 à 6,0	5,9	0,123 (R.); 0,120 (K.)
PbS	119,5	5,9 à 6,1	6,1	0,051 (R.); 0,049 (K); 0,053 (N.)
HgS	116	6,0	6,0	0,0515 (R.) (N.) (K.)
SnS	75	6,3	6,1	0,0837 (R.)
SnS^2	91	10,8	9,0	0,119 (R.
MoS^2	80	8,6 à 9,8	9,4	0,123 (R.); 0,107 (N.)
AgS	124	9,3	8,9	0,075 (R.)
Cu^2S	79,4	9,6	8,8	0,121 (R. K.)
BiS^3	258	15,5	15,0	0,060 (R.)
SbS^3	170	14,3 à 15,4	14,7	0,084 (R.); 0,091 (N.)

(1) D'après la somme des chaleurs spécifiques des éléments, trouvées par expérience.

IV. — ARSÉNIURES.

Formules.	Equivalents.	Chaleur spécifique rapportée au poids équivalent.		Chaleur spécifique rapportée à l'unité de poids.
		Trouvée.	Calculée.	
AsS^2	107	11,9	11,8	0,111 (N.)
AsS^3	123	13,9	14,6	0,113 (N.)
$CoAs$	104,4	9,6	9,2	0,092 (N.)
Co^2AsS^2	165,8	17,8	18,1	0,107 (N.)
Fe^2AsS^2	163	16,5	18,2	0,101 (N.)

V. — ALLIAGES.

Formules.	Equivalents.	Trouvée.	Calculée.	Chaleur spécifique rapportée à l'unité de poids.
$BiSn^2$	328	12,8	13,1	0,039 (R.)
Pb^2Sb	329	12,8	12,8	0,0388 (R.)
$BiSn^4$	446	20,1	19,7	0,045 (R.)
$PbSn$	162,5	6,6	6,6	0,0407 (R.)
$PbSn^2$	221,5	10,0	10,0	0,0451 (R.)
$BiSn^4Sb$	568	26,2	25,8	0,0462 (R.)
$BiSn^4SbZn^4$	698,4	39,5	38,2	0,0566 (R.)

3. D'après le tableau LVIII, les combinaisons binaires formées de deux éléments actuellement solides satisfont suffisamment à la relation théorique ; c'est-à-dire que chaque élément solide conserve à peu près dans le composé la chaleur que cet élément libre possède à la même température.

4. Il n'en serait plus de même, si l'on se trouvait au voisinage du point de fusion ; exception qui s'applique aux amalgames solides, tels que les suivants :

		Chaleur spécifique rapportée à l'unité de poids.	
		Trouvée.	Calculée.
$HgSn$	= 159	0,0723	0,0417
$HgSn^2$	= 218	0,0659	0,0456
$HgPb$	= 203,5	0,0383	0,0323

5. Au contraire la chaleur spécifique des composés binaires formés par l'union d'un métal avec un corps gazeux à la température actuelle, tels que les chlorures, fluorures, oxydes, ne peut pas être calculée de la même manière. On a donné dans le tableau suivant le nombre trouvé par expérience, et dans une autre colonne l'excès de ce nombre sur la chaleur spécifique du métal. On pourrait supposer que cet excès représente la

valeur théorique relative au chlore, au fluor, ou à l'oxygène solides.

Cette hypothèse étant admise, le nombre qu'elle fournit est voisin de 6,4 pour le chlore; c'est-à-dire à peu près le même que pour le brome et l'iode solides : ce qui concorde avec la loi de Dulong. Mais le nombre calculé pour le fluor est moindre (5,0), et il est beaucoup plus petit encore pour l'oxygène; c'est-à-dire que la loi supposée ne se vérifie plus en aucune façon pour les oxydes. Pour la vérifier, il faudrait supposer que l'oxygène solide possède une chaleur spécifique équivalente égale à la moitié seulement de celles du soufre et des autres éléments qui lui sont comparables; encore les nombres calculés s'accordent-ils médiocrement avec cette supposition. Tout ce que l'on peut dire avec vérité, c'est que les chaleurs spécifiques équivalentes présentent des valeurs voisines pour les composés analogues.

6. Voici le tableau qui établit ces relations.

Tableau LIX. — *Chaleurs spécifiques des combinaisons binaires renfermant un élément gazeux.*

I. — CHLORURES.

Formules.	Equival.	Chaleur spécifique rapportée au poids équiv. trouvé.	Excès sur la chal. spéc. du métal.	Chaleur spécifique rapportée à l'unité de poids.
KCl.....	74,6	12,9	6,3	0,173 (R.)
NaCl....	58,5	12,5	5,8	0,214 (R.)
LiCl....	42,5	11,9	5,3	0,282 (R.)
RbCl...	120,9	13,5	6,0	0,112 (K.)
AgCl....	143,5	13,1	6,9	0,091 (R.)
HgCl...	135,5	9,4	6,2	0,069(R.);0,064)(K.)
Hg^2Cl...	235,5	12,4	6,0	0,052 (R.)
Cu^2Cl...	98,9	13,6	7,6	0,138 (R.)
PbCl....	139	9,2	6,0	0,0664 (R.)
BaCl....	104	9,3	»	0,090 (R.)
SrCl....	76,3	9,5	»	0,120 (R.)
CaCl...	55,5	9,2	5,8	0,164 (R.)
MgCl...	47,5	9,3	6,3	0,195 (R.)
MnCl...	63	9,0	5,7	0,143 (R.)
ZnCl....	68,1	9,2	6,1	0,136 (R.)
SnCl....	94,5	9,6	6,3	0,102 (R.)
Cr^2Cl^3...	158,7	22,7	»	0,143 (K.)

II. — FLUORURES.

Formules.	Equival.	Chaleur spécifique rapportée au poids équival. trouvé.	Excès sur la chal. spéc. du métal.	Chaleur spécifique rapportée à l'unité de poids.
CaF.....	39	8,4	5,0	0,215 (R). 0,209 (K.)

III. — OXYDES MÉTALLIQUES.

MgO....	20	4,9 à 5,5	1,9 à 2,5	0,244 (R.) 0,276 (N.)
MnO....	35,5	5,6	2,3	0,157 (R.)
MnO^2....	43,3	6,9	$1,8 \times 2$	0,159 (K.)
NiO.....	37,4	5,9	2,7	0,159 (R.)
ZnO.....	40,6	5,1 à 5,4	2,0 à 2,4	0,125 (R.); 0,132 (N.)
PbO.....	111,5	5,7 à 6,1	2,5 à 2,9	0,051 (R.); 0,055 (K.)
Pb^3O^4....	342,5	20,9	$2,8 \times 4$	0,061 (N.)
CuO.....	39,7	5,1 à 5,7	2,1 à 2,7	0,142(R.);0,128(K);0,137(N.)
Cu^2O....	71,4	7,6 à 7,9	1,6 à 1,9	0,107 (N); 0,111 (K.)
HgO....	108	5,2 à 5,7	2,1 à 2,5	0,052(R.);0,053(K).;0,049(N.)
HO......	9	4,5	»	0,504 (P. Ds.)
Al^2O^3(saph.)	51,4	10,1 à 11,3	$(1,4$ à $1,8) \times 3$	0,197 (N.); 0,217 (R.)
Fe^2O^3...	80	12,3 à 13,4	$(2,0$ à $2,3) \times 3$	0,167(R.);0,169(N.);0,154(K.)
Fe^3O^4(ox.m.)	116	18,1 à 19,5	$(2,1$ à $2,5) \times 4$	0,168(R.);0,164(N.);0,156(K.)
Cr^2O^3....	76,2	13,5 à 14,9	»	0,180(R.); 0196(N.); 0,177(K.)
BiO^3.....	234	14,2	$2,6 \times 3$	0,0605 (R.)
SbO^3.....	146	13,1	$2,3 \times 3$	0,090 (R.)
AsO^3.....	99	12,7	$2,2 \times 3$	0,128 (R.)
BO^3.....	35	8,3	$1,8 \times 3$	0,237 (R.)
SiO^4.....	60	11,2 à 11,5	$(2,2$ à $2,3) \times 4$	0,191 (R.); 0,186 (K.)
SnO^2.....	75	6,7 à 7,0	$(1,7$ à $1,9) \times 2$	0,093(R.);0,093(N.);0,089(K.)
TiO^2.....	41	6,5 à 7,0	»	0,171 (R.); 0,159 (K.)
MoO^3....	72	9,5 à 11,1	$(2,0$ à $2,5) \times 3$	0,132 (R.); 0,154?(K.)
WO^3....	116	9,3 à 10,3	$(2,1$ à $2,4) \times 3$	0,080 (R.); 0,089? (K.)

7. Donnons maintenant les chaleurs spécifiques des chlorures
et oxydes doubles et hydratés.

Tableau LX. — *Chaleurs spécifiques des oxydes et chlorures doubles et hydratés.*

I. — CHLORURES DOUBLES.

Formules.	Équival.	Chaleur équival.		Chaleur spécifique rapportée à l'unité de poids.
		trouvée.	calculée (1).	
$KCl,ZnCl$..............	142,7	21,7	22,1	0,152(K.)
$KCl,PtCl^2$.............	244,3	27,6	»	0,113(K.)
$KCl,SnCl^2$.	204,6	27,2	»	0,133(K.)
$3NaF,Al^2F^3$ (cryolithe)....	210,4	50,1	»	0,238 (K.)

II. — CHLORURES HYDRATÉS.

Formules.	Équival.	trouvée.	calculée.	Chaleur spécifique.
$BaCl,2HO$..............	122	20,8	18,4 (2)	0,171 (K.)
$CaCl,6HO$.	109,5	37,8	37,1	0,345(P.)

III. — OXYDES DOUBLES.

Formules.	Équival.	trouvée.	calculée.	Chaleur spécifique.
Al^2O^3,MgO (spinelle).....	71,4	13,8	15 à 16,8(3)	0,194(K.)
$\frac{1}{4}Al^2O^3,Cr^2O^3)\frac{1}{2}(FeO,MgO)$.	98	15,6	»	0,159(K.)
$3Fe^2O^3,TiO^3$ (isérine).....	311	55,0	»	0,177(K.)
SiO^4,ZrO^4 (zircon)........	182	24,0 à 26,6	»	0,146(K.); 0,13(K.)

IV. — OXYDES HYDRATÉS.

Formules.	Équival.	trouvée.	calculée.	Chaleur spécifique.
MgO,HO (brucite)........	29	9,0	9,4 à 10,0 (2)	0,312(K.)
Mn^2O^3,HO (manganite)....	88	15,5	»	1,176(K.)

8. Le tableau suivant renferme les chaleurs spécifiques des sels solides qui ont été l'objet d'expériences. On n'a pas cherché à calculer *à priori* ces chaleurs spécifiques, les écarts devenant trop considérables. On remarquera seulement que les sels analogues ont la même chaleur spécifique sous des poids équivalents.

(1) Somme des deux chaleurs spécifiques des chlorures simples.
(2) Somme des chaleurs spécifiques du corps anhydre et de l'eau solide.
(3) Somme des chaleurs moléculaires des deux oxydes.

Tableau LXI. — *Chaleurs spécifiques des sels solides.*

I. — AZOTATES.

Formules.	Équival.	Chaleur spécifique rapportée au poids équivalent.	Chaleur spécifique rapportée à l'unité de poids.
AzO^6K	101,1	22,9 à 24,1	0,239(R.);0,227(K.)
AzO^6Na	85	21,8 à 23,6	0,256 (K.);0,278 (R.)
$AzO^6Na^{1/2}K^{1/2}$	93	21,9	0,235 (P.)
AzO^6Ba	130,5	18,9 à 19,9	0,152 (R.);0,145(K.)
AzO^6Sr	105,8	19,1	0,181 (K.)
AzO^6Pb	115,5	18,2	0,110 (K.)
AzO^6Ag	170	24,4	0,1435 (K.)

II. — CHLORATES.

Formules.	Équival.	Chaleur spécifique rapportée au poids équivalent.	Chaleur spécifique rapportée à l'unité de poids.
ClO^6K	122,6	23,8 à 25,7	0,210(R.); 0,194(K.)
ClO^6Ba+HO	161	25,3	0,157(K.)

III. — PERCHLORATES.

Formules.	Équival.	Chaleur spécifique rapportée au poids équivalent.	Chaleur spécifique rapportée à l'unité de poids.
ClO^8K	138,6	26,3	0,190 (K.)

IV. — PERMANGANATES.

Formules.	Équival.	Chaleur spécifique rapportée au poids équivalent.	Chaleur spécifique rapportée à l'unité de poids.
Mn^2O^8K	158,1	28,3	0,179 (K.)

V. — SULFATES.

Formules.	Équival.	Chaleur spécifique rapportée au poids équivalent.	Chaleur spécifique rapportée à l'unité de poids.
SO^4K	87,1	16,5 à 17,0	0,190 (R.); 0,198 (K.)
SO^4K,SO^4H	136,1	33,2	0,244 (K.)
SO^4Na	71	16,2	0,229 (R., K.)
SO^4Ca (plâtre calciné)	68	13,3	0,197 (R.); 0,185 (N.)
Id. (anhydrite)	68	12,1	0,178 (K.)
$SO^4Ca+2HO$	86	22,3 à 23,4	0,273 (N.); 0,259 (K.)
SO^4Ba	116,5	12,6 à 13,1	0,113(R.);0,108 (K.,N.)
SO^4Sr	91,8	12,4 à 13,1	0,143 (R.); 0,135 (K.)
SO^4Mg	60	13,3	0,222 (R.)
SO^4Mg+HO	69	18,2	0,264 (Pp.)

Formules.	Équival.	Chaleur spécifique rapportée au poids équivalent.	Chaleur spécifique rapportée à l'unité de poids.
$SO^4Mg + 7HO$:	123	44,5 à 50,0	0,362 (K.); 0,407 (Pp.)
$SO^4K,SO^4Mg + 6HO$	201,1	53,1	0,264 (K.)
SO^4Mn	75,5	13,7	0,182 (Pp.)
$SO^4Mn + 3HO$	102,5	25,4	0,247 (Pp.)
$SO^4Mn + 5HO$	120,5	38,9 à 40,7	0,323 (K.); 0,338 (Pp.)
$SO^4Fe + 7HO$	139	48,1 à 49,5	0,346 (K.); 0,356 (Pp.)
SO^4Zn	80,6	14,4	0,174 (Pp.)
$SO^4Zn + HO$	89,6	18,1	0,202 (Pp.)
$SO^4Zn + 2HO$	98,6	22,1	0,224 (Pp.)
$SO^4Zn + 7HO$	143,6	47,1 à 49,8	0,328 à 0,347 (Pp.)
$SO^4K,SO^4Zn + 6HO$	221,7	59,8	0,270 (K.)
$SO^4Ni + 6HO$	131,4	41,1	0,313 (K.)
$SO^4Co + 7HO$	140,4	48,2	0,343 (K.)
$SO^4K, SO^4Ni + 6HO$	218,5	53,5	0,245 (K.)
SO^4Pb	151,5	12,5 à 13,2	0,087 (R.); 0,083 (K.)
SO^4Cu	79,7	14,1	0,134 (Pp.)
$SO^4Cu + HO$	88,7	17,9	0,202 (Pp.)
$SO^4Cu + 2HO$	97,7	20,7	0,212 (Pp.)
$SO^4Cu + 5HO$	124,7	35,5 à 39,4	0,285 (K.); 0,316 (Pp.)

VI. — CHROMATES.

Formules.	Équival.		
CrO^4K	97,2	27,6	0,188 (R., K.)
Cr^2O^7K	147,3	18,2	0,187 (R., K.)
CrO^4Pb	161,6	14,5	0,090 (K.)

VII. — ALUNS.

Formules.	Équival.		
$Al^2O^3,3SO^3+SO^4K+24HO$	474,5	176,0	0,371 (K.)
$Cr^2O^3,3SO^3+SO^4K+24HO$	499,3	161,8	0,324 (K.)

VIII. — CARBONATES.

Formules.	Équival.		
CO^3K	69,1	14,2 à 14,9	0,216 (R.); 0,206 (K.
CO^3Na	53	13,0 à 14,4	0,273 (R.); 0,246 (K.)
CO^3Rb	115,4	14,2	0,123 (K.)
CO^3Ba	98,5	10,5	0,108 (N.); 0,110 (R.)
CO^3Sr	73,8	10,7	0,145 (R.); (N.)
CO^3Ca	50	10,7	0,205 (N.); 0,209 (R.); 0,206 (K.)
$CO^3Ca^{1/2}Mg^{1/2}$	46	9,5 à 10,0	0,216 (N.); 0,218 (R.); 0,206 (K.)
$CO^3Mg^{1/11}Mn^{2/11}Fe^{8/11}$	56,4	9,3	0,166 (K.)
$CO^3Mg^{7/9}Fe^{2/9}$	45,5	10,3	0,227 (K.)
CO^3Fe	58	10,5 à 11,2	0,182 (N.); 0,193 (R.)
CO^3Pb	133,5	10,5 à 10,8	0,0814 (N.); 0,791 (K.)

IX. — SILICATES.

Formules.	Équival.	Chaleur spécifique rapportée au poids équival.	Chaleur spécifique rapportée à l'unité de poids.
SiO^6Ca^2 (wollastonite)...	116	20,7	0,178 (K.)
SiO^6CaMg (diopside)....	108	10,0 à 10,3	0,191 (N.); 0,186 (K.)
$SiO^6Mg^{18/11}Fe^{4/11}$......	145,8	27,6	0,189 (K.)
(olivine, crysolithe).			
$Si^6O^{32}K^2Al^4$...........	557	105,9 à 106,4	0,191 (N.); 0,183 (K.)
(orthoclase, feldspath).			
$Si^6O^{32}Na^2Al^4$ (albite).....	524,8	99,7 à 102,9	0,196 (N.); 0,190 (K.)
SiO^6Cu^2, H^2O^2(dioptase) .	125,7	22,8	0,182 (K.)

X. — BORATES.

Formules.	Équival.	Chaleur spécifique rapportée au poids équival.	Chaleur spécifique rapportée à l'unité de poids.
BO^4K....	82	16,8	0,205 (R.)
BO^4Na...............	65,9	16,9	0,257 (R.)
BO^4Pb...............	146,4	13,2	0,0905 (R.)
B^2O^7K...............	116,9	25,7	0,220 (R.)
B^2O^7Na............ ...	100,8	23,1 à 24,0	0,238 (R.); 0,229 (K.)
B^2O^7Pb...............	146,4	20,7	0,114 (R.)
$B^2O^7Na + 10HO$ (borax)...	190,8	73,4 (1)	0,385 (K.)

XI. — MOLYBDATES.

Formules.	Équival.	Chaleur spécifique rapportée au poids équival.	Chaleur spécifique rapportée à l'unité de poids.
MoO^4Pb...............	183,5	15,2	0,083 (K.)

XII. — TUNGSTATES.

Formules.	Équival.	Chaleur spécifique rapportée au poids équival.	Chaleur spécifique rapportée à l'unité de poids.
$WO^4Fe^{2/3}Mn^{3/3}$ (wolfram).	156,7	14,1 à 14,8	0,098 (R.); 0,093 (K.)
WO^4K...............	144	13,9	0,097 (K.)

XIII. — HYPOSULFITES.

Formules.	Équival.	Chaleur spécifique rapportée au poids équival.	Chaleur spécifique rapportée à l'unité de poids.
S^2O^3K...............	95,1	18,7	0,197 (Pp.)
S^2O^3Na...............	79	17,4	0,221 (Pp.)
S^2O^3Ba...............	124,5	20,3	0,163 (Pp.)
S^2O^3Pb.............. .	159,5	15,7	0.092 (Pp.)

(1) Calculé : 68 6 d'après la somme des chaleurs spécifiques du sel anhydre et de l'eau.

XIV. — PHOSPHATES ET ARSÉNIATES.

Formules.	Équival.	Chaleur spécifique rapportée au poids équivalent.	Chaleur spécifique rapportée à l'unité de poids.
PhO^6Na fondu	102	22,1	0,217 (K.)
AsO^6K id	162,1	25,3	0,156 (R.)
PhO^6Ca id	99	19,7	0,199 (R.)
PhO^7K^2 id	165,2	31,5	0,191 (R.)
PhO^7Na^2 id	133	30,3	0,228 (R.)
PhO^7Pb^2 id	294	24,1	0,082 (R.)
PhO^8Ag^3	419	37,5	0,090 (K.)
PhO^8Pb^3	405,5	32,3	0,080 (R.)
AsO^8Pb^3	449,5	32,7	0,073 (R.)
PhO^8KH^2	136,1	28,3	0,208 (K.)
AsO^8KH^2	180,1	31,5	0,175 (K.)
$PhO^8Na^2H,24HO$	358	146,1	0,408 (P.)

XV. — SELS AMMONIACAUX.

Formules.	Équival.	Chaleur spécifique rapportée au poids équivalent.	Chaleur spécifique rapportée à l'unité de poids.
HCl,AzH^3	53,5	20,0	0,373 (K.)
AzO^6H,AzH^3	80	36,4	0,455 (K.) ; 0,429 (Toll.)
SO^4H,AzH^3	66	23,1	0,35 (K.)

9. Voici un dernier tableau, relatif aux composés organiques solides.

Tableau LXII. — *Chaleurs spécifiques des composés organiques solides.*

Formules.		Poids molécul.	Chaleur molécul.	Chaleur spécif. rapportée à l'unité de poids.
Naphtaline	$C^{20}H^8$	128	39,6	0,310 (Al.)
Chlorure d'éthylène perchl.	C^4Cl^6	237	42,2	0,178 (K.)
Mannite	$C^{12}H^{14}O^{12}$	182	59,1	0,324 (K.)
Sucre de canne	$C^{24}H^{22}O^{22}$	342	102,9	0,301 (K.)
Formiate de baryte	C^2HBaO^4	113,5	16,2	0,143 (K.)
Oxalate de potasse	$C^4K^2O^8 + H^2O^2$	184,2	43,5	0,236 (K.)
Quadroxalate	$C^4KHO^8,C^4H^2O^8 + 2H^2O^2$	254,1	71,9	0,283 (K.)
Acide succinique	$C^8H^6O^8$	118	36,9	0,313 (K.)
Malate acide de chaux	$C^8H^5CaO^{10} + 4H^2O^2$	225	76,0	0,338 (K.)
Acide tartrique	$C^8H^6O^{12}$	150	43,2	0,288 (K.)
Acide racémique	$C^8H^6O^{12},H^2O^2$	168	53,6	0,319 (K.)
Tartrate acide de potasse	$C^8H^5KO^{12}$	188,1	48,3	0,257 (K.)
Sel de Seignette	$C^8H^4KNaO^{12} + 4H^2O^2$	282,1	92,5	0,328 (K.)
Cyanure de mercure	C^2AzHg	126	12,6	0,100 (K.)
Cyanure de zinc et de potas.	C^2AzK,C^2AzZn	123,7	29,8	0,241 (K.)
Cyanoferrure de potassium	$C^6Az^3FeK^2$	211,2	59,1	0,280 (K.)
Cyanoferride	$C^{12}Az^6Fe^2K^3$	329,3	76,7	0,233 (K.)
Hydrate de chloral	$C^4HCl^3O^2,H^2O^2$	165,5	34,1	0,206 (B.)

10. Nous avons vu plus haut (p. 479) que la chaleur spécifique équivalente d'un composé binaire, tel qu'un alliage, un sulfure un bromure, un iodure, est voisine de la somme de celle de ses composants solides. Elle serait à peu près égale au produit du nombre des unités atomiques qui constituent le composé, multiplié par la valeur constante $6,4$; soit : $C = 6,4 \times n$, si l'on adoptait par convention les poids atomiques déterminés d'après la loi de Dulong et Petit relative aux éléments solides (page 475).

Nous avons vu cependant (p. 481) que cette relation, vraie d'une manière approchée pour les composés précédents et même pour les chlorures, cesse complètement d'être applicable aux oxydes. Pour que les chaleurs spécifiques des oxydes fussent voisines de la somme théorique de celles de leurs éléments, il faudrait supposer la chaleur spécifique de l'oxygène solide voisine du nombre $2,0$ pour le poids équivalent : $0 = 8$, c'est-à-dire voisine de $4,0$ pour le poids atomique : $0 = 16$.

M. Kopp a calculé de la même manière, d'après les chaleurs spécifiques connues des composés solides, les valeurs moyennes théoriques qu'il faudrait admettre, si l'on voulait représenter les chaleurs spécifiques de tous les corps composés par la somme de celles de leurs éléments. Il a ainsi obtenu les valeurs suivantes (1), ces valeurs étant rapportées aux poids équivalents :

6,4 pour K, Li, Na, Rb, Tl, Ag, As, Bi, Sb, Br, I, Cl.
5,4 pour P.
5,0 pour F.
3,8 pour Si $= 28$.
3,2 pour Al, Au, Ba, Ca, Cd, Co, Cr, Cu, Fe, Hg, Ir, Mg, Mn, Ni, Os,
      Pb, Pd, Pt, R, Sn, Sr, Ti, Mo, W, Zn, Se, Te, Az.
2,7 pour S $= 16$; pour B $= 11$;
2,3 pour H;
2,0 pour O $= 8$;
1,8 pour C$^2 = 12$.

11. La diversité de ces nombres, qui sont eux-mêmes des moyennes, montre bien qu'il n'est pas possible de représenter d'une manière rigoureuse la chaleur spécifique d'un corps composé, en se bornant à faire la somme du nombre d'atomes

(1) *Jahresb. der Chemie von Will für* 1864, p. 43.

qui le forment, et en multipliant cette somme par un nombre
constant, quel qu'il soit. En effet, ce nombre prétendu constant
qui représenterait la chaleur spécifique de l'atome des divers
éléments dans leurs combinaisons, varie en réalité : depuis 6,4
(K, I, etc.) jusqu'à : 4,0(O); 3,2(Az); 2,3 (H) et même 1,8,(C²);
c'est-à-dire du simple au triple, et presque au quadruple. Les
nombres relatifs à l'hydrogène, à l'oxygène et à l'azote sont,
surtout remarquables.

12. Si l'on compare ces chiffres avec la demi-chaleur spécifique
moléculaire des gaz simples, à volume constant (2,4), on trouve
que la valeur numérique est sensiblement la même pour l'hydrogène libre ou combiné. Mais la chaleur spécifique de l'azote
combiné l'emporterait de près de moitié sur celle du gaz
libre. Avec l'oxygène, l'écart va presque du simple au double.
Enfin les chaleurs spécifiques du potassium et des corps du
même groupe présentent dans leurs composés, aussi bien que
dans l'état libre, des valeurs presque triples du nombre relatif
aux gaz simples : circonstance sur laquelle j'ai déjà appelé l'attention (page 477), pour montrer combien est fragile la base
fournie par l'état solide à la comparaison spéculative des chaleurs spécifiques et des poids atomiques.

13. Quoi qu'il en soit d'une telle comparaison, il est incontestable que la chaleur spécifique d'un corps composé, pris sous son
poids équivalent, va en croissant avec le nombre des équivalents
élémentaires qui le constituent, et qu'elle surpasse en général la
chaleur spécifique des éléments, rapportés aussi à leurs poids
équivalents (voy. pages 444 et 449).

14. Observons en outre que les valeurs obtenues par expérience pour les chaleurs spécifiques équivalentes des corps
composés peuvent être représentées d'une manière approchée
par la somme des valeurs empiriques qui précèdent : circonstance qui rend celles-ci d'un emploi commode dans la pratique,
pour une première évaluation.

15. Signalons maintenant certaines lois plus précises, mais
qui peuvent être rattachées en principe à la même relation générale.

1° Neumann a reconnu que : *la chaleur spécifique équivalente des composés isomorphes, ou plus généralement de même constitution, est à peu près la même.*

2° On arrive encore à cette autre conséquence, confirmée par l'expérience : *la chaleur spécifique équivalente d'un sel double est à peu près la somme des chaleurs spécifiques équivalentes des sels composants.*

3° De même: *la chaleur spécifique équivalente d'un hydrate est sensiblement la somme de celles des corps anhydres et de l'eau solide.* Les observations vérifient avec assez d'exactitude cette loi, due à Person.

4° Plus généralement : *dans toute décomposition ou transformation chimique, où le nombre et la nature des éléments ne changent pas, la chaleur spécifique du système supposé solide demeure sensiblement constante* (voy. p. 120 et 356). Cette relation, propre aux systèmes solides, et que les systèmes liquides ne manifestent que d'une façon beaucoup plus imparfaite, est d'une grande importance dans les applications.

CHAPITRE XII

CHALEURS SPÉCIFIQUES DES DISSOLUTIONS

§ 1er. — **Dissolutions gazeuses.**

1. Nous étudierons d'abord les dissolutions des gaz dans l'eau, puis les mélanges de deux liquides; enfin, les dissolutions des sels et autres corps solides dans l'eau.

2. Parmi les dissolutions gazeuses, il convient de distinguer celles dont le gaz peut être entièrement séparé à froid par l'action du vide, et celles qui constituent des composés stables résistant au vide. Comme type des premières, nous prendrons les dissolutions de gaz ammoniac; comme type des secondes, les dissolutions de gaz chlorhydrique.

3. La dissolution qui renferme $AzH^3 + nH^2O^2$, a pour chaleur moléculaire: $18n + 15$, d'après les données de M. Thomsen.

Le nombre 15 qui représente l'excès de la chaleur moléculaire des dissolutions ammoniacales sur celle de l'eau qui concourt à les former, représente, si l'on veut, la chaleur moléculaire de l'ammoniaque dissoute. Ce nombre s'élève presque au double de la chaleur moléculaire du gaz ammoniac à la température ordinaire, soit 8,6; relation analogue à celle qui existe souvent entre la chaleur moléculaire d'un gaz et celle du liquide qu'il fournit (voy. p. 456 et 458). Il résulte de ces relations que la chaleur dégagée dans l'acte de la dissolution du gaz ammoniac décroît avec la température. D'après la relation connue, cette variation est exprimée par

$$U - V = (18n + 8,6 - 18n - 15)(T - t) = 6^{cal},4\,(T - t);$$

soit :

$$- 0^{cal},640 \text{ entre 0 et 100 degrés.}$$

Il s'agit ici d'une dissolution entièrement dissociable par le vide ou par la chaleur; mais les dissolutions non dissociables par l'évaporation à froid, telles que celle du gaz chlorhydrique, offrent des relations bien différentes.

4. Les dissolutions renfermant $HCl + nH^2O^2$ ont, vers 20 degrés, d'après M. Marignac, une chaleur moléculaire exprimée par la fonction empirique que voici :

$$C = 18n - 28,39 + \frac{140}{n} - \frac{268}{n^2}.$$

Cette relation ne s'applique que pour les valeurs de $n > 10$; c'est-à-dire au delà du terme de concentration où les liqueurs renferment encore une certaine dose d'hydracide anhydre, susceptible d'être dégagé par l'action du vide.

Les liqueurs concentrées participent des propriétés des solutions dissociables, jusqu'au degré où la tension de l'hydracide devient sensible. Mais leur chaleur spécifique n'est pas connue ; l'étude en est d'ailleurs rendue fort difficile par les phénomènes mêmes de dissociation.

Restreignons-nous donc aux liqueurs étendues, lesquelles renferment de véritables hydrates définis (p. 353 et 518). La chaleur moléculaire de ces liqueurs, loin d'être supérieure à la somme de celles de l'eau et du gaz dissous, comme pour l'ammoniaque, est au contraire moindre que ladite somme : l'écart s'élève à une quantité considérable, car il est quintuple environ de la valeur même de la chaleur moléculaire du gaz (6,8), lorsque la proportion d'eau est considérable.

On voit par là que la formation des hydrates stables dans une dissolution a pour effet de diminuer la chaleur moléculaire du système : relation qui se retrouve dans l'étude des sels minéraux dissous (page 508).

Il résulte encore de ces rapports que la chaleur dégagée par la dissolution du gaz chlorhydrique dans l'eau croît avec la température (voy. p. 394); soit de $35^{cal},1$ par degré : ce qui fait une variation totale de $+ 3^{cal},5$, entre 0 degré et 100 degrés, pour les liqueurs très-étendues.

§ 2. — Mélanges de deux liquides.

1. Signalons les résultats généraux qui ont été obtenus par l'étude des chaleurs spécifiques des liqueurs mélangées :

1° La chaleur spécifique du mélange peut être égale à la somme de ses composants; ce qui arrive pour le brome et le sulfure de carbone (Br + CS²), d'après M. Marignac (1), ainsi que pour divers mélanges d'iode et de sulfure de carbone (en prenant dans le calcul la chaleur spécifique de l'iode liquide, soit 13,7 pour I = 127 grammes).

D'après M. Schüller, la même relation s'observe pour les mélanges du sulfure de carbone et du chloroforme en diverses proportions, aussi bien que pour les mélanges de la benzine avec le sulfure de carbone ou avec le chloroforme : résultats d'autant plus remarquables, que le mélange du sulfure de carbone et du chloroforme donne lieu, d'après MM. Buignet et Bussy, à un refroidissement (soit — 5°,1 pour 1 ¾ C²S⁴ + C²HCl³ à 17 degrés).

2° La chaleur spécifique des liqueurs obtenues par le mélange d'une solution saline concentrée avec une plus grande quantité d'eau est généralement moindre que la somme de celles des composants (voy. p. 126); en outre, elle varie avec les proportions relatives. Il en est de même pour les dissolutions sulfocarboniques de soufre et de phosphore (Marignac) : leur chaleur moléculaire étant voisine de la somme de celles du dissolvant et du corps dissous (supposé liquide) pour les liqueurs concentrées; tandis qu'elle est inférieure à la somme de celles du dissolvant et du corps dissous, même supposé solide, pour les liqueurs plus étendues.

3° Au contraire, les mélanges que l'alcool forme, soit avec la benzine, soit avec le sulfure de carbone, et surtout avec l'eau, possèdent des chaleurs spécifiques supérieures à la somme relative aux corps isolés.

Les dissolutions aqueuses étendues d'hydrate de chloral donnent lieu à une remarque semblable, d'après mes observations. En effet, la chaleur spécifique moléculaire des dissolutions étendues, telles que C⁴HCl³O²,HO + 700H²O², surpasse de 124 unités celle de l'eau qui les forme ; tandis que la chaleur moléculaire moyenne de l'hydrate de chloral liquide est égale à 77,8 seulement, et la chaleur élémentaire même de ce corps voisine de 60, près du point de fusion.

(1) *Ann. de chim. et de phys.*, 4° série, t. XXII, p. 409.

2. Le tableau suivant renferme les nombres relatifs à l'alcool.

Tableau LXIII. — *Mélanges d'alcool et d'eau.*

Proportion d'alcool en poids sur 100 parties du mélange	Chaleur spécifique rapportée à l'unité de poids. d'après				Somme de chal. spécif. (1) des comp.
	Jamin et Amaury.	Schuller.	Dupré et Page.	Winkelmann.	
15	$1,064 + 0,00204\,t$	1,039	1,040	1,039	0,942
20	$1,0605 + 0,0021\,t$	1,0456	1,044	1,047	0,923
25	$1,055 + 0,0022\,t$	1,042	1,035	1,405	0,916
35	$1.027 + 0,00247\,t$	1,0075	0,997	1,0105	0,864
50	$0,940 + 0,0028\,t$	0,9095	0,906	0,924	0,806
75	$0,782 + 0,00305\,t$	0,770	0,751	0,772	0,71
4	$0,720 + 0,0031\,t$	0,711	0,693	0,713	0,676

(1) Calculée par M. Schuller.

3. Je ne citerai pas d'autres exemples relatifs à des liquides neutres, ce sujet étant de peu d'importance au point de vue du présent ouvrage; mais je vais donner les nombres relatifs à quelques liqueurs acides, lesquels interviennent dans l'étude thermique d'une multitude de réactions.

Tableau LXIV. — *Mélanges d'eau et d'acide azotique.*

Formule du mélange.	Chaleur spécif. pour l'unité de poids.	Chaleur moléculaire du mélange.	Excès de la somme des chal. molécul. des composants.	Auteurs.
AzO^5,HO	0,445	28,0		(Hs.)
$AzO^5,HO + HO$	0,510	36,7	$+ 0,3$	(Id.)
$AzO^5,HO + 5\,HO$	0,655	70,8	$+ 2,2$	(Mar.)
$AzO^5,HO + 5\,H^2O^2$	0,721	110,3	$+ 7,7$	(Id.)
$+ 10\,H^2O^2$	0,768	186,6	$+ 21,4$	(T.)
$+ 12,5\,H^2O^2$	0,804	231,6	$+ 21,4$	(Mar.)
$+ 20\,H^2O^2$	0,849	359,1	$+ 28,9$	(T.)
	0,844	357	$+ 25$	(B.)
$+ 25\,H^2O^2$	0,875	449	$+ 29$	(Mar.)
$+ 40\,H^2O^2$	0,912	714	$+ 31,1$	(B.)
$+ 50\,H^2O^2$	0,930	896	$+ 32$	(T.)
	0,927	893	$+ 35$	(Mar.)
$+ 80\,H^2O^2$	0,953	1433	$+ 35,2$	(B.)
$+ 100\,H^2O^2$	0,963	1794	$+ 34$	(T.)
	0,962	1792	$+ 36,2$	(Mar.)

Pour des liqueurs très étendues, on aurait environ :

$$C = 18 n - 35.$$

De 0 à 100 degrés, la chaleur dégagée par la dissolution croîtra donc de $+ 63^{\text{Cal}} (T - t) = + 6^{\text{Cal}},3$.

4. Voici les chaleurs spécifiques des solutions sulfuriques.

Tableau LXV. — *Mélanges d'eau et d'acide sulfurique* (1).

Formule de l'acide.	Chaleur spécifique vers 18 degrés.		Excès de la chaleur spécifique équivalente sur celle de l'eau qui entre dans la liqueur.
	Pour l'unité de poids.	Pour le poids équivalent.	
$SO^4H = 49$ grammes.	0,3315	{ 16,25 { 15,6 + 0,035 t	0
$SO^4H,\frac{1}{2} HO = 53,5$	0,385	20,6	+ 16,1
$SO^4H. HO = 58$	0,435	25,25	+ 16,25
$SO^4H,1\frac{1}{2} HO = 62,5$	0,459	28.7	+ 15,2
$SO^4H,2 HO = 67$	0,471	31,55	+ 13,5
$SO^4H,4 HO = 85$	0,548	46,35	+ 10,35
$SO^4H,5 HO = 94$	0,5764	54,2	+ 9,2
$SO^4H,9 HO = 130$	0,700	91,1	+ 10,0
$SO^4H,10 HO = 139$	0,7214	100,25	+ 10,25
$SO^4H,15 HO = 184$	0,792	145,7	+ 10,7
$SO^4H,19 HO = 193$	0,821	180,4	+ 9
$SO^4H,25 HO = 274$	0,854	234	+ 9
$SO^4H,50 HO = 499$	0,9155	457	+ 7
$SO^4H,100 HO = 949$	0,9545	906	+ 6
$SO^4H,200 HO = 1849$	0,975	1802	+ 2
$SO^4H,400 HO = 3649$	0,988	3004,5	+ 4,5

5. Les chaleurs spécifiques équivalentes de ces mélanges peuvent être représentées par deux formules empiriques, savoir :

$$C = 16,25 + 7,6 n,$$

applicable à un acide de la formule :

$$SO^4H + nHO, \text{ depuis } n = 0 \text{ jusqu'à } n = 5 ;$$

et :

$$C = 8,45 + 9,15 n, \text{ applicable depuis } n = 5 \text{ et au-dessus.}$$

Pour des liqueurs très étendues, la chaleur de dissolution de l'acide sulfurique concentré dans l'eau augmente, de t à T, environ de $12^{\text{cal}} (T - t)$, soit : $+ 1^{\text{Cal}},2$ entre 0 et 100 degrés.

<hr>

(1) D'après les données de MM. Marignac, Thomsen, Pfaundler.

§ 3. — **Dissolution d'un corps solide dans l'eau.**

1. Nous étudierons successivement les chaleurs spécifiques des dissolutions aqueuses formées par les alcalis proprement dits, par les acides, enfin par les sels minéraux et organiques.

2. Soient d'abord les dissolutions alcalines.

Tableau LXVI. — *Chaleurs spécifiques des dissolutions alcalines* (T.)

	Chaleur spécifique rapportée à l'unité de poids.	Chaleur spécifique moléculaire.	
$KHO^2 + nH^2O^2$			
$n =$ 30	0,876	522	ou $18 n - 18$
50	0,916	876	$- 24$
100	0,954	1770	$- 30$
200	0,975	3565	$- 35$
$NaHO^2 + nH^2O^2$			
$n =$ $7\frac{1}{2}$	0,847	148,2	ou $18 n + 13,2$
15	0,878	272,2	$+ 2,2$
30	0,919	533	$- 7$
50	0,942	885	$- 15$
100	0,968	1781	$- 19$
200	0,983	3578	$- 22$

Entre zéro et 100 degrés, la chaleur de dissolution variera de $+ 4^{Cal},3$ environ ; pour des solutions très étendues de potasse, pour les solutions étendues de soude, de $+ 3^{Cal},2$.

3. Voici les chaleurs spécifiques des dissolutions acides.

Tableau LXVII. — *Solutions d'acides divers.*

1. — ACIDE CHROMIQUE (Mar.).

Composition de la liqueur.	Chaleur spécifique ordinaire.	Chaleur spécifique pour le poids équivalent C.	$C - 9 n.$
$CrO^3 + $ 11 HO	0,696	103,9	$+ 4,9$
$+$ 26 HO	0,825	234,5	$+ 0,5$
$+$ 51 HO	0,896	456,5	$- 2,5$
$+$ 101 HO	0,942	903,5	$- 5,5$
$+$ 201 HO	0,979	180,3	$- 6$

II. — ACIDE ACÉTIQUE (Mar.).

Composition de la liqueur.	Chaleur spécifique ordinaire.	Chaleur spécifique pour le poids équivalent C.	$C - 9n$.
$C^4H^4O^4$ liquide.	0,493	29,6	$+ 29,6$
$C^4H^4O^4 \; + \; 5$ HO	0,732	76,8	$+ 31,8$
$+ \; 10$ HO	0,822	123,3	$+ 33,3$
$+ \; 25$ HO	0,916	261	$+ 36$
$+ \; 50$ HO	0,957	488	$+ 38$
$+ \; 100$ HO	0,977	937,5	$+ 37,5$
$+ \; 200$ HO	0,987	1836,5	$+ 36,5$

III. — ACIDE OXALIQUE (Mar.).

$C^4H^2O^8 \; + \; 100$ HO	0,912	933	33
$+ \; 200$ HO	0,965	1824	24
$+ \; 400$ HO	0,981	3621	21

IV. — ACIDE TARTRIQUE (T.)

$C^8H^6O^{12} \; + \; 20$ HO	0,745	246	$+ 66$
$+ \; 50$ HO	0,856	513	$+ 63$
$+ \; 100$ HO	0,911	957	$+ 57$
$+ \; 200$ HO	0,952	1856	$+ 56$
$+ \; 400$ HO	0,975	3656	$+ 56$

4. Les chaleurs spécifiques des dissolutions de sucre de canne pour la composition :

$$C^{24}H^{22}O^{22} + n\, H^2O^2,$$

sont exprimées, d'après Marignac, par la formule :

$$C = 18\,n + 147.$$

5. Observons que la valeur 147 surpasse la chaleur moléculaire du sucre solide (103). La même remarque s'applique aussi aux solutions d'acide acétique ($+ 26$ environ) et aux solutions d'acide tartrique ($+43,2$). Je suis arrivé encore à la même conclusion pour les solutions d'hydrate de chloral. Il résulte de cette relation, applicable à un grand nombre de composés organiques, que la chaleur dégagée par la dissolution de tous ces

corps diminue à mesure que la température s'élève. C'est le
contraire pour les acides sulfurique, chromique et oxalique.

6. Les composés organiques que je viens de signaler donnent
lieu à une remarque spéciale sous ce rapport. En effet, plusieurs d'entre eux sont faciles à obtenir sous la forme liquide,
dès la température ordinaire, ou au voisinage. Or la chaleur
spécifique de leur dissolution aqueuse étendue surpasse même
la somme des chaleurs spécifiques moléculaires de ses composants liquides. Il en est ainsi dans le cas de l'acide acétique et
dans celui de l'hydrate de chloral, précisément comme pour les
solutions aqueuses d'alcool (voy. p. 495). La dissolution de semblables corps ne saurait donc être assimilée à un simple mélange
de l'eau liquide avec l'autre corps liquéfié simplement.

7. Entre les nombreuses expériences faites sur les chaleurs spécifiques des solutions salines, je choisirai celles de
M. Marignac, qui me paraissent offrir le plus de précision (*Arch.
des sc. de la Bibl. de Genève* pour 1876), et je vais les reproduire (1).

(1) On remarquera que dans ces tableaux les poids équivalents sont doublés, sauf
pour les phosphates et les arséniates. Je n'ai pas cru devoir changer ce détail, afin
d'éviter les erreurs qui auraient pu résulter de la nécessité de remanier tous les autres
chiffres pour les ramener aux équivalents ordinaires.

Tableau LXVIII. — *Chaleur spécifique des solutions salines : chlorures et corps analogues.*

Chlorures, Bromures, Iodures (1).

Formules	Equiv. doublés.	Chaleurs spécifiques			Chaleurs moléculaires			Tempér.
		50 H^2O^2.	100 H^2O^2.	200 H^2O^2.	50 H^2O^2.	100 H^2O^2.	200 H^2O^2.	
H^2Cl^2	72,9	0,8787	0,9336	0,9650	855	1749	3544	20-24
K^2Cl^2	149,2	0,8312	0,9032	0,9483	872	1760	3555	17-22
		0,8344	0,9055	0,9490	876	1765	3558	20-51
K^2Br^2	238,2	0,7691	0,8643	0,9250	875	1762	3550	20-51
K^2I^2	332	0,7153	0,8301	0,9063	881	1770	3563	20-51
Na^2Cl^2	117	0,8760	0,9280	0,9596	891	1779	3566	16-20
		0,8779	0,9304	0,9623	893	1783	3577	22-52
Na^2Br^2	206	0,8092	0,8864	0,9388	895	1778	3573	20-52
Na^2I^2	300	0,7490	0,8499	0,9174	899	1785	3578	20-51
$Az^2H^8Cl^2$	106,9	0,8870	0,9382	0,9670	891	1789	3855	20-52
Ca^2Cl^2	110,9	0,8510	0,9154	0,9554	860	1749	3546	20-25
		0,8510	0,9174	0,9550	860	1753	3544	21-51
Sr^2Cl^2	158,4	0,8143	0,8942	0,9430	862	1751	3544	21-26
		0,8165	0,8950	0,9424	864	1735	3542	19-51
Ba^2Cl^2	208	0,7799	0,8751	0,9319	864	1757	3549	22-27
		0,7805	0,8762	0,9325	865	1759	3551	21-52
Mg^2Cl^2	95,4	0,8607	0,9245	0,9581	857	1752	3540	18-23
		0,8665	0,9235	0,9594	862	1750	3545	22-52
Mn^2Cl^2	125,9	0,8510	0,9154	0,9526	873	1763	3549	19-52
Ni^2Cl^2	130	0,8310	0,9017	0,9421	856	1740	3525	24-55
Cu^2Cl^2	134,2	0,8642	0,9200	0,9563	894	1778	3571	19-51
Zn^2Cl^2	136,3	0,8842	0,9330	0,9590	916	1807	3583	19-51

(1)		10 H^2O^2.	15 H^2O^2.	25 H^2O^2.	10 H^2O^2.	15 H^2O^2.	25 H^2O^2.	
$Az^2H^8Cl^2$	106,9	»	»	0,8134	»	»	453	20-52
Ca^2Cl^2	110,9	0,6176	0,6741	0,7538	179,6	256,7	422,8	21-51
Mg^2Cl^2	95,4	»	0,6824	0,7716	»	249,4	421	22-52
Ni^2Cl^2	130	»	»	0,7351	»	»	426,4	24-55
Cu^2Cl^2	134,2	0,6241	»	0,7790	196,1	»	455	19-51
Zn^2Cl^2	136,3	0,6212	0,7042	0,7960	196,5	286,1	466,7	19-51

Tableau LXIX. — *Chaleurs spécifiques des solutions salines : azotates.*

AZOTATES (1).

Formules.	Equiv. doublés.	Chaleurs spécifiques			Chaleurs moléculaires			Tempér.
		50 H²O².	100 H²O².	200 H²O².	50 H²O².	100 H²O².	200 H²O².	
H²O², Az²O¹⁰..	126	0,8752	0,9273	0,9618	898	1786	3584	21-52
K²O², Az²O¹⁰...	202,4	0,8320	0,9005	0,9430	917	1803	3586	18-23
		0,8335	0,9028	0,9475	919	1808	3603	22-52
Na²O², Az²O¹⁰..	170,2	0,8692	0,9220	0,9545	930	1816	3599	18-23
		0,8712	0,9220	0,9576	932	1816	3610	22-52
Az²H⁵O², Az²O¹⁰	160	0,8797	0,9293	0,9610	932	1821	3614	20-52
Ag²O², Az²O¹⁰.	340	0,7505	0,8491	0,9131	931	1817	3598	25-52
Ca²O², Az²O¹⁰.	164	0,8471	0,9116	0,9511	901	1790	3580	20-25
		0,8463	0,9110	0,9510	900	1789	3580	21-51
Sr²O², Az²O¹⁰.	211,5	»	0,8903	0,9400	»	1791	3583	21-26
		0,8169	0,8905	0,9392	908	1791	3580	19-51
Ba²O², Az²O¹⁰.	261	»	»	0,9304	»	»	3592	21-26
		»	»	0,9294	»	»	3588	19-41
Pb²O², Az²O¹⁰.	331	0,7507	0,8510	0,9162	924	1813	3602	21-26
		0,7500	0,8507	0,9173	923	1813	3606	18-51
Mg²O², Az²O¹⁰.	148,6	0,8501	0,9133	0,9546	891	1780	3578	17-22
		0,8517	0,9145	0,9537	893	1782	3575	21-52
Mn²O², Az²O¹⁰.	179	0,8320	0,9027	0,9473	898	1786	3580	19-51
Ni²O², Az²O¹⁰.	183	0,8228	0,8949	0,9409	891	1772	3559	24-55
Cu²O², Az²O¹⁰.	187,3	0,8256	0,8992	0,9475	898	1788	3588	18-50
Zn²O², Az²O¹⁰.	189,4	0,8234	0,8990	0,9461	897	1789	3585	20-52

(1)		10 H²O².	15 H²O².	25 H²O².	10 H²O².	15 H²O².	25 H²O².	
H²O², Az²O¹⁰......	126	0,7212	»	0,8043	220,7	»	463,3	21-52
Na²O², Az²O¹⁰.....	170,2	»	0,7299	0,7946	»	321	492,6	22-52
Az²H⁵O², Az²O¹⁰....	160	0,6942	0,7437	0,8090	236	319,8	493,5	20-52
Ca²O², Az²O¹⁰......	164	0,6255	0,6856	0,7597	215,2	297,5	466,5	21-51
Mg²O², Az²O¹⁰.....	148,6	»	0,6777	0,7568	»	283,7	453	21-52
Ni²O², Az²O¹⁰......	183	»	»	0,7171	»	»	454	24-55
Zn²O², Az²O¹⁰......	189,4	0,5906	0,6410	0,7176	218,2	294,5	459	20-52

Az²H⁵O², Az²O¹⁰ + 5 H²O² : chal. spéc. 0,6102 ; chal. moléc. 152,5.

Tableau LXX. — *Chaleurs spécifiques des solutions salines : sulfates.*

SULFATES (1).

Formules.	Equiv. doublés.	Chaleurs spécifiques			Chaleurs moléculaires			Tempér.
		50 H^2O^2.	100 H^2O^2.	200 H^2O^2.	50 H^2O^2.	100 H^2O^2.	200 H^2O^2.	
H^2O^2,S^2O^6....	98	0,9155	0,9545	0,9747	914	1812	3604	16-20
K^2O^2,S^2O^6.....	174,2	»	0,8965	0,9434	»	1770	3560	18-23
		»	0,9020	0,9463	»	1781	3571	19-52
Na^2O^2,S^2O^6 ...	142	0,8753	0,9250	0,9576	912	1796	3583	19-24
		0,8784	0,9270	0,9596	915	1800	3591	21-52
$Az^2H^8O^2,S^2O^6$..	132	0,8789	0,9330	0,9633	907	1802	3595	19-51
Mg^2O^2,S^2O^6...	120,5	0,8654	0,9225	0,9547	883	1772	3552	19-24
		0,8690	0,9230	0,9550	887	1773	3553	22-52
Mn^2O^2,S^2O^6...	151	0,8440	0,9125	0,9529	887	1780	3574	19-51
Ni^2O^2,S^2O^6....	155	0,8371	0,9102	0,9510	883	1779	3571	25-56
Cu^2O^2,S^2O^6 ...	159,3	0,8411	0,9084	0,9503	891	1780	3572	18-23
		0,8520	0,9148	0,9528	902	1792	3582	22-53
Zn^2O^2,S^2O^6 ...	161,4	0,8420	0,9106	0,9523	894	1786	3582	20-52
Gl^2O^2,S^2O^6....	105,3	0,9009	0,9457	0,9703	906	1802	3595	21-52
$Al^{4/3}O^2,S^2O^6$...	114,3	0,9041	0,9465	0,9722	917	1812	3611	21-53

(1)		15 H^2O^2.	25 H^2O^2.	15 H^2O^2.	25 H^2O^2.	Tempér.
Na^2O^2,S^2O^6.....	142	»	0,8191	»	485	21-52
$Az^2H^8O^2,S^2O^6$....	132	0,7385	0,8030	297	467,3	19-51
Gl^2O^2,S^2O^6......	105,3	»	0,8285	»	460	21-52
$Al^{1/3}O^2,S^2O^6$.....	114,3	»	0,8400	»	474	21-53

Tableau LXXI. — *Chaleurs spécifiques des solutions salines :
sels divers.*

CHROMATES (1).

Formules.	Equiv. doublés.	Chaleurs spécifiques			Chaleurs moléculaires			Tempér.
		50 H^2O^2.	100 H^2O^2.	200 H^2O^2.	50 H^2O^2.	100 H^2O^2.	200H^2O^2.	
H^2O^2,Cr^2O^6....	118,5	0,8962	0,9419	0,9698	913	1807	3606	21-53
K^2O^2,Cr^2O^6....	194,8	0,8105	0,8896	0,9407	887	1775	3570	20-51
Na^2O^2,Cr^2O^6...	162,6	0,8560	0,9134	0,9511	909	1793	3579	21-52
$Az^2H^8O^2,Cr^2O^6$.	152,5	0,8767	0,9304	0,9630	923	1817	3613	22-53

CARBONATES.

Formules.	Equiv. doublés.	50 H^2O^2.	100 H^2O^2.	200 H^2O^2.	50 H^2O^2.	100 H^2O^2.	200H^2O^2.	Tempér.
K^2O^2,C^2O^4....	138,3	0,8458	0,9104	0,9513	878	1765	3556	22-27
		0,8509	0,9157	0,9543	884	1775	9567	21-52
Na^2O^2,C^2O^4....	106,1	0,9037	0,9409	0,9675	909	1793	3585	21-26
		0,9072	0,9435	0,9695	913	1798	3593	21-52

PHOSPHATES, ARSÉNIATES, PYROPHOSPHATES, MÉTAPHOSPHATES.

Formules.	Equiv. doublés.	50 H^2O^2.	100 H^2O^2.	200 H^2O^2.	50 H^2O^2.	100 H^2O^2.	200H^2O^2.	Tempér.
PO^5, NaO, 2 HO.	120	0,9070	0,9499	0,9704	925	1823	3610	24-55
AsO^5, NaO, 2 HO.	164	0,8707	0,9264	0,9595	926	1819	3611	26-57
PO^5, 2 NaO, HO.	142	»	0,9345	0,9617	»	1815	3598	23-54
AsO^5, 2 NaO, HO.	186	0,8550	0,9112	0,9500	928	1809	3596	25-56
PO^5, 2 NaO.....	133	»	0,9375	0,9666	»	1812	3608	24-55
PO^5, NaO......	102	0,9129	0,9525	0,9761	914	1811	3613	24-55

(1)		10 H^2O^2.	15 H^2O^2.	25 H^2O^2,	10 H^2O^2.	15 H^2O^2.	25 H^2O^2.	
H^2O^2,Cr^2O^6..... .	118,5	0,6964	»	0,8251	207,9		469	21-53
Na^2O^2,Cr^2O^6........	162,6	»	»	0,7810	»	»	478,4	21-52
$Az^2H^8O^2,Cr^2O^6$. ...	152,5		.	0,7967	»	»	480	21-52
K^2O^2, C^2O^4.........	138,3	0,6248	0,6831	0,7596	199	279	447	21-52
Na^2O^2, C^2O^4...	106,1	»	»	0,8649	»	»	481	21-52
PO^5, NaO, 2HO......	120	»	»	0,8444	»	»	481,3	24-55
AsO^5, NaO, 2HO	164	»	»	0,7884	»	»	481	26-57
PO^5, NaO	102	»	»	0,8495	»	»	469	24-55

Tableau LXXII. — *Chaleurs spécifiques des solutions salines : sels organiques.*

ACÉTATES (1).

Formules.	Equiv. doublés.	Chaleurs spécifiques			Chaleurs moléculaires			Tempér.
		50 H²O².	100 H²O².	200 H²O².	50 H²O².	100 H²O².	200 H²O².	
$H^2O^2, 2C^4H^3O^3$.	120	0,9568	0,9769	0,9874	976	1875	3673	21-52
$K^2O^2, 2C^4H^3O^3$.	196,3	0,8572	0,9170	0,9550	940	1831	3625	20-51
$Na^2O^2, 2C^4H^3O^3$.	164	0,9026	0,9414	0,9644	960	1849	3630	20-25
		0,9037	0,9430	0,9687	962	1852	3646	19-52
$Ca^2O^2, 2C^4H^3O^3$.	158	0,8914	0,9362	0,9687	943	1833	3634	20-52
		0,8959	0,9392	0,9663	948	1839	3631	22-52
$Sr^2O^2, 2C^4H^3O^3$	205,5	0,8505	0,9127	0,9513	940	1830	3620	20-52
$Ba^2O^2, 2C^4H^3O^3$	255	0,8166	0,8911	0,9396	943	1831	3622	19-52
$Pb^2O^2, 2C^4H^3O^3$.	325	0,7925	0,8797	0,9322	971	1869	3659	21-26
		0,7939	0,8808	0,9327	973	1872	3661	18-51
$Mg^2O^2, 2C^4H^3O^3$	142,6	0,9055	0,9473	0,9712	914	1840	3635	21-52
$Mn^2O^2, 2C^4H^3O^3$	173	0,8937	0,9371	0,9666	959	1849	3647	19-52
$Ni^2O^2, 2C^4H^3O^3$.	177	0,8943	0,9366	0,9653	963	1852	3646	25-56
$Zn^2O^2, 2C^4H^3O^3$.	183,4	0,9138	0,9538	0,9730	990	1892	3681	19-51

OXALATES.

Formules.	Equiv. doublés.	50 H²O².	100 H²O².	200 H²O².	50 H²O².	100 H²O².	200 H²O².	Tempér.
$H^2O^2C^4O^6$....	90	0,9423	0,9653	0,9814	933	1824	3621	20-52
K^2O^2, C^4O^6....	166,6	0,8389	0,9083	0,9504	895	1786	3579	21-52

(1)		5 H²O².	10 H²O².	25 H²O².	5 H²O².	10 H²O².	25 H²O².	
$H^2O^2, 2C^4H^3O^3$.....	120	0,7320	0,8220	0,9157	153,7	216,6	522	21-52
$K^2O^2, 2C^4H^3O^3$	196,3	»	0,6391	0,7728	»	210,5	499,4	20-51
$Pb^2O^2, 2C^4H^3O^3$....	325	»	»	0,6824	»	»	529	18-51

$Zn^2O^2, 2C^4H^3O^3 + 30\,H^2O^2$: chal. spéc. 0,8774 ; chal. moléc. 627. Cette solution demeure sursaturée à froid. Il en est de même de la solution d'acétate de plomb à 25 équiv. d'eau.

8. D'après ces résultats, les chaleurs spécifiques des solutions salines en général n'éprouvent pas, entre 20 et 50 degrés, de variation appréciable avec certitude par l'observation. Cependant il est probable qu'il y a un léger accroissement, sensible surtout pour les dissolutions concentrées du sulfate de cuivre, où il s'élève à un centième.

9. « Si nous comparons, dit M. Marignac, les diverses séries les unes avec les autres, il est impossible de méconnaître un certain degré de parallélisme. Les bases se rangeraient le plus souvent à peu près dans le même ordre. Mais cependant on rencontre de très nombreuses exceptions à cette règle.

» Ainsi, tandis que les solutions d'acide chlorhydrique et d'acide azotique présentent des chaleurs spécifiques inférieures à celles des sels alcalins correspondants, c'est l'inverse qui a lieu pour les acides sulfurique, chromique, oxalique et acétique. Tandis que les divers azotates de la série magnésienne ne diffèrent les uns des autres que de quantités insignifiantes et qu'il en est de même pour les sulfates des mêmes bases, nous voyons au contraire de très grandes différences pour leurs chlorures et leurs acétates. Les chaleurs moléculaires du chlorure et de l'acétate de zinc surpassent de 20 à 40 unités celles des sels de soude correspondants; au contraire celles du sulfate et de l'azotate de zinc sont inférieures de 15 à 30 unités à celles des sels de soude. Ces exemples suffisent pour montrer que les chaleurs spécifiques des solutions ne dépendent pas uniquement de la nature de l'acide et de la base des sels.

» En comparant successivement les sels de soude à ceux de toutes les autres bases, on établit la différence moyenne de leurs chaleurs moléculaires. Comparant ensuite les chlorures aux autres sels de même base, on détermine également la différence moyenne résultant du remplacement des acides les uns des autres. Connaissant ces différences (correspondant à ce que MM. Favre et Valson ont appelé les *modules des densités* pour les solutions salines), et partant des solutions de chlorure de sodium, dont les chaleurs spécifiques peuvent être considérées comme bien connues, il est facile de calculer les chaleurs moléculaires que présenteraient les diverses solutions salines, si tous les genres de sels formaient réellement sous ce rapport des séries régulières et parallèles. Comparant ensuite les valeurs ainsi calculées aux chaleurs moléculaires déterminées par l'expérience, on arrive au résultat suivant :

» Pour la moitié environ des sels étudiés, les différences entre les chaleurs moléculaires réelles et les chaleurs calculées par l'hypothèse précédente ne dépassent pas la limite des erreurs admissibles. Mais il y a presque autant de cas où ces différences ne peuvent en aucune façon être attribuées à des erreurs d'observation, et l'on trouve à peu près autant de sels pour lesquels la chaleur moléculaire réelle dépasse la valeur moyenne que de sels pour lesquels elle lui demeure inférieure.

» On citera particulièrement les deux séries suivantes de substances présentant les plus grands écarts :

En plus.	En moins.
Zn^2Cl^2	H^2Cl^2
Cu^2Cl^2	H^2O^2,Az^2O^{10}
K^2O^2,Az^2O^{10}	Cd^2O^2,Az^2O^{10}
H^2O^2,S^2O^6	Zn^2O^2,Az^2O^{10}
$H^2O^2,2C^4H^3O^3$	Zn^2O^2,S^2O^6
$Zn^2O^2,2C^4H^3O^3$	$K^2O^2,2C^4H^3O^3$
$Ni^2O^2,2C^4H^3O^3$	K^2O^2,C^4O^6
H^2O^2,C^4O^6	Ni^2Cl^2
H^2O^2,Cr^2O^6	Ni^2O^2,Az^2O^{10}
$Az^2H^8O^2,Cr^2O^6$	

» On doit ajouter que ces différences, rapportées aux chaleurs moléculaires, sont à peu près du même ordre de grandeur pour les solutions à 50, 100 et 200 molécules d'eau; par conséquent, en réalité, si on les rapportait aux chaleurs spécifiques de ces solutions, elles correspondraient à des écarts quatre fois plus considérables pour les premières que pour les dernières. Ce fait prouve bien qu'elles ne sont point dues à des erreurs d'expériences.

» D'ailleurs l'inspection du tableau précédent paraît établir suffisamment que la cause des anomalies ne peut être cherchée dans la tendance plus ou moins prononcée de certains sels à se combiner avec l'eau, de manière à former des hydrates définis cristallisables; car on ne voit pas de différence bien marquée sous ce rapport entre les deux séries de sels indiquées dans ce tableau et caractérisées par le sens inverse dans lequel elles s'écartent de la moyenne. On peut encore citer à l'appui de cette observation les faits suivants :

» La différence entre les chaleurs moléculaires du sulfate et du chlorure de potassium est exactement la même que celle qu'on observe entre le sulfate et le chlorure de sodium ; bien que le sulfate de potasse soit anhydre, tandis que celui de soude prend 10 équivalents d'eau de cristallisation.

» Il y a identité presque absolue de chaleur moléculaire pour les solutions de sulfate et de chromate de potasse, et de même pour celles d'acide sulfurique et d'acide chromique. Or, si les deux sels de potasse sont également caractérisés comme sels anhydres, il est difficile au contraire de trouver deux corps plus différents l'un de l'autre, quant à leur affinité pour l'eau, que les deux acides ; car l'acide chromique cristallise à l'état anhydre, par la simple évaporation de ses dissolutions dans l'air sec, à la température ordinaire.

» Nous pouvons donc conclure, en résumé, que la chaleur spécifique des solutions dépend en grande partie de la nature des acides et des bases de sels, mais qu'elle n'en dépend pas uniquement ; en sorte qu'on ne peut pas la calculer d'après leur composition. Elle peut être modifiée d'une manière assez importante par d'autres causes, spéciales à chaque sel, et dont la nature demeure encore inconnue. Ces causes ne paraissent pas en rapport avec la tendance plus ou moins grande des sels à se combiner avec l'eau pour former des hydrates définis et cristallisables.

» Les expériences confirment, pour la plupart des sels, l'observation faite par tous les auteurs qui se sont occupés du même sujet, savoir que les chaleurs spécifiques des solutions salines sont fort inférieures à la somme des chaleurs spécifiques de leurs éléments (sels et eau séparés). Cependant elles établissent que ce n'est point une loi générale, car la plupart des acétates présentent une relation inverse, particulièrement ceux de zinc, de plomb et de nickel. Les solutions d'acide acétique présentent la même anomalie. »

10. Cette diversité et ces inégalités entre les chaleurs spécifi-

508 DONNÉES NUMÉRIQUES.

ques des dissolutions salines et celles de leurs composants, eau et sel anhydre, paraissent dues, d'après M. Berthelot, à la formation au sein des dissolutions de certains hydrates définis, comparables aux hydrates salins cristallisés; mais avec cette différence que les hydrates dissous existent le plus souvent au sein de la liqueur dans un état de dissociation partielle, variable avec la quantité d'eau et la température, et suivant des équilibres analogues à ceux des systèmes éthérés.

11. Voici quelques observations sur les chaleurs spécifiques des dissolutions de quelques mélanges de sels.

On a choisi des sels non susceptibles de se décomposer, mais dont les uns paraissent sans action réciproque, tandis que d'autres peuvent former des sels doubles. Le tableau suivant résume les comparaisons que M. Marignac a établies entre les chaleurs spécifiques de ces solutions et celles des solutions des sels simples qui entrent dans leur constitution.

Tableau LXXIII.

Dissolutions séparées.	Chaleurs molécul.	Somme.	Dissolutions mélangées.		Tempér.
			Chal. spéc.	Chal. molécul.	
Na^2Cl^2	$+ 50\,Aq$ — 893	1808	0,8810	1814	20°-50°
Na^2O^2,S^2O^6	$+ 50\,Aq$ — 915				
Na^2Cl^2	$+ 100\,Aq$ — 1783	3583	0,9300	3589	id.
Na^2O^2,S^2O^6	$+ 100\,Aq$ — 1800				
K^2Cl^2	$+ 100\,Aq$ — 1760	3530	0,8994	3530	17°-52°
K^2O^2,S^2O^6	$+ 100\,Aq$ — 1770				
K^2Cl^2	$+ 200\,Aq$ — 3555	7115	0,9443	7104	id.
K^2O^2,S^2O^6	$+ 200\,Aq$ — 3560				
Na^2Cl^2	$+ 50\,Aq$ — 893	1769	0,8560	1769	21°-53°
K^2Cl^2	$+ 50\,Aq$ — 876				
Na^2Cl^2	$+ 100\,Aq$ — 1783	3548	0,9187	3552	id.
K^2Cl^2	$+ 100\,Aq$ — 1765				
Na^2Cl^2	$+ 200\,Aq$ — 3577	7135	0,9563	7140	id.
K^2Cl^2	$+ 200\,Aq$ — 3558				
K^2O^2,S^2O^6	$+ 100\,Aq$ — 1770	3542	0,9096	3542	20°-25°
Mg^2O^2,S^2O^6	$+ 100\,Aq$ — 1772				
K^2O^2,S^2O^6	$+ 200\,Aq$ — 3560	7112	0,9495	7116	id.
Mg^2O^2,S^2O^6	$+ 200\,Aq$ — 3552				
K^2O^2,S^2O^6	$+ 100\,Aq$ — 1770	7206	0,9344	7212	24°-28°
$2(Al^2O^3,3SO^3)$	$+ 300\,Aq$ — 5436				
K^2O^2,S^2O^6	$+ 200\,Aq$ — 3560	14393 0,	0,9667	14420	id.
$2(Al^2O^3,3S^2O^6)$	$+ 600\,Aq$ — 10833				

On voit que les différences entre les chaleurs moléculaires des solutions et celles de leurs mélanges sont très faibles; elles ne dépassent pas sensiblement l'ordre des erreurs dont ces déterminations sont susceptibles. Cette remarque s'applique aussi bien aux sels susceptibles de se combiner pour former des sels doubles qu'à ceux qui n'ont pas cette propriété.

Toutefois on ne pourrait pas généraliser cette conclusion, qui s'appuie sur un trop petit nombre d'exemples. En tout cas, elle ne pourrait être étendue aux sels acides. M. Marignac a montré en effet que la chaleur moléculaire d'une solution de bisulfate de soude surpasse notablement celle de ses éléments (1).

(1) On a en effet pour le sulfate acide de soude :

	H^2O^2,S^2O^5.	Na^2O^2, S^2O^5.	Somme.	$Na^2O^2,H^2O^2,2\,S^2O^5$.
50 Aq.	914	912	1826	1866
100 Aq.	1812	1796	3608	3646
200 Aq.	3604	3583	7187	7230

CHAPITRE XIII

CHALEURS DE DISSOLUTION

§ 1ᵉʳ. — Division.

Nous présenterons successivement les tableaux des quantités de chaleur dégagées par les opérations suivantes :

1° Dissolution des gaz dans les liquides, et spécialement dans l'eau ;

2° Condensation des gaz par les solides ;

3° Mélange de deux liquides ;

4° Dissolution des solides dans l'eau.

Rappelons ici que l'unité adoptée pour les chaleurs de dissolution, aussi bien que pour les réactions chimiques en général, est la grande Calorie ; tandis que l'unité des chaleurs spécifiques étudiées dans les chapitres précédents était la petite calorie, laquelle est 1000 fois plus petite.

§ 2. — Chaleur dégagée par la dissolution des gaz dans les liquides.

1. Donnons d'abord la chaleur dégagée par la réaction des gaz sur l'eau, qui est le liquide le plus fréquemment employé en chimie. La proportion de l'eau est supposée de 100 à 200 H^2O^2 au moins, et la température voisine de 15 degrés, dans le tableau ci-dessous.

Tableau LXXIV. — *Chaleur de dissolution, dans une grande quantité d'eau, des principaux corps gazeux, rapportés à un même volume, tel que :* $22^{\text{lit.}},3\ [+\ \alpha t]$ *sous la pression normale.*

Noms.	Formules.	Poids moléculaires.	Chaleur dégagée.	Auteurs.
Chlore.	Cl^2	71	3,0	R.
Brome.	Br^2	160	8,3	T. + R.
Ac. chlorhydr.	HCl	36,5	17,4	B. et L. T.
Ac. bromhydr.	HBr	81	20,0	[B.] T.
Ac. iodhydr.	HI	128	19,4	B. T.
Ac. sulfhydr.	H^2S^2	17×2	4,75	T.
Ammoniaque.	AzH^3	17	8,8	F. et S. [B.] T.
Ac. azoteux.	$2\,(AzO^3)$	38×2	13,8	B.
Ac. azotique.	$2\,(AzO^5)$	54×2	29,8	B.
Ac. azot. hydraté	AzO^6H	63	14,4	B.
Ac. sulfureux.	$2\,(SO^2)$	32×2	7,7	F. et S. [T.]
Ac. hypochlor.	$2\,(ClO)$	$43,5 \times 2$	$4,7 \times 2$	T.
Chl. de bore.	BCl^3	117,5	70,3	B.
Ac. carbonique.	$2CO^2$	44	5,6	B. T.
Ac. cyanhydr.	C^2AzH	27	6,1	B.
Ac. formique.	$C^2H^2O^4$	46	5,7	F. et S. + B.
Ac. acétique.	$C^4H^4O^4$	60	7,6	B.
Aldéhyde.	$C^4H^4O^2$	44	8,9	B.
Alcool.	$C^4H^6O^2$	46	12,4	B.
Éther.	$C^4H^4(C^4H^6O^2)$	74	12,6	B.
Éther acétique.	$C^4H^4(C^4H^4O^4)$	88	14,0	B.
Éther oxalique.	$[C^4H^4]^2(C^4H^2O^8)$	146	13,7	A + B
Chloroforme.	C^2HCl^3	119,5	9,5	B.
Chloral.	$C^4HCl^3O^2$	147,5	19,9	R.

La chaleur dégagée par la dissolution des gaz ammoniac, chlorhydrique, bromhydrique et iodhydrique, dans des quantités d'eau variables et moindres que la précédente, se calcule aisément à l'aide des tableaux XXXV, XXXVI, XXXVII, XXXVIII, relatifs à la dilution des solutions concentrées de ces gaz.

2. Voici quelques expériences faites avec d'autres liquides, tels que l'alcool, l'acide acétique, l'éther acétique.

Tableau LXXV. — *Dissolution de l'acide chlorhydrique dans divers liquides, vers 12 degrés (B).*

I. — ALCOOL.

$$HCl + C^4H^6O^2 \ldots\ldots\ldots\ldots\ldots + 10,6$$
$$+ 3\,C^4H^6O^2 \ldots\ldots\ldots\ldots\ldots + 13,8$$
$$+ 300\,C^4H^6O^2 \ldots\ldots\ldots\ldots\ldots + 17,35$$

II. — ACIDE ACÉTIQUE.

$$HCl + 5,8\,C^4H^4O^4 \ldots\ldots\ldots\ldots + 6,2$$
$$+ 41\,C^4H^4O^4 \ldots\ldots\ldots\ldots + 7,1$$
$$+ 200\,C^4H^4O^4 \ldots\ldots\ldots\ldots + 7,1$$

III. — ÉTHER ACÉTIQUE.

$$HCl + 1,36\,C^4H^4(C^4H^4O^4) \ldots\ldots + 8,8$$
$$+ 2,64\,C^4H^4(C^4H^4O^4) \ldots\ldots + 9,8$$
$$+ 11,84\,C^4H^4(C^4H^4O^4) \ldots\ldots + 11,8$$

3. On a parfois assimilé le phénomène de la dissolution d'un gaz à celui de sa liquéfaction. Mais il est facile de comprendre que cette assimilation est fort imparfaite, à cause de l'intervention des actions propres du liquide et des travaux qu'elles développent. En fait, les valeurs numériques des chaleurs de dissolution s'écartent souvent beaucoup de celles des chaleurs de volatilisation, comme le montre la comparaison du tableau XLIX.

L'écart représente précisément la chaleur dégagée par la réaction de l'eau sur le liquide résultant de la condensation du gaz : chaleur faible dans les cas du brome et des acides formique et acétique, mais notable pour l'éther ordinaire, l'alcool, l'aldéhyde, etc.

A *fortiori*, est-elle considérable quand il y a destruction du gaz par l'action de l'eau, avec formation de nouveaux composés, incapables de régénérer le gaz primitif sous l'influence du vide ou de la distillation; ce qui arrive notamment pour l'acide azotique anhydre, le chlorure de bore, etc. Dans ces conditions, nous avons affaire à des effets purement chimiques.

§ 3. — Condensation des gaz par les solides.

1. Toutes les fois qu'un gaz est mis en présence d'un corps solide, il se développe des actions spéciales, accompagnées en général par un dégagement de chaleur : le gaz éprouve une condensation plus ou moins grande au contact du solide, et ses propriétés chimiques sont modifiées, ainsi que celles du solide lui-même. Souvent il se forme une ou plusieurs combinaisons véritables, tantôt stables; tantôt en partie dissociées, c'est-à-dire dans un état d'équilibre qui varie avec la pression et la température. Ces effets sont surtout manifestes pour les solides poreux, qui offrent à la fois une très grande surface de contact et un très grand rapprochement des particules solides, entre lesquelles s'introduisent les particules gazeuses.

Nous allons donner les résultats thermiques observés dans cette condensation, principalement d'après les expériences de M. Favre (1).

2. *Hydrogène et platine* (Favre). — 100 grammes de noir de platine ont fixé :

		Hydrogène.	Chaleur dégagée pour $H^2 = 2$ gram.
		gr.	Cal.
1re	fraction	0,0339	46,2
2^e	id.	0,0303	43,2
3^e	id.	0,0303	37,8
4^e	id.	0,0068	27,0

Total ⁰/₀ H, soit : 0,1013 (244 vol.) Moy. 41,4

3. *Charbon et gaz divers.* — Les charbons provenant du bois de diverses essences fixent des proportions inégales d'un même gaz; ainsi que l'on devait s'y attendre, en raison du nombre et de la grandeur variables des pores et de la surface condensante.

(1) *Annales de chimie et de physique*, 5e série, 1874, t. I, p. 209.

Les charbons les plus denses étant ceux qui absorbent le moins de gaz, la chaleur dégagée par un même gaz et un même échantillon doit varier et varie en effet, suivant les conditions de calcination préalable et de proportions relatives. Par exemple, pour $AzH^3 = 17$ grammes, les variations sont de $4^c,9$ à $8^c,1$.

La chaleur dégagée varie aussi avec l'espèce de bois qui a fourni le charbon, et elle peut s'élever jusqu'à 8,8 avec le gaz ammoniac. En général, ce sont les charbons les plus denses qui dégagent le plus de chaleur.

Enfin, les premières quantités absorbées dégagent plus de chaleur que les dernières. Soit pour le charbon d'ébène et le gaz ammoniac : dans le premier temps, $6^{Cal},3$; dans le deuxième temps, $3^{Cal},4$ (pour 17 grammes de gaz absorbé chaque fois).

Voici les volumes maximum de gaz absorbés par un même charbon, à la pression normale et à la température ordinaire :

Charbon de fusain et divers corps : 1 centimètre cube ou $1^{gr},57$ de charbon a absorbé :

AzH^3	178	centimètres cubes.
HCl	166	id.
SO^2	165	id.
AzO	99	id.
CO^2	97	id.

4. Donnons maintenant les quantités de chaleur dégagées par un même volume de gaz pendant ces absorptions, et comparons ces quantités avec les chaleurs de dissolution du même gaz dans l'eau, et avec sa chaleur de liquéfaction.

Tableau LXXVI. — *Absorption des gaz par le charbon.*

	Chaleur dégagée		Dissolution	Liquéfaction.
	dans diverses conditions.	à saturation.	dans l'eau.	
$AzH^3 = 17^{gr}$	4,9 à 8,8	$8^{Cal},4$	8,9	4,4 (R.)
$HCl = 36,5$	9,2 à 10,2	10,0	17,4	»
$HBr = 81$	»	15,5	20,0	»
$HI = 128$	»	22,0	19,4	»
$S^2O^1 = 64$	1,0 à 11,0	10,8	7,7	5,6 (F.)
$C^2O^4 = 44$	6,6 à 7,8	7,0	5,6	6,1 (F.)
$Az^2O^2 = 44$	7,2 à 7,6	7,4	»	4,4 (R.)

5. La condensation des gaz par le charbon dégage en général plus de chaleur que leur liquéfaction; l'excès s'élève à près du double dans plusieurs cas. Un tel résultat montre que les deux phénomènes ne sont pas assimilables. C'est ce qui résulte encore de la comparaison des chaleurs de condensation des trois hydracides par le charbon, lesquelles varient de 10 à 22; tandis que les chaleurs de liquéfaction ne paraissent pas devoir différer beaucoup.

§ 4. — Mélange de deux liquides.

1. Donnons d'abord des expériences faites en présence d'un très grand excès de l'un des liquides, l'eau par exemple.

Tableau LXXVII. — *Réaction des composés organiques sur 100 à 220 fois leur poids d'eau, vers 13 degrés* (B.).

Alcool méthylique	$C^2H^4O^2 = 32^{gr}$	+ 2,0
— ordinaire	$C^4H^6O^2 = 46$	+ 2,54
— propylique normal	$C^6H^8O^2 = 60$	+ 3,05
— isopropylique	$C^6H^8O^2 = 60$	+ 3,45
— isobutylique (de fermentation)	$C^8H^{10}O^2 = 74$	+ 2,88
— amylique (id.)	$C^{10}H^{12}O^2 = 88$	+ 2,8
Glycérine	$C^6H^8O^6 = 92$	+ 1,51
Acétone	$C^6H^6O^2 = 58$	+ 2,51
Alcool allylique	$C^6H^6O^2 = 58$	+ 2,1
Aldéhyde orthopropylique (vers 23°)	$C^6H^6O^2 = 58$	+ 4,0
Aldéhyde ordinaire (à 23°)	$C^4H^4O^2 = 44$	+ 3,62
Chloral	$C^4HCl^3O^2 = 147,5$	+ 11,9
Éther ordinaire (à 13°; 200 p. d'eau)	$C^4H^4 (C^4H^6O^2) = 74$	+ 5,94
Éther azotique	$C^4H^4 (AzO^6H) = 91$	+ 0,99
Éther acétique (à 15°)	$C^4H^4 (C^4H^4O^4) = 88$	+ 3,06
Éther oxalique (à 15°; 250 p. d'eau)	$(C^4H^4)^2[C^4H^2O^8] = 146$	+ 3,08
Acide formique liquide (100 p. d'eau à 9°)	$C^2H^2O^4 = 46$	+ 0,11
Acide acétique (id.)	$C^2H^2O^4 = 60$	+ 0,42
Acide butyrique	$C^8H^8O^4 = 88$	+ 1,00
Acide valérique	$C^{10}H^{10}O^4 = 102$	+ 0,80
Acide cyanhydrique (à 19°)	$C^2AzH = 27$	+ 0,40

2. Les effets thermiques dus au mélange de deux liquides, tels que les précédents, varient de grandeur et parfois même de signe, suivant les proportions relatives et la température.

L'influence de la température tient à l'inégalité des chaleurs spécifiques du système initial et du système final, conformément à nos formules générales (p. 117). En général, m, m_1 représentant les poids des corps réagissants; c, c_1, leurs chaleurs spécifiques moyennes dans l'intervalle T—t; C, celle du mélange, la quantité de chaleur dégagée croît, demeure constante ou diminue, suivant que l'on a :

$$ mc + mc_1 \overset{>}{\underset{<}{=}} (m + m_1)\, C. $$

Mais je ne puis entrer ici dans plus de détails, ce sujet ayant été traité précédemment (page 118) avec toute rigueur (1).

3. Donnons seulement le tableau suivant, à titre d'exemple :

Tableau LXXVIII. — *Quantités de chaleur dégagées par le mélange de l'eau et de l'alcool, en diverses proportions* (Dupré et Page).

		A 0°.	A 17°.	A 29°.
		Cal		
10 eau + 90 alcool (en poids).	+ 0,18	+ 0,15	»
20 + 80 »	+ 0,33	+ 0,25	»
40 + 60 »	+ 0,71	+ 0,54	»
50 + 50 »	+ 0,90	+ 0,71	»
60 + 40 »	+ 1,10	+ 0,90	»
70 + 30 »	+ 1,10	+ 0,96	+ 0,69
90 + 10 »	+ 0,64	+ 0,53	+ 0,43

Le mélange qui dégage le plus de chaleur (40 centièmes d'alcool environ) a une composition distincte, quoique assez voisine du mélange qui répond au maximum de contraction (52 centièmes d'alcool). Le mélange qui possède la compressibilité la plus petite renferme seulement 30 centièmes d'alcool.

4. *L'action de l'eau sur les chlorures acides liquides*, tant minéraux qu'organiques, décomposables par ce menstrue en oxacides et acide chlorhydrique dissous, se conclut aisément des chaleurs de formation du chlorure acide, de l'oxacide, de

_____

(1) Voyez aussi Bussy et Buignet, *Ann. de chim. et de phys.*, 4ᵉ série, t. IV, p. 10; avec mes remarques; même recueil, t. XVIII, p. 99.

l'eau, et de l'hydracide, envisagés à partir de leurs éléments, tous nombres qui figurent dans nos tableaux. Par exemple, soient :

$$\begin{array}{ll}
\text{R} + \text{Cl}^n = \text{RCl}^n \text{ pur dégage} \quad \text{Q} & \text{R} + \text{O}^n + \text{eau} = \text{RO}^n \text{ dissous} \quad \text{Q}' \\
n\,(\text{H} + \text{O} = \text{HO}) \quad 34{,}5 \times n & n\,(\text{H} + \text{Cl}) = n\text{HCl dissous})\quad 39{,}3 \times n \\
\overline{\text{Q} + 34{,}5\,n} & \overline{\text{Q}' + 39{,}3\,n}
\end{array}$$

On conclut immédiatement de ces données que l'action de l'eau en excès sur un tel chlorure dégagera :

$$\text{Q}' - \text{Q} + 3{,}8\,n.$$

Tableau LXXIX. — *Dissolution dans l'eau* $(200\,H^2O^2)$ *des chlorures acides et des corps analogues.*

Noms.	Formules.	Équival.	Quantités de chaleurs dégagées.	Observateurs.
Chlorure phosphoreux...	$PhCl^3$	137,5	+ 63,6 à 15°	F. [B. et Loug.] T.
— phosphoriq. (sol.).	$PhCl^5$	208,5	+ 118,9	F. [B. et Loug.]
Oxychlorure..........	$PhCl^3O^2$	153,5	+ 74,7	B. et Loug.
Bromure phosphoreux...	$PhBz^3$	271	+ 64,1	Id.
Iodure de phosphore (sol.)	PhI^3	412	+ 49,6	Id.
Chlorure d'arsenic......	$AsCl^3$	181,5	+ 18,5 à 9°	B. T.
Chlorure de silicium....	$SiCl^4$	170	+ 69° à 9°	Tr. et H. [B.] T.
Bromure de silicium....	$SiBr^4$	348	+ 83,0 à 9°	B.
Iodure de silicium (sol.).	SiI^4	536	+ 85,7	Id.
Chlorure de bore (liq.)..	BCl^3	117,5	+ 65,8	Tr. et H. [B.]
Bromure de bore........	BBr^3	251	+ 83,8	B.
Chlorure acétique.......	$C^4H^3ClO^2$	78,5	+ 23,3 vers 20°	B. et Loug.
Bromure acétique......	$C^4H^3BrO^2$	123	+ 23,3	Id.
Iodure acétique........	$C^4H^3IO^2$	170	+ 21,4	Id.
Chlorure butyr. (ferm.)..	$C^8H^7ClO^2$	106,5	+ 21,7 vers 15°	Loug.
— isobutyrique.....	$C^8H^7ClO^2$	—	+ 20,2	Id.
Chlorure valériq. (valér.).	$C^{10}H^9ClO^2$	120,5	+ 20,2	Id.
— id. (ferm.).....	»	»	+ 20,6	Id.
— id. (triméthyl.).	»	»	+ 14,4	Id.
Bromure butyr. (ferm.).	$C^8H^7BrO^2$	151	+ 22,4	Id.
— isobutyrique.....	»	»	+ 22,7	Id.
— valérique (ferm.).	$C^{10}H^9BrO^2$	165	+ 22,4	Id.
— (valériane)......	»	»	+ 22,7	Id.

5. L'action de l'eau en diverses proportions sur les acides azotique et sulfurique et sur les divers acides et bases et autres

corps, a été donnée dans les tableaux XXXIII à XLIII. Mais il
paraît utile de revenir ici sur cette action, afin de traiter certaines questions d'un intérêt général qui n'ont pu être abordées
précédemment, spécialement en ce qui touche les chaleurs de
dilution.

Les chaleurs de dilution peuvent être représentées : soit par
une formule empirique, telle que celles des pages 394, 395,
396, 397, 398, 400, 402, 404; soit par une courbe graphique.

6. La *courbe graphique* est construite en prenant comme
ordonnées les chaleurs dégagées par une certaine dilution finale
(telle que $200 H^2O^2$), et comme abscisses les nombres d'équivalents d'eau contenus dans l'acide initial. Cette courbe, de forme
hyperbolique, présente une forme analogue pour les hydracides,
l'acide azotique, l'acide sulfurique, les alcalis, etc.

Elle exprime d'une manière générale que : *la chaleur de
dilution décroît*, à peu près, *en sens inverse de la proportion
de l'eau déjà unie avec l'acide (ou avec l'alcali)*.

Cependant la marche de cette courbe, étudiée de plus près,
offre des particularités intéressantes. Nous les discuterons seulement pour l'acide azotique, envisagé comme exemple et pris
à la température de 10 degrés (1).

Au début et surtout au voisinage de $2 H^2O^2$, la courbe relative
à cet acide est presque rectiligne; un nouvel arc suit, avec une
très-faible courbure, jusque vers $5 H^2O^2$; puis la courbure se
prononce. Vers $7,5 H^2O^2$, la courbe coupe l'axe des x et elle
descend jusqu'à un minimum, situé vers $15 H^2O^2$. Enfin la
courbe remonte asymptotiquement vers l'axe des x, en demeurant constamment au-dessous.

Cette forme compliquée se retrouve dans les courbes de dilution des hydrates alcalins fixes. On peut en tirer certains résultats intéressants, tels que la recherche des hydrates définis,
l'étude de la dilution progressive, enfin l'influence de la température sur les valeurs nulle et minima de la chaleur dégagée.

7. *Hydrates définis.*—Soit un acide concentré, mis en pré-

---

(1) *Annales de chimie et de physique*, 5ᵉ série, 1875, t. IV, p. 446.

sence de quantités d'eau progressivement croissantes; supposons qu'il tende à former un hydrate défini et non dissocié (au moins d'une manière sensible). Tant que la formation de cet hydrate ne sera pas complète, la chaleur dégagée se composera de deux parties : la principale, due à la combinaison, est proportionnelle au poids de l'eau ajoutée; l'autre partie est due au mélange de l'hydrate défini, qui prend naissance, avec l'acide non hydraté, qui subsiste encore. En négligeant cette dernière quantité, la courbe graphique se réduirait à une ligne droite, pendant l'intervalle qui répond à la formation de l'hydrate défini. Mais la chaleur développée par le mélange physique des deux liquides n'est négligeable qu'au voisinage de la limite.

Si l'on continue à ajouter de l'eau, il se forme de nouveaux hydrates, qui répondent à un dégagement de chaleur beaucoup plus faible que le premier : ainsi que je l'ai établi par l'étude des hydrates cristallisés formés par les acides et par les alcalis fixes (voy. tableaux VIII et IX, p. 359 et 360). Si ces nouveaux hydrates ne sont pas dissociés dans la liqueur, leur formation tendra aussi à être exprimée par une ligne droite, faisant un angle beaucoup plus petit que la première avec l'axe des x. Mais s'ils sont dissociés, leur formation se traduira par une courbe hyperbolique, qui représente la suite indéfinie des équilibres entre l'eau, l'acide et son hydrate, ou ses hydrates dissociés.

Dans tous les cas, on doit rencontrer un *point saillant* à la jonction de la courbe avec la ligne droite, c'est-à-dire au moment où la formation de l'hydrate défini est devenue complète. C'est donc la recherche des points saillants dans la courbe graphique qui caractérise les hydrates définis.

8. En fait, cette recherche est moins simple que je ne viens de le dire, à cause des actions thermiques secondaires, dues au mélange physique des liquides, et aussi parce que les hydrates définis offrent toujours quelque léger indice de dissociation; de telle sorte que la formation d'un nouvel hydrate commence à faire sentir son influence un peu avant le terme où la formation du premier hydrate est presque accomplie. Aussi ne peut-on pas

préciser d'une manière absolue la composition de ces hydrates d'après la courbe thermique, mais seulement d'une manière approchée.

En appliquant ces notions à la courbe de l'acide azotique, on trouve l'indice de plusieurs points saillants, c'est-à-dire de plusieurs hydrates définis. Le premier et le plus manifeste est situé au voisinage de $AzO^6H + 2\,H^2O^2$. Cette composition est précisément celle de l'hydrate qui se vaporise à froid, avec une composition identique à celle de la liqueur, lorsqu'on dirige dans celle-ci un courant gazeux. En effet, d'après les recherches de M. Roscoe (1), cet hydrate, à la température de 13 degrés, renferme 64,0 d'acide et 36,0 d'eau. A la température de 60 degrés, la composition en est encore à peu près la même (64,5); puis la dissociation s'accentue peu à peu, de telle sorte qu'à 120°,5 l'acide distillé sous la pression normale renferme jusqu'à 68 pour 100 d'acide réel.

Un second hydrate défini, mais moins net, semble ressortir de l'étude de la courbe : ce corps serait situé vers 5 à $6\,H^2O^2$. Or cette concentration répond à la composition de l'eau forte des graveurs, dont l'usage traditionnel paraît traduire la limite de certaines réactions d'oxydation à l'égard des métaux. J'ai trouvé une limite analogue : $AzO^6H + 6{,}3\,H^2O^2$, pour le degré de concentration de l'acide azotique qui commence à précipiter l'azotate de baryte dans ses solutions aqueuses saturées : sans doute en enlevant au sel dissous l'eau nécessaire pour constituer un hydrate azotique défini.

9. *Point minimum. — Dilutions successives.* — La courbe, construite à la température de 10 degrés, coupe l'axe des x vers $7{,}5\,H^2O^2$, et elle atteint un minimum vers $15\,H^2O^2$. De là résultent les effets thermiques que voici : tant que la concentration de l'acide est supérieure à $AzO^6H + 7{,}5\,H^2O^2$, toute addition d'eau dégage de la chaleur, toute soustraction en absorbe.

Au contraire, pour toutes les concentrations inférieures

<hr>

(1) *Quarterly Journal cf the Chem. Soc.*, 1860, t. XIII, p. 146.

à $AzO^6H + 15 H^2O^2$, toute addition d'eau absorbe de la chaleur, toute soustraction en dégage.

Au terme du minimum, c'est-à-dire vers $15 H^2O^2$, toute addition d'eau, comme toute soustraction d'eau, absorbe de la chaleur.

Enfin entre ces deux limites $7,5 H^2O^2$ et $15 H^2O^2$, toute addition d'eau inférieure à une certaine proportion dégage de la chaleur; mais si elle est supérieure à ladite proportion, elle absorbe au contraire de la chaleur. Par exemple, l'acide $AzO^6H + 7,5 H^2O^2$ dégage de la chaleur par toute addition d'eau inférieure à $192,5 H^2O^2$. L'acide $AzO^6H + 10 H^2O^2$ dégage de la chaleur par toute addition d'eau inférieure à $30 H^2O^2$; pour cette proportion, l'effet est nul; au delà, il y a absorption de chaleur.

J'ai vérifié toutes ces conséquences de la théorie par des expériences directes.

10. *Influence de la température.* — D'après le tableau des chaleurs spécifiques des dissolutions azotiques (page 495), le calcul montre que lorsqu'on passe du mélange qui renferme $AzO^6H + n H^2O^2$, au mélange qui renferme $200 H^2O^2$, la chaleur dégagée s'accroît des valeurs $U - V$ que voici, pour un intervalle $T - t$ et pour la composition suivante de l'acide initiale :

$$n = 20 : U - V = + 0,0112 (T - t)$$
$$n = 40 : U - V = + 0,0051 (T - t)$$
$$n = 80 : U - V = + 0,001 \ (T - t)$$

Soit l'acide pur, pris comme point de départ : à la température de 100 degrés, son mélange avec $200 H^2O^2$ dégagera $+ 10^{Cal},8$ (au lieu de $+ 7,15$ à $9^°,7$); tandis qu'à $- 20$ degrés, la chaleur dégagée tombera à $+ 6^{Cal},0$.

On voit par ces chiffres, qui varient de 6,0 à 10,8, combien est trompeuse la recherche thermique d'une constante numérique commune aux réactions des liquides. Les acides sulfurique, chlorhydrique, tartrique, la potasse, la soude, l'ammoniaque, offrent des variations non moindres, mais dont la loi est différente et parfois même le signe opposé (ammoniaque), pour une différence de température identique (voy. pages 394 à 400; et page 497).

Cependant quelques degrés de plus ou de moins ne changent guère la chaleur dégagée, quand celle-ci est considérable : remarque qui s'applique à la formation des hydrates définis les plus simples. Par exemple, l'union de AzO^6H avec $2H^2O^2$ dégage $+ 4,82$ à 10 degrés; $+ 4,78$ à zéro; $+ 4,98$ à 50 degrés.

11. *Point critique.* — Mais il en est autrement si la chaleur dégagée ou absorbée est faible, comme il arrive pour les solutions étendues auxquelles on ajoute une grande quantité d'eau. En effet, le terme qui s'ajoute alors, terme proportionnel à la variation de température, ne tarde pas à surpasser la valeur initiale. Par suite, le point où la courbe coupe l'axe des x, à diverses températures, c'est-à-dire la composition de l'acide qui ne dégage pas de chaleur lorsqu'on le dilue jusqu'à $200 H^2O^2$, se déplace rapidement, à mesure que la température devient supérieure à $9°,7$.

Vers 18 degrés, ce point critique est voisin de $10 H^2O^2$. À $+ 26$ degrés et au-dessus, la courbe cesse même de rencontrer l'axe des x et elle lui devient supérieure et asymptotique; c'est-à-dire que toute dilution de l'acide azotique opérée au-dessus de cette température donne lieu à un dégagement de chaleur. J'ai vérifié par expérience cette conclusion importante de la théorie. Le minimum se déplace pareillement avec la température, et il cesse d'exister, dès que la courbe ne rencontre plus l'axe des x.

12. D'après les indications que je viens d'exposer, la courbe d'hydratation de l'acide azotique se déforme, à mesure que la température s'élève. Ses ordonnées croissent toutes, mais d'autant plus vite qu'elles répondent à une moins grande valeur de x, c'est-à-dire que l'acide est plus concentré. En même temps la courbe perd son minimum et remonte au-dessus de l'axe des x : elle devient ainsi plus régulière et plus tendue. Si j'insiste sur ces relations délicates, déduites de l'étude des chaleurs spécifiques et vérifiées par l'expérience, c'est que les transformations singulières de la courbe d'hydratation de l'acide azotique, et le

fait d'un minimum négatif au-dessous d'une certaine température, lequel disparaît à une température plus haute, se retrouvent dans les courbes de l'hydrate de soude, de l'hydrate de
potasse, de l'acide chlorhydrique, etc.

13. Voici des questions d'un autre ordre, pour lesquelles
nous choisirons l'acide sulfurique comme type, et que nous
traiterons d'après les travaux de M. Pfaundler (voy. page 328).
Nous avons dit plus haut (page 398) que les quantités de chaleur dégagées, lorsqu'on ajoute $n\,HO$ à SO^3H, sont représentées
approximativement, vers 18 degrés, par la formule empirique
suivante :

$$Q_n = \frac{n}{n + 1,59}\ 8,96 \quad \text{(Pfaundler)}.$$

La quantité de chaleur dégagée, lorsqu'on ajoute une quantité
d'eau donnée, telle que $m\,HO$, à un mélange qui en renferme
déjà, tel que $SO^3H + n\,HO$, se calcule par la formule

$$Q_{m+n} - Q_m = \left(\frac{n+m}{n+m+1,59} - \frac{n}{n+1,59} \right) 8,96.$$

14. L'élévation de température produite par un mélange
d'eau et d'acide monohydraté se calcule aisément, en divisant
la quantité de chaleur développée Q_n par la chaleur spécifique C_n
du mélange final :

$$t = \frac{Q_n}{C_n} = \frac{8,96}{(1,59 + n)(16,25 + 7,6n)}, \text{ de } n = 0 \text{ à } n = 5.$$

ou bien :

$$t = \frac{8,96\,n}{(1,59\,n)(8,45 + 9,15\,n)}, \text{ pour } n > 5.$$

On trouve ainsi sensiblement :

$$\text{Pour } n = \ 1 : t = 127; \ n = 2 : t = 152;$$
$$\text{Pour } n = 10 : t = \ \ 76, \text{ etc.}$$

Le maximum répond à :

$$\frac{dt}{dn} = 0,$$

soit :

$$n = 1,84 \text{ et } t = 159.$$

Ces nombres ne sont pas tout à fait rigoureux, à cause de la variation de la chaleur spécifique des liqueurs avec la température. Observons encore que l'élévation de température développée par le mélange peut être limitée, dans le cas où elle surpasserait le point d'ébullition du mélange, sous la pression à laquelle on opère.

15. Les mêmes formules s'appliquent au calcul des effets produits par les mélanges réfrigérants, tels que ceux obtenus au moyen d'un mélange de neige et d'acide sulfurique. Le froid produit dans cette circonstance dépend de la liquéfaction de la neige; soit pour mHO ajoutée sous forme solide : $m \times 0{,}715$. Cette quantité étant retranchée de la chaleur que produirait l'addition de mHO liquide à un acide tel que $SO^3H + n$HO, on obtiendra le froid produit en divisant le résultat par la chaleur spécifique du mélange final, soit :

$$t = \frac{m \times 0{,}715 - Q_{m+n} + Q_m}{C_{m+n}};$$

t exprime l'abaissement de température compté au-dessous de $+ 18$ degrés.

Il y a encore ici divers problèmes de minimum que M. Pfaundler a traités avec beaucoup de soin (*Sitz. der K. Akad. der Wiss. Wien*, 1875). Nous renverrons aux mémoires de l'auteur pour cette discussion, nous bornant à faire observer que le froid produit est limité en pratique par la température de congélation des mélanges.

§ 5. — **Dissolution des solides.**

1. *Éléments.* — La dissolution de l'iode dans une solution d'acide iodhydrique donne lieu à un phénomène thermique négligeable (T., Raoult).

La dissolution du brome solide, dans l'eau maintenue liquide à une température inférieure au point de fusion du brome ($- 7°{,}3$), dégagerait environ : $+ 0{,}4$.

Aucun autre élément solide n'est soluble dans l'eau.

La dissolution du soufre octaédrique dans le sulfure de carbone, vers 18 degrés, absorbe, pour un gramme de soufre, — $0^{Cal},0128$; soit, pour $S = 16$ grammes : — $0^{Cal},204$ (B.), quantité supérieure d'un tiers à la chaleur de fusion.

2. Bases.

Tableau LXXX. — *Dissolution des bases* (B.).

	Cal.
$KHO^2 + 200\ H^2O^2$, à 11 degrés, dégage.........	+ 12,46
$KHO^2,H^2 + 200\ H^2O^2$.....................	+ 3,60
$KHO^2,2\ H^2O^2 + 200\ H^2O^2$............	— 0,03
$NaHO^2 + 150\ H^2O^2$ à 10°,5...........	+ 9,78
$NaHO^2,H^2O^2 + 150\ H^2O^2$...........	+ 6,5
$CaO + 1100\ H^2O^2$ à 16·............	+ 9,05
$CaO + 2$ à $3000\ H^2O^2$............	+ 9,5
$CaO,HO + 1100\ H^2O^2$............	+ 1,5
$BaO + 350\ H^2O^2$ à 15°............	+ 14,0
$BaO,HO + 350\ H^2O^2$............	+ 5,1
$BaHO^2,9\ HO + 350\ H^2O^2$............	— 7,1
$SrO + 600\ H^2O^2$ à 16°............	+ 13,4
$SrO,HO + 600\ H^2O^2$............	+ 4,8
$SrHO^2,9\ HO + 600\ H^2O^2$............	— 7,5

La chaleur de dilution des solutions de potasse et de soude a été donnée dans les tableaux XLI et XLII.

On remarquera le rapprochement des valeurs relatives à la baryte et à la strontiane, sous leurs divers états d'hydratation.

3. Acides.

Tableau LXXXI. — *Dissolution des acides solides dans* $200\ H^2O^2$.

Noms.	Formules.	Équivalents.	Quantité de chaleur dégagée.	Observateurs.
Acide sulfurique anhydre..	SO^3	40	+ 18,65 à 20°	B.
— monohydraté solide ...	SO^4,HO	49	+ 8,03 à 8°	B.
— bihydraté solide......	SO^4H,HO	58	+ 3,56 à 8°	B.
— sélénieux...........	SeO^2	55,5	— 0,46 à 18°	T.
— azot. anhydre solide..	AzO^5	54	+ 8,34 à 10°	B.
— iodique............	IO^5	167	— 0,81 à 12°	Dt. T. [B.]
— hydraté............	IO^5,HO	176	— 2,67 à 13°	Dt. T. [B.]
— demi-hydraté	$2IO^5,HO$	343	— 2,86 à 12°	B.

Noms.	Formules.	Équivalents.		Quantité de chaleur dégagée.	Observateurs.
Acide périodique hydraté..	$IO^7,5HO$	228	—	1,38 à 18°	T.
— chromique..........	CrO^3	50,1	+	1,10 id.	Gh.
— hypophosphoreux.....	$PhO,3HO$	66	—	0,20 id.	T.
— phosphoreux........	$PhO^3,3HO$	82	—	0,13 id.	T.
— phosphorique anhydre.	PhO^5	71	+	18,9 id.	T.
— id. hydraté.	$PhO^5,3HO$	98	+	2,69 id.	T.
— arsénieux............	AsO^3 amorphe	99	—	3,78 id.	T.
— arsénique..........	AsO^5	115	+	3,0 id.	T.
— id.	$AsO^5,2HO$	133	+	0,64 id.	T.
— id.	$AsO^5,3HO$	142	—	0,40 id.	T.
— borique..........	BO^3	35	+	3,6à13°,5Tr.et H.Dt.[B.]	
— id.	$Bo^3,3HO$	53	—	4,8	T. Dt [B.]
— formique cristallisé...	$C^2H^2O^4$	46	—	2,35 à 6°	B.
— acétique cristallisé....	$C^4H^4O^4$	60	—	2,13 à 6°,5	B.
— id. chloré......	$C^4H^3ClO^4$	94,5	—	2,3	Loug.
— · id. trichloré....	$C^4HCl^3O^4$	163,5	+	2,9	Loug.
— amido-acét. (glycocolle)	$C^4H^5AzO^4$	75	—	3,6	Loug.
— triméthylacétique.....	$C^{10}H^{10}O^4$	102	+	0,3 à 11°	B.
— benzoïque$(+3000H^2O^2)$	$C^{14}H^6O^4$	122	—	6,5 vers 18°	B. (1)
— nitrobenzoïque.......	$C^{14}H^5(AzO^4)O^4$	167	—	5,1	Loug.
— amidobenzoïque......	$C^{14}H^7AzO^5$	137	—	4,5	Loug.
— oxalique..........	$C^4H^2O^8$	90	—	2,29 à 21°	B.
— id.	$C^4H^2O^8,4HO$	126	—	8,49 id.	B.
— succinique..........	$C^8H^6O^8$	118	—	6,68 à 18°	Th.
— tartr. actif (dr. ou g.)	$C^8H^6O^{12}$	150	—	3,27 à 10°	B. et Jung.
— paratartrique........	$C^8H^6O^{12}$	150	—	5,42 id.	B. et Jung.
— id.	$C^8H^6O^{12},H^2O^2$	168	—	6,90 id.	B. et Jung.
— tartrique inactif......	$C^8H^6O^{12}$	150	—	5,24 id.	B.
— citrique...........	$C^{12}H^8O^{14}H^2O^2$	210	—	6,4 à 18°	T.
— salicylique..........	$C^{14}H^6O^6$	138	—	8,5 env.	B.
Phénol	$C^{12}H^6O^2$	94	—	2,1 à 19°	B.
— nitré (ortho)........	$C^{12}H^5(AzO^4)O^2$	139	—	6,3	Loug.
— chloronitré (para)....$C^{12}H^4Cl(AzO^4)O^2$		174,5	—	4,8	Loug.
— chloré (méta.)........	$C^{12}H^5ClO^2$	128,5	—	0,65	Loug.
— dichloré............	$C^{12}H^4Cl^2O^2$	163	—	4,3	Loug.
Ac. picrique$(+1600H^2O^2)$.	$C^{12}H^3(AzO^4)^3O^2$	229	—	7,10 vers 15°	B.

4. Sels haloïdes et analogues.

(1) Dans l'alcool, le sulfure de carbone, le chloroforme, l'acide acétique, la benzine, la chaleur de dissolution de l'acide benzoïque est à peu près la moitié de la précédente, soit : — 3,0 à — 3,3 ; dans l'éther : — 1,6.

Tableau LXXXII. — *Chaleurs de dissolution des sels haloïdes et composés analogues.*

Chaleurs de dissolution, vers 15 degrés (1), dans 200 H²O² environ.

Noms.	Formules.	Équivalents.	Chaleur de dissolution.
Chlorure de potassium	KCl	74,6	— 4,2 (Chodnew; Gh., B.); — 4,4 (F., T.).
— de sodium (2)	NaCl	58,5	— 1,1 (B., T., F., P.).
— de lithium	LiCl	42,5	+ 8,4 (T.).
— de thallium	ThCl	239,5	— 10,1 (T.).
Bromure de potassium	KBr	119,1	— 5,4 (B.); — 5,2 (T.).
— de sodium	NaBr	103	— 0,3 (B.); — 0,2 (T.).
— de sodium hydraté	NaBr,4 HO	139	— 4,45 (B.); — 4,7 (T.).
Iodure de potassium (3)	KI	167,1	— 5,3 (B.); — 5,2 (F.); — 5,1 (T.).
— de sodium	NaI	186	+ 1,3 (B.); + 1,2 (T.)
— de sodium	NaI,4 HO	222	— 4,0 (B., T.).
Fluorure de potassium	KF	58,1	— 3,1 (F.)
— de sodium	NaF	42	— 0,2 (F.).
Cyanure de potassium	KCy	65,5	— 2,9 (B.).
Sulfure de potassium	KS	55,5	+ 5,3 (F. et S.).
Chlorhydrate d'ammoniaque	AzH⁴Cl	53,5	— 4,0 (C.); — 3,9 (T.).
Bromhydrate d'ammoniaque	AzH⁴Br	98	— 4,4 (T.).
Iodhydrate d'ammoniaque	AzH⁴I	145	— 3,5 (T.).
Fluorhydrate	AzH⁴F	37	— 1,5 (F.).
Cyanhydrate	AzH⁴Cy	44	— 4,4 (B.).
Sulfhydrate de sulfure d'ammonium	AzH⁴S,HS	51	— 3,25 (B.).
Chlorure de baryum	BaCl	104	+ 0,8 (B.); + 1,1 (F.); + 1,0 (T.).
— de baryum hydraté	BaCl,2 HO	122	— 2,6 (B.); — 2,5 (T.).
Bromure de baryum	BaBr	148,5	+ 2,5 (T.).
— de baryum hydraté	BaBr,2 HO	164,5	— 2,1 (T.).

(1) La température de la dissolution n'est pas tout à fait la même pour les diverses déterminations de ce tableau et des suivants, non plus que la proportion d'eau.

(2) NaCl + 21 HO; — 0,5 (P.).

(3) KI + 16 HO absorbe — 4,0 (F.).

Noms.	Formules.	Équivalents.	Chaleur de dissolution.
Iodure de baryum	$BaI,7HO$	258	$- 3,4$ (T.).
Chlorure de strontium	$SrCl$	79,3	$+ 5,5$ (B., F.); $+ 5,6$ (T.).
— de strontium hydraté	$SrCl,6HO$	133,3	$- 3,6$ (B., F.); $- 3,7$ (T.).
Bromure de strontium	$SrBr$	123,8	$+ 8,0$ (T.).
— de strontium hydraté	$SrBr,6HO$	177,8	$- 3,4$ (T.).
Chlorure de calcium	$CaCl$	58,5	$+ 9,4$ (Hs); $+ 9,1$ (F.); $+ 8,7$ (T.).
— de calcium hydraté	$CaCl,6HO$	112,5	$- 1,3$ (Hs); $- 1,6$ (F.); $- 2,2$ (T.).
Bromure de calcium	$CaBr$	100	$+ 12,2$ (T.).
— de calcium hydraté	$CaBr,6HO$	154	$- 0,5$ (T.).
Iodure de calcium	CaI	147	$+ 13,8$ (T.).
Chlorure de magnésium	$MgCl$	47,5	$+ 17,9$ (T.),
— de magnésium hydraté	$MgCl,6HO$	101,5	$+ 1,5$ (T.).
Chlorure d'aluminium	Al^2Cl^3	132,9	$+ 76,3$ (B.); $+ 76,85$ (T.) ou $25,5 \times 3$.
Bromure d'aluminium	Al^2Br^3	267,4	$+ 85,3$ (B.) ou $28,4 \times 3$.
Iodure d'aluminium	Al^2I^3	408,4	$+ 89,0$ (B.) ou $29,7 \times 3$.
Chlorure de manganèse	$MnCl$	63	$+ 8,0$ (T.).
— de manganèse hydraté	$MnCl,4HO$	99	$+ 0,8$ (T.).
Chlorure de fer (proto)	$FeCl$	63,5	$+ 9,0$ (T.).
— de fer (proto) hydraté	$FeCl,4HO$	99,5	$+ 1,4$ (T.).
— de fer (per)	Fe^2Cl^3	161,5	$+ 31,7$ ou $+ 10,6 \times 3$ (T.).
Chlorure de cobalt	$CoCl$	65	$+ 9,2$ (T.).
— de cobalt hydraté	$CoCl,6HO$	119	$- 1,4$ (T.).
Chlorure de nickel	$NiCl$	65	$+ 9,6$ (T.).
— de nickel hydraté	$NiCl,6HO$	119	$- 0,6$ (T.).

Noms.	Formules.	Équivalents.	Chaleur de dissolution.
Chlorure de zinc	ZnCl	68	+ 7,8 (T); + 7,5 (Gr.); + 8,0 (F.).
Bromure de zinc	ZnBr	112,5	+ 7,5 (F., T.).
Iodure de zinc	ZnI	159,5	+ 5,8 (F.); + 5,65 (T.).
Chlorure de cadmium	CdCl	91,5	+ 1,5 (T.).
— de cadmium hydraté	CdCl,2 HO	109,5	+ 0,4 (T.).
Bromure de cadmium	CdBr	136	+ 0,2 (T.).
— de cadmium hydraté	CdBr4,HO	172	— 3,7 (T.).
Iodure de cadmium	CdI	183	— 0,5 (T.).
Chlorure de cuivre (bi)	CuCl	67,2	+ 5,5 (T.).
— de cuivre (bi) hydraté	CuCl,2 HO	85,2	+ 2,2 (F., T.).
Bromure de cuivre	CuBr	111,7	+ 4,1 (T.).
Chlorure de plomb	PbCl	139	— 3,0 (B.); — 3,4 (T.).
Bromure de plomb	PbBr	183,5	— 5,0 (T.).
Chlorure de mercure (bi)	HgCl	135,5	— 1,5 (B.); — 1,6 (T.).
— double de mercure	HgCl,KCl,HO	219,1	— 8,2 (T.).
Bromure de mercure et de potassium	HgBr,KBr	299,1	— 4,9 (T.).
Iodure de mercure et de potassium	HgI,KI	493,1	— 5,0 (T.).
Cyanure de mercure et de potassium	HgCy	126	— 1,5 (B.).
— de mercure et de potassium	HgCy,KCy	191,5	— 7,0 (B.).
Chlorure d'étain (proto)	SnCl	94,5	+ 0,4 (B.); + 0,2 (T.).
— d'étain (proto)	SnCl, 2 HO	102,5	— 2,6 (B., T.).
— d'étain (bi) liquide	SnCl²	130	+ 15,0 (T.); + 14,3 (B.).
— d'étain et de potassium	SnCl²,KCl	204,6	— 1,7 (T.).
Bromure d'étain (proto)	SnBr.	139	— 0,8 (B.).

Noms.	Formules.	Équivalents.	Chaleur de dissolution.
Bromure d'étain (bi)	$SnBr^2$	219	$+$ 8,3 (B.).
Chlorure de titane (liquide)	$TiCl^2$	96	$+$ 28,9 (T.).
Cyanure d'argent et de potassium	$AgCy,KCy$	199,5	— 8,55 (B.).
— de fer et de potassium	Cy^3K^2Fe	184,2	— 6,0 (B.).
— de fer et de potassium hydraté	$Cy^3K^2Fe,3HO$	211,2	— 8,5 (B.).
Chlorure platineux et chlor. de potassium.	$PtCl,KCl$	208,7	— 6,1 (T.).
— platineux et chlor. d'ammonium.	$PtCl,AmCl$	187,6	— 4,2 (T.).
— platinique et chlor. de potassium.	$PtCl^2,KCl$	244,2	— 6,9 (T.).
— platinique et chlor. de sodium	$PtCl^2,NaCl$	228,1	$+$ 4,3 (T.).
— platinique et chlor. de sodium	$PtCl^2,NaCl,6HO$	282,1	— 5,3 (T.).
Bromure platinique et brom. de potassium.	$PtBr^2,KBr$	377,7	— 6,1 (T.).
— platinique et bromure de sodium.	$PtBr^2,NaBr$	361,6	$+$ 5,0 (T.).
— platinique double hydraté	$PtBr^2,NaBr,6HO$	415,6	— 4,3 (T.).
Chlorure palladeux double	$PdCl,KCl$	163,1	— 6,8 (T.).
— palladique double	$PdCl^2,KCl$	198,6	— 7,5 (T.).
— d'or (per)	Au^2Cl^3	310,5	$+$ 4,45 (T.).
— d'or (per) hydraté	$Au^2Cl^3,4HO$	346,5	— 1,7 (T.).
— d'or (chlorhydrate de per)	$Au^2Cl^3,HCl,3H^2O^2$	401	— 5,8 (T.).
Bromure d'or (per)	Au^2Br^3	436	— 3,8 (T.).
— d'or (brombydrate de per)	$Au^2Br^3,HBr,5H^2O^2$	697	— 11,4 (T.).
Chlorhydrate d'oxyammoniaque	AzH^3O^2,HCl	69,5	— 3,3 (B.).
Sel de platosammine	$PtCl,2AzH^3,HO$	177,1	— 4,4 (T.).
Iodure de triéthylsulfine	$C^{12}H^{15}SI$	256	— 5.75 (T.).

5. Les nombres relatifs aux sels haloïdes donnent lieu à diverses remarques que chacun fera aisément, telles que :

1° L'opposition entre les sels qui se dissolvent avec absorption de chaleur (chlorure de potassium, sodium, thallium ammonium) et ceux qui se dissolvent avec dégagement chaleur (lithium, magnésium, fer, zinc, etc.).

2° La comparaison des composés qui dérivent des métaux analogues (potassium et sodium; baryum, strontium et calcium; cobalt et nickel), etc.

3° On en déduit aussi la chaleur de formation des hydrates cristallisés (voy. page 46). Soit, par exemple, la combinaison des chlorures suivants avec l'eau :

$NaBr + 4\,HO$ dégage $4,45 -- 0,3 = + 4,15$, l'eau étant liquide, ou :
$+ 4,15 - 2,85 = + 1.3$, l'eau étant solide.
$NaI + 4\,HO \ldots \quad + 4,0 + 1,4 = + 5,3$, eau liquide; $+ 2,5$, eau solide.
$CaCl + 6\,HO \ldots \quad + 1,3 + 9,4 = + 10,7$, eau liquide; $+ 6,4$, eau solide.
$SrCl + 6\,HO \ldots \quad + 3,6 + 5,5 = + 9,1$, eau liquide; $+ 4,8$, eau solide, etc.

4° De même on peut en tirer la chaleur de la formation des sels doubles; pourvu que l'on joigne à la connaissance des chaleurs de dissolution des composants et des composés celle de la chaleur dégagée par le mélange des dissolutions des composants (voy. page 48).

5° Rappelons encore que les chaleurs de dissolution changent de valeur et même de signe avec la température, suivant les relations entre les chaleurs spécifiques des corps composants et de la dissolution, ainsi qu'il a été exposé ailleurs (pages 123 et 128).

6° Il convient enfin de signaler les variations qui surviennent dans la chaleur de dissolution, suivant la proportion d'eau; ou ce qui revient au même, suivant la chaleur de dilution des solutions concentrées. Ces variations ont été l'objet de nombreuses recherches de la part de MM. Rudberg, Hess, Person, Favre, Winckelmann, Marignac, et autres savants; mais l'exposé de leurs recherches est trop spécial au point de vue chimique, et il nous entraînerait trop loin.

Au point de vue physique, observons seulement que les chaleurs de dilution sont tantôt positives, tantôt négatives : effet que l'on avait expliqué d'abord par l'opposition de deux effets comparables, l'un à la liquéfaction croissante d'un corps solide, l'autre à la combinaison. Mais, en réalité, la grandeur et le signe de la chaleur de dilution dépendent de la relation qui existe entre les chaleurs spécifiques des solutions salines, celle de l'eau et celle du sel solide. Cette quantité varie en général pour un même corps avec la température; ce point a été développé ailleurs (pages 127 et 128). Tout dépend donc de la relation des chaleurs spécifiques, laquelle paraît due principalement à des phénomènes de combinaison véritable entre l'eau et les sels dissous, analogues à ceux qui ont été développés plus haut pour la dilution des acides et des bases.

6. *Oxysels.* — *Azotates et analogues.*

Tableau LXXXIII. — *Chaleurs de dissolution des oxysels minéraux: azotates, chlorates et analogues.*

Vers 15°, avec 200 H²O² environ.

I. — AZOTATES.

Formules.	Équivalents.	Chaleur de dissolution.
AzO^6K	101,1	—8,3 (B.); —8,5 (Gr.)—8,35(F.)—8,5(T.).
AzO^6Na	85	—4,7 (B.) — 5,0 (Gr.T.); —4,8 (F.).
AzO^6Li	70	+0,3 (T.).
AzO^6Th	266	—10,0 (E.)
AzO^6Am	80	—6,2 (B.); —6,3 (F. T.).
AzO^6Ca	82	+2,0 (T. F.).
+ 4HO	118	—3,8 (B.); — 4,0 (F.)—3,6 (T.).
AzO^6Sr	105,8	—2,5 (B.); —2,4 (F.); —2,3 (T.).
+ 5HO	150,8	—6,5 (B.); —6,4 (F.); —6,1 (M).
AzO^6Ba	130,5	—4,6 (B. F.); — 4,7 (T.).
AzO^6Fe (peroxyde) + 6HO.	134,7	—3,0 (B.).
AzO^6Pb	165	—4,1 (B.); — 3,8 (T.).
AzO^6Ag	170	—5,7 (B.): —5,4 (T.).
AzO^6Mg, 6HO	110	—2,1 (T.).
AzO^6Zn, 6HO	148,8	—2,9 (T.).
AzO^6Cd, HO	127	+2,2 (T.).
4 HO	154	—2,5 (T.).
AzO^6Co, 6HO	145,5	—2,5 (T.).
AzO^6Ni, 6HO	145,5	—3,8 (T.).
AzO^6Cu, 6 HO	147,6	—5,4 (T.).

II. — AZOTITES.

AzO^4Ba	114,5	—2,8 (B.).
AzO^4Ba, HO	123,5	—4,3 (B.).
AzO^4Am	64	—4,75 (B.).
AzO^4Ag	154	—8,8 (B.).

III. — CHLORATES ET ANALOGUES.

Formules.	Équivalents.	Chaleur de dissolution.
ClO^6K	122,5	—10,0 (B. T.).
ClO^6Na	106,5	—5,6 (B.).
ClO^6Ba	152	—3,4 (B.).
ClO^6Ba,HO	161	—5,7 (B.); —5,6 (T.).
BrO^6K	167	—9,8 (B. T.).
IO^6K	214	—6,0 (B.).
IO^6K,IO^6H	390	—11,8 (B.).

IV. — PERCHLORATES.

Formules.	Équivalents.	Chaleur de dissolution.
ClO^8K	138,5	—12,1 (B.).
ClO^8Na	122,5	—3,5 (B.).
ClO^8Ba	168	—0,9 (B.).
$ClO^8Ba,3HO$	195	—4,7 (B.).

V. — PERMANGANATES.

Formules.	Équivalents.	Chaleur de dissolution.
Mn^2O^8K	158	—10,2 (B.); —10,4 (T.).

7. *Oxysels : sulfates et analogues.*

Tableau LXXXIV. — *Chaleurs de dissolution des oxysels minéraux :
sulfates et analogues.*

Vers 15°, avec 200 H^2O^2 environ.

I. — SULFATES.

Formules.	Équivalents.	Chaleur de dissolution.
SO^4K	87,1	—3,1 (B. T., Chodn.); —3,3 (Gr. F.).
SO^4K,SO^4H	136,1	—3,3 (B.).
SO^4Na	71	+0,4 (B. Gr. F.); +0,2 (T.).
SO^4Na,SO^4H	120	—0,8 (B.).
SO^4Na,HO	80	—1,0 (T.).
$SO^4Na,10HO$	161	—9,1 (B.); —9,9 (F.); —9,9 (Gr.) —9,3 (T.).
SO^4Li	55	+3,0 (T.).
SO^4Am	66	—1,35 (B.); —1,2 (T.) —1,0 (F.); —1,1 Gr.).
SO^4Am,HO	75	—2,5 (Gr.).
SO^4Ca	68	+1,7 (H.).
2HO	86	—0,3 (T.).
SO^4Th	252	—4,1 (T.).

SO⁴Mg	60	+10,2 (F.); +9,4 (Gr.); +10,1 (T.)
SO⁴Mg,HO	69	+6,6 (Gr. T.); +5,5 (F.
SO⁴Mg, 7 HO	123	—2,0 (Gr. T.; 1,9 (F.)
SO⁴Mg,SO⁴K	247,1	+3,5 (Gr.)
3 HO	174,1	—2,9 (Gr.).
6 HO	201,1	—5,0 (Gr.).
SO⁴Mg,SO⁴Am,6 HO	180	—4,85 (Gr.).
SO⁴La,3 HO	120,1	+0,7 (T.).
SO⁴Ce ½ HO	107,5	+2,6 (T.).
SO⁴Di,3 HO	122,5	+1,05 (T.).
SO⁴Y ½ HO	102	+1,8 (T.).
SO⁴Be,4 HO	93,2	+0,55 (T.).
SO⁴Mn	75,7	+7,0 (Gr.); +7,1 (F.); +6,9 (T.).
HO	84,7	+3,9 (Gr.); +4,2 (F.).
4 HO	111,7	+0,9 (T.).
5 Ho	120,7	—0,3 (Gr.); —0,2 (F.); +0,01 (T.).
SO⁴Mn,SO⁴Na	146,7	+6,5 (Gr.).
2 HO	164,7	+1,6 (Gr.).
SO⁴Mn,SO⁴Am,6 HO	195,7	—4,85 (Gr.).
SO⁴Zn	80,5	+9,1 (Gr.); +9,5 (F.); +9,2 (T.).
HO	89,5	+5,3 (Gr.); +4,8 (F.).
7 HO	143,5	—2,0 (Hs.); —2,2 (Gr.); —2,1 (F. T.).
SO⁴Zn,SO⁴K	167,6	+3,7 (Gr.).
6 HO	221,6	—5,6 (Gr.).
SO⁴Zn,SO⁴Am,6 HO	200,5	—5,9 (Gr.).
SO⁴Zn,SO⁴Na	151,5	+8,1 (Gr.).
4 HO	187,5	—0,1 (Gr.).
SO⁴Fe,7 HO	139	—2,3 (Gr. T.); —2,2 (F.).
SO⁴Fe,SOK⁴,6 HO	217,1	—5,35 (Gr.).
SO⁴Fe,SO⁴Am,6 HO	196	—4,9 (Gr.).
SO⁴Ni,7 HO	140,5	—2,1 (T.); —1,9 (F.).
SO⁴Co,7 HO	140,5	—1,7 (F.); —1,8 (T.).
SO⁴Cd	104	+5,3 (F.); +5,4 (T.).
HO	113	+3,0 (F.); +3,1 (F.).
½ HO	128	+1,5 (F.); +1,3 (T.).
SO⁴Cu	79,7	+8,1 (Gr.); +8,2 (F.; +7,9 (T.).
HO	88,7	+4,9 (Gr.); —4,7 (F.); +4,6 (T.).
5 HO	124,7	—1,45 (Gr.); —1,2 (F.); —1,4 (T.).
SO⁴Cu,SO⁴K	166,8	+4,3 (Gr.); —4,2 (F.).
6 HO	220,8	—6,6 (Gr.); —6,8 (F.).
SO⁴Cu,SO⁴Am,6 HO	199,7	—5,7 (Gr.); —5,6 (F.).
SO⁴Ag	156	—2,2 (B. T.).
3SO³,Al²O³,18 HO	297,4	+4,1 (F.) ou +1,4 × 3.
6 HO	189	+28,0 (F.) ou +9,3 × 3.
3 SO³,Cr²O³,15 HO	335	—3,2 (F.) ou +1,1 × 3.
3 SO³,Al²O³+SO⁴K+24 HO	474,5	—10,1 (T.); —9,9 (F.)
10 HO	348,5	+12,4 (F.).

$3SO^3,Al^2O^3+SO^4Am+24HO$	453,4	—9,6 (F.).
$3SO^3,Cr^2O^3+SO^4K+24\,HO$	498,5	—11,65 (T.).
$SO^4Am+24HO$........	477,4	—9,9 (F.).
$3SO^3,Fe^2O^3+SO^4K+24\,HO$	502,5	—16,0 (F.).
$+SO^4Am+24HO$.....	481,4	—16,6 (F.).

II. — Hyposulfates.

S^2O^6K.................	119,1	—6,5 (T.).
$S^2O^6Na,\frac{1}{10}HO$...........	104,1	—2,8 (T.).
$S^2O^6Na,2\,HO$	121	—5,85 (T.).
$S^2O^6Ba,2\,HO$	166,5	—3,5 (T.).
$S^2O^6Sr,4\,HO$...........	159,8	—4,6 (T.).
$S^2O^6Ca,4\,HO$	133	—4,0 (T.).
$S^2O^6Mg,6\,HO$...........	146	—1,5 (T.).
$S^2O^6Mn,6\,HO$...........	161,5	—1,0 (T.).
$S^2O^6Zn,6\,HO$...........	166,5	—1,3 (T.).
$S^2O^6Ni,6\,HO$...........	163,5	—1,2 (T.).
$S^2O^6Cu,5\,HO$...........	156,7	—2,4 (T.).
$S^2O^6Pb,4\,HO$...........	219,5	—4,3 (T.).
$S^2O^6Ag,2\,HO$..........	206	—5,4 (T.).

III. — Trithionates.

S^3O^6K.................	135,1	—6,6 (T.).

IV. — Tétrathionates.

S^4O^6K.................	151,1	—6,2 (T.).

V. — Hyposulfites.

S^2O^3K.................	95,1	—2,3 (B.).
HO.................	104,1	—3,1 (B.).
$S^2O^3Na,5\,HO$...........	124	—5,8 (B.); — 5,7 (T.).

VI. — Chromates.

CrO^4K.................	97,1	—2,6 (Gr.).
$2\,CrO^3,KO$..............	147,1	—8,5 (Gr., T.).
$3\,CrO^3,KO$	197,1	—7,1 (Gr.).
$2\,CrO^3,KCl$.............	174,6	—4,6 (Morges).
CrO^4Na................	81	+1,1 (B.).
$CrO^4Na,4\,HO$...........	117	—3,8 (B.).
$CrO^4Na,10\,HO$...........	171	—7,9 (solide) (B.).
$CrO^4Na,10\,HO$...........	171	—1,75 (fondu) (B.).

8. *Oxysels minéraux divers.*

Tableau LXXXV. — *Chaleurs de dissolution des oxysels minéraux :*
phosphates, borates, carbonates, etc.

Vers 15°, avec 200 H^2O^2 environ.

I. — PHOSPHATES.

Formules.	Équivalents.	Chaleur de dissolution.
$PhO^5,KO,2HO$	136,1	— 4,85 (Gr.).
$PhO^5,2NaO,HO + 24HO$	358	— 22,9 (P., T.); — 22,1 (Pf.).
$PhO^5,2NaO,HO + 14HO$	268	— 11,0 (Pf.).
$PhO^5,2NaO,HO + 4HO$	178	— 0,4 (T.).
$PhO^5,2NaO,HO$	142	+ 5,1 (Pf.); + 5,6 (T.).
$PhO^5,NaO,AzH^4O,HO + 8HO$	209	— 10,8 (T.).
$PhO^5,3NaO$	164	+ 17,4 (Joly).

II. — PYROPHOSPHATES.

Formules	Équivalents	Chaleur
$PhO^5,2NaO + 10HO$	223	— 5,8 (T.).
$PhO^3,2NaO$	133	+ 5,9 (T.).

III. — HYPOPHOSPHITES.

Formules	Équivalents	Chaleur
PhH^2BaO^4,HO	142,5	+ 0,1 (T.).

IV. — ARSÉNIATES.

Formules	Équivalents	Chaleur
$AsO^5,KO,2HO$	180,1	— 4,9 (Gr.).

V. — BORATES.

Formules	Équivalents	Chaleur
$B^2O^6,NaO + 10HO$	191	— 12,9 (T.); — 11,1 (F.).
B^2O^6NaO	101	+ 5,1 (F.).

VI. — CARBONATES.

Formules	Équivalents	Chaleur
CO^2,KO	69,1	+ 3,5 (Gr.); + 3,3 (B.); + 3,2 (T.).
$CO^2,KO,\frac{1}{2}HO$	73,6	+ 2,1 (T).
$CO^2,KO,1\frac{1}{2}HO$	82,6	— 0,1 (B.); — 0,2 (T.)
$2CO^2,KO,HO$	101,1	— 5,3 (B.).
CO^2,NaO	53	+ 2,8 (B., T.).
CO^2,NaO,HO	62	+ 1,1 (T.).
$CO^2,NaO,10HO$	143	— 8,1 (T.).
$2CO^2,NaO,HO$	84	— 4,3 (B.).
$2CO^2,AmO,HO$	79	— 6,3 (B.).

VII. — CYANATES.

Formules	Équivalents	Chaleur
C^2AzO^2K	81	— 5,2 (B.).

9. *Sels organiques.*

Tableau LXXXVI. — *Chaleurs de dissolution des sels organiques.*

Vers 15°, avec 200 H^2O^2 environ.

I. — FORMIATES.

Formules.	Équivalents.	Chaleur de dissolution.
C^2HKO^4..............	84,1	— 0,9 (B.).
C^2HNaO^4.............	68	— 0,5 (B.).
C^2HAmO^4............	63	— 2,9 (B.).
C^2HCaO^4............	65	+ 0,3 (B.).
C^2HSrO^4............	88,8	+ 0,3 (B.).
$C^2HSrO^4,2HO$.........	104,8	— 2,7 (B.).
C^2HBaO^4.............	113,5	— 1,2 (B.).
C^2HMnO^4............	72,5	+ 2,2 (B.).
$C^2HMnO^4,2HO$........	88,5	— 1,4 (B.).
C^2HZnO^4.............	77,5	+ 2,0 (B.).
$C^2HZnO^4,2HO$........	93,5	— 1,2 (B.).
C^2HCuO^4............	76,7	+ 0,3 (B.).
$C^2HCuO^4,4HO$........	112,7	— 3,9 (B.).
C^2HPbO^4............	148,5	— 3,45 (B.).

II. — ACÉTATES.

Formules.	Équivalents.	Chaleur de dissolution.
$C^4H^3KO^4$.............	98,1	+ 3,2 (B.); + 3,5 (Gr.).
$C^4H^3NaO^4$............	82	+ 4,2 (B.).
$C^4H^3NaO^4,6HO$.......	136	— 4,6 (B.); — 4,8 (T.).
$C^4H^3NaO^4,C^4H^4O^4$.......	142	+ 1,9 (B.).
$C^4H^3NaO^4,2\,C^4H^4O^4$......	202	— 4,7 (B.).
$C^4H^3AmO^4$............	77	+ 0,25 (B.).
$C^4H^3CaO^4$.............	79	+ 3,5 (B.).
$C^4H^3CaO^4,HO$.........	88	+ 2,7 (B.).
$C^4H^3SrO^4$............	102,8	+ 2,8 (B.).
$C^4H^3SrO^4,\frac{1}{2}HO$.........	107,3	+ 2,6 (B.).
$C^4H^3BaO^4$............	127,5	+ 2,6 (B.).
$C^4H^3BaO^4,3HO$........	154,5	— 0,4 (B.); — 0,6 (T.).
$C^4H^3ErO^4,\frac{1}{2}HO$.........	139,7	+ 0,2 (Th.).
$C^4H^3MnO^4$............	86,5	+ 6,1 (B.).
$C^4H^3MnO^4,4HO$.......	122,5	+ 0,8 (B.).
$C^4H^3ZnO^4$............	91,5	+ 4,9 (B.).
$C^4H^3ZnO^4,HO$.........	100,5	+ 3,5 (B.).
$C^4H^3ZnO^4,2HO$........	109,5	+ 2,1 (B.).
$C^4H^3CuO^4$............	90,7	+ 1,2 (B.).
$C^4H^3CuO^4,HO$.........	99,7	+ 0,4 (B.); + 0,1 (Th.).
$C^4H^3PbO^4$............	162,5	+ 0,7 (B.).
$C^4H^3PbO^4,3HO$........	189,5	— 2,8 (B.).
$C^4H^3AgO^4$............	167	— 4,3 (B.).

Acétates trichlorés.

$C^4Cl^3NaO^4$............   185,5   + 1,7 (Loug.).

Amidoacétates.

$C^4H^4NaAzO^4$...........   87   — 0,0 (Loug.).

III. — PROPIONATES.

$C^6H^5BaO^4$............   141,5   + 3,4 (B.).

IV. — BUTYRATES.

$C^8H^7NaO^4$............   110   + 4,2 (B.).
$C^8H^7NaO^4,HO$.........   119   + 3,7 (B.).
$C^8H^7NaO^4,6HO$........   164   + 3,4 (B.).

V. — VALÉRATES.

$C^{10}H^9NaO^4$............   124   + 7,35 (B.)
$C^{10}H^9NaO^4,3HO$...   151   + 4,2 (B.).
$C^{10}H^9AmO^4$...........   119   + 3,7 (B.).
$C^{10}H^9AmO^4 + 2C^{10}H^{10}O^4$.   323   + 0,0 (B.).

VI. — TRIMÉTHYLACÉTATES.

$C^{10}H^9KO^4$............   140,1   + 7,35 (B.).

VII. — BENZOATES.

$C^{14}H^5KO^4$....   160,1   — 1,5 (B.).
$C^{14}H^5NaO^4$............   144   + 0,8 (B.).
$C^{14}H^5AmO^4$....   139   — 2,7 (B.).
$C^{14}H^5CaO^4$.   141   + 2,3 (B.).

Nitrobenzoates.

$C^{14}H^4(AzO^4)NaO^4$ (méta).   189   — 1,3 (Loug.).

Amidobenzoates.

$C^{14}H^6AzNaO^4$ (méta)....   159   + 1,4 (Loug.).
$C^{14}H^7AzO^4,HCl$........   173,5   — 7,0 (Loug.).

VIII. — OXALATES.

$C^4K^2O^8$	166,9	— 24,7 (B.); —4,5 (Gr.).
$C^4K^2O^8,2HO$	184,9	— 7,7 (B.); — 7,5 (T.).
C^4HKO^8	128,1	— 9,6 (Gr.).
$C^4HKO^8,C^4H^2O^8$	218,1	— 15,7 (Gr.).
$C^4Na^2O^8$	134	— 4,3 (B.).
C^4NaHO^8	112	— 5,6 (B.).
$C^4NaHO^8,2HO$	130	— 9,5 (B.).
$C^4Am^2O^8$	124	— 8,0 (B.).
$C^4Am^2O^8,2HO$	142	— 11,5 (B).

IX. — TARTRATES.

$C^8H^4K^2O^{12}$	226,9	— 3,6 (B.).
$C^8H^4K^2O^{12},HO$	235,2	— 5,6 (B.).
$C^8H^4Na^2O^{12}$	194	— 1,1 (B.).
$C^8H^4Na^2O^{12},4HO$	230	— 5,9 (B.).
$C^8H^4NaHO^{12}$	172	— 5,7 (B.).
$C^8H^4NaHO^{12},2H.$	190	— 8,5 (B.).
$C^8H^4NaKO^{12}$	210	— 1,9 (B. .
$C^8H^4NaKO^{12},8HO$	282,1	— 12,3 (B.).

X. — ÉTHYLSULFATES.

$C^4H^4(S^2O^8NaH)$	148	— 1,0 (B.).
$C^4H^4(S^2O^8NaH),H^2O^2$	166	— 3,1 (B.).
$C^4H^4(S^2O^8BaH)$	193,5	+ 0,35 (B.).
$C^4H^4(S^2O^8BaH),H^2O^2$	211,5	— 2,1 (B.); — 2,5 (T).

XI. — BENZINOSULFATES.

$C^{12}H^5NaS^2O^6$	180	— 0,8 (B.).
$C^{12}H^5NaS^2O^6,4HO$	216	— 3,4 (B.).
$C^{12}H^5BaS^2O^6$	225,5	+ 1,3 (B.).
$C^{12}H^5BaS^2O^6,3HO$	252,5	— 1,3 (B.).

XII. — PICRATES ET DÉRIVÉS DU PHÉNOL.

$C^{12}H^2(AzO^4)^3KO^2$	267,1	— 10,0 (B.).
$C^{12}H^2(AzO^4)^3NaO^2$	251	— 6,4 (B.).
$C^{12}H^2(AzO^4)^2AmO^2$	246	— 8,7 (B.).
$C^{12}H^4(AzO^4)NaO^2$ (ortho).	161	— 3,3 (Loug.).

XIII. — BASES ORGANIQUES ET LEURS SELS.

Aniline.

$C^{12}H^7Az$ (liq.).........	93	— 0,1 (Loug.).
$C^{12}H^7Az,HCl$	128,5	— 2,7　(id.)
$C^{12}H^7Az,AzO^6H$	156	— 6,7　(id.)

Toluidines.

$C^{14}H^9Az$ (para).........	107	— 3,7　(id.)
$C^{14}H^9Az,HCl$	143,5	— 3,5　(id.)

Anilines substituées.

$C^{12}H^6ClAz$ (ortho)......	127,5	— 0,6　(id.)
$C^{12}H^6ClAz,HCl$	164	— 4,4　(id.)
$C^{12}H^6ClAz$ (méta).......	127,5	— 6,8　(id.)
$C^{12}H^6ClAz,HCl$	164	— 3,9　(id.)
$C^{12}H^6ClAz$ (para).......	127,5	— 5,1　(id.)
$C^{12}H^6ClAz,HCl$	164	— 3,5　(id.)
$C^{12}H^6(AzO^4)Az$ (para)....	138	— 3,7　(id.)

§ 6. — **Relations générales entre les chaleurs de dissolution des sels et leur composition chimique.**

1. Nous comparerons d'abord les sels formés par un même acide, puis les sels formés par une même base, enfin les sels homologues.

2. Le signe et la valeur absolue des chaleurs de dissolution elles-mêmes n'offrent aucun rapport simple, ainsi qu'il a été dit plus haut à l'occasion des sels haloïdes. Cependant on peut observer que les sels de potasse, de soude, d'ammoniaque, de baryte, de plomb et d'argent, donnent lieu le plus souvent à du froid, en se dissolvant à la température ordinaire; tandis que les sels anhydres de chaux, de manganèse, de zinc et de cuivre, donnent presque toujours lieu à un dégagement de chaleur.

Mais n'insistons pas trop sur de telles relations. En effet, la chaleur de dissolution des sels anhydres ne conserve pas la même valeur à toute température; elle varie rapidement, devient nulle, et change même de signe, à une température qu'il est facile de calculer, comme je l'ai établi dans un autre chapitre (page 128).

On observe quelques relations, plus précises en apparence, entre les différences des chaleurs de dissolution.

3. Soient d'abord les *sels formés par un même acide*. Les sels de potasse et de soude offrent souvent une différence à peu près constante :

Azotates	8,3 — 4,8	= 3,6
Chlorures	4,2 — 1,1	= 3,1
Sulfates	3,0 — 0,4	= 3,4
Picrates	10,0 — 6,4	= 3,6

Mais l'écart s'accroît jusqu'à 5,6 et même 8 unités entre les sels suivants : oxalates acides, chlorates, bromures, iodures, perchlorates ; tandis qu'il diminue jusqu'à 1 et même 0,2 entre les fluorures, benzoates, acétates, carbonates, formiates et oxalates.

De même l'écart entre la chaleur de dissolution des sels de soude et d'ammoniaque est à peu près constant dans un grand nombre de séries :

Azotates	4,7 — 6,5	= — 1,5
Chlorures	1,1 — 4,0	= — 2,9
Sulfates	— 0,4 — 1,3	= — 1,7
Oxalates	4,3 — 8,0	= — 1,8 × 2
Bicarbonates	4,3 — 6,3	= — 2,0
Picrates	6,4 — 8,7	= — 2,3
Formiates	0,5 — 2,9	= — 2,4

Mais l'écart s'accroît jusqu'à 4,0 et même 5,8 pour les sels suivants : benzoates, valérates, acétates, bromures et iodures.

Si imparfaits que soient ces rapprochements, ils ne se retrouvent pas, en général, lorsque l'on compare entre eux les sels des autres groupes de bases analogues ; par exemple, les sels de chaux, de strontiane, de baryte et de plomb, ou bien encore les sels de manganèse, de zinc et de cuivre.

4. Il est difficile d'espérer quelque résultat général de semblables comparaisons. En effet, pour que ce résultat eût une

importance théorique, il faudrait que les différences observées
subsistassent à toute température; ou du moins qu'elles n'éprou-
vassent que de faibles variations entre 0 et 100 degrés. Il faudrait dès lors, d'après les formules générales des pages 125 et 126,
que le terme $U - V$, c'est-à-dire la variation de la chaleur de
dissolution, possédât la même valeur approximative pour toute
la série des sels que l'on compare. J'en ai calculé la valeur
pour un certain nombre de sels, pris sous une même concentration :

$$
\begin{cases}
KCl & + 100\ H^2O^2 : U - V = [1800 + 12,9 - (1800 - 25)]\,t = + 37,9\,t \\
NaCl & + 100\ H^2O^2 : \qquad\qquad [1800 + 12,5 - (1800 - 12)]\,t = + 24,5\,t \\
AmCl & + 100\ H^2O^2 : \qquad\qquad [1800 + 20\ \ - (1800 - 9)]\,t = + 29\,t
\end{cases}
$$

$$
\begin{cases}
AzO^6K & + 100\ H^2O^2 : U - V = + 33\,t \\
AzO^6Na & + 100\ H^2O^2 : \qquad\qquad + 33\,t \\
AzO^6Am & + 100\ H^2O^2 : \qquad\qquad + 28,6\,t
\end{cases}
$$

$$
\begin{cases}
SO^4K & : U - V = + 43\,t \\
SO^4Na & : U - V = + 29\,t \\
SO^4Am & : U - V = + 33\,t
\end{cases}
$$

Il résulte de ces chiffres que l'écart entre les chaleurs de dissolution des chlorures de potassium et de sodium varie de
$13,4 \times t$, pour une différence de température t; soit $1^{Cal},340$
entre 0 et 100 degrés; l'écart total se réduit alors à $1^{Cal},800$ environ, au lieu de $3^{Cal},100$ à la température ordinaire.

Entre les sulfates de potasse et de soude, l'écart total
à 100 degrés se réduit à 2,0.

Au contraire, l'écart entre les azotates correspondants à
100 degrés demeure voisin de $3^{Cal},600$, c'est-à-dire double du
précédent; il est d'ailleurs à peu près constant pendant tout
ce même intervalle compris entre 0 et 100 degrés.

Entre les chlorures de sodium et d'ammonium, l'écart varie
seulement de $4,5 \times t = 0,450$ entre 0 et 100 degrés; ce qui
l'amène à 2,400 environ. L'écart entre les sulfates des deux
bases diminue aussi, mais de $1^{Cal},000$; ce qui le réduit à 0,700.
Au contraire, l'écart entre les azotates de soude et d'ammoniaque s'accroît, entre 0 et 100, de $0^{Cal},400$ environ, et
devient 1,900.

D'après ces chiffres et la diversité de grandeur et de signe de leurs variations, il est clair qu'il n'y a lieu de rechercher ici ni des différences constantes, ni des multiples d'une même unité, indépendante de la température, ou variant avec elle de la même manière pour toutes les dissolutions.

5. Examinons maintenant les *sels formés par une même base*, unie avec divers acides. Ici encore il convient de comparer les différences des chaleurs de dissolution, plutôt que les valeurs absolues; attendu que celles-ci varient rapidement avec la température. On observe ainsi que :

1° La chaleur absorbée par la dissolution des azotates anhydres l'emporte en valeur absolue sur celle des chlorures, dans presque tous les cas connus; l'écart étant :

Sels de K = 4,1 ; Na = 3,5; Am = 2,2; Sr = 8,1 ;
Sels de Ba = 5,4; Pb = 2,1 ; Th = 0 sensiblement.

L'influence de la température sur cet écart est diverse : en effet, d'après les valeurs données plus haut, il s'accroît de 0,5 pour les sels de K entre 0 et 100 degrés; il diminue au contraire de 0,8 pour les sels de Na; tandis qu'il est sensiblement constant pour les deux sels ammoniacaux comparés ici.

2° Les chlorures et les cyanures sont voisins, l'écart étant :

Sels de K = + 1,3; Am = — 0,3; Hg = 0,0.

3° Ce sont surtout les sels *homologues* qu'il convient de comparer, d'après les analogies connues qui existent entre ces séries de composés.

Or les acétates anhydres dégagent environ + 3,0 à + 4,0 de plus que les formiates correspondants. Voici toutes les différences observées dans ces deux séries :

Sels de K = 4,2; Na = 4,6; Am = 3,3; Ca = 3,8; Sr = 3,0;
Sels de Ba = 3,8; Zn = 3,0; Mn = 4,0; Ca = 1,5; Pb = 4,1.

Entre les acétates et les benzoates étudiés, l'écart conserve le même signe, et sa valeur absolue ne varie guère davantage :

Sels de K = 4,7; Na = 3,3; Am = 3,0; Ca = 1,2.

Voici les chaleurs de dissolution comparées de divers sels homologues de potasse, de soude, d'ammoniaque et de baryte :

	K.	Na.	Am.	Ba.
Formiates...	— 0,9	— 0,5	— 2,9	— 1,2
Acétates...	+ 3,2	+ 4,2	+ 0,25	+- 2,6
Propionates...	»	»	»	+- 3,4
Butyrates...	»	+ 4,2	»	»
Valérates...	+ 7,3 (1)	+ 7,35 (2)	+ 3,7	»

On voit que la chaleur de dissolution, d'abord négative pour les formiates, change de signe et croît en valeur absolue, à mesure que l'équivalent s'élève ; sans suivre pourtant une progression régulière.

Il y a, dans tous ces faits, l'indice d'une certaine analogie entre les réactions de l'eau sur les séries de sels analogues au point de vue chimique. Cependant je ne veux point multiplier les rapprochements de ce genre, les exceptions étant trop marquées pour autoriser une généralisation absolue. Les faits observés suffisent, à mon avis, pour montrer que le travail de désagrégation produit dans l'acte de la dissolution d'un sel offre une certaine relation avec sa composition chimique, les différences d'équivalent correspondant souvent aux différences thermiques. Mais la loi paraît fréquemment masquée par le concours d'autres circonstances, difficiles à faire entrer en compte d'une manière précise : telles sont la forme cristalline différente des sels solides et leur cohésion inégale ; telle est encore la formation de certains hydrates salins dissemblables, dans les dissolutions ; telle est enfin et surtout l'influence inégale exercée par les chaleurs spécifiques des liqueurs (lesquelles paraissent être d'ailleurs en relation avec ces hydrates), sur la variation que les chaleurs de dissolution éprouvent avec la température.

(1) Acide triméthylacétique.
(2) Acide valérique d'oxydation.

§ 7. — **Dissolution des alcools, éthers et autres composés organiques solides.**

1. La chaleur de dissolution des acides, des sels, des alcalis, enfin des chlorures acides, a été donnée dans les tableaux LXXVII, LXXIX, LXXXI, LXXXVI.

Quant aux composés appartenant à d'autres fonctions, tels que les alcools, les éthers, les aldéhydes, les carbures, il existe fort peu de déterminations relatives à la chaleur de dissolution de ces corps, pris dans l'état solide. Citons seulement les mesures suivantes :

Tableau LXXXVII. — *Chaleur de dissolution des composés organiques solides, vers 15°.*

I. ALCOOLS.

Noms.	Formules.	Équivalents.	Chaleur de dissolution.	Observat.
Phénol (solide) (1)......	$C^{12}H^6O^2$	94	— 2,1	(B.)
Mannite...............	$C^{12}H^{14}O^{12}$	182	— 4,6	(B.)
Dulcite...............	Id.	182	— 5,9	(B.)
Glucose anhydre.......	$C^{12}H^{12}O^{12}$	180	— 2,25	(B.)
Sucre de lait..........	$C^{12}H^{12}O^{12}$	180	— 1,83	(B.)
Sucre de canne (2).....	$C^{24}H^{22}O^{22}$	342	— 0,8	(B.)

II. — ÉTHERS (3).

Ether méthyloxalique...	$(C^2H^2)^2[C^4H^2O^8]$	118	— 2,2	(B).

III. — ALDÉHYDES.

Hydr. de chloral. $C^4HCl^3O^2,H^2O^2$ 165,5 — 0,09 $(t — 13)$ à la tempér. t (4) (B.).

(1) Voyez la chaleur de dissolution des phénols chlorés et nitrés, tableau LXXXI.

(2) D'après la chaleur spécifique des solutions du sucre de canne, sa chaleur de dissolution, qui est égale à — 0^{Cal},79 à 13 degrés, doit devenir nulle vers 31 degrés, positive au delà, et voisine de + 3^{Cal} à 100 degrés.

(3) Voyez aussi les éthylsulfates (page 539)

(4) C'est encore là une quantité qui change de signe avec la température, mais en sens inverse du sucre de canne. J'ai vérifié cette conséquence par des expériences spéciales.

IV. — CARBURES D'HYDROGÈNE (1).

Naphtaline dans l'alcool.....	$(C^{20}H^8)$ 128	—	3,7
Id. dans l'éther......		—	3,9
Id. dans $C^4H^4O^4$.....		—	4,3

(1) Ces composés sont à peu près insolubles dans l'eau. Les chiffres relatifs à la naphtaline sont seulement approximatifs.

CHAPITRE XIV

CHANGEMENTS ISOMÉRIQUES ET ANALOGUES

§ 1er. — **Généralités.**

1. Un seul et même corps, pris à la même température, sous la même pression, et avec une composition chimique invariable, peut affecter des états différents, dont la diversité comprend à la fois ses propriétés physiques et ses propriétés chimiques.

2. Dans certains cas, la diversité ainsi manifestée disparaît toutes les fois que le corps traverse une combinaison : c'est l'*isomérie physique*.

3. Dans d'autres cas, le corps modifié peut être engagé sous chacun de ses états, dans des combinaisons distinctes et définies, puis en être dégagé en reprenant ses propriétés originelles caractéristiques : c'est l'*isomérie chimique*.

Nous allons comparer ces deux classes d'isoméries, sous le rapport thermique, en commençant par l'étude de l'isomérie chimique (1).

4. Dans l'étude de l'isomérie chimique, il est nécessaire de faire de nouvelles distinctions. En effet, les isomères chimiques peuvent d'abord différer les uns des autres par le nombre des molécules assemblées, l'un d'eux possédant un équivalent, dont les autres sont les multiples : telle est la *polymérie*. Nous citerons comme exemples la benzine $C^{12}H^6$ ou $(C^4H^2)^3$, le styrolène $C^{16}H^8$ ou $(C^4H^2)^4$, l'hydrure de naphtaline $C^{20}H^{10}$ ou $(C^4H^2)^5$, etc., *polymères* de l'acétylène C^4H^2, corps *monomère* dont la condensation directe les engendre.

---

(1) Voyez sur ce sujet : *Leçon sur l'isomérie*, professée devant la Société chimique de Paris en 1863. Chez Hachette. — *Ann. de chimie et de physique*, 4ᵉ série, 1865. t. VI, p. 316, — *Bulletin de la Société chimique*, 2ᵉ série, 1877, t. XXVIII, p. 530.

En général, la transformation d'un corps en son polymère dégage de la chaleur, ce phénomène étant assimilable à une combinaison chimique proprement dite. C'est ce que montre le tableau suivant, que je crois utile de reproduire ici.

Tableau LXXXVIII. — *Formation des corps polymères.*

Noms.	Formules.	Chaleur dégagée.	Auteurs.
Benzine........	$3\,C^4H^2$ gaz changé en $C^{12}H^6$ gaz.	$+\ 180$	(B.)
Diamylène.....	$2\,C^{10}H^{10}$ liq. en $C^{20}H^{20}$ liquide.	$+\ 11,8$	(B.)
Chloral insoluble	$n\,C^4HCl^3O^2$ liq. en $(C^4HCl^3O^2)^n$ sol.	$+\ \ 8,9 \times n$	(B.)
Ac. cyanurique..	$3\,C^2HAzO^2$ liq. en $C^6H^3Az^3O^6$ sol.	$+\ 14,4 \times 3$	(Tr. et H.)
Cyamélide......	$n\,C^2HAzO^2$ liq. en cyamélide.	$+\ 17,6 \times n$	(Id.)

L'ozone, qui dérive de l'oxygène condensé, fait exception, étant comparable aux corps composés formés avec absorption de chaleur :

$$3\,O = \text{Ozone } (24^{gr}) \text{ absorbe} - 14,8 \text{ (B.)}.$$

Rappelons encore que les corps polymères se distinguent des monomères par leur densité plus considérable sous les trois états, par leur point d'ébullition plus élevé, etc. Au contraire, leur chaleur spécifique est à peu près la même sous l'unité de poids, étant proportionnelle à leur poids moléculaire (voy. pages 448, 451 et 465).

5. Les corps isomères peuvent aussi posséder le même équivalent :

Tantôt avec une fonction chimique différente et des générateurs dissemblables (acide butyrique et éther acétique), ce qui représente l'*isomérie par composition équivalente.*

Tantôt avec une fonction chimique analogue et des générateurs identiques, mais des capacités de saturation différentes (camphène et terpilène, dérivés tous deux du térébenthène), ce qui constitue la *kénomérie.*

Dans la *métamérie*, la fonction chimique des isomères est la même, les générateurs étant : soit distincts (éthers méthylacétique et éthylformique) ; soit assemblés suivant un ordre différent (*isomérie* dite *de position*, telle que celle des benzines ou triacétylènes substitués).

Enfin l'*isomérie chimique proprement dite* est caractérisée par de simples diversités de propriétés, tenant à l'arrangement intérieur des particules dans des corps doués d'une fonction chimique identique, avec une même capacité de saturation, et formés par les mêmes générateurs (térébenthène et australène ; acides tartriques dissymétriques).

Examinons les relations thermiques de ces divers isomères.

6. Entre ces trois espèces d'isoméries, les deux dernières, c'est-à-dire la métamérie et l'isomérie chimique proprement dite, ne répondent en général qu'à des dégagements ou absorptions de chaleur très faibles, des travaux moléculaires du même ordre ayant été exécutés dans la formation de tels isomères depuis leurs générateurs : c'est ce que j'ai démontré par l'étude expérimentale d'un grand nombre de cas de cette nature (voy. *Bulletin de la Soc. chimique*, 2ᵉ série, t. XXVIII, p. 530).

Par exemple dans l'ordre des isoméries physiques, la formation de l'acide racémique (inactif par compensation), opérée par l'union des acides tartriques droit et gauche, dégage $+ 2^{Cal},205$ pour le poids $C^8H^6O^{12}$. L'identité de fonction se traduit encore par ce fait que l'union des quatre acides tartriques dissous avec une même base alcaline, pour former des sels dissous, dégage la même quantité de chaleur, etc.

Dans l'ordre des métaméries proprement dites, d'après mes expériences, la transformation de l'acide éthylsulfurique en acide iséthionique dégagerait seulement $+ 1,3$; de même la métamorphose réciproque des sels dissous de ces deux acides. La métamorphose d'un alcool primaire, tel que l'alcool propylique normal, en un alcool secondaire isomérique, tel que l'alcool isopropylique, dégagerait une quantité de chaleur nulle ou très petite. Il en est de même de la métamorphose d'un aldéhyde primaire en aldéhyde secondaire isomérique : on aurait, par exemple, pour l'aldéhyde orthopropylique changé en acétone $+ 4,5$ environ ; relations qui paraissent générales pour les corps isomères doués d'une même fonction chimique. Rappelons encore que ces corps ont des densités, des points d'ébullition, des chaleurs spécifiques peu différents.

En s'unissant aux autres corps, les métamères proprement dits forment des composés isomères, avec des dégagements de chaleur presque identiques. C'est ce que prouvent les mesures de la chaleur dégagée, soit dans la formation des éthylsulfates dissous comparés aux iséthionates; soit dans la formation des divers butyrates et valérates isomères; soit dans la formation des chlorures, bromures acides qui en dérivent; soit dans la formation des acides éthérés isomériques, au moyen des deux alcools propylique normal et isopropylique; soit dans la transformation de ces mêmes alcools en aldéhydes primaire et secondaire isomériques; soit dans la formation des sels des trois anilines chlorées.

Telles sont les relations thermiques qui caractérisent les corps métamères, doués d'une même fonction chimique.

7. Au contraire, le changement de fonction chimique, sans changement de composition ni d'équivalent, est accompagné par un dégagement de chaleur considérable, toutes les fois que le nouveau composé devient plus dense, moins volatil, plus stable, plus difficile à dédoubler par l'action des réactifs. Il en est ainsi spécialement toutes les fois qu'un *composé secondaire*, c'est-à-dire facilement scindable en deux générateurs plus simples, se change en un *composé unitaire isomérique*. Par exemple, le changement de l'éther acétique, $C^4H^4(C^4H^4O^4)$ en acide butyrique, $C^8H^8O^4$, dégagerait environ $+ 34$ Calories.

De même le changement de l'éther ordinaire $C^4H^4(C^4H^6O^2)$ en alcool butylique $C^8H^{10}O^2$, dégagerait environ $+ 51$ Calories.

De même encore la formation d'un corps nitré comparée avec celle d'un éther nitrique isomère, au moyen des mêmes générateurs, dégagerait, dans le premier cas : $+ 36^{Cal}$; dans le second cas : $+ 6^{Cal}$ environ; différence qui répond à la fois à la stabilité plus grande des corps nitrés et aux propriétés explosives plus prononcées des éthers nitriques. La transformation de ces éthers en corps nitrés isomères dégagerait donc $+ 30^{Cal}$ environ, en même temps qu'il se produirait un accroissement de densité, de point d'ébullition et de stabilité; tous changements corrélatifs.

8. L'*isomérie physique* se manifeste surtout dans les corps solides, soit par la variété des états amorphes, soit par la diver-

sité des états cristallisés. En effet, un seul et même corps solide, pris à la même température et sous la même pression, peut affecter divers états d'équilibre. Passons rapidement en revue les faits connus à cet égard.

9. *États amorphes.* — Une multitude de corps sont susceptibles d'exister à la fois dans l'état amorphe et dans l'état cristallisé. Or, dans l'état amorphe, le nombre des dispositions possibles est illimité : le soufre, le phosphore, les corps résineux récemment fondus (voy. page 282), le carbone, nous en fournissent des exemples, sans parler des états multiples d'agrégation et de cohésion des corps précipités.

L'ancienne notion de la *cohésion* reparaît ici avec des caractères plus précis. On voit en même temps que la formation thermique d'un corps solide ne saurait être représentée, en général, par des modules ou coefficients constants ; du moins, toutes les fois que ce corps est amorphe et qu'il ne s'agit pas d'un corps cristallisé, tel que les sels alcalins solubles, ou bien encore le picrate de potasse, ou l'iodure de mercure.

C'est là une remarque fort importante dans la discussion des problèmes de mécanique chimique où interviennent des précipités. En effet, il est probable que l'état correspondant au premier dégagement de chaleur est plus voisin que l'état définitif, de cet état initial que le corps insoluble possédait au moment où il a commencé à se précipiter. Or cet état initial est celui qui répond aux conditions qui ont déterminé le début de la réaction.

Quoi qu'il en soit, la variété des dispositions qui caractérisent les états amorphes peut porter : soit sur la diversité d'arrangements physiques et de distances de particules identiques ; soit sur le nombre même et l'ordre relatif des molécules chimiques proprement dites, assemblées pour former chacune de ces particules physiques. Le dernier mode de diversité touche à la métamérie et à la polymérie chimique : le carbone en offre des exemples incontestables (1).

(1) Voyez mes recherches sur les états de cet élément, *Annales de chimie et de physique*, 4ᵉ série, 1870, t. XIX, p. 392, 414, 427.

10. *Dimorphisme.* — L'état cristallisé est en général mieux défini. Cependant il existe un certain nombre de substances dimorphes, telles que le soufre, le carbonate de chaux, etc., susceptibles de cristalliser dans deux systèmes différents : la structure de chaque particule solide d'une telle substance offre par conséquent deux modes d'arrangements tout à fait distincts.

11. Ces faits concernant l'isomérie physique étant connus, venons à leurs relations thermiques. Toutes les fois qu'un même corps solide affecte divers états d'équilibre à une température donnée, il faut effectuer un certain travail pour passer de l'un de ces états à l'autre. Ce travail équivaut en général à une quantité de chaleur correspondante : sauf le cas exceptionnel où la somme des travaux positifs serait compensée par une somme égale de travaux négatifs (ce qui arriverait, par exemple, lors du changement de l'acide tartrique droit en son symétrique gauche). Il y aura donc en général de la chaleur dégagée pendant un certain changement d'état, et de la chaleur absorbée pendant le changement inverse. En outre, il arrivera d'ordinaire que la somme des travaux ne sera pas la même à toute température, c'est-à-dire que les chaleurs spécifiques du corps pris sous ses deux états seront différentes : mais l'inégalité en est le plus souvent assez faible pour qu'il soit difficile de la constater par expérience (voy. page 470).

12. Le tableau suivant résume les principales données connues sur cette question :

Tableau LXXXIX. —*États isomériques des corps simples et composés.*

NOMS.	ÉQUIVAL.	CHALEUR DÉGAGÉE	AUTEURS.
I. — *Corps simples.*			
Oxygène changé en ozone $3\,O = O^3$....	24	— 14,8	B.
Soufre octaédrique en soufre insoluble.	16	0,0 à 18°; < 0 à 112°	B.
Soufre amorphe insoluble en soufre amorphe soluble..................	16	+ 0,04	B.
Soufre amorphe soluble en S. octaédriq.	16	— 0,04	B.
Soufre mou en soufre octaédrique.....	16	+ 0,20	R. (varie).
Soufre prismatique en soufre octaédr...	16	+ 0,04	Mitsch.
Sélénium vitreux en Se métallique....	39,7	+ 0,90	R. (varie).
Phosphore blanc en Ph. rouge cristallisé	31	+ 19,2	Tr. et H.
Phosphore blanc en Ph. rouge amorphe.	31	+ 20,7 à + 9,3 et — 1,0 suivant les variétés.	F. [Tr. et H.]
C. amorphe (du charbon de bois) en diamant........................	6	+ 1,5	F. et S.
Si amorphe en Si cristallisé.........	28	+ 8,1	Tr. et H.
Au (précipité du bromure) changé en Au, dans l'état physique de l'or précipité du chlorure	98,5	+ 1,6	T.
II. — *Corps composés.*			
AzO^3 vitreux en cristallisé.......... .	99	— 0,6	Tr. et H.
— en opaque........... ...	99	— 1,3	F.
CO^3 en aragonite devenant rhomboédrique (spath)................... .	50	+ 2,0	F. et S.
Union des deux acides tartriques droit et gauche formant l'acide racémique..	2 × 150	+ 4,4	B. et Jung.
CO^3Sr amorphe devenant cristallisé....	73,8	+ 0,5	B.
CO^3Pb — —	133,5	> + 2,5	B.
CO^3Ag, changements successifs...	138	> 1,5	B.
AgI, chang. success. dans l'état amorphe	235	> 3,4	B.

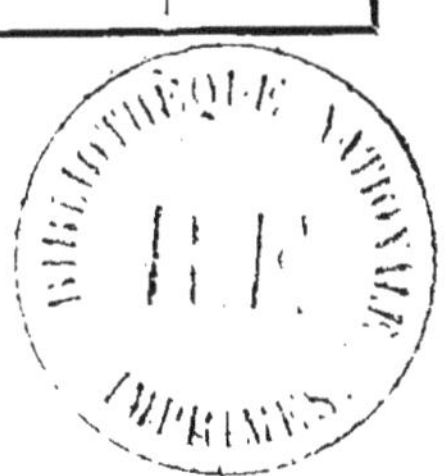

FIN DU TOME PREMIER

TABLE ANALYTIQUE

DU TOME PREMIER

Livre Iᵉʳ. — Affinité chimique et Calorimétrie.

Livre II. — Méthodes expérimentales.

Livre III. — Données numériques.

FIN DE LA TABLE ANALYTIQUE

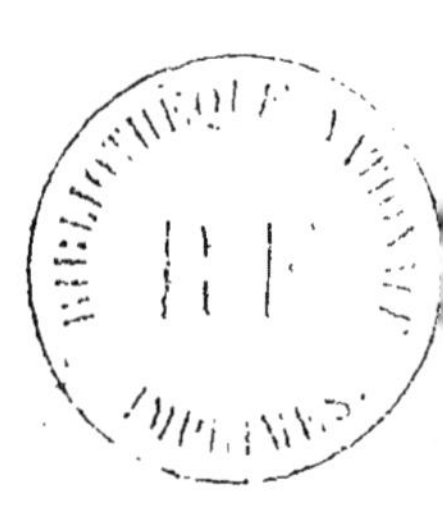

PARIS. — IMPRIMERIE ÉMILE MARTINET, RUE MIGNON, 2

DUNOD, ÉDITEUR

LIBRAIRE DES CORPS DES PONTS ET CHAUSSÉES, DES MINES ET DES TÉLÉGRAPHES

Quai des Augustins, 49, à Paris.

LES CAUSES ACTUELLES

EN

GÉOLOGIE

CONTENANT

UNE TABLE ALPHABÉTIQUE TRÈS-COMPLÈTE

QUI FORME UN VÉRITABLE DICTIONNAIRE DE GÉOLOGIE

PAR

M. STANISLAS MEUNIER

AIDE-NATURALISTE DE GÉOLOGIE AU MUSÉUM D'HISTOIRE NATURELLE
DOCTEUR ÈS SCIENCES, ETC.

Prix : Broché, 10 fr. — Relié, 12 fr.

AVANT-PROPOS

Comme son titre l'indique, ce livre est le résumé de leçons que nous avons été appelé à donner dans la chaire de géologie du Muséum d'histoire naturelle, où depuis six années nous suppléons, dans une partie de son enseignement, M. le professeur Daubrée. A vrai dire, il résulte de la réunion des deux cours consacrés, l'un en 1877, à l'exposition générale de la doctrine des causes actuelles en géologie, l'autre l'année suivante, à l'application de cette doctrine à l'étude de la géologie parisienne. Mais nous avons fondu ensemble ces deux points de vue d'une manière intime, de manière à en faire un seul tout, où l'on trouvera un résumé de l'état actuel de la science. On remarquera cependant une sorte de disproportion entre les diverses parties de cet ouvrage : l'histoire des terrains stratifiés est, à elle seule, beaucoup plus développée que celle ensemble des masses cristallisées et des roches éruptives. Cela tient exclusivement à ce que les circonstances nous ayant permis de l'étudier personnellement bien davantage, nous avons pu offrir au public un ensemble d'observations originales à leur égard. A ce point de vue, nous nous permettrons de signaler spécialement les chapitres relatifs aux terrains de transport, à la variation des couches, etc.

Les tables alphabétiques, à la rédaction desquelles nous avons apporté un soin tout particulier, constituent un véritable dictionnaire de géologie.

Le grand cañon creusé par le passage du Rio Colorado,
vue prise à l'est de To-ro-weap.

Les Pyramides des Fées, près de Saint-Gervais (Haute-Savoie)
d'après une photographie.

TABLE DES MATIÈRES

Paris. — Imprimerie Arnous de Rivière, rue Racine, 26.

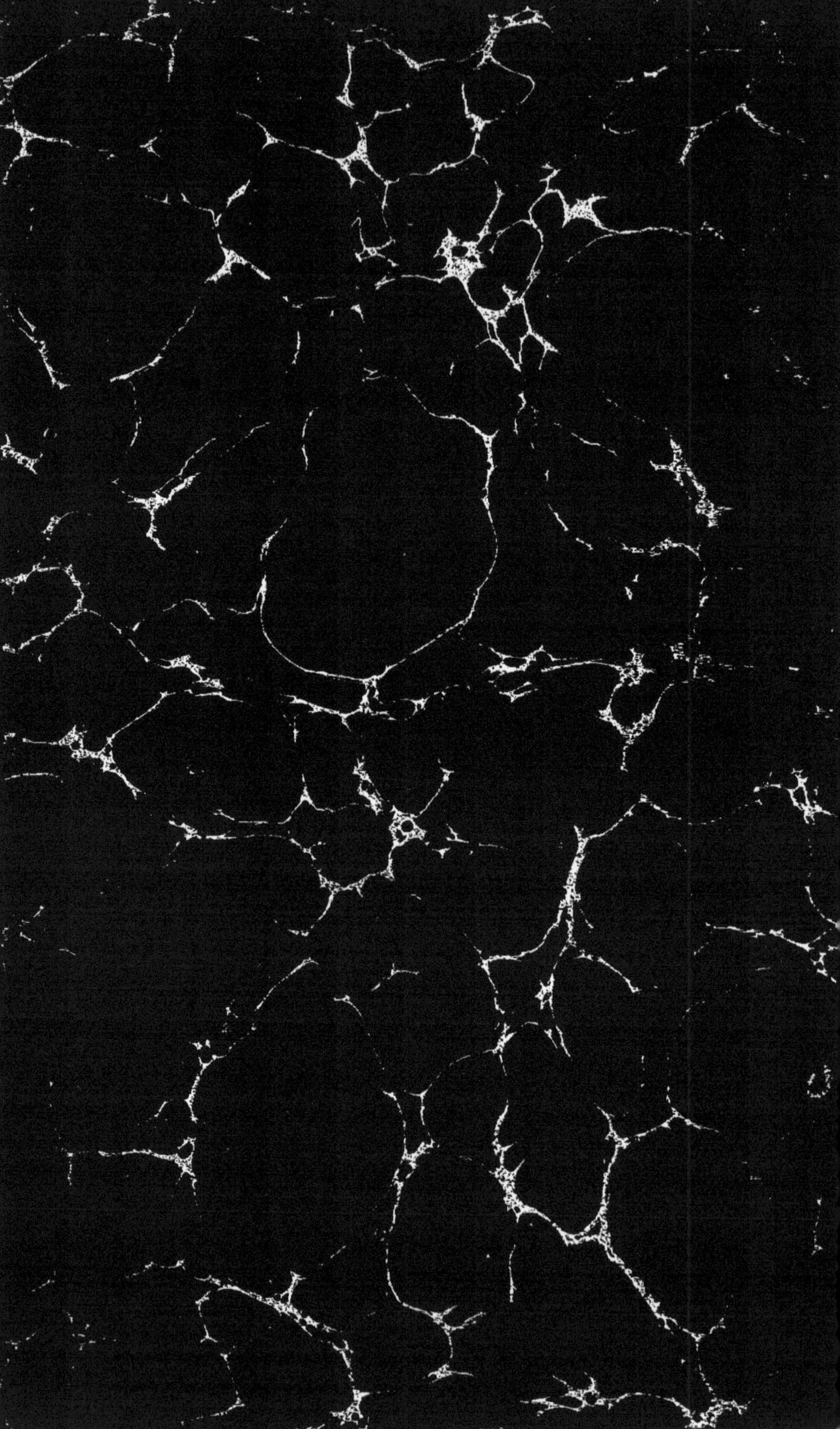

BIBLIOTHEQUE NATIONALE DE FRANCE
3 7531 04113708 5